高等院校计算机应用系列教材

中文版AutoCAD 2021 基础教程(微课版)

黄永生　编著

清华大学出版社

北　京

内 容 简 介

本书系统地介绍使用中文版 AutoCAD 2021 进行计算机绘图的方法。全书共分 14 章，主要内容包括 AutoCAD 2021 基础知识，AutoCAD 绘图基础，设置图形对象特性，使用精确绘图工具，绘制二维平面图形对象，编辑二维平面图形对象，输入文字和创建表格，使用图案填充和面域，添加尺寸标注，使用块和外部参照，绘制三维图形对象，编辑和标注三维图形对象，观察和渲染三维图形对象，输入、输出和发布图形等。

本书结构清晰，语言简练，实例丰富，可作为高等学校相关专业的教材，也可作为计算机绘图技术研究与应用人员的参考书。

本书同步的实例操作教学视频可供读者随时扫码学习。书中对应的电子课件、习题答案和实例源文件可以到 http://www.tupwk.com.cn/downpage 网站下载，也可以扫描前言中的二维码推送配套资源到邮箱。

图书在版编目(CIP)数据

中文版 AutoCAD 2021 基础教程：微课版 / 黄永生编著. —北京：清华大学出版社，2021.12
高等院校计算机应用系列教材
ISBN 978-7-302-59425-3

Ⅰ. ①中… Ⅱ. ①黄… Ⅲ. ①AutoCAD 软件—高等学校—教材 Ⅳ. ①TP391.72

中国版本图书馆 CIP 数据核字(2021)第 216643 号

责任编辑： 胡辰浩
封面设计： 高娟妮
版式设计： 妙思品位
责任校对： 成凤进
责任印制： 宋　林

出版发行： 清华大学出版社
网　　址： http://www.tup.com.cn，http://www.wqbook.com
地　　址： 北京清华大学学研大厦 A 座　　**邮　　编：** 100084
社 总 机： 010-62770175　　**邮　　购：** 010-62786544
投稿与读者服务： 010-62776969, c-service@tup.tsinghua.edu.cn
质 量 反 馈： 010-62772015, zhiliang@tup.tsinghua.edu.cn
印 装 者： 三河市铭诚印务有限公司
经　　销： 全国新华书店
开　　本： 185mm×260mm　　**印　　张：** 22.5　　**字　　数：** 576 千字
版　　次： 2022 年 1 月第 1 版　　**印　　次：** 2022 年 1 月第 1 次印刷
定　　价： 79.00 元

产品编号：089808-01

前　　言

计算机绘图是近年来发展最迅速、最引人注目的技术之一。随着计算机技术的迅猛发展，计算机绘图技术已被广泛应用于机械、建筑、电子、航天、造船、石油化工、土木工程、冶金、农业、气象、纺织及轻工等多个领域，并发挥着越来越大的作用。由 Autodesk 公司开发的 AutoCAD 是当前最为流行的计算机绘图软件之一。由于 AutoCAD 具有使用方便、体系结构开放等特点，深受广大工程技术人员的青睐。

本书全面、翔实地介绍 AutoCAD 2021 的功能及使用方法。通过本书的学习，读者可以把基本知识和实战操作结合起来，快速、全面地掌握 AutoCAD 2021 软件的使用方法和绘图技巧，达到融会贯通、灵活运用的目的。

本书共分 14 章，从 AutoCAD 入门和绘图基础开始，分别介绍绘图辅助工具的使用，绘制和编辑二维图形，创建文字和表格，设置面域与图案填充，图形尺寸的标注，块、外部参照的使用，三维图形的绘制、编辑和渲染，图形的打印和发布等内容。

本书同步的实例操作教学视频可供读者随时扫码学习。本书对应的电子课件、习题答案和实例源文件可以到 http://www.tupwk.com.cn/downpage 网站下载，也可以扫描下方的二维码推送配套资源到邮箱。

扫一扫，看视频

扫码推送配套资源到邮箱

本书是作者在总结多年教学经验与科研成果的基础上编写而成的，既可作为高等学校相关专业的教材，也可作为计算机绘图技术研究与应用人员的参考书。

本书由广东石油化工学院的黄永生编撰并统稿。由于作者水平有限，书中难免有不足之处，欢迎广大读者批评指正。我们的邮箱是 992116@qq.com，电话是 010-62796045。

作　者

2021 年 8 月

目　　录

第1章

AutoCAD 2021基础知识

AutoCAD 2021 是由美国 Autodesk 公司开发的一款通用计算机辅助设计软件，是当今设计领域广泛使用的绘图工具，能够帮助制图者实现绘制二维与三维图形、标注尺寸、渲染图形以及打印输出图纸等功能，被广泛应用于机械、建筑、电子、航天、造船、冶金、石油化工、土木工程等领域。本章重点介绍 AutoCAD 2021 软件的基础入门知识，为后面的学习打下坚实的基础。

1.1 AutoCAD 2021 入门

AutoCAD 自 1982 年问世以来，其每一次升级，在应用功能上都有一定程度的增强，且日趋完善。本节将介绍 AutoCAD 2021 的应用领域、基本功能以及启动、退出软件等知识。

1.1.1 AutoCAD 的应用领域

AutoCAD 的应用非常广泛，几乎遍及社会生产的各个领域，例如机械制图、建筑装潢、电气设计、服装设计、园林设计等。

- 机械制图：AutoCAD 在机械制图方面的应用非常普遍，但凡与机械相关的人员，如机械设计师、模具设计师、工业产品设计师，一般都要求能够熟练掌握并使用 AutoCAD 设计相关专业的图纸。
- 建筑装潢：AutoCAD 是建筑装潢中最常用的计算机绘图软件，使用它可以边设计边修改，完成如室内平面图、立面图、建筑施工图等不同类型图纸的绘制，直到满意为止，再利用设备出图，从而在设计过程中不再需要绘制许多不必要的草图，大大提高了设计的质量和工作效率。
- 电气设计：目前，电气行业已经成为高新技术产业的重要组成部分，在工业、农业、国防等领域发挥着越来越重要的作用。使用 AutoCAD 绘制各种电气设计图，是电气设计师必备的技能。
- 服装设计：使用 AutoCAD 可以将服装以二维、三维的方式进行设计、制版、放码和排料等操作，特别在设计服装款式时，AutoCAD 有着手绘无法比拟的方便与精准优势。
- 园林设计：园林行业的设计主要是进行园林景观规划设计、园林绿化规划设计、室外空间环境设计和景观资源保护设计等。使用 AutoCAD 可以满足各种园林设计图纸的制作需要，具体包括国土、区域、乡村、城市等一系列公共与私密的人居环境、风景景观、园林绿地的绘制与标注。

1.1.2 AutoCAD 的常用功能

目前，AutoCAD 已成为工程设计领域应用最为广泛的计算机辅助绘图与设计软件之一。下面将简单介绍 AutoCAD 软件在日常工作中的一部分最常用的功能。

1. 绘制、编辑图形

AutoCAD 的“功能区”选项板的“默认”选项卡中包含着丰富的绘图命令，使用这些命令可以绘制直线、构造线、多段线、圆、矩形、多边形、椭圆等基本图形，也可以将绘制的图形转换为面域，对其进行填充。如果再借助于“默认”选项卡的“修改”面板中的各种命令，还可以绘制出各种各样的二维图形。图 1-1 所示即是使用 AutoCAD 绘制的二维图形。

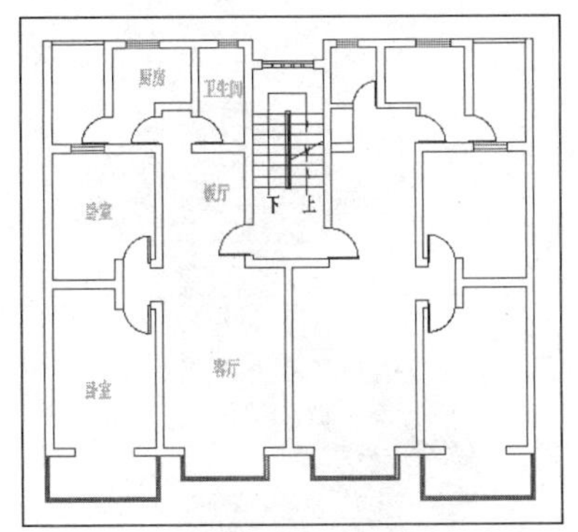

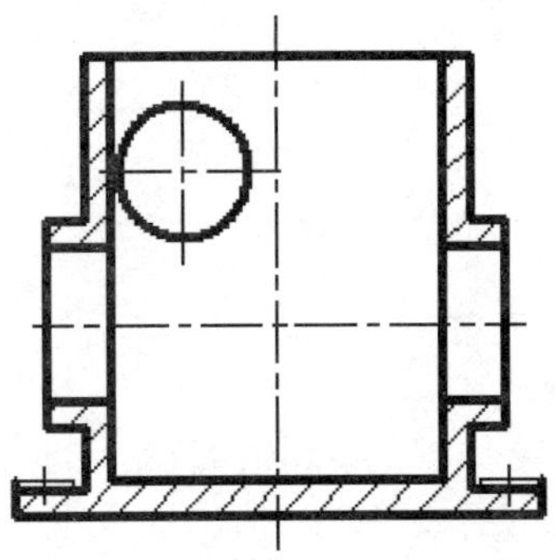

图 1-1　绘制二维图形

对于有些二维图形，通过拉伸、设置标高和厚度等操作就可以轻松地转换为三维图形。在快速访问工具栏中选择“显示菜单栏”命令，在显出的菜单栏中选择“绘图”|“建模”命令中的子命令，可以很方便地绘制圆柱体、球体、长方体等基本实体。在显出的菜单栏中选择“修改”菜单中的相关命令，还可以绘制出各种各样的复杂的三维图形。图 1-2 所示即是使用 AutoCAD 绘制的三维图形。

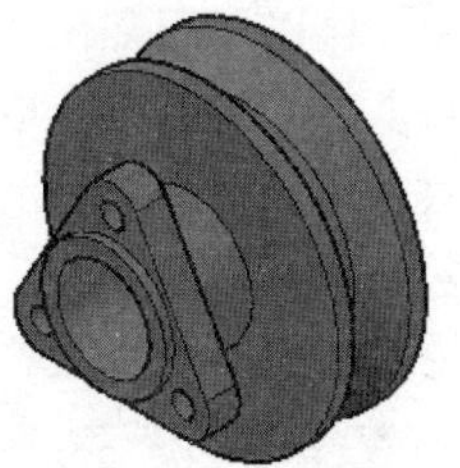

图 1-2　绘制三维图形

在工程设计中，常常使用轴测图来描述物体的特征。轴测图是以二维绘图技术来模拟三维对象沿特定视点产生的三维平行投影效果，但在绘制方法上不同于二维图形的绘制。轴测图看似是三维图形，但实际上是二维图形。切换到 AutoCAD 的轴测模式下，就可以方便地绘制出轴测图。此时，直线将被绘制成与坐标轴成 30°、90°、150° 等角度的直线，圆形将被绘制成椭圆形。

2. 标注图形尺寸

尺寸标注是向图形中添加测量注释的过程，是整个绘图过程中不可缺少的一步。AutoCAD 提供了标注功能，使用标注功能可以在图形的各个方向上创建各种类型的标注，也可以方便、快速地以一定格式创建符合行业或项目标准的标注。

标注显示了对象的测量值，还显示了对象之间的距离、角度，以及特征与指定原点的距离。AutoCAD 提供了线性、半径和角度这 3 种基本的标注类型，可以进行水平、垂直、对齐、旋转、坐标、基线或连续等标注。此外，还可以进行引线标注、公差标注，以及自定义粗糙度标注。标注的对象可以是二维图形或三维图形。图 1-3 所示为使用 AutoCAD 标注的二维图形和三维图形。

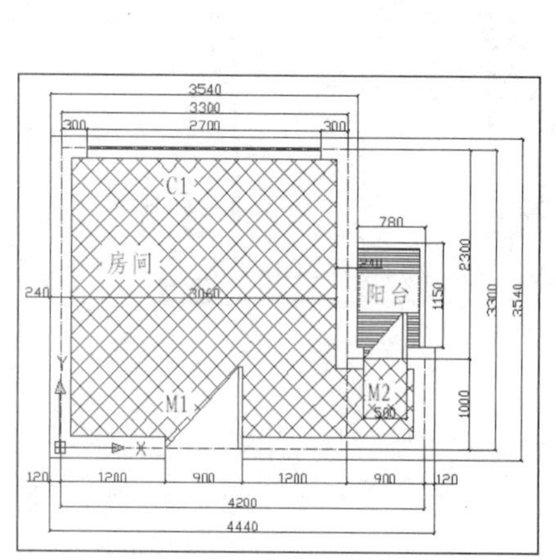

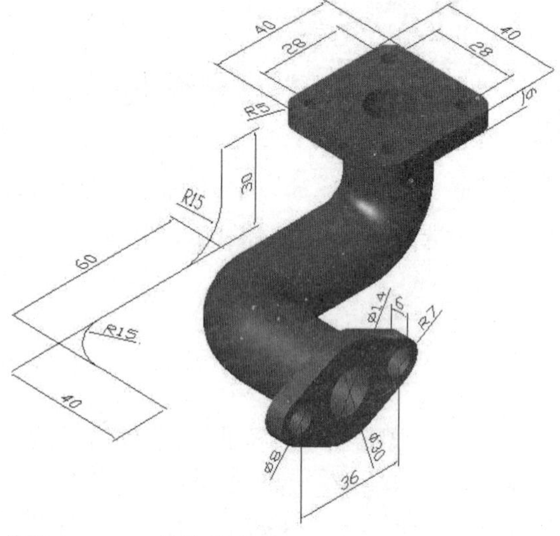

图 1-3　使用 AutoCAD 标注尺寸

3. 渲染三维图形

在 AutoCAD 中，可以运用雾化、光源和材质，将模型渲染为具有真实感的图像。如果是为了演示，可以渲染全部对象；如果时间有限，或显示设备和图形设备不能提供足够的灰度等级和颜色，就不必精细渲染；如果只需要快速查看设计的整体效果，可以简单消隐或设置视觉样式。图 1-4 所示为使用 AutoCAD 进行渲染的效果。

图 1-4　使用 AutoCAD 渲染图形

4. 控制图形显示

在 AutoCAD 中，可以方便地以多种方式放大或缩小所绘图形。对于三维图形，可以改变其观察视点，从不同观看方向显示图形，也可以将绘图窗口分成多个视口，从而能够在各个视口中以不同方位显示同一图形，如图 1-5 所示。此外，AutoCAD 还提供了三维动态观察器，利用它可以动态地观察三维图形，如图 1-6 所示。

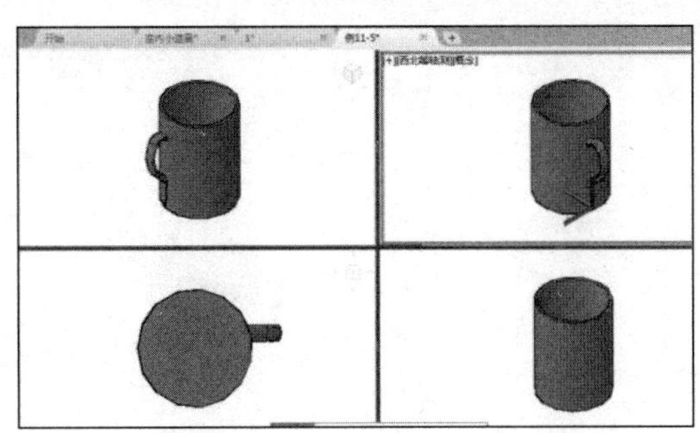

图 1-5　在不同视口中显示图形

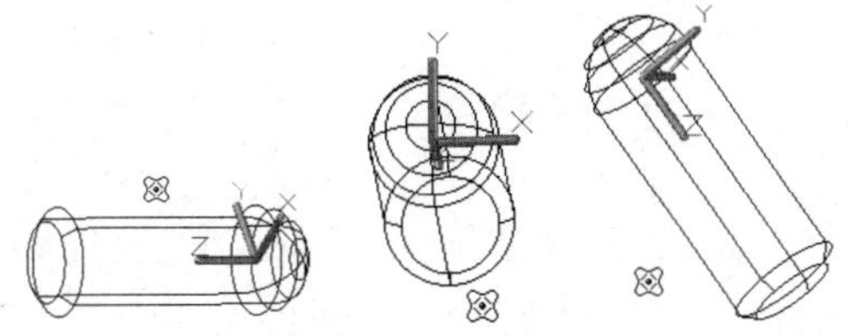

图 1-6　观察三维图形

5. 绘图实用工具

在 AutoCAD 中，用户可以方便地设置图形元素的图层、线型、线宽、颜色，以及尺寸标注样式、文字标注样式，也可以对所标注的文字进行拼写检查。通过各种形式的绘图辅助工具设置绘图方式，可提高绘图的效率与准确性。使用特性窗口可以方便地编辑所选择对象的特性。使用标准文件功能，可以对诸如图层、文字样式、线型之类的命名对象定义标准的设置，以保证同一单位、部门、行业或合作伙伴间在所绘制图形中对这些命名对象设置的一致性。使用图层转换器可以将当前图层的名称和特性，转换到其他图形文件或 CAD 内置的各种标准文件中，或对不符合本单位图层设置要求的图形进行快速转换。

此外，AutoCAD 设计中心还提供一个直观、高效并且与 Windows 资源管理器类似的工具。使用该工具，可以对图形文件进行浏览、查找以及管理有关设计内容等方面的操作。

6. 数据库管理功能

在 AutoCAD 中，用户可以将图形对象与外部数据库中的数据进行关联，而这些数据库是由独立于 AutoCAD 的其他数据库管理系统(如 Access、Oracle 等)建立的。

7. 输出和打印图形

AutoCAD 不仅允许将所绘图形以不同格式通过绘图仪或打印机打印输出，还能够将不同格式的图形导入 AutoCAD。因此，当图形绘制完毕后可以使用多种方法将其输出。

例如，可以将图形打印在图纸上，或创建文件供其他软件使用。使用“打印”命令，打开“打印-模型”对话框，可以在该对话框中进行“打印机/绘图仪”“图纸尺寸”“图形方向”等打印选项的设置，如图 1-7 所示。使用“另存为”命令，打开“图形另存为”对话框，可以将 AutoCAD 2021 文件另存为其他版本的 AutoCAD 文件，如图 1-8 所示。

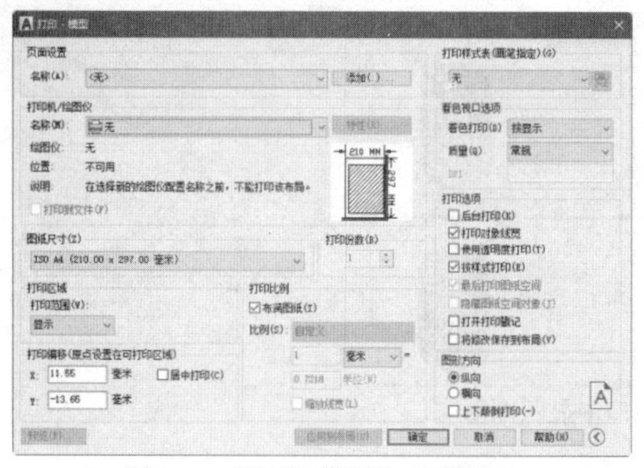

图 1-7 “打印-模型”对话框

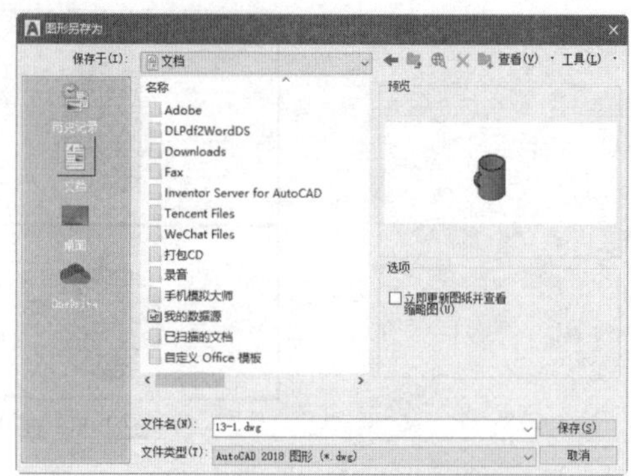

图 1-8 “图形另存为”对话框

8. Internet 网络功能

AutoCAD 提供了非常强大的 Internet 工具，使设计者之间能够共享资源和信息，同步进行设计、讨论、演示、发布消息，即时获得业界新闻，得到有关帮助。

即使用户不熟悉 HTML 编码，使用 AutoCAD 的网上发布向导也可以方便、快速地创建格式化的 Web 页。利用联机会议功能能够实现 AutoCAD 用户之间的图形共享，即当一个人在计算机上编辑 AutoCAD 图形时，其他人可以在自己的计算机上观看、修改；可以使工程设计人员为众多用户在他们的计算机桌面上演示新产品的功能；可以实现联机修改设计、联机解答问题，而所有这些操作均与参与者的工作地点无关。

使用 AutoCAD 的电子传递功能，可以把 AutoCAD 图形及其相关文件压缩成 ZIP 文件或自解压的可执行文件，然后将其以单个数据包的形式传送给客户、工作组成员或其他有关人员。使用超链接功能，可以在 AutoCAD 图形对象与其他对象(如文档、数据表格、动画、声音等)间建立链接关系。

此外，AutoCAD 还提供一种安全、适合在 Internet 上发布的文件格式——DWF 格式。使用 Autodesk 公司提供的插件便可以在浏览器上浏览这种格式的图形。

1.1.3 启动和退出 AutoCAD 2021

在计算机中安装 AutoCAD 2021 之后，就可以执行启动和退出软件的操作了。

1. 启动 AutoCAD 2021

安装 AutoCAD 2021 后，用户可以参考以下几种方法启动该软件。

- 通过“开始”菜单启动：单击系统桌面上的“开始”按钮，然后在弹出的菜单中选择“AutoCAD 2021-简体中文”|“AutoCAD 2021-简体中文”选项，如图 1-9 所示。
- 通过桌面快捷图标启动：安装 AutoCAD 2021 软件时，软件会在系统桌面上创建快捷图标，双击该快捷图标可以启动该软件。
- 通过 AutoCAD 格式的文件启动：双击打开具有 AutoCAD 格式的文件，即可启动 AutoCAD 2021，如图 1-10 所示。

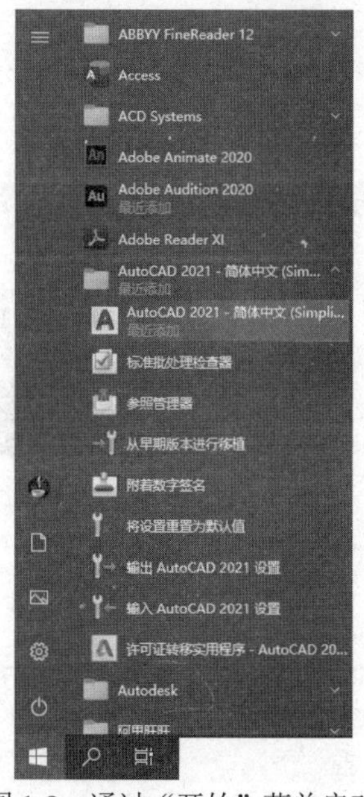

图 1-9　通过“开始”菜单启动

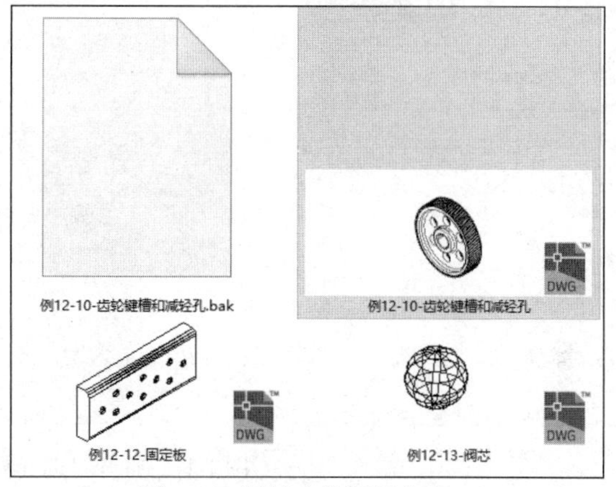

图 1-10　通过文件图标启动

2. 退出 AutoCAD 2021

在使用 AutoCAD 完成图形的绘制与编辑操作之后，用户可以使用以下几种方法退出 AutoCAD 2021 软件。

- 单击 AutoCAD 2021 软件界面左上角的“应用程序”A按钮，然后在弹出的菜单中选择“关闭”选项。
- 单击 AutoCAD 2021 软件界面右上角的“关闭”按钮×。
- 单击 AutoCAD 2021 绘图界面左上角的按钮，在弹出的菜单中选择“显示菜单栏”命令。然后在显示的菜单栏中选择“文件”|“退出”命令。

1.1.4　操作 AutoCAD 图形文件

在 AutoCAD 2021 中，图形文件管理一般包括创建图形文件、打开和关闭已有的图形文件、保存图形文件等。

1. 创建图形文件

在 AutoCAD 快速访问工具栏中单击“新建”按钮，或单击“菜单浏览器”按钮A，在弹出的菜单中选择“新建”|“图形”命令，可以创建图形文件，此时将打开“选择样板”对话框，如图 1-11 所示。

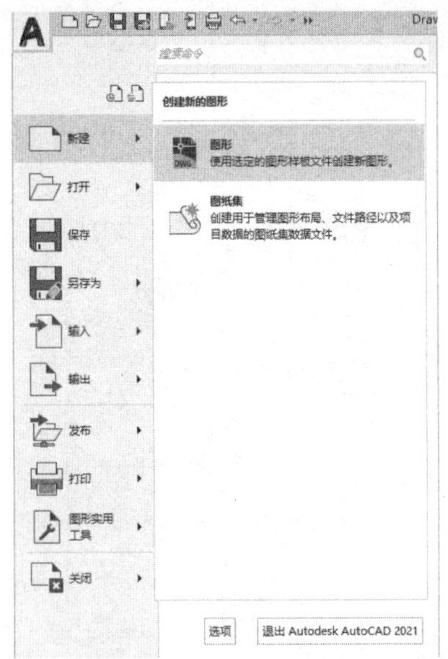
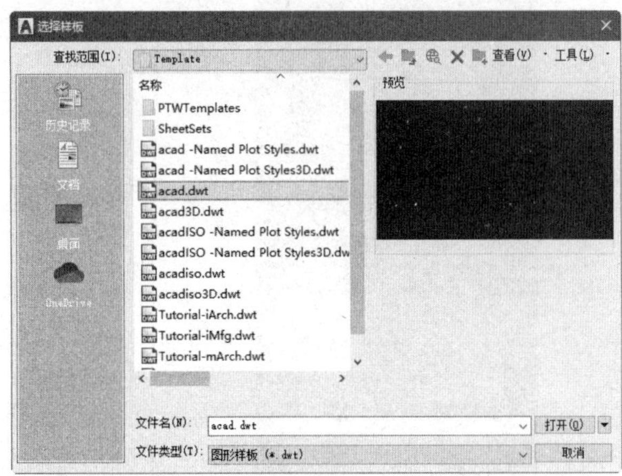

图 1-11　打开“选择样板”对话框

在“选择样板”对话框中，可以在样板列表框中选中某一个样板文件，这时在右侧的“预览”框中将显示出该样板的预览图像，单击“打开”按钮，可以将选中的样板文件作为样板来创建新图形。例如，以样板文件 Tutorial-iMfg 创建新图形文件后，可以得到如图 1-12 所示的效果。样板文件中通常包含与绘图相关的一些通用设置，如图层、线型、文字样式等，使用样板创建新图形不仅提高了绘图的效率，而且还保证了图形的一致性。

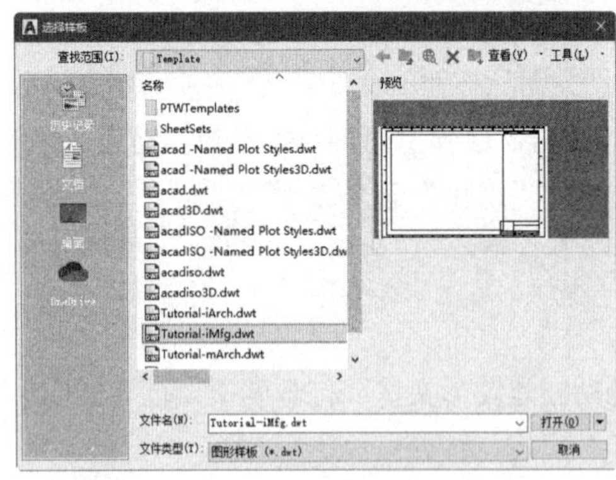
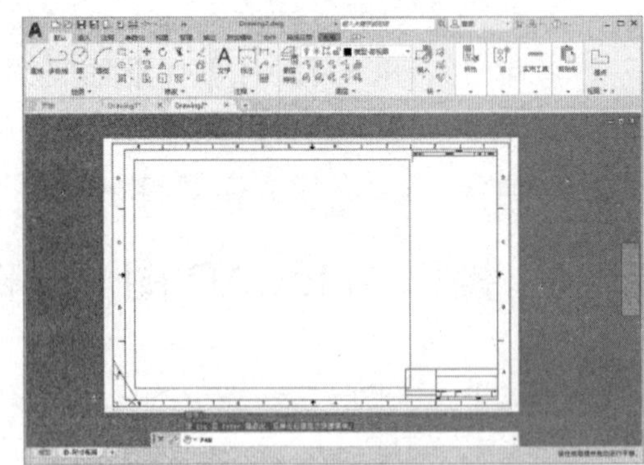

图 1-12　使用样板创建图形

在 AutoCAD 中，如果需要建立自定义的图形文件，可以利用向导来创建新的图形文件。

【练习 1-1】 以公制为单位，以小数为测量单位，精度为 0.00，十进制度数的精度为 0.00，以顺时针作为角度的测量方向，以 A1 图纸的幅面作为全比例单位表示的区域，创建一个新图形文件。视频

(1) 启动 AutoCAD 2021 后，在命令行中输入 STARTUP，按下 Enter 键。

(2) 在命令行的“输入 STARTUP 的新值<3>:”提示下输入 1，然后按下 Enter 键，如图 1-13 所示。

STARTUP 输入 STARTUP 的新值 <3>: 1

图 1-13　输入 1

(3) 在快速访问工具栏中单击“新建”按钮，打开“创建新图形”对话框，选中“公制”单选按钮，如图 1-14 所示。

(4) 单击“使用向导”按钮，打开“使用向导”选项区域，然后在“选择向导”列表框中选择“高级设置”选项，并单击“确定”按钮，如图 1-15 所示。

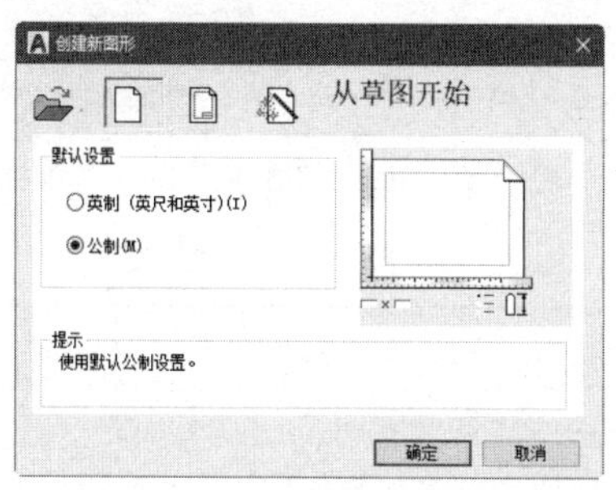

图 1-14　“创建新图形”对话框

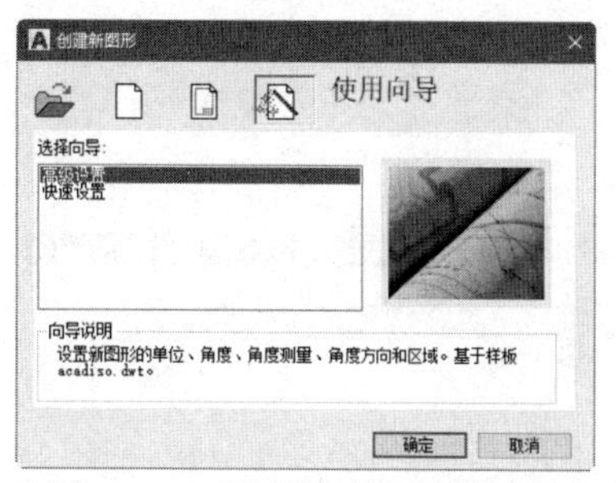

图 1-15　“使用向导”选项区域

(5) 打开“高级设置”对话框的“单位”选项区域，选中“小数”单选按钮，然后在“精度”下拉列表中选择 0.00 选项，单击“下一步”按钮，如图 1-16 所示。

(6) 打开“角度”选项区域，选中“十进制度数”单选按钮，然后在“精度”下拉列表中选择 0.00 选项，单击“下一步”按钮，如图 1-17 所示。

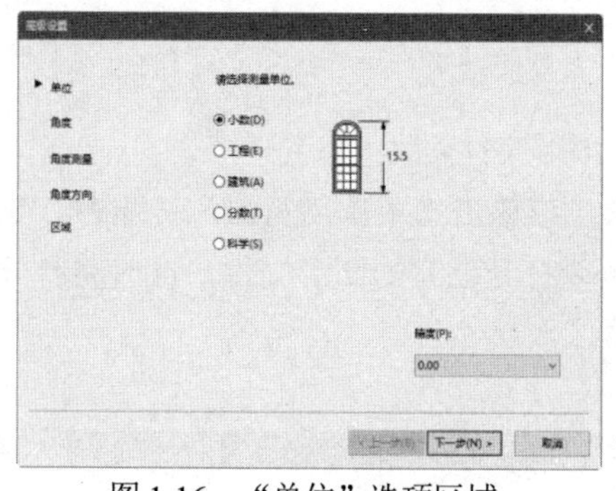

图 1-16　“单位”选项区域

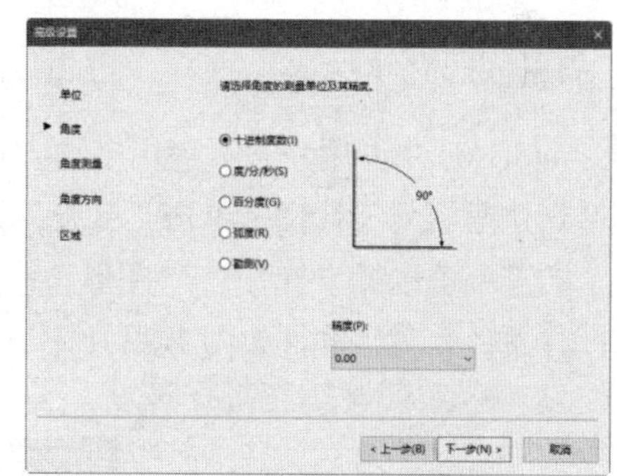

图 1-17　“角度”选项区域

(7) 打开“角度测量”选项区域，使用默认设置，然后单击“下一步”按钮，如图 1-18 所示。

(8) 打开“角度方向”选项区域，选中“顺时针”单选按钮，设置角度测量的方向，然后单击“下一步”按钮，如图 1-19 所示。

(9) 打开“区域”选项区域，在“宽度”文本框中输入 420，在“长度”文本框中输入 297，如图 1-20 所示。

(10) 完成以上设置后，单击“完成”按钮，即可完成创建图形的操作，结果如图 1-21 所示。

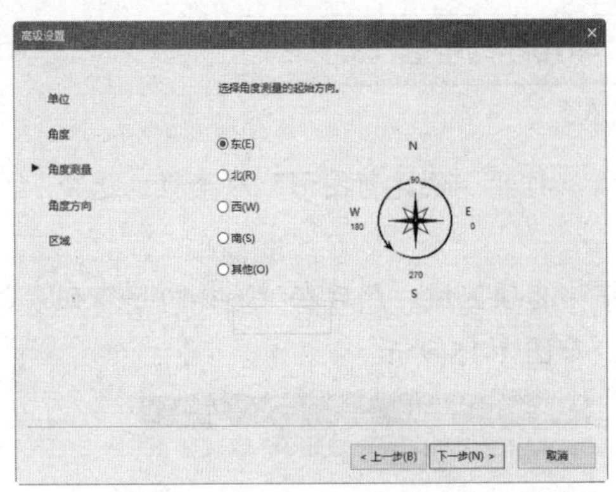

图 1-18 “角度测量”选项区域

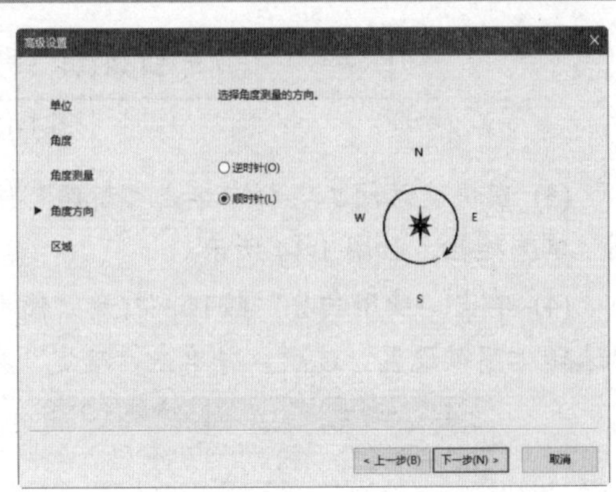

图 1-19 “角度方向”选项区域

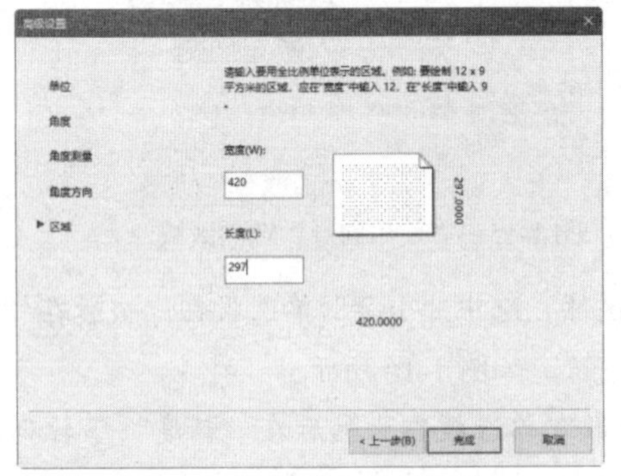

图 1-20 “区域”选项区域

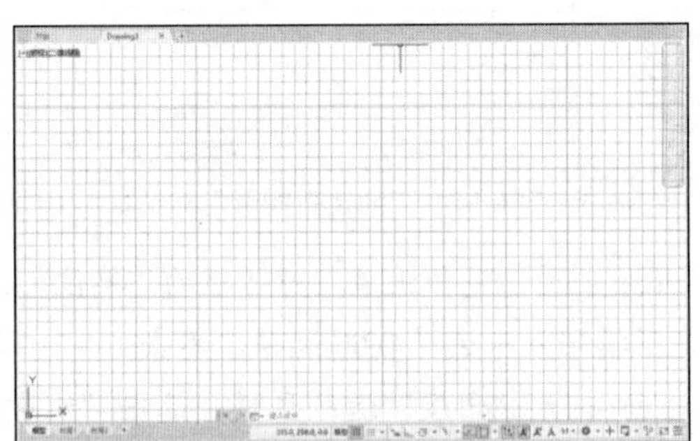

图 1-21 创建的图形

2. 打开图形文件

在 AutoCAD 中，用户可以使用多种方式打开图形文件。

- 在快速访问工具栏中单击“打开”按钮，或单击“菜单浏览器”按钮，在弹出的菜单中选择“打开”|“图形”命令，可以打开已有的图形文件，此时将打开“选择文件”对话框，如图 1-22 所示。

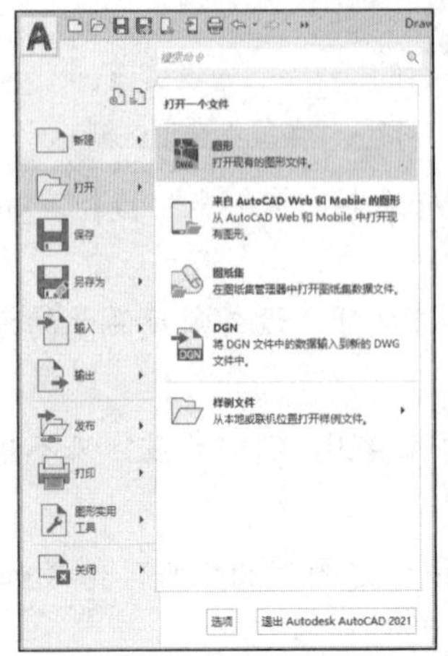

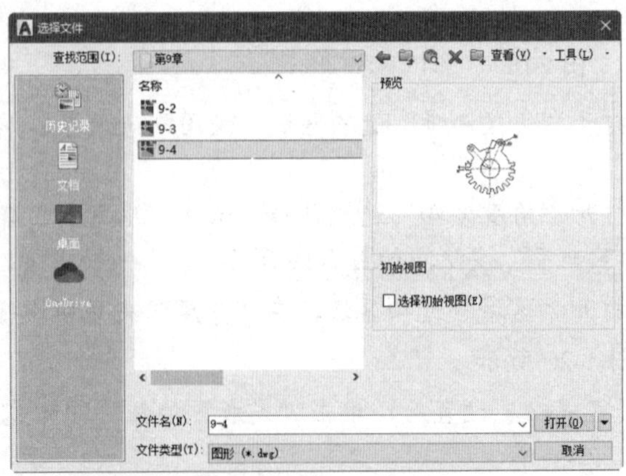

图 1-22 打开“选择文件”对话框

- 在“选择文件”对话框的文件列表框中，选择需要打开的图形文件，在右侧的“预览”框中将显示出该图形的预览图像。默认情况下，打开的图形文件都为.dwg 格式。图形文件可以“打开”“以只读方式打开”“局部打开”“以只读方式局部打开”4 种方式打开，如图 1-23 所示。例如“以只读方式打开”图形文件，虽然可以对图形执行编辑操作，但编辑后的图形不能直接以原文件名保存，可另存为其他名称的图形文件，其标题栏上的文件名称会加上“只读”后缀，如图 1-24 所示。

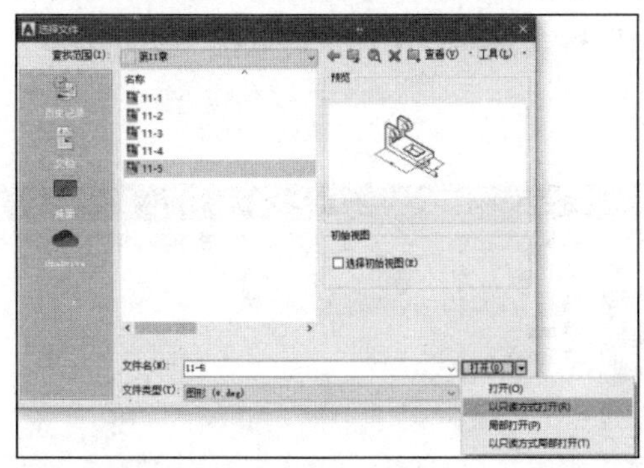

图 1-23　选择“以只读方式打开”选项

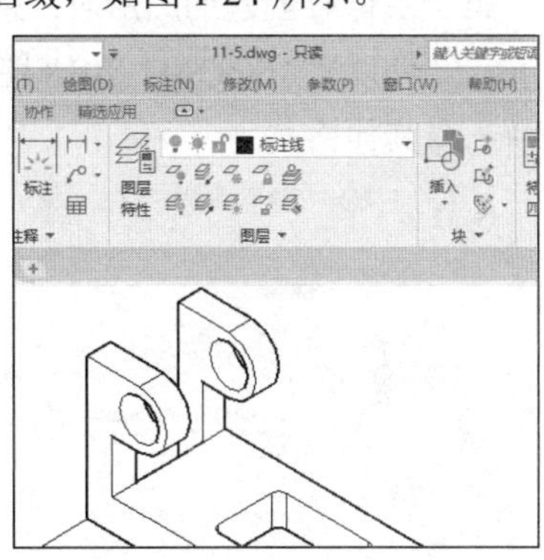

图 1-24　名称发生变化

3. 关闭图形文件

单击“菜单浏览器”按钮**A**，在弹出的菜单中选择“关闭”|“当前图形”命令，如图 1-25 所示，或在绘图窗口中单击“关闭”按钮☒，可以关闭当前图形文件。

执行关闭命令后，如果当前图形没有保存，系统将弹出 AutoCAD 警示框，询问是否保存文件，如图 1-26 所示。此时，单击“是”按钮或直接按 Enter 键，可以保存当前图形文件并将其关闭；单击“否”按钮，可以关闭当前图形文件但不保存；单击“取消”按钮，可以取消关闭当前图形文件，既不保存也不关闭当前图形文件。

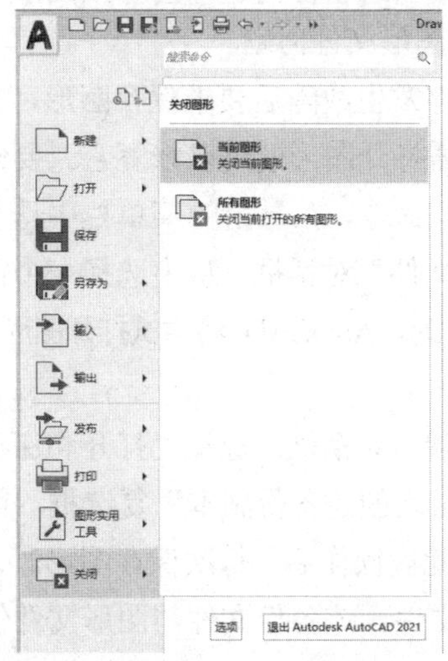

图 1-25　选择“关闭”|“当前图形”命令

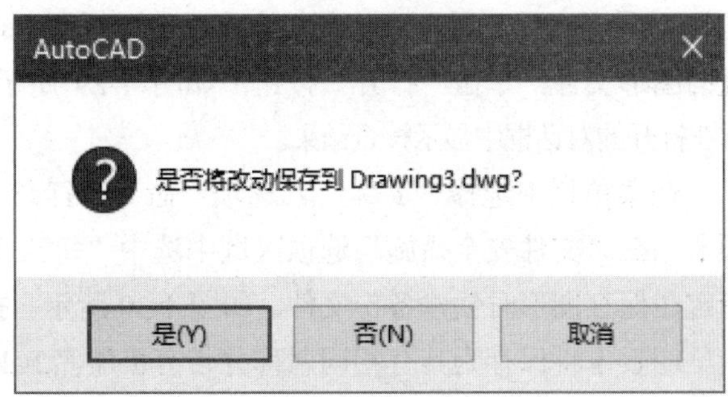

图 1-26　提示保存图形

4. 保存图形文件

在 AutoCAD 中，可以使用多种方式将所绘图形以文件形式存入磁盘。例如，在快速访问工具栏中单击“保存”按钮，或单击“菜单浏览器”按钮，在弹出的菜单中选择“保存”命令，以当前使用的文件名保存图形；也可以单击“菜单浏览器”按钮，在弹出的菜单中选择“另存为”|“图形”命令，如图 1-27 所示，将当前图形以新的名称保存。

第一次保存创建的图形时，系统将打开“图形另存为”对话框，如图 1-28 所示。默认情况下，文件以“AutoCAD 2018 图形(*.dwg)”格式保存，用户也可以在“文件类型”下拉列表中选择其他格式。

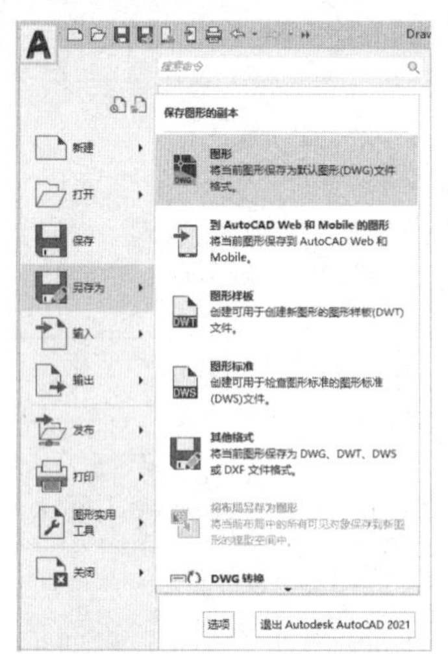

图 1-27　选择“另存为”|“图形”命令

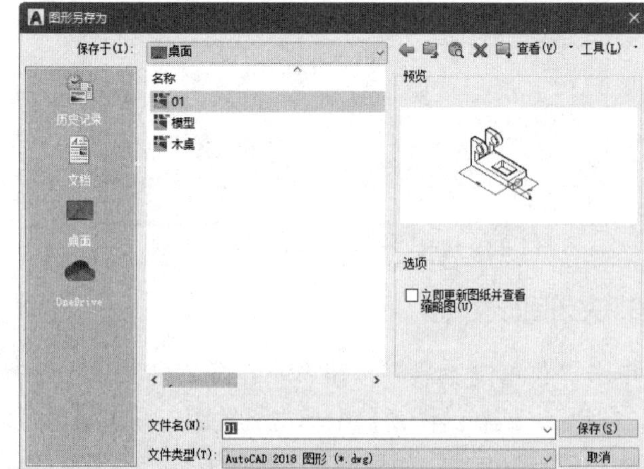

图 1-28　“图形另存为”对话框

5. 修复和恢复图形文件

计算机硬件问题、电源故障或电压波动、用户操作不当或软件问题均会导致图形中出现错误。AutoCAD 提供了修复和恢复功能，帮助用户解决图形文件问题。

如果在图形文件中检测到损坏的数据或者用户在程序发生故障后要求保存图形，那么该图形文件将标记为已损坏。如果只是轻微损坏，有时只需打开图形便可以修复它。要修复损坏的文件，可以在快速访问工具栏中选择“显示菜单栏”命令，在显出的菜单栏中选择“文件”|“图形实用工具”|“修复”命令，可以打开“选择文件”对话框。从中选择一个需要修复的图形文件，单击“打开”按钮，如图 1-29 所示。此时，AutoCAD 将尝试打开图形文件，并在打开的对话框中显示核查结果。

在菜单栏中选择“工具”|“选项”命令，打开“选项”对话框。选择“打开和保存”选项卡，在“文件安全措施”选项区域中选中“每次保存时均创建备份副本”复选框，就可以指定在保存图形时创建备份文件，如图 1-30 所示。执行此次操作后，每次保存图形时，图形的早期版本将保存为具有相同名称并带有扩展名.bak 的文件。该备份文件与图形文件位于同一个文件夹中。

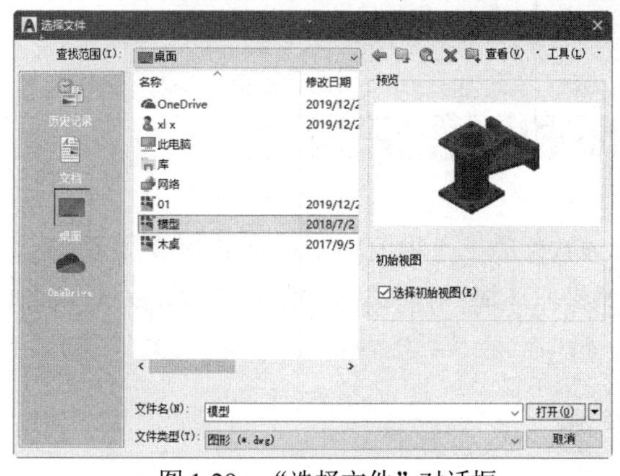

图 1-29　“选择文件”对话框

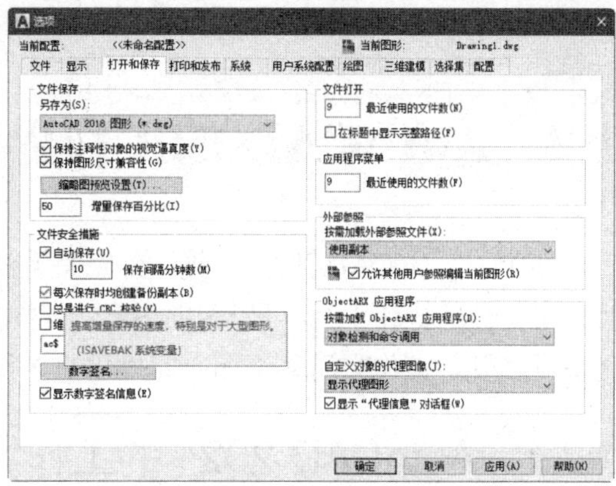

图 1-30　“选项”对话框

通过将 Windows 资源管理器中的.bak 文件重命名为带有.dwg 扩展名的文件，可以恢复为备份版。需要将其复制到另一个文件夹中，以免覆盖原始文件。

如果在“打开和保存”选项卡的“文件安全措施”选项区域中选择了“自动保存”复选框，将以指定的时间间隔保存图形。默认情况下，系统为自动保存的文件临时指定名称为 filename_a_b_nnnn.sv$。

- filename 为当前图形名。
- a 为在同一工作任务中打开同一图形实例的次数。
- b 为在不同工作任务中打开同一图形实例的次数。
- nnnn 为随机数字。

这些临时文件在图形正常关闭时自动删除。出现程序故障或电压故障时，不会删除这些文件。要从自动保存的文件恢复图形的早期版本，可以通过使用扩展名.dwg 代替扩展名.sv$来重命名文件，然后再关闭程序。

如果由于系统原因(如断电)，而导致程序意外终止时，可以恢复已打开的图形文件。程序出现故障，可以将当前工作保存为其他文件。此文件使用的格式为 DrawingFileName_recover.dwg，其中，DrawingFileName 为当前图形的文件名。

程序或系统出现故障后，“图形修复管理器”选项板将在下次启动 AutoCAD 时打开，并显示所有打开的图形文件列表，包括图形文件(DWG)、图形样板文件(DWT)和图形标准文件(DWS)。

对于每个图形，用户都可以打开并选择以下文件(如果文件存在)：

- DrawingFileName_recover.dwg。
- DrawingFileName_a_b_nnnn.sv$。
- DrawingFileName.dwg。
- DrawingFileName.bak。

图形文件、备份文件和修复文件将按其时间戳(上次保存的时间)顺序列出。双击“备份文件”列表中的某个文件，如果能够修复，将自动修复图形。

1.2 AutoCAD 的工作界面和工作空间

在学习 AutoCAD 2021 之前，首先要了解该软件的工作界面。2021 版软件非常人性化，提供了便捷的操作工具，可以帮助用户快速熟悉操作环境，从而提高工作效率。AutoCAD 2021 还提供了几种工作空间和绘图空间供用户选择使用。

1.2.1 AutoCAD 2021 的工作界面

在启动 AutoCAD 2021 后，软件将默认进入“草图与注释”工作空间。此时，AutoCAD 工作界面各组成部分的名称如图 1-31 所示。

“草图与注释”工作空间的工作界面包含标题栏、“菜单浏览器”按钮、选项卡、光标、命令窗口、坐标系、工具选项板和状态栏等，其中比较重要部分的功能说明如下。

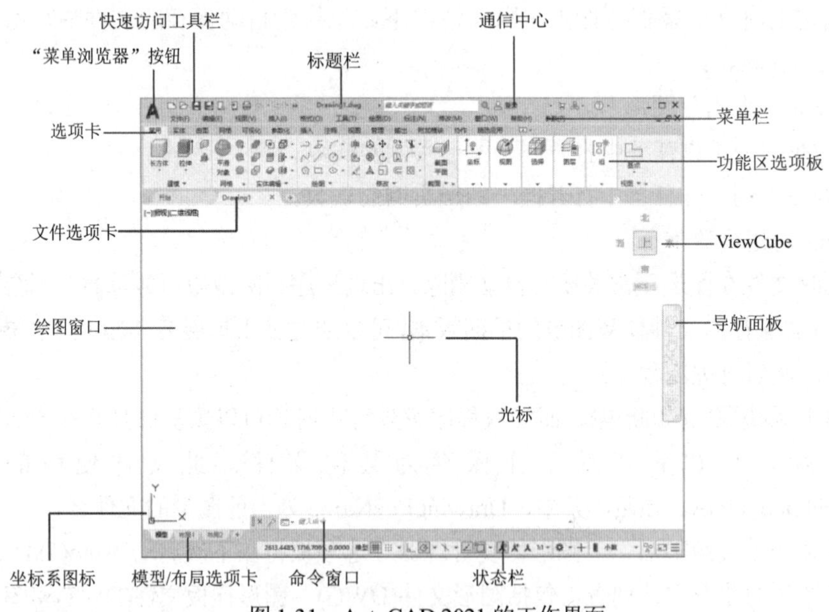

图 1-31　AutoCAD 2021 的工作界面

1. 标题栏

AutoCAD 软件界面的顶部为标题栏。标题栏包含快速访问工具栏和通信中心。

- 快速访问工具栏：标题栏左侧位置的快速访问工具栏包含了新建、打开、保存和打印等常用工具。用户还可以单击快速访问工具栏右侧的▾按钮，将其他工具放置在快速访问工具栏中，如图 1-32 所示。
- 通信中心：标题栏的右侧为通信中心。通信中心可以帮助用户快速搜索各种信息来源、访问产品更新和通告，以及在信息中心保存主题(通信中心提供一般产品信息、产品支持信息、订阅信息、扩展通知、文章和提示等信息)，如图 1-33 所示。

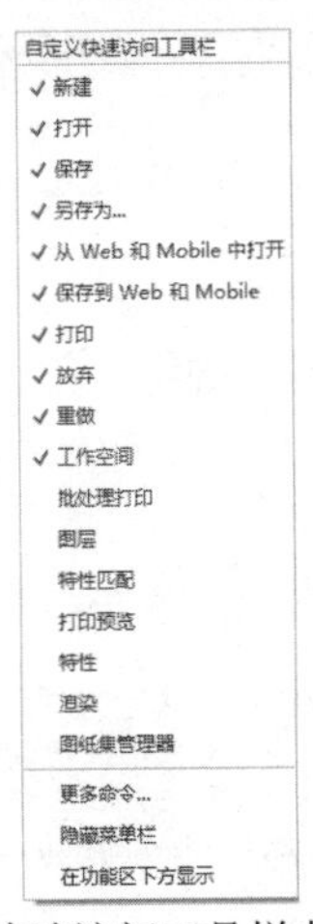

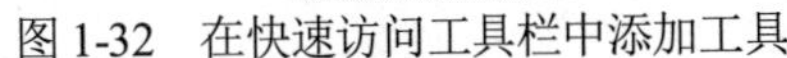
图 1-32　在快速访问工具栏中添加工具

图 1-33　通信中心

2. 菜单浏览器

单击 AutoCAD 软件界面左上角的 A 按钮，将打开菜单浏览器。菜单浏览器的左侧为常用的命令，右侧为最近使用的文档，用户可以在其中指定文档的显示方式，以便更好地分辨文档，如图 1-34 所示。

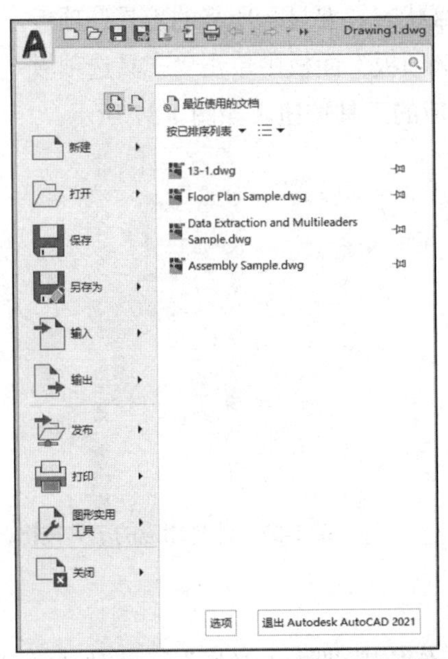

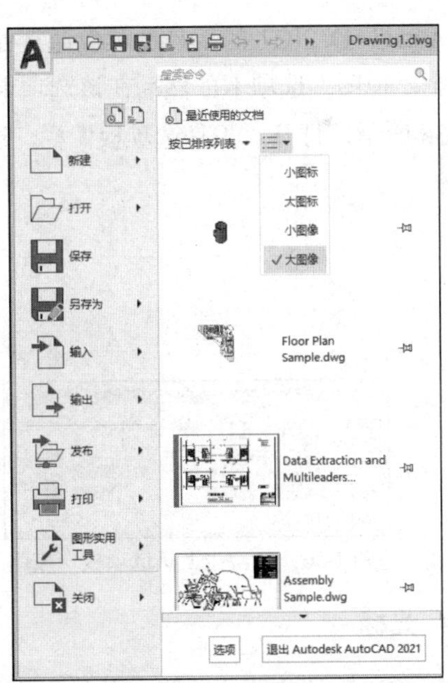

图 1-34　访问最近使用的文档

当鼠标指针在文档名称上停留时，AutoCAD 将自动显示预览图形及其文档信息，效果如图 1-35 所示。

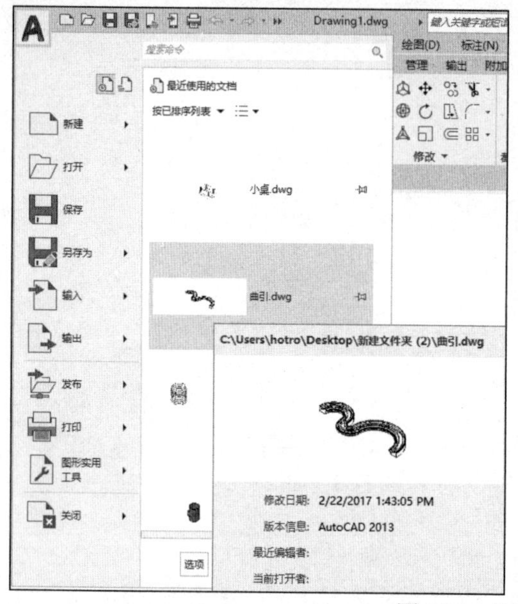

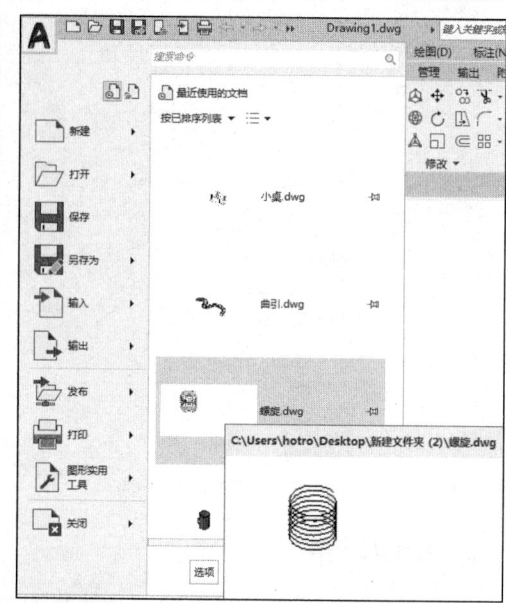

图 1-35　显示预览图形

3. 工具选项板

AutoCAD 2021 的工具选项板通常处于隐藏状态。要显示所需的工具选项板，用户可以切换至“视图”选项卡，然后在该选项卡的“选项板”面板中单击“工具选项板”按钮，如图 1-36 所示，打开“工具选项板”栏，选择相应的工具按钮，如图 1-37 所示。

图 1-36　单击“工具选项板”按钮

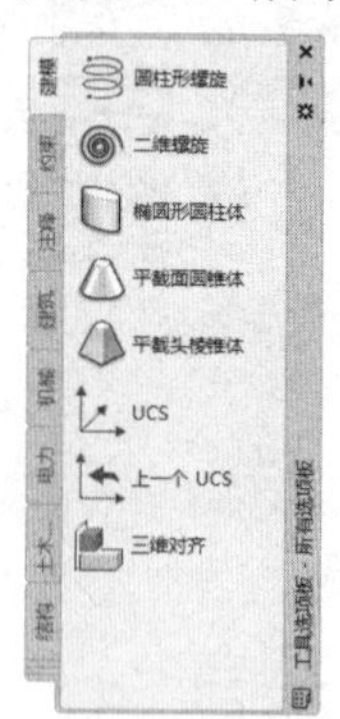

图 1-37　选择相应的工具按钮

4. 光标

AutoCAD 工作界面中当前的焦点(当前的工作位置)即为“光标”。针对 AutoCAD 工作的不同状态，对应的光标会显示不同的形状。例如，当光标位于 AutoCAD 的绘图区时将呈现为十字形状，在这种情况下可以通过单击来执行相应的绘图命令；当光标呈现为小方格时，表示 AutoCAD 正处于等待选择状态，此时可以单击，在绘图区中进行单个对象的选择，或进行多个对象的框选，光标的状态如图 1-38 所示。

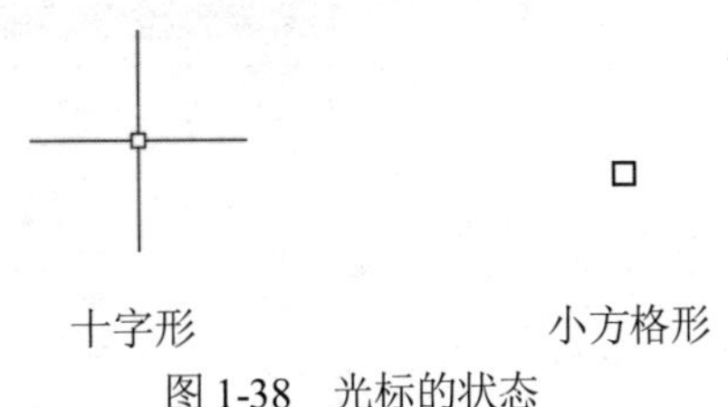

图1-38 光标的状态

5. 命令窗口

命令窗口也叫命令行，位于绘图窗口的下方，主要用于显示提示信息和接收用户输入的数据，如图1-39所示。在AutoCAD中，用户可以按下Ctrl+9组合键来控制命令窗口的显示与隐藏。

键入命令

图1-39 命令窗口

另外，AutoCAD还提供了文本窗口，用户按下F2键可以显示该窗口。文本窗口记录本次操作中的所有操作命令，包括单击按钮和所执行的菜单命令，如图1-40所示。

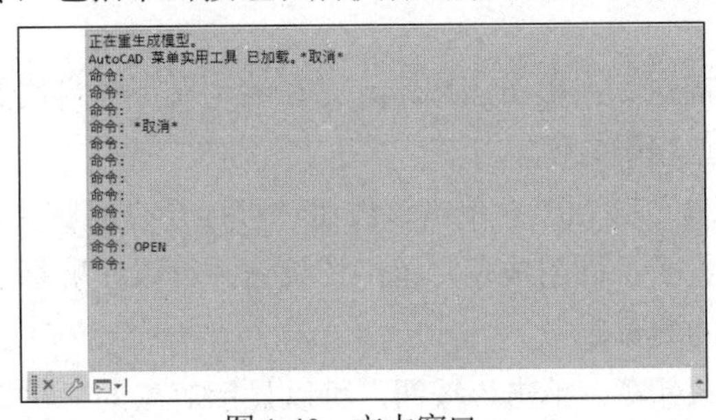

图1-40 文本窗口

6. 状态栏

状态栏位于AutoCAD工作界面的最底端，其左侧用于显示当前光标的状态信息，包括X、Y、Z这3个方向上的坐标值。状态栏的右侧显示一些具有特殊功能的按钮，一般用于捕捉、显示栅格、动态输入、正交和极轴追踪等，如图1-41所示。

图1-41 状态栏

状态栏中常用按钮的功能如下。

- “显示图形栅格”按钮：单击该按钮，可打开或关闭栅格显示。其中，栅格的X轴和Y轴间距也可通过“草图设置”对话框中的“捕捉和栅格”选项卡进行设置。
- “捕捉模式”按钮：单击该按钮可打开捕捉设置。此时，光标只能在X轴、Y轴或极轴方向移动固定的距离(即精确移动)。单击“捕捉模式”按钮右侧的按钮，在弹出的下拉列表中选择“捕捉设置”选项，可打开“草图设置”对话框的“捕捉和栅格”选项卡，在该选项卡中可设置X轴、Y轴或极轴捕捉间距，如图1-42所示。

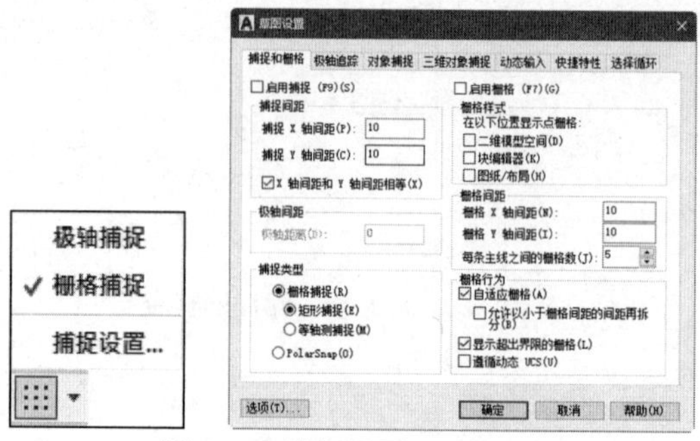

图 1-42　捕捉设置

- “正交限制光标”按钮：单击该按钮，可打开正交模式。此时，只能绘制垂直直线或水平直线。
- “极轴追踪”按钮：单击该按钮可打开极轴追踪模式。在绘制图形时，系统将根据设置显示一条追踪线，可在该追踪线上根据提示精确移动光标，从而进行精确绘图。
- “对象捕捉”按钮：单击该按钮可以打开对象捕捉模式。因为所有几何对象都有一些决定其形状和方位的关键点，所以在绘图时可以利用对象捕捉功能，自动捕捉这些关键点。
- “动态输入”按钮：单击该按钮，将在绘制图形时自动显示动态输入文本框，以方便绘图时设置精确数值。
- “显示/隐藏线宽”按钮：单击该按钮，可打开线宽显示。在绘图时，如果为图层和所绘图形设置了不同的线宽，单击该按钮，可以在屏幕上显示线宽，以标识各种具有不同线宽的对象。
- “快捷特性”按钮：单击该按钮，可以显示对象的“快捷特性”面板，能够帮助用户快捷地编辑对象的一般特性。用户可以使用“草图设置”对话框中的“快捷特性”选项卡设置“快捷特性”面板的位置和大小。
- “注释比例”按钮：单击该按钮，可以更改可注释对象的注释比例。
- “显示注释对象”按钮：单击该按钮，可以设置仅显示当前比例的可注释对象或显示所有比例的可注释对象。
- “注释比例添加”按钮：单击该按钮，可在更改注释比例时自动将比例添加至可注释对象。
- “锁定用户界面”按钮：单击“锁定用户界面”按钮右侧的按钮，在弹出的下拉列表中，可以设置工具栏和窗口是处于固定状态还是浮动状态，如图 1-43 所示。
- “自定义”按钮：在弹出的菜单中，可以通过选择或取消选择命令，控制状态栏中坐标或功能按钮的显示，如图 1-44 所示。

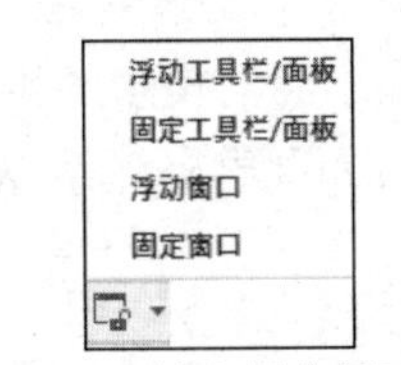

图 1-43　锁定用户界面

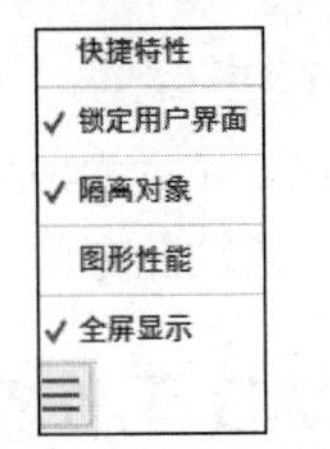

图 1-44　自定义菜单

7. 选项卡

在 AutoCAD 2021 工作界面上方的选项卡中，包含了该软件中绝大部分的操作工具，如图 1-45 所示。

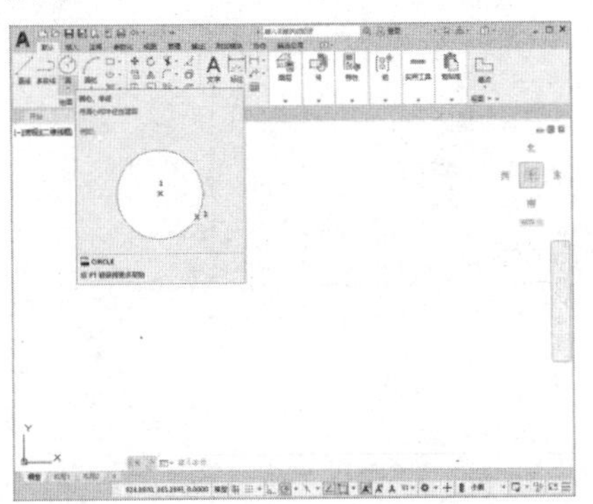

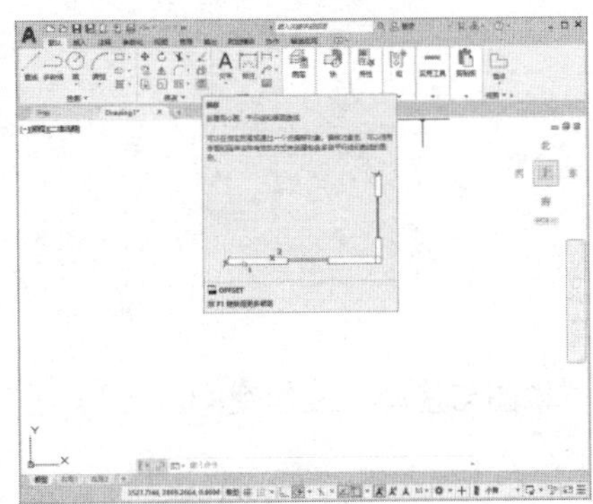

图 1-45　选项卡中的操作工具

8. 坐标系

AutoCAD 提供两个坐标系：称为世界坐标系(WCS)的固定坐标系和称为用户坐标系(UCS)的可移动坐标系。UCS 对于输入坐标、定义图形平面和设置视图非常有用。改变 UCS 并不改变视点，只改变坐标系的方向和倾斜角度，如图 1-46 所示。

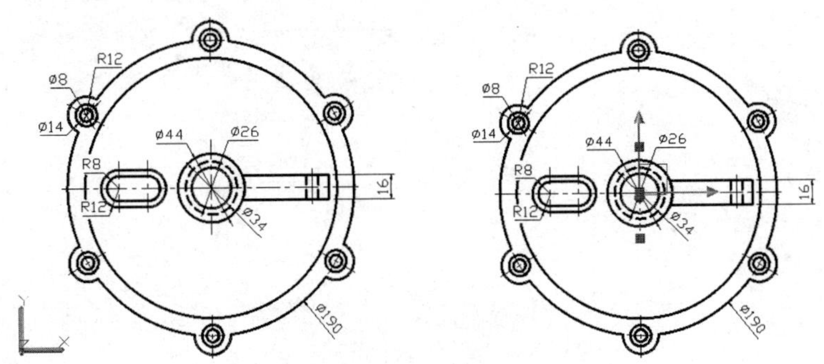

图 1-46　坐标系

9. 绘图窗口

在 AutoCAD 2021 中，绘图窗口就是绘图工作区域，所有的绘图结果都反映在这个窗口中。用户可以根据需要关闭其他窗口元素，如菜单栏、功能区选项板等，以增大绘图空间。如果图纸比较大，需要查看未显示部分时，可以单击窗口右边与下边滚动条上的箭头或拖动滚动条上的滑块来移动图纸。

在绘图窗口中除了显示当前的绘图结果之外，还将显示当前使用的坐标系类型、坐标原点以及 X 轴、Y 轴、Z 轴的方向等。默认情况下，坐标系为世界坐标系(WCS)。

1.2.2 AutoCAD 工作空间

AutoCAD 2021 提供“草图与注释”“三维基础”“三维建模”“自定义”等多种工作空间模式。要在各种工作空间模式中进行切换，只需单击快速访问工具栏中的空间名称，然后在弹出的下拉列表中选择相应的工作空间即可，如图 1-47 所示。

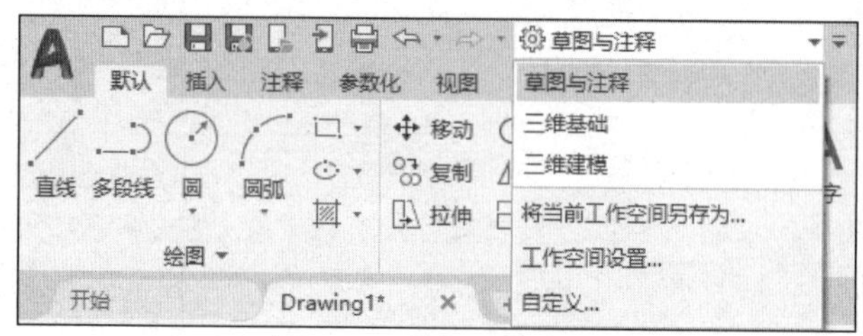

图 1-47　选择工作空间

1. “草图与注释”工作空间

默认状态下，打开“草图与注释”工作空间，其界面主要由“菜单浏览器”按钮、“功能区”选项板、快速访问工具栏、文本窗口与命令行、状态栏等元素组成，如图 1-48 所示。在该空间中，可以使用“绘图”“修改”“注释”“图层”“块”等面板方便地绘制二维图形。

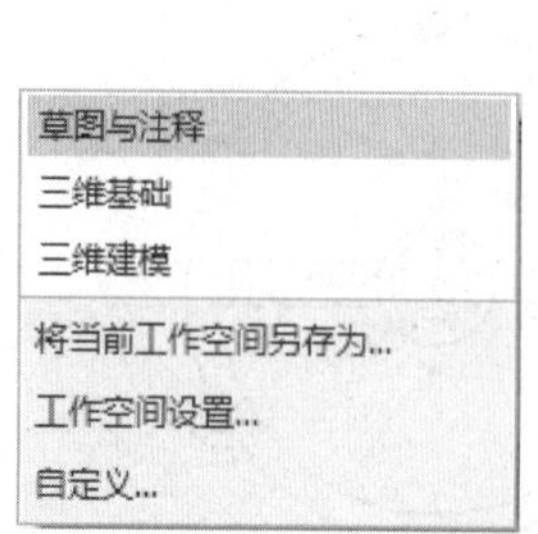

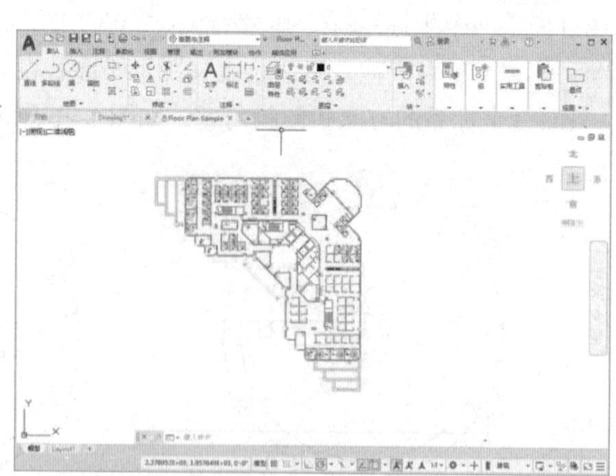

图 1-48　“草图与注释”工作空间

2. “三维基础”与“三维建模”工作空间

使用“三维基础”或“三维建模”工作空间，可以方便地在三维空间中绘制图形，如图 1-49 所示。在“功能区”选项板中集成了“建模”“实体编辑”“截面”“网格”“渲染”等面板，从而为绘制三维图形、观察图形、创建动画、设置光源、为三维对象附加材质等操作提供了非常便利的环境。

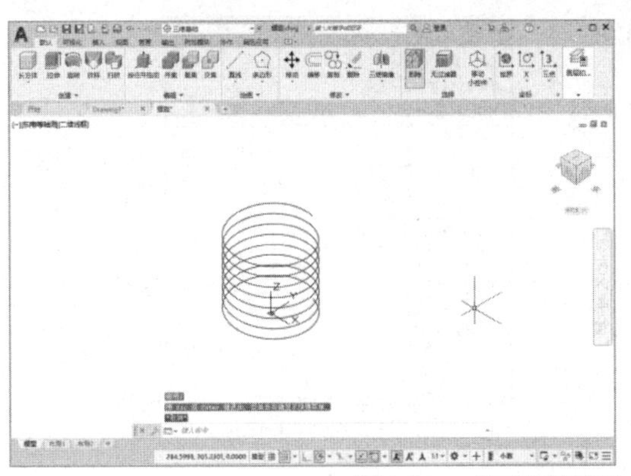

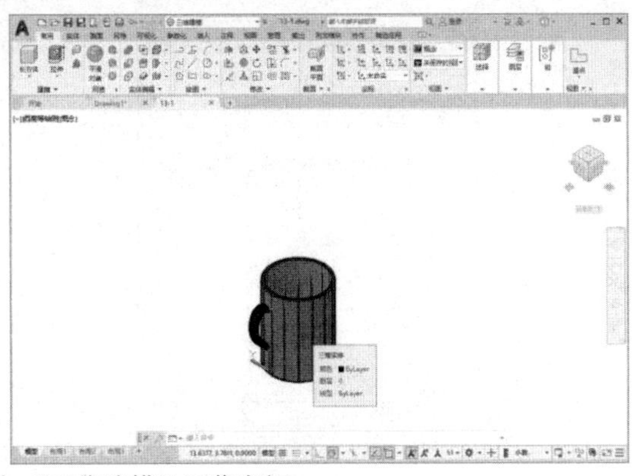

图 1-49 “三维基础”与“三维建模”工作空间

1.2.3 自定义工作空间

在 AutoCAD 2021 中，用户除了可以使用软件默认设置的几种工作空间以外，还可以通过自定义的方式创建符合自己工作需求的工作空间。

【练习 1-2】 在 AutoCAD 2021 中创建一个自定义工作空间。视频

(1) 启动 AutoCAD 2021 后创建一个空白绘图文件，然后单击快速访问工具栏中的按钮，在弹出的菜单中选择“工作空间”命令，如图 1-50 所示。

(2) 在绘图界面左上角单击“工作空间”快捷工具右侧的下拉列表按钮，在弹出的下拉列表中选择“自定义”选项，如图 1-51 所示。

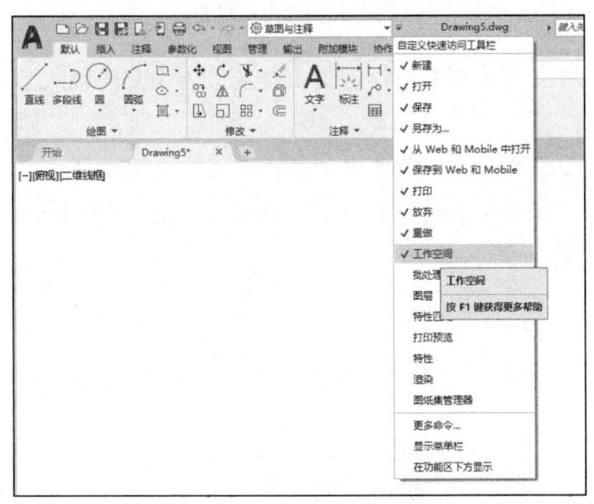

图 1-50 选择“工作空间”命令

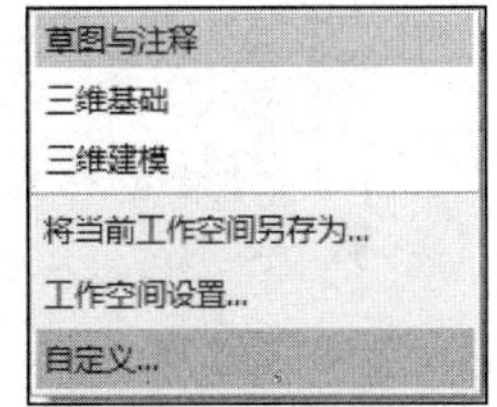

图 1-51 选择“自定义”选项

(3) 在打开的“自定义用户界面”对话框中，选择并右击“工作空间”选项，然后在弹出的快捷菜单中选择“新建工作空间”命令，如图 1-52 所示。

(4) 显示新的工作空间选项，选择中文输入法，将新建的工作空间命名为“新设置”，如图 1-53 所示。

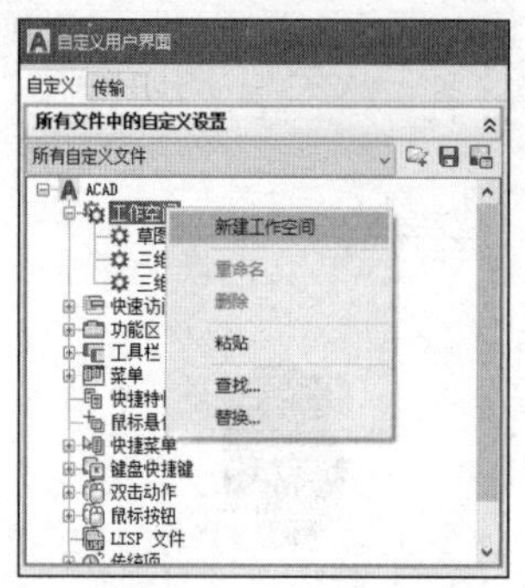

图 1-52　选择“新建工作空间”命令

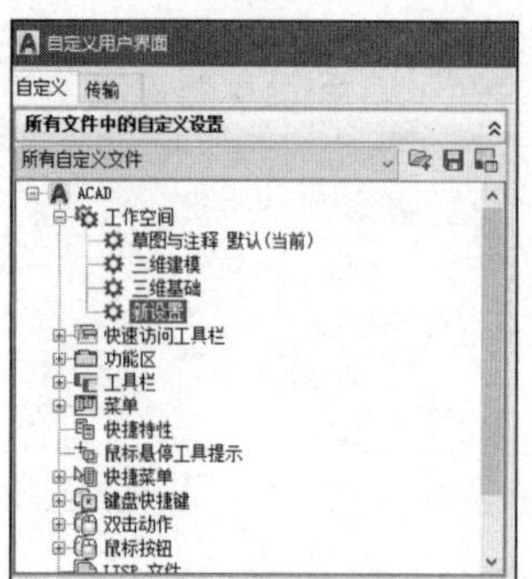

图 1-53　命名工作空间

(5) 在“自定义用户界面”对话框中右击“新设置”选项，在弹出的快捷菜单中选择“自定义工作空间”命令，如图 1-54 所示。

(6) 进入自定义工作空间模式后，在“所有文件中的自定义设置”窗格中选中需要在“新设置”工作空间中显示的选项卡、工具栏和菜单等元素前的复选框，如图 1-55 所示。

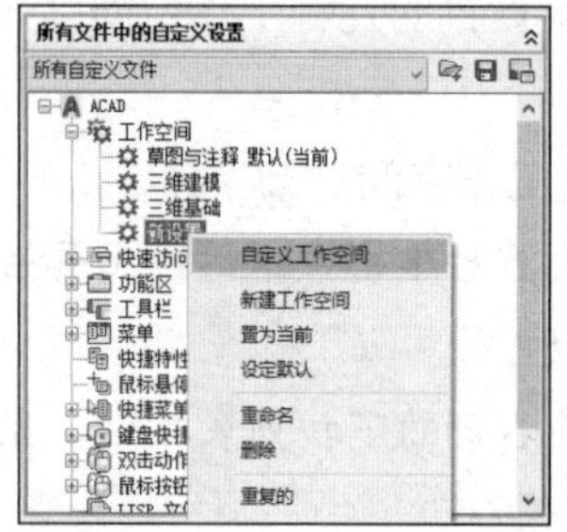

图 1-54　选择“自定义工作空间”命令

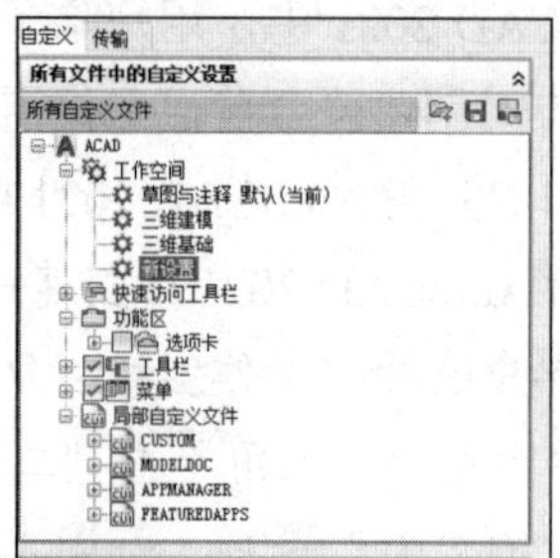

图 1-55　选中复选框

(7) 再次右击“新设置”选项，在弹出的快捷菜单中选择“退出自定义工作空间模式”命令，如图 1-56 所示。

(8) 单击“确定”按钮退出对话框。在绘图界面左上角单击“工作空间”快捷工具右侧的下拉列表按钮，在弹出的下拉列表中可以选择自定义的“新设置”选项，如图 1-57 所示。

图 1-56　退出自定义工作空间模式

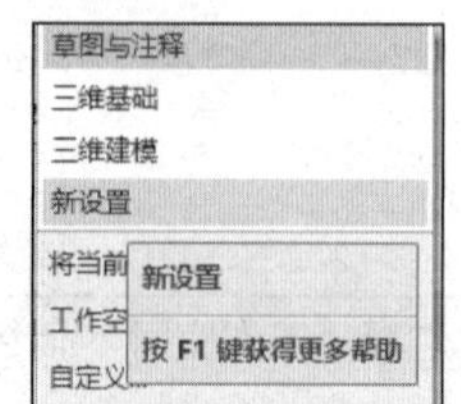

图 1-57　选择“新设置”选项

1.2.4　AutoCAD 绘图空间

AutoCAD 为用户提供了模型空间与图纸空间两种绘图空间(其中图纸空间又被称为“布

局空间”)，在这两种空间中都可以对图形进行绘制与编辑。当打开一个新的图形文件时，软件默认自动进入如图 1-58 所示的模型空间。

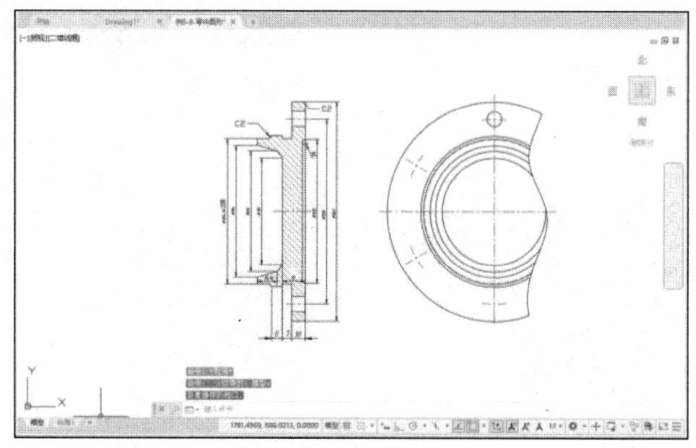

图 1-58　模型空间

在模型空间中绘制完图纸后，若需要打印输出，单击绘图区左下角的“布局 1”选项卡，可以切换至如图 1-59 所示的图纸空间，可对图纸的打印输出效果进行调整。

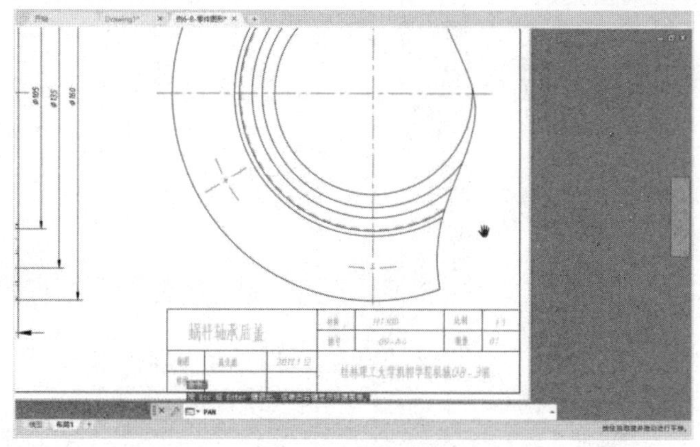

图 1-59　图纸空间

完成图纸打印效果的设置后，单击图 1-59 中的“模型”选项卡，则可以返回模型空间。模型空间和图纸空间在绘图中的作用说明如下。

- 模型空间：当用户需要创建具有一个视图的二维图形时，可以在模型空间中完整创建图形及注释。这是使用 AutoCAD 创建图形的传统方法，该方法虽然操作简单，但是有很多局限。例如，仅适用于二维图形；缩放注释和标题栏需要计算，除非用户使用注释性对象。
- 图纸空间：该空间是图纸布局环境，用户可以在该空间中指定图纸的大小、添加标题栏、显示模型的多个视图以及创建图形标注和注释。

在 AutoCAD 中，软件默认提供一个模型空间和两个图纸空间，用户可以根据需要创建新的图纸空间，具体操作时，可以创建默认图纸空间，也可以根据样板文件来创建新的图纸空间。

例如，首先启动 AutoCAD 2021，右击软件界面左下角的“模型”选项卡，在弹出的快捷菜单中选择“从样板”命令，如图 1-60 所示。打开“从文件选择样板”对话框，选择 Tutorial-iMfg 样板文件，然后单击“打开”按钮，如图 1-61 所示。

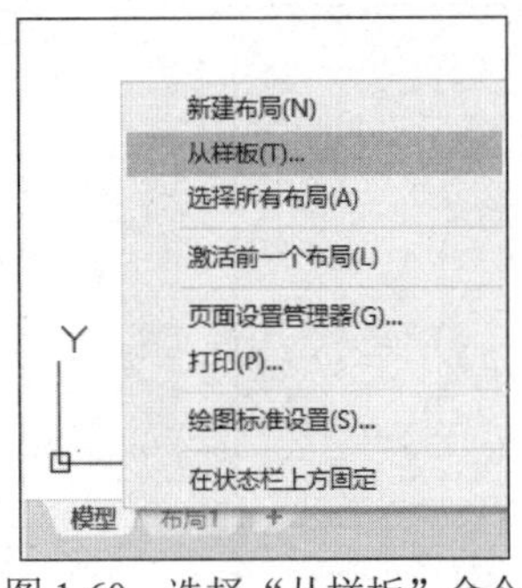

图 1-60　选择“从样板”命令

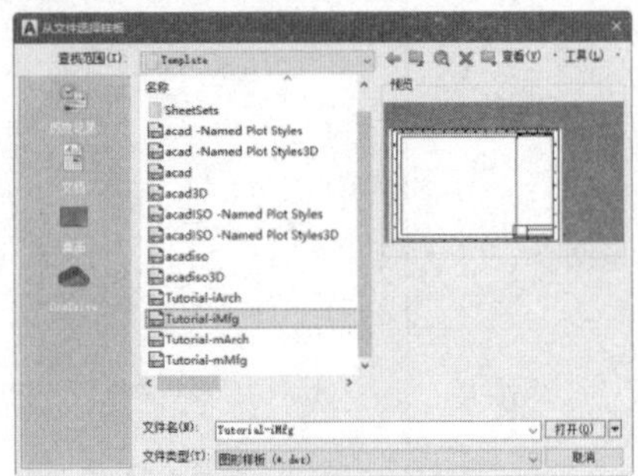

图 1-61　选择样板文件

打开“插入布局”对话框，确定图纸空间的名称，单击“确定”按钮，如图 1-62 所示。选择界面左侧的“D-尺寸布局”选项卡，图纸空间的效果如图 1-63 所示。

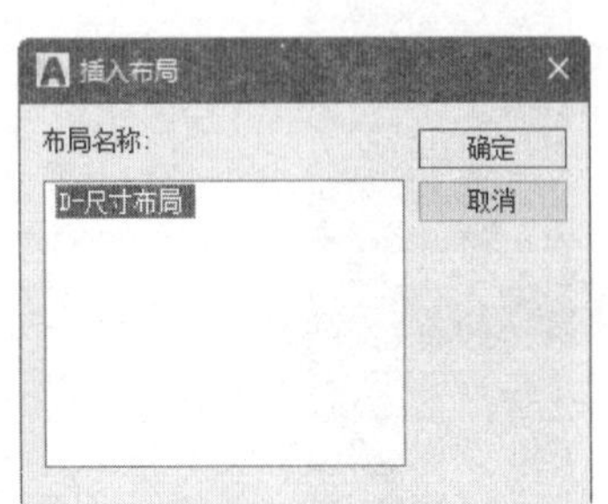

图 1-62　“插入布局”对话框

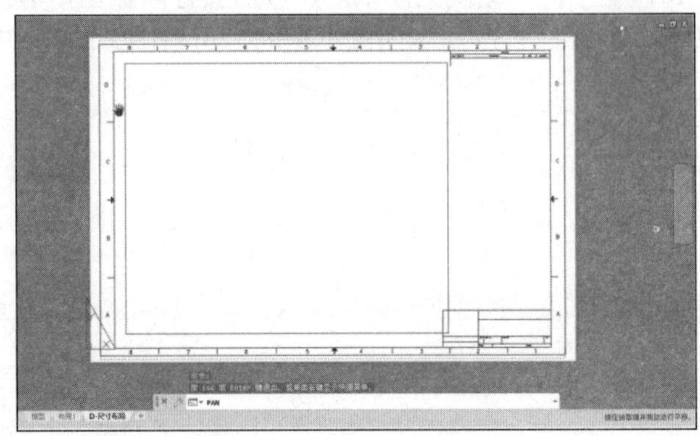

图 1-63　图纸空间的效果

1.3　AutoCAD 绘图环境

在使用 AutoCAD 2021 绘图前，为了规范绘图，提高绘图效率，用户需要对参数选项、绘图单位和图形界限等进行必要的设置。

1.3.1　设置参数选项

单击“菜单浏览器”按钮 A，在弹出的菜单浏览器中单击“选项”按钮，打开“选项”对话框。在该对话框中包含“文件”“显示”“打开和保存”“打印和发布”“系统”“用户系统配置”“绘图”“三维建模”“选择集”“配置”选项卡，如图 1-64 所示。

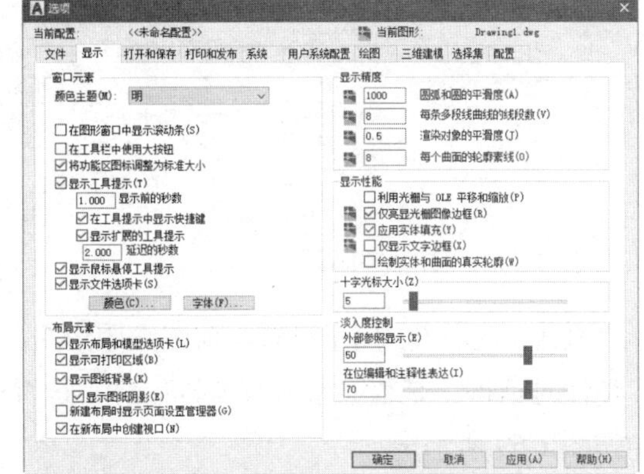

图 1-64 打开“选项”对话框

“选项”对话框中各选项卡的功能如下。

- “文件”选项卡：用于确定 AutoCAD 搜索支持文件、驱动程序文件、菜单文件和其他文件时的路径以及用户定义的一些设置，如图 1-65 所示。
- “显示”选项卡：用于设置窗口元素、布局元素、显示精度、显示性能和十字光标大小等显示属性，如图 1-66 所示。

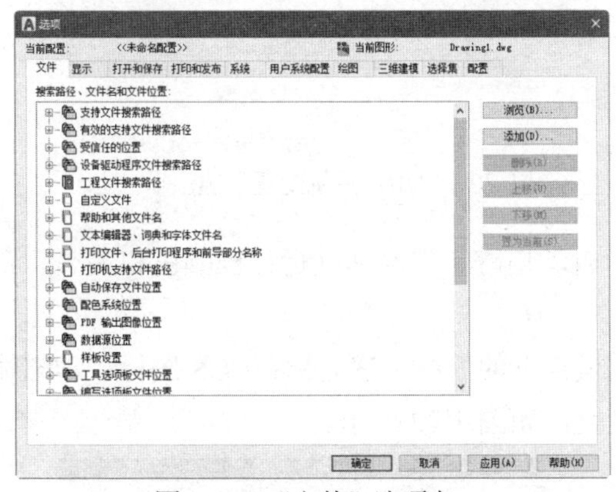

图 1-65 “文件”选项卡

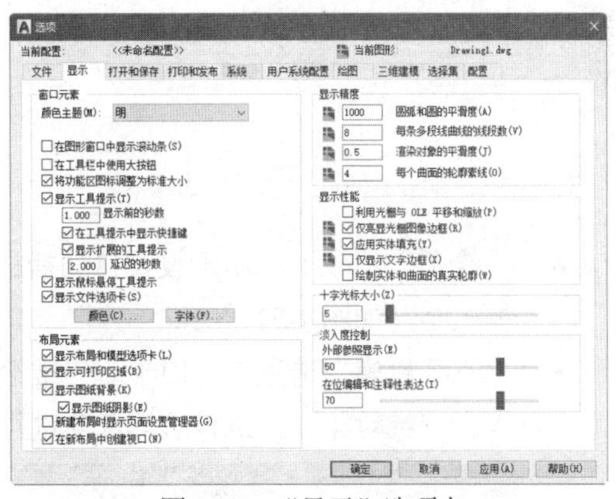

图 1-66 “显示”选项卡

- “打开和保存”选项卡：用于设置是否自动保存文件，以及自动保存文件时的时间间隔，是否维护日志，以及是否加载外部参照等，如图 1-67 所示。
- “打印和发布”选项卡：用于设置 AutoCAD 的输出设备。默认情况下，输出设备为 Windows 打印机。但在很多情况下，为了输出较大幅面的图形，也可使用专门的绘图仪，如图 1-68 所示。

图 1-67　“打开和保存”选项卡

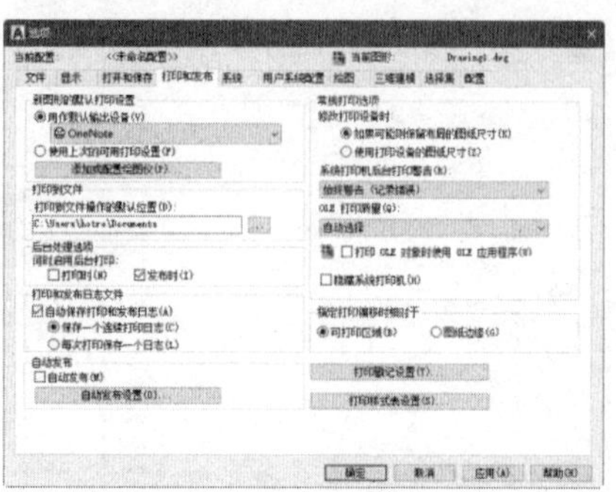

图 1-68　“打印和发布”选项卡

- “系统”选项卡：用于设置当前三维图形的显示特性，设置定点设备、是否显示 OLE 特性对话框、是否显示所有警告信息、是否检查网络连接、是否允许长符号名等，如图 1-69 所示。
- “用户系统配置”选项卡：用于设置是否使用快捷菜单和对象的排序方式，如图 1-70 所示。

图 1-69　“系统”选项卡

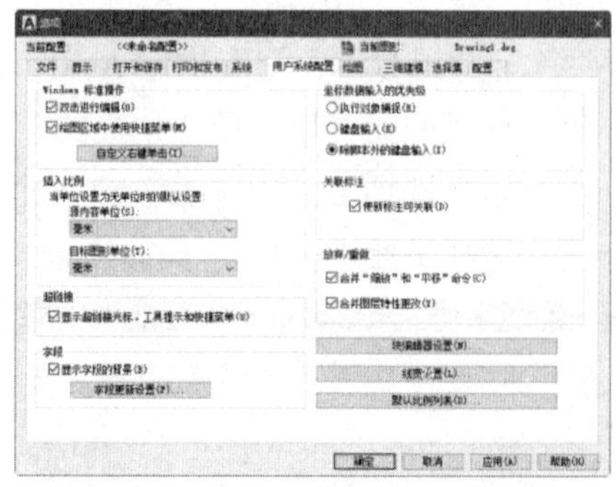

图 1-70　“用户系统配置”选项卡

- “绘图”选项卡：用于设置自动捕捉、自动追踪、自动捕捉标记框颜色和大小、靶框大小，如图 1-71 所示。
- “三维建模”选项卡：用于对三维绘图模式下的三维十字光标、UCS 图标、动态输入、三维对象、三维导航等选项进行设置，如图 1-72 所示。

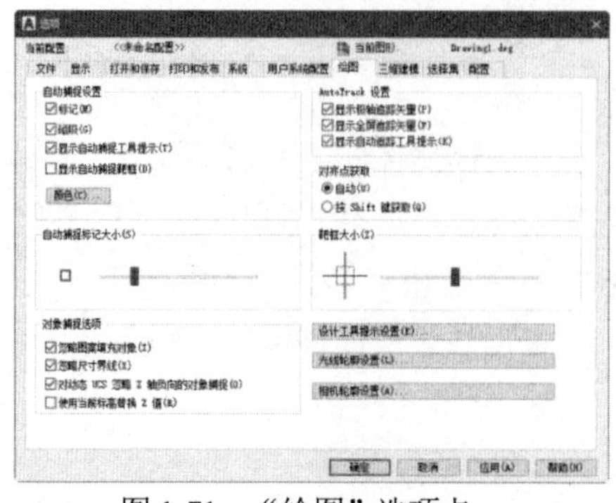

图 1-71　“绘图”选项卡

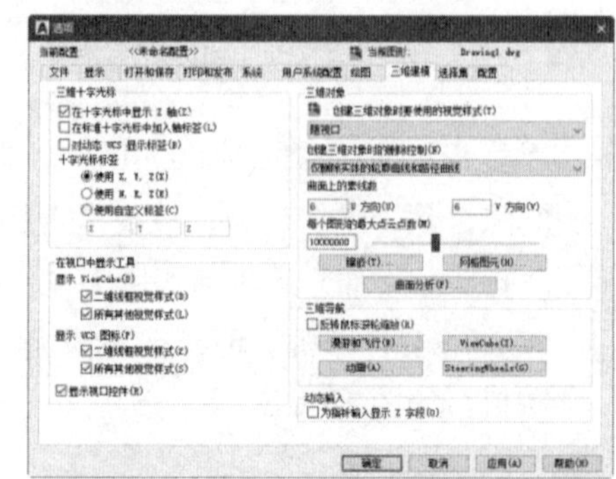

图 1-72　“三维建模”选项卡

- “选择集”选项卡：用于设置选择集模式、拾取框大小以及夹点大小等，如图 1-73 所示。
- “配置”选项卡：用于实现新建系统配置文件、重命名系统配置文件以及删除系统配置文件等操作，如图 1-74 所示。

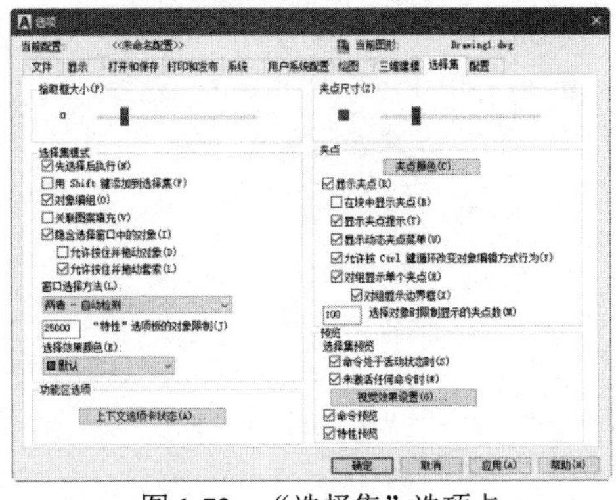
图 1-73　“选择集”选项卡

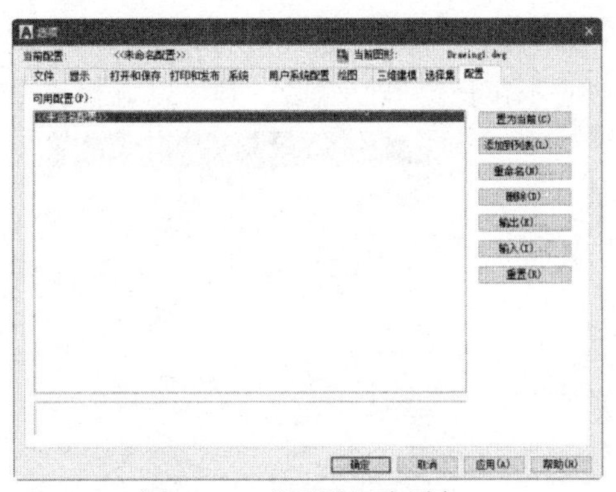
图 1-74　“配置”选项卡

1.3.2　设置图形单位

在 AutoCAD 中，可以采用 1∶1 的比例因子绘图，因此，所有的直线、圆和其他对象都可以真实大小来绘制。例如，一个零件长 200cm，可以按 200cm 的真实大小来绘制，在需要打印时，再将图形按图纸大小进行缩放。

在 AutoCAD 中单击▾按钮，然后在弹出的菜单中选择“显示菜单栏”命令，在显示的菜单栏中选择“格式”|“单位”命令，在打开的“图形单位”对话框中可以设置绘图时使用的长度单位、角度单位，以及单位的显示格式和精度等参数，如图 1-75 所示。

使用以下两种命令之一，也可以打开“图形单位”对话框。

- 在命令行中执行 DDUNITS 命令。
- 在命令行中执行 UNITS 命令。

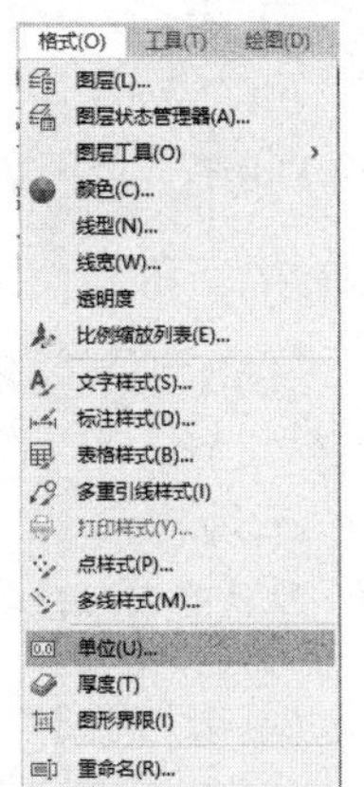

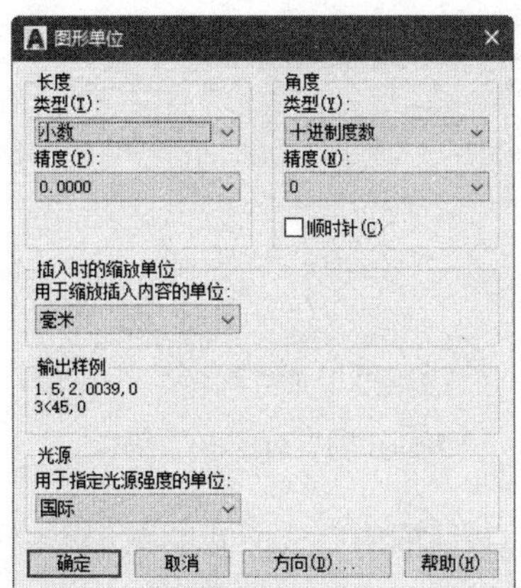

图 1-75　打开“图形单位”对话框

在长度的测量单位类型中，“工程”(如图 1-76 所示)和“建筑”类型是以英尺和英寸显示的，每一图形单位代表 1 英寸。其他类型，如“科学”和“分数”则没有这样的设定，每个图形单位都可以代表任何真实的单位。

如果创建块或图形时使用的单位与该选项指定的单位不同，则在插入这些块或图形时，将对其按比例缩放。插入比例是源块或图形使用的单位与目标图形使用的单位之比。如果插入块时不按指定单位缩放，则可以选择“无单位”选项，如图 1-77 所示。

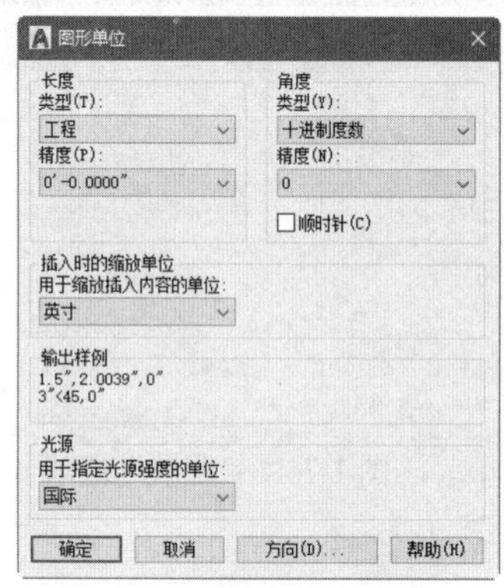

图 1-76　设置长度测量单位

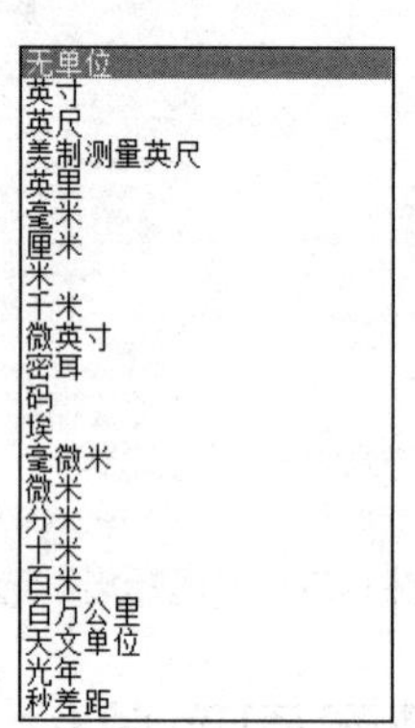

图 1-77　选择“无单位”选项

注意：

在“长度”或“角度”选项区域中选择了长度或角度的类型与精度后，在“输出样例”选项区域中将显示它们对应的样例。

在“图形单位”对话框中，单击“方向”按钮，可以利用打开的“方向控制”对话框设置起始角度(0° 角)的方向，如图 1-78 所示。默认情况下，角度的 0° 方向是指向右(即正东方或 3 点钟)的方向，如图 1-79 所示。逆时针方向为角度增加的正方向。

在“方向控制”对话框中，当选中“其他”单选按钮时，可以单击“拾取角度”按钮，切换到图形窗口中，通过拾取两个点来确定基准角度的 0° 角方向。

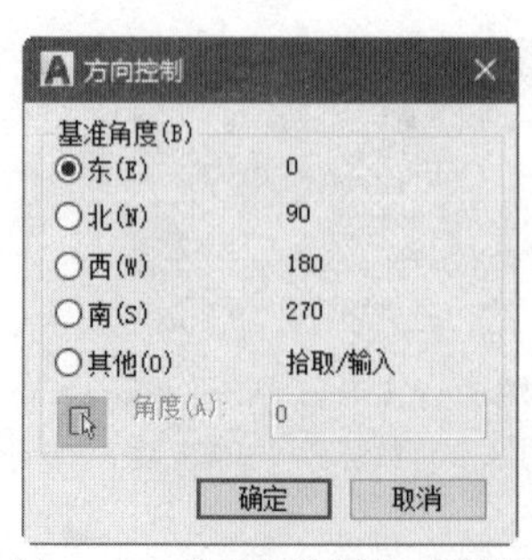

图 1-78　“方向控制”对话框

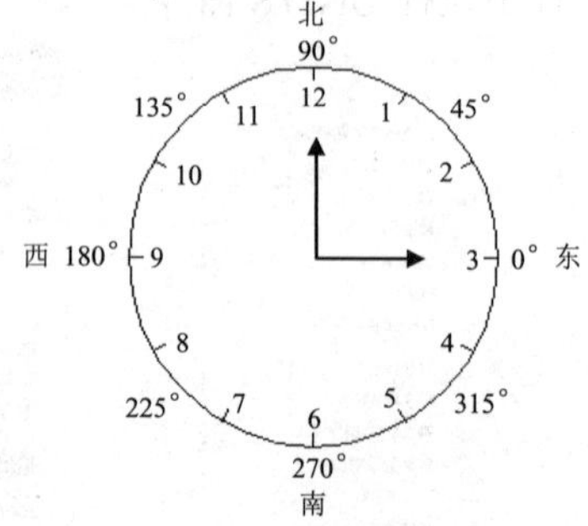

图 1-79　默认的 0° 角方向

在“图形单位”对话框中完成所有的图形单位设置后，单击“确定”按钮，可以将设置的单位应用到当前图形并关闭该对话框。

1.3.3　设置图形界限

图形界限就是绘图区，也称为图限。在 AutoCAD 2021 中，可以在快速访问工具栏中选择“显示菜单栏”命令，在显示的菜单栏中选择“格式”|“图形界限”命令(LIMITS)来设置图形界限，如图 1-80 所示。

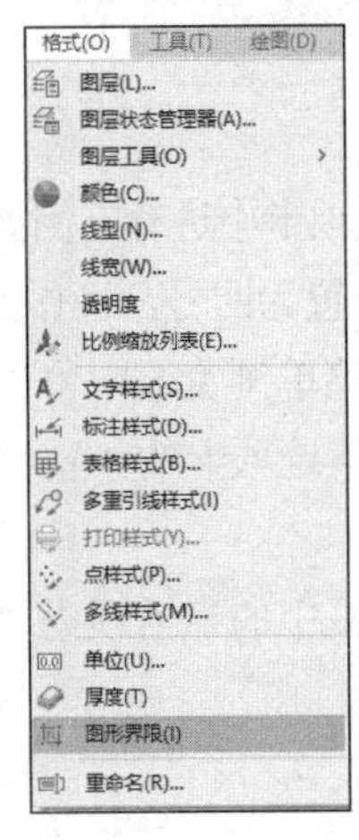

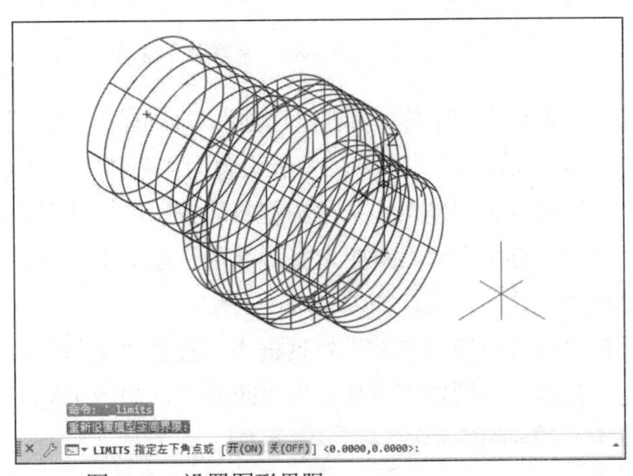

图 1-80　设置图形界限

在世界坐标系下，图形界限由一对二维点确定，即左下角点和右上角点。在发出 LIMITS 命令时，命令行将显示如下提示信息：

```
指定左下角点或 [开(ON)/关(OFF)] <0.0000,0.0000>:
```

此时，通过选择“开(ON)”或“关(OFF)”选项可以决定能否在图形界限之外指定一个点。如果选择“开(ON)”选项，那么将打开图形界限检查，就不能在图形界限之外结束一个对象，也不能使用“移动”或“复制”命令将图形移到图形界限之外，但可以指定两个点(中心点和圆周上的点)来画圆，圆的一部分可能在界限之外；如果选择“关(OFF)”选项，AutoCAD 将禁止图形界限检查，可以在图形界限之外画对象或指定点。

1.3.4　设置命令窗口

AutoCAD 默认的命令窗口行数为 3，字体为 Courier New，用户可以根据设计的需要更改命令窗口的显示行数和字体。

调整命令窗口行数的方法是：将鼠标光标移到绘图区与命令窗口的交界处，当鼠标光标呈现⇕状态时，按住鼠标左键上下移动即可，如图 1-81 所示。

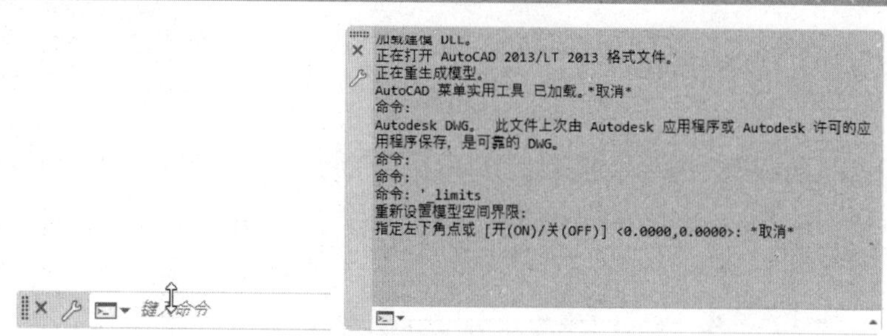

图 1-81　调整命令窗口的行数

要调整命令窗口中的字体，可在“选项”对话框的“显示”选项卡中进行。例如，将命令窗口中的“字体”设置为“隶书”、字形设置为“粗体”、字号设置为四号，操作方法如下。

首先在 AutoCAD 中单击“菜单浏览器”按钮 A，在弹出的菜单浏览器中单击“选项”按钮。在打开的“选项”对话框中选择“显示”选项卡，然后在该选项卡的“窗口元素”选项区域中单击“字体”按钮，如图 1-82 所示。

在打开的“命令行窗口字体”对话框中，设置“字体”列表框中的当前项为“隶书”，设置字形为“粗体”，设置“字号”为“四号”，如图 1-83 所示。

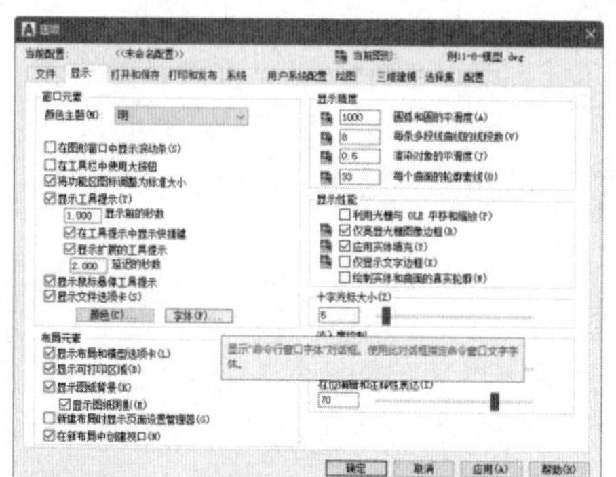

图 1-82　单击“字体”按钮

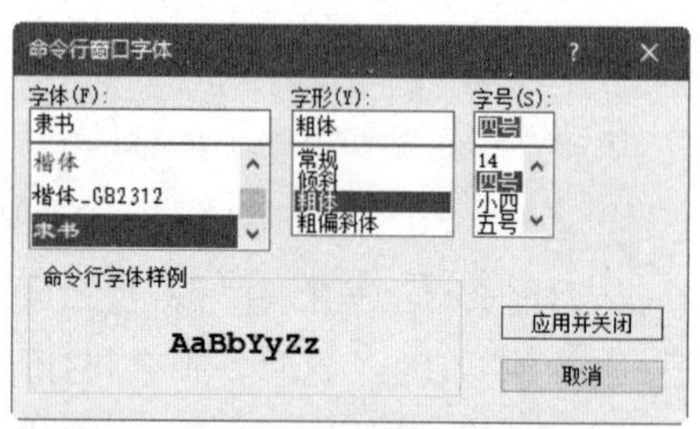

图 1-83　“命令行窗口字体”对话框

单击“应用并关闭”按钮，返回“选项”对话框，然后在该对话框中单击“确定”按钮，完成命令窗口中字体的设置。

1.3.5　设置选择集模式

在“选项”对话框中，用户可以使用“选择集”选项卡来设置选择集模式和夹点效果。例如，用户可以参考以下方法，设置选择对象时显示的夹点数量、夹点大小和颜色。

打开“选项”对话框后，选择“选择集”选项卡，在“夹点尺寸”选项区域中拖动滑块，调整夹点大小，在“选择对象时限制显示的夹点数”选项前的文本框内输入 50，如图 1-84 所示，然后单击“夹点颜色”按钮。在打开的“夹点颜色”对话框中设置夹点在各种状态下的颜色，然后单击“确定”按钮，如图 1-85 所示。

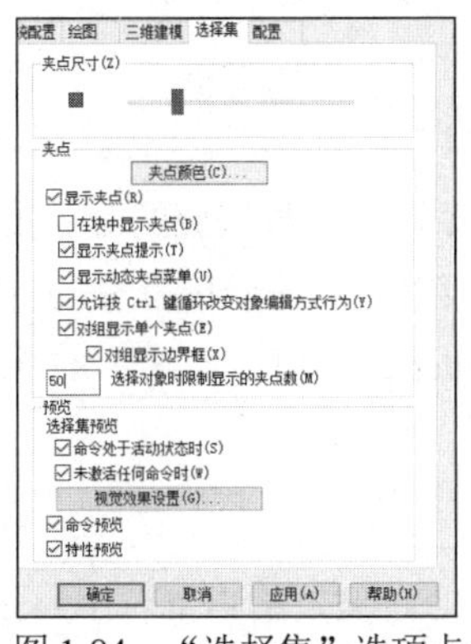

图 1-84　“选择集”选项卡

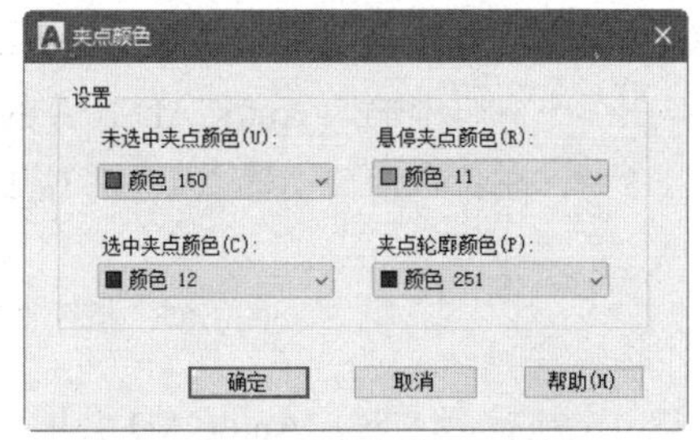

图 1-85　“夹点颜色”对话框

注意：

若用户需要恢复 AutoCAD 的默认设置，可以在“选项”对话框中选择“配置”选项卡，然后在该选项卡中单击“重置”按钮。.

1.4　AutoCAD 命令的执行

在 AutoCAD 中，菜单命令、工具按钮、命令和系统变量都是相互对应的。用户可以选择某一菜单命令，或单击某个工具按钮，或在命令行中输入命令和系统变量来执行相应命令。

1.4.1　使用鼠标执行命令

在绘图窗口中，光标通常显示为“十”字线形式。当光标移至菜单选项、工具或对话框内时，它会变成一个箭头。无论光标是“十”字线形式还是箭头形式，当单击或右击时，都会执行相应的命令或动作，如图 1-86 所示。在 AutoCAD 中，鼠标键是按照下述规则定义的。

图 1-86　鼠标光标

- 拾取键：通常指鼠标左键，用于指定屏幕上的点，也可以用来选择 Windows 对象、AutoCAD 对象、工具按钮和菜单命令等。
- Enter 键：相当于鼠标右键的作用，用于结束当前使用的命令，此时系统将根据当前绘图状态而弹出不同的快捷菜单。
- 弹出菜单：当使用 Shift 键和鼠标右键的组合时，系统将弹出快捷菜单，用于设置捕捉点的方法。对于三键鼠标，弹出按钮通常是鼠标的中间按钮。

1.4.2 使用命令窗口

通过在命令窗口中输入命令的方法来执行 AutoCAD 命令，是一种快捷的命令执行方法。具体做法是：在命令窗口中输入 AutoCAD 命令的英文全称或缩写，然后按下 Enter 键。例如，执行“直线”命令，在命令窗口中输入 LINE 或 L 后按下 Enter 键即可，如图 1-87 所示。

LINE

图 1-87 执行“直线”命令

在命令窗口中执行命令时，AutoCAD 会根据命令操作过程提示用户进行下一步的操作，各种特殊符号的含义如下。

- [ ]：该类括号中的选项用于表示该命令在执行过程中可以使用的各种功能选项。若要选择某个选项，只需要输入圆括号中的数字或字母即可。例如，执行“矩形”命令，在命令执行过程中输入 T(表示选择“厚度”选项)即可，如图 1-88 所示。

RECTANG 指定第一个角点或 [倒角(C) 标高(E) 圆角(F) 厚度(T) 宽度(W)]: T

图 1-88 选择“厚度”选项

- < >：该类括号中的数值是当前系统的默认值或上次操作时使用的值，若在这类提示下直接按下 Enter 键，则采用括号内的数值。例如，执行多边形命令时，指定多边形的边数为 5，如图 1-89 所示。

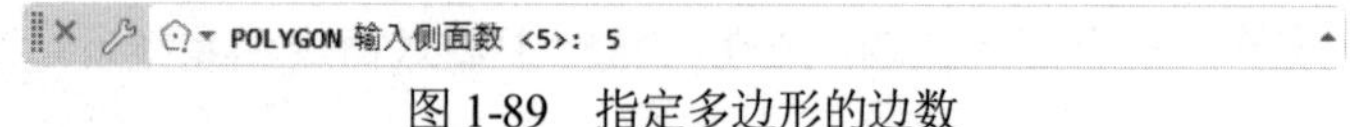

图 1-89 指定多边形的边数

【练习 1-3】输入命令设置 AutoCAD 绘图界限。视频

(1) 启动 AutoCAD 2021 后创建一个空白绘图文件，在命令窗口中输入 LIMITS 命令。

(2) 在命令行的“指定左下角点或[开(ON)/关(OFF)] <0.000,0.000>: ”提示下，按 Enter 键，保持默认设置，如图 1-90 所示。

(3) 在命令行的“指定右上角点 <12.000,9.000>: ”提示下，输入图形界限的右上角点(20,10)，如图 1-91 所示。

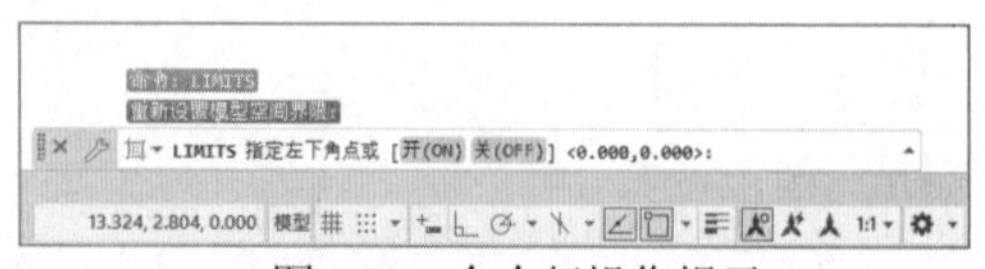

图 1-90 命令行操作提示

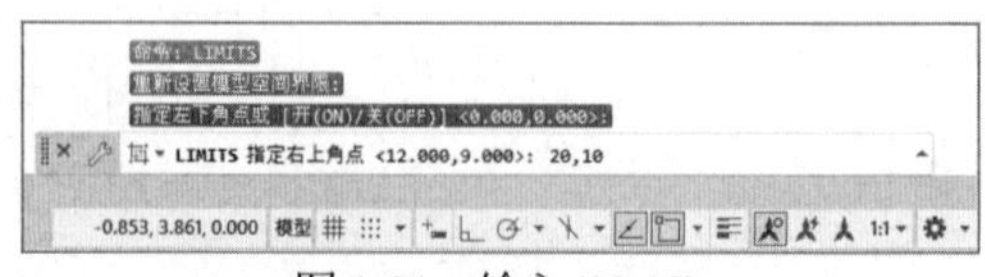

图 1-91 输入(20,10)

(4) 输入完成后，按下 Enter 键，完成图形界限的设置。

注意：

在命令行中，可以使用 Backspace 或 Delete 键删除命令行中的文字；也可以选中命令历史，并执行“粘贴到命令行”命令，将其粘贴到命令行中。

1.4.3　使用文本窗口

默认情况下，AutoCAD 文本窗口处于关闭状态。在快速访问工具栏中选择“显示菜单栏”命令，在显示的菜单栏中选择“视图”|“显示”|“文本窗口”命令可以打开它，如图 1-92 所示，也可以按下 F2 键来显示或隐藏它。在 AutoCAD 文本窗口中，使用“编辑”菜单中的命令(如图 1-93 所示)，可以选择最近使用过的命令、复制选定的文字等。

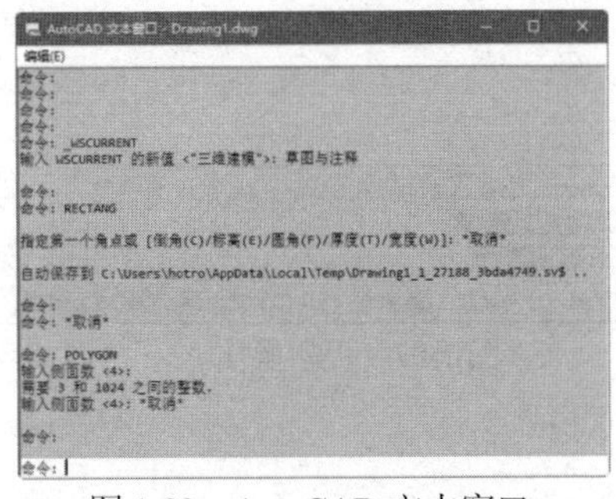

图 1-92　AutoCAD 文本窗口

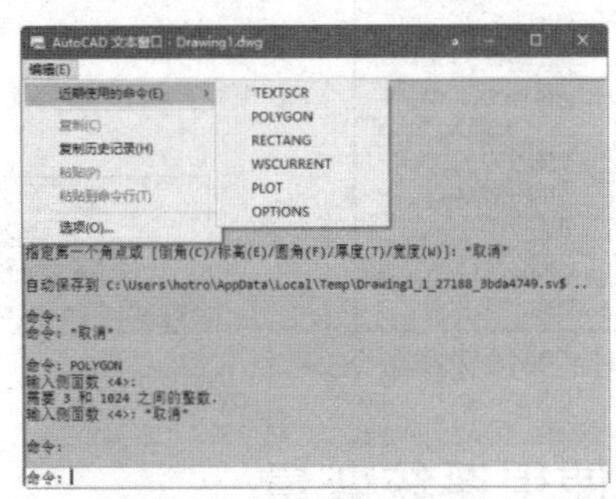

图 1-93　“编辑”菜单

在 AutoCAD 文本窗口中，可以查看当前图形的全部命令历史。如果要浏览命令文字，可使用窗口滚动条或命令窗口浏览键，如 Home、PageUp、PageDown 等。如果要复制文本到命令行，可在该窗口中选择要复制的命令，然后选择“编辑”|“粘贴到命令行”命令；也可以右击选中的文字，在弹出的快捷菜单中选择“粘贴到命令行”命令，将复制的内容粘贴到命令行中。

1.4.4　使用按钮和菜单栏

在 AutoCAD 功能区中，每个选项卡中都有多个对应的面板，在这些面板中有相关的命令按钮。单击其中某个按钮，将执行与其对应的命令，随后在命令窗口中将提示用户执行相应的操作。例如，单击“默认”选项卡中的“圆”按钮，执行“圆”命令，如图 1-94 所示，按照命令窗口中的文字提示，在绘图窗口中单击指定圆心或其他设置点。接下来，根据命令行中的操作提示即可完成“圆”命令的操作，如图 1-95 所示。

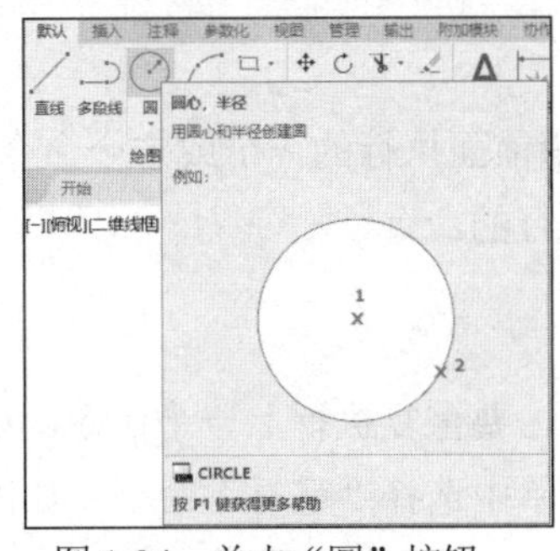

图 1-94　单击“圆”按钮

图 1-95　命令行操作提示

执行 AutoCAD 命令时，如果用户不知道某个命令的命令按钮在什么位置，也不清楚命令的英文写法，可以通过菜单栏执行命令。例如，在菜单栏中选择“绘图”|“矩形”命令，如图 1-96 所示，然后按照命令行中的提示进行操作，即可完成“矩形”命令的操作，如图 1-97 所示。

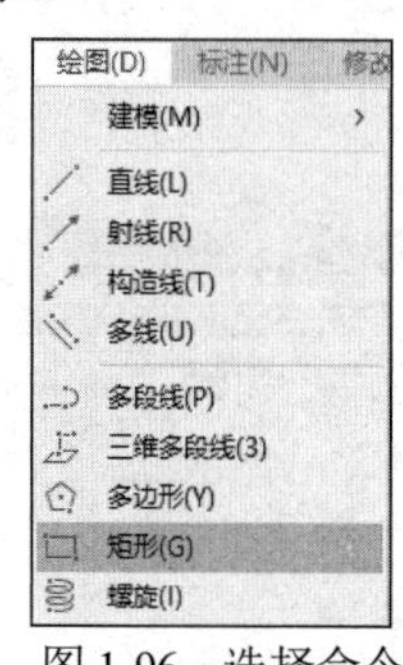

图 1-96　选择命令

图 1-97　提示操作

1.4.5　使用系统变量

在 AutoCAD 中，系统变量用于控制某些功能和设计环境、命令的工作方式，它们可以打开或关闭捕捉、栅格或正交等绘图模式，设置默认的填充图案，或存储当前图形和 AutoCAD 配置的有关信息。

系统变量通常是 6~10 个字符长的缩写名称。许多系统变量有简单的开关设置。例如，GRIDMODE 系统变量用来显示或关闭栅格，当在命令行的“输入 GRIDMODE 的新值 <1>：”提示下输入 0 时，可以关闭栅格显示；输入 1 时，可以打开栅格显示。有些系统变量则用来存储数值或文字，如 DATE 系统变量用来存储当前日期。

用户可以在对话框中修改系统变量，也可以直接在命令行中修改系统变量。例如，要使用 ISOLINES 系统变量修改曲面的线框密度，可在命令行提示下输入该系统变量名称并按下 Enter 键，然后输入新的系统变量值并按下 Enter 键即可，操作如下所示。

```
命令: ISOLINES　(输入系统变量名称)
输入 ISOLINES 的新值 <4>: 32　(输入系统变量的新值)
```

1.4.6　重复、撤销和重做命令

在 AutoCAD 中，可以方便地重复执行同一个命令，或撤销前面执行的一个或多个命令。此外，撤销前面执行的命令后，还可以通过重做来恢复前面执行的命令。

1. 重复命令

用户可以使用多种方法来重复执行 AutoCAD 命令。例如，要重复执行上一个命令，可以按 Enter 键或空格键，或在绘图区中右击，在弹出的快捷菜单中选择“重复”命令，如图 1-98 所示。

要重复执行最近使用的 6 个命令中的某个命令，可以在命令窗口或文本窗口中右击，在弹出的快捷菜单中选择“近期使用的命令”的 6 个子命令之一。要多次重复执行同一个命令，可以在命令提示下输入 MULTIPLE 命令，然后在命令行的“输入要重复的命令名：”提示下输入需要重复执行的命令。这样，AutoCAD 将重复执行该命令，直到按 Esc 键停止，如图 1-99 所示。

图 1-98　选择“重复”命令

图 1-99　输入重复命令

2. 终止命令

在命令执行过程中，可以随时按 Esc 键终止执行任何命令，因为 Esc 键是 Windows 系统用于取消操作的标准键。

3. 撤销和重做命令

使用 AutoCAD 2021 进行图形的绘制及编辑时，有时难免会出现错误。在出现错误时，用户不必重新对图形进行绘制或编辑，只需要撤销错误的操作即可。撤销已执行的命令主要有以下几种方法。

- “放弃”按钮：单击快速访问工具栏中的“放弃”按钮，可以放弃前一次执行的操作。单击该按钮后的下拉列表按钮，在弹出的下拉列表中选择需要撤销的最后一步操作，则该操作后的所有操作将同时被撤销，如图 1-100 所示。
- U 或 UNDO 命令：在命令窗口中执行 U 或 UNDO 命令，可以撤销前一次命令的执行结果。多次执行该命令可以撤销前几次命令的执行结果。
- OOPS 命令：在命令窗口中执行 OOPS 命令，可以恢复前一次删除的对象。但是使用 OPPS 命令只能恢复前一次删除的对象，而不会影响前面进行的其他操作。
- “放弃”选项：在某些命令的执行过程中，命令窗口中提供了“放弃”选项。在该提示下选择“放弃”选项可以撤销上一步执行的操作，如图 1-101 所示。

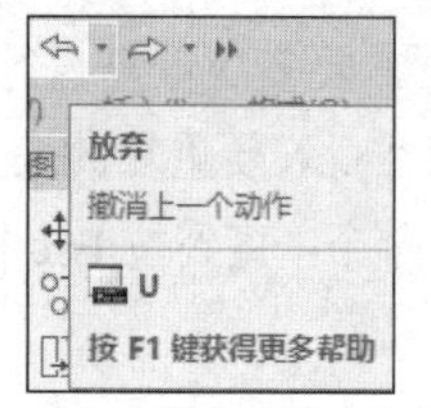

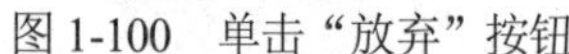

图 1-100　单击“放弃”按钮

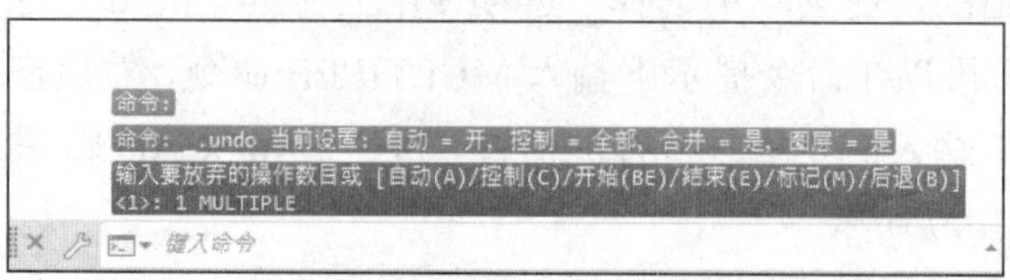

图 1-101　选择“放弃”选项

当用户在 AutoCAD 中撤销了已经执行的命令之后，如果又想恢复上一个已撤销的操作，可以通过以下方法来实现。

- REDO 命令：在使用 U 或 UNDO 命令之后，紧接着使用 REDO 命令即可恢复已撤销的上一步操作。
- “重做”按钮：单击快速访问工具栏中的“重做”按钮，可以恢复已撤销的上一步操作。

此时，可以使用“标记(M)”选项来标记一个操作，然后用“后退(B)”选项放弃在标记的操作之后执行的所有操作；也可以使用“开始(BE)”和“结束(E)”选项来放弃一组预先定义的操作。

注意：

在 AutoCAD 的命令行中，可以通过输入命令的方式执行相应的菜单命令。此时，输入的命令可以使用大写、小写或同时使用大小写，为了统一，本书全部使用大写。

1.5　思考和练习

1. 简述 AutoCAD 2021 工作界面的各个组成部分。
2. 在 AutoCAD 2021 中自定义一个工作空间。
3. 以样板文件 acadiso.dwt 开始绘制一幅新图形，并对其进行如下设置。

- 绘图单位：将长度单位设为小数，精度为小数点后两位；将角度单位设为十进制度数，精度为小数点后一位，其余参数保持默认设置。
- 夹点数为 60，夹点颜色为紫色。

第2章

AutoCAD绘图基础

AutoCAD 2021 与其他绘图软件一样，在进行绘图操作之前，为了规范绘图，提高绘图效率，绘图者还应熟悉绘图的基本操作。本章将主要介绍 AutoCAD 中常用的绘图方法以及控制显示图形等内容。

2.1　AutoCAD 绘图方法

为了满足不同用户的需要，使操作更加灵活方便，AutoCAD 2021 提供了多种方法来实现相同的功能。例如，可以使用菜单栏、工具栏、“菜单浏览器”按钮和“功能区”选项板、绘图命令等来绘制基本图形对象。

2.1.1　使用菜单栏

在绘制图形时，最常用的菜单是“绘图”和“修改”菜单。

- “绘图”菜单是绘制图形最基本、最常用的菜单，其中包含 AutoCAD 2021 的大部分绘图命令，如图 2-1 所示。选择该菜单中的命令或子命令，即可绘制出相应的二维图形。
- “修改”菜单用于编辑图形，创建复杂的图形对象，如图 2-2 所示。其中包含 AutoCAD 2021 的大部分编辑命令，通过选择该菜单中的命令或子命令，可以完成对图形的所有编辑操作。

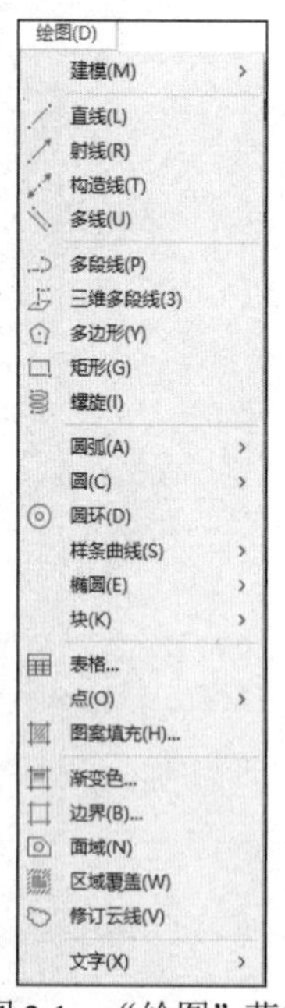

图 2-1　“绘图”菜单

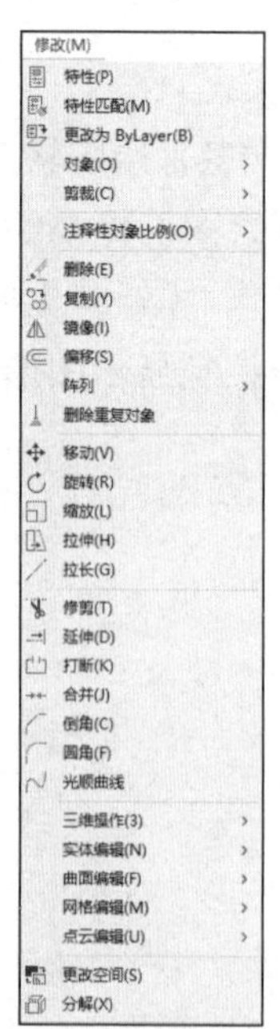

图 2-2　“修改”菜单

2.1.2　使用工具栏

工具栏中的每个按钮都与菜单栏中的菜单命令对应，单击按钮即可执行相应的绘图命

令。图 2-3 所示为“绘图”工具栏和“图层”工具栏。

图 2-3　工具栏

2.1.3　使用“菜单浏览器”按钮

单击“菜单浏览器”按钮 A，在弹出的菜单中选择相应的命令，同样可以执行相应的绘图命令，如图 2-4 所示。

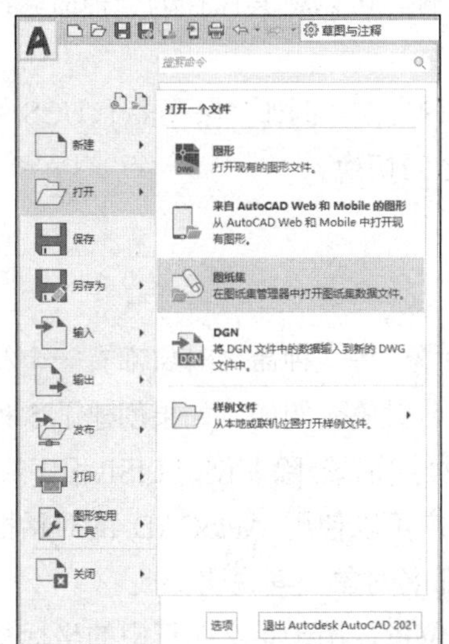

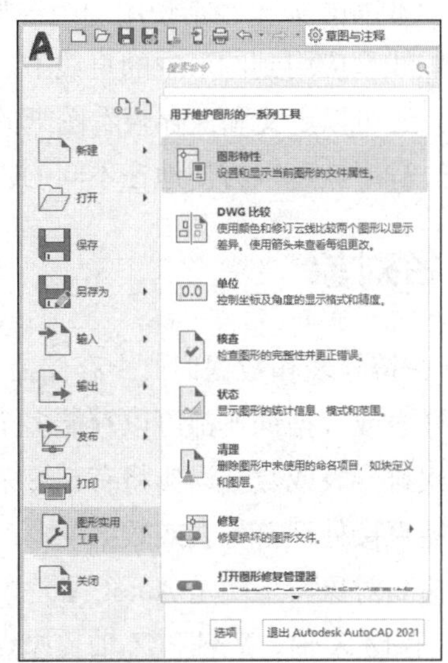

图 2-4　使用“菜单浏览器”按钮

2.1.4　使用“功能区”选项板

“功能区”选项板集成了“默认”“插入”“注释”“参数化”“视图”“管理”“输出”等选项卡，在这些选项卡的面板中单击按钮即可执行相应的图形绘制或编辑操作，如图 2-5 所示。

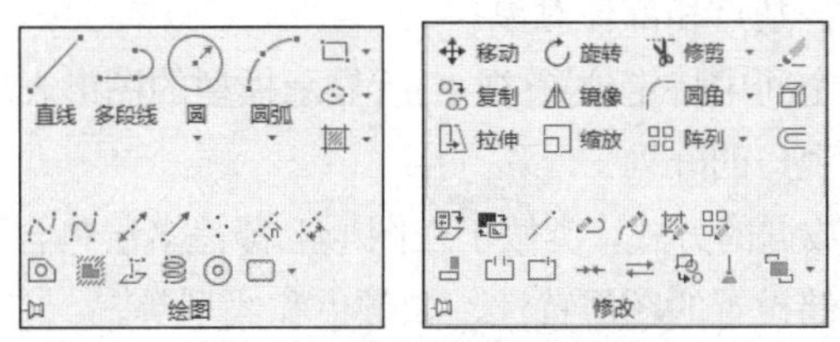

图 2-5　“功能区”选项板

2.1.5　使用绘图命令

使用绘图命令也可以绘制图形，在命令提示行中输入绘图命令，然后按 Enter 键，并根据命令行的提示信息进行绘图操作，这种方法快捷、准确性高，但要求用户掌握绘图命令及其选项的具体功能。AutoCAD 2021 在实际绘图时，采用命令行工作机制，以命令的方式实现用户与系统的信息交互。

2.2 使用命名对象

AutoCAD 图形文件包含图形对象和非图形对象两种。用户可以使用图形对象(如直线、圆弧)进行设计，同时可以使用非图形对象(也叫命名对象，如文字样式、标注样式、图层和视图)管理设计。例如，如果经常使用一组线型特性，可以将其保存为一种命名线型，之后就可以直接把这些线型应用到图形中的直线上。

除此之外，还可以定义和保存查看图纸的各种方法。例如，保存多个 UCS(用户坐标系)，这样在绘图的过程中就可以方便地在不同 UCS 之间切换。

2.2.1 命名对象

AutoCAD 在符号表和数据词典中存储命名对象，每一种命名对象都有一个符号表或数据词典，每个符号表或数据词典都可以存储多个命名对象。例如，如果创建了 5 种标注样式，图形的标注样式符号表或数据词典将有 5 条标注样式记录。除非创建 LISP 程序或对 AutoCAD 编程，否则不能直接处理符号表或数据词典。用户可以使用 AutoCAD 的对话框或命令行查看和修订所有命名对象。下面是 AutoCAD 中的命名对象及其说明。

- UCS：存储 X 轴、Y 轴和 Z 轴及原点的位置，用于定义图形中的坐标系。
- 标注样式：存储标注设置，控制标注外观。
- REDO 命令：在使用 U 或 UNDO 命令之后，紧接着使用 REDO 命令即可恢复已撤销的上一步操作。
- 表格样式：存储表格设置，控制表格外观。
- 材质：定义材质设置。
- 多重引线样式：定义多重引线的样式。
- 块：包含块名称、基点和部件对象。
- 视图：存储工作空间中特定位置(视点)所显示模型的图形表现。
- 视口：存储平铺视口的阵列。
- 图层：组织图形数据的方式，类似于在图形上覆盖多层包含不同内容的透明硫酸纸。图层符号表示存储设置的图层特性，如颜色和线型等。
- 文字样式：存储控制文字字符外观的设置，如拉伸、压缩、倾斜、镜像等。
- 线型：存储控制显示直线或曲线的信息，如显示直线是连续的还是虚线。

命名对象的名称最多可以包含 255 个字符。除了字幕和数字以外，名称中还可以包含空格(AutoCAD 将删除直接在名称前面或后面出现的空格)和特殊字符，但这些特殊字符在

Microsoft Windows 或 AutoCAD 中不能再有其他用途。

AutoCAD 中不能使用的特殊字符包括：大于号(>)、小于号(<)、斜杠(\)、引号(“)、冒号(:)、分号(;)、问号(？)、逗点(,)、星号(*)、竖杠(|)、等号(=)和反引号(‘)。此外，不能使用 Unicode 字体创建的特殊符号。

2.2.2 重命名对象

当绘制的图形越来越复杂时，用户可以重命名这些命名对象以保证对象的名称易于识别和查找。如果插入主图形的图形中包含相互冲突的名称，通过重命名就可以解决冲突。除了 AutoCAD 默认的命名对象(如图层 0)之外，可以重命名任意的命名对象。

要为命名对象重命名，可以选择“格式”|“重命名”命令，打开如图 2-6 所示的“重命名”对话框，在“命名对象”列表框中选择对象项目，在“项数”列表框中选择命名对象的项目，或在“旧名称”文本框中输入名称，在“重命名为”按钮右侧的文本框中输入新名称，然后单击“确定”按钮即可。

2.2.3 使用通配符

在 AutoCAD 中，用户可以使用通配符过滤命名对象，也可以使用通配符为命名对象组重命名。例如，如果要显示以“E-B”开头的图层，可以在“旧名称”文本框中输入“E-B*”，然后按下 Enter 键，即可完成选择，如图 2-7 所示。

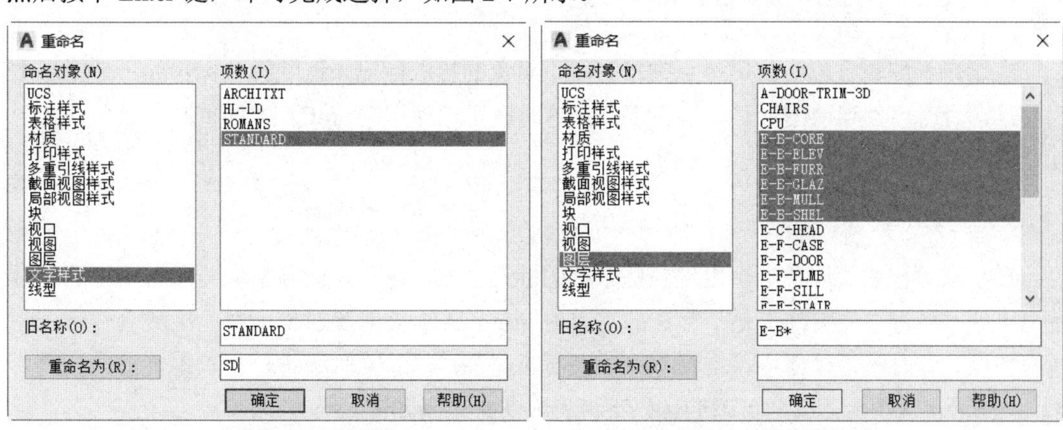

图 2-6 “重命名”对话框　　　　图 2-7 使用通配符

如果用户要将图层组“STAIR$LEVEL-1”“STAIR$LEVEL-2”重命名为“S_LEVEL-1”“S_LEVEL-2”，可以在“旧名称”文本框中输入 STAIR$*，在“重命名为”按钮右侧的文本框中输入“S_*”。

在 AutoCAD 中，可以使用的有效通配符有以下几种。

- 井号(#)：匹配任何数字字符。
- at(@)：匹配任何字母字符。

- 句点(.)：匹配任何非字母数字字符。
- 星号(*)：匹配任何字符串，可在搜索字符串的任何位置使用。
- 问号(?)：匹配任何单个字符，例如，?BC 匹配 ABC、3BC 等。
- 波浪号(~)：匹配不包含自身的任何字符串。例如，~*AB*匹配所有不包含 AB 的字符串。
- [ ]：匹配括号中包含的任一字符。例如，[AB]C 匹配 AC 和 BC。
- [~]：匹配括号中未包含的任一字符。
- 连字符([-])：在方括号中为单个字符指定区间。例如，[A-G]C 匹配 AC、BC 等直到 GC，但不匹配 HC。
- 单引号(')：逐字读取字符。例如，'*AB 匹配*AB。

2.3 图形的显示控制

AutoCAD 的图形显示控制功能在工程设计和绘图领域中的应用极其广泛。如何控制图形的显示是设计人员必须掌握的技术。在二维图形中，经常用到三视图，即主视图、侧视图和俯视图，同时还用到轴测图。在三维图形中，图形的显示控制就显得更加重要。

2.3.1 重画与重生成图形

在绘图和编辑过程中，屏幕上常常会留下对象的拾取标记，这些临时标记并不是图形中的对象，有时会使当前图形画面显得混乱，这时就可以使用 AutoCAD 的重画与重生成图形功能清除这些临时标记。

1. 重画图形

在绘图过程中，屏幕上会出现一些杂乱的标记符号，这是在删除拾取对象时留下的临时标记。这些标记符号实际上是不存在的，因为 AutoCAD 被删除对象所在的区域会残留一些重叠图像。这时就可以使用“重画”命令来更新屏幕，消除临时标记。

在 AutoCAD 中，用户可以通过以下两种方法来重画图形。

- 命令行：在命令行中输入 REDRAWALL 命令后，按下 Enter 键。
- 菜单栏：选择“视图”|“重画”命令。

例如，在命令行中输入 REDRAWALL，按下 Enter 键，即可重画图形，原来的临时标记即可消除。

2. 重生成图形

重生成与重画在本质上是不同的，在 AutoCAD 中使用“重生成”命令可以重生成屏幕，此时系统从磁盘中调用当前图形的数据，比“重画”命令执行速度慢，更新屏幕花费时间较

长。在 AutoCAD 中，某些操作只有在使用“重生成”命令后才生效，如改变点的格式等。如果一直使用某个命令编辑图形，但该图形似乎看不出什么变化，可以使用“重生成”命令更新屏幕显示。

“重生成”命令有以下两种调用方法。

- 命令行：在命令行中输入 REGEN 命令后，按下 Enter 键。
- 菜单栏：选择“视图” | “重生成”命令或“全部重生成”命令。

要重生成图形，单击“菜单浏览器”按钮，在弹出的菜单浏览器中单击“选项”按钮，打开“选项”对话框，选择“显示”选项卡，选中“应用实体填充”复选框，单击“确定”按钮，如图 2-8 所示。然后在命令行中输入 REGEN 命令，按下 Enter 键确认即可。

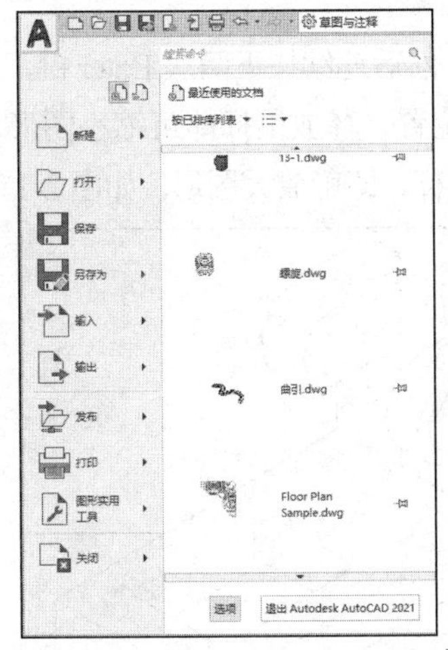

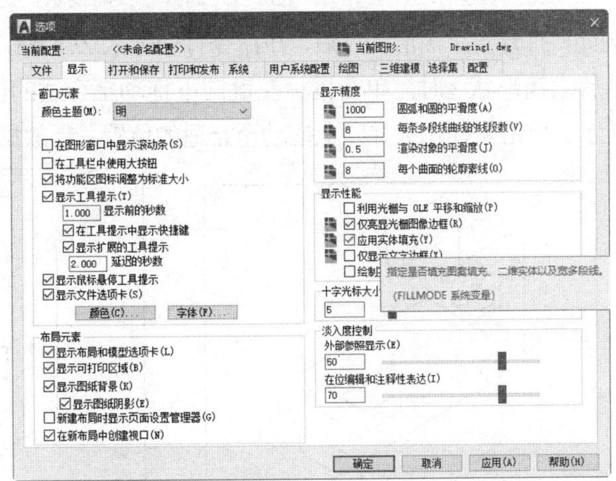

图 2-8　打开“选项”对话框

2.3.2　缩放视图

在 AutoCAD 中按一定比例、观察位置和角度显示的图形称为视图。用户可以通过缩放视图来观察图形对象。缩放视图可以增加或减少图形对象的屏幕显示尺寸，但对象的真实尺寸保持不变。通过改变显示区域和图形对象的大小，可以更准确、详细地绘图。

1. 实时缩放视图

在 AutoCAD 中，用户可以通过以下几种方法实现实时缩放视图。

- 命令行：在命令行中输入 ZOOM 命令后，按下 Enter 键。
- 菜单栏：选择“视图” | “缩放” | “实时”命令。
- 导航面板：单击 AutoCAD 工作界面右侧导航面板中“范围缩放”按钮下方的三角按钮，在弹出的下拉列表中选择“实时缩放”选项，如图 2-9 所示。

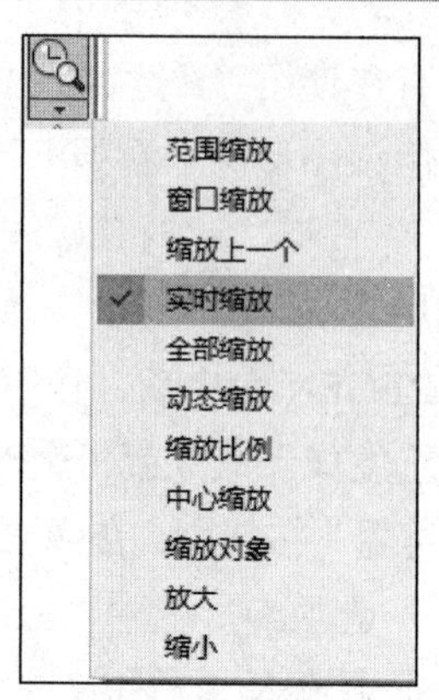

图 2-9　选择“实时缩放”选项

例如，打开一个图形文件后，在命令行中输入 ZOOM，然后连续按下两次 Enter 键，当鼠标指针呈放大镜形状时，单击鼠标左键向下拖动至合适的位置，释放鼠标即可缩小图形，如图 2-10 所示。单击鼠标左键并向上拖动至合适的位置，释放鼠标，即可放大图形，如图 2-11 所示。

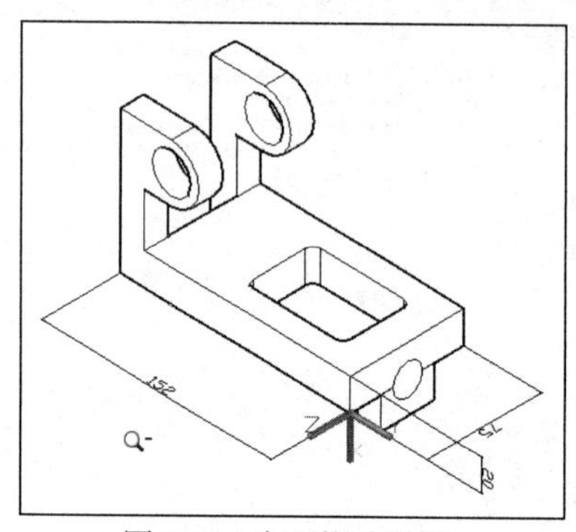

图 2-10　向下拖动鼠标

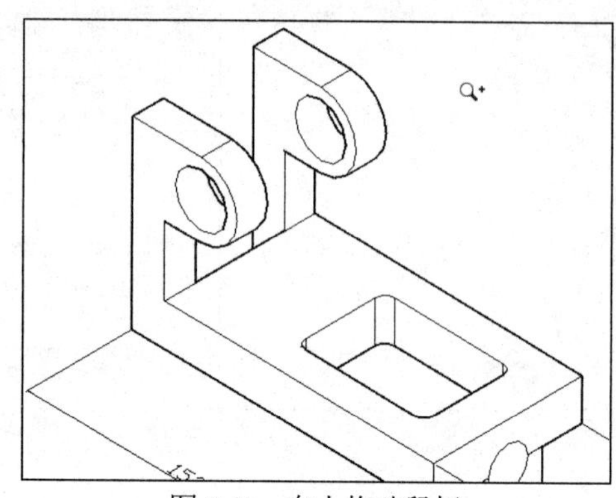

图 2-11　向上拖动鼠标

2. 窗口缩放视图

在 AutoCAD 中，用户可以通过以下几种方法实现窗口缩放视图。

- 命令行：在命令行中输入 ZOOM 命令，按下 Enter 键，在命令行提示下输入 W。
- 菜单栏：选择“视图”|“缩放”|“窗口”命令。
- 导航面板：单击 AutoCAD 工作界面右侧导航面板中“范围缩放”按钮下方的三角按钮，在弹出的下拉列表中选择“窗口缩放”选项。

执行窗口缩放操作后，用户可以指定放大图形中的某个区域。例如打开一个图形文件后，在命令行中输入 ZOOM 命令，按下 Enter 键，在命令行提示下输入 W，并再次按下 Enter 键，如图 2-12 所示。在图形上单击选中窗口左上角的一点，然后拖动鼠标设置缩放窗口的大小，如图 2-13 所示。释放鼠标后，即可在绘图窗口中放大窗口中的图形。

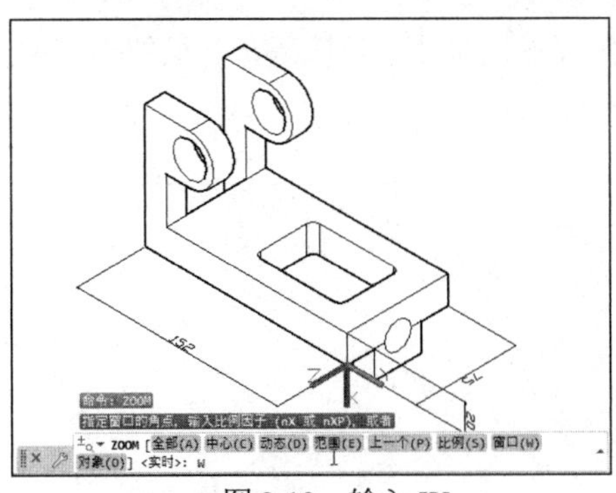

图 2-12　输入 W

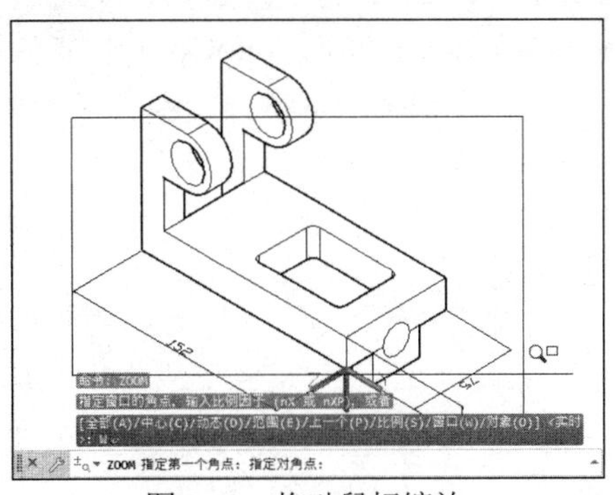

图 2-13　拖动鼠标缩放

3. 中心缩放视图

在 AutoCAD 中，用户可以通过以下几种方法实现中心缩放视图。

- 命令行：在命令行中输入 ZOOM 命令，按下 Enter 键，在命令行提示下输入 C。
- 菜单栏：选择“视图”|“缩放”|“中心”命令。
- 导航面板：单击 AutoCAD 工作界面右侧导航面板中“范围缩放”按钮下方的三角按钮，在弹出的下拉列表中选择“中心缩放”选项。

使用中心缩放视图功能后，可以使绘制的图形以某个中心位置为准，按照指定的缩放比例因子进行缩放。打开一个图形文件后，在命令行中输入 ZOOM 命令，按下 Enter 键，在命令行提示下输入 C，按下 Enter 键确认，捕捉图形中的圆心为中心点，在命令行提示下输入 1000，按下 Enter 键确认后，即可实现中心缩放视图，如图 2-14 所示。

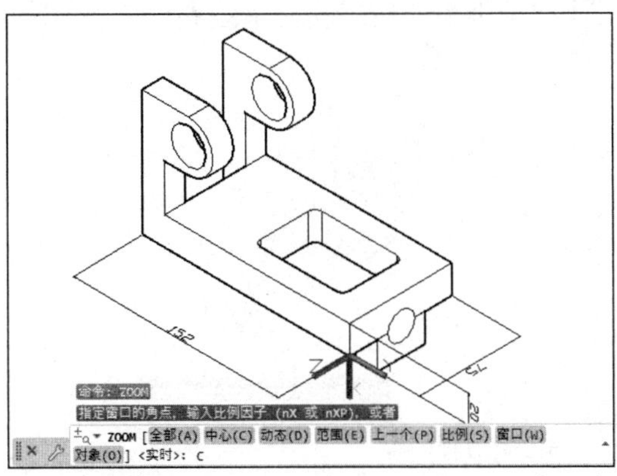

图 2-14　中心缩放视图

4. 按比例缩放视图

在 AutoCAD 中，用户可以通过以下几种方法实现按比例缩放视图。

- 命令行：在命令行中输入 ZOOM 命令，按下 Enter 键，在命令行提示下输入 S，按下 Enter 键确认，在命令行提示下输入比例因子 5，按下 Enter 键确认，即可按输入的比例缩放视图，如图 2-15 所示。
- 菜单栏：选择“视图”|“缩放”|“比例”命令。

- 导航面板：单击 AutoCAD 工作界面右侧导航面板中“范围缩放”按钮下方的三角按钮，在弹出的下拉列表中选择“缩放比例”选项。

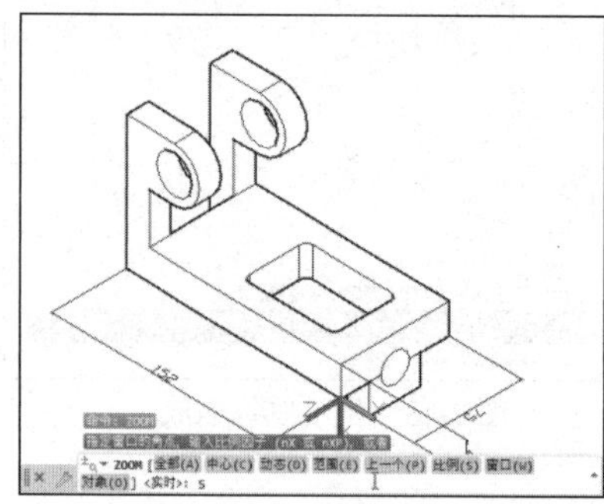
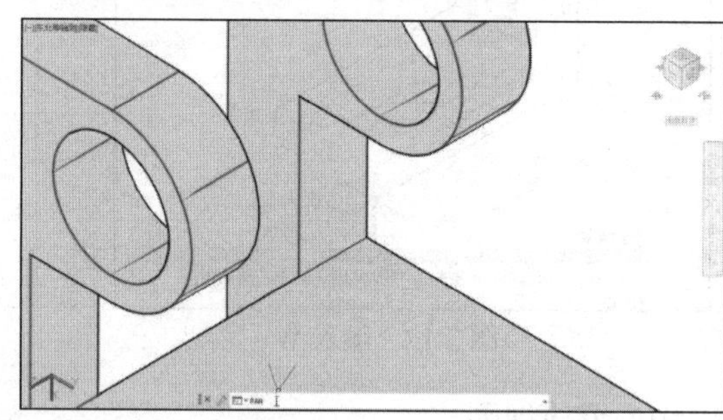

图 2-15　按比例缩放视图

5. 范围缩放视图

在 AutoCAD 中，用户可以通过以下几种方法实现范围缩放视图。

- 命令行：在命令行中输入 ZOOM 命令，按下 Enter 键，在命令行提示下输入 E。
- 菜单栏：选择“视图”|“缩放”|“范围”命令。
- 导航面板：单击 AutoCAD 工作界面右侧导航面板中“范围缩放”按钮下方的三角按钮，在弹出的下拉列表中选择“范围缩放”选项。

例如，打开一个图形文件后，在命令行中输入 ZOOM 命令，在命令行提示下输入 E，按下 Enter 键后，即可实现范围缩放视图，如图 2-16 所示。通过范围缩放视图，可以在绘图区中尽可能大地显示图形对象。与全部缩放不同，范围缩放使用的显示边界只是当前图形范围，而不是图形界限。

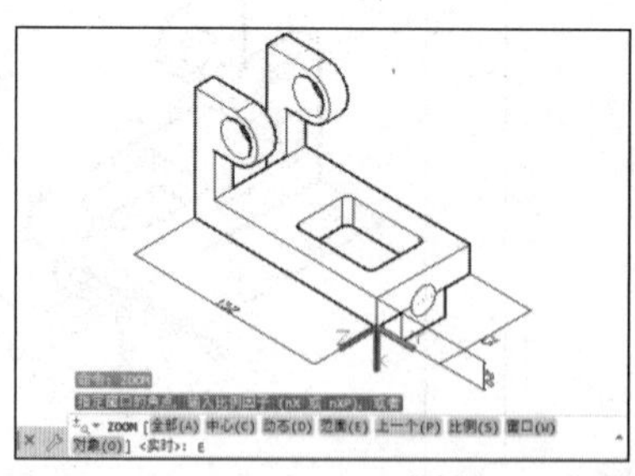
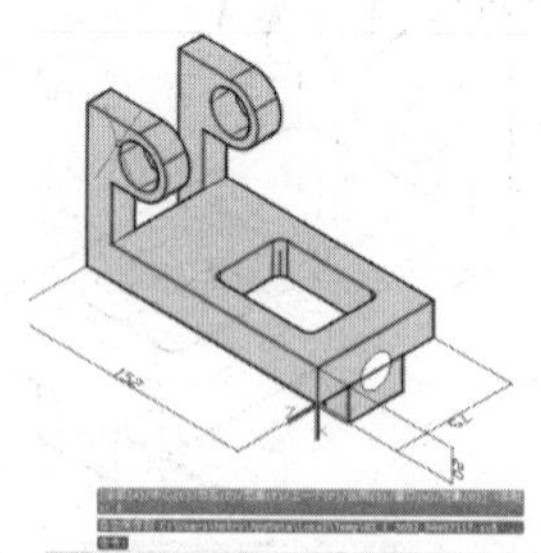

图 2-16　范围缩放视图

6. 动态缩放视图

在菜单栏中选择“视图”|“缩放”|“动态”命令，可以动态缩放视图。当进入动态缩放模式时，在屏幕中将显示一个带“×”的矩形方框。单击鼠标左键，此时选择窗口中心的“×”消失，显示一个位于右边框的方向箭头，如图 2-17 所示。

拖动鼠标可以改变选择窗口的大小，以确定选择区域的大小，最后按下 Enter 键，即可缩放图形，如图 2-18 所示。

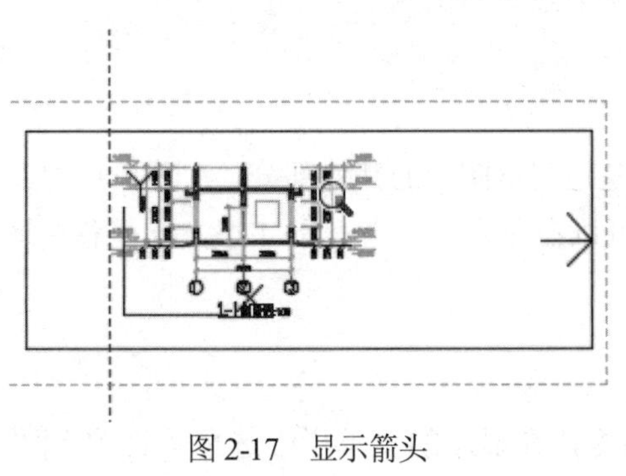

图 2-17　显示箭头

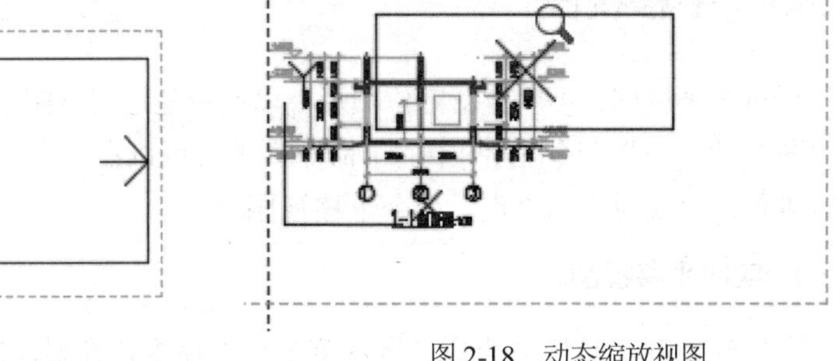

图 2-18　动态缩放视图

7. 设置视图中心点

在快速访问工具栏中选择“显示菜单栏”命令，在显示的菜单栏中选择“视图”|“缩放”|“中心点”命令，在图形中指定一点，然后指定缩放比例因子或者指定高度值来显示一个新视图，而选择的点将作为新视图的中心点。如果输入的数值比默认值小，则会增大图形。如果输入的数值比默认值大，则会缩小图形。

要指定相对的显示比例，可输入带 X 的比例因子数值。例如，输入 2X 将显示相当于当前视图大小两倍的视图。如果正在使用浮动视口，则可以输入 XP 来相对于图纸空间进行比例缩放。

8. 显示上一个视图

在图形中进行局部特写时，可能经常需要将图形缩小以观察总体布局，然后又希望重新显示前面的视图。选择“视图”|“缩放”|“上一个”命令，使用系统提供的显示上一个视图功能，快速回到前面的一个视图。

如果正处于实时缩放模式，则可以右击鼠标，在弹出的快捷菜单中选择“缩放为原窗口”命令，即可回到最初的使用实时缩放过的缩放视图。

9. 其他缩放命令

选择“视图”|“缩放”命令后，在弹出的子菜单中还包括以下几个命令，其各自的说明如下。

- “对象”命令：显示图形文件中的某一部分，选择该命令后，单击图形中的某个部分，该部分将显示在整个图形窗口中。
- “放大”命令：选择该命令一次，系统将整个视图放大 1 倍。其默认比例因子为 2。
- “缩小”命令：选择该命令一次，系统将整个图形缩小 1 半。其默认比例因子为 0.5。
- “全部”命令：显示整个图形中的所有对象。在平面视图中，它以图形界限或当前图形范围为显示边界。在具体情况下，范围最大的将作为显示边界。如果图形延伸到图形界限以外，则仍将显示图形中的所有对象，此时的显示边界是图形范围。

2.3.3　平移视图

通过平移视图，可以重新定位图形，以便清楚地观察图形的其他部分。在菜单栏中选择“视图”|“平移”命令(PAN)中的子命令，不仅可以在左、右、上、下 4 个方向平移视图，还可以使用“实时”和“点”命令平移视图。

1. 实时平移视图

在快速访问工具栏中选择“显示菜单栏”命令，在显示的菜单栏中选择“视图”|“平移”|“实时平移”命令，鼠标指针将变成一只小手的形状。按住鼠标左键拖动，窗口内的图形就可以按照移动的方向移动，如图 2-19 所示。释放鼠标，可返回到平移等待状态。按下 Esc 或 Enter 键退出实时平移模式。

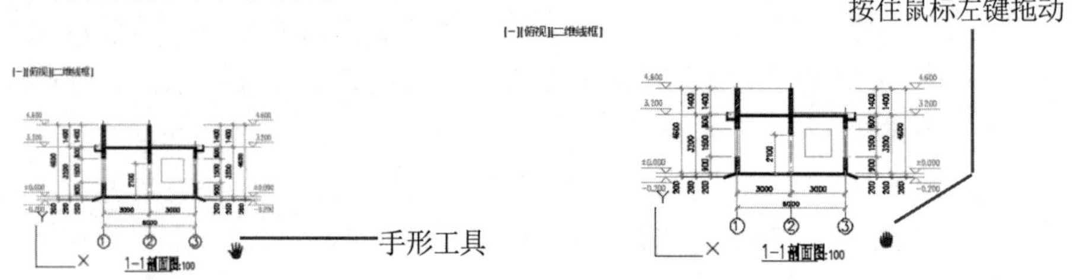

图 2-19　实时平移视图

2. 定点平移视图

在 AutoCAD 中，用户可以通过以下两种方法来定点平移视图。

- 命令行：在命令行中输入 PAN 后，按下 Enter 键。
- 菜单栏：选择菜单栏中的“视图”|“平移”|“点”命令。

执行“定点平移”命令后，可以通过指定基点和位移来平移视图。视图的移动方向和十字光标的偏移方向一致，如图 2-20 所示。

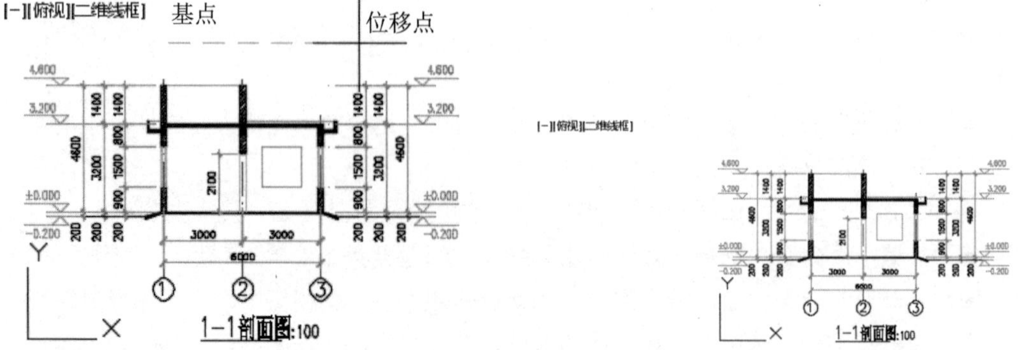

图 2-20　定点平移视图

2.3.4　使用命名视图

在一张工程图纸上可以创建多个视图。当需要查看、修改图纸上的某一部分视图时，只需将该视图恢复出来即可。

1. 命名视图

在快速访问工具栏中选择“显示菜单栏”命令，在显示的菜单栏中选择“视图”|“命名视图”命令，打开“视图管理器”对话框，如图 2-21 所示。在该对话框中单击“新建”按钮，在打开的“新建视图/快照特性”对话框中可以创建并设置命名视图，如图 2-22 所示。

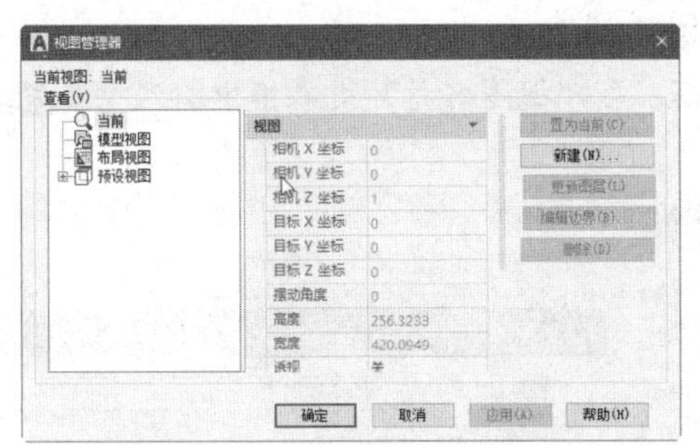

图 2-21　“视图管理器”对话框

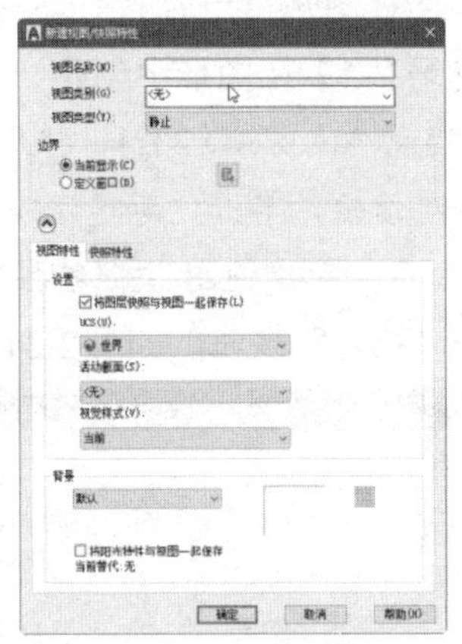

图 2-22　“新建视图/快照特性”对话框

在“视图管理器”对话框中，主要选项的功能说明如下。

- “查看”列表框：列出已命名的视图和可作为当前视图的类别。例如，可选择正交视图和等轴测视图作为当前视图。
- 信息选项区域：显示指定命名视图的详细信息，包括视图名称、分类、UCS 和透视模式等。
- “置为当前”按钮：将选中的命名视图设置为当前视图。
- “新建”按钮：创建新的命名视图。单击该按钮，可打开“新建视图/快照特性”对话框。用户可以在“视图名称”文本框中设置视图名称；在“视图类别”下拉列表中为命名视图选择或输入类别；在“边界”选项区域中通过选中“当前显示”或“定义窗口”单选按钮来创建视图的边界区域；在“设置”选项区域中，可以设置是否“将图层快照与视图一起保存”，并且可以通过“UCS”下拉列表设置命名视图的 UCS；在“背景”选项区域中，可以选择新的背景来替代默认背景，且可以预览效果。
- “更新图层”按钮：单击该按钮，可以使用选中的命名视图中保存的图层信息更新当前模型视图或布局视图中的图层信息。
- “编辑边界”按钮：单击该按钮，切换到绘图窗口，可以重新定义视图的边界。

2. 删除和恢复命名视图

在 AutoCAD 中，用户可以参考以下步骤，根据需要删除已创建的命名视图：打开图形后，在命令行中输入 VIEW 命令，打开“视图管理器”对话框，选择要删除的命令视图，依次单击“删除”和“确定”按钮即可将命令视图删除。

在 AutoCAD 中，可以一次命名多个视图。当需要重新使用一个已命名视图时，只需要将该视图恢复到当前视口即可。如果绘图窗口中包含多个视口，也可以将视图恢复到活动视口中，或将不同的视图恢复到不同的视口中，以同时显示模型的多个视图。

恢复视图时可以恢复视图的中点、查看方向、缩放比例因子和透视图(镜头长度)等设置。如果在命名视图时将当前的 UCS 随视图一起保存起来，当恢复视图时也可以恢复 UCS。

【练习 2-1】在图形中创建一个命名视图，并在当前视口中恢复命名视图。视频

(1) 启动 AutoCAD 2021，打开一个图形文件，在命令行中输入 VIEW 命令，打开“视图管理器”对话框，单击“新建”按钮，如图 2-23 所示。

(2) 打开“新建视图/快照特性”对话框，在“视图名称”文本框中输入“新命名视图”，然后单击“确定”按钮，如图 2-24 所示。

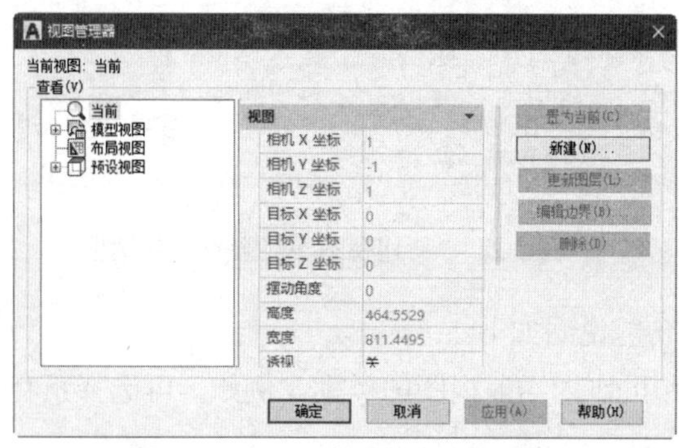

图 2-23 “视图管理器”对话框

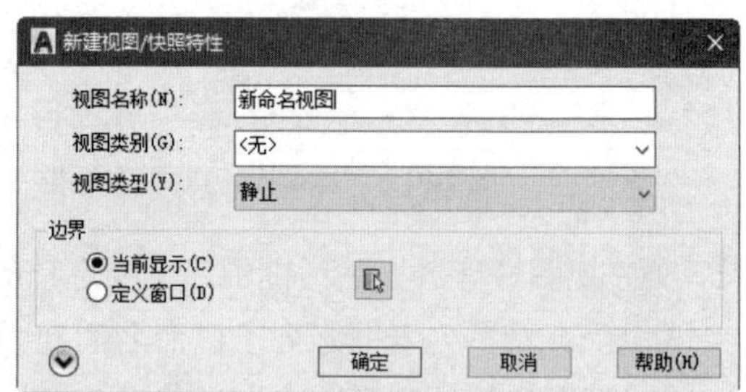

图 2-24 输入视图名称

(3) 此时创建一个名为“新命名视图”的视图，显示在“视图管理器”对话框的“模型视图”节点中，单击“确定”按钮，如图 2-25 所示。

(4) 选择“视图”|“视口”|“三个视口”命令，在命令行提示的“输入配置选项”中选择“上”选项，将视图分割成 3 个视口。此时，左上角的视口被设置为当前视口，如图 2-26 所示。

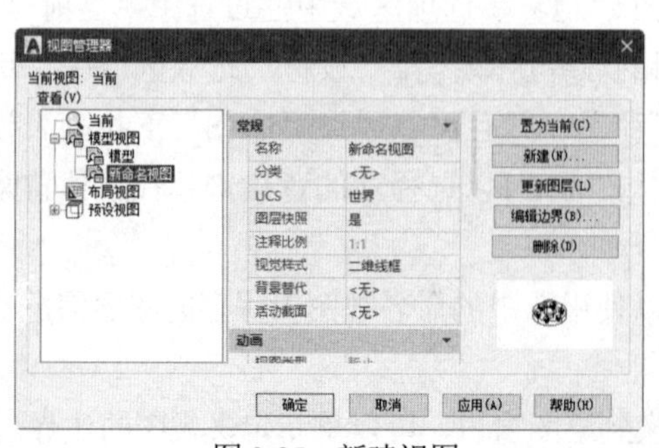

图 2-25 新建视图

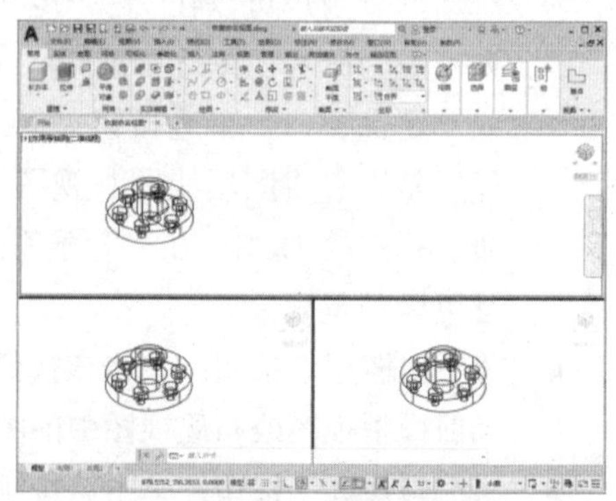

图 2-26 设置视口

(5) 选择“视图”|“命名视图”命令，打开“视图管理器”对话框，展开“模型视图”节点，选择已命名的视图“新命名视图”。单击“置为当前”按钮，然后单击“确定”按钮，将其恢复为当前视图，此时视图如图 2-27 所示。

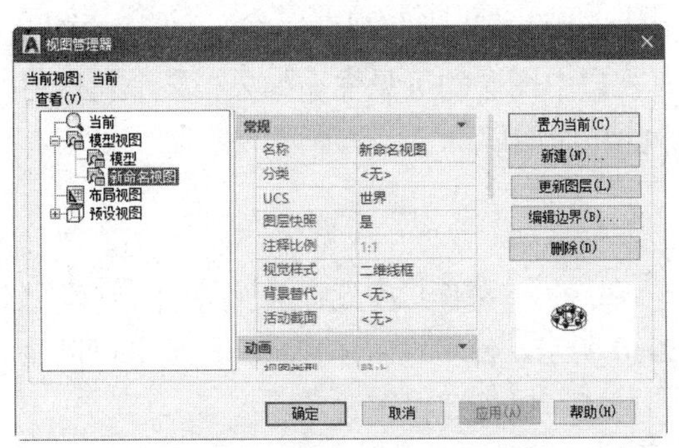

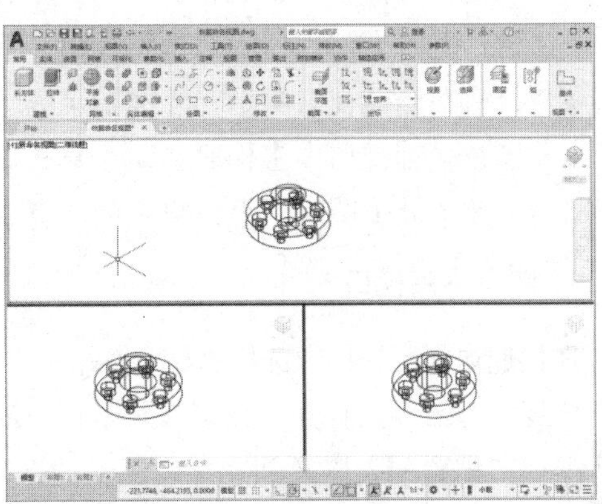

图 2-27　单击“置为当前”按钮将“新命名视图”设置为当前视图

2.3.5　使用平铺视口

在 AutoCAD 2021 中，为了便于编辑图形，通常需要将图形的局部放大，以显示其细节。当需要观察图形的整体效果时，仅使用单一的绘图视口已无法满足需要。此时，可使用 AutoCAD 的平铺视口功能，将绘图窗口划分为若干视口。

平铺视口是指把绘图窗口分成多个矩形区域，从而创建多个不同的绘图区域，其中每个区域都可用来查看图形的不同部分。在 AutoCAD 中，可以同时打开多达 32000 个视口，屏幕上还可保留菜单栏和命令提示窗口。

在 AutoCAD 中，在快速访问工具栏中选择“显示菜单栏”命令，在显示的菜单栏中选择“视图”|“视口”子菜单中的命令，如图 2-28 所示，或在“功能区”选项板中选择“视图”选项卡，在“模型视口”面板中单击相应的按钮，可以在模型空间中创建和管理平铺视口，如图 2-29 所示。

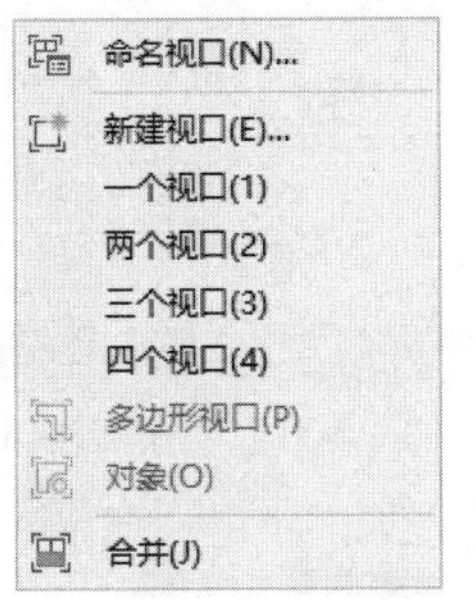

图 2-28　“视口”子菜单命令

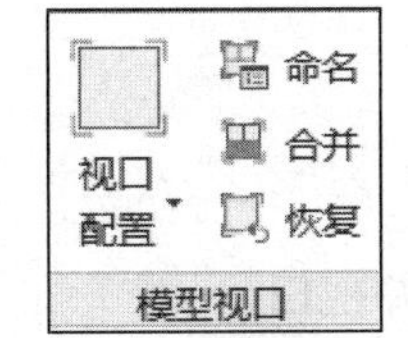

图 2-29　“模型视口”面板

在 AutoCAD 中，平铺视口具有以下几个特点。

- 每个视口都可以平移和缩放，设置捕捉、栅格和用户坐标系等，且每个视口都可以有独立的坐标系统。

- 在命令执行期间，可以切换视口以便在不同的视口中绘图。
- 可以命名视口的配置，以便在模型空间中恢复视口或者应用到布局。
- 只能在当前视口中工作。要将某个视口设置为当前视口，只需要单击视口的任意位置，此时当前视口的边框将加粗显示。
- 只有在当前视口中指针才能显示为十字形状，指针移出当前视口后将变为箭头形状。
- 当在平铺视口中工作时，可全局控制所有视口中图层的可见性。如果在某个视口中关闭了某个图层，系统将关闭所有视口中的相应图层。

1. 创建平铺视口

在快速访问工具栏中选择“显示菜单栏”命令，在显示的菜单栏中选择“视图”|“视口”|“新建视口”命令，打开“视口”对话框，如图 2-30 所示。使用“新建视口”选项卡可以显示标准视口配置列表以及创建并设置新的平铺视口，还可以设置以下选项。

- “应用于”下拉列表：设置所选的视口配置是用于整个显示屏幕还是当前视口，包括“显示”和“当前视口”两个选项。其中“显示”选项用于设置将所选的视口配置用于模型空间中的整个显示区域，为默认选项；“当前视口”选项用于设置将所选的视口配置用于当前视口。
- “设置”下拉列表：指定二维或三维设置。如果选择“二维”选项，则使用视口中的当前视图来初始化视口配置；如果选择“三维”选项，则使用正交视图来配置视口。
- “修改视图”下拉列表：选择一种视口配置来代替已选择的视口配置。
- “视觉样式”下拉列表：可以从中选择一种视觉样式来代替当前的视觉样式。

在“视口”对话框中，选择“命名视口”选项卡，可以显示图形中已命名的视口配置。当选择一种视口配置后，视口配置的布局情况将显示在预览窗口中，如图 2-31 所示。

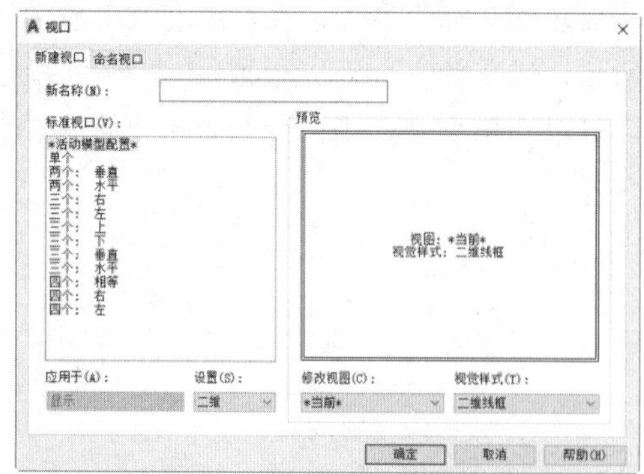

图 2-30 “视口”对话框

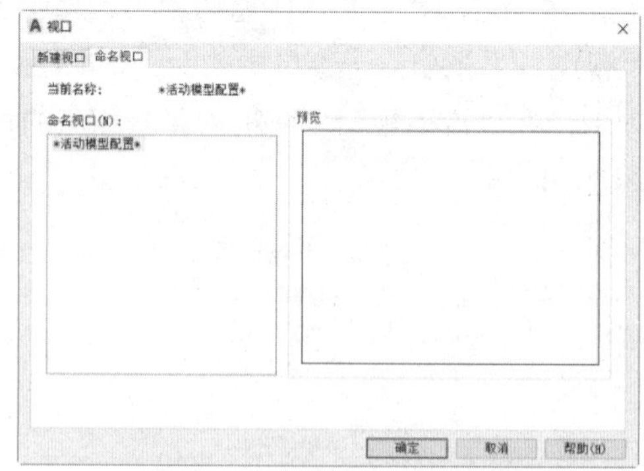

图 2-31 “命名视口”选项卡

2. 分割和合并视口

在 AutoCAD 2021 中，在快速访问工具栏中选择“显示菜单栏”命令，在显示的菜单栏中选择“视图”|“视口”子菜单中的命令。这样可以在不改变视口显示的情况下，分割或合并当前视口。例如，选择“视图”|“视口”|“一个视口”命令，可以将当前视口扩大到充满整个绘图窗口；选择“视图”|“视口”|“两个视口”“三个视口”或“四个视口”命令，可

以将当前视口分割为 2 个、3 个或 4 个视口。

选择“视图”|“视口”|“合并”命令后，系统将要求用户在界面中选定一个视口作为主视口。单击当前视口相邻的某个视口，即可将该视口与主视口合并。

【练习 2-2】将图形进行局部放大显示，并将放大后的图形单独放在平铺视口中的一个视口中。视频

(1) 启动 AutoCAD 2021，打开一个图形文件，选择“视图”|“视口”|“两个视口”命令，在命令行提示下输入 V，如图 2-32 所示。

(2) 按 Enter 键确认，创建如图 2-33 所示的垂直平铺视口，选中右侧的视口。

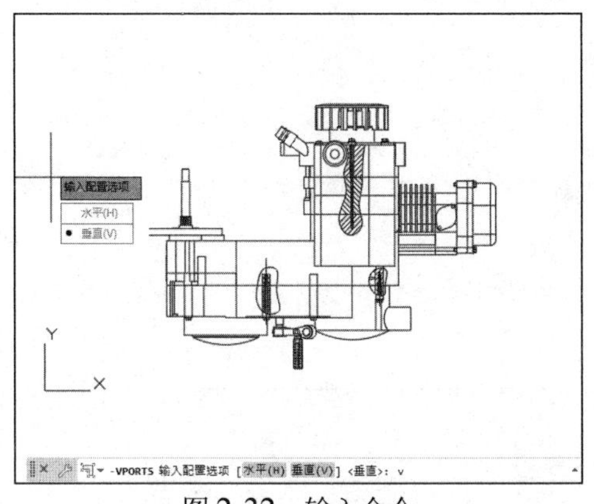

图 2-32　输入命令

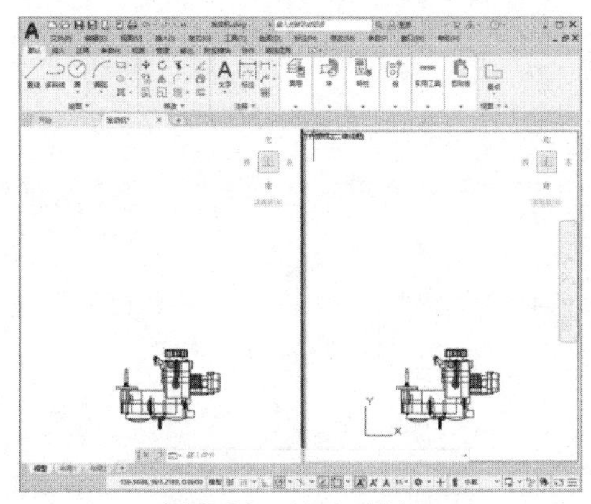

图 2-33　显示两个视口

(3) 在命令行中输入 Z，然后按 Enter 键。在命令行提示下输入 W，按 Enter 键，指定使用窗口方式放大视图，在图形上单击选中窗口左上角的一点，拖动鼠标设置缩放窗口的大小，如图 2-34 所示。

(4) 此时，即可将选定的局部图形对象放大显示在右侧的视口中，如图 2-35 所示。

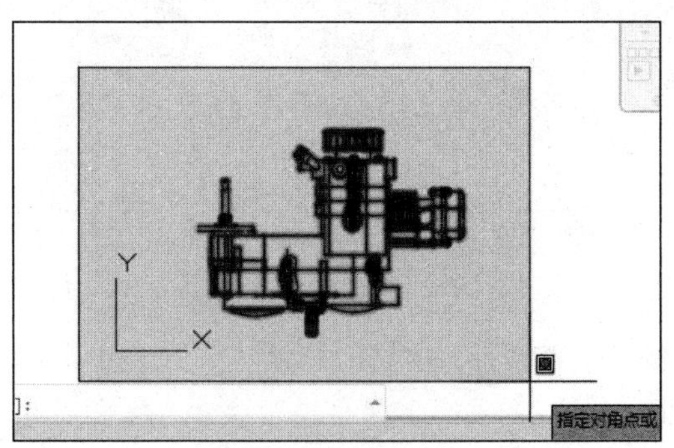

图 2-34　拖动鼠标

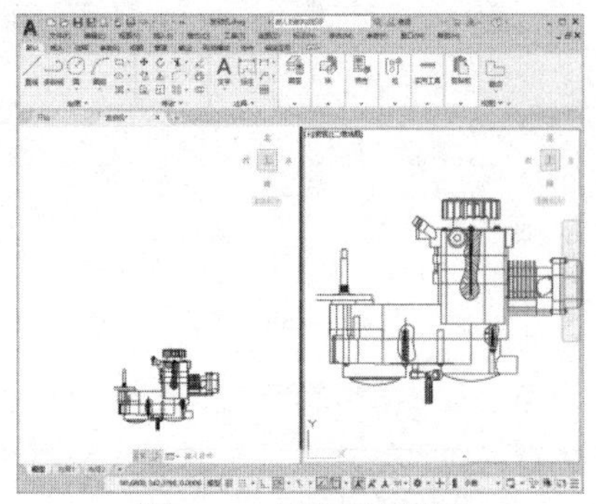

图 2-35　局部放大图形

(5) 选择“视图”|“命名视图”命令，打开“视图管理器”对话框，然后单击“新建”按钮，如图 2-36 所示。

(6) 打开“新建视图/快照特性”对话框，在“视图名称”文本框中输入“局部放大视图”，单击“确定”按钮，如图 2-37 所示。

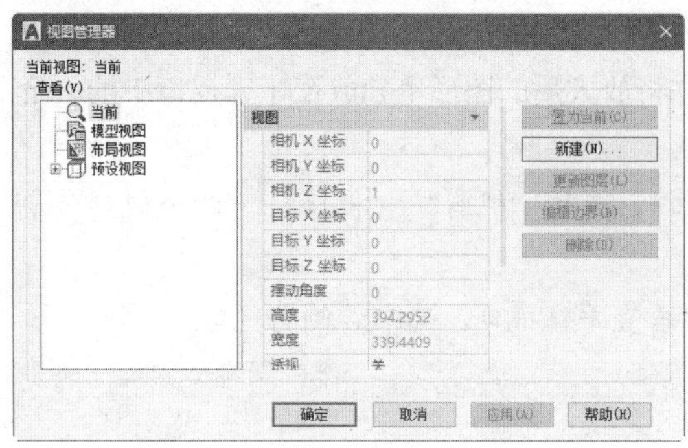

图 2-36　单击“新建”按钮

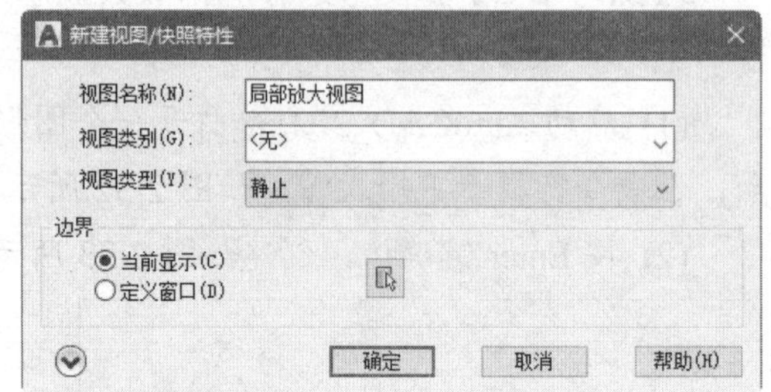

图 2-37　输入视图名称

(7) 返回“视图管理器”对话框，查看新建的视图，然后单击“确定”按钮，如图 2-38 所示。

(8) 选择“视图”|“视口”|“四个视口”命令，将右侧视口分成 4 个视口，此时视图如图 2-39 所示。

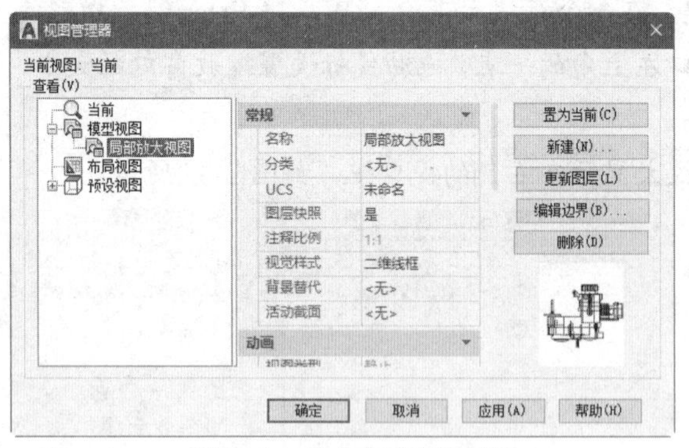

图 2-38　单击【确定】按钮

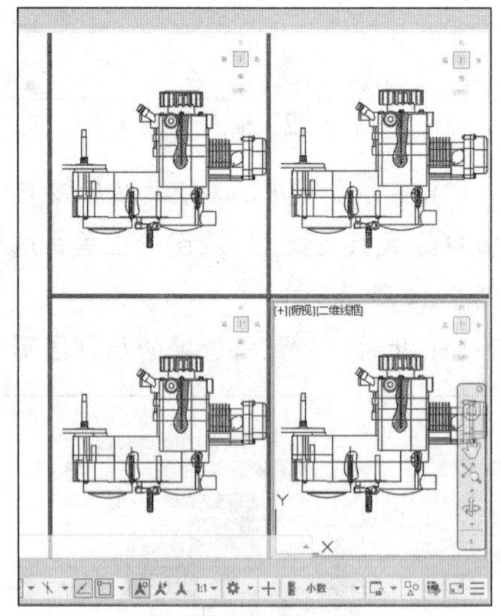

图 2-39　显示 4 个视口

(9) 选中工作界面左侧的视口，选择“视图”|“命名视图”命令，打开“视图管理器”对话框，在“查看”列表框中选择“局部放大视图”选项，单击“置为当前”按钮，单击“确定”按钮，如图 2-40 所示。

(10) 此时，工作界面左侧视口的效果如图 2-41 所示。

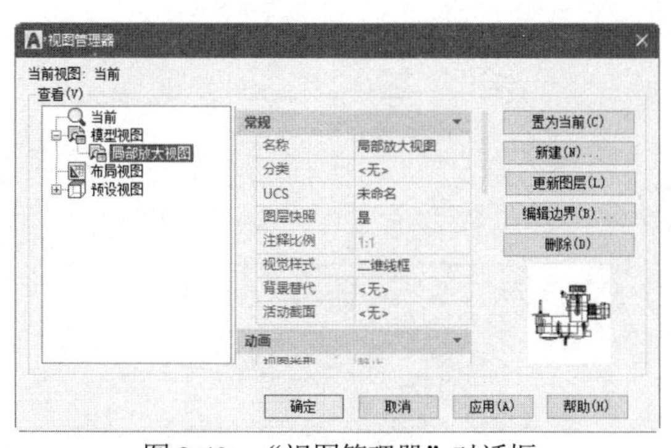

图 2-40　“视图管理器”对话框

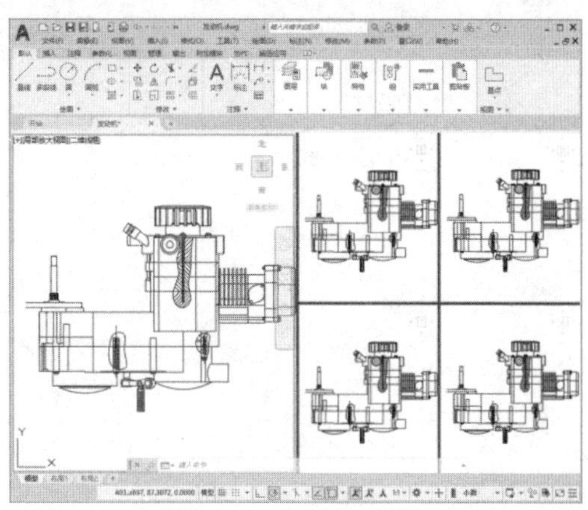

图 2-41　显示视口效果

2.3.6　使用 ShowMotion

在 AutoCAD 2021 中，可以通过创建视图的快照来观察图形。在快速访问工具栏中选择“显示菜单栏”命令，在显示的菜单栏中选择“视图”|“ShowMotion”命令，或在状态栏中单击 ShowMotion 按钮，都可以打开 ShowMotion 面板，如图 2-42 所示。

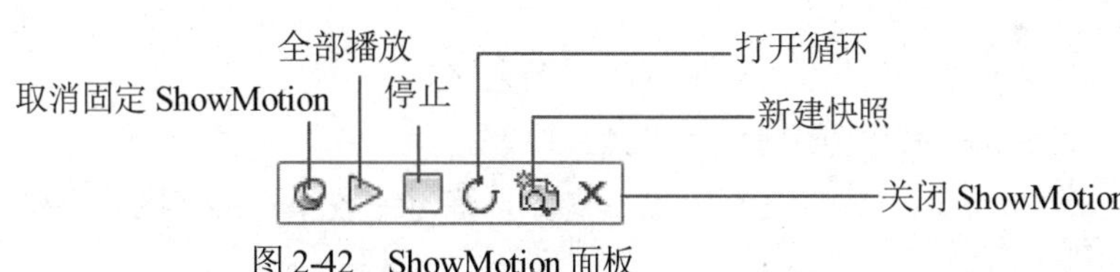

图 2-42　ShowMotion 面板

单击“新建快照”按钮，打开“新建视图/快照特性”对话框。使用该对话框中的“快照特性”选项卡可以新建快照，如图 2-43 所示。各选项的功能如下所示。

- “视图名称”文本框：用于输入视图的名称。
- “视图类别”下拉列表：可以输入新的视图类别，也可以从中选择已有的视图类别。系统将根据视图所属的类别来组织各个活动视图。
- “视图类型”下拉列表：可以从中选择视图类型，包括“电影式”“静止”“录制的漫游”3 种类型。视图类型将决定视图的活动情况。
- “转场”选项区域：用于设置视图的转场类型和转场持续时间。
- “运动”选项区域：用于设置视图的移动类型、移动持续时间、距离和位置等。
- “预览”按钮：单击该按钮，可以预览视图中图形的运动情况。
- “循环”复选框：选中该复选框，可以循环观察视图中图形的运动情况。

成功创建快照后，在 ShowMotion 面板上方将以缩略图的形式显示各个视图中图形的运动情况，如图 2-44 所示。单击绘图区中的某个缩略图，将显示图形的运动情况，用于观察图形。

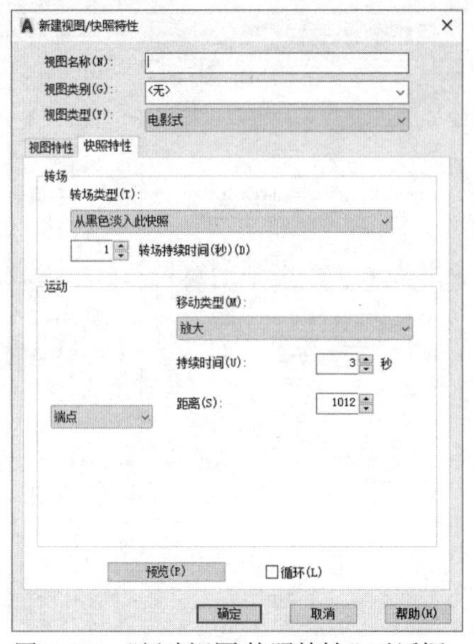

图 2-43　“新建视图/快照特性”对话框

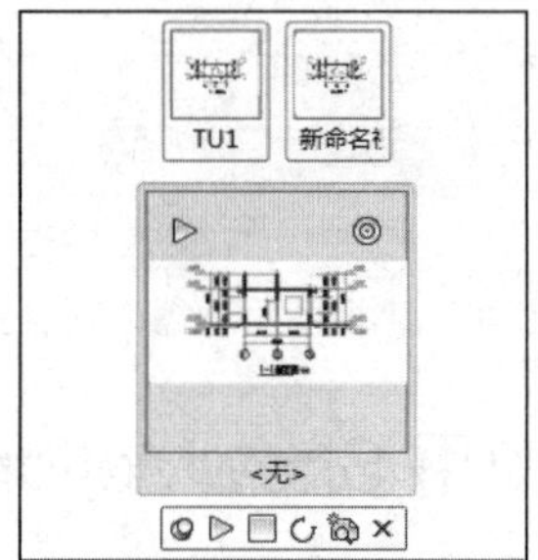

图 2-44　缩略图显示形式

2.4　思考和练习

1. 在 AutoCAD 中可使用哪几种绘图方法?
2. 在 AutoCAD 中如何使用平铺视口?
3. 在 AutoCAD 中打开一个图形文件，练习缩放和平移视图的操作。

第3章

设置图形对象特性

在使用 AutoCAD 绘制图形的过程中，每个图形对象都有特性，通过修改图形的特性(如图层、线型、颜色、线宽等)，可以组织图形中的对象并控制它们的显示和打印方式。本章将主要介绍 AutoCAD 中的图层工具，以及设置图形对象特性等相关内容。

3.1 控制图形对象的特性

在 AutoCAD 中，绘制的每个对象都有特性，有的特性是基本特性，适用于大多数对象，如图层、颜色、线型和打印样式等；有的特性专用于某个对象，如圆的特性包括半径和面积。

3.1.1 显示与修改对象特性

在 AutoCAD 中，用户可以使用多种方法来显示和修改对象特性。

- 在快速访问工具栏中选择“显示菜单栏”命令。在显示的菜单栏中选择“工具”|“选项板”|“特性”命令，打开“特性”选项板，可以查看和修改对象所有特性的设置，如图 3-1 所示。
- 在“功能区”选项板中选择“默认”选项卡，在“图层”和“特性”面板中可以查看和修改对象的颜色、线型、线宽等特性，如图 3-2 所示为“特性”面板。

图 3-1 “特性”选项板

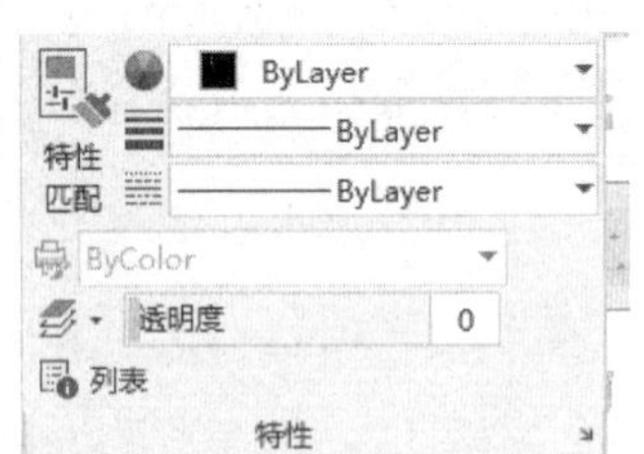

图 3-2 “特性”面板

- 在命令行中输入 LIST 并选择对象，将打开文本窗口以显示对象的特性。
- 在命令行中输入 ID，并单击某个位置，就可以在命令行中显示该位置的坐标值。

“特性”选项板用于列出选定对象或对象集的当前特性设置。用户可以通过选择或输入新值来修改特性。当没有选择对象时，在顶部的文本框中将显示“无选择”。此时，“特性”选项板只显示当前图层的基本特性、图层附着的打印样式表的名称、查看特性以及关于 UCS 的信息。若选择了多个对象，“特性”选项板只显示选择集中所有对象的公共特性。

打开“特性”选项板，单击“选择对象”按钮，选择要查看或编辑的对象。此时就可以在“特性”选项板中查看或修改所选对象的特性。在“选择对象”按钮的旁边还有“切换

PICKADD 系统变量的值”按钮，当显示为时表示选择的对象在不断加入到选择集当中，“特性”选项板将显示它们共同的特性。如果显示为，表示选择的对象将替换前一对象，“特性”选项板将显示当前选择对象的特性。另外，还可以单击快速选择按钮，快速选择所需对象。

“特性”选项板中的按钮可以控制“特性”选项板的自动隐藏功能，单击按钮，会弹出一个快捷菜单，在其中可以控制是否显示“特性”选项板的说明区域。选项板中显示的信息栏可以折叠，也可以展开，可以通过按钮来切换。

通过“特性”选项板更改特性的方式主要有以下几种。

- 输入新值。
- 单击右侧的向下箭头并从列表中选择一个值。
- 单击“拾取点”按钮，使用定点设备修改坐标值。
- 单击“快速计算”计算器按钮可计算新值，再粘贴到相应位置。
- 单击左或右箭头可增大或减小该值。
- 单击“...”按钮并在对话框中修改特性值。

通过以上几种方式可以更改“特性”选项板中的数据，从而达到编辑图形对象的目的。

特性匹配工具也是常用工具之一。当需要将新绘制的图形的颜色、线型和图层、文字样式、标注样式等特性与以前绘制的图形进行匹配，或者更改成与某一图形的特性一致时，可以使用“特性匹配”命令(单击“标准”工具栏上的“特性匹配”按钮，或者在命令行中输入_matchprop)。选择源对象，然后选择要更改的对象，便完成了特性匹配操作，命令行提示如下。

```
命令: '_matchprop
选择源对象:
当前活动设置: 颜色 图层 线型 线型比例 线宽 厚度 打印样式 标注 文字 填充图案 多段线 视口 表格材质 阴影显示 多重引线中心对象
选择目标对象或 [设置(S)]:
```

3.1.2　复制对象特性

在 AutoCAD 中，可以将一个对象的某些或所有特性复制到其他对象上。可以复制的特性包括颜色、图层、线型、线型比例、线宽、厚度、打印样式、标注、文字、填充图案、视口、多段线、表格材质、阴影显示和多重引线等。

在快速访问工具栏中选择“显示菜单栏”命令，在显示的菜单栏中选择“修改”|“特性匹配”命令，并选择要复制其特性的对象。此时，将显示如图 3-3 所示的提示信息。

默认情况下，所有可应用的特性都自动地从选定的第一个对象复制到目标对象。如果不想复制某些特性，可以输入 S，打开“特性设置”对话框，取消选择不想复制的特性即可，如图 3-4 所示。

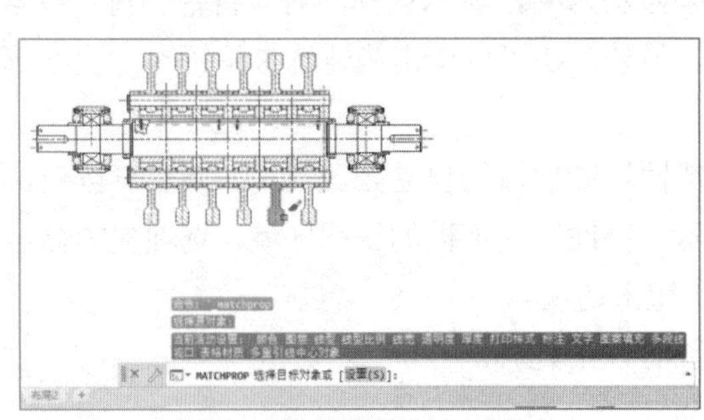

图 3-3　特性匹配命令行提示

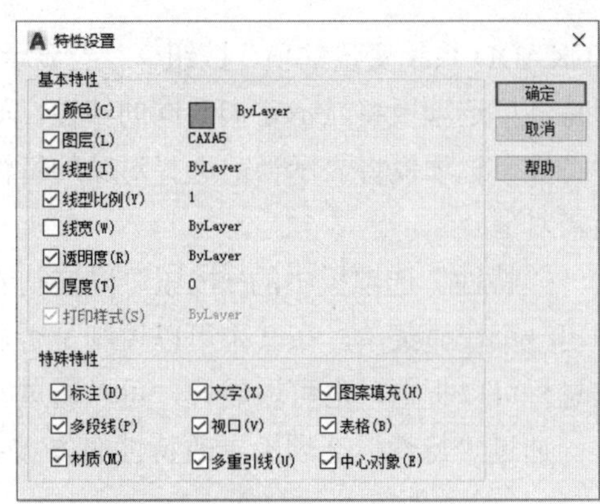

图 3-4　“特性设置”对话框

3.1.3　控制对象显示特性

在 AutoCAD 中，用户可以对重叠对象和其他某些对象的显示和打印进行控制，从而提高系统的性能。

1. 打开或关闭填充

使用 FILL 变量可以打开或关闭宽线、宽多段线和实体填充，如图 3-5 所示。当关闭填充时，可以提高 AutoCAD 的显示处理速度。

打开填充模式 FILL=ON

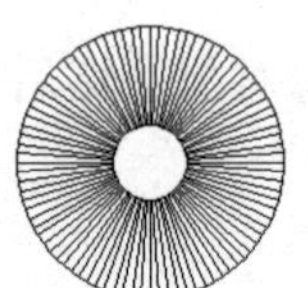

关闭填充模式 FILL=OFF

图 3-5　打开与关闭填充模式时的效果

当实体填充模式关闭时，填充不可打印。但是，改变填充模式的设置并不影响显示具有线宽的对象。当修改实体填充模式后，在菜单栏中选择“视图”|“重生成”命令可以查看效果且新对象将自动反映新的设置。

2. 打开或关闭线宽显示

当在模型空间或图纸空间中工作时，为了提高 AutoCAD 的显示处理速度，可以关闭线宽显示。单击状态栏上的“线宽”按钮或使用“线宽设置”对话框，可以切换线宽显示的开和关。线宽以实际尺寸打印，但在“模型”选项卡中与像素成比例显示，任何线宽如果超过一个像素，就有可能降低 AutoCAD 的显示处理速度。如果要使 AutoCAD 的显示性能最优，则在图形中工作时应该把线宽显示关闭。图 3-6 所示为图形在线宽显示关闭和打开模式下的显示效果。

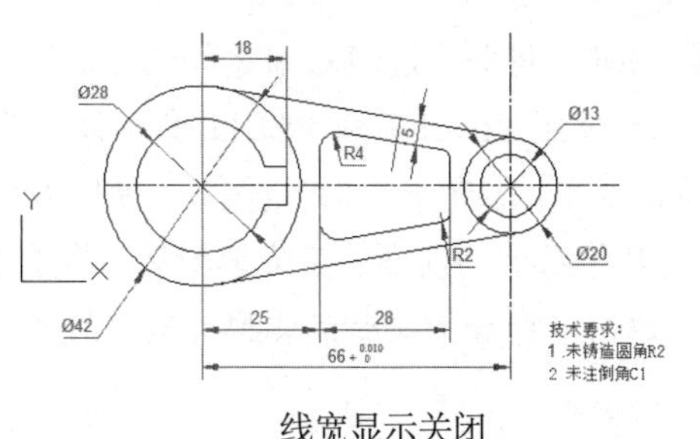

线宽显示关闭

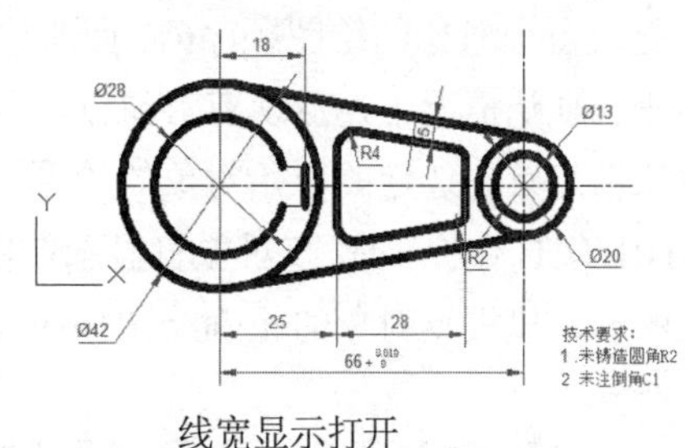

线宽显示打开

图 3-6　线宽显示关闭和打开模式下的显示效果

3. 打开或关闭快速文字模式

在 AutoCAD 中，可以通过设置系统变量 QTEXT 来打开快速文字模式或关闭快速文字模式。快速文字模式打开时，只显示定义文字的框架，如图 3-7 所示。

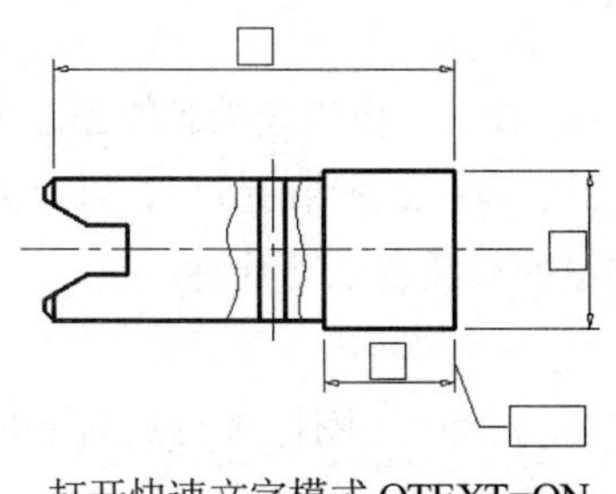

打开快速文字模式 QTEXT=ON

45
17
15
直径

关闭快速文字模式 QTEXT=OFF

图 3-7　打开或关闭快速文字模式

与填充模式一样，关闭文字显示可以提高 AutoCAD 的显示处理速度。打印快速文字时，打印文字框而不打印文字。无论何时修改了快速文字模式，都可以在快速访问工具栏中选择“显示菜单栏”命令，在显示的菜单栏中选择“视图”|“重生成”命令，查看现有文字上的改动效果，且新的文字自动反映新的设置。

4. 控制重叠对象的显示

通常情况下，重叠对象(如文字、宽多段线和实体填充多边形)按创建的次序显示：新创建的对象显示在现有对象的前面。要改变对象的绘图次序，可以在菜单栏中选择“工具”|“绘图次序”命令中的子命令，并选择需要改变次序的对象，此时命令行显示如下信息。

```
输入对象排序选项 [对象上(A) / 对象下(U) / 最前(F) / 最后(B)]<最后>:
```

命令行提示中各选项的含义如下所示。

- “对象上”选项：将选定的对象移到指定参照对象的上面。
- “对象下”选项：将选定的对象移到指定参照对象的下面。
- “最前”选项：将选定对象移到图形中对象顺序的顶部。
- “最后”选项：将选定对象移到图形中对象顺序的底部。

更改多个对象的绘图顺序(显示顺序和打印顺序)时，将保持选定对象之间的相对绘图顺序不变。默认情况下，从现有对象创建新对象(例如，使用 FILLET 或 PEDIT 命令)时，将为新对象指定首先选定的原始对象的绘图顺序。默认情况下，编辑一个对象(例如，使用 MOVE 或 STRETCH 命令)时，该对象将显示在图形中所有其他对象的前面。完成编辑后，将重生成部分图形，以根据对象的正确绘图顺序显示对象。这可能会导致某些编辑操作耗时较长。

3.2 改变图形对象的特性

图形对象的特性主要包括线条的颜色、宽度以及线型等。使用不同的图形对象特性，在看图时，可以方便、清晰地了解各种图形对象特性代表的意义。

3.2.1 改变图形颜色

在 AutoCAD 中，软件提供了若干种颜色供用户选择使用，可以使绘制的图形更加美观。

AutoCAD 系统默认当前颜色为 ByLayer，即随图层颜色改变当前颜色，可以为将要绘制的图形对象设置线条的颜色。设置 AutoCAD 当前颜色的方法有以下几种。

- 选择“格式”|“颜色”命令。
- 在“默认”选项卡的“特性”面板中单击“对象颜色”图标右侧的下拉按钮，在打开的列表框中选择相应的颜色，如图 3-8 所示。
- 在命令窗口中执行 COLOR 或 COL 命令。

在“对象颜色”下拉列表框中选择“更多颜色”选项，将打开“选择颜色”对话框，如图 3-9 所示。在该对话框中选择相应的颜色，然后单击“确定”按钮，关闭“选择颜色”对话框，即可将选择的颜色设置为当前颜色。

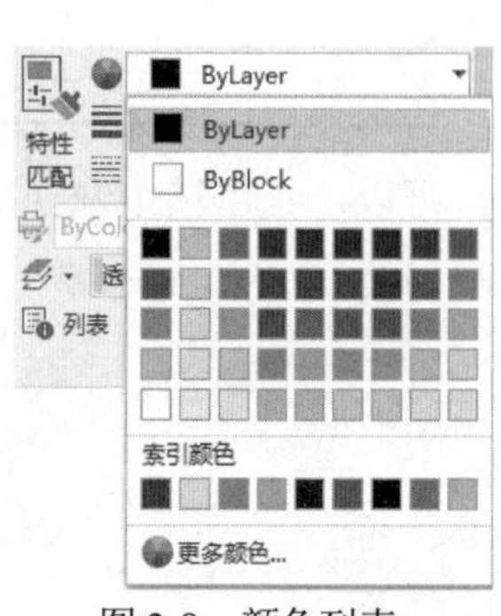

图 3-8　颜色列表

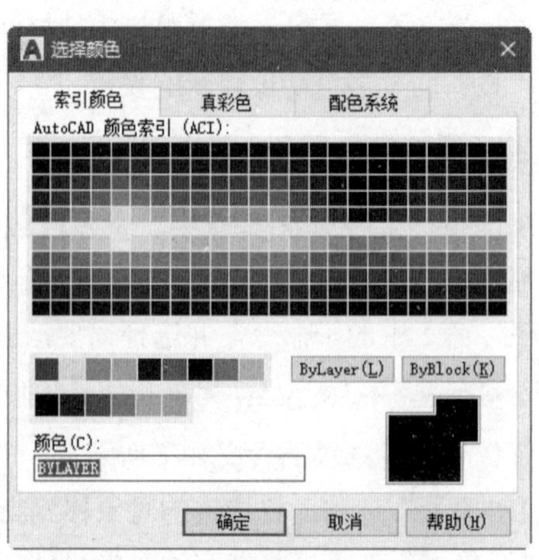

图 3-9　“选择颜色”对话框

在 AutoCAD 中设置当前颜色后，绘制的线条颜色将以当前颜色为基准，但不能更改设置当前颜色之前的线条颜色。更改已经绘制的线条颜色的操作方法如下：先在绘图区中选择

要更改颜色的线条，选择“默认”选项卡，在“特性”面板中单击“对象颜色”图标●右侧的下拉列表按钮，在打开的列表框中选中要更改的颜色选项即可。

3.2.2　改变图形线型

图形对象的线型一般用于表示不同的图形对象。例如，点画线一般用于表示制图辅助线，虚线表示不可见图形对象等。

在AutoCAD 2021中系统默认线型为Continuous，即实线。在绘图过程中，一种线型往往不能满足绘图的需求，经常需要添加其他线型，如点画线、双点画线等。要添加线型，可以在“线型管理器”对话框中进行。在AutoCAD中打开“线型管理器”对话框的方法有以下几种。

- 选择“格式”|“线型”命令。
- 在“默认”选项卡的“特性”面板中单击“线型”图标右侧的下拉列表按钮，在打开的下拉列表中选择“其他”选项。
- 在命令窗口中执行 LINETYPE 或 LT 命令。

例如，选择“格式”|“线型”命令，打开“线型管理器”对话框。然后在该对话框中单击“加载”按钮，如图 3-10 所示。在打开的“加载或重载线型”对话框的“可用线型”列表框中选择线型，如图 3-11 所示。

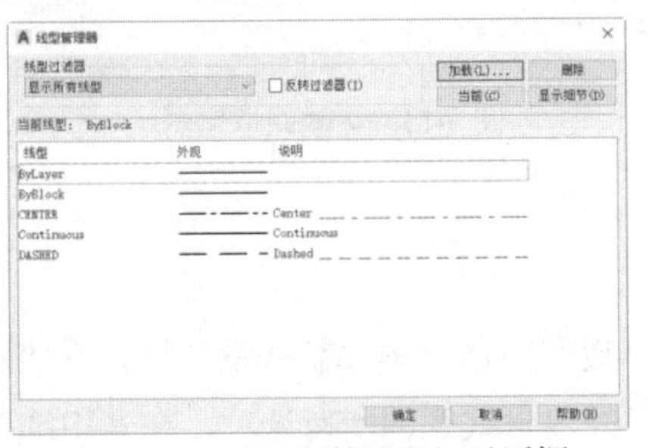

图 3-10　“线型管理器”对话框

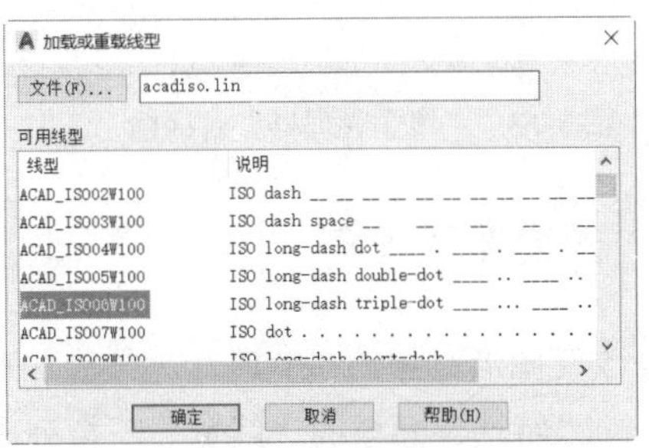

图 3-11　“加载或重载线型”对话框

在“线型管理器”对话框中单击“显示细节”按钮，在对话框下方将显示“详细信息”选项区域，该选项区域中各个选项的含义如下。

- “名称”：显示当前所选线型的名称，用户也可以自行修改名称。
- “说明”：显示当前所选线型的说明信息。
- “全局比例因子”：在该文本框中指定当前绘图区中所有对象线型的缩放比例。这等同于用户在命令窗口中执行 LTSCALE 命令。
- “当前对象缩放比例”：更改当前线型在绘图区中的缩放比例。例如，若当前线型缩放比例为 2、全局线型比例为 5，则当前线型在绘图区中显示的比例为 10。因此，通常默认当前对象缩放比例为 1，而只设置全局线型比例。
- “缩放时使用图纸空间单位”：选中该复选框，表示按相同比例在图纸空间或模型空间中缩放线型。

绘制图形后，用户可以对线条的线型进行更改，具体方法如下：首先在绘图区中选择要更改线型的线条，在“特性”面板中单击“线型”图标右侧的下拉列表按钮，在打开的下拉列表中选择要更改的线型即可。

用户可以通过更改全局比例因子和更改每个对象的线型比例因子来控制线型比例。默认情况下，AutoCAD 使用的全局比例因子和对象缩放比例因子均为 1.0。全局比例因子用于所有线型。对象缩放比例因子用于设置新建对象的线型比例，最终的比例是全局比例因子与对象缩放比例因子的乘积。

选择“格式”|“线型”命令，打开“线型管理器”对话框，如图 3-12 所示。单击“显示细节”按钮可以展开对话框。在“全局比例因子”文本框中输入数值，更改全局的线型比例；在“当前对象缩放比例”文本框中输入新值，更改当前对象的线型比例，如图 3-13 所示。

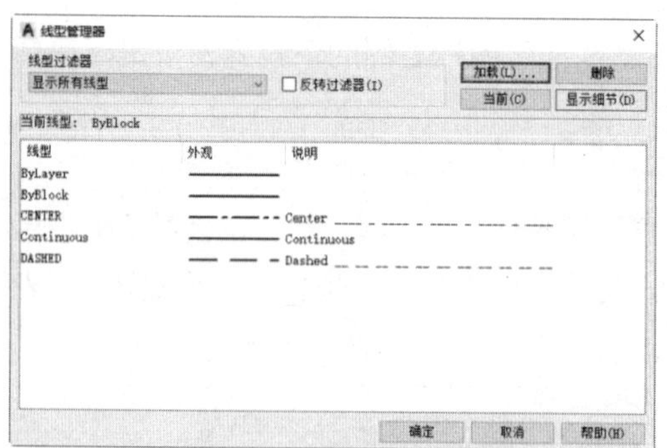

图 3-12　“线型管理器”对话框

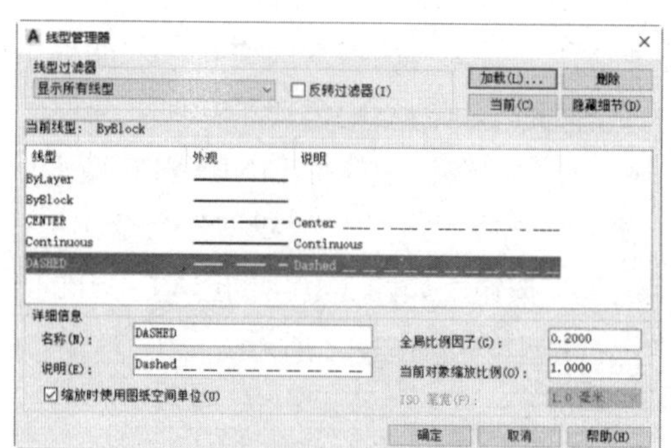

图 3-13　更改线型比例

3.2.3　改变图形线宽

在改变图形对象的线宽时，无须像加载线型、设置颜色一样加载线宽特性。在“默认”选项卡的“特性”面板的“线宽”下拉列表中，已经包含线宽的所有选项，在其中选择相应的选项，即可改变图形对象的线宽。

在 AutoCAD 中，也可以使用“线宽设置”对话框改变图形线宽。

【练习 3-1】设置图形中填充线的线宽。视频

(1) 打开如图 3-14 所示的图形文件，选择“工具”|“快速选择”命令，打开“快速选择”对话框。

(2) 在“对象类型”下拉列表中选择“所有图元”选项，在“特性”列表框中选中“图层”选项。在“运算符”下拉列表中选择“=等于”选项，在“值”下拉列表中选择“图案填充”选项，在“如何应用”选项区域中选中“包括在新选择集中”单选按钮，然后单击“确定”按钮，如图 3-15 所示。

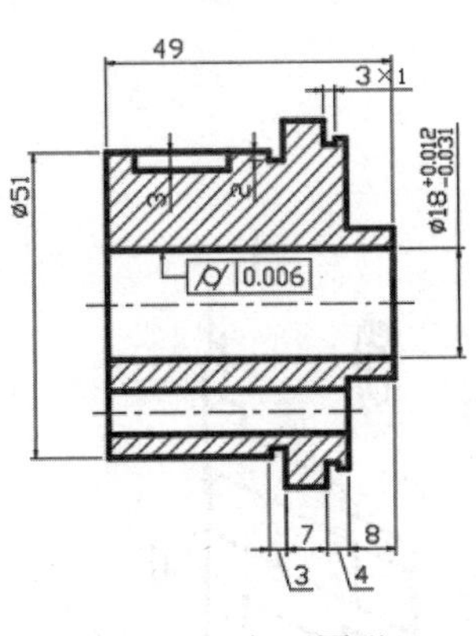

图 3-14　打开图形

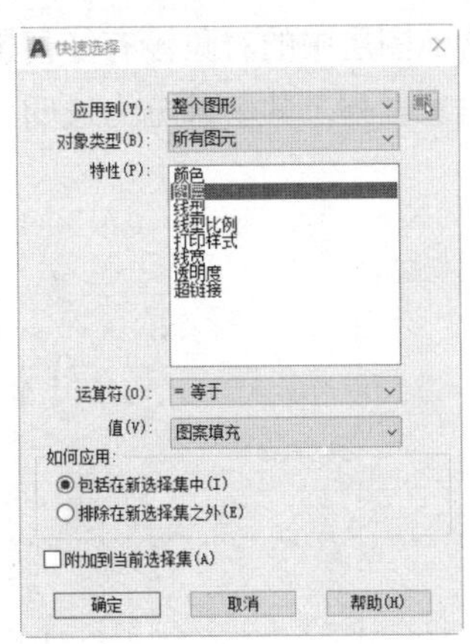

图 3-15　“快速选择”对话框

(3) 此时选中图形中的填充线，如图 3-16 所示。

(4) 选择“格式”|“线宽”命令，打开“线宽设置”对话框。选择一种线宽选项，并在“列出单位”选项区域中选择所需要的单位，单击“确定”按钮可更改线宽，如图 3-17 所示。

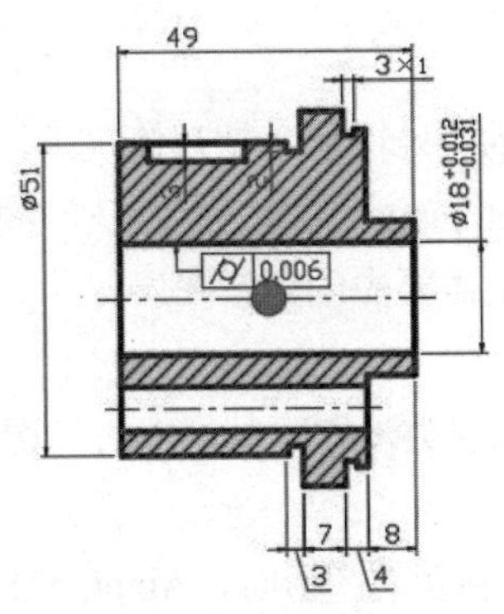

图 3-16　选中填充线

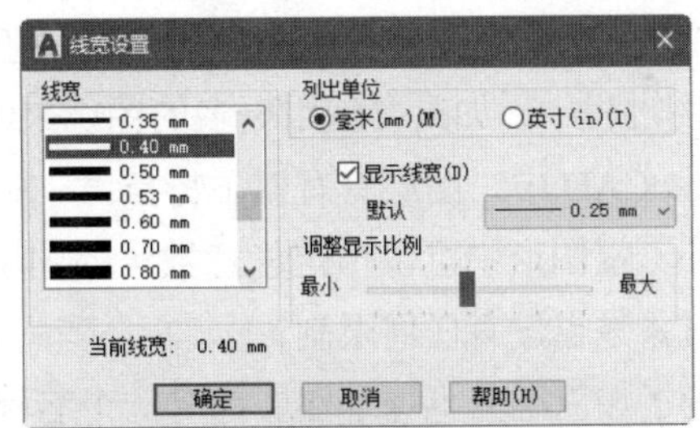

图 3-17　“线宽设置”对话框

3.3　使用图层

图层是大多数图形图像处理软件的基本元素，AutoCAD 图形中通常包含多个图层，每个图层都表明一种图形的特性，其中包括颜色、线型和线宽等属性；图形显示控制功能是设计人员必须掌握的技术。

3.3.1　创建图层

图层是 AutoCAD 中一个非常重要的图形管理工具，它相当于将一张张透明的图纸重叠在一起，将不同的对象绘制在不同的图层上，用户可以单独对每一个图层中的对象进行编辑、修改而对其他图层中的对象没有任何影响。当建立多个图层时，就像多个图纸重叠在一起，除了图形对象以外，其余部分为透明状态，如图 3-18 所示。

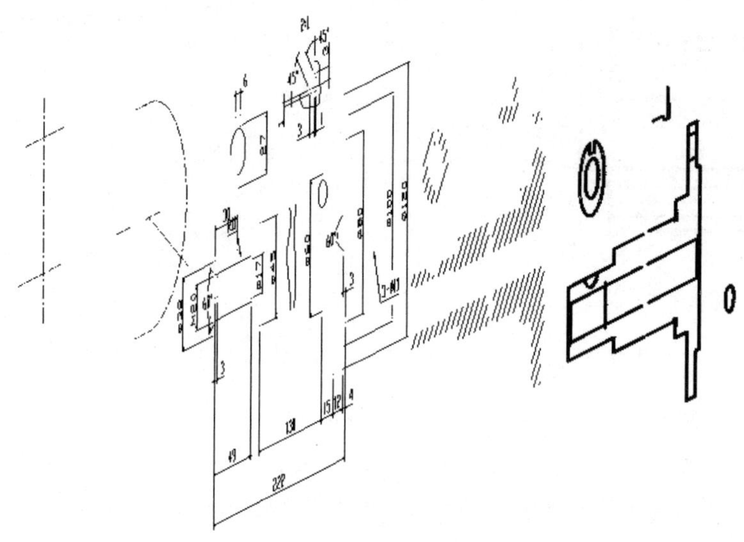

图 3-18　多个图层

开始绘制新图形时，AutoCAD 自动创建一个名为 0 的特殊图层。默认情况下，图层 0 将被指定使用 7 号颜色(白色或黑色，由背景色决定)、Continuous 线型、“默认”线宽等样式。在绘图过程中，如果要使用更多的图层来组织图形，就需要先创建新图层。

在 AutoCAD 中，图层具有以下特点。

- 在一幅图形中可以指定任意数量的图层。系统对图层数没有限制，对每一图层中的对象数也没有任何限制。
- 为了加以区分，每个图层都有一个名称。当开始绘制新的图形时，AutoCAD 自动创建名为 0 的图层，这是 AutoCAD 的默认图层，其他图层则需要自定义。
- 一般情况下，相同图层中的对象应该具有相同的线型、颜色。用户可以改变各图层的线型、颜色和状态。
- AutoCAD 允许建立多个图层，但只能在当前图层中绘图。
- 各图层具有相同的坐标系、绘图界限及显示时的缩放倍数。用户可以对位于不同图层中的对象同时进行编辑操作。
- 用户可以对各图层执行打开、关闭、冻结、解冻、锁定与解锁等操作，以决定各图层的可见性与可操作性。

在快速访问工具栏中选择“显示菜单栏”命令，在显示的菜单栏中选择“格式”|“图层”命令，打开“图层特性管理器”选项板，如图 3-19 所示。单击“新建图层”按钮，在图层列表中将出现一个名为“图层 1”的新图层。默认情况下，新建图层与当前图层的状态、颜色、线型及线宽等设置相同；单击“在所有图层中都被冻结的新图层视口”按钮，也可以创建一个新图层，只是该图层在所有的视口中都被冻结。

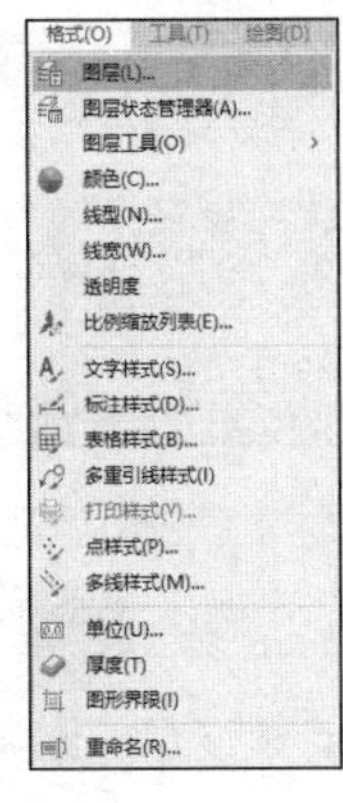

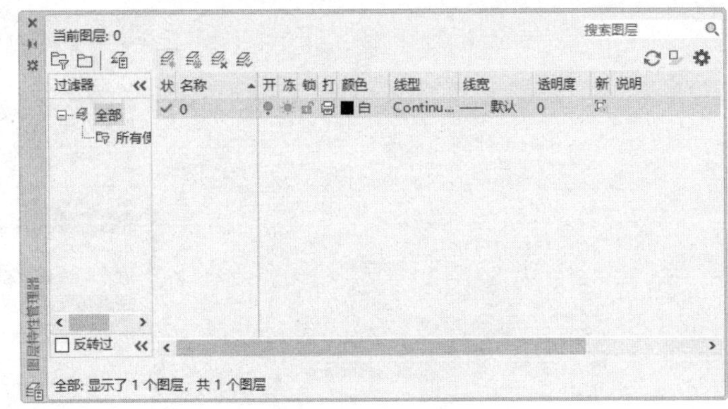

图 3-19　打开“图层特性管理器”选项板

3.3.2　设置图层

创建图层后，用户可以通过设置图层的各种属性(如图层名称、颜色、线型和线宽等)，以满足绘制图形时的制图需求。

1. 重命名图层

当用户在“图层特性管理器”选项板中创建图层后，图层的名称将显示在图层列表框中。如果要更改图层的名称，可以右击该图层名，然后在弹出的快捷菜单中选择“重命名图层”命令，如图 3-20 所示。此时可以输入图层的名称，如输入“01”(参见图 3-21)。

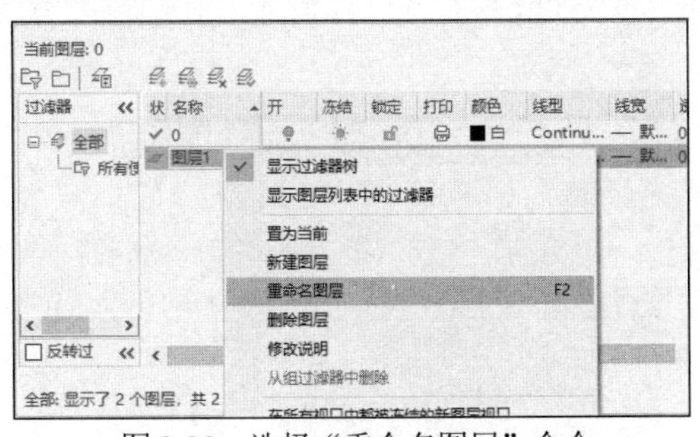

图 3-20　选择“重命名图层”命令

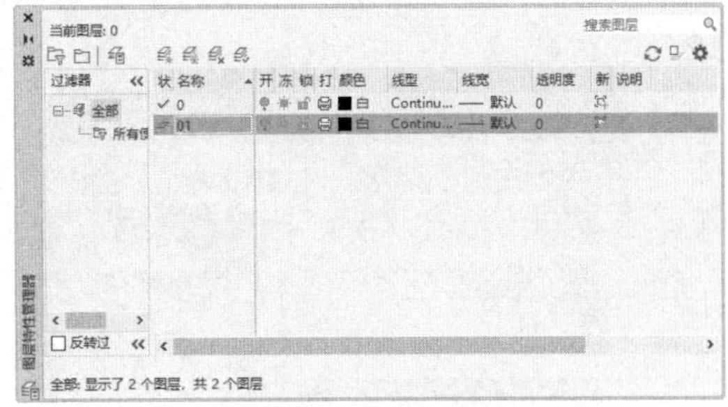

图 3-21　输入图层名

注意：

在对创建的图层命名时，在图层的名称中不能包含通配符(*和？)和空格，也不能与其他图层重名。

2. 设置图层的颜色

颜色在图形中具有非常重要的作用，可用来表示不同的组件、功能和区域。图层的颜色实际上是图层中图形对象的颜色。每个图层都拥有自己的颜色，对不同的图层可以设置相同的颜色，也可以设置不同的颜色，当绘制复杂图形时就能够很容易区分图形的各部分。

创建图层后，要改变图层的颜色，可在“图层特性管理器”选项板中单击图层的“颜色”列对应的图标，打开“选择颜色”对话框，如图 3-22 所示。

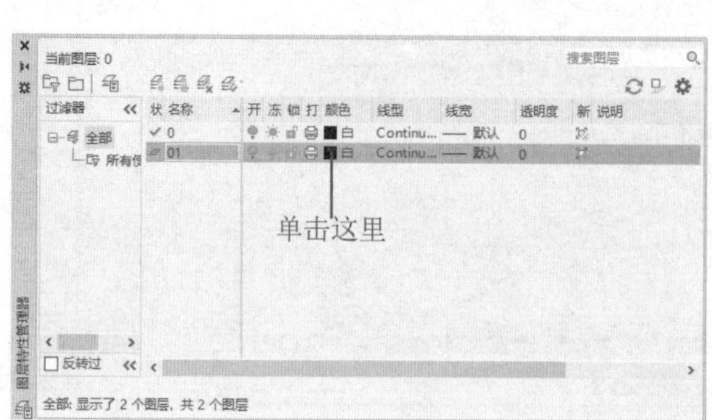

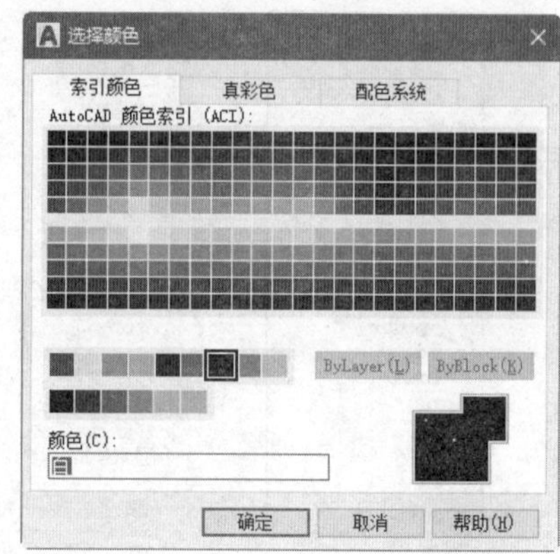

图 3-22　打开“选择颜色”对话框

在“选择颜色”对话框中，可以使用“索引颜色”“真彩色”“配色系统”3 个选项卡为图层设置颜色。

- “索引颜色”选项卡：可以使用 AutoCAD 的标准颜色(ACI 颜色)。在 ACI 颜色表中，每一种颜色用一个 ACI 编号(编号范围为 1~255)标识。“索引颜色”选项卡实际上是一张包含 256 种颜色的颜色表。
- “真彩色”选项卡：使用 24 位颜色显示 1600 万色。指定真彩色时，可以使用 RGB 或 HSL 颜色模式。如果使用 RGB 颜色模式，则可以指定颜色的红、绿、蓝组合；如果使用 HSL 颜色模式，则可以指定颜色的色调、饱和度和亮度要素，如图 3-23 所示。在这两种颜色模式下，都可以得到同一种所需的颜色，但是组合颜色的方式不同。

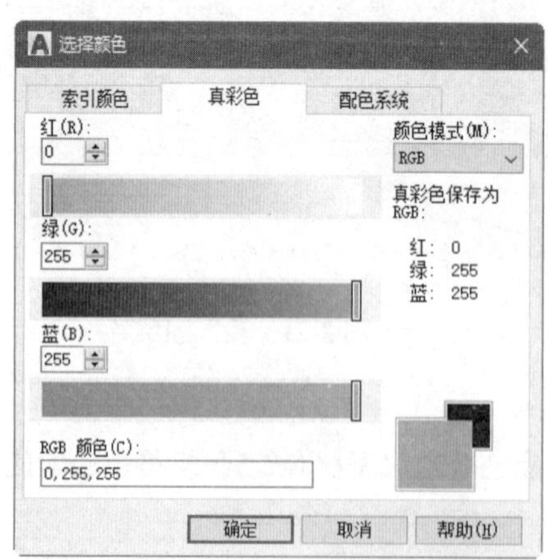

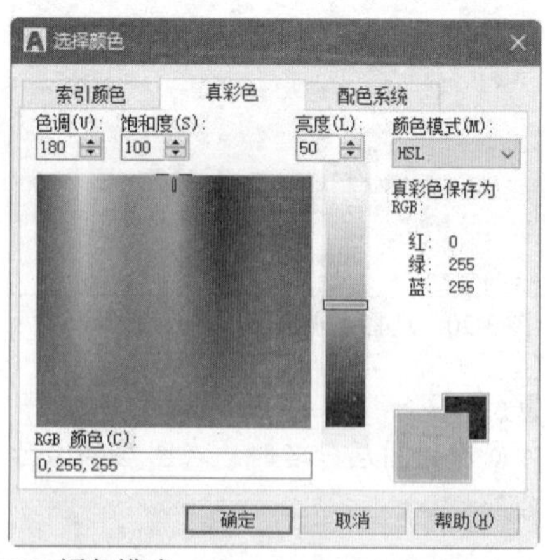

图 3-23　RGB 和 HSL 颜色模式

- “配色系统”选项卡：使用标准 Pantone 配色系统设置图层的颜色，如图 3-24 所示。

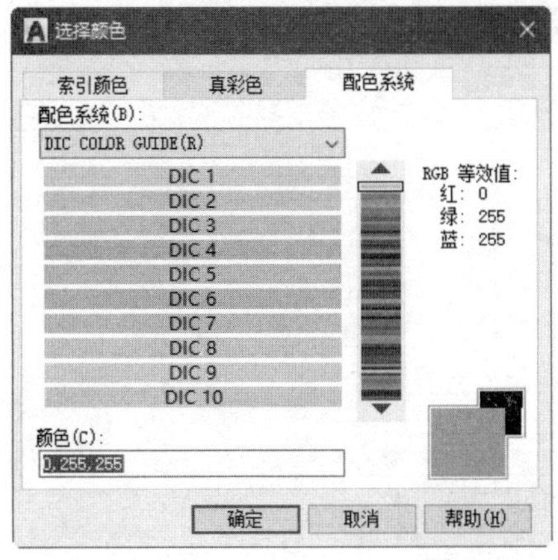

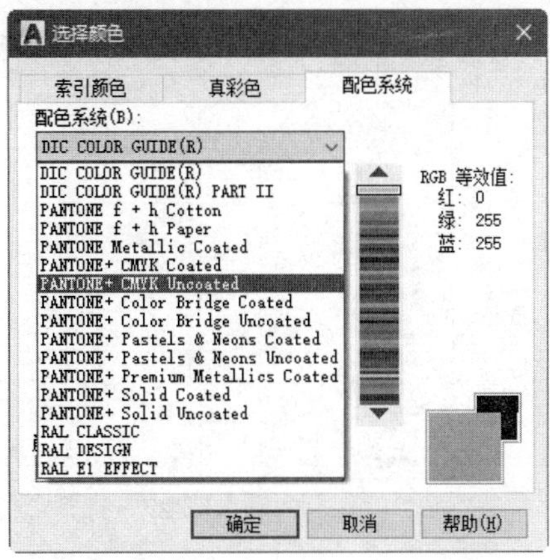

图 3-24　“配色系统”选项卡

3. 设置图层的线型

线型指的是图形基本元素中线条的组成和显示方式，如虚线和实线等。在 AutoCAD 中既有简单线型，也有由一些特殊符号组成的复杂线型，可以满足不同国家或行业标准的使用要求。

- 设置线型：在绘制图形时要使用线型来区分图形元素，这就需要对线型进行设置。默认情况下，图层的线型为 Continuous。要改变线型，可在图层列表中单击“线型”列的 Continuous，打开“选择线型”对话框，如图 3-25 所示。在“已加载的线型”列表框中选择一种线型即可将其应用到图层中。
- 加载线型：默认情况下，在“选择线型”对话框的“已加载的线型”列表框中只有 Continuous 一种线型。如果要使用其他线型，必须将其添加到“已加载的线型”列表框中。可单击“加载”按钮打开“加载或重载线型”对话框，如图 3-26 所示，从当前线型库中选择需要加载的线型，单击“确定”按钮。

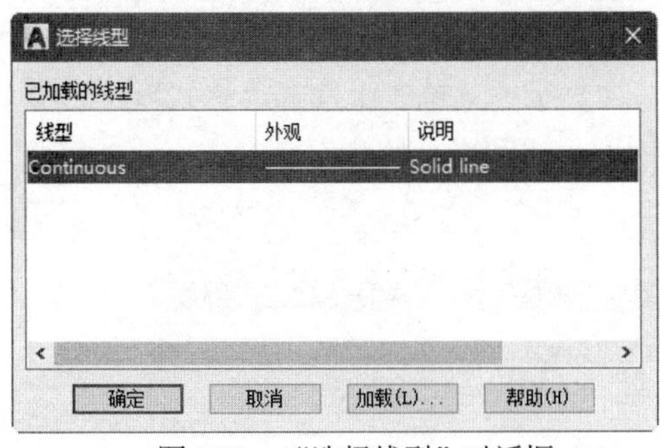

图 3-25　“选择线型”对话框

图 3-26　“加载或重载线型”对话框

- 设置线型比例：在快速访问工具栏中选择“显示菜单栏”命令，在显示的菜单栏中选择“格式”|“线型”命令，打开“线型管理器”对话框。在其中可设置图形中的线型比例，从而改变非连续线型的外观，如图 3-27 所示。

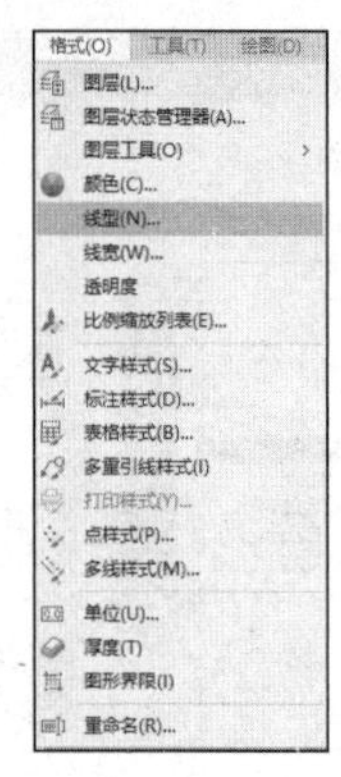
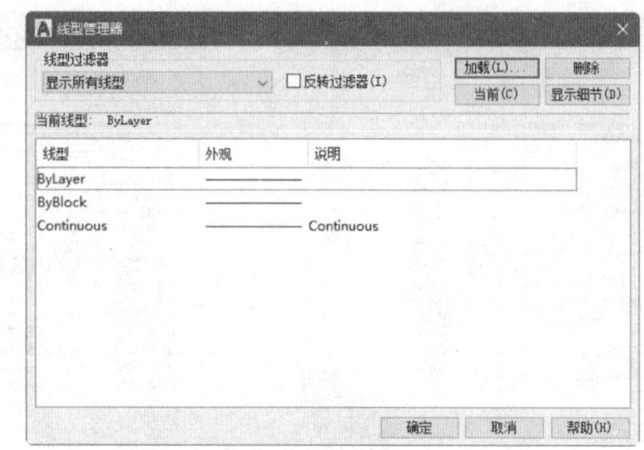

图 3-27 打开“线型管理器”对话框

“线型管理器”对话框中显示了当前使用的线型和可选择的其他线型。当在线型列表中选择某一线型并单击“显示细节”按钮后，可以在“详细信息”选项区域中设置线型的“全局比例因子”和“当前对象缩放比例”。其中，“全局比例因子”用于设置图形中所有线型的比例，“当前对象缩放比例”用于设置当前选中线型的比例。

注意：

AutoCAD 中的线型包含在线型库定义文件 acad.lin 和 acadiso.lin 中。其中，在英制测量系统下，使用线型库定义文件 acad.lin；在公制测量系统下，使用线型库定义文件 acadiso.lin。用户可根据需要，单击“加载或重载线型”对话框中的“文件”按钮，打开“选择线型文件”对话框，选择合适的线型库定义文件。

4. 设置图层的线宽

设置线宽就是改变线条的宽度。在 AutoCAD 中，使用不同宽度的线条表现对象的大小或类型，可以提高图形的表达能力和可读性。

要设置图层的线宽，可以在“图层特性管理器”选项板的“线宽”列中单击该图层对应的线宽“默认”，打开“线宽”对话框，有 20 多种线宽可供选择，如图 3-28 所示。也可以在快速访问工具栏中选择“显示菜单栏”命令，在显示的菜单栏中选择“格式”|“线宽”命令，打开“线宽设置”对话框，通过调整线宽比例，使图形中的线宽显示得更宽或更窄，如图 3-29 所示。

图 3-28 “线宽”对话框

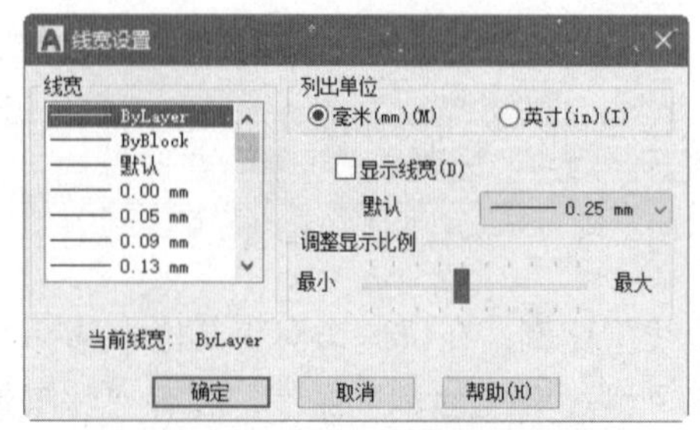

图 3-29 “线宽设置”对话框

在“线宽设置”对话框的“线宽”列表框中选择所需线条的宽度后，还可以设置其单位

和显示比例等参数，各选项的功能如下。

- “列出单位”选项区域：设置线宽的单位，可以是“毫米”或“英寸”。
- “显示线宽”复选框：设置是否按照实际线宽来显示图形，也可以单击状态栏上的“线宽”按钮来显示或关闭线宽。
- “默认”下拉列表：设置默认线宽值，即关闭显示线宽后 AutoCAD 所显示的线宽。
- “调整显示比例”选项区域：通过调节显示比例滑块，可以设置线宽的显示比例大小。

3.3.3　管理图层状态

在 AutoCAD 中建立图层后，需要对图层进行管理，包括图层特性的设置、图层的切换、图层状态的保存与恢复等。

1. 设置图层特性

使用图层绘制图形时，新对象的各种特性将默认为随层，由当前图层的默认设置决定。也可以单独设置对象的特性，新设置的特性将覆盖原来随层的特性。在“图层特性管理器”选项板中，每个图层都包含状态、名称、打开/关闭、冻结/解冻、锁定/解锁、线型、颜色、线宽和打印样式等特性，如图 3-30 所示。在 AutoCAD 2021 中，图层的各列属性可以显示或隐藏，只需要右击图层列表的标题栏，在弹出的快捷菜单中选择或取消选择命令即可。

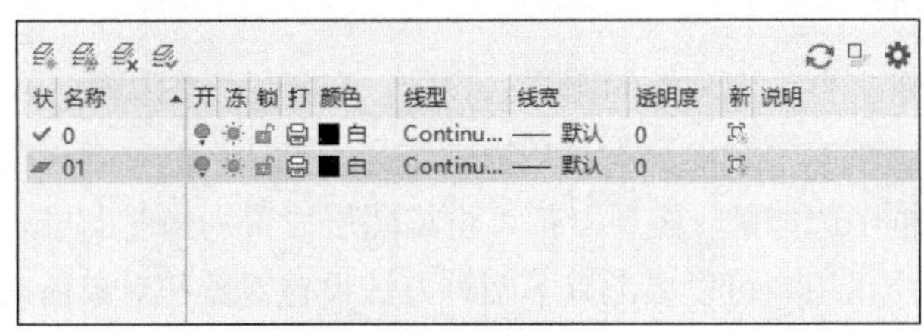

图 3-30　图层特性

在 AutoCAD 2021 中，各种图层特性的功能如下。

- 状态：显示图层和过滤器的状态。其中，被删除的图层标识为，当前图层标识为。
- 名称：即图层的名字，是图层的唯一标识。默认情况下，图层的名称按图层 0、图层 1、图层 2 ……的编号依次递增，用户可以根据需要为图层定义能够表达用途的名称。
- 开关状态：单击“开”列对应的小灯泡图标，可以打开或关闭图层。在开的状态下，灯泡的颜色为黄色，图层上的图形可以显示，也可以在输出设备上打印；在关的状态下，灯泡的颜色为灰色，图层上的图形不能显示，也不能打印输出。在关闭当前图层时，系统将显示一个消息框，警告正在关闭当前图层。
- 冻结：单击“冻结”列对应的太阳图标或雪花图标，可以解冻或冻结图层。图层被冻结时显示雪花图标，此时图层上的图形对象不能显示、打印输出和编辑。图层被解冻时显示太阳图标，此时图层上的图形对象能够显示、打印输出和编辑。
- 锁定：单击“锁定”列对应的关闭图标或打开小锁图标，可以锁定或解锁图层。图层在锁定状态下并不影响图形对象的显示，且不能对该图层上已有图形对象进行编辑，但可以绘制新图形对象。此外，在锁定的图层上可以使用查询命令和对象捕捉功能。

- 颜色：单击“颜色”列对应的图标，可以使用打开的“选择颜色”对话框来选择图层的颜色。
- 线型：单击“线型”列显示的线型名称，可以使用打开的“选择线型”对话框来选择所需的线型。
- 线宽：单击“线宽”列显示的线宽值，可以使用打开的“线宽”对话框来选择所需的线宽。
- 打印：单击“打印”列对应的打印机图标，可以设置图层是否能够打印，在保持图形显示可见性不变的前提下控制图形的打印特性。打印功能只对没有冻结和关闭的图层起作用。
- 说明：单击“说明”列两次，可以为图层或组过滤器添加必要的说明信息。

注意：

不能冻结当前图层，也不能将冻结图层设为当前图层，否则将会显示警告框。冻结的图层与关闭的图层的可见性是相同的，但冻结的对象不参与处理过程中的运算，关闭的图层则要参与运算。所以，在复杂的图形中冻结不需要的图层可以加快系统重新生成图形时的速度。

2. 置为当前图层

在“图层特性管理器”选项板的图层列表中，选择某一图层后，单击“置为当前”按钮，如图 3-31 所示。或在“功能区”选项板中选择“默认”选项卡，在“图层”面板的“图层控制”下拉列表框中选择某一图层，都可将该图层设置为当前图层。

在“功能区”中，用户可以参考以下两种方法设置对象和对象所在的图层为当前图层。

- 在“功能区”选项板中选择“默认”选项卡，在“图层”面板中单击“更改为当前图层”按钮。选择要更改到当前图层的对象，并按 Enter 键，可以将对象更改为当前图层，如图 3-32 所示。
- 在“功能区”选项板中选择“默认”选项卡，在“图层”面板中单击“置为当前”按钮，选择需要成为当前图层的对象，并按 Enter 键，可以将对象所在图层设置为当前图层。

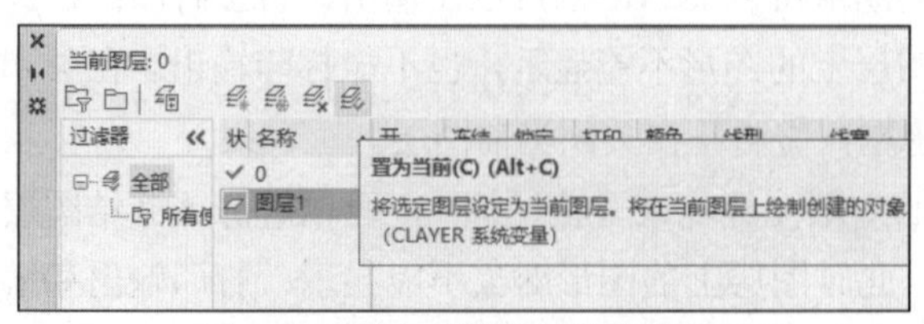

图 3-31　单击“置为当前”按钮

图 3-32　单击“更改为当前图层”按钮

3. 保存图层状态

图层设置包括设置图层状态和图层特性。图层状态包括图层是否打开、冻结、锁定、打印和在新视口中自动冻结。图层特性包括颜色、线型、线宽和打印样式。用户可以选择要保存的图层状态和图层特性。

如果要保存图层状态，可在“图层特性管理器”选项板的图层列表中右击要保存的图层，在弹出的快捷菜单中选择“保存图层状态”命令，打开“要保存的新图层状态”对话框，如图 3-33 所示。在“新图层状态名”文本框中输入图层状态的名称，在“说明”文本框中输入相关的图层说明文字，然后单击“确定”按钮即可。

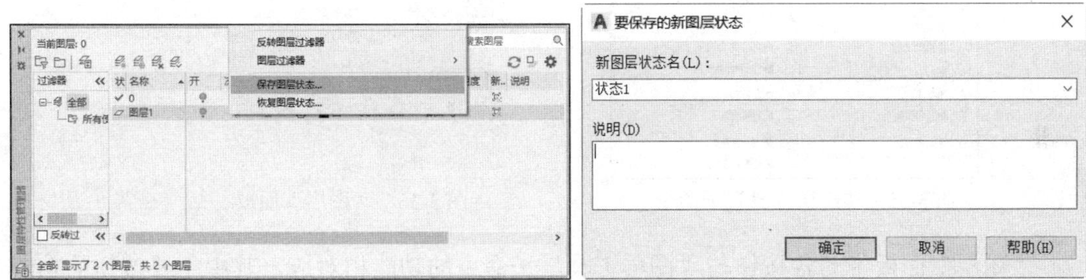

图 3-33　保存图层状态

4. 恢复图层状态

如果改变了图层的显示等状态，还可以恢复以前保存的图层设置。在“图层特性管理器”选项板的图层列表中右击要恢复的图层，在弹出的快捷菜单中选择“恢复图层状态”命令，打开“图层状态管理器”对话框。选择需要恢复的图层状态后，单击“恢复”按钮即可，如图 3-34 所示。

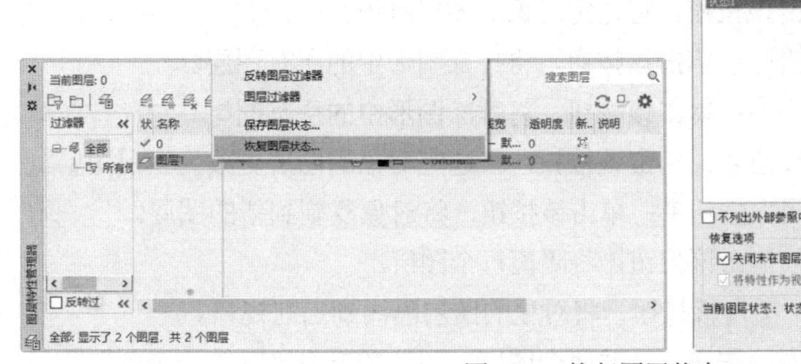

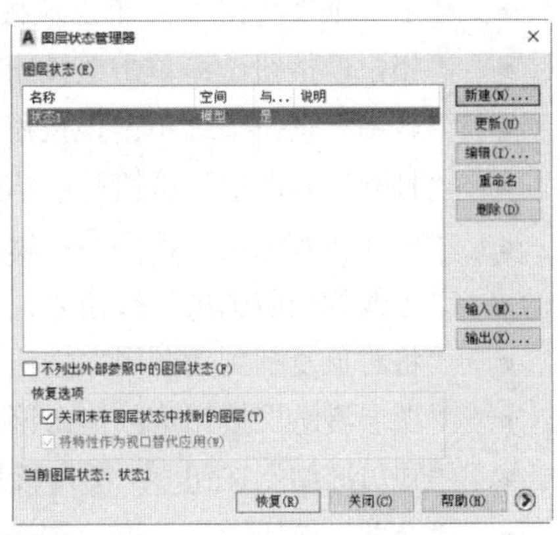

图 3-34　恢复图层状态

3.3.4　使用图层工具

在 AutoCAD 2021 中使用图层工具可以更方便地管理图层。在快速访问工具栏中选择“显示菜单栏”命令，在显示的菜单栏中选择“格式”|“图层工具”命令中的子命令(如图 3-35

所示)。或在“功能区”选项板中选择“默认”选项卡，在“图层”面板中单击相应的按钮(如图 3-36 所示)，都可以通过图层工具来管理图层。

图 3-35 “图层工具”子命令

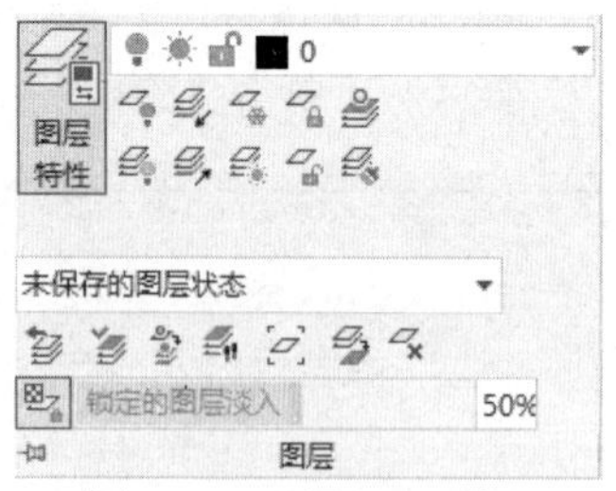

图 3-36 “图层”面板

“图层”面板中的各按钮与“图层工具”子命令的功能相对应，其中主要按钮的功能如下。

- “隔离”按钮：单击该按钮，可以将选定对象的图层隔离。
- “取消隔离”按钮：单击该按钮，将恢复由“隔离”命令隔离的图层。
- “关”按钮：单击该按钮，将选定对象的图层关闭。
- “冻结”按钮：单击该按钮，将选定对象的图层冻结。
- “匹配图层”按钮：单击该按钮，将选定对象的图层更改为选定目标对象的图层。
- “上一个”按钮：单击该按钮，将恢复上一个图层的设置。
- “锁定”按钮：单击该按钮，将锁定选定对象的图层。
- “解锁”按钮：单击该按钮，将选定对象的图层解锁。
- “打开所有图层”按钮：单击该按钮，将打开图形中的所有图层。
- “解冻所有图层”按钮：单击该按钮，将解冻图形中的所有图层。
- “更改为当前图层”按钮：单击该按钮，将选定对象的图层更改为当前图层。
- “将对象复制到新图层”按钮：单击该按钮，将对象复制到新的图层。
- “图层漫游”按钮：单击该按钮，将隔离每个图层。
- “视口冻结”按钮：单击该按钮，将对象的图层隔离到当前视口。
- “合并”按钮：单击该按钮，合并两个图层，并从图形中删除第一个图层。
- “删除”按钮：单击该按钮，从图形中永久删除图层。

【练习 3-2】不显示图形中的“标注层”图层，并要求确定填充图案所在的图层。视频

(1) 在快速访问工具栏中选择“显示菜单栏”命令，在显示的菜单栏中选择“文件”|“打开”命令，打开“选择文件”对话框，选择图形文件，单击“打开”按钮，如图 3-37 所示。

(2) 在“功能区”选项板中选择“默认”选项卡，然后在“图层”面板中单击“关”按

钮，如图 3-38 所示。

图 3-37　“选择文件”对话框

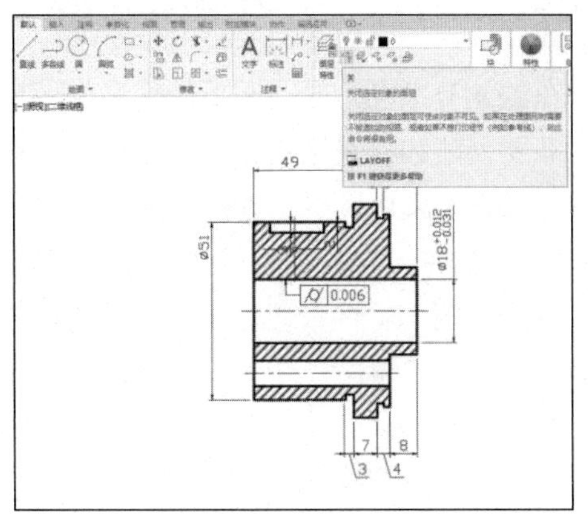

图 3-38　单击“关”按钮

(3) 在命令行的“选择要关闭的图层上的对象或 [设置(S)/放弃(U)]:”提示下，选择任意一个标注对象，如图 3-39 所示。

(4) 在命令行的“图层 dim 为当前图层，是否关闭它？[是(Y)/否(N)] <否(N)>:”提示下，输入 y，并按 Enter 键，关闭标注层。此时，绘图窗口中将不显示“标注层”图层，效果如图 3-40 所示。

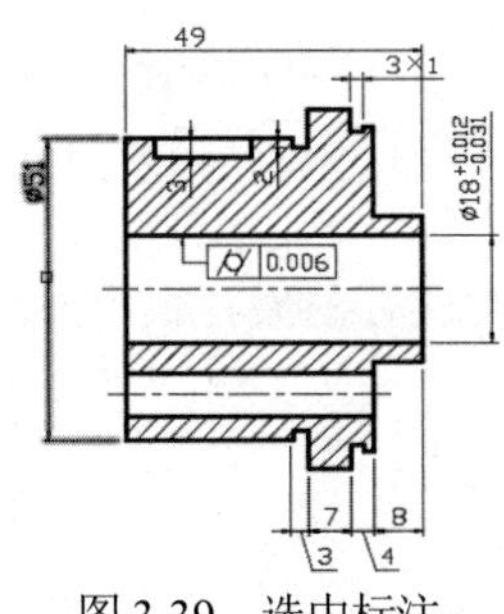

图 3-39　选中标注

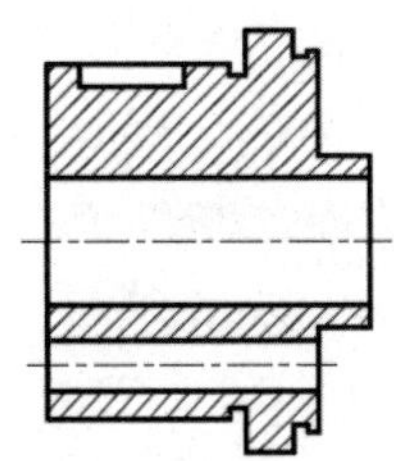

图 3-40　不显示标注

(5) 在“功能区”选项板中选择“默认”选项卡，单击“图层”面板中的“图层漫游”按钮，打开“图层漫游”对话框，单击“选择对象”按钮，如图 3-41 所示。

(6) 在绘图窗口选择左上角的填充图案，按 Enter 键返回至“图层漫游”对话框。此时，填充图案只会在其所在的图层上亮显，用户即可确定其所在的图层，如图 3-42 所示。

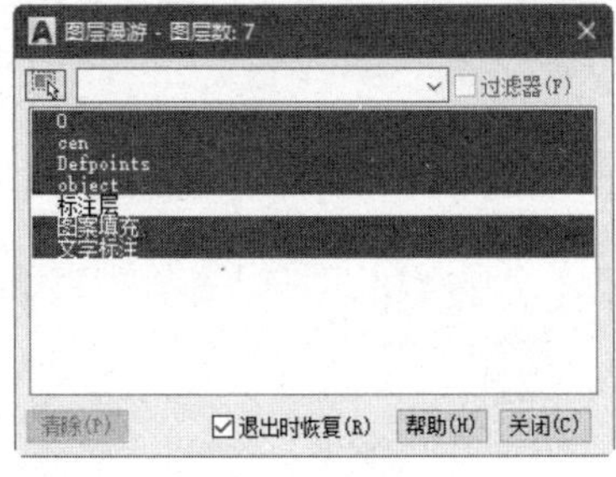

图 3-41　单击“选择对象”按钮

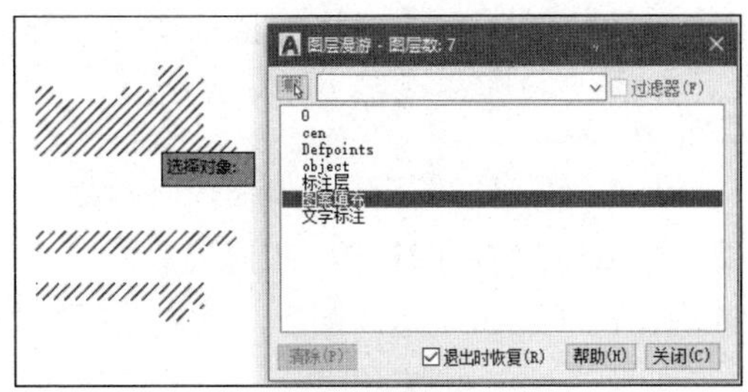

图 3-42　确定图层

3.3.5 保存并输出图层状态

在绘制复杂图形时，需要创建多个图层并为其设置相应的图层特性，若每次绘制新的图形时都要创建和设置这些图层，则会十分麻烦且大大降低工作效率。因此，AutoCAD 为用户提供了保存及调用图层特性的功能，即用户可将创建好的图层以文件的形式保存起来，在绘制其他图形时，直接将其调用到当前图形中即可使用。

打开“图形特性管理器”选项板，单击“图层状态管理器”按钮，打开“图层状态管理器”对话框，单击“新建”按钮，如图 3-43 所示。打开“要保存的新图层状态”对话框，在“新图层状态名”文本框中输入名称，单击“确定”按钮，如图 3-44 所示。

图 3-43　单击“新建”按钮

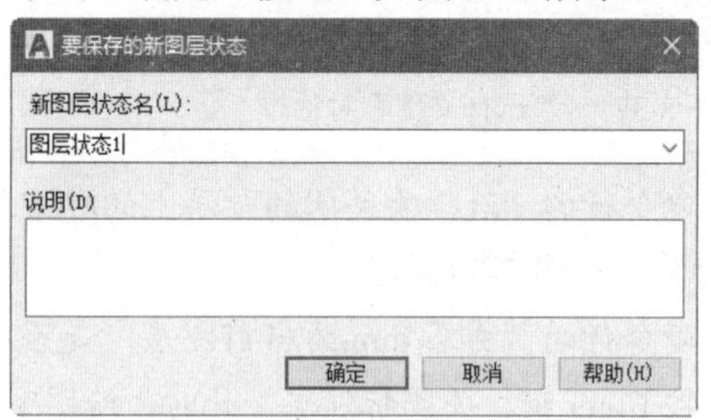

图 3-44　“要保存的新图层状态”对话框

此时返回“图层状态管理器”对话框，单击“输出”按钮，如图 3-45 所示。打开“输出图层状态”对话框，在“保存于”下拉列表框中选择文件的保存路径，在“文件名”文本框中输入名称后单击“保存”按钮，如图 3-46 所示。

图 3-45　单击“输出”按钮

图 3-46　“输出图层状态”对话框

3.4 思考和练习

1. 在 AutoCAD 2021 中，如何控制对象显示特性？
2. 在 AutoCAD 2021 中，如何创建图层？
3. 打开一幅 AutoCAD 图形，设置图层的颜色、线宽、线型。

第4章

使用精确绘图工具

在 AutoCAD 中绘制图形时，如果对图形的尺寸比例要求不太严格，用户可以大致输入图形的尺寸，用鼠标在图形区域中直接拾取和输入。但是，有些图形对尺寸的要求比较严格，要求绘图者必须按给定的尺寸绘图。这时可以通过 AutoCAD 提供的精确的绘图工具来绘制图形，例如指定点的坐标，或者使用系统提供的对象捕捉、自动追踪等功能。本章将详细介绍使用精确绘图工具的方法。

4.1 使用坐标系

在绘图过程中常常需要使用某个坐标系作为参照，拾取点的位置，以便精确定位某个对象。AutoCAD 提供的坐标系可以用来准确地设计并绘制图形。

4.1.1 世界坐标系与用户坐标系

在 AutoCAD 2021 中，坐标系分为世界坐标系(WCS)和用户坐标系(UCS)。在这两种坐标系下都可以通过坐标(x,y)来精确定位点。

默认情况下，开始绘制新图形时，当前坐标系为世界坐标系，即 WCS。它包括 X 轴和 Y 轴(如果在三维空间中工作，还有一个 Z 轴)。WCS 坐标轴的坐标原点并不在坐标系的交汇点，而是位于图形窗口的左下角。所有的位移都是相对于原点计算的，并且将沿 X 轴正向及 Y 轴正向的位移规定为正方向，如图 4-1 所示。

在 AutoCAD 中，为了能够更好地辅助绘图，经常需要修改坐标系的原点和方向，这时世界坐标系将变为用户坐标系，即 UCS。UCS 的原点及其 X 轴、Y 轴、Z 轴的方向都可以移动及旋转，甚至可以依赖于图形中某个特定的对象。尽管用户坐标系中 3 个轴间仍然互相垂直，但是方向及位置却都更灵活。

要设置 UCS，可在快速访问工具栏中选择“显示菜单栏”命令，在显示的菜单栏中选择“工具”菜单中的“命名 UCS”和“新建 UCS”命令及其子命令。例如，选择“工具”|“新建 UCS”|“原点”命令，单击圆心 O，此时世界坐标系变为用户坐标系并移动至 O 点，O 点也就成了新坐标系的原点，如图 4-2 所示。

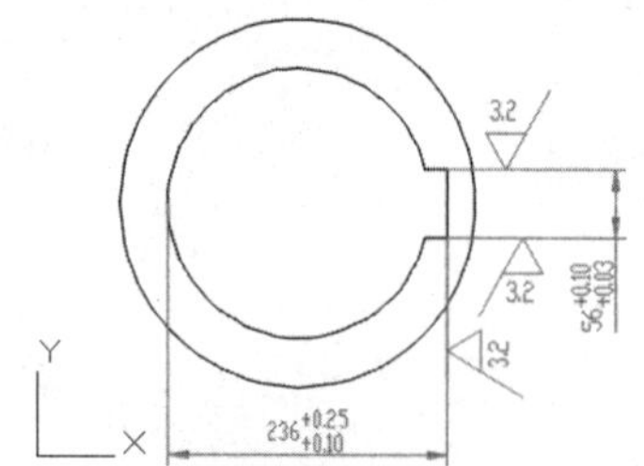

图 4-1　世界坐标系(WCS)的默认位置

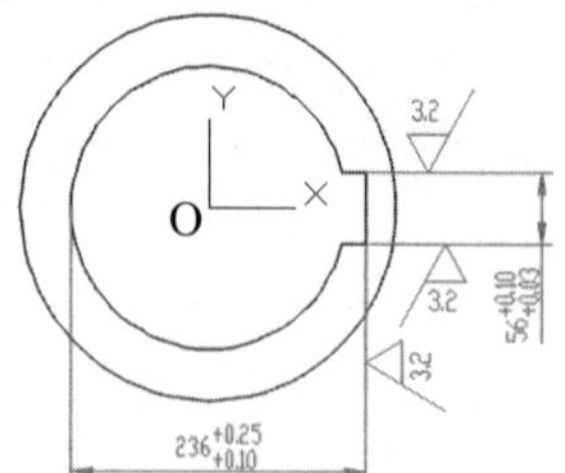

图 4-2　用户坐标系(UCS)的位置

4.1.2 坐标表示方法

在 AutoCAD 2021 中，点的坐标可以使用绝对直角坐标、绝对极坐标、相对直角坐标和相对极坐标 4 种方法表示，它们各自的特点如下。

- 绝对直角坐标：是从点(0,0)或(0,0,0)出发的位移，可以使用分数、小数或科学记数等形式表示点的 X、Y、Z 坐标值。坐标间用逗号隔开，如点(8.3,5.8)和(4.0, 5.2,8.8)等。

- 绝对极坐标：是从点(0,0)或(0,0,0)出发的位移，但给定的是距离和角度。其中，距离和角度用尖括号(<)分开，且规定 X 轴正向为 0°、Y 轴正向为 90°，如点(4.27<60)、(34<30)等。
- 相对直角坐标和相对极坐标：相对坐标是指相对于某一点的 X 轴和 Y 轴位移，或距离和角度。表示方法是在绝对坐标表达式前加上@符号，如(@－13,8)和(@11<24)。其中，相对极坐标中的角度是新点和上一点的连线与 X 轴的夹角。

4.1.3　控制坐标的显示

在绘图窗口中移动光标的十字指针时，状态栏上将动态地显示当前指针的坐标。AutoCAD 中，坐标显示取决于所选择的模式和程序中运行的命令，共有 4 种显示模式，如图 4-3 所示。

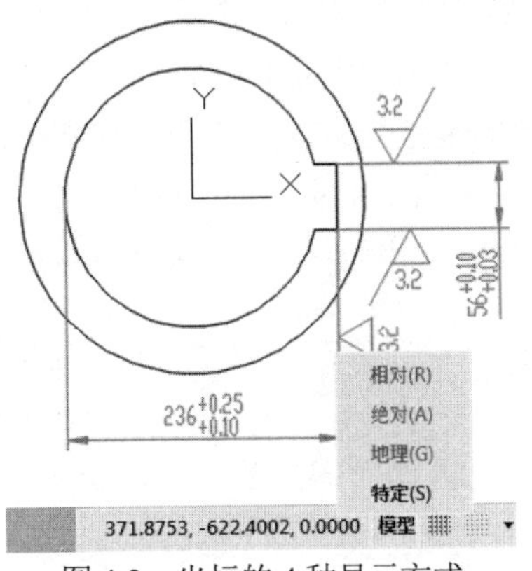

图 4-3　坐标的 4 种显示方式

在实际绘图过程中，用户可以根据需要随时按下 F6 键或 Ctrl＋D 组合键、单击状态栏的坐标显示区域或者右击坐标显示区域并选择相应的命令，便可在多种显示方式之间进行切换。

4.1.4　创建用户坐标系

在 AutoCAD 中，在快速访问工具栏中选择“显示菜单栏”命令，在显示的菜单栏中选择“工具”|“新建 UCS”命令的子命令，或者选择“功能区”选项板中的“视图”选项卡，在 UCS 面板中单击相应的按钮，均可方便地创建 UCS，各命令的作用如下。

- “世界”命令：从当前的用户坐标系恢复到世界坐标系。WCS 是所有用户坐标系的基准，不能被重新定义。
- “上一个”命令：从当前的坐标系恢复到上一个坐标系。
- “面”命令：将 UCS 与实体对象的选定面对齐。要选择一个面，可单击这个面的边界内或面的边界，被选中的面将亮显，UCS 的 X 轴将与找到的第一个面上最近的边对齐。
- “对象”命令：根据选取的对象快速、简单地建立 UCS，使对象位于新的 XY 平面内。其中，X 轴和 Y 轴的方向取决于选择的对象类型。该选项不能用于三维实体、三维多段线、三维网格、视口、多线、面域、样条曲线、椭圆、射线、参照线、引线和多行文字等对象。对于非三维面的对象，新 UCS 的 XY 平面与绘制该对象时生效的 XY 平面平行，但 X 轴和 Y 轴可以做不同的旋转。

- “视图”命令：以垂直于观察方向(平行于屏幕)的平面为 XY 平面，建立新的坐标系，UCS 原点保持不变。常用于注释当前视图，使文字以平面方式显示。
- “原点”命令：通过移动当前 UCS 的原点，保持其 X 轴、Y 轴和 Z 轴方向不变，从而定义新的 UCS。用户可以在任意高度建立坐标系，如果没有给原点指定 Z 轴坐标值，将使用当前标高。
- “Z 轴矢量”命令：用特定的 Z 轴正半轴定义 UCS。需要选择两点，第一点作为新的坐标系原点，第二点决定 Z 轴的正向，XY 平面垂直于新的 Z 轴。
- “三点”命令：通过在三维空间的任意位置指定三点，确定新的 UCS 原点及其 X 轴和 Y 轴的正方向，Z 轴由右手定则确定。其中第一点定义了坐标系原点，第二点定义了 X 轴的正方向，第三点定义了 Y 轴的正方向。
- X/Y/Z 命令：旋转当前的 UCS 轴来建立新的 UCS。在命令行提示下输入正或负的角度以旋转 UCS，用右手定则来确定绕该轴旋转的正方向。

4.1.5 选择和命名用户坐标系

在快速访问工具栏中选择“显示菜单栏”命令，在显示的菜单栏中选择“工具”|“命名 UCS”命令，如图 4-4 所示。

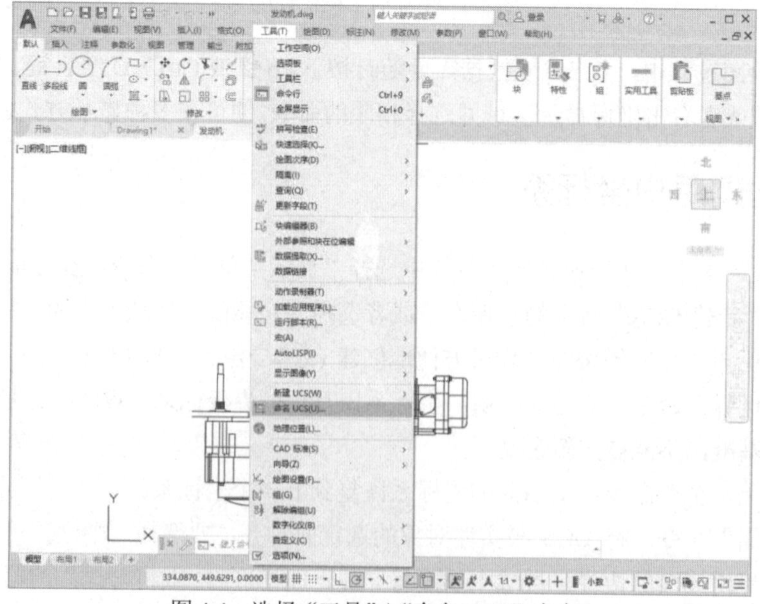

图 4-4 选择“工具”|“命名 UCS”命令

在打开的 UCS 对话框中选择“命名 UCS”选项卡，如图 4-5 所示。在“当前 UCS”列表框中选择“世界”“上一个”“未命名”等选项，然后单击“置为当前”按钮，可将其置为当前坐标系。这时在该 UCS 前将显示▶标记。也可以单击“详细信息”按钮，在弹出的“UCS 详细信息”对话框中查看坐标系的详细信息，如图 4-6 所示。

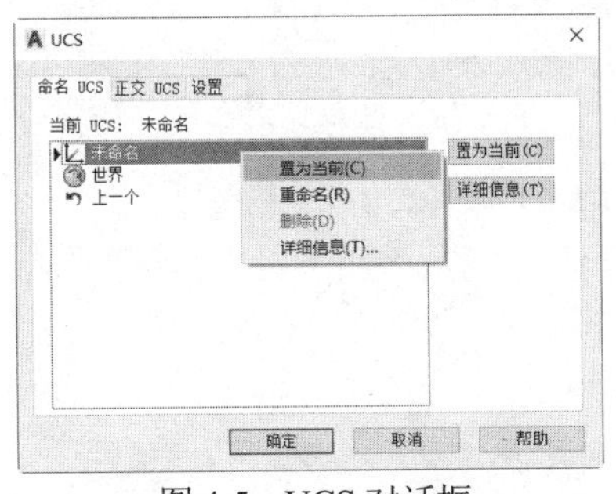

图 4-5　UCS 对话框

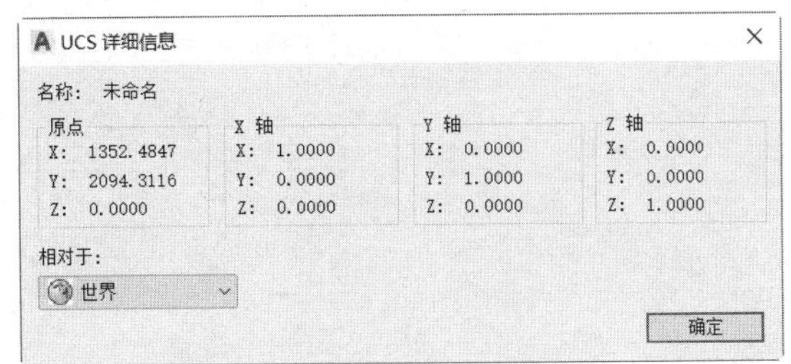

图 4-6　“UCS 详细信息”对话框

此外，在“当前UCS”列表框中的坐标系选项上右击，将弹出一个快捷菜单，如图4-5所示，在该快捷菜单中，可以执行重命名坐标系、删除坐标系或将坐标系置为当前坐标系等操作。

4.1.6　使用正交用户坐标系

在 UCS 对话框中选择“正交 UCS”选项卡，可以从“当前 UCS”列表框中选择需要使用的正交 UCS 坐标系，如图 4-7 所示。单击“详细信息”按钮，在弹出的“UCS 详细信息”对话框中可以查看正交 UCS 坐标系的详细信息，如图 4-8 所示。

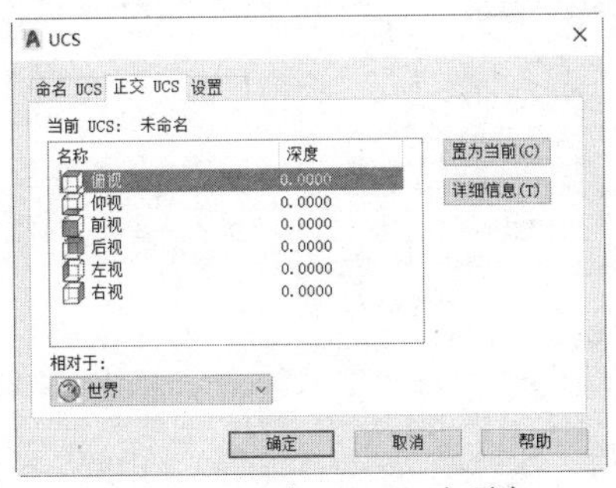

图 4-7　“正交 UCS”选项卡

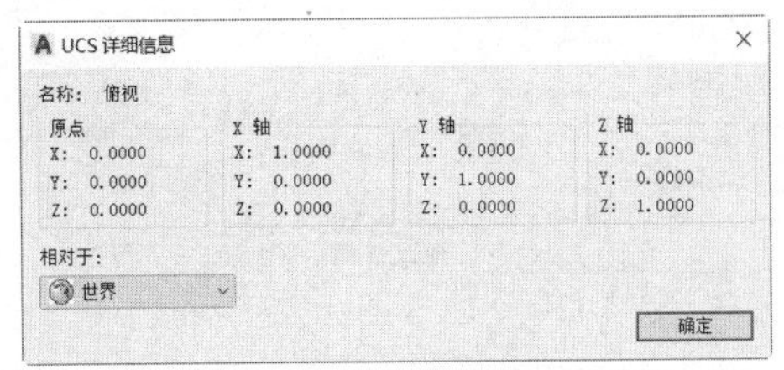

图 4-8　“UCS 详细信息”对话框

4.1.7　设置 UCS 选项

在 AutoCAD 2021 中，在快速访问工具栏中选择“显示菜单栏”命令，在显示的菜单栏中选择“视图”|“显示”|“UCS 图标”子菜单中的命令，可以控制坐标系图标的可见性和显示方式。

- “开”命令：选择该命令可以在当前视口中开启 UCS 图标显示，取消该命令则可在当前视口中关闭 UCS 图标显示，如图 4-9 所示。
- “原点”命令：选择该命令可以在当前坐标系的原点处显示 UCS 图标；取消该命令

则可以在视口的左下角显示 UCS 图标，而不考虑当前坐标系的原点，如图 4-10 所示。

关闭 UCS 图标显示　　　　开启 UCS 图标显示

图 4-9　关闭与开启 UCS 图标显示

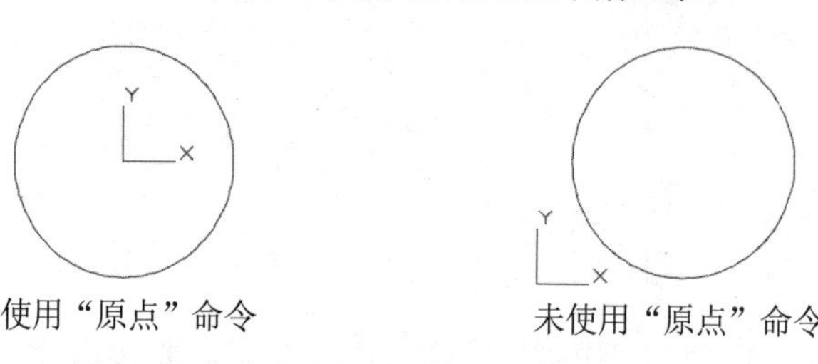

图 4-10　在当前坐标系的原点处显示 UCS 图标

- “特性”命令：选择该命令可打开“UCS 图标”对话框，在该对话框中可以设置 UCS 图标的样式、大小、颜色以及“布局”选项卡中的图标颜色，如图 4-11 所示。

此外，在 AutoCAD 中，还可以使用 UCS 对话框中的“设置”选项卡对 UCS 图标或 UCS 进行设置，如图 4-12 所示。

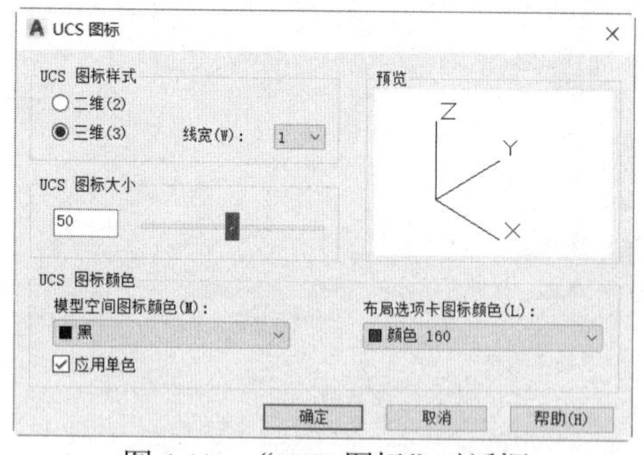

图 4-11　“UCS 图标”对话框

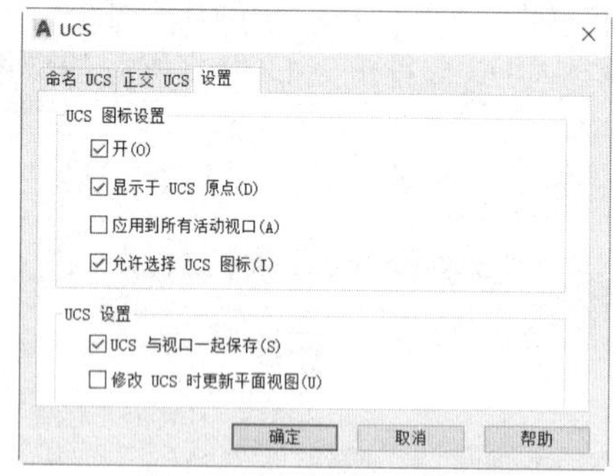

图 4-12　“设置”选项卡

4.1.8　绝对和相对坐标

世界坐标系和用户坐标系都可以分为绝对坐标和相对坐标，下面分别进行讲解。

1. 绝对坐标

绝对坐标以原点(0,0)或(0,0,0)为基点定位所有的点。AutoCAD 默认的坐标原点位于绘图窗口左下角。在绝对坐标系中，X 轴、Y 轴和 Z 轴在原点(0,0,0)处相交。绘图窗口中的任意一点都可以使用(X,Y,Z)来表示，也可以通过输入 X、Y、Z 坐标值(中间用逗号隔开)来定义点的位置。用户可使用分数、小数或科学记数法等形式表示点的 X、Y、Z 坐标值。如图

4-13 所示，点 A 的坐标(20,30,50)表示 X 方向与原点距离为 20，Y 方向与原点距离为 30，Z 方向与原点距离为 50(在平面中，Z 方向距离表现不出来)。

2. 相对坐标

相对坐标是一点相对于另一特定点(如图 4-14 中所示的 A 点与 B 点)的位置。用户可以使用(@x,y,z)的形式输入相对坐标。一般情况下，绘图中常常把上一操作点看作特定点，后续绘图操作都是相对于上一操作点进行的。如果上一操作点的坐标是(20,30,50)，通过键盘输入下一点的相对坐标(@40,10,50)，则相当于确定该点的绝对坐标为(60,40,100)。

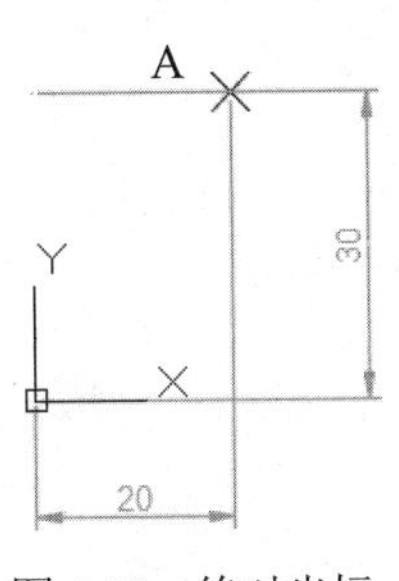

图 4-13　绝对坐标

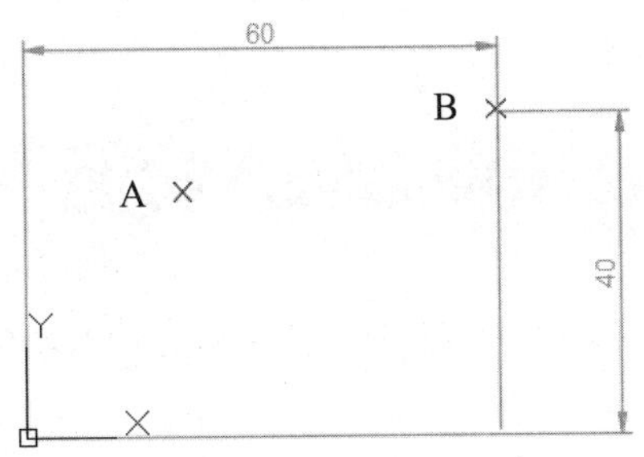

图 4-14　相对坐标

3. 绝对极坐标

绝对坐标和相对坐标实际上都是二维线性坐标，一个点在二维平面上都可以用(x,y)来表示其位置。极坐标则是通过相对于极点的距离和角度来进行定位的。默认情况下，AutoCAD 以逆时针方向测量角度。水平向右为 0°(或 360°)，垂直向上为 90°，水平向左为 180°，垂直向下为 270°。当然用户也可以自行设置角度方向。

绝对极坐标以原点作为极点。用户可以输入一个长度距离，后面跟一个“<”符号，再加上一个角度，即表示绝对极坐标。绝对极坐标规定 X 轴正方向为 0°，Y 轴正方向为 90°。例如，点 A(40<30)表示点与原点的距离为 40，与 X 轴正方向的角度为 30°(这里的度数使用十进制度数表示法)。点 B(－40<－30)表示点与原点的距离为 40，点与原点间的连线与 X 轴负方向成 30°角。这里的距离值为负值(用户应特别注意)，如图 4-15 所示。

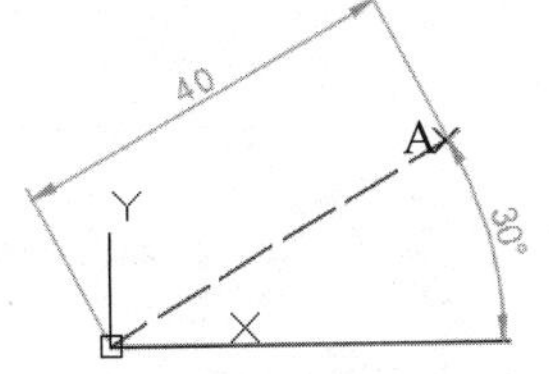

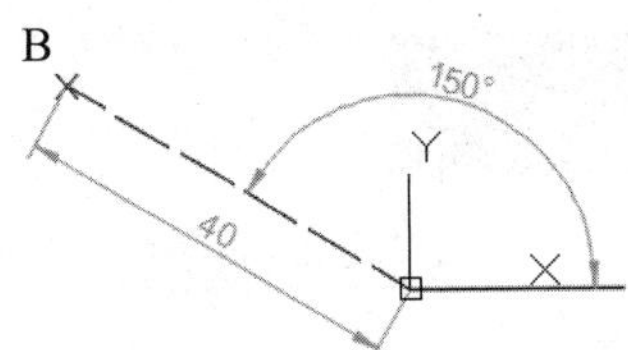

图 4-15　绝对极坐标

4. 相对极坐标

相对极坐标以相对于某一特定点的极径和偏移角度来表示。相对极坐标以上一操作点作为极点，而不是以原点作为极点，这也是相对极坐标与绝对极坐标之间的区别所在。

用户可以使用(@1<a)的形式来表示相对极坐标。其中，@表示相对，1 表示极径，a 表示角度。例如，点 C(@30<45)，表示点 C 相对于上一操作点 A 的极径为 30、角度为 45°，如图 4-16 所示。

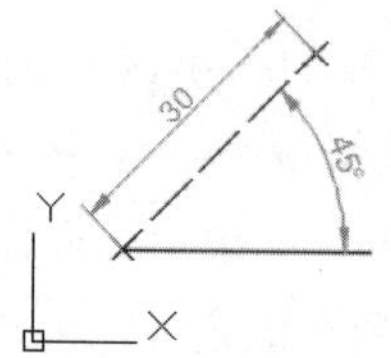

图 4-16　相对极坐标

4.2　使用动态输入功能

在 AutoCAD 2021 中，使用动态输入功能可以在指针位置显示标注输入和命令提示等信息，从而方便绘图。

4.2.1　启用指针输入

选择“工具”|“绘图设置”命令，打开“草图设置”对话框，在“草图设置”对话框的“动态输入”选项卡中，选中“启用指针输入”复选框可以启用指针输入功能，如图 4-17 所示。用户可以在“动态输入”选项卡的“指针输入”选项区域中单击“设置”按钮，然后使用打开的“指针输入设置”对话框设置指针的格式和可见性，如图 4-18 所示。

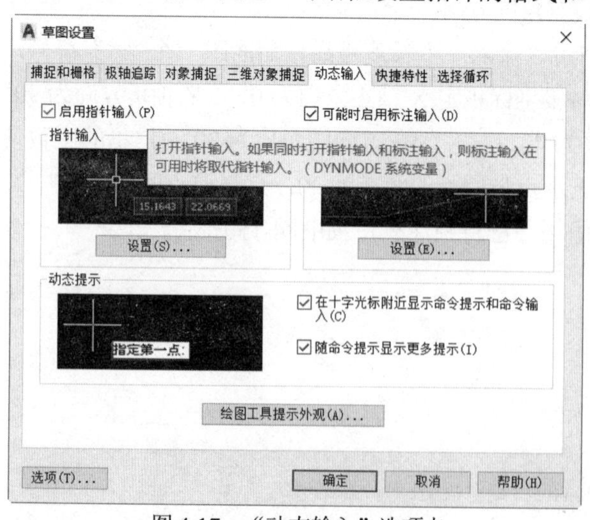

图 4-17　“动态输入”选项卡

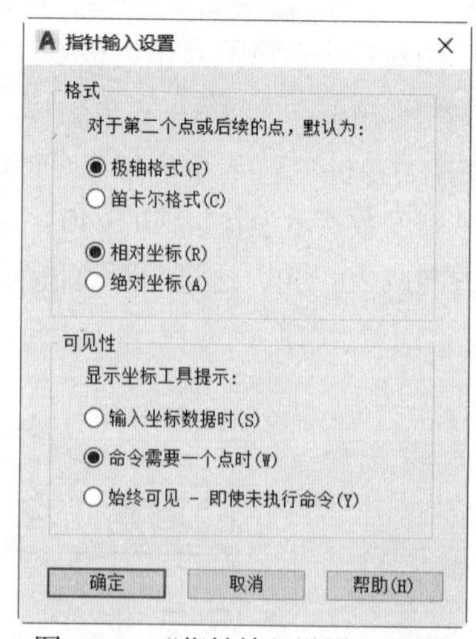

图 4-18　“指针输入设置”对话框

4.2.2　启用标注输入

在“草图设置”对话框的“动态输入”选项卡中，选中“可能时启用标注输入”复选框

可以启用标注输入功能。在“标注输入”选项区域中单击“设置”按钮，使用打开的“标注输入的设置”对话框可以设置标注的可见性，如图 4-19 所示。

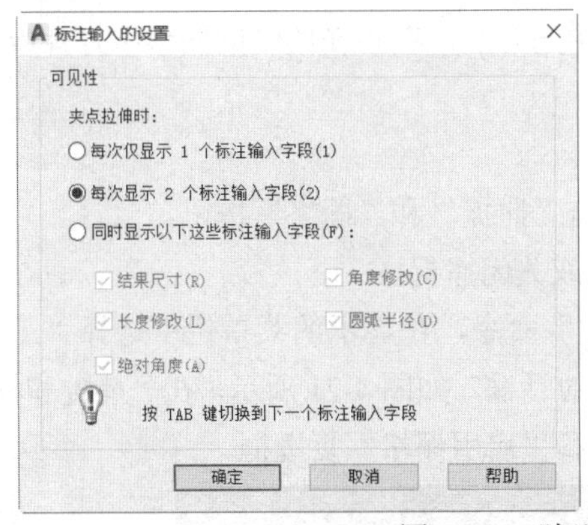

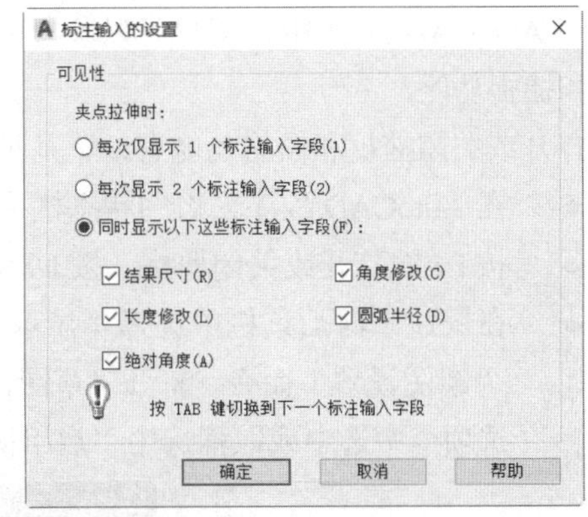

图 4-19　“标注输入的设置”对话框

4.2.3　显示动态提示

在“草图设置”对话框的“动态输入”选项卡中，选中“动态提示”选项区域中的“在十字光标附近显示命令提示和命令输入”复选框，可以在光标附近显示命令提示。单击“绘图工具提示外观”按钮，打开“工具提示外观”对话框，在该对话框中可以设置工具提示外观的颜色、大小和透明度等参数，如图 4-20 所示。

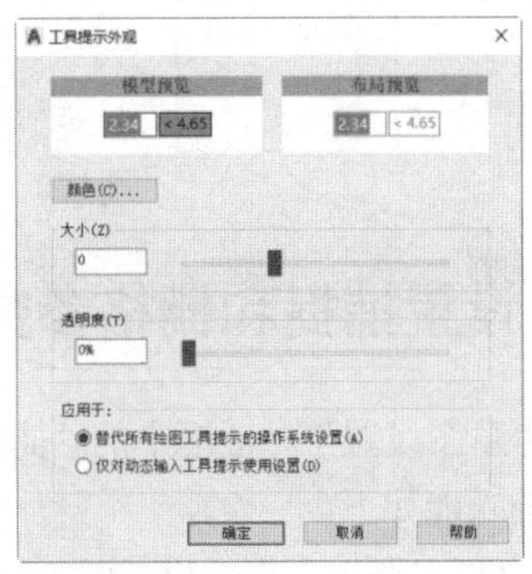

图 4-20　打开“工具提示外观”对话框

4.3　使用栅格和捕捉功能

在绘制图形时，尽管可以通过移动光标来指定点的位置，但却很难精确指定点的某一位置。因此，要精确定位点，必须使用坐标或捕捉功能。本节将详细介绍使用 AutoCAD 提供的栅格、捕捉和正交功能精确定位点的方法。

4.3.1　启用和关闭捕捉和栅格功能

在 AutoCAD 2021 中，用户可以参考下面介绍的方法，在正在绘制的图形中打开或关闭栅格和捕捉功能。

打开或关闭捕捉和栅格功能有以下几种方法。

- 在 AutoCAD 程序窗口的状态栏中，单击“捕捉”和“栅格”按钮。
- 按 F7 键打开或关闭栅格，按 F9 键打开或关闭捕捉。
- 在快速访问工具栏中选择“显示菜单栏”命令，在显示的菜单栏中选择“工具”|“绘图设置”命令，打开“草图设置”对话框，如图 4-21 所示。在“捕捉和栅格”选项卡中选中或取消选中“启用捕捉”和“启用栅格”复选框。

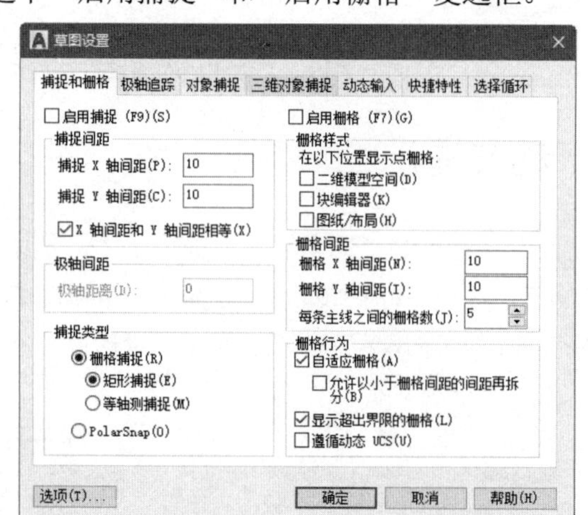

图 4-21　打开“草图设置”对话框

4.3.2　设置捕捉和栅格参数

利用“草图设置”对话框中的“捕捉和栅格”选项卡，可以设置捕捉和栅格的相关参数。主要选项的功能如下。

- “启用捕捉”复选框：用于设置打开或关闭捕捉功能。选中该复选框，可以启用捕捉功能。
- “捕捉间距”选项区域：用于设置捕捉间距。
- “启用栅格”复选框：用于设置打开或关闭栅格的显示。选中该复选框，可以启用栅格功能。
- “栅格间距”选项区域：用于设置栅格间距。如果栅格的 X 轴和 Y 轴间距值为 0，则栅格采用捕捉的 X 轴和 Y 轴间距值。
- “栅格捕捉”单选按钮：选中该单选按钮，可以设置捕捉样式为栅格。当选中“矩形捕捉”单选按钮时，可将捕捉样式设置为标准矩形捕捉模式，光标可以捕捉矩形栅格；当选中“等轴测捕捉”单选按钮时，可将捕捉样式设置为等轴测捕捉模式，光标将捕捉等轴测栅格，如图 4-22 所示。

- PolarSnap 单选按钮：选中该单选按钮，可以设置捕捉样式为极轴追踪。此时，在启用极轴追踪或对象捕捉的情况下指定点，光标将沿极轴角度或对象捕捉追踪角度进行捕捉，这些角度是相对最后指定的点或最后获取的对象捕捉点计算的，并且在对话框左侧的“极轴间距”选项区域中的“极轴距离”文本框中可以设置极轴捕捉间距，如图 4-23 所示。

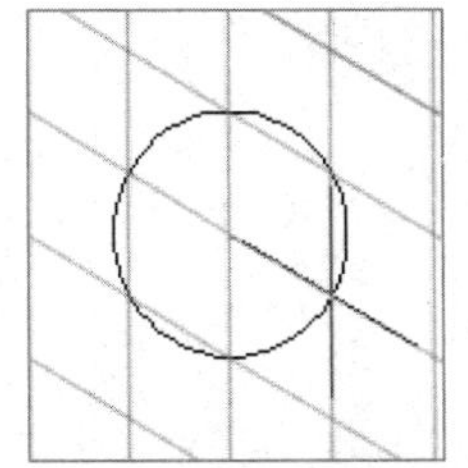

图 4-22　捕捉等轴测栅格

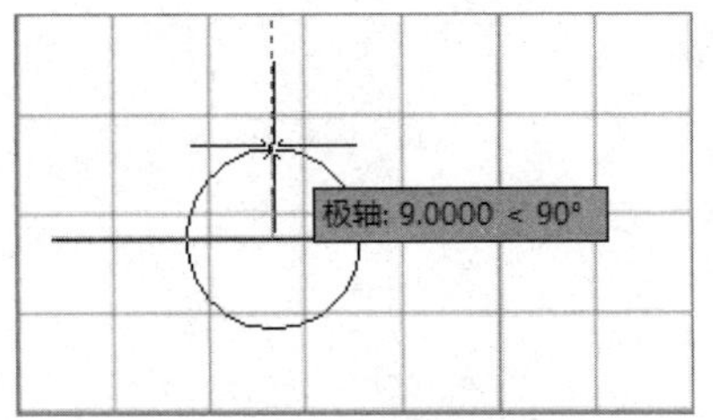

图 4-23　极轴捕捉间距

- “自适应栅格”复选框：用于限制缩放时栅格的密度。
- “允许以小于栅格间距的间距再拆分”复选框：用于确定是否能够以小于栅格间距的间距来拆分栅格。
- “显示超出界限的栅格”复选框：用于确定是否显示图形界限之外的栅格。
- “遵循动态 UCS”复选框：用于确定是否遵循动态 UCS 的 XY 平面而改变栅格平面。

使用捕捉和栅格功能绘制图形时，是以通过数栅格点的方式来确定图形线条的长度，在绘制图形之前，应首先设置好捕捉间距与栅格间距。

【练习 4-1】使用捕捉和栅格捕捉功能绘制一个箭头图形。视频

(1) 选择“工具”|“绘图设置”命令，打开“草图设置”对话框，选择“捕捉和栅格”选项卡，选中“启用捕捉”“启用栅格”和“二维模型空间”复选框，并将“捕捉间距”和“栅格间距”的参数值都设置为 10，然后单击“确定”按钮，如图 4-24 所示。

(2) 在命令行中输入 L，执行直线命令，在命令行提示“LINE 指定第一点:”下，在绘图区域中指定直线的起点 A，如图 4-25 所示。

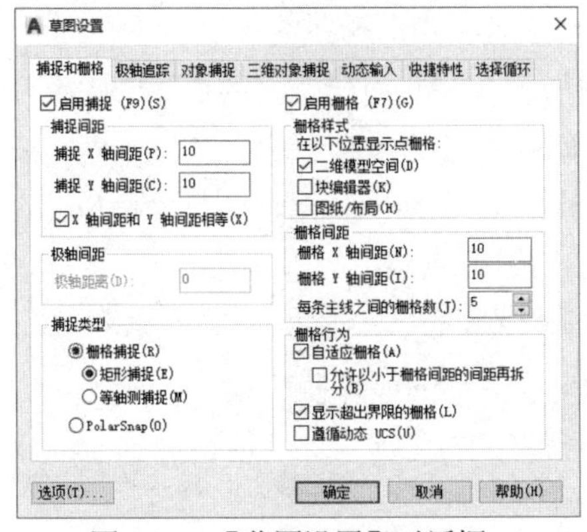

图 4-24　【草图设置】对话框

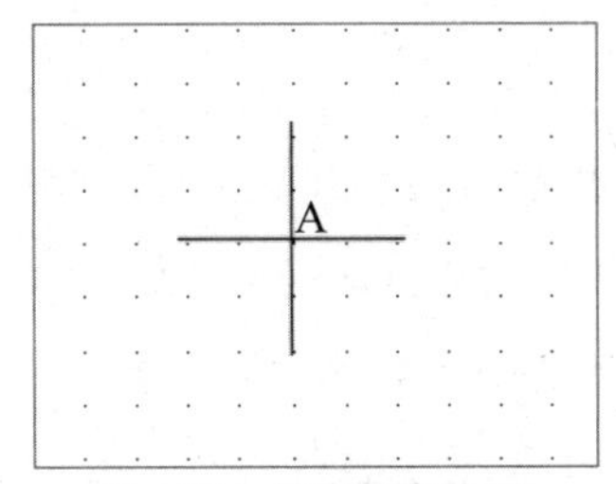

图 4-25　指定起点位置

(3) 在命令行提示“指定下一点或[放弃(U)]:”下，参考栅格指定直线的第二点 B，如图 4-26 所示。

(4) 在命令行提示下，指定栅格上的 C、D、E、F、G 等点为直线上的其他点，然后在命令行提示“指定下一点或[放弃(U)]:”下输入 C 并按下 Enter 键，绘制如图 4-27 所示的箭头图形。

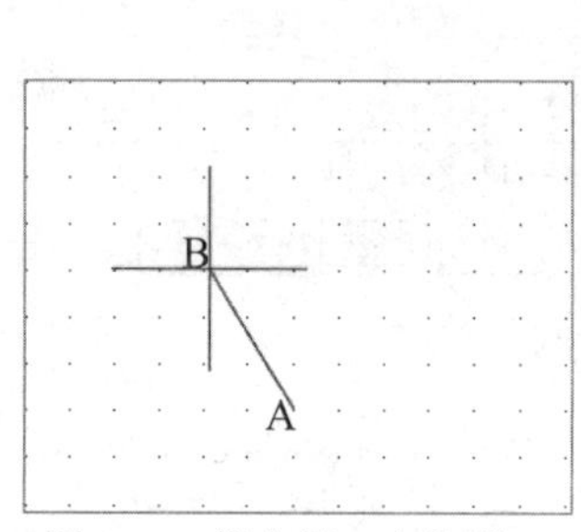

图 4-26　指定第二点位置

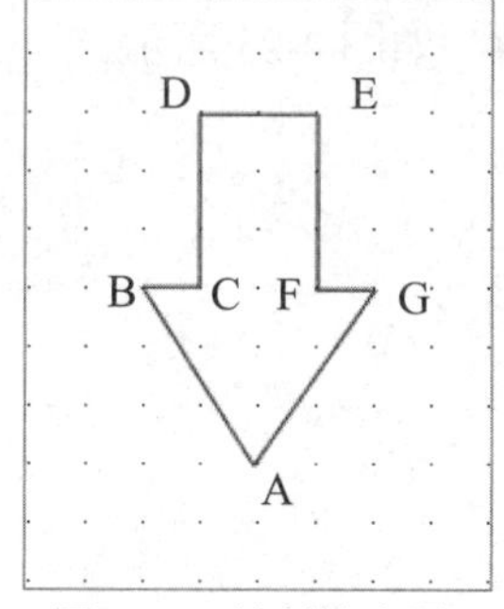

图 4-27　绘制箭头图形

4.3.3　使用 GRID 和 SNAP 命令

在 AutoCAD 中，不仅可以通过“草图设置”对话框设置栅格和捕捉参数，还可以通过 GRID 与 SNAP 命令来设置。

1. 使用 GRID 命令

执行 GRID 命令时，命令行显示如图 4-28 所示的提示信息。

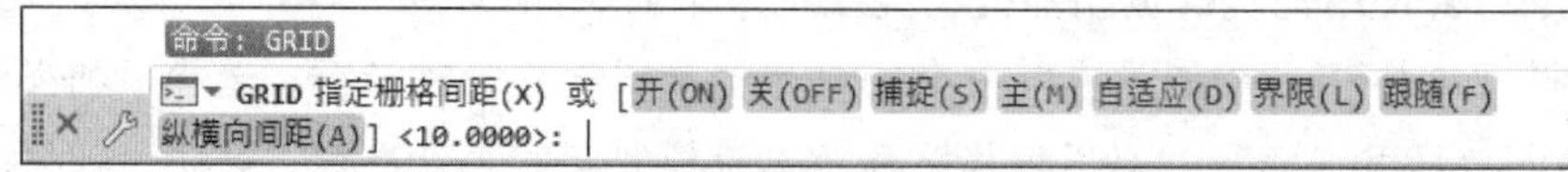

图 4-28　执行 GRID 命令后命令行中显示的提示信息

默认情况下，需要设置栅格间距。栅格间距不能设置得太小，否则将导致图形模糊及屏幕重画太慢，甚至无法显示栅格。该命令提示中其他选项的功能如下。

- “开(ON)”/“关(OFF)”选项：打开或关闭当前栅格。
- “捕捉(S)”选项：将栅格间距设置为由 SNAP 命令指定的捕捉间距。
- “主(M)”选项：设置每个主栅格线的栅格分块数。
- “自适应(D)”选项：设置是否允许以小于栅格间距的间距拆分栅格。
- “界限(L)”选项：设置是否显示超出界限的栅格。
- “跟随(F)”选项：设置是否跟随动态 UCS 的 XY 平面而改变栅格平面。
- “纵横向间距(A)”选项：设置栅格的 X 轴和 Y 轴间距值。

2. 使用 SNAP 命令

执行 SNAP 命令时，命令行显示如图 4-29 所示的提示信息。

默认情况下，需要指定捕捉间距，并选择“开(ON)”选项，以当前栅格的分辨率、旋转角度和样式激活捕捉模式；选择“关(OFF)”选项，关闭捕捉模式，但保留当前设置。此外，该命令提示中其他主要选项的功能如下。

- “纵横向间距(A)”选项：在 X 和 Y 方向上指定不同的间距。如果当前捕捉模式为等轴测，则不能使用该选项。
- “样式(S)”选项：设置“捕捉”栅格的样式为“标准”或“等轴测”。“标准”样式显示与当前 UCS 的 XY 平面平行的矩形栅格，X 间距与 Y 间距可能不同；“等轴测”样式显示等轴测栅格，栅格点初始化为 30° 和 150° 角。等轴测捕捉可以旋转，但不能有不同的纵横向间距值。等轴测平面包括上等轴测平面(30° 和 150° 角)、左等轴测平面(90° 和 150° 角)和右等轴测平面(30° 和 90° 角)。
- “类型(T)”选项：指定捕捉类型为极轴或栅格。

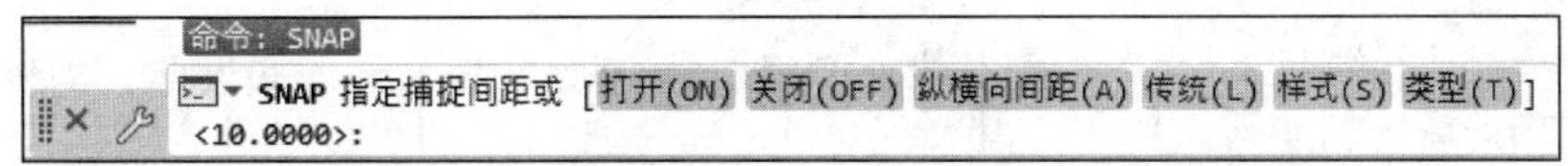

图 4-29　命令行提示

4.3.4　使用正交模式

使用 ORTHO 命令，可以打开正交模式，用于控制是否以正交方式绘图。在正交模式下，可以方便地绘制出与当前 X 轴或 Y 轴平行的线段。打开或关闭正交模式有以下两种方法。

- 在 AutoCAD 程序窗口的状态栏中单击“正交”按钮。
- 按 F8 键打开或关闭正交模式。

打开正交模式后，输入的第 1 点是任意的，但移动光标准备指定第 2 点时，引出的引导线已不再是这两点之间的连线，而是起点到光标十字线的垂直线中较长的那条线，此时单击，引导线就会变成所绘的直线，如图 4-30 所示。

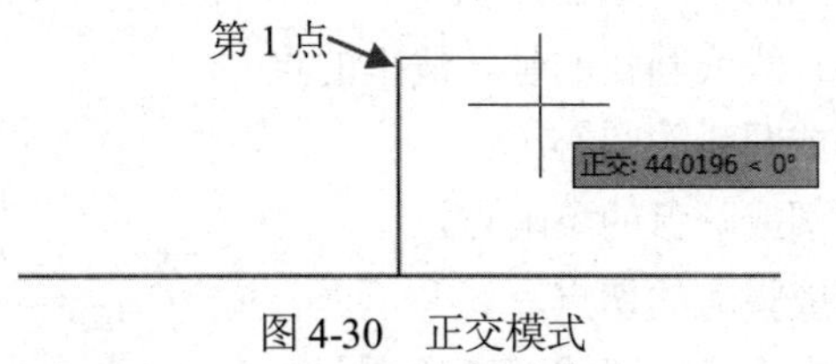

图 4-30　正交模式

4.4　使用对象捕捉功能

在绘图过程中，经常要指定一些已有对象上的点，如端点、圆心和两个对象的交点等。如果只凭观察来拾取，不可能非常准确地找到这些点。为此，AutoCAD 2021 提供了对象捕捉功能，可以迅速、准确地捕捉到某些特殊点，从而精确地绘制图形。

4.4.1 启用对象捕捉模式

在 AutoCAD 中，用户可以通过“对象捕捉”工具栏和“草图设置”对话框等方式来设置对象捕捉模式。

1. 使用“对象捕捉”工具栏

在绘图过程中，当要求指定点时可以在快速访问工具栏中选择“显示菜单栏”命令。在显示的菜单栏中选择“工具”|“工具栏”| AutoCAD |“对象捕捉”命令，显示“对象捕捉”工具栏，如图 4-31 所示。单击“对象捕捉”工具栏中相应的特征点按钮，再把光标移到要捕捉对象上的特征点附近，即可捕捉到相应的对象特征点。

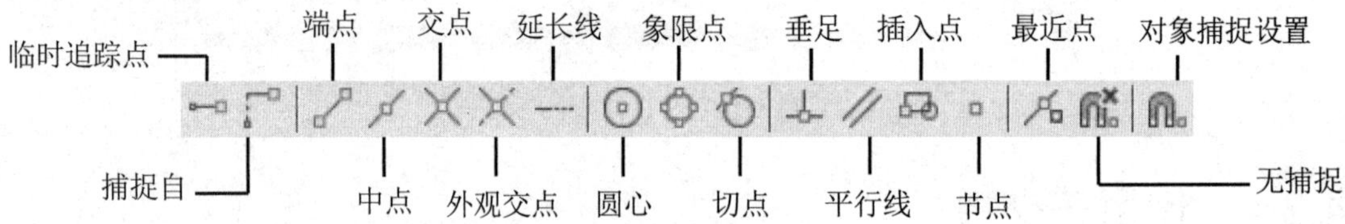

图 4-31 “对象捕捉”工具栏

“对象捕捉”工具栏中各个按钮的功能说明如下。

- 临时追踪点：创建对象捕捉所使用的临时点。
- 捕捉自：从临时参照点偏移。
- 端点：捕捉到线段或圆弧的最近端点。
- 中点：捕捉到线段或圆弧等对象的中点。
- 交点：捕捉到线段、圆弧或圆等对象之间的交点。
- 外观交点：捕捉到两个对象的外观交点。
- 延长线：捕捉到直线或圆弧的延长线上的点。
- 圆心：捕捉到圆或圆弧的圆心。
- 象限点：捕捉到圆或圆弧的象限点。
- 切点：捕捉到圆或圆弧的切点。
- 垂足：捕捉到垂直于线、圆或圆弧的点。
- 平行线：捕捉到与指定线平行的线上的点。
- 插入点：捕捉块、图形、文字或属性的插入点。
- 节点：捕捉到节点对象。
- 最近点：捕捉离拾取点最近的线段、圆、圆弧等对象上的点。
- 无捕捉：关闭对象捕捉模式。
- 对象捕捉设置：设置自动捕捉模式。

2. 使用自动捕捉功能

在绘图过程中，使用对象捕捉的频率非常高。为此，AutoCAD 提供了一种自动对象捕捉模式。

自动捕捉就是当把光标放在一个对象上时，系统自动捕捉到这个对象上所有符合条件的几何特征点，并显示相应的标记。如果把光标放在捕捉点上并多停留一会儿，系统还会显示捕捉提示。这样，在选择点之前，就可以预览和确认捕捉点。

要打开对象捕捉模式，可以选择“工具”|“绘图设置”命令，打开“草图设置”对话框。在“对象捕捉”选项卡中，选中“启用对象捕捉”复选框。然后在“对象捕捉模式”选项区域中选中相应复选框。单击“确定”按钮启用自动捕捉功能。当用户在 AutoCAD 中需要捕捉设定的对象时，鼠标将自动指向具体的目标，并显示特征点的名称，如图 4-32 所示。

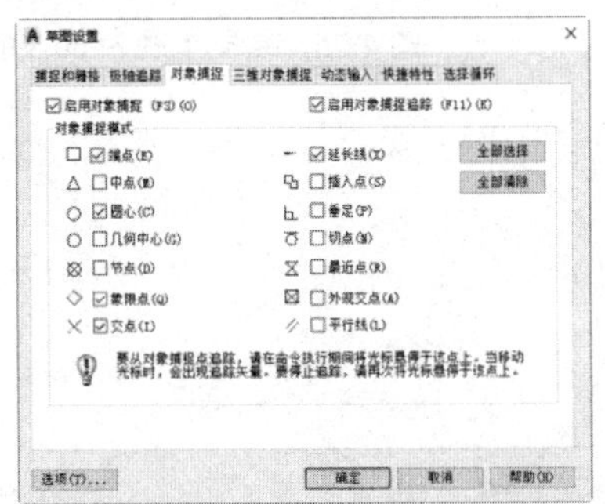

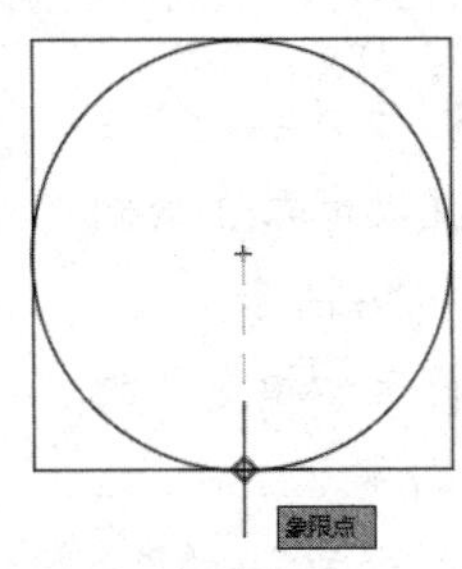

图 4-32　在“草图设置”对话框中设置对象捕捉模式

3. 对象捕捉快捷菜单

当要求指定点时，可以按下 Shift 键或 Ctrl 键并右击，打开对象捕捉快捷菜单，如图 4-33 所示。选择需要的命令，再把光标移到要捕捉对象的特征点附近，即可捕捉到相应的对象特征点。

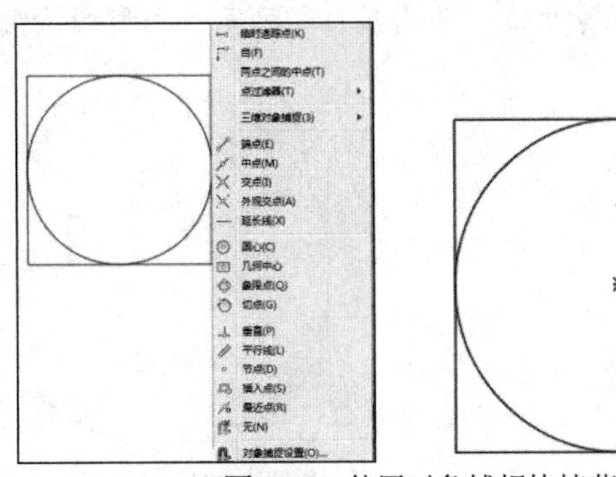

图 4-33　使用对象捕捉快捷菜单

注意：

在对象捕捉快捷菜单中，“点过滤器”命令中的各子命令用于捕捉满足指定坐标条件的点。

【练习 4-2】使用“对象捕捉”功能绘制螺母俯视图。视频

(1) 选择“工具”|“绘图设置”命令，打开“草图设置”对话框，选择“对象捕捉”选

项卡，选中其中的“启用对象捕捉”复选框与“对象捕捉模式”选项区域中的“圆心”“象限点”复选框，然后单击“确定”按钮，如图 4-34 所示。

(2) 选择“绘图”|“圆”|“圆心、半径”命令，并在命令行提示下输入 60，绘制一个半径为 60 的圆，如图 4-35 所示。

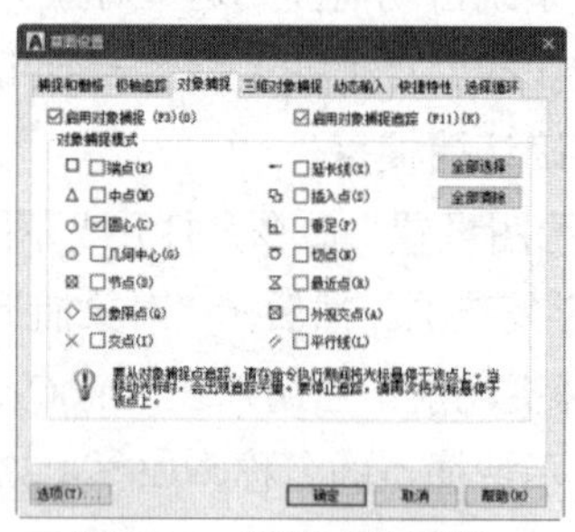
图 4-34　启用对象捕捉

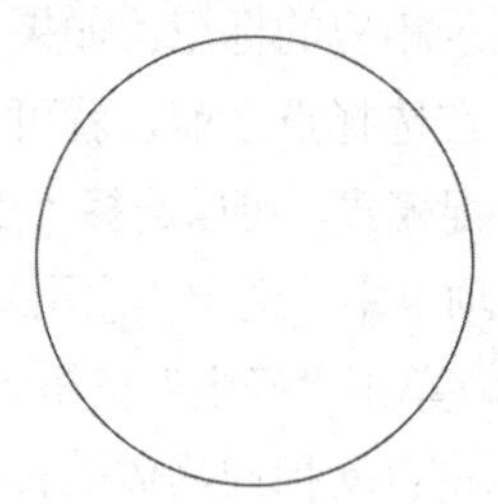
图 4-35　绘制半径为 60 的圆

(3) 按 Enter 键，再次执行“圆心、半径”命令，捕捉步骤(2)绘制的圆的圆心，如图 4-36 所示。

(4) 在命令行提示“指定圆的半径或[直径(D)]:”下输入 30，然后按 Enter 键，绘制半径为 30 的圆，如图 4-37 所示。

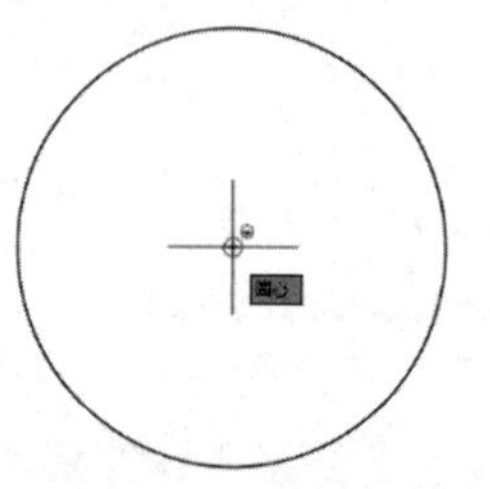
图 4-36　捕捉圆心

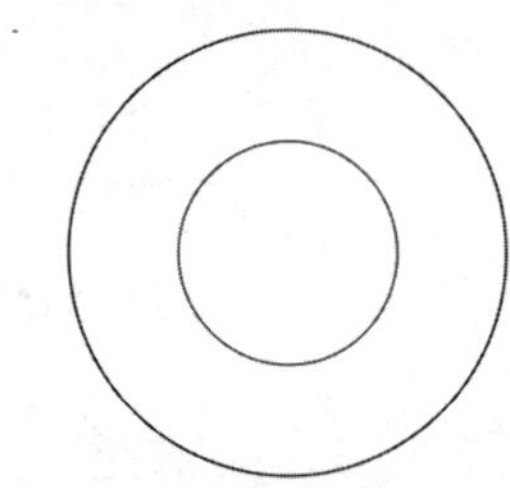
图 4-37　绘制半径为 30 的圆

(5) 在命令行中执行多边形命令，在命令行提示“POLYGON 输入侧边数目<4>:”下输入 6，指定多边形的边数。

(6) 在命令行提示“指定正多边形的中心点或[边(E)]:”下，捕捉如图 4-38 所示的圆心。

(7) 在命令行提示“输入选项[内接于圆(I)/外切于圆(C)];”下，输入 C，然后按 Enter 键。

(8) 捕捉如图 4-39 所示圆上的象限点，单击鼠标即可完成图形的绘制。

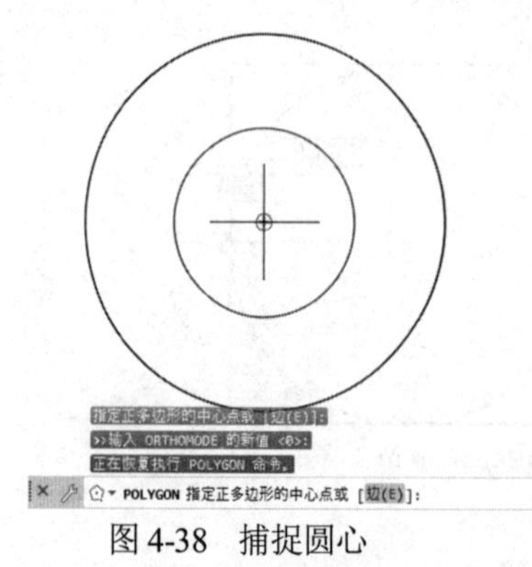

图 4-38　捕捉圆心

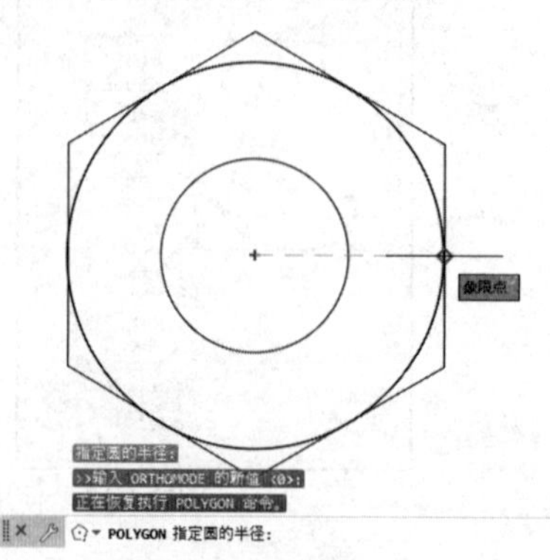

图 4-39　捕捉象限点

4.4.2　运行和覆盖捕捉模式

在 AutoCAD 中，对象捕捉模式又可分为运行捕捉模式和覆盖捕捉模式。

- 在“草图设置”对话框的“对象捕捉”选项卡中，设置的对象捕捉模式始终处于运行状态，直到关闭为止，称为运行捕捉模式。
- 如果在点的命令行提示下输入关键词(如 MID、CEN、QUA 等)，单击“对象捕捉”工具栏中的工具或在对象捕捉快捷菜单中选择相应命令，只临时打开捕捉模式，称为覆盖捕捉模式。它仅对本次捕捉点有效，在命令行中将显示一个“于”标记。

要打开或关闭运行捕捉模式，可单击状态栏上的“对象捕捉”按钮。设置覆盖捕捉模式后，系统将暂时覆盖运行捕捉模式。

4.5　使用自动追踪功能

在 AutoCAD 中，“自动追踪”功能可以按指定角度绘制对象，或者绘制与其他对象有特定关系的对象。自动追踪功能包括“极轴追踪”和“对象捕捉追踪”两种。

4.5.1　极轴追踪与对象捕捉追踪

极轴追踪是按事先给定的角度增量来追踪特征点；而对象捕捉追踪则按与对象的某种特定关系来追踪，这种特定的关系确定了一个未知角度。也就是说，如果事先知道要追踪的方向(角度)，则使用极轴追踪；如果事先不知道具体的追踪方向(角度)，但知道与其他对象的某种关系(如相交)，则使用对象捕捉追踪。极轴追踪和对象捕捉追踪可同时使用。

极轴追踪功能可以在系统要求指定一个点时，按预先设置的角度增量显示一条无限延伸的辅助线(这是一条虚线)，这时就可以沿辅助线追踪得到光标点。可在“草图设置”对话框的“极轴追踪”选项卡中对极轴追踪和对象捕捉追踪进行设置，如图 4-40 所示。

“极轴追踪”选项卡中主要选项的功能和含义如下。

- “启用极轴追踪”复选框：打开或关闭极轴追踪。也可以使用自动捕捉系统变量或按 F10 键来打开或关闭极轴追踪。
- “极轴角设置”选项区域：设置极轴角度。在“增量角”下拉列表中可以选择系统预设的角度。如果该下拉列表中的角度不能满足需要，可选中“附加角”复选框，然后单击“新建”按钮，在“附加角”列表框中增加新角度。
- “对象捕捉追踪设置”选项区域：设置对象捕捉追踪。选中“仅正交追踪”单选按钮，可在启用对象捕捉追踪时，只显示获取的对象捕捉点的正交(水平/垂直)对象捕捉追踪路径；选中“用所有极轴角设置追踪”单选按钮，可以将极轴追踪设置应用到对象捕捉追踪。
- “极轴角测量”选项区域：设置极轴追踪对齐角度的测量基准。其中，选中“绝对”单选按钮，可以基于当前用户坐标系(UCS)确定极轴追踪角度；选中“相对上一段”单选按钮，可以基于最后绘制的线段确定极轴追踪角度。

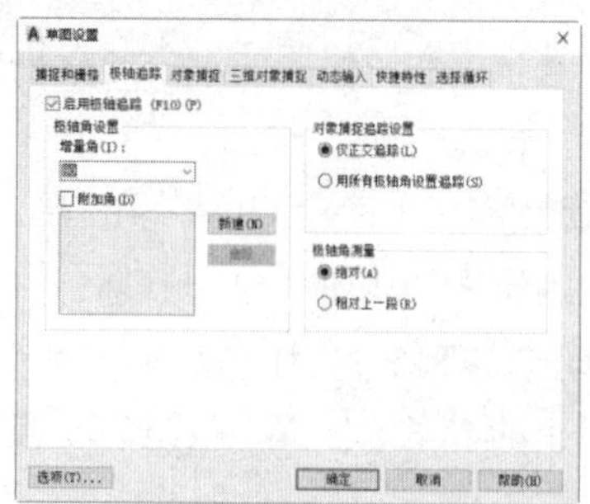
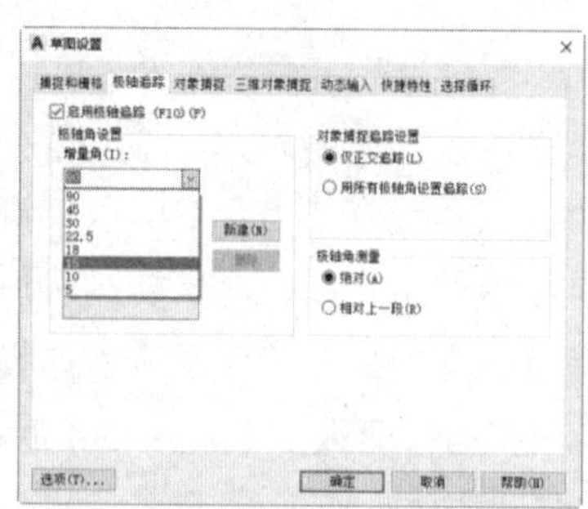

图 4-40　设置“极轴追踪”选项卡

4.5.2　“临时追踪点”和“捕捉自”工具

在“对象捕捉”工具栏中，还有两个非常有用的对象捕捉工具，即“临时追踪点”和“捕捉自”工具。

- “临时追踪点”工具：可在一次操作中创建多条追踪线，并根据这些追踪线确定所要定位的点。
- “捕捉自”工具：在使用相对坐标指定下一个应用点时，“捕捉自”工具可以提示输入基点，并将该点作为临时参照点。这与通过输入前缀@使用最后一个点作为参照点类似。它不是对象捕捉模式，但经常与对象捕捉一起使用。

4.5.3　使用自动追踪功能

使用自动追踪功能可以快速、精确地定位点，这在很大程度上提高了绘图效率。在 AutoCAD 2021 中，要设置自动追踪功能选项，可在打开“草图设置”对话框后，单击该对话框左下角的“选项”按钮，打开“选项”对话框。在“绘图”选项卡的“AutoTrack 设置”选项区域中进行设置，如图 4-41 所示，其中主要选项的功能如下。

- “显示极轴追踪矢量”复选框：设置是否显示极轴追踪的矢量数据。
- “显示全屏追踪矢量”复选框：设置是否显示全屏追踪的矢量数据。
- “显示自动追踪工具提示”复选框：设置在追踪特征点时是否显示工具栏上相应按钮的提示文字。

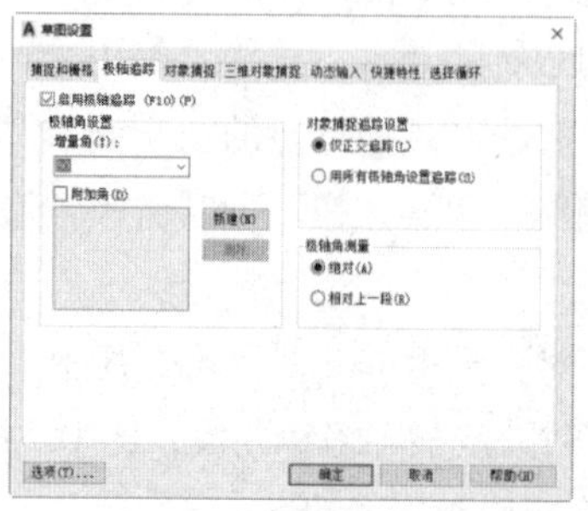
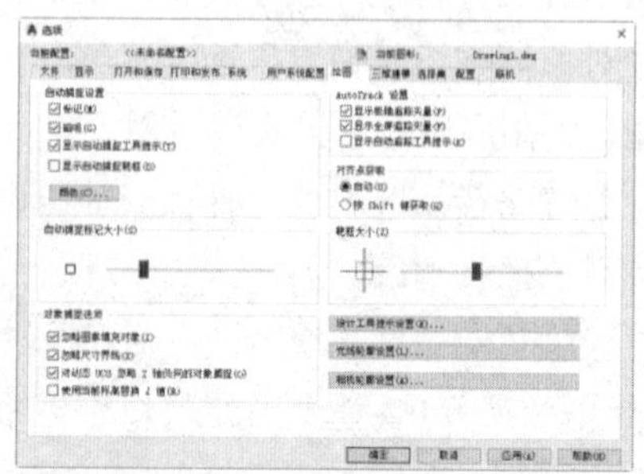

图 4-41　打开“选项”对话框设置自动追踪功能选项

4.6　使用 CAL 计算

CAL 是一个功能很强的三维计算器，可以完成数学表达式和矢量表达式(点、矢量和数值的组合)的计算。它被集成在绘图编辑器中，可以不必使用桌面计算器。它的功能十分强大，除了包含标准的数学函数之外，还包含一组专门用于计算点、矢量和 AutoCAD 几何图形的函数。用户可以在命令行中执行 CAL 命令，例如，当执行 CIRCLE 命令时会提示输入半径，此时便可以向 CAL 求助，计算半径而不用中断 CIRCLE 命令。

4.6.1　CAL 用作桌面计算器

在 AutoCAD 中，可以使用 CAL 命令计算关于加、减、乘、除的数学表达式。例如，在命令行中输入 CAL 命令，按下 Enter 键，在命令行提示下输入 9/3+4，按下 Enter 键确认，即可显示表达式的计算结果，如图 4-42 所示。

图 4-42　计算数据

如果在命令行提示下直接输入 CAL 命令，则表达式的值就会显示到屏幕上。如果从某个 AutoCAD 命令中透明地执行 CAL，则计算的结果将被解释为 AutoCAD 命令的一个输入值。

CAL 支持建立在科学/工程计算器之上的大多数标准函数，如表 4-1 所示。

表 4-1　常用的标准函数

标 准 函 数	含　义
sin(角度)	返回角度的正弦值
cos(角度)	返回角度的余弦值
tang(角度)	返回角度的正切值
asin(实数)	返回数的反正弦值
acos(实数)	返回数的反余弦值
atan(实数)	返回数的反正切值
ln(实数)	返回数的自然对数值
log(实数)	返回数的以 10 为底的对数值
exp(实数)	返回 e 的幂值
exp10(实数)	返回 10 的幂值
sqr(实数)	返回数的平方值
sqrt(实数)	返回数的平方根值
abs(实数)	返回数的绝对值

(续表)

标准函数	含 义
round(实数)	返回数的整数值(最近的整数)
trunc(实数)	返回数的整数部分
r2d(角度)	将角度值从弧度转换为度
d2r(角度)	将角度值从度转换为弧度
pi(角度)	常量 π

与 AutoLISP 函数不同，CAL 要求按十进制输入角度，并按此返回角度值。用户可以输入一个复杂的表达式，并以必要的圆括号结束，CAL 将按 AOS(代数的操作系统)计算表达式。

4.6.2 使用变量

与桌面计算器相似，可以把用 CAL 计算的结果存储到内存中。用户可以用数字、字母和其他除“(”“)”“'”“"”“；”和空格外的任何符号组合命名变量。

当在 CAL 提示下通过输入变量名来输入一个表达式时，其后跟上一个等号，然后是计算表达式。此时就建立了一个已命名的内存变量，并在其中输入了一个值。例如，为了在变量 FRACTION 中存储 7 被 12 除的结果，可以使用下面的命令。

```
命令:cal
>>表达式:FRACTION=12/7
```

为了在 CAL 表达式中使用变量的值，可以简单地在表达式中给出变量名。例如，要利用 FRACTION 的值，并将其除以 2，可以使用下面的命令。

```
命令:cal
>>表达式:FRACTION=/2
```

如果要在 AutoCAD 命令提示或某个 AutoCAD 命令的某一项提示下给出变量值，则可以用感叹号“！”作为前缀直接输入变量名。例如，如果要把存于变量 FRACTION 中的值作为一个新圆的半径，则可在 CIRCLE 命令的半径提示下，输入“！FRACTION”，如下所示。

```
指定圆的半径或[直径(D)]<2.8571>:!FRACTION
```

也可以利用变量值计算一个新值并代替原来的值。例如，如果要用 FRACTION 的值，将它除以 2 之后再存到 FRACTION 变量之中，可以使用以下命令。

```
命令:cal
>>表达式:FRACTION= FRACTION /2
```

4.6.3 CAL 用作点和矢量计算器

点和矢量的表示都可以使用两个或三个实数的组合来表示(平面空间用两个实数，三维空间用三个实数)。点用于定义空间中的位置，而矢量用于定义空间中的方向或位移。在 CAL 计算过程中，可以在计算表达式中使用点坐标。也可以用任何一种标准的 AutoCAD 格式来指定一个点，如表 4-2 所示，其中最普遍应用的是笛卡儿坐标和极坐标。

表 4-2　标准的 AutoCAD 坐标表示方式

坐 标 类 型	表 示 方 式
笛卡儿坐标	[X,Y,Z]
极坐标	[距离<角度]
相对坐标	用@作为前缀，如[@距离<角度]

在使用 CAL 时，必须把坐标用“[　]”括起来。CAL 命令可以按如下方式对点进行标准的加、减、乘、除运算，如表 4-3 所示。

表 4-3　CAL 命令可执行的标准运算

运 算 符	含　义
加	点坐标+点坐标
减	点坐标 - 点坐标
乘	数字*点坐标或点坐标*点坐标
除	点坐标/数字或点坐标/点坐标

包含点坐标的表达式也可以称为矢量表达式。在 AutoCAD 中，还可以通过求 X 和 Y 坐标的平均值来获得空间内两点的中点坐标。例如，要求点(8,5)和(2,9)的中点坐标，首先在命令行中输入 CAL 命令，然后按下 Enter 键。在命令行提示“>>表达式:”下输入([8,5]+[2,9])/2，并按下 Enter 键，如图 4-43 所示。此时，即可在命令行的上方显示如图 4-44 所示的中点坐标。

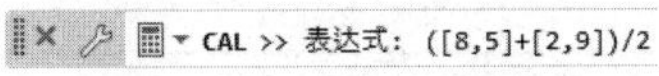

图 4-43　输入表达式

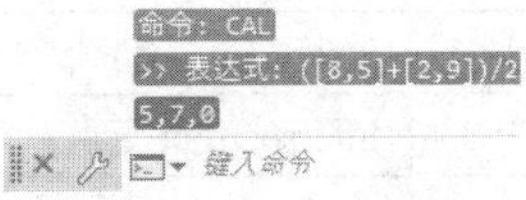

图 4-44　显示中点坐标

4.6.4 在 CAL 中使用捕捉模式

在 AutoCAD 中，不仅可以对孤立的点进行运算，还可以使用 AutoCAD 捕捉模式作为算术表达式的一部分。AutoCAD 提示选择对象并返回相应捕捉点的坐标。在算术表达式中使用捕捉模式大大简化了相对其他对象的坐标输入。

使用捕捉模式时，只需要输入它的 3 字符名，例如，使用圆形捕捉模式时只需要输入“cen”。函数 CUR 可以通知 CAL 让用户拾取一个点。

【练习 4-3】 计算图 4-45 所示图形中两个圆心的中点坐标。视频

(1) 在快速访问工具栏中选择“显示菜单栏”命令，在显示的菜单栏中选择“文件”|“打开”命令，打开如图 4-45 所示的图形。

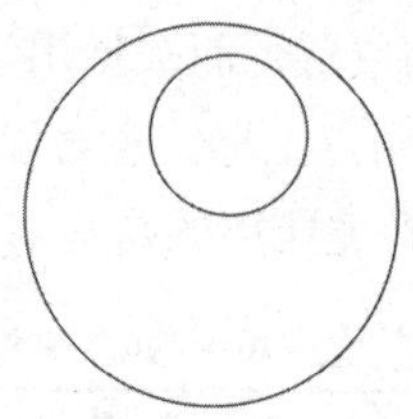

图 4-45　打开图形

(2) 在命令行中输入 cen 命令，然后按下 Enter 键。

(3) 在命令行提示“>>表达式:”下输入(cur+cur)/2，然后按下 Enter 键。

(4) 在命令行提示“>>输入点:”下输入 cen，并按下 Enter 键。

(5) 在命令行提示“cen 于”下拾取小圆的圆心，捕捉对象。

(6) 在命令行提示“>>输入点:”下输入 cen，并按下 Enter 键。

(7) 在命令行提示“cen 于”下拾取大圆的圆心，即可显示圆的中点坐标，如图 4-46 所示。

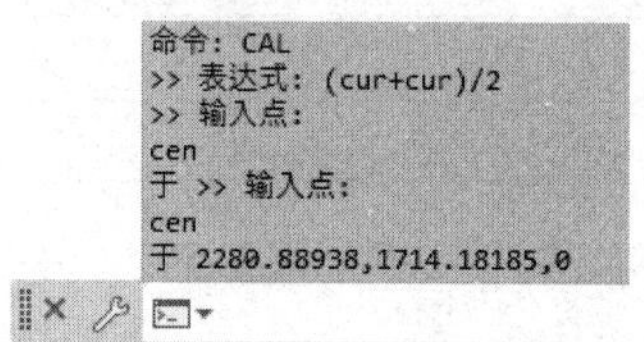

图 4-46　显示两个圆的中点坐标

也可以通过输入表 4-4 所示的 CAL 函数(而不是 CUR 函数)，把对象捕捉包含到表达式中。

表 4-4　CAL 函数

CAL 函数	等价的对象捕捉模式
end	Endpoint(端点)
ins	Insert(插入点)
int	Intersection(交点)
mid	Midpoint(中点)
cen	Center(圆心)
nea	Nearest(最近点)
nod	Node(节点)
qua	Quadrant(象限点)
per	Perpendicular(垂足)
tan	Tangent(切点)

4.6.5　利用 CAL 获取坐标点

AutoCAD 的 CAL 命令还提供了一系列函数用于获取坐标点，如下所示。

- w2u(P1)：将世界坐标系中表示的点 P1 转换到当前用户坐标系中。
- u2w(P1)：将当前用户坐标系中表示的点 P1 转换到世界坐标系中。
- ill(P1,P2,P3,P4)：返回由(P1,P2)和(P3,P4)确定的两条直线的交点。
- ille：返回由 4 个端点定义的两条直线的交点，是 ill(cen,end,cen,end)的简化形式。
- mee：返回两个端点间的中点。
- pld(P1,P2,DIST)：返回直线(P1,P2)上距离点 P1 为 DIST 的点。当 DIST=0 时，返回 P1；当 DIST 为负值时，返回的点将位于点 P1 之前；如果 DIST 等于点 P1 和 P2 间的距离，则返回点 P2；如果 DIST 大于点 P1 和 P2 间的距离，则返回的点位于点 P2 之后。
- plt(P1,P2,T)：返回直线(P1,P2)上距离点 P1 为 T 的点。T 是从点 P1 到所求点的距离与点 P1、P2 间距的比值。当 T=0 时，返回点 P1；当 T=1 时，返回点 P2；如果 T 为负值，则返回的点位于点 P1 之前；如果 T 大于 1，则返回的点位于点 P2 之后。
- rot(P,Origin,Ang)：以经过点 Origin 的 Z 轴旋转点 P，转角为 Ang。
- rot(P,AxP1,AxP2,Ang)：以直线(AxP1,AxP2)旋转点 P，转角为 Ang。

此外，还可以在表达式中使用@字符来获得 CAL 计算得到的最后一个点的坐标。

4.6.6　快速计算器

在 AutoCAD 2021 中，使用快速计算功能可以进行数字计算、科学计算、单位转换和变量求值等操作。

1. 数字计算和单位转换

AutoCAD 的“快速计算器”选项板具有基本计算器的计算功能，在“功能区”选项板中选择“默认”选项卡，在“实用工具”面板中单击“快速计算器”按钮，打开“快速计算器”选项板，展开“数字键区”和“科学”区域，此时的“快速计算器”选项板实际上就是一个计算器，如图 4-47 所示。

在“快速计算器”选项板中，展开“单位转换”区域，可以对长度、质量单位进行转换，如图 4-48 所示。

图 4-47 “快速计算器”选项板

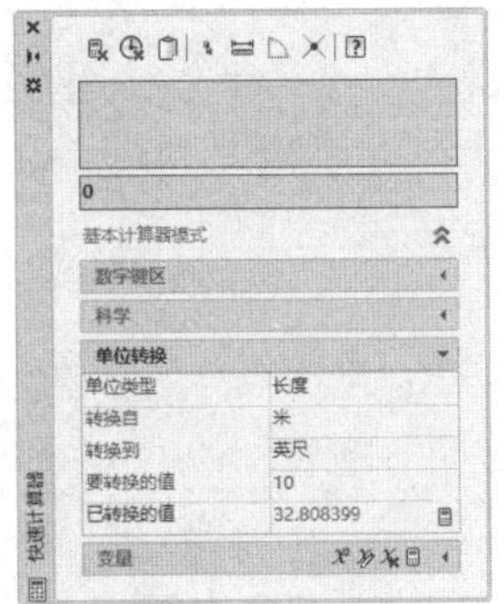

图 4-48　单位转换

2. 变量求值

在“快速计算器”选项板中，展开“变量”区域，可以使用函数对变量求值。例如，可以使用 dee 函数求两个端点之间的距离；使用 ille 函数求由四个端点定义的两条直线的交点；使用 mee 函数求两个端点之间的中点；使用 nee 函数求 XY 平面中两个端点的法向单位矢量；使用 vee 函数求两个端点之间的矢量，如图 4-49 所示。

此外，用户还可以单击“变量”标题栏上的“新建变量”按钮，打开“变量定义”对话框来定义变量，如图 4-50 所示。

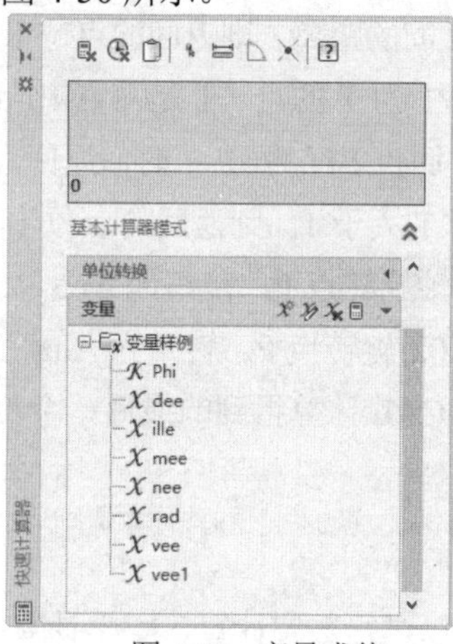

图 4-49 变量求值

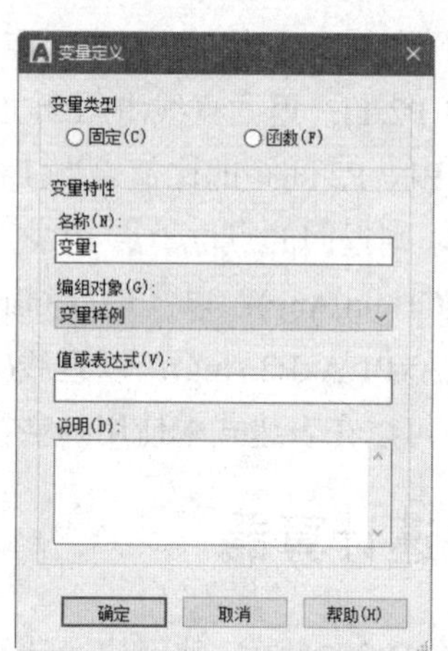

图 4-50 “变量定义”对话框

4.7 思考和练习

1. 简述世界坐标系和用户坐标系的区别。
2. 在 AutoCAD 2021 中，如何设置捕捉和栅格？
3. 使用 CAL 命令绘制一个半径为 20/7 的圆。

第5章

绘制二维平面图形对象

使用 AutoCAD 提供的绘图命令可以绘制出各种机械图形和建筑图形，其中绘图命令主要包括点、直线、圆弧、圆、矩形、正多边形、多段线以及样条曲线对象等，熟练掌握这些命令将大大提高图形的绘制效率。本章将主要介绍使用 AutoCAD 绘制标准二维平面图形对象的相关知识。

5.1 绘制点对象

点是组成图形的最基本元素，通常作为对象捕捉的参考点，如标记对象的节点、参考点和圆心等。在 AutoCAD 中，点对象可用作捕捉和偏移对象的节点或参考点。掌握绘制点方法的关键在于灵活运用点样式，并根据需要指定各种类型的点。

5.1.1 绘制单点和多点

单点和多点是常用的两种点类型。所谓单点，是指在绘图区一次仅绘制一个点，主要用来指定单个特殊点的位置，如指定中点、圆心和相切点等；而多点则是在绘图区连续绘制的多个点，且该方式主要以第一点为参考点，然后依据该参考点绘制多个点。

1. 在任意位置绘制单点和多点

当需要绘制单点时，可以在命令行中输入 POINT 指令，并按下 Enter 键，如图 5-1 所示。然后在绘图区单击，即可绘制出单个点，如图 5-2 所示。

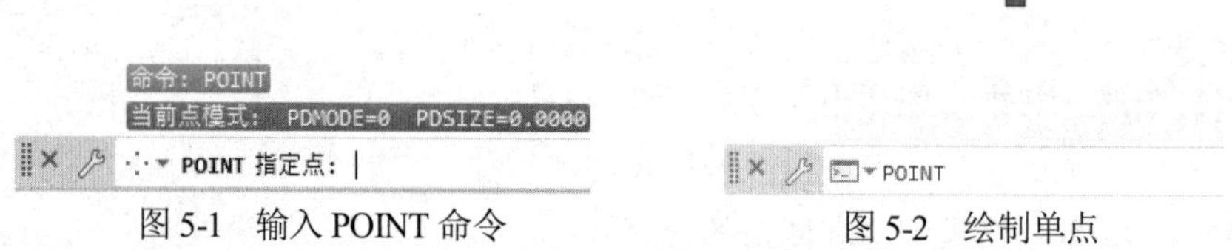

图 5-1　输入 POINT 命令　　图 5-2　绘制单点

当需要绘制多点时，可以直接在“绘图”面板中单击“多点”按钮，然后在绘图区连续单击，即可绘制出多个点。发出 POINT 命令，命令行提示下将显示“当前点模式: PDMODE=0　PDSIZE=0.0000”，如图 5-3 所示。

然后在命令行提示“指定点:”下，使用鼠标指针在屏幕上拾取点 A、B、C 和 D，如图 5-4 所示。

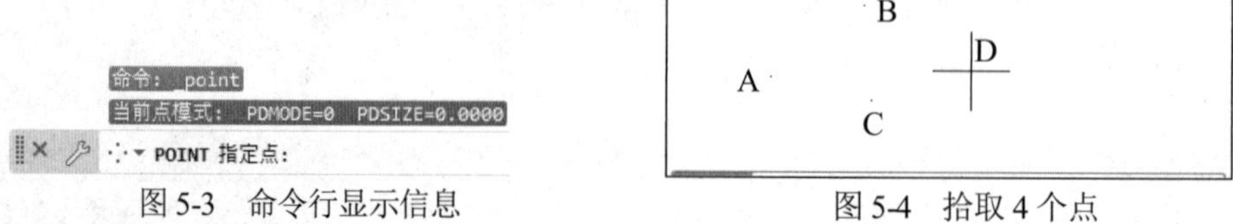

图 5-3　命令行显示信息　　图 5-4　拾取 4 个点

2. 在指定位置绘制单点和多点

由于点主要起到定位标记参照的作用，因此在绘制点时并非任意确定点的位置，需要使用坐标确定点的位置。

- 鼠标输入法：鼠标输入法是绘图中最常用的输入法，即移动鼠标直接在绘图区的指定位置单击，即可获得指定点效果。在 AutoCAD 中，坐标的显示是动态直角坐标。当移动鼠标时，十字光标和坐标值将连续更新，随时指示当前光标位置的坐标值。
- 键盘输入法：键盘输入法通过键盘在命令行中输入参数值来确定位置的坐标，并且位置坐标一般有两种方式，即绝对坐标和相对坐标。
- 用给定距离的方式输入：该输入法是鼠标输入法和键盘输入法的结合。当提示输入一个点时，将鼠标移动至输入点附近(不要单击)以确定方向，使用键盘直接输入一个相对前一点的距离参数值，按 Enter 键即可确定点的位置，如图 5-5 所示。

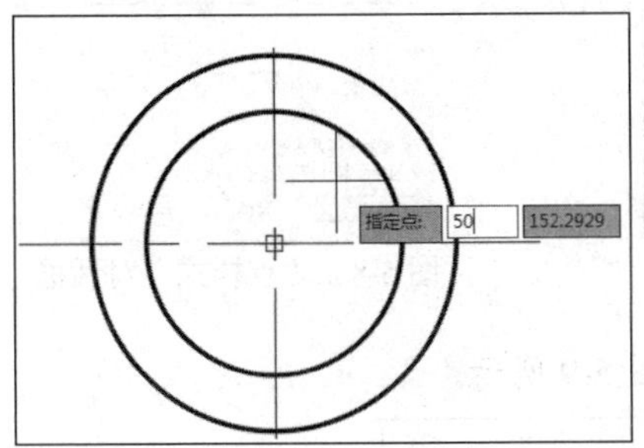

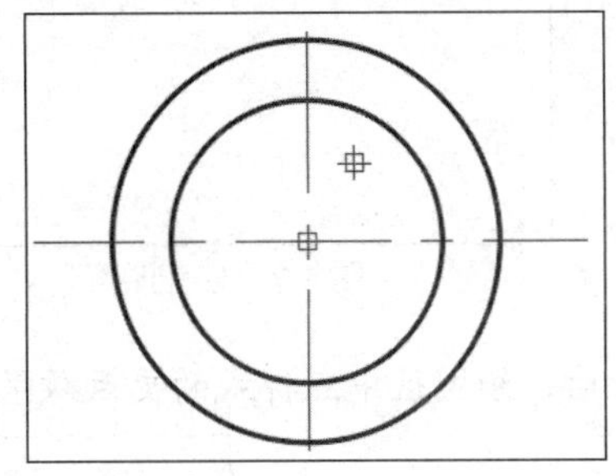

图 5-5　用给定距离的方式输入点

5.1.2　设置点样式

在 AutoCAD 中绘制点时，系统默认为小的黑点，不便于用户观察。因此在绘制点之前，通常需要设置点样式，必要时可自定义点的大小。

由于点的默认样式在图形中并不容易辨认，因此为了更好地用点标记定距或定数等分位置，用户可以根据系统提供的一系列点样式选取所需的点样式。在 AutoCAD 的“草图与注释”工作空间中，在“默认”选项板中单击“实用工具”面板中的“点样式”按钮，可以在打开的“点样式”对话框中指定点的样式，如图 5-6 所示。

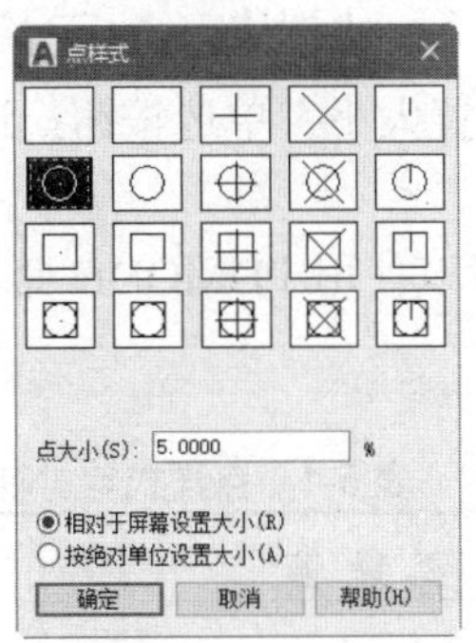

图 5-6　设置点样式

设置点样式还有以下两种调用方法。

- 选择“格式”|“点样式”命令。
- 在命令窗口中执行 DDPTYPE 命令。

【练习 5-1】在 AutoCAD 2021 中更改点的样式。视频

(1) 在 AutoCAD 2021 中打开一个含有多点的图形，如图 5-7 所示。

(2) 选择“格式”|“点样式”命令，打开“点样式”对话框，选中一种点样式后，选中“相对于屏幕设置大小”单选按钮，单击“确定”按钮，如图 5-8 所示。

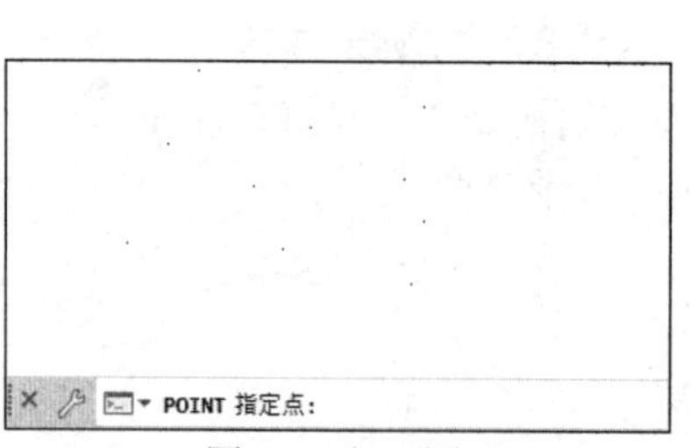

图 5-7　打开图形

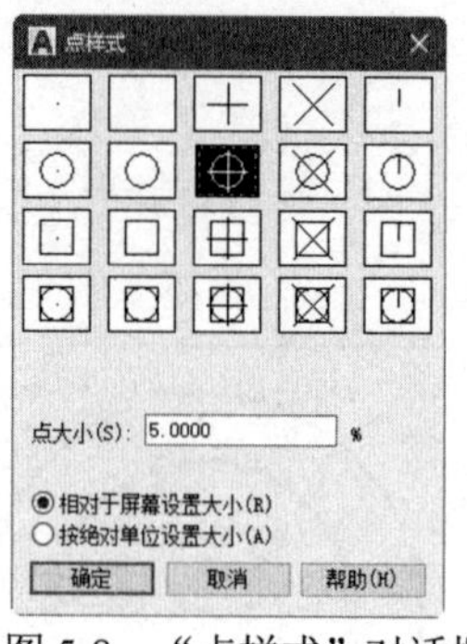

图 5-8　“点样式”对话框

(3) 此时，绘图区中点样式的更改效果如图 5-9 所示。

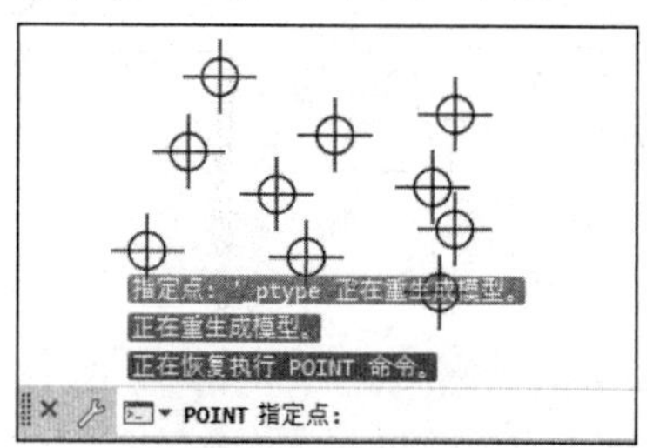

图 5-9　更改点样式

在“点样式”对话框中，各主要选项的含义如下。

- “点大小”文本框：用于设置点在绘图区显示的比例大小。
- “相对于屏幕设置大小”单选按钮：选中该单选按钮后，可以相对于屏幕尺寸的百分比设置点的大小，比例值可大于、等于或小于 1。
- “按绝对单位设置大小”单选按钮：选中该单选按钮后，可以按实际单位设置点的大小。

除此之外，用户还可以使用 PDMODE 命令来修改点样式。点样式对应的 PDMODE 变量值如表 5-1 所示。

表 5-1　点样式与对应的 PDMODE 变量值

点 样 式	变 量 值	点 样 式	变 量 值
·	0	⊡	64
	1	□	65

(续表)

点 样 式	变 量 值	点 样 式	变 量 值
+	2	⊞	66
×	3	⊠	67
|	4	⍞	68
⊙	32	⊡	96
○	33	▢	97
⌖	34	⊞	98
⊗	35	⊠	99
⏀	36	⍞	100

5.1.3　绘制等分点

等分点是在直线、圆弧、圆或椭圆以及样条曲线等几何图元上创建的等分位置点或插入的等间距图块。在 AutoCAD 中，用户可以使用等分点功能对指定对象执行等分间距操作，即从选定对象的一个端点划分出相等的长度，并使用点或块标记间隔各个固定长度。

1. 绘制定数等分点

利用 AutoCAD 的“定数等分”工具可以将所选对象等分为指定数目的相等长度，并在对象上按指定数目等间距创建点或插入块。该操作并不将对象实际等分为单独的对象，它仅仅标明定数等分的位置，以便将这些等分点作为几何参考点。

在“绘图”面板中单击“定数等分”按钮，设置点样式为○，然后在绘图区选取被等分的圆形对象，并输入等分数目 12，即可在该对象上创建定数等分点，如图 5-10 所示。

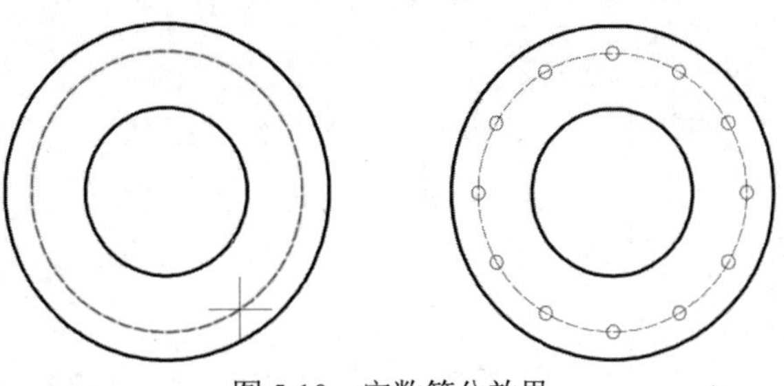

图 5-10　定数等分效果

选取等分对象后，如果在命令行中输入字母 B，则可以将选取的块对象等间距插入当前图形中，并且插入的块可以与原对象对齐或不对齐分布，如图 5-11 所示。

图 5-11　定数等分插入块的效果

【练习 5-2】使用 AutoCAD 绘制定数等分点。视频

(1) 打开一个圆形，在快速访问工具栏中选择“显示菜单栏”命令，然后在显示的菜单栏中选择“格式”|“点样式”命令，如图 5-12 所示。

(2) 打开“点样式”对话框，选择第 1 行、第 4 列的点样式，然后单击“确定”按钮，如图 5-13 所示。

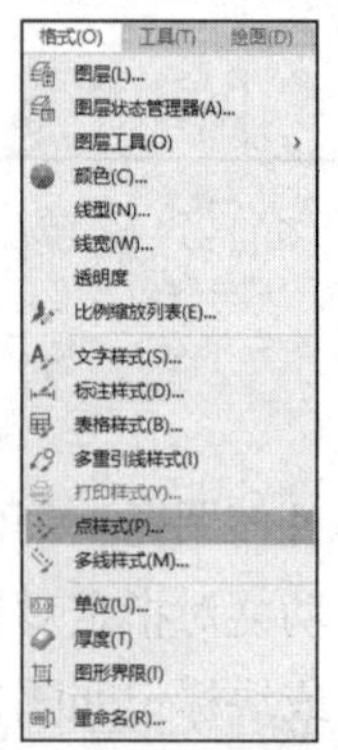

图 5-12　选择“点样式”命令

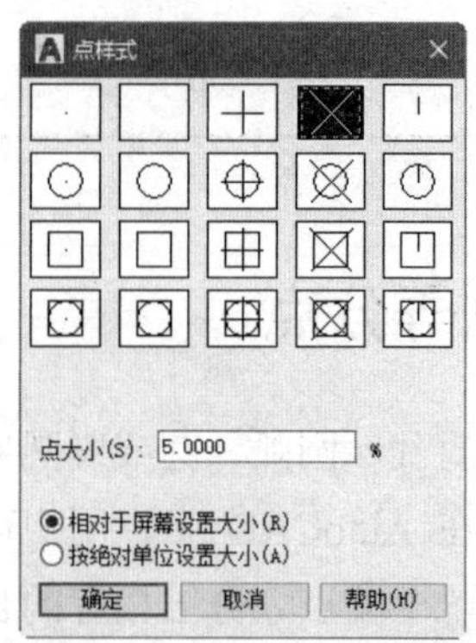

图 5-13　“点样式”对话框

(3) 在“功能区”选项板中选择“默认”选项卡，在“绘图”面板中单击“定数等分”按钮，如图 5-14 所示，发出 DIVIDE 命令。

(4) 在命令行提示“选择要定数等分的对象：”下，拾取圆形作为要等分的对象，如图 5-15 所示。

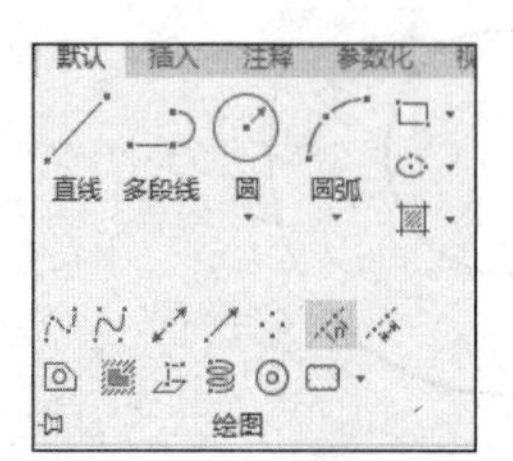

图 5-14　单击“定数等分”按钮

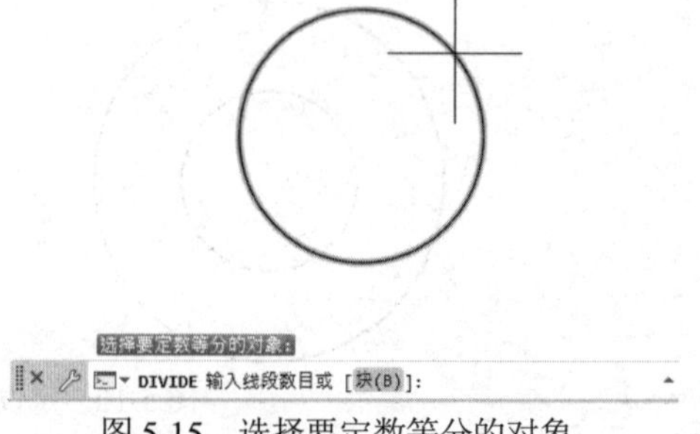

图 5-15　选择要定数等分的对象

(5) 在命令行提示“输入线段数目或 [块(B)]：”下，输入等分段数 9，然后按 Enter 键，等分结果如图 5-16 所示。

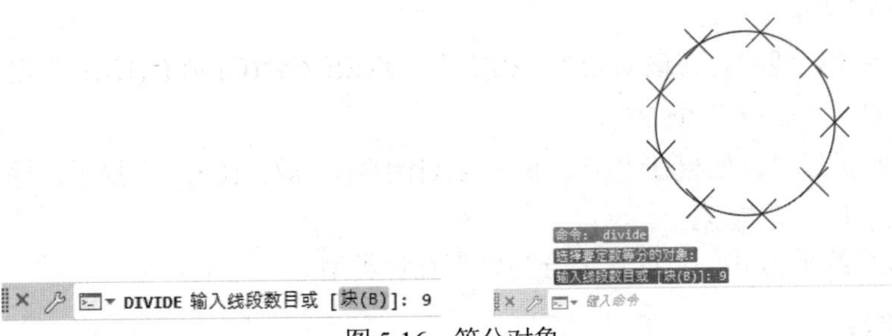

图 5-16　等分对象

2. 定距等分点

定距等分点是指在指定的图元上按照设置的间距放置点对象或插入块。一般情况下放置点或插入块的顺序是从起点开始的，并且起点随着选取对象的类型变化而变化。由于被选定对象不一定完全符合所有指定距离，因此等分对象的最后一段通常要比指定的间距短。

在“绘图”面板中单击“定距等分”按钮，然后在绘图区中选取被等分的对象，系统将显示“指定线段长度”的提示信息和文本框。此时，在文本框中输入等分间距的参数值，如输入 120，即可将该对象按照指定的距离等分，效果如图 5-17 所示。

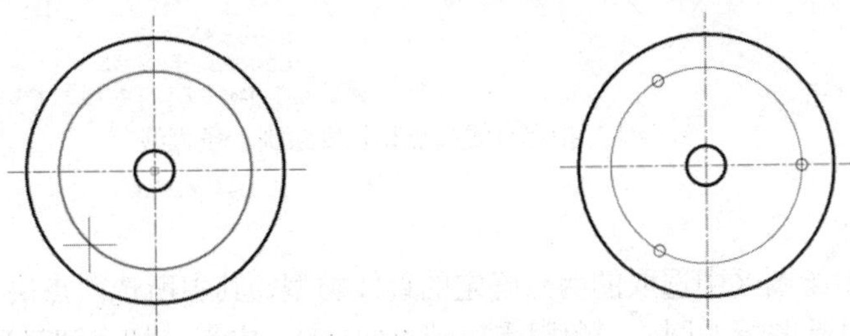

图 5-17　定距等分效果

5.2　绘制线对象

在 AutoCAD 中，直线、射线和构造线都是最基本的线性对象。这些线性对象和指定点位置一样，都可以通过指定起点和终点来绘制，或在命令行中输入坐标值以确定起点和终点位置，从而获得相应的轮廓线。

5.2.1　绘制直线

在 AutoCAD 中，直线是指由两点确定的一条直线段，而不是无限长的直线。构造直线的两点可以是图形的圆心、端点(顶点)、中点和切点等类型。

AutoCAD 绘制的直线实际上是直线段，不同于几何学中的直线，在绘制时需要注意以下几点。

- 绘制单独直线时，在发出 LINE 命令后指定第 1 点，接着指定下一点，然后按

Enter 键。

- 绘制连续折线时，在发出 LINE 命令后指定第 1 点，然后连续指定多个点，最后按 Enter 键结束。
- 绘制封闭折线时，在最后一个“指定下一点或[闭合(C)/放弃(U)]：”提示的后面输入字母 C，然后按 Enter 键。
- 在绘制折线时，如果在“指定下一点或[闭合(C)/放弃(U)]：”提示后输入字母 U，可以删除上一条直线。

根据生成直线的方式，直线主要分为以下几种类型。

1. 一般直线

一般直线是最常用的直线类型。一般直线是指通过指定的起点和长度确定的直线类型。

在“绘图”面板中单击“直线”按钮，然后在绘图区中指定直线的起点和延长方向，并在命令行中输入直线的长度，按 Enter 键即可，如图 5-18 所示。

图 5-18　指定直线起点和长度绘制一条直线

2. 两点直线

两点直线是由绘图区中选取的两点确定的直线类型，其中所选两点决定了直线的长度和位置。所选点可以是图形的圆心、象限点、端点(顶点)、中点、切点和最近点等类型。

单击“直线”按钮，在绘图区中依次指定两点作为直线要通过的两个点，即可确定一条直线。

3. 成角度直线

成角度直线是一种与 X 轴方向成一定角度的直线类型。如果设置的角度为正值，则直线绕起点逆时针方向倾斜；反之直线绕顺时针方向倾斜。

选择“直线”工具后，指定一点为起点，然后在命令行中输入“@长度<角度”，并按下 Enter 键结束该操作，即可绘制成角度直线。

5.2.2　绘制射线和构造线

射线和构造线都属于直线的范畴，上面介绍的直线从狭义上称为直线段；而射线和构造线是指一端固定而另一端延伸或两端延伸的直线，可以放置在平面或三维空间的任何位置，主要用于绘制辅助线。

1. 射线

射线是一端固定而另一端无限延伸的直线，即只有起点没有终点或终点无穷远的直线。它主要用于绘制图形中投影所得线段的辅助引线，或绘制某些长度参数不确定的角度线等。

在“绘图”面板中单击“射线”按钮，并在绘图区中分别指定起点和通过点，即可绘制一条射线，如图 5-19 所示。

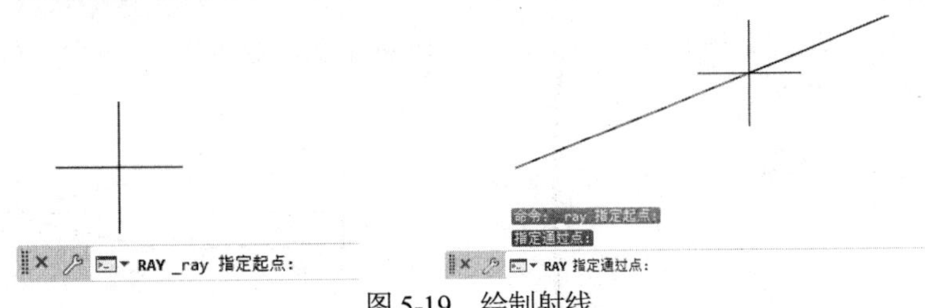

图 5-19　绘制射线

2. 构造线

与射线相比，构造线是一条没有起点和终点的直线，即两端无限延伸的直线。该类直线可以作为绘制等分角、等分圆等图形的辅助线。

在“绘图”面板中单击“构造线”按钮，命令行将显示“指定点或[水平(H)/垂直(V)/角度(A)/二等分(B)/偏移(Q)]：”提示信息，其中各选项的含义如下。

- 水平：默认辅助线为水平直线，单击一次创建一条水平辅助线，直到用户右击或按下 Enter 键时结束。
- 垂直：默认辅助线为垂直直线，单击一次创建一条垂直辅助线，直到用户右击或按下 Enter 键时结束。
- 角度：创建一条由用户指定角度的倾斜辅助线，单击一次创建一条指定角度的倾斜辅助线，直到用户右击或按下 Enter 键时结束，如图 5-20 所示。
- 二等分：创建一条通过用户指定角度的顶点，并平分该角度的辅助线。首先指定一个角度的顶点，再分别指定该角度两条边上的点即可，如图 5-21 所示。

图 5-20　绘制角度构造线　　图 5-21　绘制二等分构造线

- 偏移：创建平行于另一个对象的辅助线，类似于偏移编辑命令。选择的另一个对象可以是一条辅助线、直线或复合线。

5.2.3　绘制多段线

多段线是由单个对象创建的相互连接的线段组合的图形。该组合线段作为一个整体，可以由直线段、圆弧段或两者的组合线段组成，并且可以是任意开放或封闭的图形。此外，为了区别多段线的显示，除了设置不同形状的图元及其长度，还可以设置多段线中不同的线宽显示。根据多段线的组合显示样式，多线段主要包括以下 3 种类型。

1. 直线段多段线

直线段多段线全部由直线段组合而成，是比较简单的一种类型，一般用于创建封闭的线性面域。在“绘图”面板中单击“多段线”按钮，然后依次在绘图区中选取多段线的起点和其他通过的点即可。如果想要使多段线封闭，则可以在命令行中输入字母 C，并按 Enter 键确定，效果如图 5-22 所示。

图 5-22　绘制直线段多段线

注意：

需要注意的是，起点和多段线通过的点在一条直线上时，不能成为封闭多段线。

2. 直线和圆弧段组合多段线

直线和圆弧段组合多段线是由直线段和圆弧段这两种图元组成的开放或封闭的组合图形。它是最常用的一种类型，主要用于绘制圆角过渡的棱边，或具有圆弧曲面的 U 型槽等实体投影轮廓界限。

绘制该类多段线时，通常需要在命令行中不断切换圆弧和直线的输入命令，效果如图 5-23 所示。

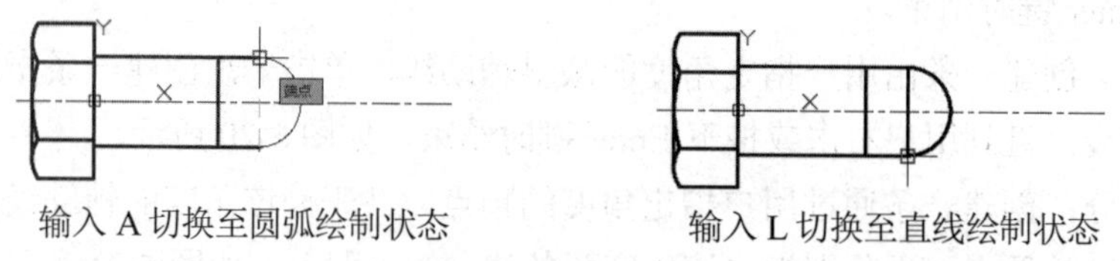

输入 A 切换至圆弧绘制状态　　输入 L 切换至直线绘制状态

图 5-23　绘制直线和圆弧段组合多段线

3. 带宽度的多段线

带宽度的多段线是一种带宽度显示的多段线样式，与直线的线宽属性不同。此类多段线的线宽显示不受状态栏中“显示/隐藏线宽”工具的控制，而是根据绘图需要而设置的实际宽度。在选择“多段线”工具后，在命令行中主要有以下两种设置线宽显示的方式。

- 半宽：半宽方式是通过设置多段线的半宽值而创建的带宽度显示的多段线，其中显示的宽度为设置值的两倍，并且在同一图元上可以显示相同或不同的线宽。选择“多段线”工具后，在命令行中输入字母 H，然后可以通过设置起点和端点的半宽值创建带宽度的多段线，如图 5-24 所示。
- 宽度：宽度方式是通过设置多段线的实际宽度值而创建的带宽度显示的多段线，显示的宽度与设置的宽度值相等。与半宽方式相同，在同一图元的起点和端点位置可以显示相同或不同的线宽，对应的命令为 W，如图 5-25 所示。

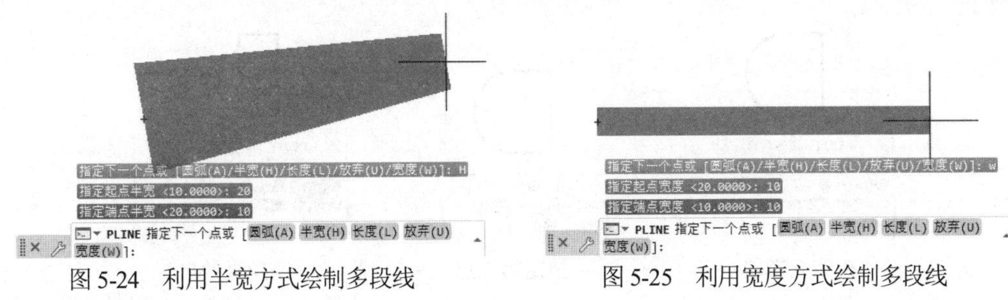

图 5-24　利用半宽方式绘制多段线　　图 5-25　利用宽度方式绘制多段线

4. 编辑多段线

对于由多段线组成的封闭或开放图形，为了自由控制图形的形状，用户可以利用“编辑多段线”工具编辑多段线。

在“修改”面板中单击“编辑多段线”按钮，然后选取需要编辑的多段线，将打开相应的提示信息。接下来，在打开的提示信息中选择相应的命令，编辑多段线即可，如图 5-26 所示。

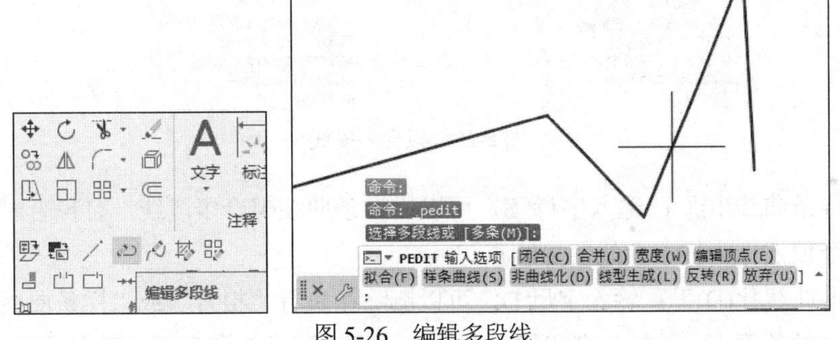

图 5-26　编辑多段线

在图 5-26 所示的提示信息中，主要编辑命令的功能如下。

- “闭合(C)”：输入字母 C，可以封闭编辑的开放多段线，自动以最后一段的绘图模式(直线或圆弧)连接多段线的起点和终点。
- “合并(J)”：输入字母 J，可以将直线段、圆弧或多段线连接到指定的非闭合多段线。若编辑的是多个多段线，需要设置合并多段线的允许距离；若编辑的是单个多段线，将连续选取首尾连接的直线、圆弧和多段线等对象，并将它们连成一条多段线。需要注意的是，合并多段线时，各相邻对象必须彼此首尾相连。
- “宽度(W)”：输入字母 W，可以重新设置所编辑多段线的宽度。
- “编辑顶点(E)”：输入字母 E，可以进行移动顶点、插入顶点以及拉直任意两个顶点之间的多段线等操作。选择该命令，将打开新的提示信息。例如，选择“编辑顶点”命令后指定起点，然后选择“拉直”选项，并选择“下一个”选项指定第二点，接下来选择“执行”选项即可，如图 5-27 所示。

指定编辑顶点　　指定第二点　　拉直效果

图 5-27　编辑顶点

- “拟合(F)”：输入字母 F，可以采用圆弧曲线拟合多段线拐角，也就是创建连接每一对顶点的平滑圆弧曲线，将原来的直线转换为拟合曲线，效果如图 5-28 所示。

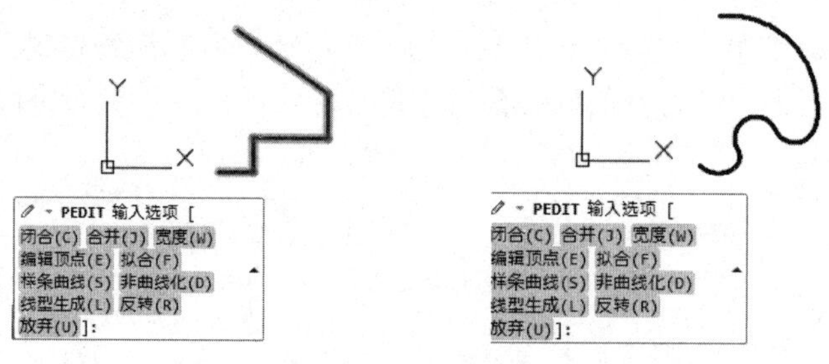

图 5-28　拟合多段线

- “样条曲线(S)”：输入字母 S，可以用样条曲线拟合多段线，且拟合时以多段线的各个顶点作为样条曲线的控制点。
- “非曲线化(D)”：输入字母 D，可以删除在执行“拟合”或“样条曲线”命令时插入的额外顶点，并拉直多段线中的所有线段，同时保留多段线顶点的所有切线信息。
- “线型生成(L)”：输入字母 L，可以设置非连续线型多段线在各个顶点处的绘制方式。输入命令 ON，多段线以全长绘制线型；输入命令 OFF，多段线的各个线段独立绘制线型，当长度不足以表达线型时，以连续线代替。

5.2.4　绘制多线

多线是由多条平行线组成的一种复合图形，主要用于绘制建筑图中的墙壁或电子图中的线路等平行线段。其中，平行线之间的间距和数目可以调整，并且平行线数量最多不可超过 16 条。

1. 设置多线样式

在绘制多线之前，通常先设置多线样式。通过设置多线样式，可以改变平行线的颜色、线型、数量、距离和多线封口的样式等显示属性。在命令行中输入 MLSTYLE 指令，将打开如图 5-29 所示的“多线样式”对话框，该对话框中主要选项的功能如下。

- “样式”选项区域：该选项区域主要用于显示当前设置的所有多线样式。选择其中一种样式，并单击“置为当前”按钮，可将该样式设置为当前使用样式。

- “说明”文本框：该文本框用于显示所选取样式的解释或其他相关说明与注释。
- “预览”列表框：该列表框用于显示所选取样式的缩略预览效果。
- “新建”按钮：单击该按钮将打开对话框，输入一个新的样式名并单击“继续”按钮，即可在打开的“新建多线样式”对话框中设置新建的多线样式，如图 5-30 所示。
- “修改”按钮：单击该按钮，可以在打开的“修改多线样式”对话框中设置并修改所选取的多线样式。

“新建多线样式”对话框中主要选项的功能说明如下。

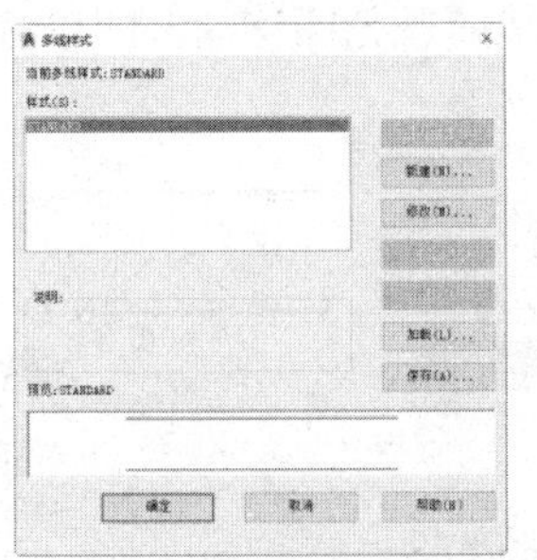

图 5-29 “多线样式”对话框

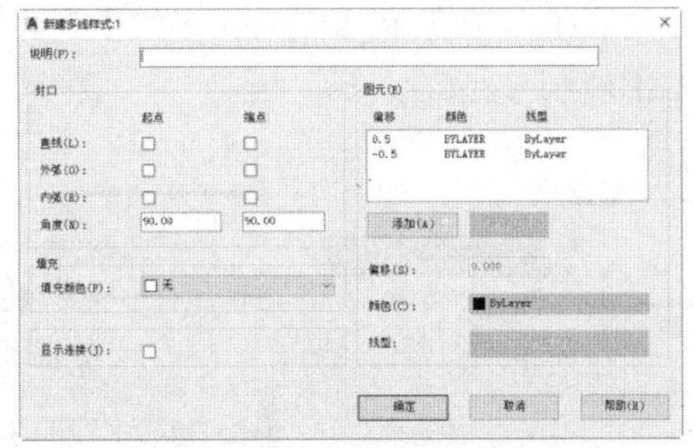

图 5-30 “新建多线样式”对话框

- “封口”选项区域：该选项区域主要用于控制多线起点和端点的样式。“直线”区域表示将多线的起点或端点以一条直线连接；“外弧”/“内弧”区域表示将起点或端点以外圆弧或内圆弧连接，并可以通过“角度”文本框设置圆弧包角。
- “填充”选项区域：该选项区域用于设置多线之间的填充颜色，可以通过“填充颜色”下拉列表选取或配置颜色。
- “图元”选项区域：该选项区域用于显示并设置多线的平行线数量、距离、颜色和线型等属性，单击“添加”按钮，可以向其中添加新的平行线；单击“删除”按钮，可以删除选取的平行线；“偏移”文本框用于设置平行线相对于中心线的偏移距离；“颜色”和“线型”选项用于设置多线显示的颜色和线型。

2. 绘制多线

设置多线样式后，绘制的多线将按照当前样式显示效果。绘制多线和绘制直线的方法基本相似，不同的是在指定多线的路径后，沿路径显示多条平行线。

在命令行中输入 MLINE 指令，按下 Enter 键，然后根据提示选取多线的起点和终点，将绘制默认为 STANDARD 样式的多线，如图 5-31 所示。

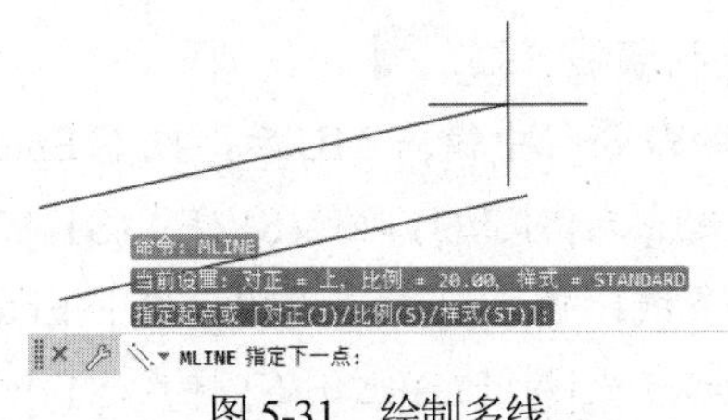

图 5-31 绘制多线

在绘制多线时，为了改变多线的显示效果，可以设置多线对正、多线比例等，以及使用默认的多线样式或指定一种新样式。

(1) 对正(J)：设置基准对正的位置，对正方式包括上对正、无对正和下对正 3 种，如图 5-32 所示。

- 上对正(T)：在绘制多线时，多线上最顶端的线随着光标移动，即以多线的外侧线为基准绘制多线。
- 无对正(Z)：在绘制多线时，多线上的中心线随着光标移动，即以多线的中心线为基准绘制多线。
- 下对正(B)：在绘制多线时，多线上最底端的线随着光标移动，即以多线的内侧线为基准绘制多线。

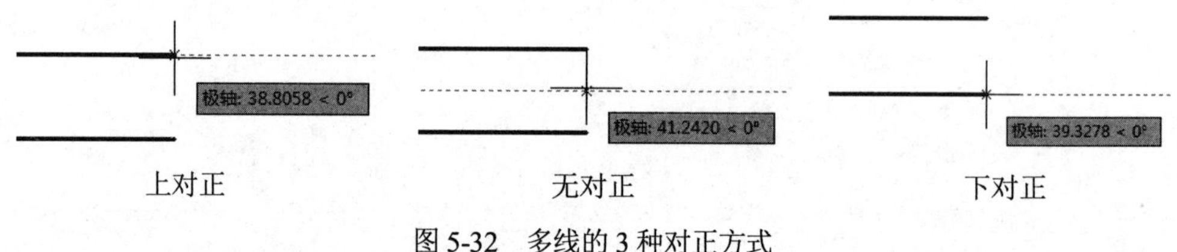

图 5-32　多线的 3 种对正方式

(2) 比例(S)：控制多线绘制的比例，相同的样式可以使用不同的比例绘制，即通过设置比例改变多线之间的距离大小，如图 5-33 所示。

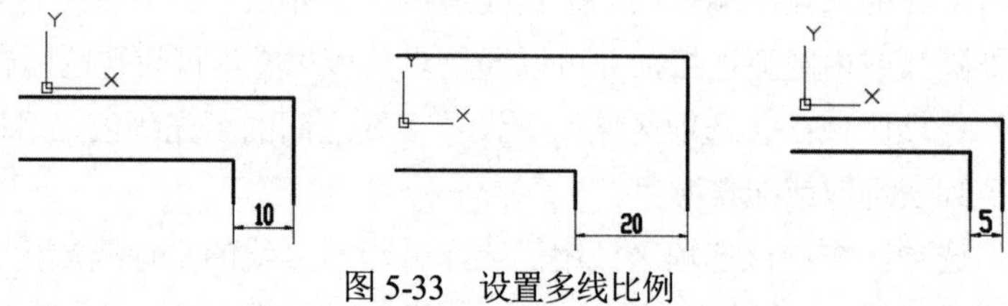

图 5-33　设置多线比例

(3) 样式(ST)：输入采用的多线样式名，默认为 STANDARD。选择该选项后，可以按照命令行提示输入已定义的样式名。如果要查看当前图形中有哪些多线样式，可以在命令行中输入问号(？)，系统将显示图形中存在的多线样式。

注意：

设置多线对正时，输入字母 T 表示多线位于中心线上；输入字母 B 表示多线位于中心线之下。设置多线比例时，多线比例不影响线型比例。如果要修改多线比例，可能需要对线型比例做相应的修改，以防点画线的尺寸不正确。

【练习 5-3】使用多线绘制墙线。视频

(1) 在 AutoCAD 2021 中的命令行中输入 ML 后，按下 Enter 键。

(2) 在命令行提示“指定起点或[对正(J)/比例(S)/样式(ST)]:”下输入 S，按下 Enter 键。

(3) 在命令行提示“输入多线比例:”下输入 240，按下 Enter 键，设置多线比例。

(4) 在命令行提示“指定起点或[对正(J)/比例(S)/样式(ST)]:”下输入 J，按下 Enter 键。

(5) 在命令行提示“输入对正类型[上(T)/无(Z)/下(B)] <上>:”下输入 Z，按下 Enter 键。

(6) 在绘图区域中拾取一点，指定多线的起点位置 A，如图 5-34 所示。

(7) 在命令行提示“指定下一点：”下输入(@300,0)，按下 Enter 键，指定多线的第 2 点位置 B。

(8) 在命令行提示“指定下一点:”下输入(@0,3600)，按下 Enter 键，指定多线的第 3 点位置 C，如图 5-35 所示。

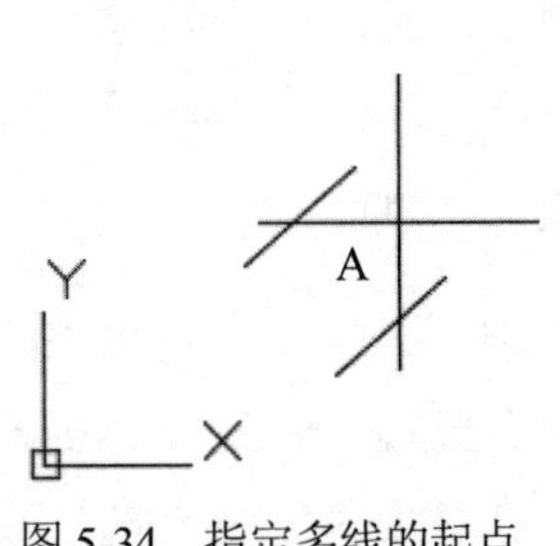

图 5-34　指定多线的起点

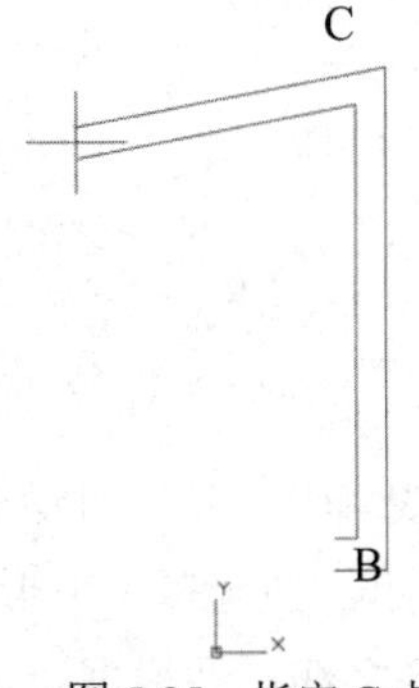

图 5-35　指定 C 点

(9) 在命令行提示“指定下一点:”下输入(@-3000,0)，按下 Enter 键，指定多线的第 4 点位置 D。

(10) 在命令行提示“指定下一点:”下输入(@0,-3600)，按下 Enter 键，指定多线的第 5 点位置 E，如图 5-36 所示。

(11) 在命令行提示“指定下一点:”下输入(@1900,0)，按下 Enter 键，指定多线的第 6 点位置 F，如图 5-37 所示。按下 Enter 键，完成墙线轮廓的绘制。

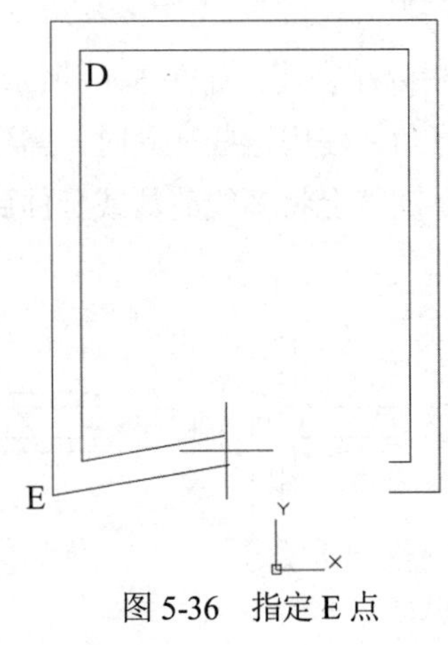

图 5-36　指定 E 点

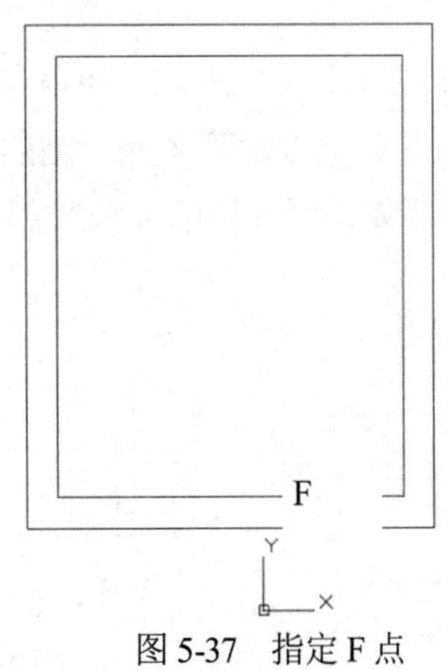

图 5-37　指定 F 点

3. 编辑多线

如果图形中有两条多线，则可以控制它们相交的方式。多线可以相交成十字形或 T 形，并且十字形或 T 形可以闭合、打开或合并。使用“多线编辑”工具可以对多线对象执行闭合、结合、修剪和合并等操作，从而使绘制的多线符合预想的设计效果。

在命令行中输入 MLEDIT 指令，然后按下 Enter 键，将打开如图 5-38 所示的“多线编辑工具”对话框。

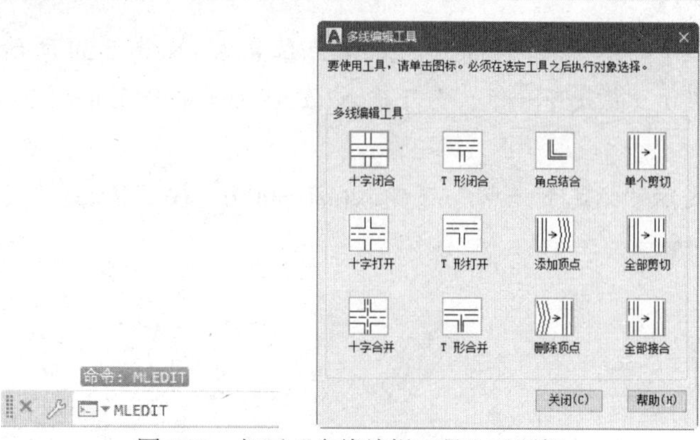

图 5-38　打开“多线编辑工具”对话框

在“多线编辑工具”对话框中，使用 3 种十字形工具、、可以消除各种相交线，如图 5-39 所示。当选择十字形中的某种工具后，还需要选取两条多线，AutoCAD 总是切断所选的第一条多线，并根据所选工具切断第二条多线。在使用“十字合并”工具时可以生成配对元素的直角，如果没有配对元素，多线将不被切断。

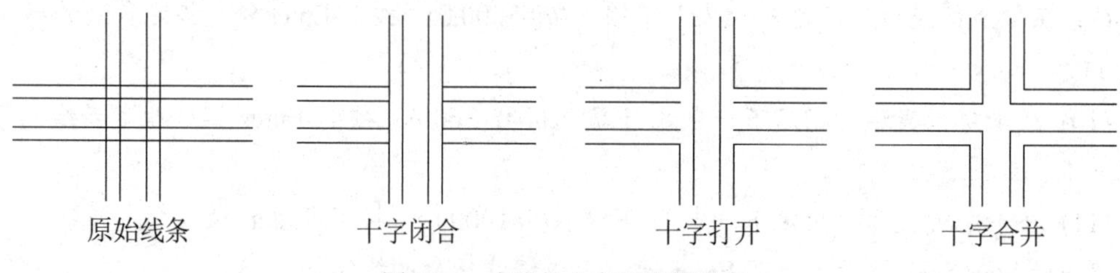

图 5-39　多线的十字形编辑效果

使用 T 形工具、、和角点结合工具也可以消除相交线，如图 5-40 所示。此外，角点结合工具还可以消除多线一侧的延伸线，从而形成直角。使用这些工具时，需要选取两条多线，只需要在要保留的多线某部分上拾取点，AutoCAD 就会将多线剪裁或延伸到它们的相交点。

图 5-40　多线的 T 形编辑效果

使用添加顶点工具可以为多线增加若干顶点，使用删除顶点工具可以从包含 3 个或更多个顶点的多线上删除顶点。如果当前选取的多线只有两个顶点，那么删除顶点工具将无效。

使用剪切工具、可以切断多线。其中，“单个剪切”工具用于切断多线中的一条，只需要拾取要切断的多线上某一元素的两点，则这两点的连线即被删除(实际上不显示)；“全部剪切”工具用于切断整条多线。

此外，使用“全部接合”工具可以重新显示所选两点间的任何切断部分。

5.3　绘制多边形对象

矩形和正多边形属于多边形，图形中的所有线段并不是孤立的，而是合成一个面域。这样在进行三维绘图时，无须执行面域操作，即可使用“拉伸”或“旋转”工具将该轮廓线转换为实体。

5.3.1　绘制矩形

在 AutoCAD 中，用户可以通过定义两个对角点、长度或宽度的方式来绘制矩形，同时可以设置线宽、圆角和倒角等参数。在“绘图”面板中单击“矩形”按钮□，命令行中将显示提示信息“指定第一个角点或[倒角(C)/标高(E)/圆角(F)/厚度(T)/宽度(W)]:”，其中各选项的含义如下。

- 指定第一个角点：在平面上指定一点后，指定矩形的另一个角点来绘制矩形，该方法是绘图过程中最常用的绘制方法。
- 倒角(C)：绘制倒角矩形。在当前命令行中输入字母 C，按照系统提示输入第一个和第二个倒角距离，确定第一个角点和另一个角点，即可完成倒角矩形的绘制。其中，第一个倒角距离指的是沿 X 轴方向(长度方向)的距离，第二个倒角距离指的是沿 Y 轴方向(宽度方向)的距离。
- 标高(E)：该命令一般用于三维绘图，在当前命令行中输入字母 E，并输入矩形的标高，然后确定第一个角点和另一个角点即可。
- 圆角(F)：绘制圆角矩形，在当前命令行中输入字母 F，然后输入圆角半径，并确定第一个角点和另一个角点即可。
- 厚度(T)：绘制具有厚度特征的矩形，在当前命令行中输入字母 T，然后输入厚度，并确定第一个角点和另一个角点即可。
- 宽度(W)：绘制具有宽度特征的矩形，在当前命令行中输入字母 W，然后输入宽度值，并确定第一个角点和另一个角点即可。

选择不同的选项可以获得不同的矩形效果，但都必须指定第一个角点和另一个角点，从而确定矩形的大小。图 5-41 所示为执行多种操作后得到的矩形效果。

图 5-41　矩形的各种样式

5.3.2 绘制正多边形

利用绘制正多边形的工具可以快速绘制拥有 3~1024 条边的正多边形，其中包括等边三角形、正方形、正五边形和正六边形等。在“绘图”面板中单击“多边形”按钮，即可按照以下 3 种方法绘制正多边形。

1. 内接圆法

利用内接圆法绘制多边形时，正多边形由多边形的中心点到多边形的顶点间的距离相等的边组成，也就是整个多边形位于一个虚构的圆中。

单击“多边形”按钮，然后设置多边形的边数，并指定多边形的中心点。接着选择“内接于圆”选项(输入 I)，并设置内接圆的半径，即可完成多边形的绘制，如图 5-42 所示。

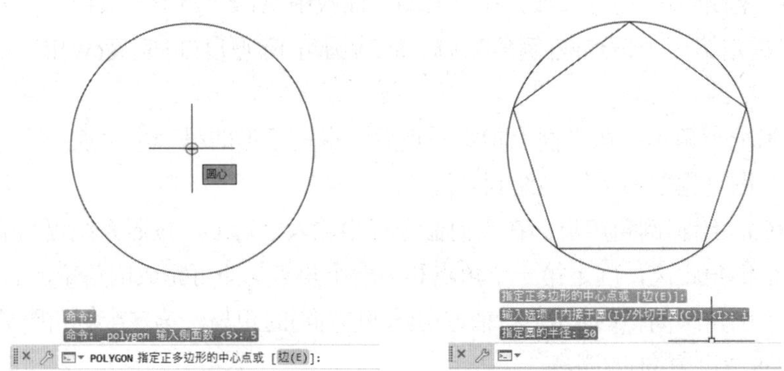

图 5-42　用内接圆法绘制正五边形

2. 外切圆法

利用外切圆法绘制正多边形时，所输入的半径是多边形的中心点至多边形任意边的垂直距离。

单击“多边形”按钮，然后输入多边形的边数，并指定多边形的中心点，接下来选择“外切于圆”选项(输入 C)，设置外切圆的半径即可，如图 5-43 所示。

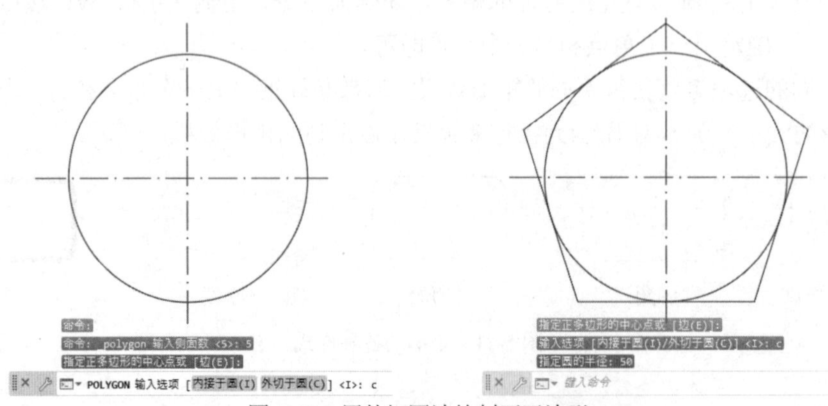

图 5-43　用外切圆法绘制正五边形

3. 边长法

设定正多边形的边长和一条边的两个端点，同样可以绘制出正多边形。该方法与上述介绍的方法类似，在设置完多边形的边数后输入字母 E，可以直接在绘图区中指定两点，或者在指定一点后输入边长，即可绘制出所需的多边形。图 5-44 所示为选取三角形一条边上的两个端点后，绘制的以该边为边长的正五边形。

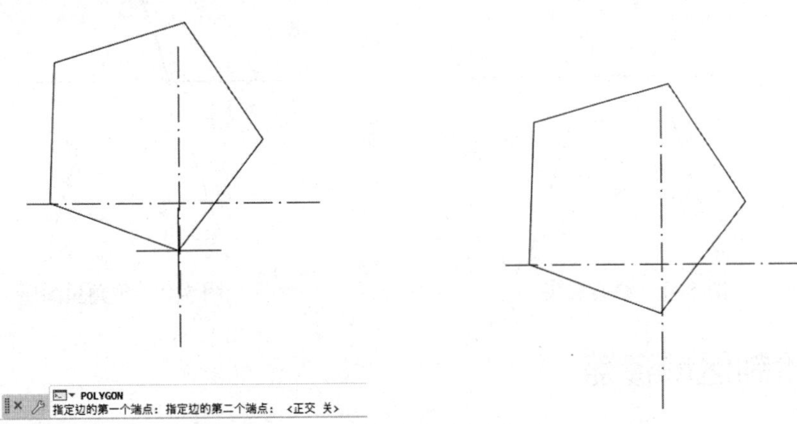

图 5-44　用边长法绘制正五边形

【练习 5-4】绘制五角星图形。

(1) 在“功能区”选项板中选择“默认”选项卡，在“绘图”面板中单击“多边形”按钮，执行 POLYGON 命令。

(2) 在命令行的“输入边的数目<4>:”提示下，输入正多边形的边数 5。

(3) 在命令行的“指定正多边形的中心点或 [边(E)]:”提示下，指定正多边形的中心点为(210,160)。

(4) 在命令行的“输入选项 [内接于圆(I)/外切于圆(C)] <I>:”提示下，按 Enter 键，选择默认选项 I，使用内接于圆方式绘制正五边形。

(5) 在命令行提示下，指定圆的半径为 300，然后按 Enter 键，结果如图 5-45 所示。

(6) 在“功能区”选项板中选择【默认】选项卡，在【绘图】面板中单击【直线】按钮，连接正五边形的顶点，如图 5-46 所示。

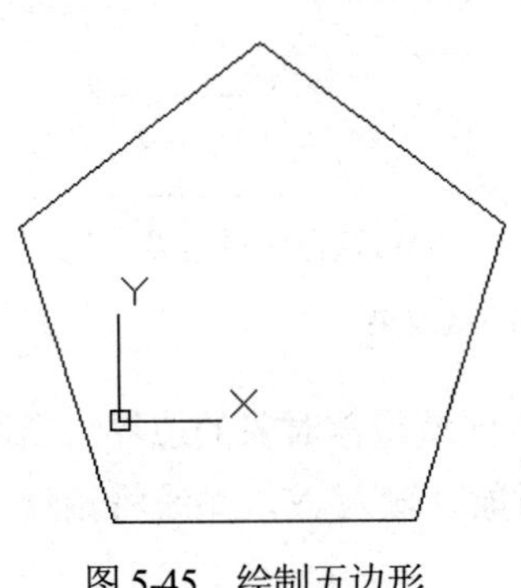

图 5-45　绘制五边形

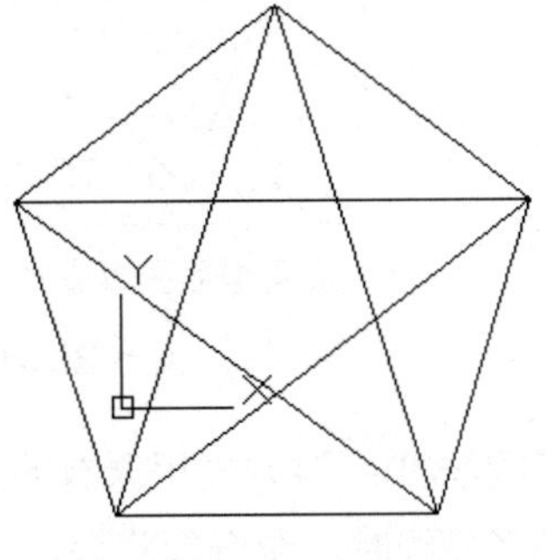

图 5-46　绘制直线

(7) 选择正五边形，然后按 Delete 键，将其删除，选择【默认】选项卡，在【修改】面板中单击【修剪】按钮，选择直线 a 和 b 作为修剪边，然后单击直线 c，对其进行修剪，如图 5-47 所示。

(8) 使用同样的方法修剪其他边，结果如图 5-48 所示。

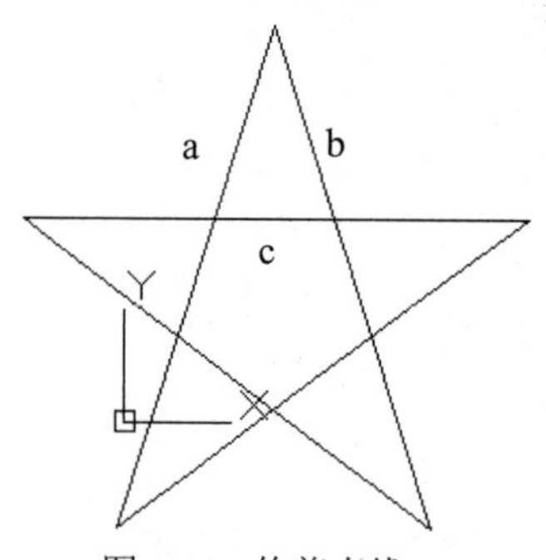

图 5-47　修剪直线

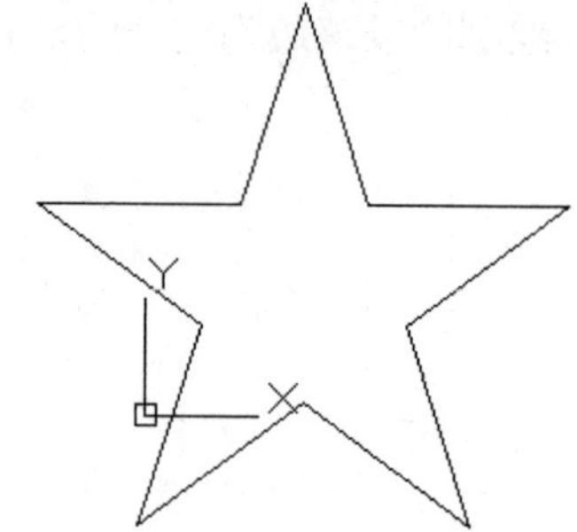

图 5-48　五角星图形

5.3.3　绘制区域覆盖

区域覆盖是在现有的对象上生成一片空白区域，用于覆盖指定区域或在指定区域内添加注释。对该区域与区域覆盖边框进行绑定，用户可以打开区域进行编辑，也可以关闭区域进行打印操作。

在“绘图”面板中单击“区域覆盖”按钮，命令行中将显示提示信息“指定第一点或[边框(F)/多段线(P)]<多段线>:”，其中各选项的含义及设置方法分别介绍如下。

- 边框(F)：绘制一片封闭的多边形区域，并使用当前的背景色遮盖被覆盖的对象。默认情况下，可以通过指定一系列控制点来定义区域覆盖的边界，并可以根据命令行的提示信息对区域覆盖进行编辑，确定是否显示区域覆盖对象的边界。若选择“开(ON)”选项，则可以显示边界；若选择“关(OFF)”选项，则可以隐藏绘图窗口中需要覆盖区域的边界。这两种方式的对比效果如图 5-49 所示。

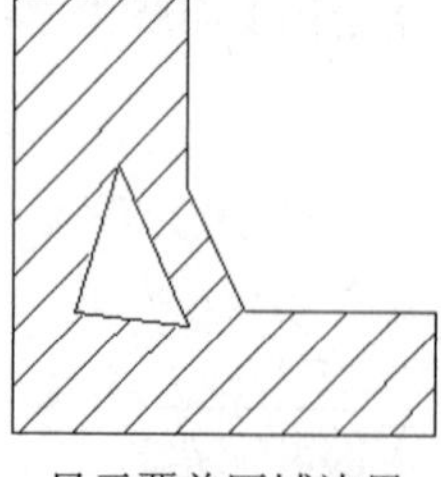
显示覆盖区域边界

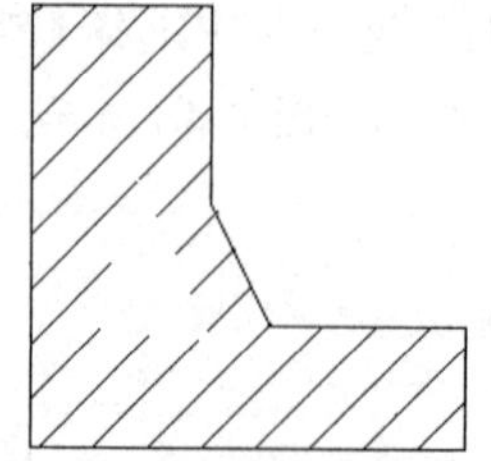
隐藏覆盖区域边界

图 5-49　边框的显示与隐藏效果

- 多段线(P)：该方式用原有的封闭多段线作为区域覆盖对象的边界。当选择一条封闭的多段线时，命令行将提示是否要删除原对象。输入 Y，系统将删除用于绘制区域覆盖的多段线；输入 N，则保留该多段线。

5.4　绘制曲线对象

在实际绘图中，图形中不仅包含直线、多段线、矩形和多边形等线性对象，还包含圆、圆弧、椭圆以及椭圆弧等曲线对象，这些曲线对象同样是 AutoCAD 图形的主要组成部分。

5.4.1　绘制圆

圆是指平面上到定点的距离等于定长的所有点的集合。圆是一种单独的曲线封闭图形，有恒定的曲率和半径。在二维草图中，圆主要用于表达孔、台体和柱体等模型的投影轮廓；在三维建模中，由圆创建的面域可以直接构建球体、圆柱体和圆台等实体模型。

在 AutoCAD 的“绘图”面板中单击“圆”按钮下方的黑色三角，在其下拉列表中主要提供以下 5 种绘制圆的方法。

1. 圆心、半径(或直径)

“圆心、半径(或直径)”方法指的是通过指定圆心、设置半径值(或直径值)来确定圆。单击“圆心、半径”按钮，在绘图区中指定圆心位置，并设置半径值即可确定一个圆，效果如图 5-50 所示。如果在命令行中输入字母 D，并按下 Enter 键确认，则可以通过设置直径值来确定一个圆。

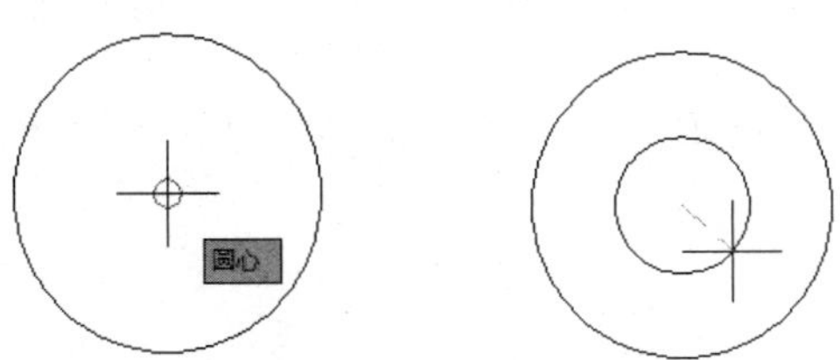

图 5-50　利用“圆心、半径”工具绘制圆

2. 两点

“两点”方法指的是通过指定圆上的两个点来确定一个圆，其中两点之间的距离决定了圆的直径，两点之间直径的中点决定了圆的圆心。

单击“两点”按钮，然后在绘图区中依次选取圆上的两个点 A 和 B，即可确定一个圆，如图 5-51 所示。

图 5-51　利用“两点”工具绘制圆

3. 三点

“三点”方法指的是通过指定圆周上的 3 个点来确定一个圆。原理是：平面几何中 3 点的首尾连线可组成一个三角形，而一个三角形有且只有一个外接圆。

单击“三点”按钮，然后依次选取圆上的 3 个点即可，如图 5-52 所示。需要注意的是，这 3 个点不能在同一条直线上。

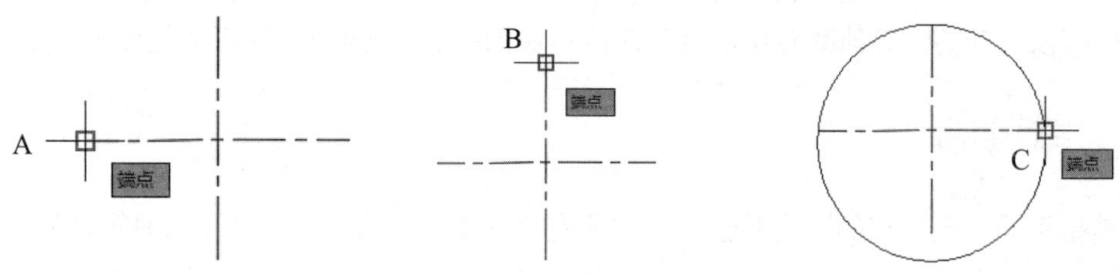

图 5-52　利用“三点”工具绘制圆

4. 相切，相切，半径

“相切，相切，半径”方法指的是通过指定圆的两个公切点和设置圆的半径值来确定一个圆。单击“相切，相切，半径”按钮，然后在相应的图元上指定公切点，并设置圆的半径值即可，效果如图 5-53 所示。

5. 相切，相切，相切

“相切，相切，相切”方法指的是通过指定圆的 3 个公切点来确定一个圆。该类型的圆是三点圆的一种特殊类型，即 3 段两两相交的直线或圆弧段确定的公切圆，主要用于确定正多边形的内切圆。

单击“相切，相切，相切”按钮，然后依次选取相应图元上的 3 个公切点即可，效果如图 5-54 所示。

图 5-53　利用“相切，相切，半径”工具

图 5-54　利用“相切，相切，相切”工具

【练习 5-5】在 AutoCAD 中绘制如图 5-59 所示的图形。视频

(1) 新建一个文档，在快速访问工具栏中选择“显示菜单栏”命令，在显示的菜单栏中选择“绘图”|“多边形”命令，在命令行提示“输入边的数目<4>:”下，输入正多边形的边数 6，在提示“指定正多边形的中心点或[边(E)]:”下输入坐标(0,0)指定正六边形的中心点，在提示“输入选项[内接于圆(I)/外切于圆(C)]<I>:”下按下 Enter 键，选择默认选项 I，使用内接圆法绘制正六边形，在命令行提示“指定圆的半径:”下输入圆的半径为 80，并按下 Enter 键，绘制正六边形，如图 5-55 所示。

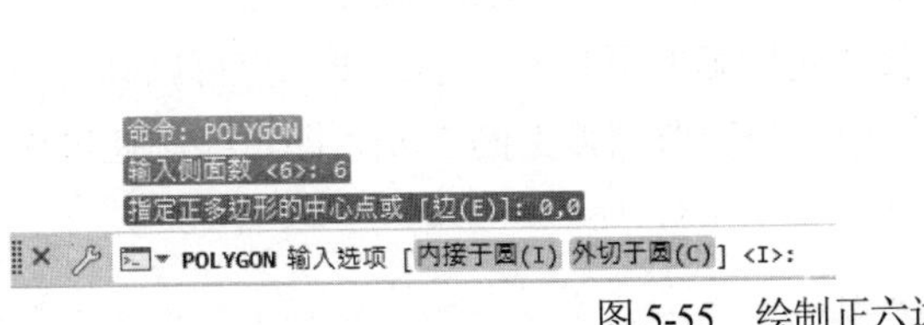

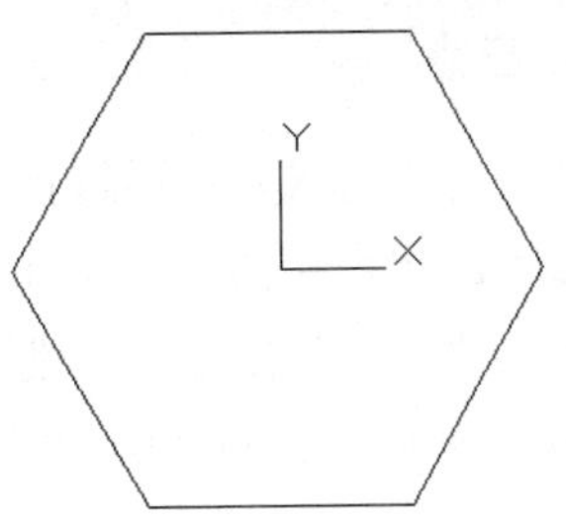

图 5-55　绘制正六边形

(2) 选择“绘图”|“圆”|“圆心、直径”命令，以点(0,0)为圆心，绘制直径为 80 的圆 a，如图 5-56 所示。

(3) 选择“绘图”|“圆”|“圆心、半径”命令，绘制同心圆 b，半径为 100，如图 5-57 所示。

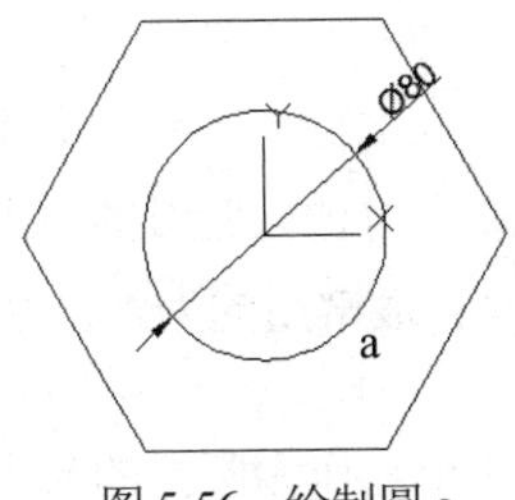

图 5-56　绘制圆 a

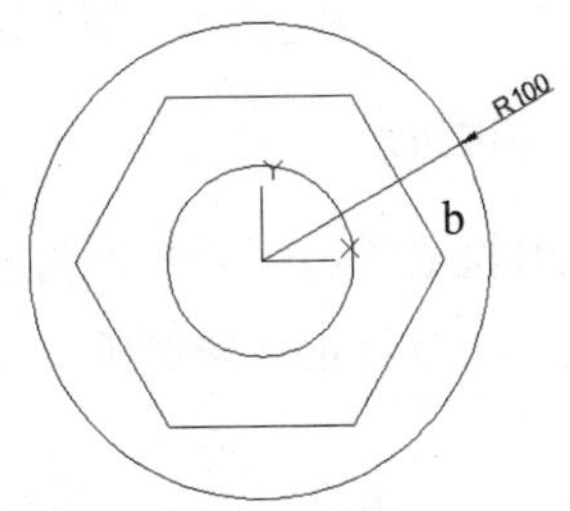

图 5-57　绘制圆 b

(4) 选择“绘图”|“圆”|“两点”命令，绘制一个通过点 c 和点 d 的圆，如图 5-58 所示。

(5) 使用同样的方法绘制其他圆，效果如图 5-59 所示。

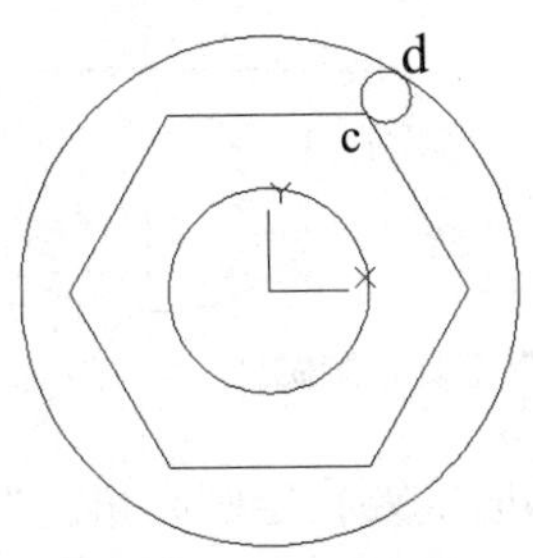

图 5-58　通过两点绘制圆

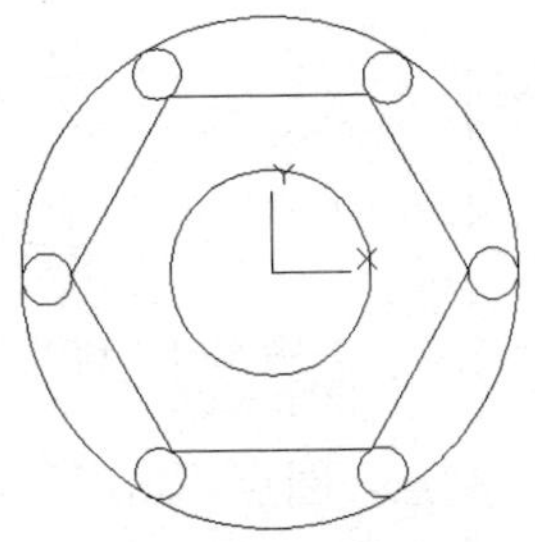

图 5-59　图形效果

5.4.2　绘制圆弧

在 AutoCAD 中，圆弧既可以用于建立圆弧曲线和扇形，也可以用于放样图形。由于圆弧可以看作圆的一部分，因此会涉及起点和终点的问题。绘制圆弧的方法与绘制圆的方法类似，既要指定半径和起始点，又要指定圆弧所跨的弧度大小。绘制圆弧的方式，根据绘图顺序和已知图形要素条件的不同，主要可以分为以下几种类型。

1. 三点

“三点”方式是指通过指定圆弧上的三点来确定一段圆弧。其中，第一点和第三点分别是圆弧上的起点和端点，并且第三点直接决定圆弧的形状和大小，第二点可以确定圆弧的位置。单击“三点”按钮，然后在绘图区中依次选取圆弧上的 3 点，即可绘制通过这 3 个点的圆弧，效果如图 5-60 所示。

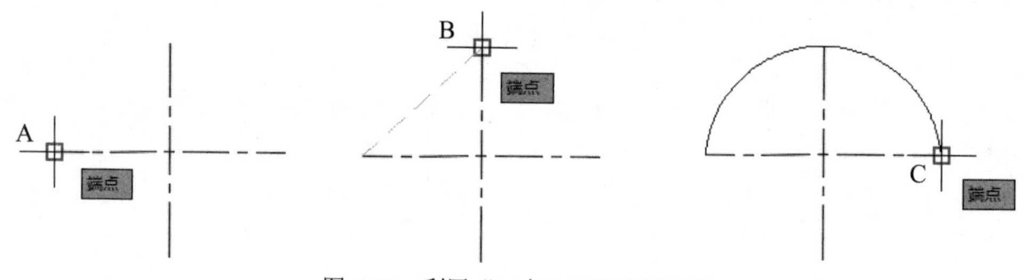

图 5-60　利用“三点”工具绘制圆弧

2. 起点和圆心

“起点和圆心”方式是指通过指定圆弧的起点和圆心，再选取圆弧的端点，或设置圆弧的包含角或弦长来确定一段圆弧。主要包括 3 个绘制工具，最常用的为“起点，圆心，端点”工具。

单击“起点，圆心，端点”按钮，然后依次指定 3 个点作为圆弧的起点、圆心和端点以绘制圆弧，效果如图 5-61 所示。

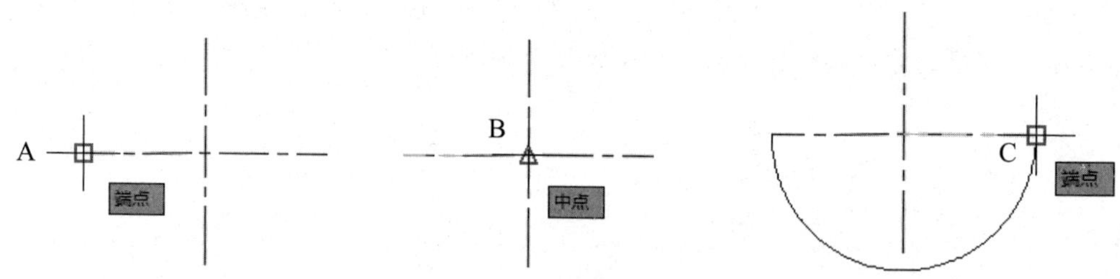

图 5-61　利用“起点，圆心，端点”工具绘制圆弧

如果单击“起点，圆点，角度”按钮，绘制圆弧时需要指定圆心角。当输入正角度值时，所绘圆弧从起点绕圆心沿逆时针方向绘制；单击“起点，圆心，长度”按钮，绘制圆弧时给定的弦长不得超过起点到圆心距离的两倍。另外，在设置弦长为负值时，则弦长的绝对值将作为对应整个圆的空缺部分圆弧的弦长。

3. 起点和端点

“起点和端点”方式是指通过指定圆弧上的起点和端点，然后设置圆弧的包含角、起点切线或圆弧半径，从而确定一段圆弧。主要包括 3 个绘制工具，其中单击“起点，端点，方向”按钮，绘制圆弧时可以进行拖动，动态地在起点和端点之间形成一条橡皮筋线，这条橡皮筋线即为圆弧在起点处的切线，效果如图 5-62 所示。

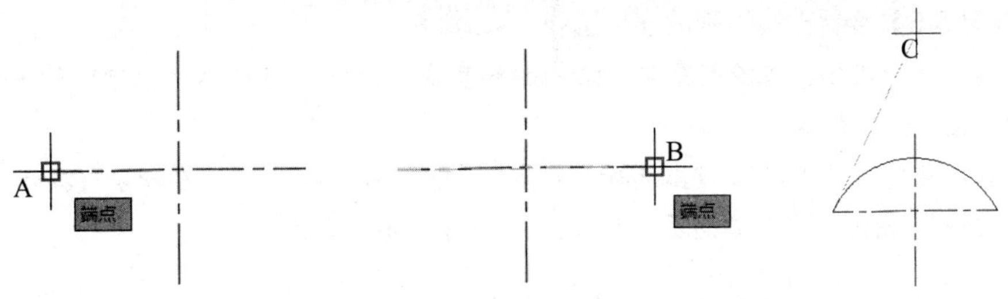

图 5-62　利用“起点，端点，方向”工具绘制圆弧

4. 圆心和起点

“圆心和起点”方式是指通过依次指定圆弧的圆心和起点，然后选取圆弧上的端点，或者设置圆弧的包含角或弦长来确定一段圆弧。

“圆心和起点”方式同样包括 3 个绘图工具，与“起点和圆心”方式的区别在于绘图的顺序不同。如图 5-63 所示，单击“圆心，起点，端点”按钮，然后依次指定 3 个点分别作为圆弧的圆心、起点和端点，绘制一段圆弧。

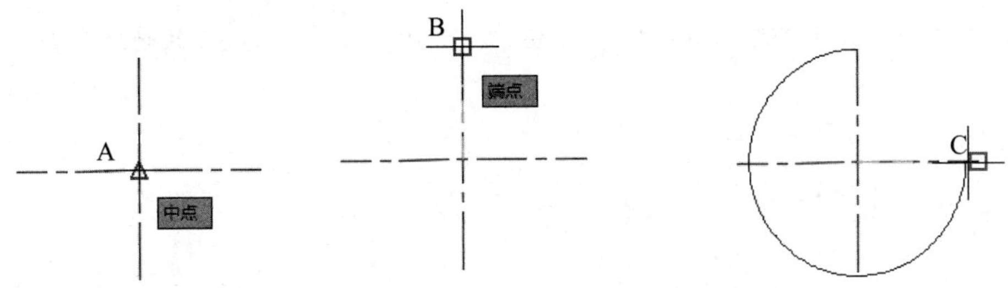

图 5-63　利用“圆心，起点，端点”工具绘制圆弧

5. 连续圆弧

“连续圆弧”方式是指以最后依次绘制线段或圆弧过程中确定的最后一点作为新圆弧的起点，并以最后所绘线段或圆弧终点处的切线方向作为新圆弧起点处的切线方向。然后指定另一个端点，从而确定一段圆弧。

单击“连续圆弧”按钮，系统将自动选取最后一段圆弧。此时，只需要指定连续圆弧上的另一个端点即可，效果如图 5-64 所示。

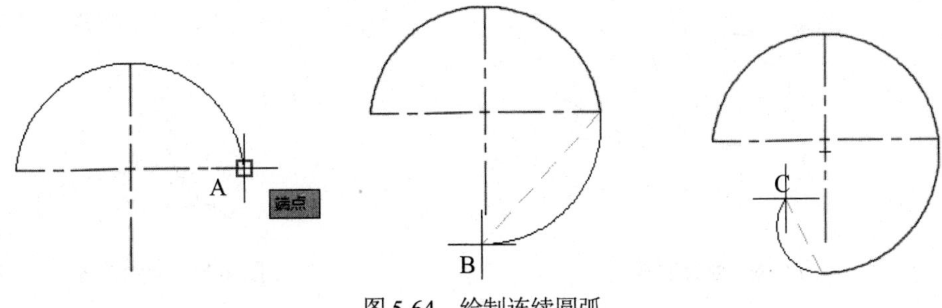

图 5-64　绘制连续圆弧

【练习 5-6】绘制直线与圆的连接圆弧。视频

(1) 新建一个文档，在绘图窗口中绘制圆和直线，如图 5-65 所示。在命令行中输入 C，按下 Enter 键，开始绘制圆。

(2) 在命令行提示下输入 T，选择“切点，切点，半径”选项。在命令行提示下捕捉圆形上的切点 A，指定对象与圆的第一个切点，如图 5-66 所示。

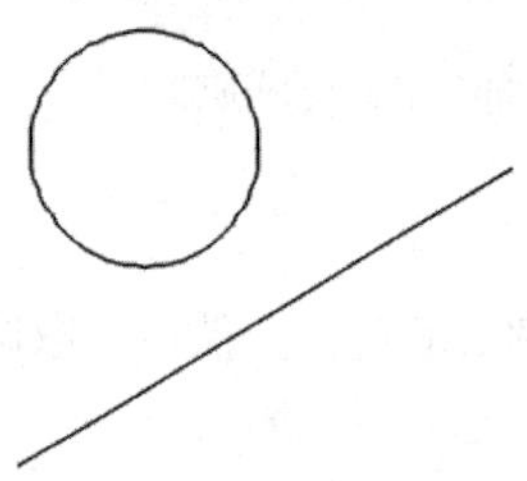

图 5-65　绘制圆和直线

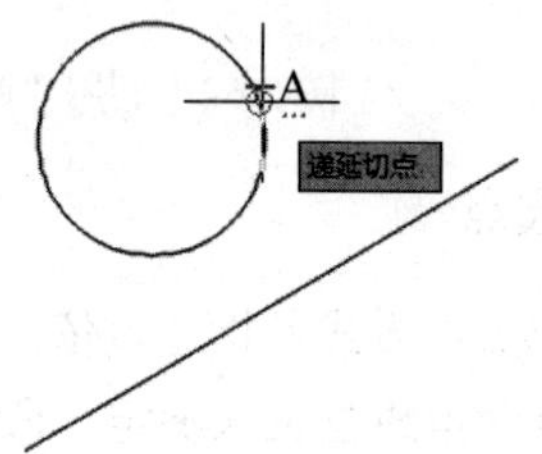

图 5-66　指定第一个切点

(3) 在命令行提示下捕捉直线上的切点 B，指定对象与圆的第二个切点，如图 5-67 所示。

(4) 在命令行提示下输入 35，按下 Enter 键，绘制一个半径为 35 的辅助圆，如图 5-68 所示。

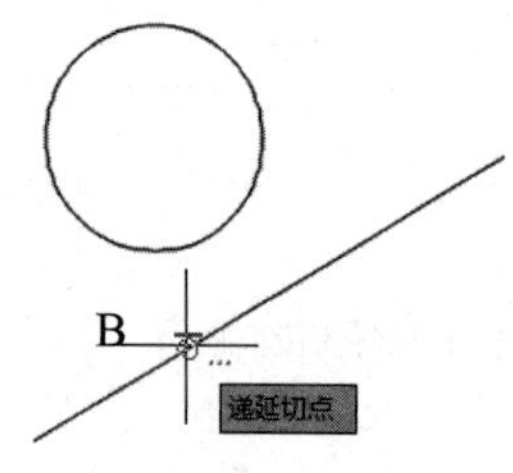

图 5-67　指定第二个切点

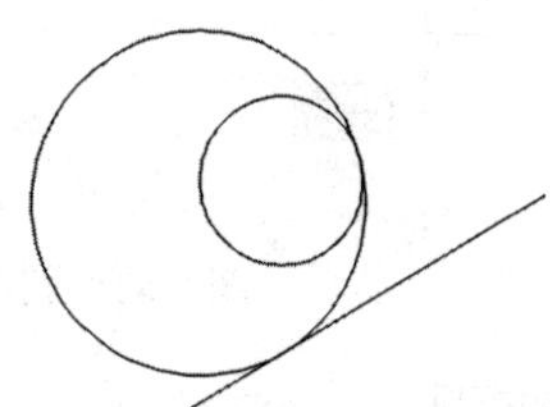

图 5-68　绘制辅助圆

(5) 在命令行中输入 TR，按下 Enter 键以执行修剪命令，在命令行提示下按下 Enter 键。

(6) 在命令行提示下捕捉如图 5-69 所示的圆弧对象，单击鼠标将其删除。

(7) 在命令行提示下捕捉如图 5-70 所示的直线对象，单击鼠标将其删除。

(8) 按下 Enter 键确认，完成直线与圆之间圆弧的绘制。

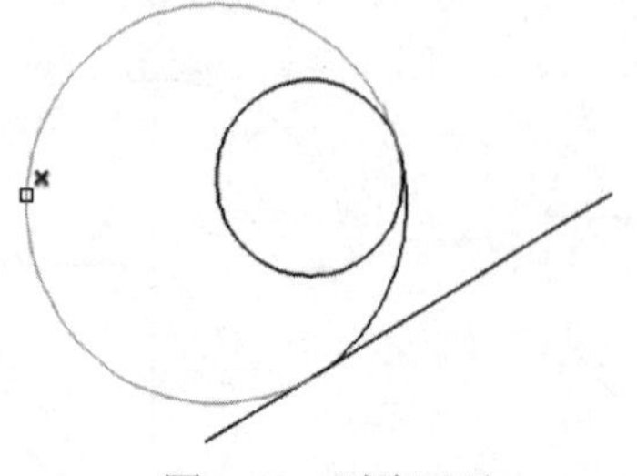

图 5-69　删除圆弧

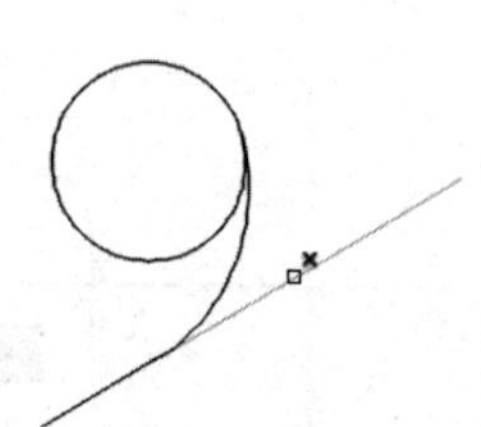

图 5-70　删除直线

5.4.3　绘制椭圆

椭圆是指平面上到定点距离与到定点直线距离之比为常数的所有点的集合。零件上的圆孔在某一角度的投影轮廓线，以及圆管零件上相贯线的近似画法等均以椭圆显示。

在“绘图”面板中单击“椭圆”按钮右侧的黑色三角，系统将显示以下两种绘制椭圆的方式。

1. 指定圆心绘制椭圆

指定圆心绘制椭圆即通过指定椭圆圆心、主轴的半轴长度和副轴的半轴长度来绘制椭圆。单击“圆心”按钮，然后指定椭圆的圆心，并依次指定两个轴的半轴长度，即可完成椭圆的绘制，效果如图 5-71 所示。

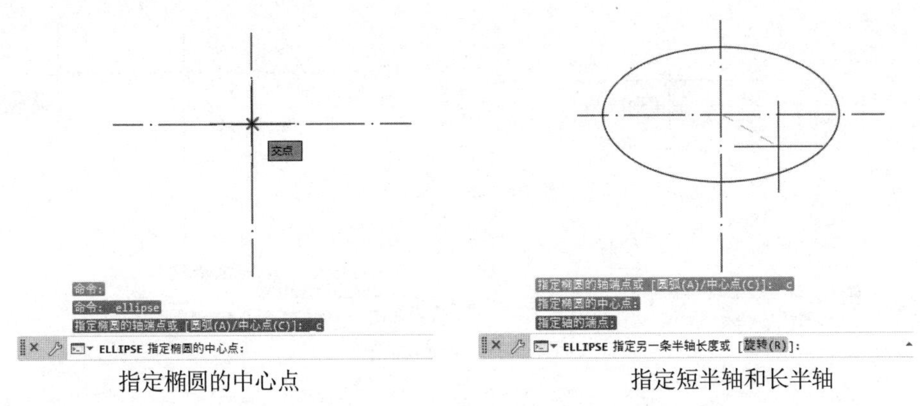

指定椭圆的中心点　　　　指定短半轴和长半轴

图 5-71　指定圆心绘制椭圆

2. 指定端点绘制椭圆

这是在 AutoCAD 中绘制椭圆的默认方法，只需要在绘图区中直接指定椭圆的 3 个端点即可绘制一个完整的椭圆。

单击“轴，端点”按钮，然后选取椭圆的两个端点，并指定另一个半轴的长度，即可绘制出一个完整的椭圆，效果如图 5-72 所示。

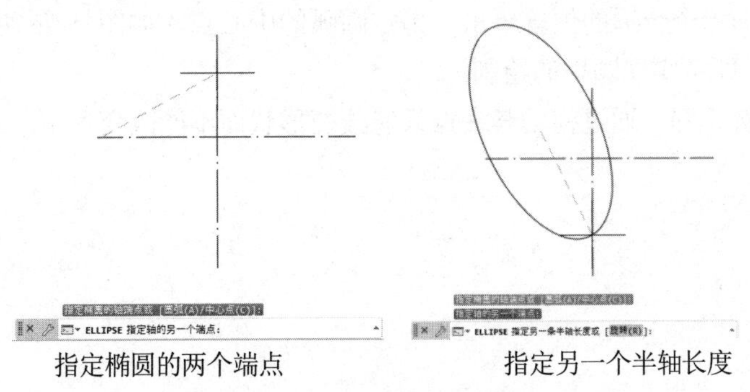

指定椭圆的两个端点　　　　指定另一个半轴长度

图 5-72　指定端点绘制椭圆

5.4.4 绘制椭圆弧

顾名思义，椭圆弧就是椭圆的部分弧线，只需要指定圆弧的起始角度和终止角度即可。此外，在指定椭圆弧的终止角度时，可以在命令行中输入数值，或直接在图形中指定位置点以定义终止角度。

单击“椭圆弧”按钮，命令行将显示提示信息“指定椭圆弧的轴端点或[中心点(C)]：”。此时便可以按以上两种绘制方法先绘制椭圆，然后按照命令行中的提示信息分别输入起始角度和终止角度，即可获得椭圆弧效果，如图 5-73 所示。

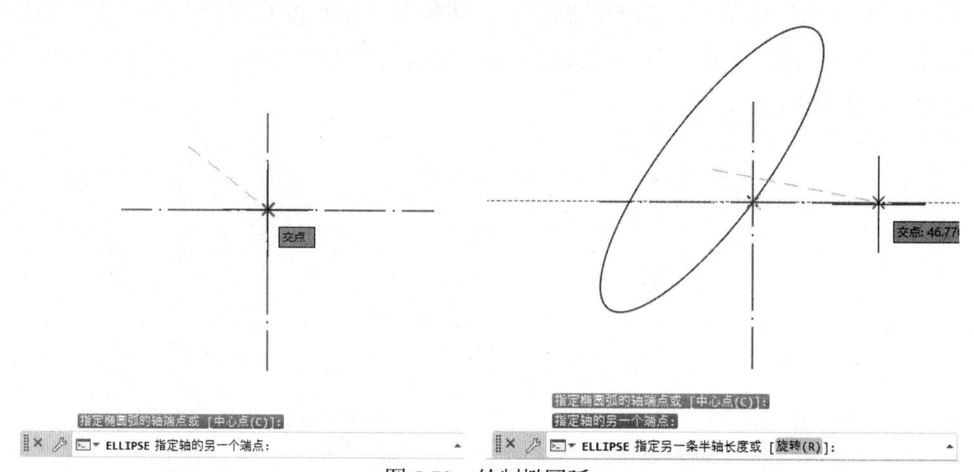

图 5-73　绘制椭圆弧

5.4.5 绘制圆环

圆环是由两个同心圆组成的图形。在绘制圆环时，应首先指定圆环的内径、外径，然后指定圆环的中心点，即可完成圆环的绘制。绘制一个圆环后，可以继续指定中心点的位置来绘制相同大小的多个圆环，直到按下 Esc 键退出绘制为止。

例如，选择“绘图”|“圆环”命令，或输入 DONUT 命令，然后按下 Enter 键，输入 30，指定圆环的内径，继续按下 Enter 键，输入 50，指定圆环的外径，命令行提示如图 5-74 所示。在绘图窗口中选择一个合适的位置单击，指定圆弧的中心点，如图 5-75 所示。最后，按下 Esc 键退出绘制，即可实现圆环的绘制。

圆环对象与圆不同，通过拖动其夹点只能改变形状而不能改变大小。

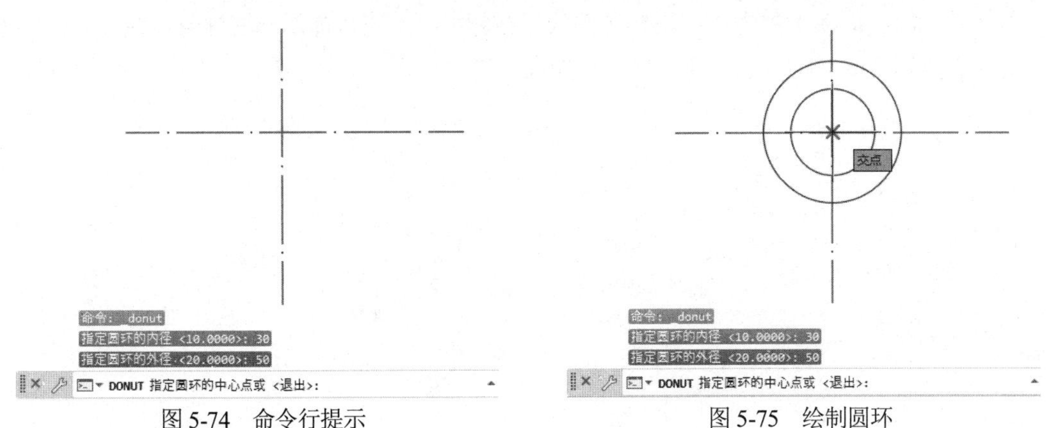

图 5-74　命令行提示　　　　图 5-75　绘制圆环

5.4.6　绘制样条曲线

样条曲线是经过或接近一系列给定点的光滑曲线，可以控制曲线与点的拟合程度。在机械绘图中，该类曲线通常用于表示区分断面的部分，在建筑图中表示地形、地貌等。它的形状是一条光滑的曲线，并且具有单一性，即整个样条曲线是一个单一的对象。

1. 绘制样条曲线

样条曲线与直线一样，都是通过指定点获得的。不同的是，样条曲线是弯曲的线条，并且线条是可以开放的，也可以是起点和端点重合的封闭样条曲线。

单击“样条曲线拟合”按钮，然后依次指定起点、中间点和终点，即可完成样条曲线的绘制，效果如图 5-76 所示。

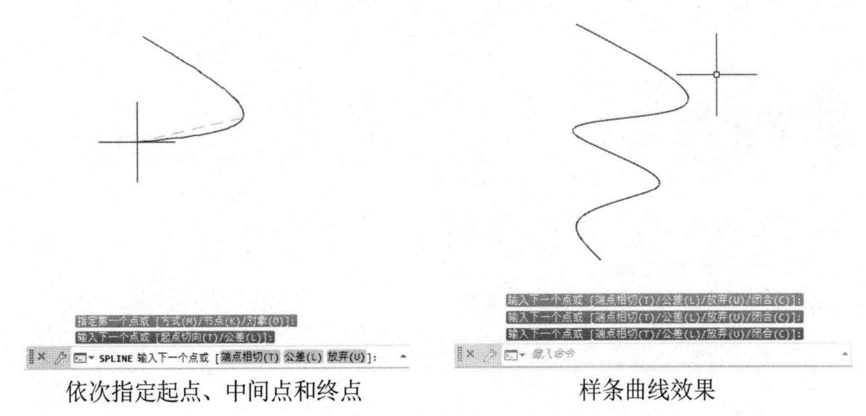

依次指定起点、中间点和终点　　　　样条曲线效果

图 5-76　绘制样条曲线

2. 编辑样条曲线

绘制完成的样条曲线，往往不能满足实际的使用要求。此时，可以利用样条曲线的编辑工具对其进行编辑，以得到符合要求的样条曲线。

在“修改”面板中单击“编辑样条曲线”按钮，系统将提示选取样条曲线。此时，选取相应的样条曲线后将显示命令行提示，如图 5-77 所示。

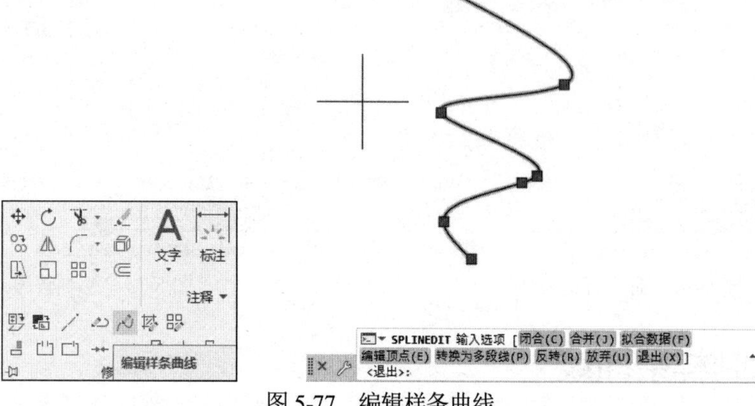

图 5-77　编辑样条曲线

图 5-77 所示的命令行提示中主要命令的功能及设置方法如下。

- 闭合(C)：选择该命令后，系统自动将最后一个点定义为与第一个点相同，并且在连接处相切，以使样条曲线闭合。
- 拟合数据(F)：输入字母 F 可以编辑样条曲线所通过的某些控制点。选择该命令后，将打开拟合数据命令提示，并且样条曲线上各控制点的位置均会以夹点形式显示。
- 编辑顶点(E)：该命令可以对所修改样条曲线的控制点进行细化，以达到更精确地对样条曲线进行编辑的目的。
- 转换为多段线(P)：输入字母 P，并指定相应的精度值，即可将样条曲线转换为多段线。
- 反转(R)：输入字母 R，可改变样条曲线为相反方向。

5.5　思考和练习

1. 在 AutoCAD 2021 中，如何等分对象？
2. 如何绘制圆弧和椭圆弧？
3. 练习绘制多段线和圆弧相结合的图形。

第6章

编辑二维平面图形对象

在 AutoCAD 中，单纯地使用绘图命令或绘图工具只能创建出一些基本图形对象，要绘制复杂的图形，就必须借助图形编辑命令，使设计的图形满足工作的需求。此外，利用 AutoCAD 提供的图形编辑工具，可以合理地构造和组织图形，以保证绘图的准确性，简化绘图操作，提高绘图效率。

6.1 选择二维图形对象

在 AutoCAD 中执行编辑操作时，通常情况下需要首先选择想编辑的对象，然后进行相应的编辑操作。AutoCAD 用虚线亮显所选的对象，这些对象就构成了选择集。选择集可以包含单个对象，也可以包含复杂的对象编组。

6.1.1 选择对象的方法

在 AutoCAD 中，选择对象的方法很多。例如，可以通过单击对象逐个选择；也可以利用矩形窗口或交叉窗口选择；可以选择最近创建的对象、前面的选择集或图形中的所有对象，也可以向选择集中添加对象或从中删除对象。

在命令行中输入 SELECT 命令，按下 Enter 键，并且在命令行提示“选择对象:”下输入“？”，将显示如下提示信息。

```
命令:select
选择对象:?
*无效选择*
需要点或窗口(W)/上一个(L)/窗交(C)/框(BOX)/全部(ALL)/栏选(F)/圈围(WP)/圈交(CP)/编组(G)/添加(A)/删除(R)/多个(M)/前一个(P)/放弃(U)/自动(AU)/单个(SI)/子对象/对象
```

根据提示信息，输入其中的大写字母即可指定对象选择模式。例如，要使用矩形窗口选择模式，在命令行提示“选择对象:”提示下输入 W 即可。常用的选择模式主要有以下几种。

- 直接选择对象：可以直接选择对象，此时光标变为一个小方框(即拾取框)，利用该方框可逐个拾取所需对象。该方法每次只能拾取一个对象。
- 窗口(W)：可以通过绘制一个矩形区域来选择对象。当指定矩形窗口的两个对角点时，位于这个矩形窗口内的所有对象将被选中，不在该窗口内或只有部分在该窗口内的对象则不被选中，如图 6-1 所示。
- 上一个(L)：选取图形窗口内可见元素中最后创建的对象。不管使用多少次“上一个(L)”选项，都只有一个对象被选中。
- 窗交(C)：使用交叉窗口选择对象，与使用窗口选择对象的方法类似，但全部位于窗口之内或与窗口边界相交的对象都将被选中。在定义交叉窗口的矩形窗口时，系统使用虚线方式显示矩形，以区别于窗口选择方法，如图 6-2 所示。
- 编组(G)：使用组名选择一个已定义的对象编组。
- 框(BOX)：选择矩形(由两点确定)内部或与之相交的所有对象。
- 全部(ALL)：选择模型空间或当前布局中除冻结图层或锁定图层上的对象之外的所有对象。

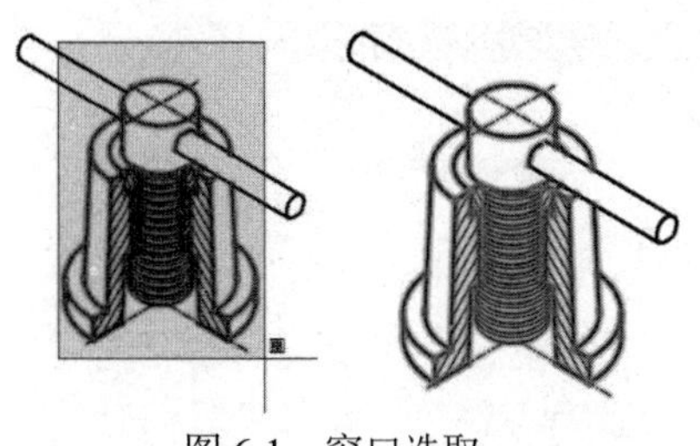

图 6-1　窗口选取

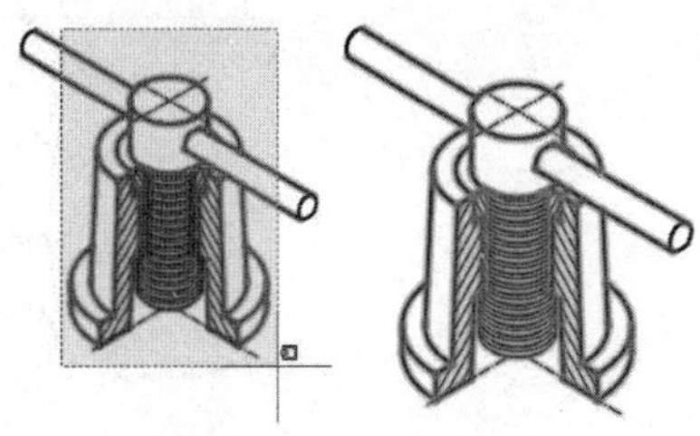

图 6-2　窗交选取

- 圈围(WP)：选择多边形(通过待选对象周围的点定义)中的所有对象。该多边形可以为任意形状，但不能与自身相交或相切。
- 圈交(CP)：选择多边形(通过待选对象周围的点定义)内部或与之相交的所有对象。该多边形可以为任意形状，但不能与自身相交或相切。
- 栏选(F)：选择与选择栏相交的所有对象。栏选方法与圈交方法相似，只是栏选对象不闭合，如图 6-3 所示。

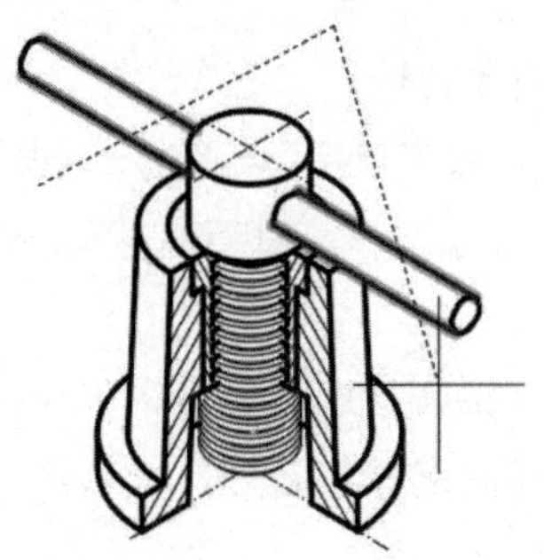

图 6-3　栏选选取

6.1.2　快速选择

快速选择图形对象功能可以快速选择具有特定属性的图形对象，并且能在选择集中添加或删除图形对象，从而创建一个符合用户指定对象类型和对象特性的选择集。快速选择命令主要有以下几种调用方法。

- 选择“工具”|“快速选择”命令。
- 在“默认”选项卡的“实用工具”面板中单击“快速选择”按钮。
- 在命令窗口中执行 QSELECT 命令。

在执行以上任意一种操作后，将打开“快速选择”对话框，如图 6-4 所示，设置该对话框中所选择对象的属性后，单击“确定”按钮即可选择属性相同的对象。

“快速选择”对话框中各选项的功能如下。

- “应用到”下拉列表：选择过滤条件的应用范围，可以应用于整个图形，也可以应用于当前选择集。如果有当前选择集，则“当前选择”选项为默认选项；如果没有当前选择集，则“整个图形”选项为默认选项。

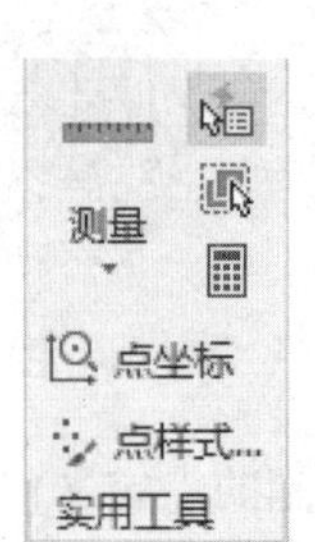

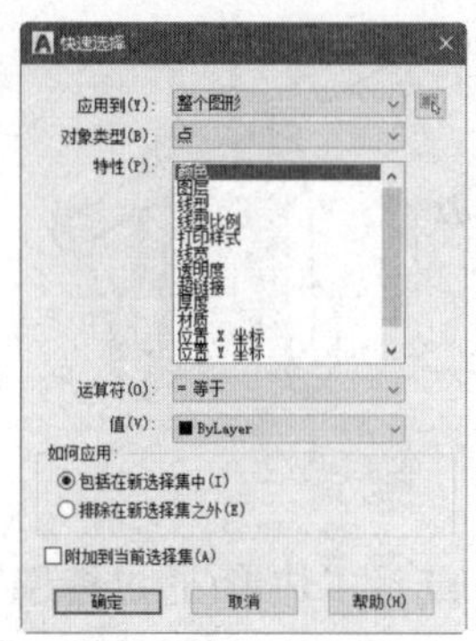

图 6-4　打开“快速选择”对话框

- “选择对象”按钮：单击该按钮将切换至绘图窗口，可以根据当前指定的过滤条件选择对象。选择完毕后，按下 Enter 键结束选择，并返回至“快速选择”对话框，同时 AutoCAD 会将“应用到”下拉列表中的选项设置为“当前选择”。
- “对象类型”下拉列表：用于指定需要过滤的对象类型。
- “特性”列表框：指定作为过滤条件的对象特性。
- “运算符”下拉列表：控制过滤的范围。运算符包括：= 等于、<> 不等于、> 大于、< 小于、全部选择等。其中 > 大于和 < 小于运算符对某些对象特性是不可用的。
- “值”下拉列表：设置过滤的特性值。
- “如何应用”选项区域：选中其中的“包括在新选择集中”单选按钮，则由满足过滤条件的对象构成选择集；选中“排除在新选择集之外”单选按钮，则由不满足过滤条件的对象构成选择集。
- “附加到当前选择集”复选框：用于指定由 QSELECT 命令创建的选择集是追加到当前选择集中，还是替代当前选择集。

6.1.3　过滤选择

在命令行提示下输入 FILTER 命令，将打开“对象选择过滤器”对话框，如图 6-5 所示。用户可以使用对象的类型(如直线、圆及圆弧等)、图层、颜色、线型或线宽等特性作为条件，过滤选择符合设定条件的对象。

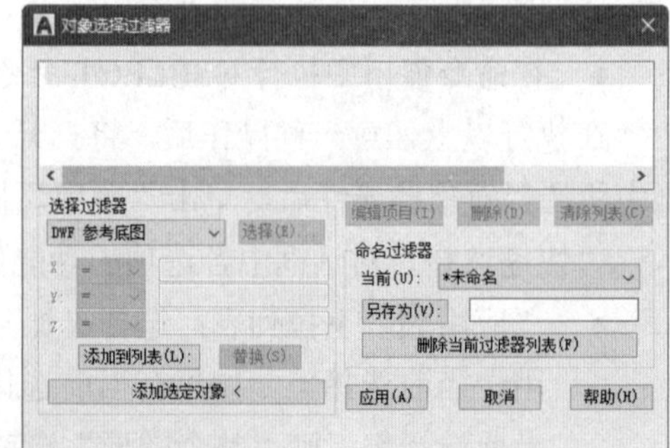

图 6-5　打开“对象选择过滤器”对话框

“对象选择过滤器”对话框中显示了当前设置的过滤条件。主要选项的功能如下。

- “选择过滤器”选项区域：用于设置选择条件。
- “编辑项目”按钮：单击该按钮，可以编辑过滤器列表框中选择的选项。
- “删除”按钮：单击该按钮，可以删除过滤器列表框中选择的选项。
- “清除列表”按钮：单击该按钮，可以删除过滤器列表框中的所有选项。
- “命名过滤器”选项区域：用于选择已命名的过滤器。

【练习 6-1】选择图 6-6 中所有半径为 2 和 4 的圆或圆弧。视频

(1) 在命令行提示下输入 FILTER 命令并按下 Enter 键，打开“对象选择过滤器”对话框。

(2) 在“选择过滤器”选项区域的下拉列表中，选择“** 开始 OR”选项，单击“添加到列表”按钮，将其添加至过滤器列表框中，表示以下各项为逻辑“或”关系，如图 6-7 所示。

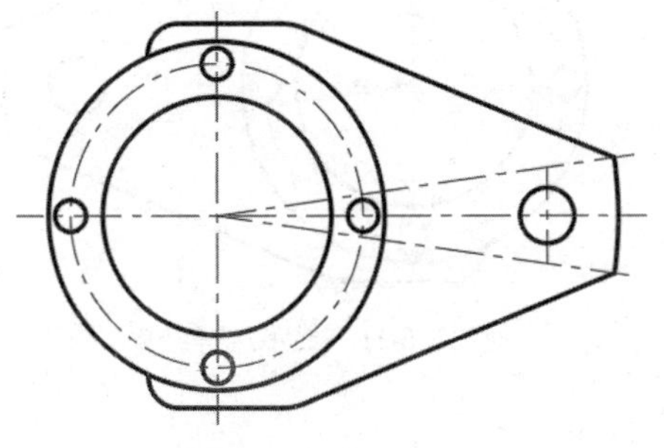

图 6-6　要选择的图形

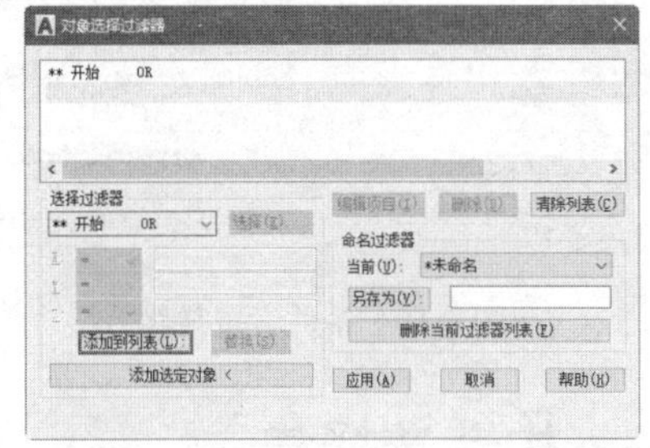

图 6-7　“对象选择过滤器”对话框

(3) 在“选择过滤器”选项区域的下拉列表中，选择“圆半径”选项，并在 X 后面的下拉列表中选择=，在对应的文本框中输入 2，表示将圆的半径设置为 2。

(4) 单击“添加到列表”按钮，将设置的圆半径过滤器添加至过滤器列表框中，此时过滤器列表框中将显示“圆半径=2.000000”和“对象=圆”两个选项。

(5) 在“选择过滤器”选项区域的下拉列表中选择“圆弧半径”选项，并在 X 后面的下拉列表中选择=，在对应的文本框中输入 4，然后将其添加至过滤器列表框中，如图 6-8 所示。

(6) 为确保只选择半径为 2 和 4 的圆或圆弧，需要删除过滤器“对象 = 圆”和“对象=圆弧”。用户可以在过滤器列表框中选择“对象=圆”和“对象=圆弧”，然后单击“删除”按钮，删除后的对话框如图 6-9 所示。

(7) 在过滤器列表框中单击“圆弧半径=4”下面的空白区，并在“选择过滤器”选项区域的下拉列表中选择“** 结束 OR”选项，然后单击“添加到列表”按钮，将其添加至过滤器列表框中，表示结束逻辑“或”关系。对象选择过滤器设置完毕，如图 6-10 所示。

(8) 单击“应用”按钮，并在绘图窗口中使用窗口选择法框选所有图形，然后按下 Enter 键，系统将过滤出满足条件的对象并将其选中，效果如图 6-11 所示。

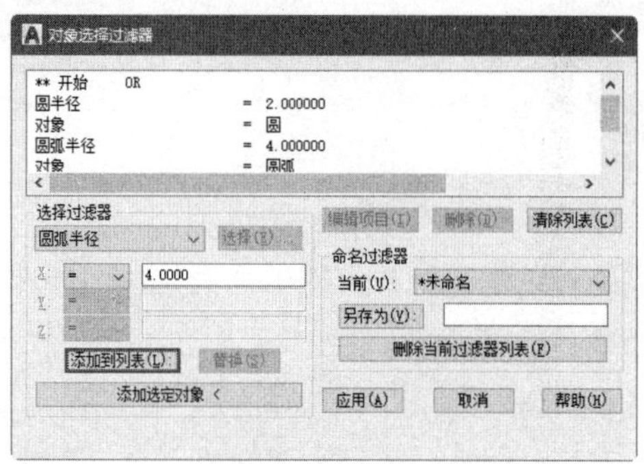

图 6-8　添加条件

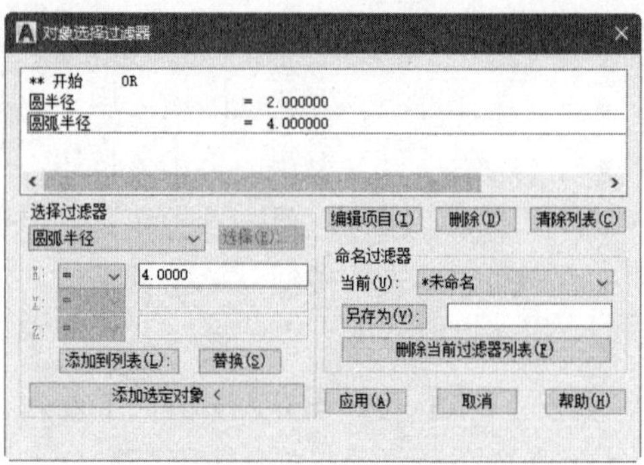

图 6-9　删除多余条件

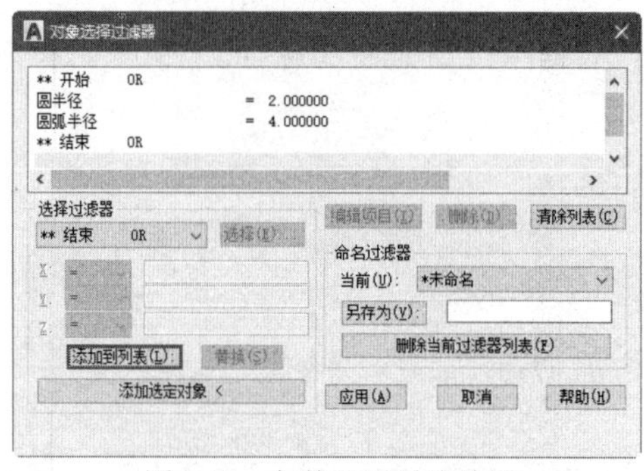

图 6-10　条件设置最终效果

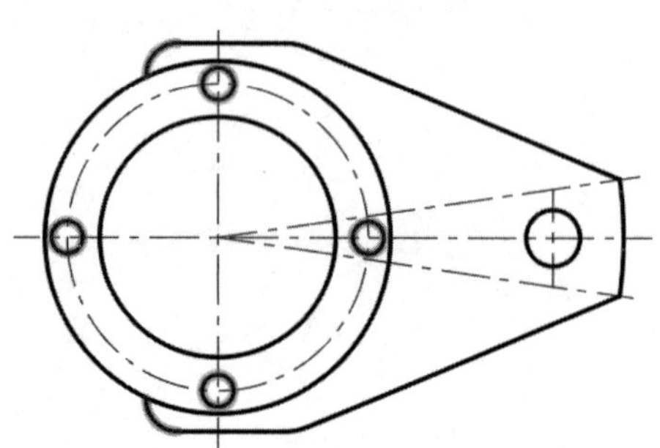

图 6-11　显示选择结果

6.1.4　构造选择集

通过设置选择集的各个选项，用户可以根据自己的使用习惯对 AutoCAD 拾取框、夹点显示以及选择视觉效果等方面的选项进行详细设置，从而提高选择对象时的准确性和速度，达到提高绘图效率和精确度的目的。

在命令行中输入 OPTIONS 命令，按下 Enter 键打开“选项”对话框，如图 6-12 所示。然后在该对话框中选择“选择集”选项卡。

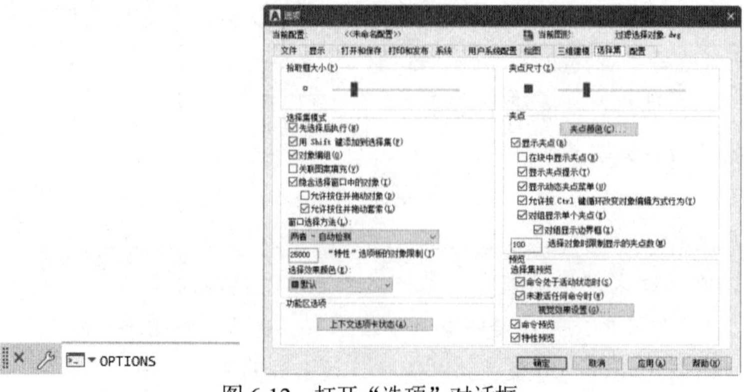

图 6-12　打开“选项”对话框

“选择集”选项卡中各选项区域的含义如下。

1. 拾取框和夹点大小

拾取框就是十字光标中部用于确定拾取对象的方形图框。夹点是图形对象被选中后处于对象端部、中点或控制点等处的矩形或圆锥形实心标记。通过拖动夹点，即可对图形对象的长度、位置或弧度等进行调整。它们各自的大小都可以通过该选项卡中的相应选项进行详细调整。

(1) 调整拾取框大小

进行图形的点选时，只有处于拾取框内的图形对象才可以被选取。因此，在绘制较为简单的图形时，可以将拾取框调大，以便于图形对象的选取；反之，绘制复杂的图形对象时，适当地调小拾取框的大小，可以避免图形对象的误选取。

在“拾取框大小”选项区域中拖动滑块，即可改变拾取框的大小，并且在拖动滑块的过程中，左侧的调整框预览图标将动态显示调整框的实时大小，效果如图 6-13 所示。

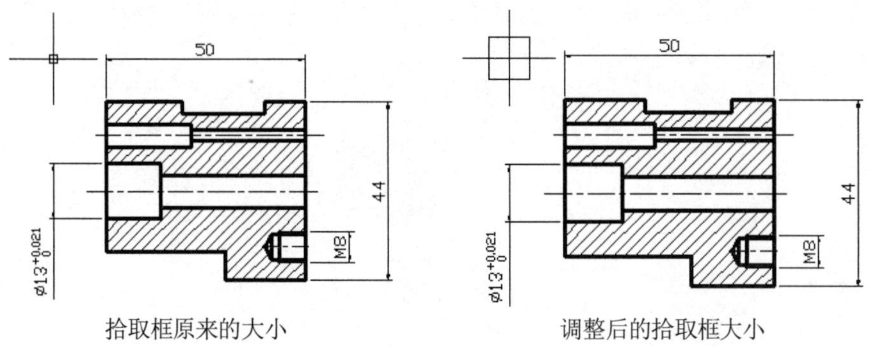

图 6-13　调整拾取框大小

(2) 调整夹点大小

夹点不仅可以标识图形对象的选取情况，还可以通过拖动夹点的位置对选取的对象进行相应的编辑。但需要注意的是，夹点在图形中的显示大小是恒定不变的。也就是说，当选择的图形对象被放大或缩小时，只有对象本身的显示比例被调整，而夹点的大小不变。

利用夹点编辑图形时，适当地将夹点调大可以提高选取夹点的方便性。此时，如果图形对象较小，夹点出现重叠的现象，采用将图形放大的方法可以避免该现象的发生。夹点的调整方法与拾取框大小的调整方法相同，效果如图 6-14 所示。

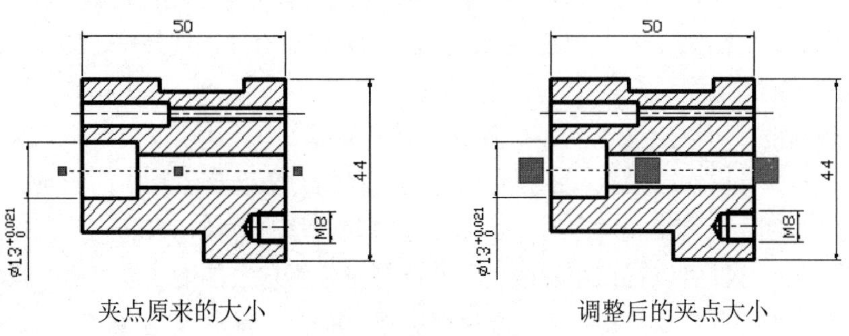

图 6-14　调整夹点大小

2. 选择集预览

选择集预览就是当光标的拾取框移到图形对象上时，图形对象以加粗或虚线的形式显示预览效果。通过选中“选择集预览”选项区域中的两个复选框，可以调整图形预览与工具之间的关联方式，或利用“视觉效果设置”按钮，对预览样式进行详细的调整。

(1) 命令处于活动状态时

选中“命令处于活动状态时”复选框后，只有当某个命令处于激活状态，并且命令行提示下显示“选取对象”提示时，将拾取框移到图形对象上，该对象才会显示选择预览。

(2) 未激活任何命令时

选中该复选框后，只有当没有任何命令处于激活状态时，才可以显示选择预览。

(3) 视觉效果设置

选择集的视觉效果包括被选择对象的线型、线宽以及选取区域的颜色、不透明度等。用户可以根据个人的使用习惯进行相应的调整。单击“视觉效果设置”按钮，将打开“视觉效果设置”对话框，如图 6-15 所示。

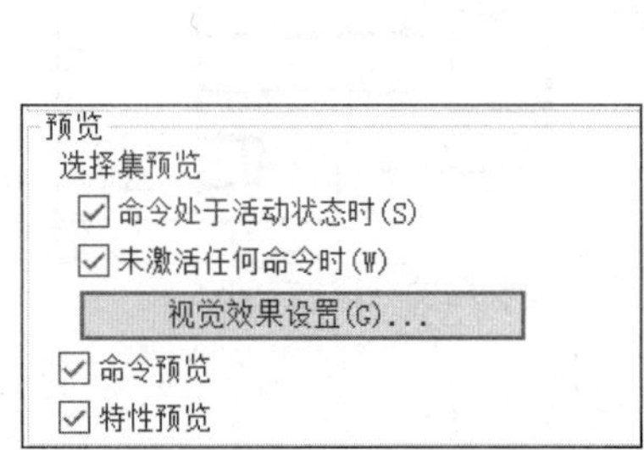

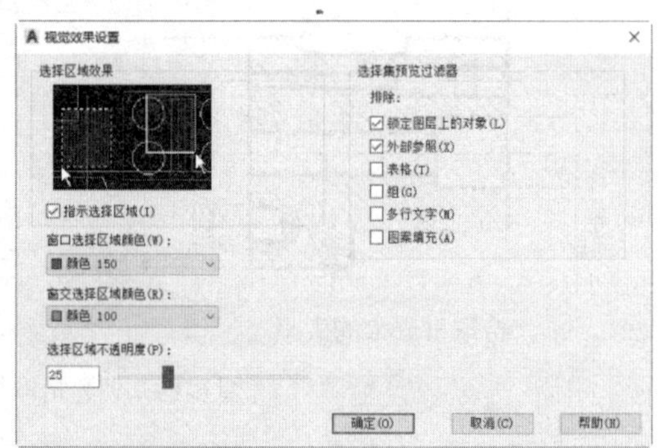

图 6-15　打开“视觉效果设置”对话框

在“视觉效果设置”对话框中，“选择区域效果”选项区域的作用是：在进行多个对象的选取时，采用区域选择的方法可以大幅提高对象选取的效率。用户可以通过设置该对话框中的各选项，调整选择区域的颜色、不透明度以及区域显示的开启、关闭情况。

3. 选择集模式

“选择集”选项卡的“选择集模式”选项区域中包括多种用于定义选择集和命令之间的先后执行顺序、选择集的添加方式以及在定义与组或填充对象有关的选择集时的各类详细设置。

(1) 先选择后执行

选中该复选框，可以定义选择集与命令之间的先后次序。选中该复选框，表示需要先选择图形对象，再执行操作，被执行的操作对之前选择的对象会产生相应的影响。

如利用“偏移”工具编辑对象时，可以先选择要偏移的对象，再利用“偏移”工具对图形进行偏移操作。这样可以在调用修改工具并选择对象后省去按下 Enter 键的操作，简化操作步骤。但是并非所有命令都支持“先选择后执行”模式。例如，“打断”“圆角”“倒角”等命令，需要先激活工具，再定义选择集。

(2) 用 Shift 键添加到选择集

该复选框用来定义向选择集中添加图形对象时的添加方式。默认情况下，该复选框处于禁用状态。此时要向选择集中添加新对象时，直接选取新对象即可。当启用该复选框后，将激活一种附加选择方式，即在添加新对象时，需要按住 Shift 键才能将多个图形对象添加到选择集中。

如果需要取消选择集中的某个对象，无论在两种模式中的任何一种模式下，按住 Shift 键选取该对象均可。

(3) 对象编组

选中该复选框后，选择组中的任意一个对象时，即可选择组中的所有对象。将 PICKSTYLE 系统变量设置为 1 时可以设置该选项。

(4) 关联图案填充

主要用于选择填充图形的情况。当选中该复选框时，如果选择关联填充的对象，则填充边界的对象也被选中。将 PICKSTYLE 系统变量设置为 2 时可以设置该选项。

(5) 隐含选择窗口中的对象

当选中该复选框后，可以在绘图区中使用鼠标进行拖动或使用定义对角点的方式定义选择区域，进行对象的选择。当禁用该复选框后，则无法使用定义选择区域的方式定义选择对象。

(6) 允许按住并拖动对象

该复选框用于确定选择窗口的方式。当选中该复选框后，单击指定窗口的一点后进行拖动，在第二点位置释放鼠标，即可确定选择窗口的大小和位置。当禁用该复选框后，需要在选择窗口的起点和终点分别单击，才能确定选择窗口的大小和位置。

6.1.5　编组对象

所谓编组，就是保存对象集，用户可以根据需要同时选择和编辑这些对象，也可以分别进行选择和编辑。编组提供了以组为单位操作图形元素的简单方法。

1. 创建编组对象

编组在某些方面类似于块，是另一种将对象编组成命名集的方法。对多个对象进行编组，更易于管理。在命令行提示下输入 GROUP 并按下 Enter 键，将显示如下提示信息。

```
GROUP 选择对象或 [名称(N)/说明(D)]:
```

各选项的功能如下。

- “名称(N)”选项：设置对象编组的名称。
- “说明(D)”选项：设置对象编组的说明信息。

若要取消对象编组，可以在菜单栏中选择“工具”|“解除编组”命令。

执行“编组”命令的具体操作步骤如下。

(1) 打开一个图形文件后，在命令行中输入 GROUP 命令。

(2) 按下 Enter 键确认，在命令行提示下选中需要编组的图形对象(6 个圆形)，如图 6-16 所示。

(3) 在命令行提示中输入 N，输入一个编组名称，然后按下 Enter 键确认，即可完成图形对象的编组，如图 6-17 所示。

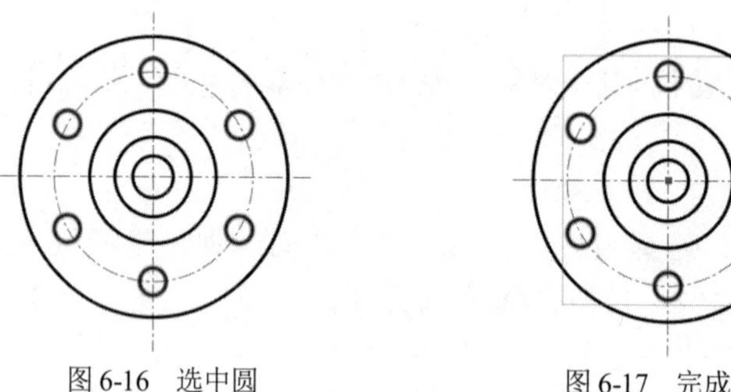

图 6-16　选中圆　　　　图 6-17　完成编组

2. 编辑编组对象

用户可以使用多种方式修改编组，包括更改其成员资格、修改其特性、修改编组的名称和说明以及从图形中将编组删除等。

将对象作为一个编组进行编辑，打开编组选择时，可以对组进行移动、复制、旋转和修改等。如果要编辑编组中的对象，则应关闭编组选择，或者使用夹点编辑单个对象。

在某些情况下，编排属于选定的同一编组的对象的顺序是有用的。例如，为数控设备生成工具路径的自定义程序可以按指定的顺序来控制一系列相邻对象。

用户可以使用以下两种方法排序编组对象的成员。

- 修改各个成员或编组成员范围的编号位置。
- 反转所有成员的次序(每个编组的第一个对象编号均为 0，而不是 1)。

选择“默认”选项卡，在“组”面板中单击▼按钮，在展开的面板中单击“编组管理器”按钮，可以打开“对象编组”对话框，在“编组名”列表框中选中一个编组后，在“编组标识”选项区域中可以修改编组的名称和说明信息，如图 6-18 所示。

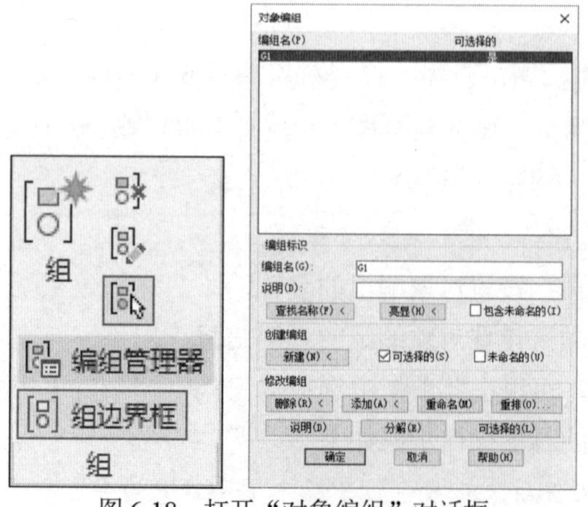

图 6-18　打开“对象编组”对话框

如果用户要将编组中的某个成员删除，可以在“对象编组”对话框的“修改编组”选项区域中单击“删除”按钮，然后在命令行提示下，取消要删除对象的选中状态，如图 6-19 所示。按下 Enter 键确认，在“对象编组”对话框中单击“确定”按钮。

如果要在编组中添加成员，可以在“对象编组”对话框的“修改编组”选项区域中单击“添加”按钮，然后在命令行提示下选中需要添加的对象，如图 6-20 所示。按下 Enter 键确认，在“对象编组”对话框中单击“确定”按钮。

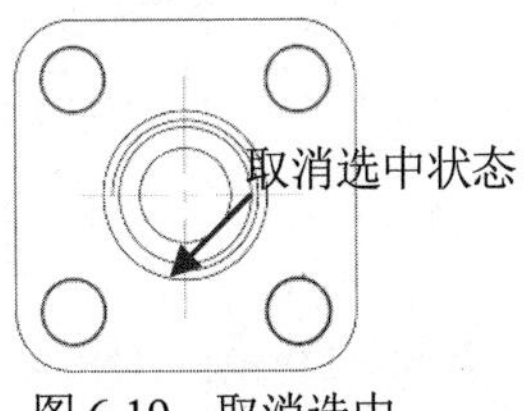

图 6-19　取消选中

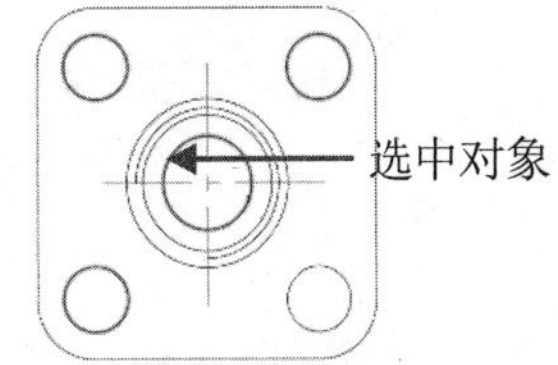

图 6-20　选中要添加的对象

在“对象编组”对话框中选中一个编组后，在“修改编组”选项区域中单击“分解”按钮，可以删除编组定义。该操作与分解块、图案填充或标注不同，属于分解编组的对象将被保留在图形中。执行“分解”命令后，该编组将被解散，但是其成员不会以其他任何方式被修改。

另外，如果分解属于一个编组的对象(如块实例或图案填充)，AutoCAD 不会自动将结果组件添加到任何编组。

6.2　复制二维图形对象

在 AutoCAD 中，零件图上的轴类或盘类零件往往具有对称结构，并且这些零件上的孔特征又常常是均匀分布的。此时，便可以利用相关的复制工具，以现有的图形对象作为源对象，绘制出与源对象相同或相似的图形。在此操作中经常需要使用复制、镜像、偏移和阵列等命令。

6.2.1　复制图形

复制命令主要用于绘制两个或两个以上的重复图形，并且各重复图形的相对位置不存在一定的规律性。该工具是 AutoCAD 绘图中的常用工具，复制操作可以省去重复绘制相同图形的步骤，大大提高了绘图效率。

复制命令主要有以下几种调用方法。

- 选择“修改”|“复制”命令。
- 在“默认”选项卡的“修改”面板中单击“复制”按钮。
- 在命令窗口中执行 COPY 或 CO 命令。

在执行复制命令后，将提示选择要复制的图形对象，分别指定复制的基点(A 点)和第二点，即可对图形对象进行复制操作，效果如图 6-21 所示。

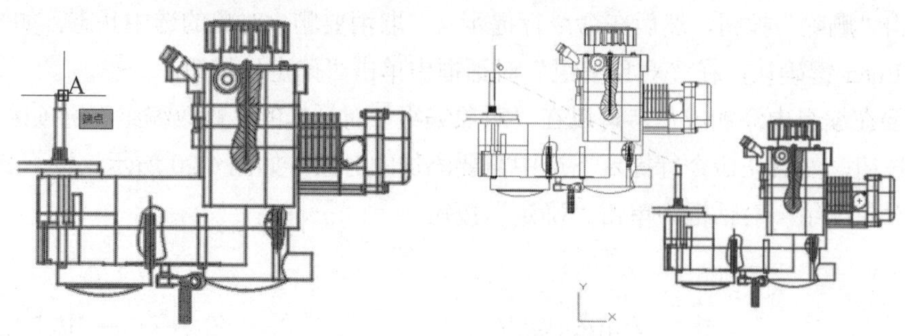

图 6-21　复制图形

执行复制命令时，命令行将显示“指定基点或[位移(D)/模式(O)/多个(M)] <位移>：”提示信息。如果只需要创建一个副本，直接指定位移的基点和位移矢量(相对于基点的方向和大小)；如果需要创建多个副本，且复制模式为多个，只需输入 M，设置复制模式为多个，然后在“指定第二个点或[退出(E)/放弃(U)] <退出>：”提示下，通过连续指定位移的第二点来创建该对象的其他副本，直至按下 Enter 键结束。

6.2.2　镜像图形

镜像工具常用于绘制结构规则且具有对称特点的图形，如轴、轴承座和槽轮等零件图形。绘制这类对称图形时，只需要绘制对象的一半或几分之一，然后将图形对象的其他部分对称复制即可。

在绘制该类图形时，可以先绘制出处于对称中线一侧的图形轮廓线。然后单击“镜像”按钮，选取绘制的图形轮廓线为源对象后右击，接下来指定对称中线上的两点以确定镜像中心线，按下 Enter 键即可完成镜像操作，效果如图 6-22 所示。

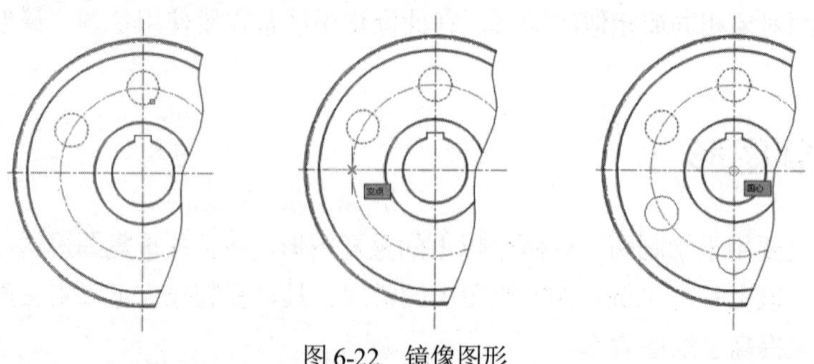

图 6-22　镜像图形

默认情况下，对图形执行镜像操作后，系统仍然保留源对象。如果对图形进行镜像操作后需要将源对象删除，只需要在选取源对象并指定镜像中心线后，在命令行中输入字母 Y，然后按下 Enter 键，即可完成删除源对象的镜像操作。

在 AutoCAD 中，使用系统变量 MIRRTEXT 可以控制文字对象的镜像方向。如果 MIRRTEXT 的值为 1，则文字对象完全镜像，镜像出来的文字变得不可读，如图 6-23(b)所示；

如果 MIRRTEXT 的值为 0，则文字对象完全不镜像，如图 6-23(a)所示(其中 AB 为镜像中心线)。

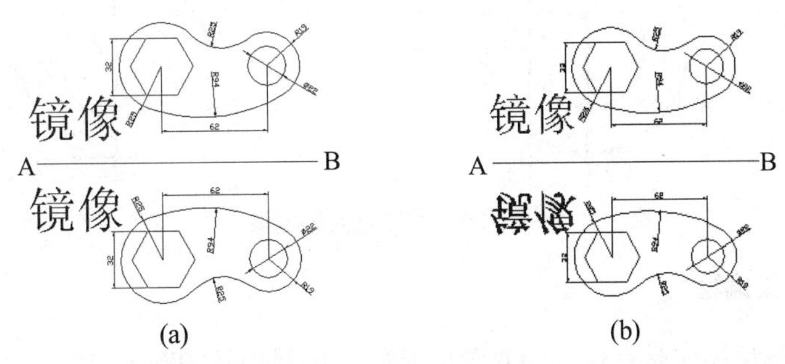

图 6-23　使用 MIRRTEXT 变量控制镜像文字方向

6.2.3　偏移图形

利用“偏移”工具可以创建出与源对象相距一定距离并且形状相同或相似的新对象。对于直线而言，可以绘制出与其平行的多个相同副本对象；对于圆、椭圆、矩形以及由多段线围成的图形而言，则可以绘制出一定偏移距离的同心圆或近似图形。

1. 定距偏移

该偏移方式是系统默认的偏移类型。它根据输入的偏移距离数值为偏移参照，指定的方向为偏移方向，偏移复制出源对象的副本对象。

单击“偏移”按钮，根据命令行提示输入偏移距离，并按下 Enter 键，然后选取图中的源对象。在对象的偏移侧单击，即可完成定距偏移操作，如图 6-24 所示。

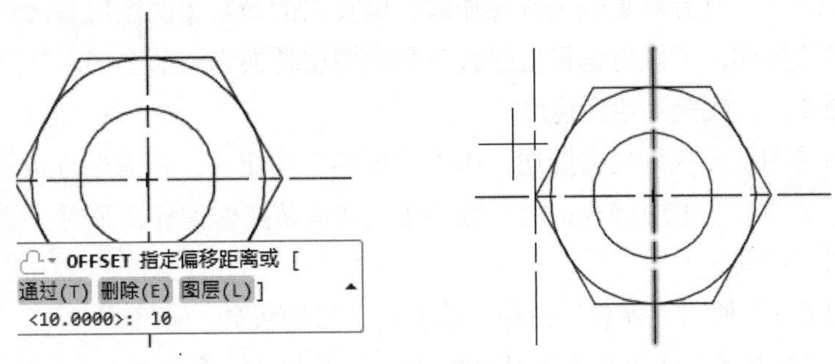

图 6-24　定距偏移效果

2. 通过点偏移

该偏移方式能够以图形中现有的端点、节点、切点等点对象为源对象的偏移参照，对图形执行偏移操作。

单击“偏移”按钮，在命令行中输入字母 T，并按下 Enter 键，然后选取图形中的偏移源对象后指定通过点，即可完成该偏移操作，如图 6-25 所示。

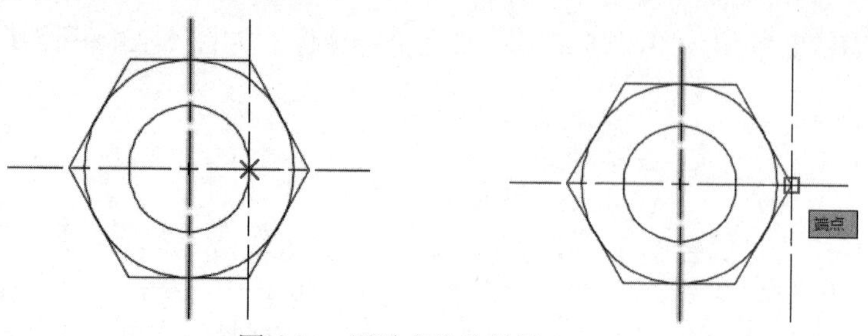

图 6-25　通过点偏移效果

3. 删除源对象偏移

系统默认的偏移操作是在保留源对象的基础上偏移出新的图形对象。如果仅以源对象为偏移参照，偏移出新的图形对象后需要将源对象删除，可利用删除源对象偏移的方法。

单击“偏移”按钮，在命令行中输入字母 E，并根据命令行提示输入字母 Y 后按下 Enter 键。然后按上述偏移操作偏移图形时即可将源对象删除，效果如图 6-26 所示。

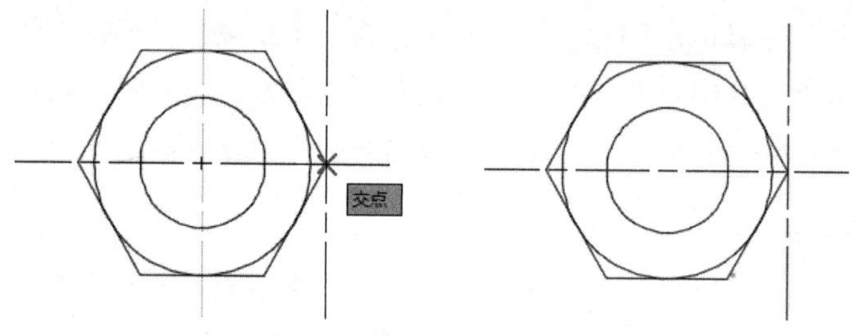

图 6-26　删除源对象偏移效果

4. 变图层偏移

默认情况下，进行对象的偏移操作时，偏移出的新对象的图层与源对象的图层相同。通过变图层偏移操作，可以将偏移出的新对象的图层转换为当前图层，从而可以避免修改图层的重复性操作，大幅提高绘图速度。

先将所需图层设置为当前图层，单击“偏移”按钮，在命令行中输入字母 L，根据命令提示输入字母 C 并按下 Enter 键。然后按上述偏移操作偏移图形时，偏移出的新对象的图层与当前图层相同。

【练习 6-2】使用“偏移”命令，绘制六边形地板砖。视频

(1) 在“功能区”选项板中选择“默认”选项卡，然后在“绘图”面板中单击“多边形”按钮，绘制一个内接于半径为 12 的假想圆的正六边形，如图 6-27 所示。

(2) 在“默认”选项卡的“修改”面板中单击“偏移”按钮，发出 OFFSET 命令。在“指定偏移距离或 [通过(T)/删除(E)/图层(L)] <1.0000>:”提示下，输入偏移距离 1，并按下 Enter 键。在“选择要偏移的对象，或 [退出(E)/放弃(U)] <退出>:”提示下，选中正六边形。在“指定要偏移的那一侧上的点，或 [退出(E)/多个(M)/放弃(U)] <退出>:”提示下，在正六边形的内侧单击，确定偏移方向，将得到偏移的正六边形，如图 6-28 所示。

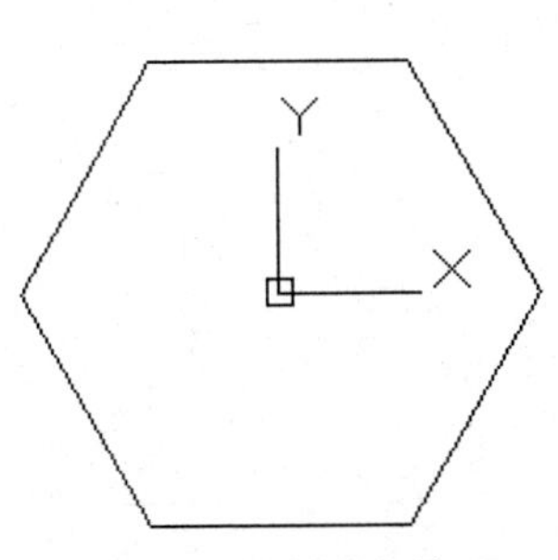

图 6-27　绘制正六边形

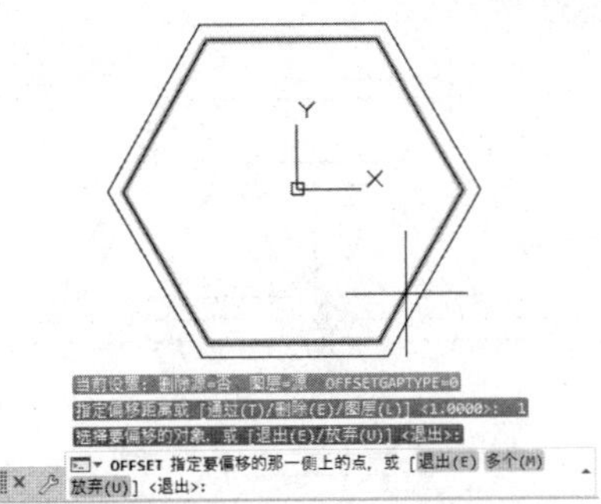

图 6-28　使用偏移命令绘制正六边形

(3) 在“选择要偏移的对象，或 [退出(E)/放弃(U)] <退出>:”提示下，选中偏移的正六边形。输入偏移距离 3，并按下 Enter 键，得到第 2 个偏移的正六边形，如图 6-29 所示。

(4) 在“选择要偏移的对象，或 [退出(E)/放弃(U)] <退出>:”提示下，选中第 2 个偏移的正六边形。输入偏移距离 1，并按下 Enter 键，得到第 3 个偏移的正六边形，如图 6-30 所示。

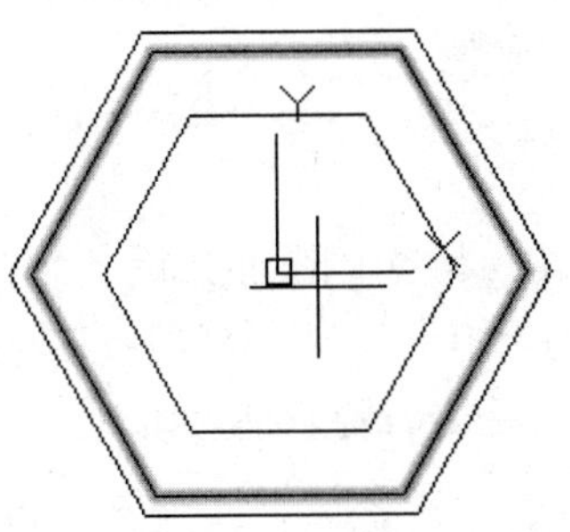

图 6-29　第 2 个偏移的正六边形

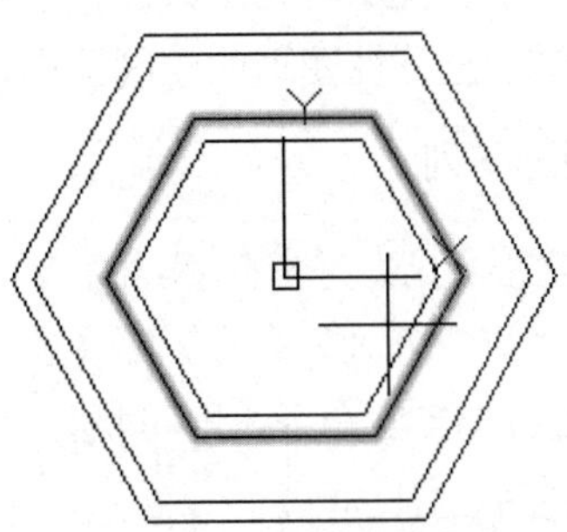

图 6-30　第 3 个偏移的正六边形

(5) 在“默认”选项卡中单击“直线”按钮，分别绘制正六边形的 3 条对角线，如图 6-31 所示。

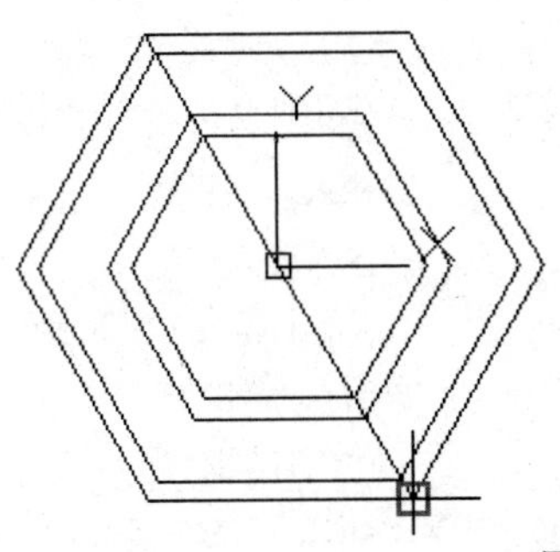

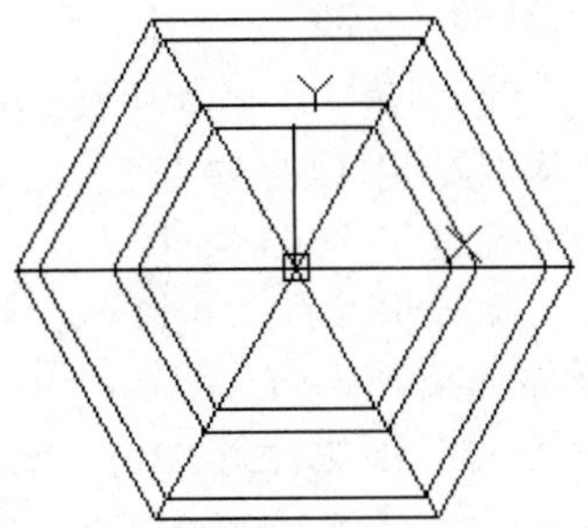

图 6-31　绘制对角线

(6) 在“修改”面板中单击“偏移”按钮，发出 OFFSET 命令。将绘制的 3 条直线分别向两边各偏移距离 1，效果如图 6-32 所示。

(7) 在“修改”面板中单击“修剪”按钮，对图形中的多余线条进行修剪，最终的图形效果如图 6-33 所示。

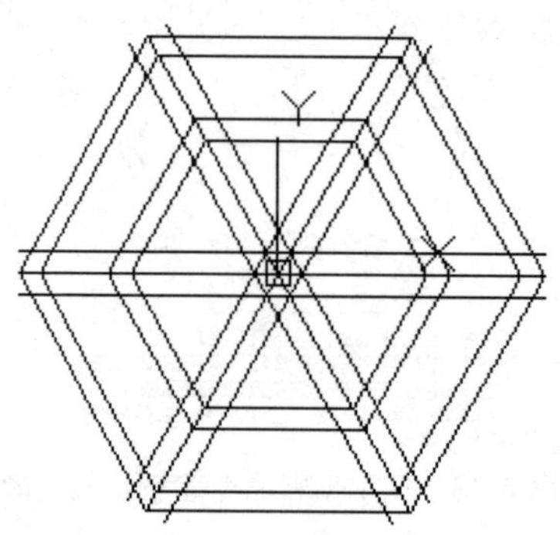

图 6-32　使用偏移命令绘制直线

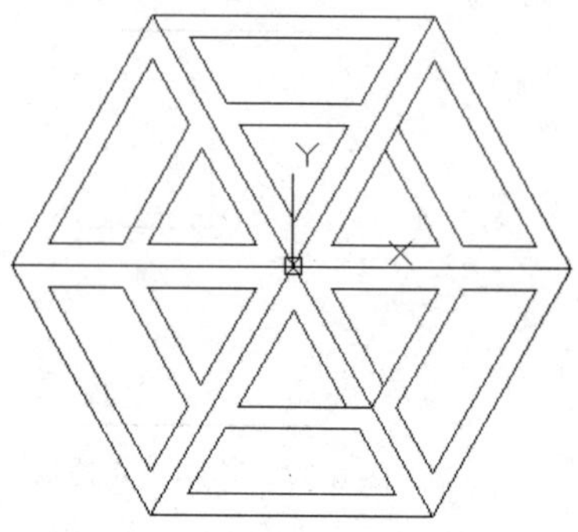

图 6-33　修剪多余线条后的图形

6.2.4　阵列图形

绘制多个在 X 轴或 Y 轴上等间距分布，或围绕一个中心点旋转，或沿着路径均匀分布的图形时，可以使用阵列工具。在绘制孔板、法兰盘等具有均匀分布特征的图形时，利用该工具可以减少重复性图形的绘制操作，并提高绘图的准确性。

1. 矩形阵列

所谓矩形阵列，是指在 X 轴、Y 轴或 Z 轴上等间距绘制多个相同的图形。选择“修改”|“阵列”|“矩形阵列”命令，或单击“修改”面板中的“矩形阵列”按钮，或在命令行中输入 ARRAYRECT 命令，即可执行“矩形阵列”命令。命令行提示信息如下。

```
命令: _arrayrect
选择对象: 指定对角点: 找到 1 个                                      //选择需要阵列的对象
选择对象:                                                            //按下 Enter 键，完成选择
类型 = 矩形  关联 = 是
为项目数指定对角点或 [基点(B)/角度(A)/计数(C)] <计数>: A              //设置行轴的角度
指定行轴角度<0>: 30                                                  //输入角度为 30°
为项目数指定对角点或 [基点(B)/角度(A)/计数(C)] <计数>: C              //使用计数方式创建阵列
输入行数或[表达式(E)] <4>: 3                                         //输入阵列行数
输入列数或[表达式(E)] <4>: 4                                         //输入阵列列数
指定对角点以间隔项目或 [间距(S)] <间距>: S                            //设置行间距和列间距
指定行之间的距离或 [表达式(E)] <16.4336>: 15                          //输入行间距
指定列之间的距离或 [表达式(E)] <16.4336>: 20                          //输入列间距
按下 Enter 键接受或 [关联(AS)/基点(B)/行(R)/列(C)/层(L)/退出(X)] <退出>:  //按下 Enter 键，完成阵列
```

除了通过指定行数、行间距、列数和列间距方式创建矩形阵列以外，还可以通过“为项目数指定对角点”选项在绘图区通过移动光标指定阵列中的项目数，再通过“间距”选项来设置行间距和列间距。表 6-1 中列出了主要参数的含义。

表 6-1　矩形阵列主要参数的含义

参　数	含　义
基点(B)	表示指定阵列的基点
角度(A)	输入 A，命令行要求指定行轴的旋转角度
计数(C)	输入 C，命令行要求分别指定行数和列数
间距(S)	输入 S，命令行要求分别指定行间距和列间距
关联(AS)	输入 AS，用于指定创建的阵列项目是否作为关联阵列对象，或是作为多个独立对象
行(R)	输入 R，命令行要求编辑行数和行间距
列(C)	输入 C，命令行要求编辑列数和列间距
层(L)	输入 L，命令行要求指定 Z 轴上的层数和层间距

2. 环形阵列

所谓环形阵列，是指围绕一个中心点创建多个相同的图形。选择“修改”|“阵列”|“环形阵列”命令，或单击“修改”面板中的“环形阵列”按钮，或在命令行中输入 ARRAYPOLAR 命令，即可执行“环形阵列”命令。命令行提示信息如下。

```
命令: _arraypolar
选择对象: 指定对角点: 找到 3 个                    //选择需要阵列的对象
选择对象:                                          //按下 Enter 键，完成选择
类型 = 极轴   关联 = 是
指定阵列的中心点或 [基点(B)/旋转轴(A)]:            //拾取阵列中心点
输入项目数或 [项目间角度(A)/表达式(E)] <4>: 6 //输入项数为 6
指定填充角度(+=逆时针、-=顺时针)或 [表达式(EX)] <360>://直接按下 Enter 键，表示填充角度为 360°
按下 Enter 键接受或 [关联(AS)/基点(B)/项目(I)/项目间角度(A)/填充角度(F)/行(ROW)/层(L)/旋转项目(ROT)/
退出(X)] <退出>:                                   //按下 Enter 键，完成环形阵列
```

在 AutoCAD 2021 中，“旋转轴”表示指定由两个指定点定义的自定义旋转轴，对象绕旋转轴阵列。“基点”选项用于指定阵列的基点，“行”选项用于指定阵列中的行数、它们之间的距离以及行之间的增量标高，“旋转项目”选项用于控制在排列项目时是否旋转项目。

【练习 6-3】使用环形阵列绘制零件俯视图。视频

(1) 在 AutoCAD 中新建图形文件后，在命令行中输入 C，按 Enter 键绘制圆。

(2) 在命令行提示下输入(0,0)，设置圆心的位置，按 Enter 键确认。

(3) 在命令行提示下输入 35，指定圆心的半径，按 Enter 键确认，绘制半径为 35 的圆，如图 6-34 所示。

(4) 在命令行中输入 XLINE 命令，按 Enter 键，在命令行提示下输入相应的参数，绘制经过点(0,0)的水平构造线和垂直构造线，如图 6-35 所示。

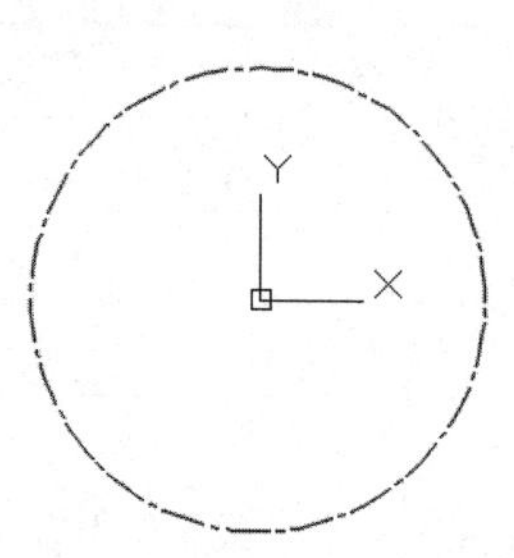

图 6-34　绘制半径为 35 的圆

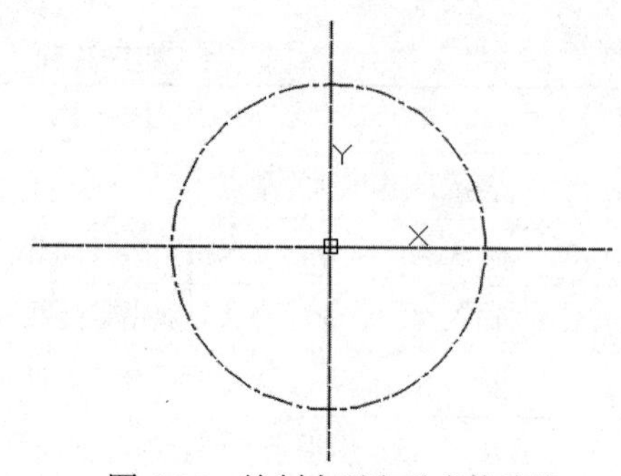

图 6-35　绘制水平和垂直构造线

(5) 在命令行中输入 O，按 Enter 键，执行“偏移”命令，在命令行提示下输入 20，指定偏移距离。

(6) 按 Enter 键确认，将绘图窗口中半径为 35 的圆，分别向内侧和外侧偏移，效果如图 6-36 所示。

(7) 在命令行中输入 C，按 Enter 键绘制圆，捕捉如图 6-37 所示的交点。

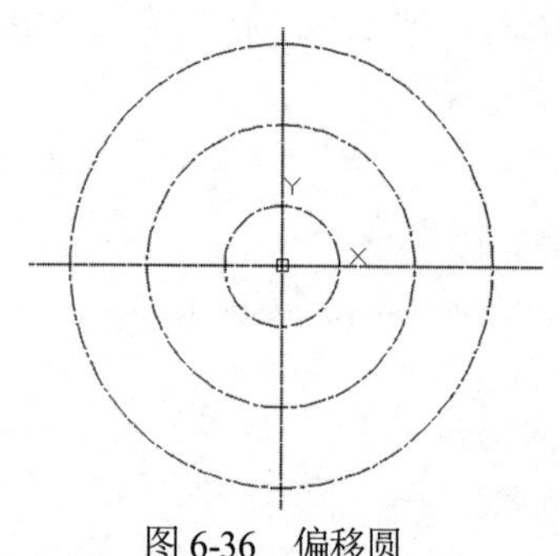

图 6-36　偏移圆

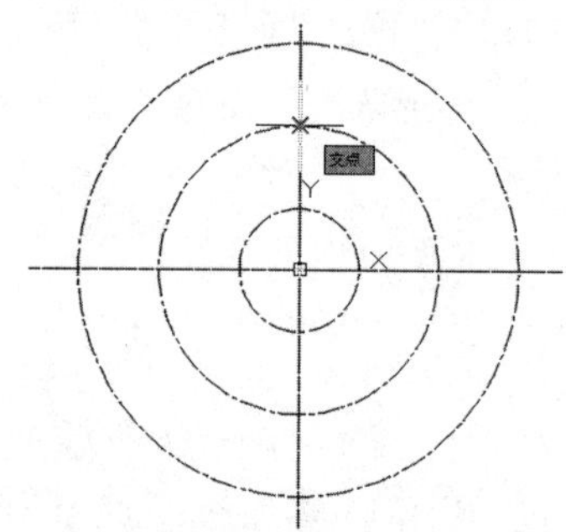

图 6-37　捕捉交点

(8) 在命令行提示下输入 5，按 Enter 键，指定圆的半径，按 Enter 键确认。

(9) 在命令行中输入 ARRAYCLASSIC，按 Enter 键确认。

(10) 打开“阵列”对话框，选中“环形阵列”单选按钮，然后单击“选择对象”按钮，在命令行提示下选中半径为 5 的圆，按 Enter 键，返回“阵列”对话框，单击“拾取中心点”按钮，如图 6-38 所示。

(11) 在命令行提示下选中如图 6-39 所示的中点，按 Enter 键确认。

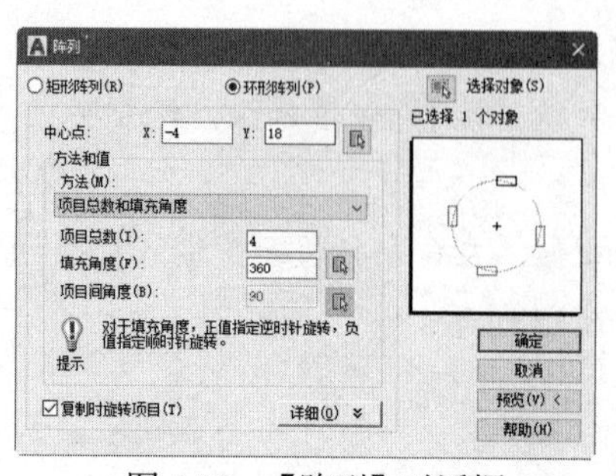

图 6-38　【阵列】对话框

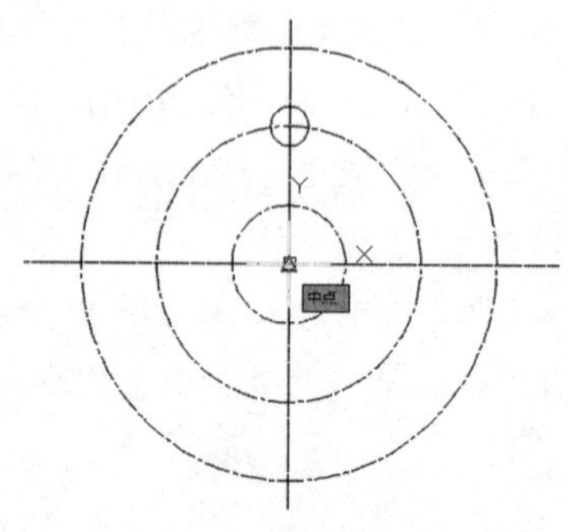

图 6-39　选择中点

(12) 返回“阵列”对话框，在“项目总数”文本框中输入 6，单击“确定”按钮阵列图形对象。分别修改图形中圆对象的线型，完成零件俯视图的绘制，效果如图 6-40 所示。

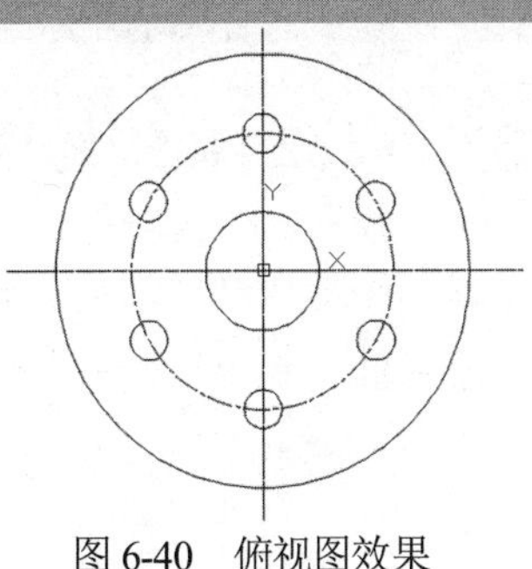

图 6-40　俯视图效果

3. 路径阵列

所谓路径阵列，是指沿路径或部分路径均匀分布对象副本。路径可以是直线、多段线、三维多段线、样条曲线、螺旋、圆弧、圆或椭圆。选择“修改”|“阵列”|“路径阵列”命令，或单击“修改”面板中的“路径阵列”按钮，或在命令行中输入 ARRAYPATH 命令，即可执行“路径阵列”命令。

命令行提示信息如下：

```
命令: _arraypath
选择对象: 找到 1 个          //选择需要阵列的对象
选择对象:                    //按下 Enter 键，完成选择
类型 = 路径  关联 = 是
选择路径曲线:                //选择路径曲线
输入沿路径的项数或 [方向(O)/表达式(E)] <方向>: O  //输入 O，用于设置选定对象是否需要相对于路径起始方向重新定向
指定基点或 [关键点(K)] <路径曲线的终点>:          //指定阵列对象的基点
指定与路径一致的方向或 [两点(2P)/法线(NOR)] <当前>: //按下 Enter 键，表示按当前方向阵列，“两点”表示指定两个点来定义与路径的起始方向一致的方向，“法线”表示对象对齐垂直于路径的起始方向
输入沿路径的项目数或 [表达式(E)] <4>: 8            //输入阵列的项目数
指定沿路径的项目之间的距离或 [定数等分(D)/总距离(T)/表达式(E)] <沿路径平均定数等分(D)>: D
//输入 D，表示在路径曲线上定数等分对象副本
按下 Enter 键接受或 [关联(AS)/基点(B)/项目(I)/行(R)/层(L)/对齐项目(A)/Z 方向(Z)/退出(X)] <退出>:
//按下 Enter 键，完成路径阵列
```

6.3　调整图形对象的位置

移动、旋转和缩放工具都是在不改变被编辑图形具体形状的基础上对图形的放置位置、角度以及大小进行重新调整，以满足最终的设计要求。该类工具常用于装配图或将图块插入图形的过程中，对单个零部件图形或块的位置和角度进行调整。

6.3.1 移动和旋转图形

移动和旋转操作都是对象的重定位操作，两者的不同之处在于：移动是对图形对象的位置进行调整，方向和大小不变；旋转是对图形对象的方向进行调整，位置和大小不变。

1. 移动操作

移动操作可以在指定的方向上按指定的距离移动对象，在指定移动基点、目标点时，不仅可以在图形中拾取现有点作为移动参照，还可以利用输入坐标值的方法定义出参照点的具体位置。

单击“移动”按钮，选取要移动的对象并指定基点，然后根据命令行提示指定第二个点或输入相对坐标来确定目标点，即可完成移动操作，如图 6-41 所示。

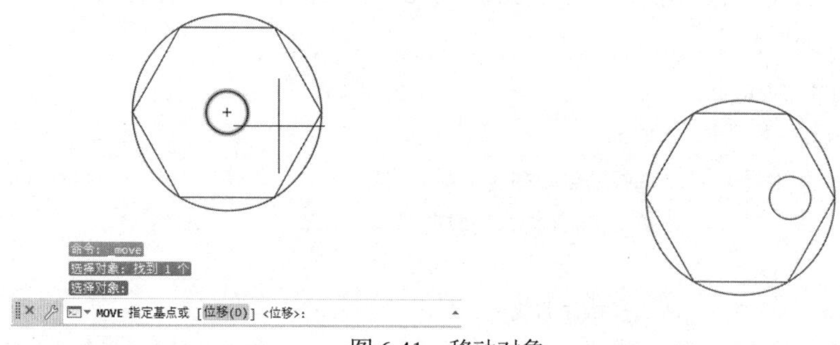

图 6-41　移动对象

2. 旋转操作

旋转是指将对象绕指定点旋转任意角度，以旋转点到旋转对象之间的距离和指定的旋转角度为参照，调整图形的放置方向。

(1) 一般旋转

一般旋转方法用于旋转图形对象。原对象将按指定的旋转中心和旋转角度旋转至新位置，并且不保留对象的原始副本。

单击“旋转”按钮，选取旋转对象并指定旋转基点，然后根据命令行提示输入旋转角度，按下 Enter 键，即可完成旋转对象操作，如图 6-42 所示。

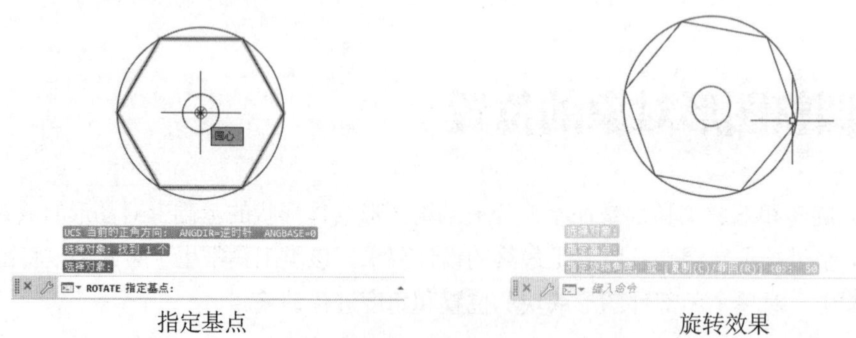

指定基点　　旋转效果

图 6-42　旋转对象

(2) 复制旋转

使用“复制旋转”方法进行对象的旋转时，不仅可以将对象的放置方向调整一定的角度，还可以在旋转出新对象的同时，保留源对象。可以说，该方法集旋转和复制操作于一体。

按照上述相同的旋转操作方法指定旋转基点后，在命令行中输入字母 C，然后指定旋转角度，按下 Enter 键，即可完成复制旋转操作，如图 6-43 所示。

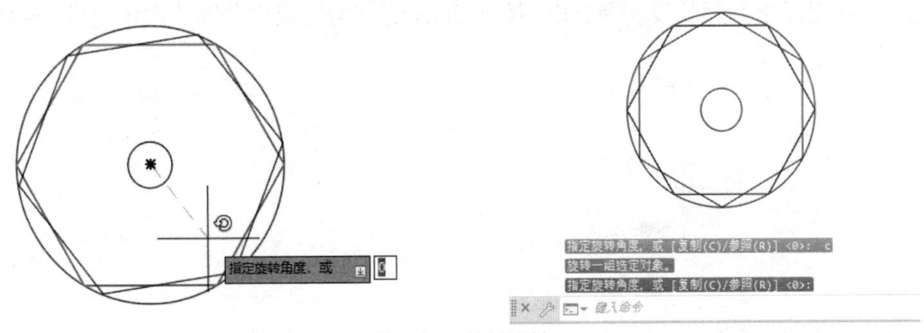

图 6-43　复制旋转

6.3.2　缩放图形

利用缩放图形工具可以将图形对象以指定的缩放基点为缩放参照，放大或缩小一定比例，创建出与源对象成一定比例且形状相同的新图形对象。在 AutoCAD 中，缩放可以分为以下 3 种缩放类型。

1. 参数缩放

该缩放类型可以通过指定缩放比例因子的方式，对图形对象进行放大或缩小。当输入的比例因子大于 1 时，将放大对象，比例因子小于 1 时将缩小对象。

单击“缩放”按钮，选择缩放对象并指定缩放基点，然后在命令行中输入比例因子，按下 Enter 键即可，如图 6-44 所示。

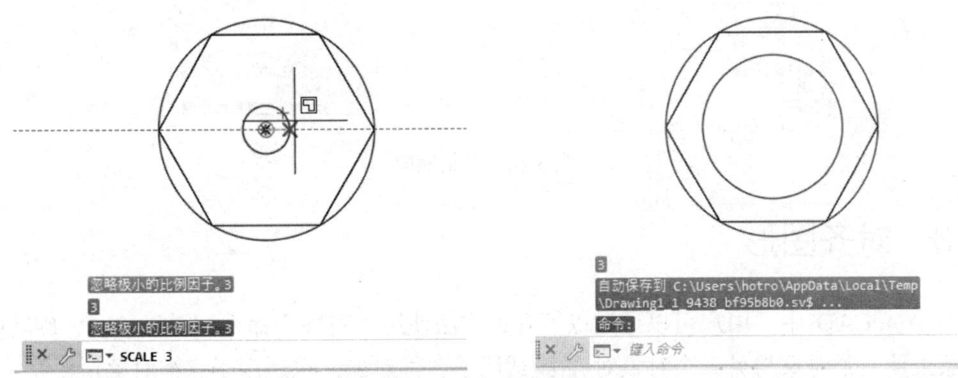

图 6-44　参数缩放

2. 参照缩放

该缩放类型以指定参照长度和新长度的方式，由系统自动计算出两长度之间的比例数值，从而定义出图形的缩放因子，对图形进行缩放操作。当参照长度大于新长度时，图形将被缩小；反之将对图形执行放大操作。

按照上述方法指定缩放基点后，在命令行中输入字母 R，并按下 Enter 键，然后根据命令行提示依次定义出参照长度和新长度，按下 Enter 键即可完成参照缩放操作，如图 6-45 所示。

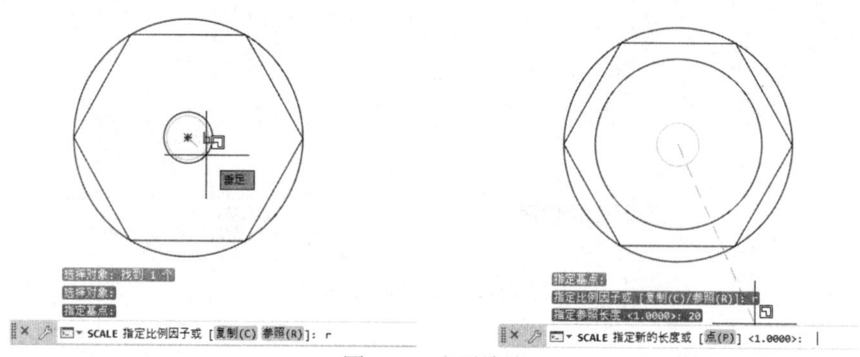

图 6-45　参照缩放

3. 复制缩放

该缩放类型可以在保留原始图形对象不变的情况下，创建出满足缩放要求的新图形对象。利用该方法进行图形的缩放，在指定缩放基点后，需要在命令行中输入字母 C，然后利用设置缩放参数或参照的方式定义图形的缩放因子，即可完成复制缩放操作，如图 6-46 所示。

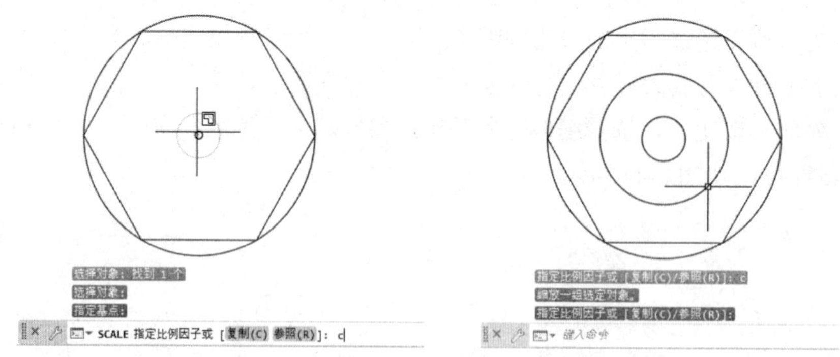

图 6-46　复制缩放

6.3.3 对齐图形

在 AutoCAD 中，用户可以通过以下几种方法使用“对齐”命令，通过移动、旋转或倾斜对象来使一个对象与另一个对象对齐(既适用于二维对象，也适用于三维对象)。

- 选择“修改”|“三维操作”|“对齐”命令。
- 在命令行中执行 ALIGN 或 AL 命令。

- 选择“默认”选项卡，在“修改”面板中单击▼，在展开的面板中单击“对齐”按钮。

在对齐二维对象时，可以指定 1 对或 2 对对齐点(源点和目标点)；当对齐三维对象时，需要指定 3 对对齐点，如图 6-47 所示。

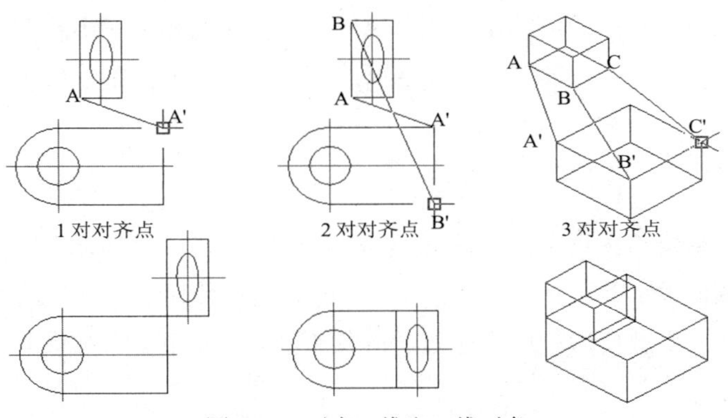

图 6-47　对齐二维和三维对象

在对齐对象时，命令行将显示“是否基于对齐点缩放对象？[是(Y)/否(N)] <否>：”提示信息。如果选择“否(N)”选项，则对象改变位置，且对象的第一源点与第一目标点重合，第二源点位于第一目标点与第二目标点的连线上。即对象先平移，后旋转。如果选择“是(Y)”选项，则对象除平移和旋转外，还基于对齐点进行缩放。由此可见，“对齐”命令是“移动”命令和“旋转”命令的组合。

例如，在命令行中输入ALIGN命令，按下Enter键，在命令行提示下选中如图6-48所示右下方的圆。按下Enter键确认，在命令行提示下选中如图6-49所示右下角的圆心为第一个源点。

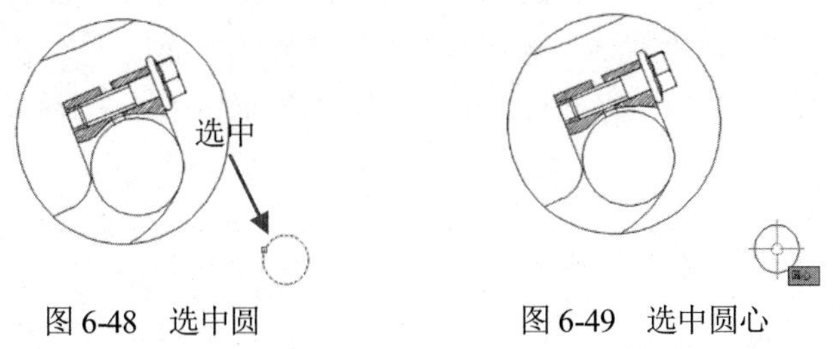

图 6-48　选中圆　　　　图 6-49　选中圆心

在命令行提示下捕捉如图 6-50 所示的大圆的圆心为第一个目标点，按下 Enter 键确认，即可对齐对象。

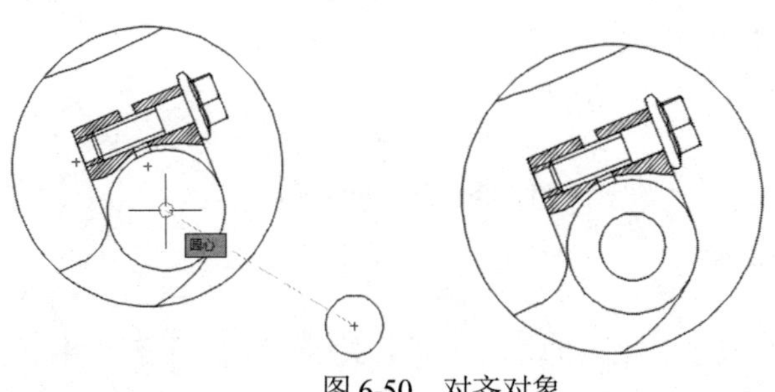

图 6-50　对齐对象

6.4 编辑对象形状

拉伸、拉长工具和夹点应用的操作原理比较相似。它们都是在不改变现有图形位置的情况下对单个或多个图形进行拉伸或缩减，从而改变被编辑对象的整体形状。

6.4.1 拉伸图形

执行拉伸操作能够将图形中的一部分拉伸、移动或变形，而其余部分保持不变，是一种十分灵活的调整图形大小的工具。选取拉伸对象时，可以使用“窗口”的方式选取对象。全部处于窗口中的图形不做变形而只做移动，与选择窗口边界相交的对象将按移动的方向进行拉伸变形。

拉伸命令主要有以下几种调用方法。

- 选择“修改”|“拉伸”命令。
- 在“默认”选项卡的“修改”面板中单击“拉伸”按钮。
- 在命令行中执行 STRETCH 或 S 命令。

1. 指定基点拉伸图形

这是系统默认的拉伸方式，按照命令行提示指定一点为拉伸点，命令行将显示提示信息“指定第二个点或<使用第一个点作为位移>：”。此时，在绘图区中指定第二个点，系统将按照这两点间的距离执行拉伸操作。例如，将图 6-51(a)所示图形的右半部分进行拉伸，可以在“功能区”选项板中选择“默认”选项卡，并在“修改”面板中单击“拉伸”按钮。然后使用“窗口”方式选择右半部分的图形，并指定辅助线的交点为基点，拖动即可拉伸图形，如图 6-51(b)所示。

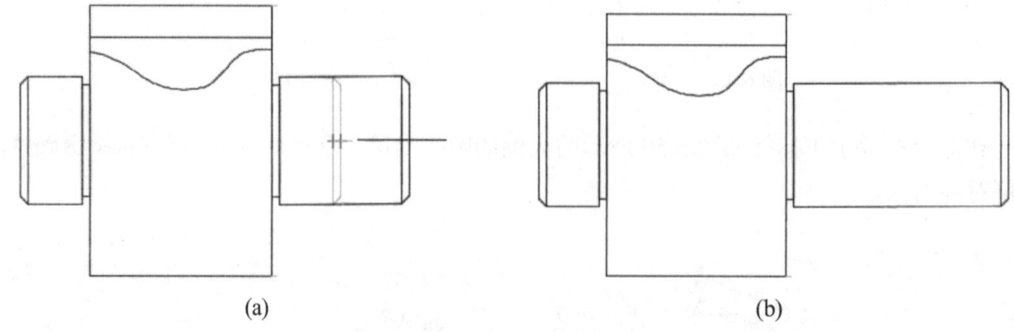

图 6-51　指点基点拉伸图形

2. 指定位移拉伸图形

该拉伸方式是指将对象按照指定的位移量进行拉伸，而其余部分并不改变。选取拉伸对象后，输入字母 D，然后输入位移量并按下 Enter 键，系统将按照指定的位移量进行拉伸操作。

6.4.2　拉长图形

在 AutoCAD 中，拉伸和拉长工具都可以改变对象的大小。它们不同的地方在于拉伸操作可以一次框选多个对象，不仅改变对象的大小，同时改变对象的形状；而拉长操作只改变对象的长度，并且不受边界的限制。可以拉长的对象包括直线、弧线和样条曲线等。

拉长命令主要有以下几种调用方法。

- 选择“修改”|“拉长”命令。
- 在“默认”选项卡的“修改”面板中单击“拉长”按钮。
- 在命令行中执行 LENGTHEN 命令。

在 AutoCAD 中执行“拉长”命令后，命令行将显示提示信息“选取对象或[增量(DE)/百分数(P)/总计(T)/动态(DY)]：”。此时，指定一种拉长方式，并选取要拉长的对象，即可以该方式进行相应的拉长操作。各类拉长方式的设置方法如下。

1. 增量

增量是指以指定的增量修改对象的长度，并且该增量从距离选择点最近的端点处开始测量。其执行方式是：在命令行中输入字母 DE，命令行将显示提示信息“输入长度增量或[角度(A)]<0.0000>：”。此时，输入长度值，并选取对象，系统将以指定的增量修改对象的长度，效果如图 6-52 所示。

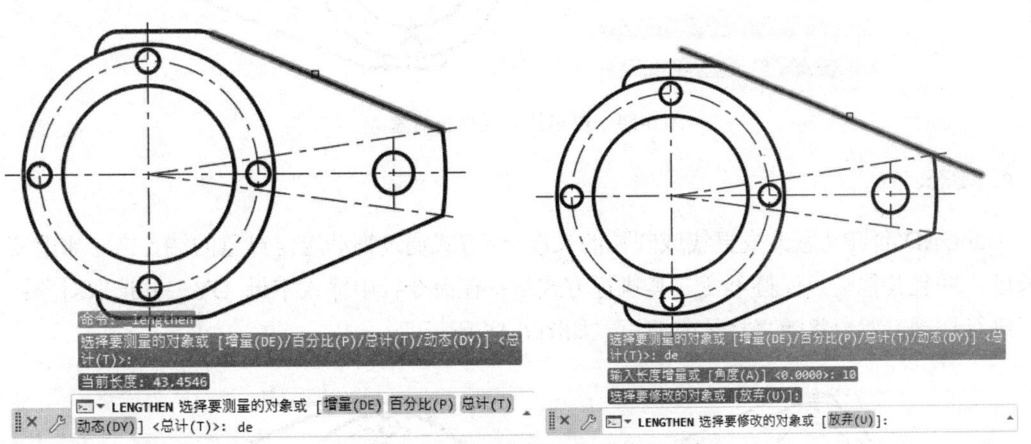

图 6-52　以指定增量方式拉长对象

2. 百分比

百分比是指以相对于原始长度的百分比来修改直线或圆弧的长度。其执行方式是：在命令行中输入字母 P，命令行将显示提示信息“输入长度百分数<100.0000>：”。此时，如果输入的参数值小于 100，则缩短对象，大于 100 则拉长对象，如图 6-53 所示。

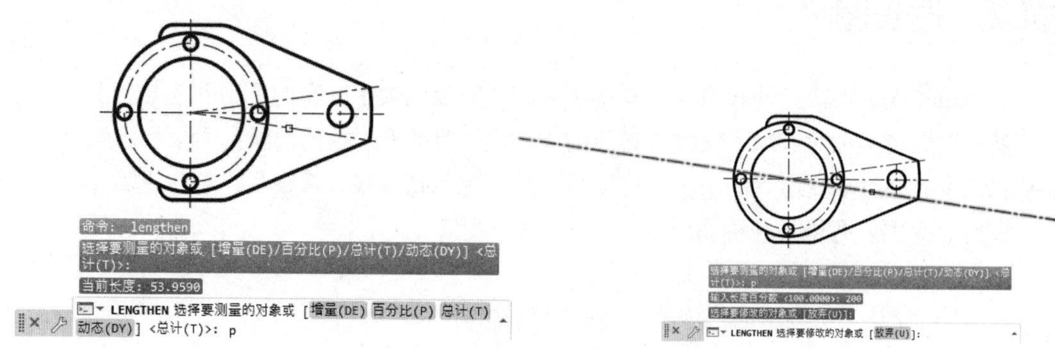

图 6-53　以百分比方式拉长对象

3. 总计

总计是指通过指定从固定端点处测量的总长度的绝对值来设置选定对象的长度。其执行方式是：在命令行中输入字母 T，然后输入对象的总长度，并选取要修改的对象。此时，选取的对象将按照设置的总长度相应缩短或拉长，如图 6-54 所示。

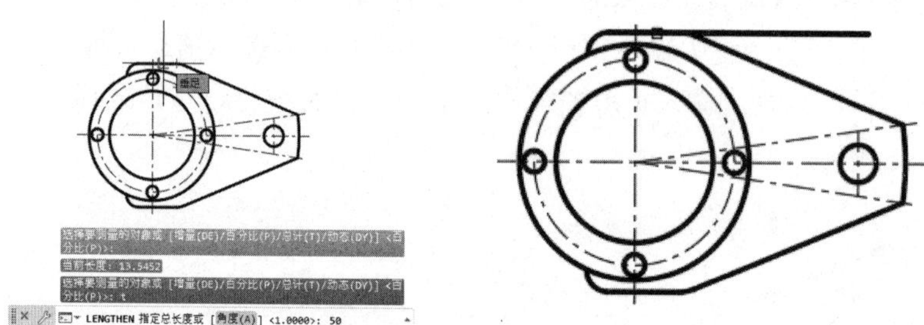

图 6-54　以总计方式拉长对象

4. 动态

AutoCAD 允许动态改变直线或圆弧的长度。该方式通过拖动选定对象的端点之一来改变其长度，并且其他端点保持不变。其执行方式是：在命令行中输入字母 DY，并选取对象；然后进行拖动，对象将随之拉长或缩短，如图 6-55 所示。

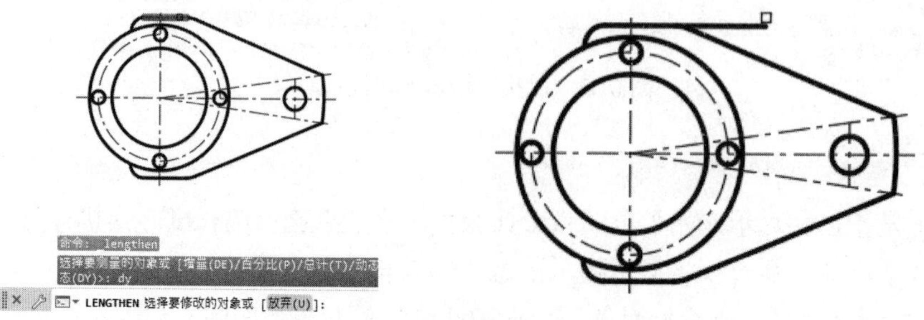

图 6-55　以动态方式拉长对象

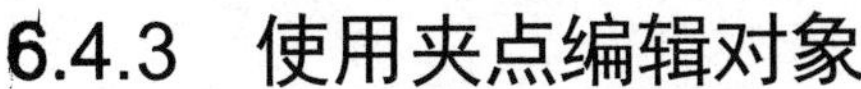

6.4.3 使用夹点编辑对象

当选取图形对象时，图形对象的周围将出现蓝色的方框，即夹点。在 AutoCAD 中，夹点是一种集成的编辑模式，提供了一种方便快捷的编辑操作途径。例如，使用夹点可以将对象拉伸、移动、旋转、缩放及镜像等。

1. 使用夹点拉伸对象

在不执行任何命令的情况下选择对象并显示其夹点，然后单击其中一个夹点，进入编辑状态。此时，AutoCAD 自动将其作为拉伸的基点，进入“拉伸”编辑模式，命令行将显示如下提示信息。

```
** 拉伸 **
指定拉伸点或 [基点(B)/复制(C)/放弃(U)/退出(X)]:
```

各选项的功能如下。

- “基点(B)”选项：重新确定拉伸基点。
- “复制(C)”选项：允许确定一系列的拉伸点，以实现多次拉伸。
- “放弃(U)”选项：取消上一次操作。
- “退出(X)”选项：退出当前操作。

默认情况下，指定拉伸点(可以通过输入点的坐标或者直接用鼠标指针拾取点)后，AutoCAD 将把对象拉伸或移动至新的位置。对于某些夹点，移动时只能移动对象而不能拉伸对象，如文字、块、直线中点、圆心、椭圆中心点和点对象上的夹点。

如图 6-56 所示，选取一条中心线将显示其夹点，然后选取底部夹点，并打开正交功能，向下拖动即可改变垂直中心线的长度。

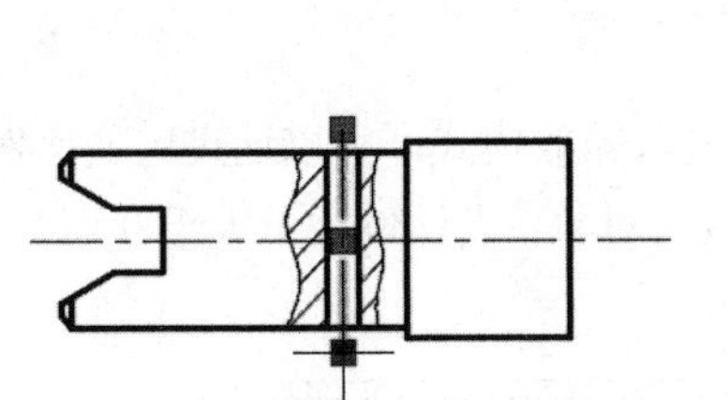

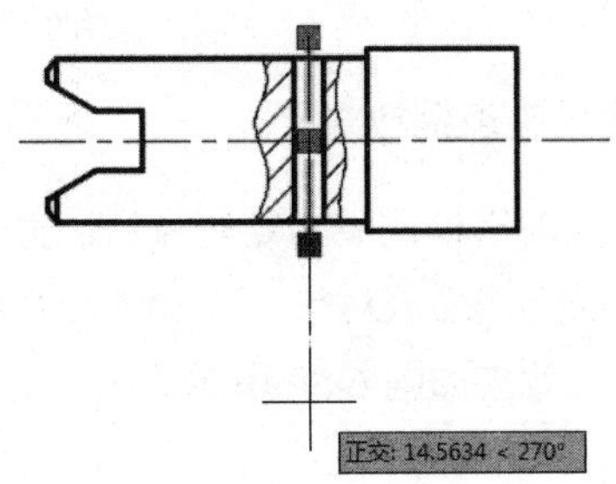

图 6-56　拖动夹点以拉伸中心线

2. 使用夹点移动和复制对象

使用夹点移动模式可以编辑单个对象或一组对象。利用该模式可以改变对象的放置位置，而不改变其大小和方向。如果在移动时按住 Ctrl 键，则可以复制对象。

如图 6-57 所示，选取一个圆的轮廓将显示其夹点，然后选取圆心处夹点，并输入 MO 进入移动模式。接着按住 Ctrl 键选取圆心处夹点，向右拖动至合适位置后单击，即可复制一个圆。

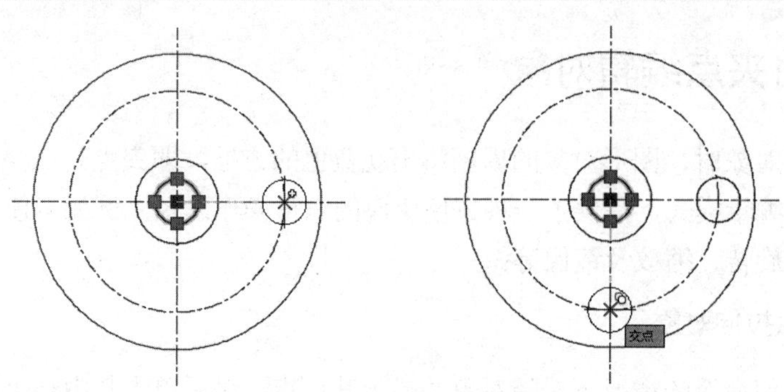

图 6-57　使用夹点复制圆

3. 使用夹点旋转对象

用户可以使对象绕基点旋转，并能够编辑对象的旋转方向。在夹点编辑模式下指定基点后，输入字母 RO 即可进入旋转模式，旋转的角度可以通过输入角度值精确定位，也可以通过指定点的位置来实现。

如图 6-58 所示，框选一个图形并指定一个基点，然后输入字母 RO 进入旋转模式，并设置旋转角度为 90°，即可旋转所选图形。

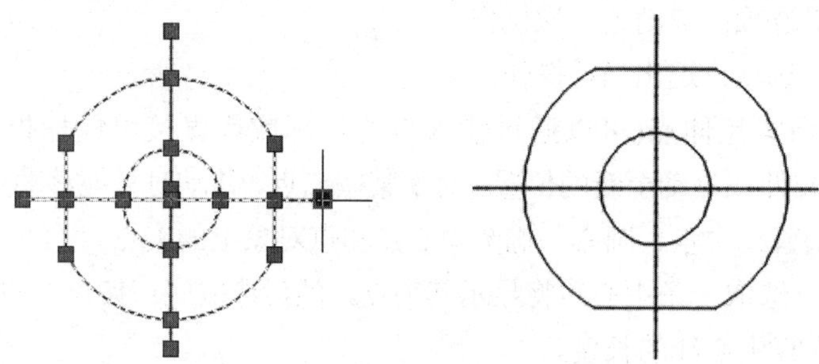

图 6-58　使用夹点旋转对象

4. 使用夹点缩放对象

在夹点编辑模式下指定基点后，输入字母 SC 进入缩放模式，可以通过定义比例因子或缩放参照的方式缩放对象。当比例因子大于 1 时，放大对象；当比例因子大于 0 而小于 1 时，缩小对象，效果如图 6-59 所示。

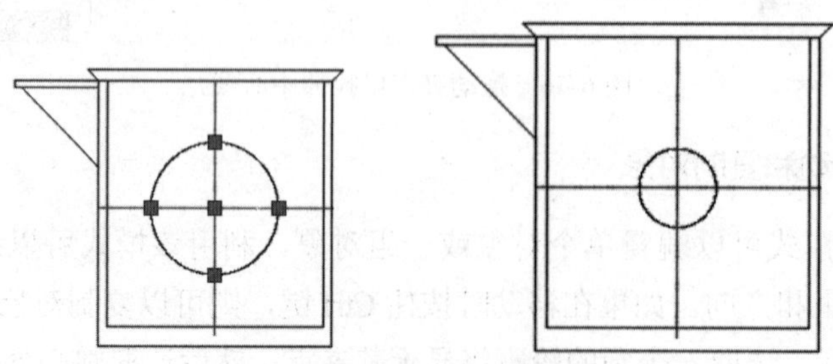

图 6-59　使用夹点缩放对象

5. 使用夹点镜像对象

使用夹点镜像对象是指以指定两个夹点的方式定义出镜像中心线，从而进行图形的镜像操作。利用夹点镜像图形时，镜像后既可以删除源对象，也可以保留源对象。

进入夹点编辑模式后单击选中圆形顶部的夹点，连续按下 4 次 Enter 键确认，在命令行提示下单击捕捉底端的夹点，按下 Enter 键确认，再按下 Esc 键，图形效果如图 6-60 所示。

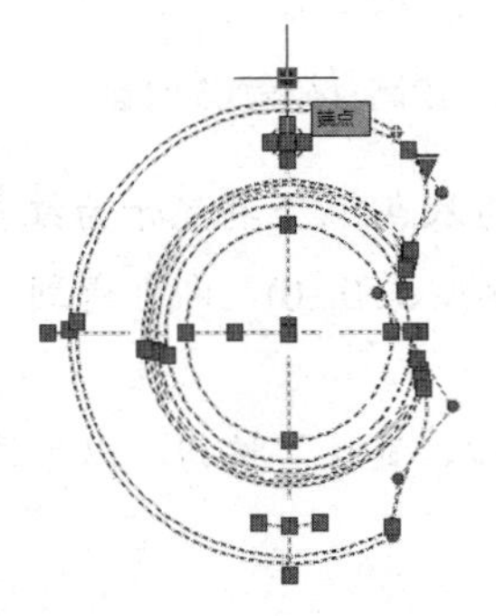

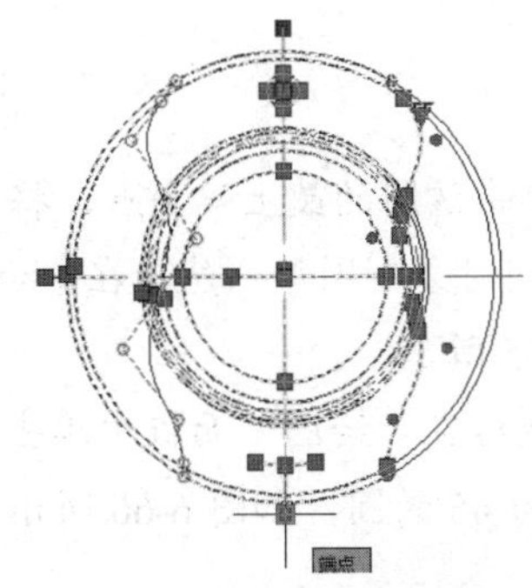

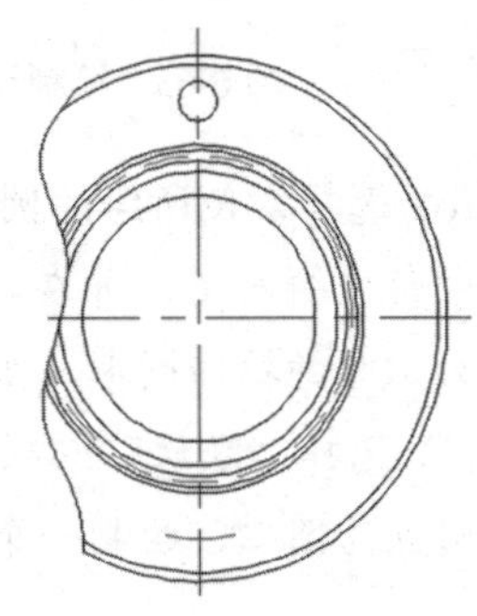

图 6-60　利用夹点镜像图形

【练习 6-4】使用夹点编辑功能绘制零件图形。视频

(1) 在“功能区”选项板中选择“默认”选项卡，然后在“绘图”面板中单击“直线”按钮，绘制一条水平直线和一条垂直直线作为辅助线。

(2) 在菜单栏中选择“工具”|“新建 UCS”|“原点”命令，将坐标系原点移至辅助线的交点处，如图 6-61 所示。

(3) 选择所绘制的垂直直线，并单击两条直线的交点，将其作为基点。在命令行的“指定拉伸点或[基点(B)/复制(C)/放弃(U)/退出(X)/]：”提示下中输入 C，移动并复制垂直直线，然后在命令行中输入(120,0)，即可得到另一条垂直的直线，如图 6-62 所示。

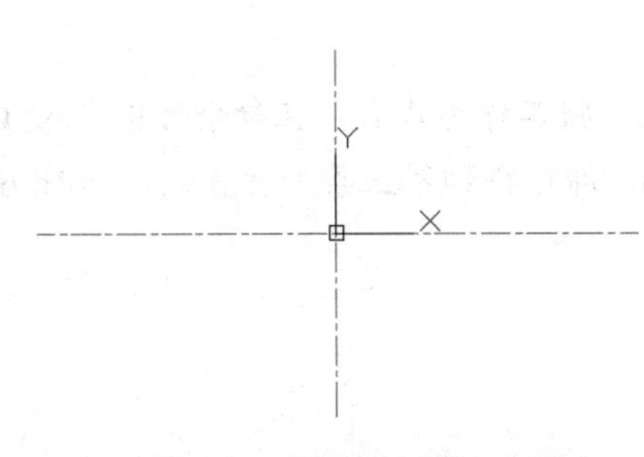

图 6-61　调整坐标原点位置

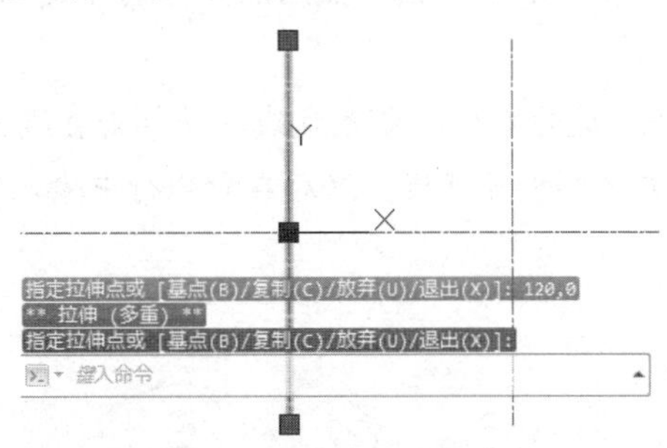

图 6-62　得到另一条垂直直线

(4) 选择“默认”选项卡，然后在“绘图”面板中单击“多边形”按钮，以左侧垂直直线与水平直线的交点为中心点，绘制一个半径为 15 的圆的内接正六边形，如图 6-63 所示。

(5) 选择“默认”选项卡，然后在“绘图”面板中单击“圆心、直径”按钮，以右侧垂直直线与水平直线的交点为圆心，绘制一个直径为 65 的圆，如图 6-64 所示。

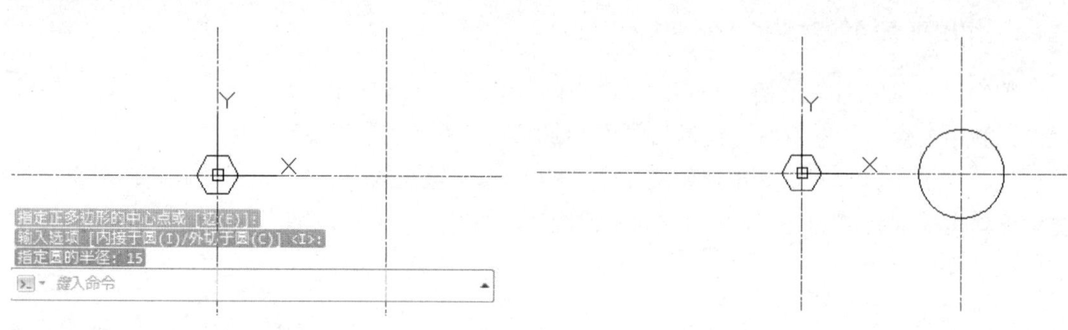

图 6-63　绘制正六边形　　　　图 6-64　绘制直径为 65 的圆

(6) 选择右侧所绘的圆，并单击该圆的最上端夹点，将其作为基点(该点将显示为红色)。在命令行中输入 C，并在拉伸的同时复制图形。然后在命令行中输入(50, 0)，即可得到一个直径为 100 的拉伸圆形，如图 6-65 所示。

(7) 选择“默认”选项卡，然后在“绘图”面板中单击“圆心、直径”按钮，以六边形的中心点为圆心，绘制一个直径为 45 的圆，如图 6-66 所示。

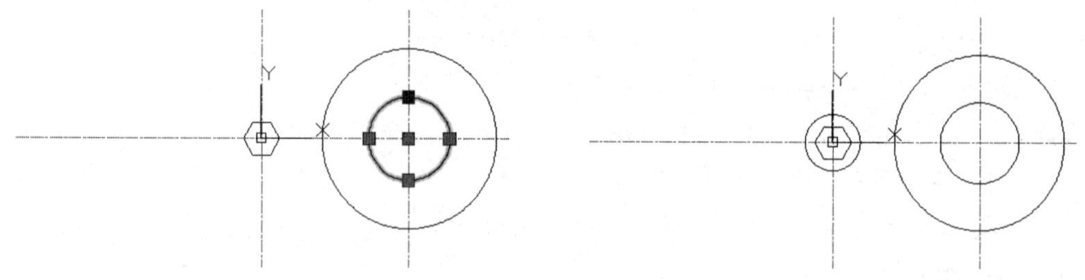

图 6-65　得到直径为 100 的圆　　　　图 6-66　绘制直径为 45 的圆

(8) 选择所绘制的水平直线，并单击直线上的夹点。将其作为基点，在命令行中输入 C，移动并复制水平直线，然后在命令行中输入(@0,9)，即可得到一条水平的直线，如图 6-67 所示。

(9) 选择右侧的垂直直线，并单击直线上的夹点，将其作为基点。在命令行中输入 C，移动并复制垂直直线。然后在命令行中输入(@-38,0)，即可得到第三条垂直直线，如图 6-68 所示。

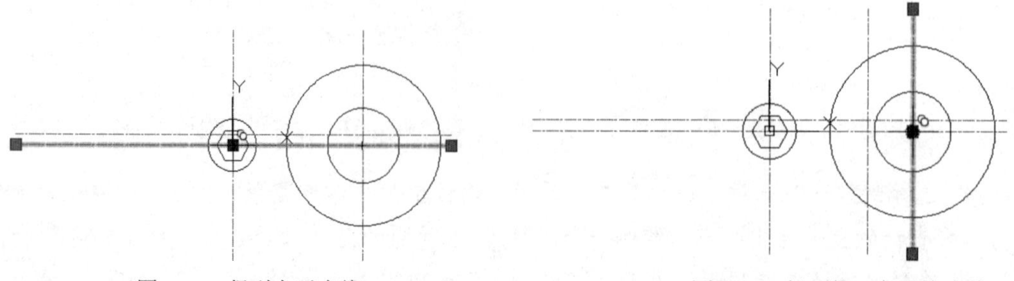

图 6-67　得到水平直线　　　　图 6-68　得到第三条垂直直线

(10) 选择“默认”选项卡，然后在“修改”面板中单击“修剪”按钮，修剪直线，如图

6-69 所示。

(11) 选择修剪后的直线，在命令行中输入 MI，镜像所选的对象。在水平直线上任意选择两点作为镜像线的基点。在“要删除源对象吗？”命令提示下，输入 N。最后按 Enter 键，即可得到镜像的直线，如图 6-70 所示。

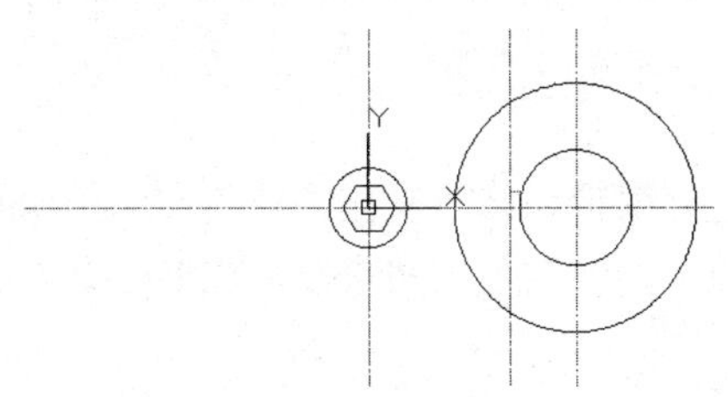

图 6-69　修剪直线

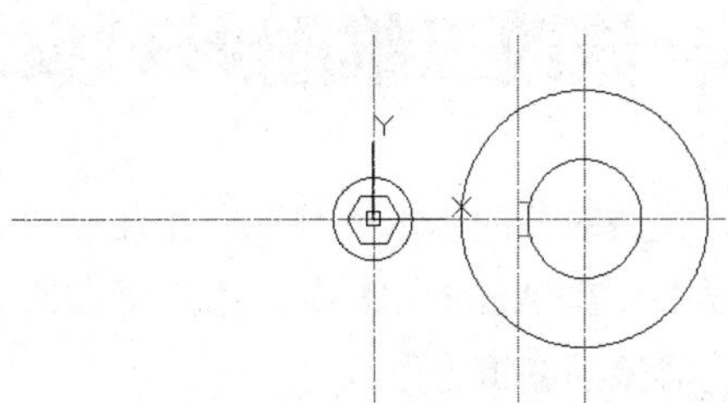

图 6-70　镜像直线

(12) 选择“默认”选项卡，然后在“绘图”面板中单击“相切、相切、半径”按钮。以直径为 45 和 100 的圆为相切圆，绘制半径为 160 的圆，如图 6-71 所示。

(13) 选择“默认”选项卡，然后在“修改”面板中单击“修剪”按钮，修剪绘制的相切圆，如图 6-72 所示。

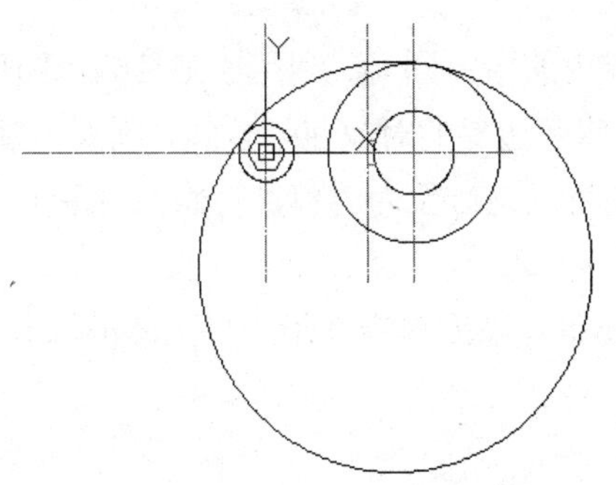

图 6-71　绘制半径为 160 的圆

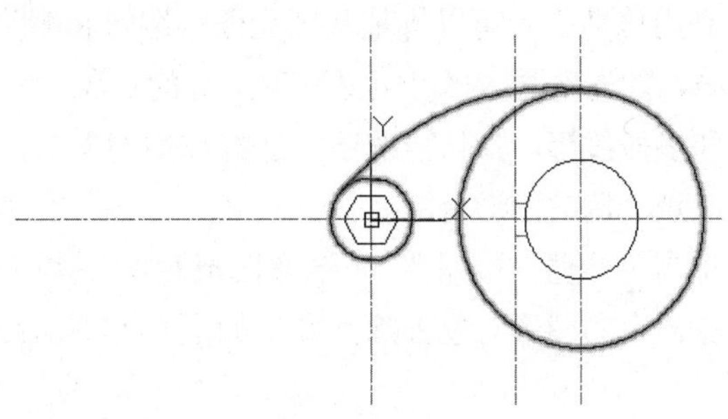

图 6-72　修剪图形

(14) 选择修剪后的圆弧，在命令行中输入 MI，镜像所选的对象。然后在水平直线上任意选择两点作为镜像线的基点，并在“要删除源对象吗？”命令提示下，输入 N。最后按 Enter 键，即可得到镜像的圆弧，如图 6-73 所示。

(15) 选择“默认”选项卡，然后在“修改”面板中单击“修剪”按钮，对图形进行修剪，效果如图 6-74 所示。

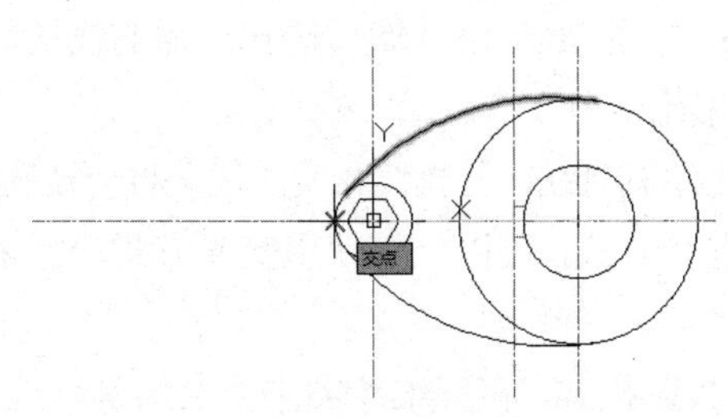

图 6-73　镜像图形

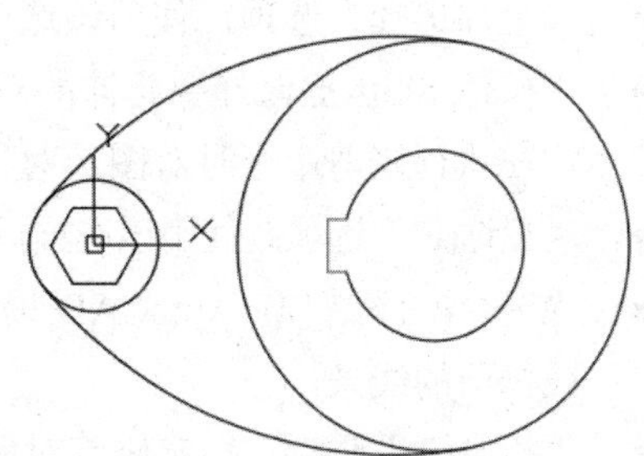

图 6-74　零件图形效果

(16) 在菜单栏中选择“工具”|“新建 UCS”|“世界”命令，恢复世界坐标系。关闭绘图窗口并保存所绘的图形。

6.5 修改二维图形对象

在完成对象的基本绘制后，往往需要对相关对象进行编辑和修改操作，使其实现预期的设计要求。在 AutoCAD 中，用户可以通过修剪、延伸、创建倒角和圆角等常规操作来完成对绘制对象的编辑工作。

6.5.1 修剪和延伸图形

修剪和延伸工具的共同点是以图形中现有的图形对象为参照，以两个图形对象间的交点为切割点或延伸终点，对与其相交或成一定角度的对象进行修剪或延伸操作。

1. 修剪图形

利用修剪工具可以将某些图元作为编辑和删除边界内的指定图元。利用该工具编辑图形对象时，首先需要选择可定义修剪边界的对象，可作为修剪边界的对象包括直线、圆弧、圆、椭圆和多段线等。默认情况下，选择修剪对象后，系统将以该对象为边界，将修剪对象上位于拾取点一侧的图形切除。

单击“修剪”按钮，选取图形对象并按下 Enter 键。然后单击图形中要去除的部分，即可将多余的图形对象去除，效果如图 6-75 所示。

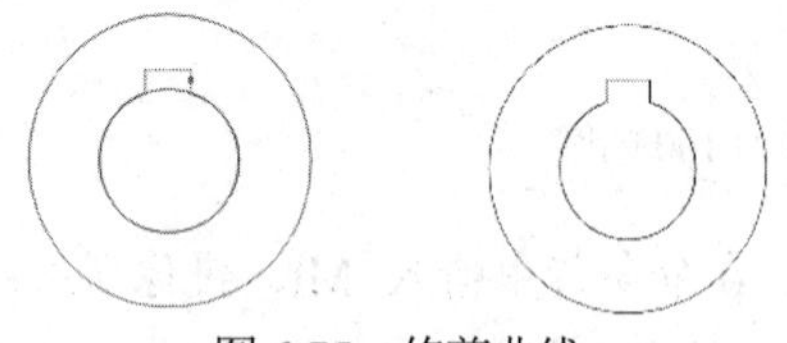

图 6-75　修剪曲线

此外，还可以选择“修改”|“删除”命令，或者在命令行中执行 ERASE 或 E 命令进行修剪。在使用“修剪”命令对图形对象进行修剪时，命令行中各主要选项的含义如下。

- “全部选择”选项：使用该选项将选择所有可见图形，作为修剪边界。
- “按住 Shift 键选择要延伸的对象”选项：按住 Shift 键，然后选择所需的线条，即可在执行修剪命令时对图形对象进行延伸操作。
- “栏选(F)”选项：使用该选项后，在屏幕上绘制直线，与直线相交的线条将会被选中。
- “窗交(C)”选项：AutoCAD 提供了窗交选择方式，可以直接使用交叉方式选择多条被修剪的线条。
- “投影(P)”选项：指定修剪对象时使用的投影模式，在三维绘图中才会用到该选项。
- “边(E)”选项：确定是在另一对象的隐含边修剪对象，还是仅修剪对象到与它在三维空间中相交的区域。在三维绘图中进行修剪时才会用到该选项。

- “删除(R)”选项：删除选定的对象。

2. 延伸图形

延伸操作的效果同修剪相反。进行该操作时将以现有的图形对象作为边界，将其他对象延伸至该对象上。延伸对象时，如果按住 Shift 键的同时选取对象，则执行修剪操作。

单击“延伸”按钮，选取延伸边界后右击，然后选取需要延伸的对象，系统自动将选取对象延伸至指定的边界上，效果如图 6-76 所示。

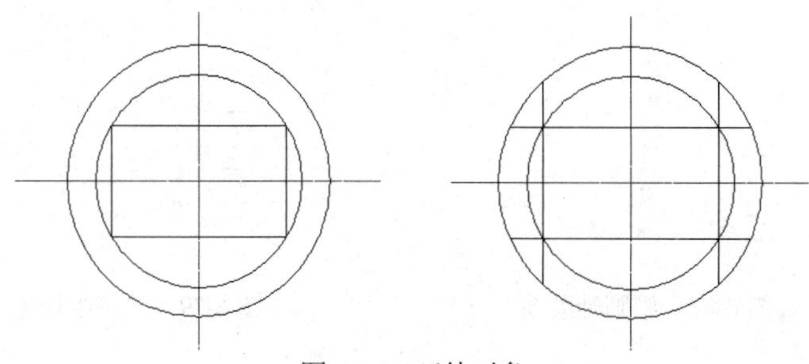

图 6-76　延伸对象

6.5.2　创建圆角

为了便于铸件造型时拔模，防止铁水冲坏转角处，并防止冷却时产生缩孔和裂缝，将铸件或锻件的转角处制成圆角，即铸造或锻造圆角。在 AutoCAD 中，圆角是指通过一条指定半径的圆弧来光滑地连接两个对象的特征。其中，可以执行倒圆角操作的对象有圆弧、圆、椭圆、椭圆弧、直线等。此外，直线、构造线和射线在相互平行时也可以进行倒圆角操作。

单击“圆角”按钮，命令行将显示提示信息“选择第一个对象或[放弃(U)/多段线(P)/半径(R)/修剪(T)/多个(M)]：”。下面将分别介绍常用圆角方式的设置方法。

1. 指定半径绘制圆角

这是绘图中最常用的圆角创建方式。选择“圆角”工具后，输入字母 R，并设置圆角半径。然后依次选取操作对象，即可获得圆角效果，如图 6-77 所示。

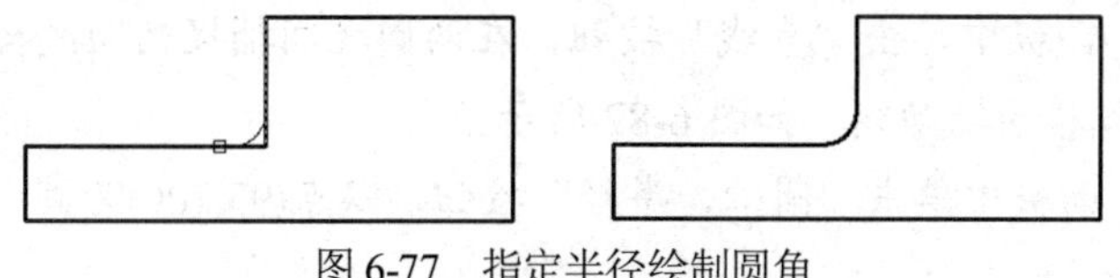

图 6-77　指定半径绘制圆角

2. 不修剪圆角

选择“圆角”工具后，输入字母 T 可以指定相应的圆角类型，即设置圆角后是否保留源对象。可以选择“不修剪”选项，获得不修剪的圆角效果。

【练习 6-5】在 AutoCAD 中绘制汽车轮胎。视频

(1) 在"功能区"选项板中选择"默认"选项卡，然后在"绘图"面板中单击"构造线"按钮，绘制一条经过点(100,100)的水平辅助线和一条经过点(100,100)的垂直辅助线，如图 6-78 所示。

(2) 在"绘图"面板中单击"圆心、半径"按钮，以点(100,100)为圆心，绘制半径为 5 的圆，如图 6-79 所示。

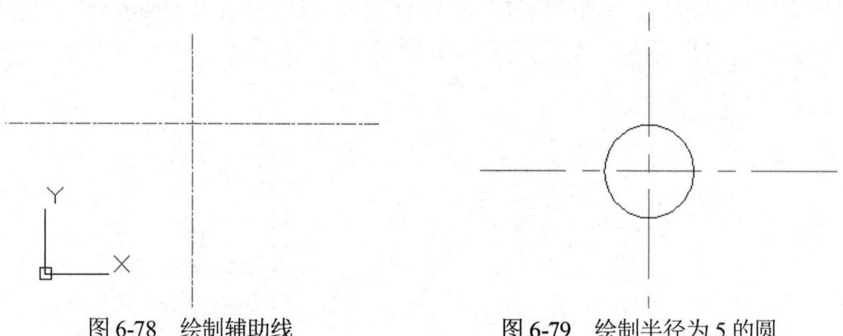

图 6-78　绘制辅助线　　图 6-79　绘制半径为 5 的圆

(3) 在"绘图"面板中单击"圆心、半径"按钮，绘制小圆的 4 个同心圆，半径分别为 10、40、45 和 60，如图 6-80 所示。

(4) 在"修改"面板中单击"偏移"按钮，将水平辅助线分别向上、向下偏移 4，如图 6-81 所示。

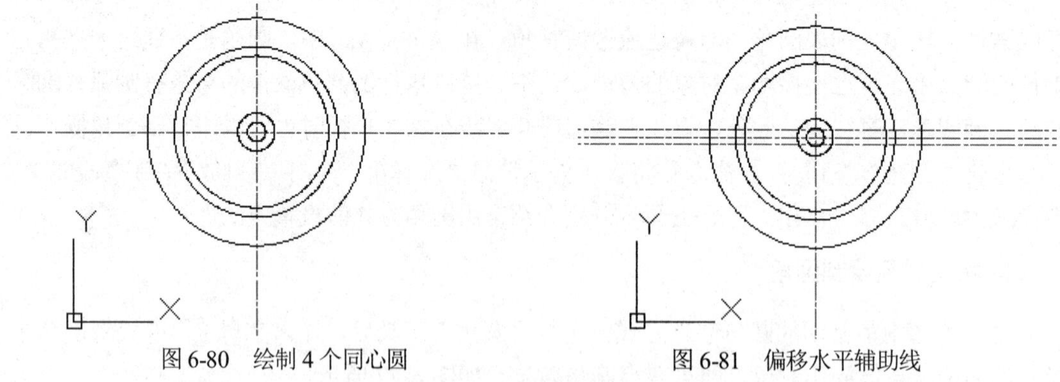

图 6-80　绘制 4 个同心圆　　图 6-81　偏移水平辅助线

(5) 在"绘图"面板中单击"直线"按钮，在两圆之间捕捉辅助线与圆的交点后绘制直线，并且删除两条偏移的辅助线，如图 6-82 所示。

(6) 在"绘图"面板中单击"圆心、半径"按钮，以点(93,100)为圆心，绘制半径为 1 的圆，如图 6-83 所示。

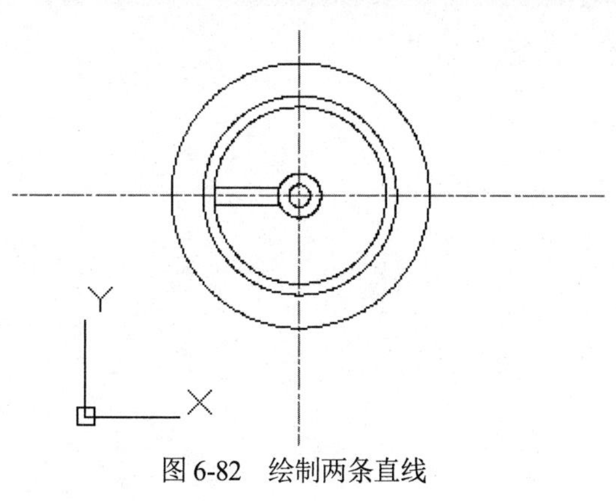

图 6-82　绘制两条直线

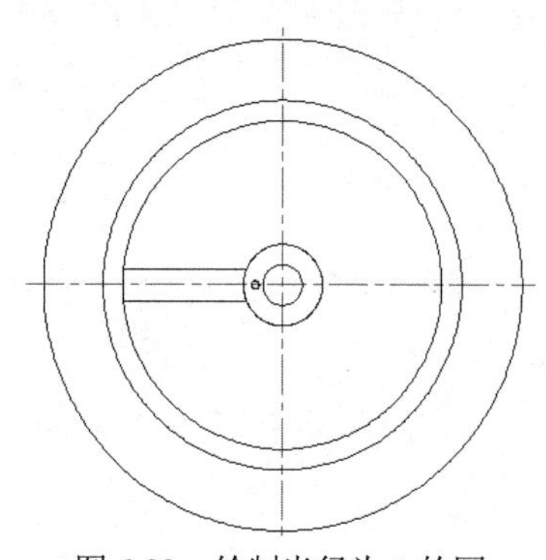

图 6-83　绘制半径为 1 的圆

(7) 在“修改”面板中单击“圆角”按钮。在“选择第一个对象或[放弃(U)/多段线(P)/半径(R)/修剪(T)/多个(M)]：”提示下，输入 R，并指定圆角半径为 3，按下 Enter 键。在“选择第一个对象或[放弃(U)/多段线(P)/半径(R)/修剪(T)/多个(M)]：”提示下，选中半径为 40 的圆。在“选择第二个对象，或按住 Shift 键选择要应用角点的对象：”提示下，选中直线，完成圆角操作，如图 6-84 所示。

(8) 使用同样的方法，将直线与圆相交的其他 3 个角都倒成圆角，效果如图 6-85 所示。

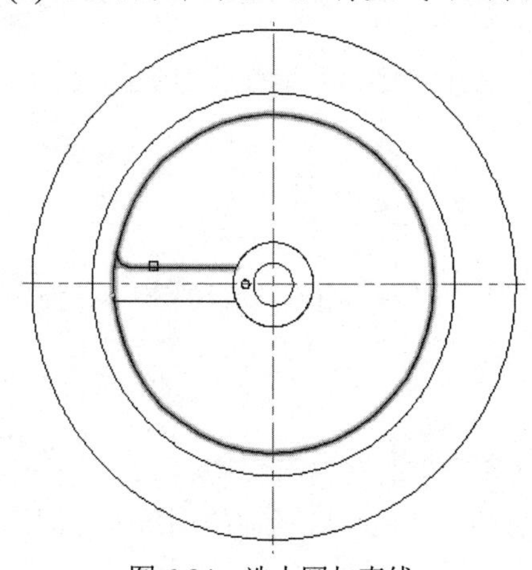

图 6-84　选中圆与直线

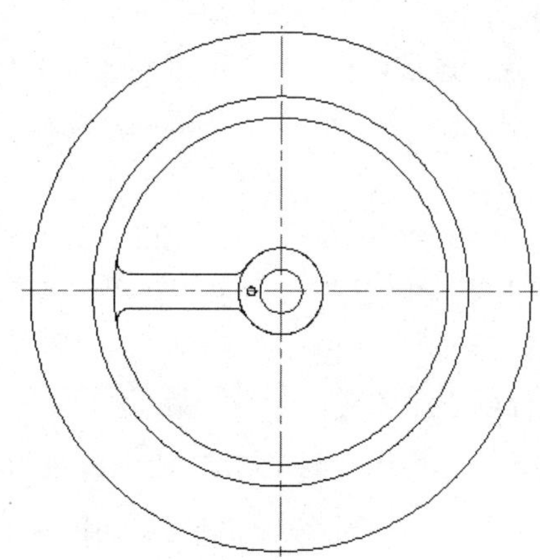

图 6-85　圆角处理

(9) 在“修改”面板中单击“阵列”下拉按钮，在弹出的下拉列表中选择“环形阵列”选项。在命令行提示“选择对象：”下，选中如图 6-86 所示的圆弧、直线和圆。

(10) 在命令行提示“指定阵列的中心点或[基点(B)/旋转轴(A)]：”下，指定坐标点(100,100)为中心点。此时，将按照默认设置自动阵列选中的对象，效果如图 6-87 所示。

(11) 选中阵列的对象，将自动打开“阵列”选项卡。在该选项卡中可以对阵列的对象进行具体的参数设置。

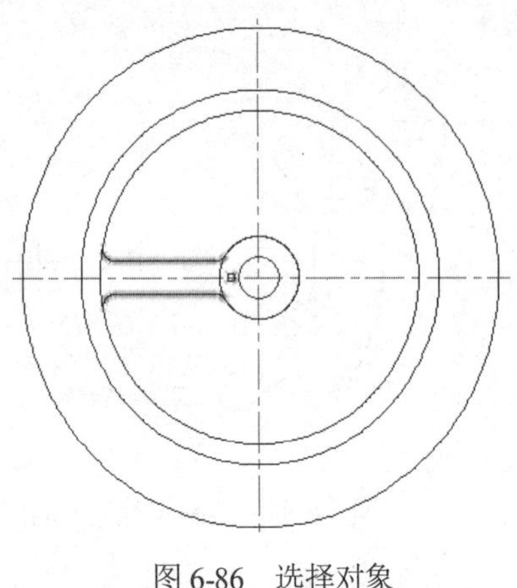
图 6-86　选择对象

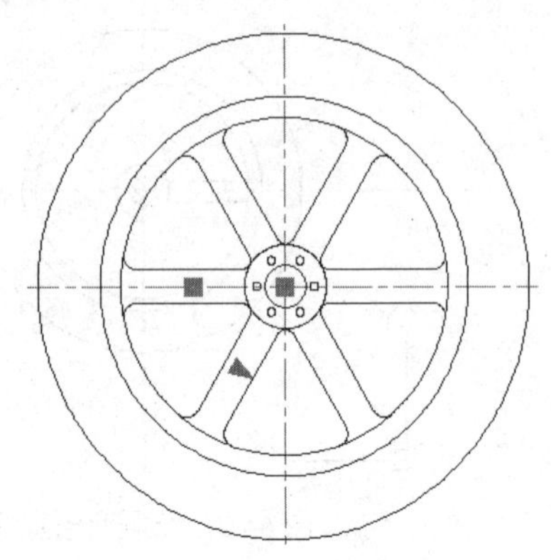
图 6-87　阵列对象

6.5.3　创建倒角

为了便于装配，并且保护零件表面不受损伤，一般在轴端、孔口、抬肩和拐角处加工出倒角(即圆台面)，这样可以去除零件的尖锐刺边，避免刮伤。在 AutoCAD 中利用“倒角”工具可以很方便地绘制倒角结构造型，可以执行倒角操作的对象包括直线、多段线、构造线、射线或三维实体。

在 AutoCAD 中，用户可以通过以下几种方法，使用“倒角”命令将对象的某些尖锐角变成倾斜的面，使它们以平角或倒角连接。

- 选择“修改”|“倒角”命令。
- 在命令行中执行 CHAMFER 或 CHA 命令。
- 选择“默认”选项卡，在“修改”面板中单击“圆角”按钮旁的▼，在弹出的列表中选择“倒角”选项。

执行以上命令时，命令行显示如下提示信息。

```
选择第一条直线或 [放弃(U)/多段线(P)/距离(D)/角度(A)/修剪(T)/方法(E)/多个(M)]:
```

默认情况下，需要选择进行倒角的两条相邻的直线，然后按照当前的倒角大小对这两条直线修倒角。该命令提示中主要选项的功能如下。

- “多段线(P)”选项：以当前设置的倒角大小对多段线的各顶点(交角)修倒角。
- “距离(D)”选项：设置倒角距离尺寸。在命令行中输入字母 D，然后依次输入两个倒角距离，并分别选取两条倒角边，即可获得倒角效果。如图 6-88 所示，依次指定两个倒角距离均为 6，然后选取两条倒角边，此时将显示相应的倒角效果。

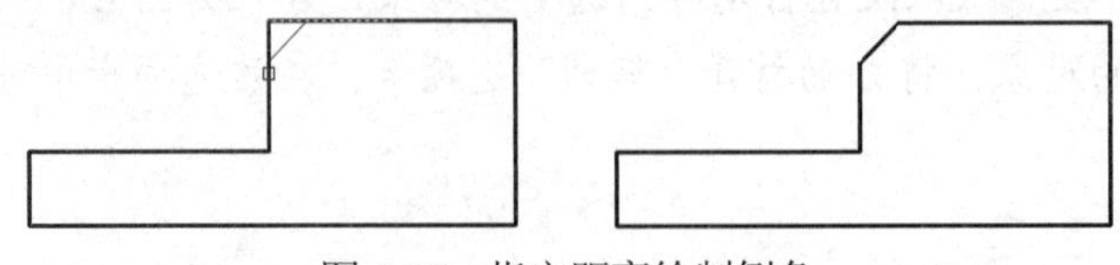
图 6-88　指定距离绘制倒角

- “角度(A)”选项：根据第 1 个倒角距离和角度来设置倒角尺寸。
- “修剪(T)”选项：设置倒角后是否保留原拐角边，命令行将显示“输入修剪模式选项 [修剪(T)/不修剪(N)] <修剪>：”提示信息。其中，选择“修剪(T)”选项，表示倒角后对倒角边进行修剪；选择“不修剪(N)”选项，表示不进行修剪。
- “方法(E)”选项：设置倒角的方法，命令行将显示“输入修剪方法[距离(D)/角度(A)] <距离>：”提示信息。其中，选择“距离(D)”选项，表示以两条边的倒角距离来修倒角；选择“角度(A)”选项，表示以一条边的距离以及相应的角度来修倒角。
- “多个(M)”选项：对多个对象修倒角。

6.5.4　使用打断工具

在 AutoCAD 中，用户可以使用打断工具使对象保持一定间隔。该类打断工具包括“打断”和“打断于点”两种类型。此类工具可以在一个对象上去除部分线段，创建出间距效果，或以指定分割点的方式将对象分割为两部分。

1. 打断

打断是指删除部分对象或将对象分解成两部分，并且对象之间可以有间隙，也可以没有间隙。在 AutoCAD 中，可以打断的对象包括直线、圆、圆弧、椭圆等。

默认情况下，以选择对象时的拾取点作为第 1 个断点，同时还需要指定第 2 个断点。如果直接选取对象上的另一点或者在对象的一端之外拾取一点，系统将删除对象上位于两个拾取点之间的部分。如果选择“第一点(F)”选项，可以重新确定第 1 个断点。

在确定第 2 个打断点时，如果在命令行中输入@，可以使第 1 个、第 2 个断点重合，从而将对象一分为二。如果对圆、矩形等封闭图形使用打断命令，AutoCAD 将沿逆时针方向把第 1 个断点到第 2 个断点之间的那段圆弧直线删除。例如，在图 6-89 所示图形中，使用打断命令时，先后单击点 A 和 B 与单击点 B 和 A 产生的效果是不同的。

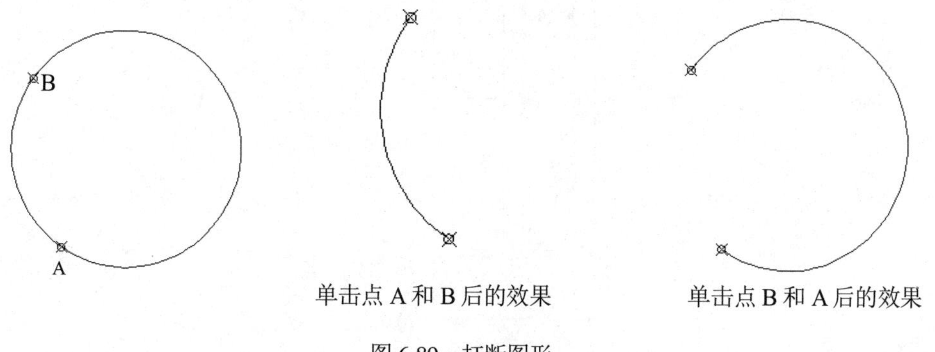

图 6-89　打断图形

默认情况下，系统总是删除从第 1 个断点到第 2 个断点之间的部分，并且在对圆和椭圆等封闭图形进行打断时，系统将按照逆时针方向删除从第 1 个断点到第 2 个断点之间的对象。

2. 打断于点

打断于点是打断命令的后续命令，它将对象在一点处断开以生成两个对象。一个对象在执行过打断于点命令后，从外观上看不出有什么差别。但当选取该对象时，可以发现该对象已经被打断成两部分。

单击“打断于点”按钮，然后选取一个对象，并在该对象上单击指定打断点的位置，即可将该对象分割为两个对象。

例如，在图 6-90 所示图形中，若要从点 C 处打断圆弧，可以执行“打断于点”命令，并选择圆弧，然后单击点 C 即可。

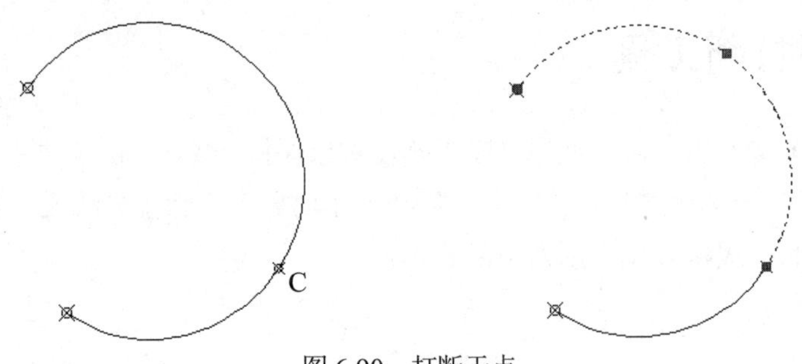

图 6-90　打断于点

6.6　思考和练习

1. 在 AutoCAD 2021 中，选择图形对象的方法有哪些？
2. “圆角”命令与“倒角”命令有何区别？
3. 使用阵列功能绘制如图 6-91 所示的立面门。

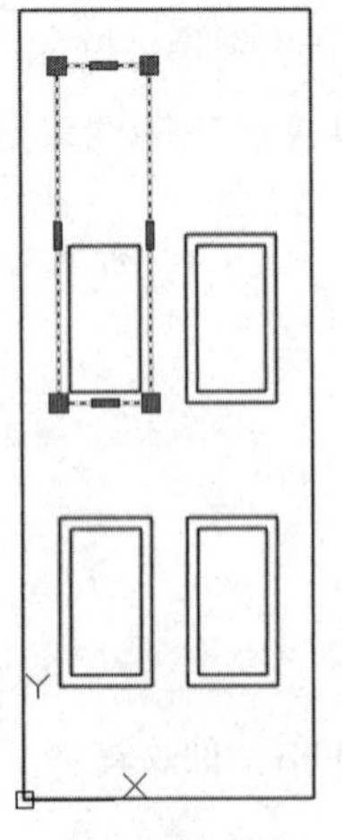

图 6-91　绘制立面门

第7章

输入文字和创建表格

文字对象是AutoCAD图形中非常重要的图形元素，也是机械制图和工程制图中不可缺少的组成部分。在一个完整的图样中，通常使用一些文字注释来标注图样中的一些非图形信息。例如，机械工程制图中的技术要求、装配说明，以及工程制图中的材料说明、施工要求等。另外，在AutoCAD 2021中，使用表格功能可以创建不同类型的表格。

7.1 设置文字样式

在 AutoCAD 中，所有文字都有与之关联的文字样式。在创建文字注释和尺寸标注时，AutoCAD 通常使用当前的文字样式。用户也可以根据具体要求重新设置文字样式或创建新的文字样式。文字样式包括“字体”“高度”“宽度因子”“倾斜角”“反向”“颠倒”以及“垂直”等参数。

7.1.1 创建文字样式

在快速访问工具栏中选择“显示菜单栏”命令，在显示的菜单栏中选择“格式”|“文字样式”命令(或在“功能区”选项板中选择“注释”选项卡，在“文字”面板中单击“Standard”下拉列表框，然后选择“管理文字样式”选项)，打开“文字样式”对话框，如图 7-1 所示。利用该对话框可以修改或创建文字样式，并设置文字的当前样式。

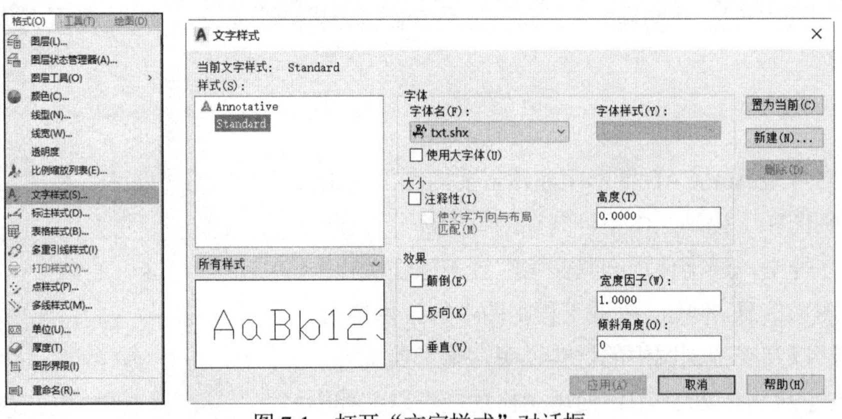

图 7-1 打开“文字样式”对话框

在“文字样式”对话框中，可以执行显示文字样式的名称、创建新的文字样式、为已有的文字样式重命名以及删除文字样式等操作。该对话框中各个选项的功能如下。

- “样式”列表框：里面列出了当前可以使用的文字样式，默认文字样式为 Standard (标准)。
- “置为当前”按钮：单击该按钮，可以将选择的文字样式设置为当前的文字样式。
- “新建”按钮：单击该按钮，AutoCAD 将打开“新建文字样式”对话框，如图 7-2 所示。在该对话框的“样式名”文本框中输入新建的文字样式的名称后，单击“确定”按钮，可以创建新的文字样式。新建的文字样式将显示在“样式”列表框中。
- “删除”按钮：单击该按钮，可以删除所选的文字样式，但无法删除已经使用的文字样式和默认的 Standard 样式。

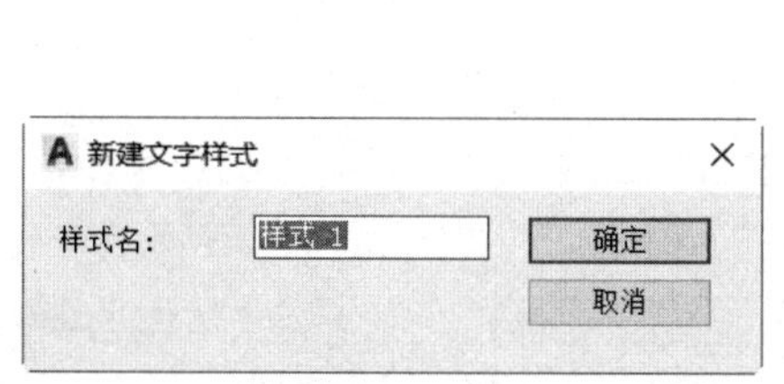

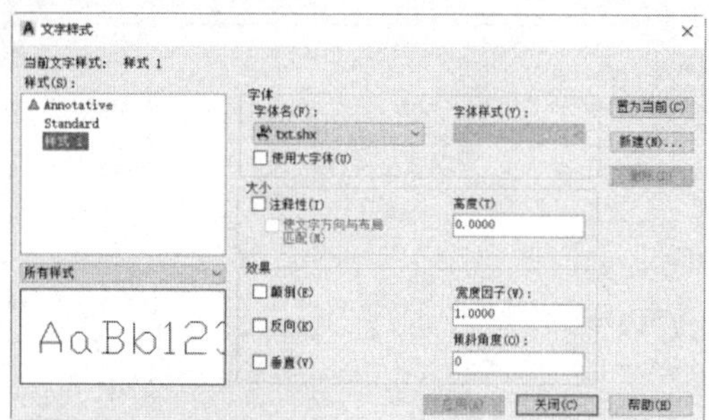

图 7-2　新建文字样式

注意：

如果要重命名文字样式，可在“样式”列表框中右击要重命名的文字样式，在弹出的快捷菜单中选择“重命名”命令，然后输入新的文字样式名，但无法重命名默认的 Standard 样式。

7.1.2　设置字体和大小

“文字样式”对话框的“字体”选项区域用于设置文字样式使用的字体属性。其中，“字体名”下拉列表框用于设置字体，如图 7-3 所示；“字体样式”下拉列表框用于设置字体格式，如斜体、粗体和常规字体等，如图 7-4 所示。选中“使用大字体”复选框，“字体样式”下拉列表框变为“大字体”下拉列表框，用于选择大字体文件。

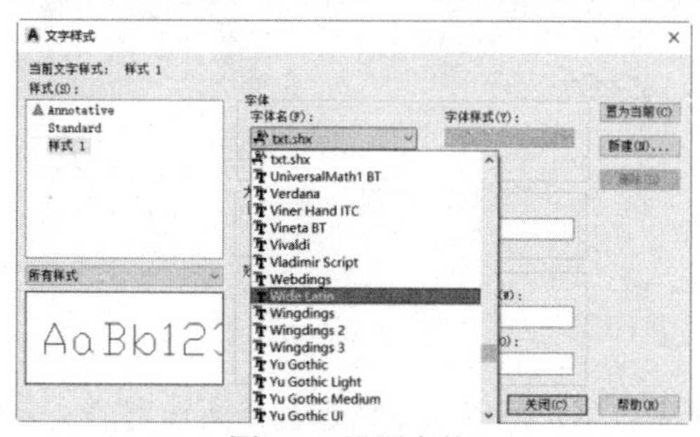

图 7-3　设置字体

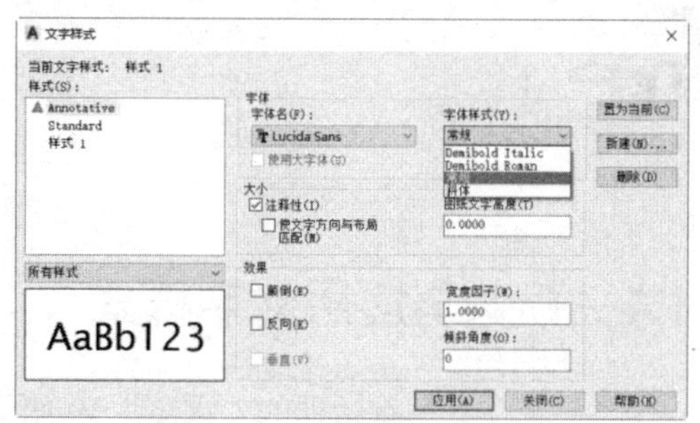

图 7-4　设置字体样式

“文字样式”对话框中的“大小”选项区域用于设置文字样式使用的字高属性。其中，“注释性”复选框用于设置文字是否为注释性对象，“高度”文本框用于设置文字的高度。如果将文字的高度设为 0，在使用 TEXT 命令标注文字时，命令行将显示“指定高度：”提示信息，要求指定文字的高度。如果在“高度”文本框中输入文字高度，AutoCAD 将按此高度标注文字，而不再提示指定高度。

7.1.3　设置文字效果

在“文字样式”对话框中的“效果”选项区域中，用户可以设置文字的显示效果。

- “颠倒”复选框：用于设置是否将文字倒过来书写，如图 7-5 所示。
- “反向”复选框：用于设置是否将文字反向书写，如图 7-6 所示。

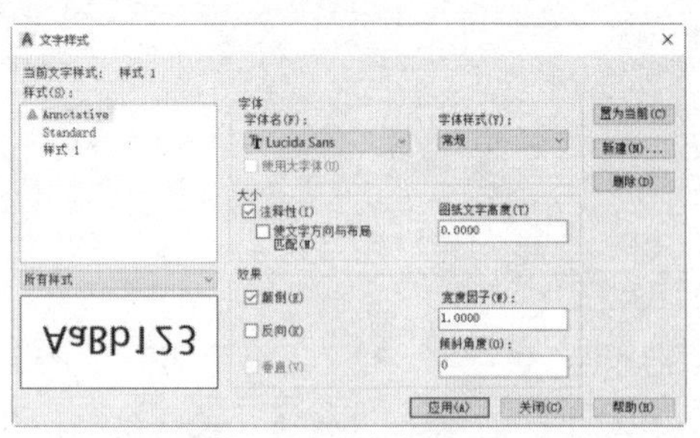

图 7-5　文字颠倒

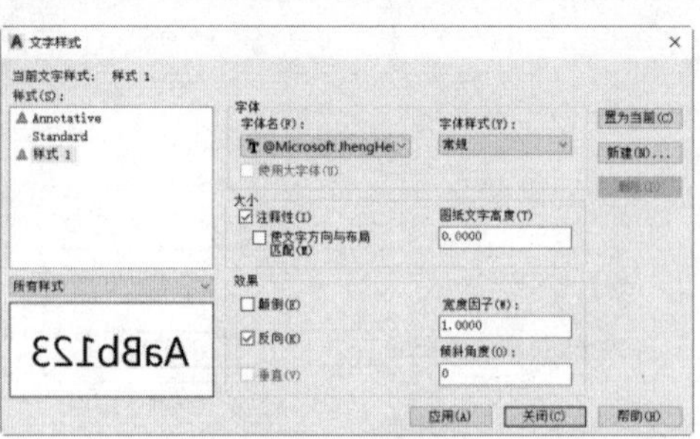

图 7-6　文字反向

- “垂直”复选框：用于设置是否将文字垂直书写，但垂直效果对汉字字体无效。
- “宽度因子”文本框：用于设置文字字符的高度和宽度之比。当宽度比例为 1 时，将按系统定义的高宽比书写文字；当宽度比例小于 1 时，字符会变窄；当宽度比例大于 1 时，字符会变宽，如图 7-7 所示。
- “倾斜角度”文本框：用于设置文字的倾斜角度。角度为 0 时不倾斜，角度为正值时向右倾斜，角度为负值时向左倾斜，如图 7-8 所示。

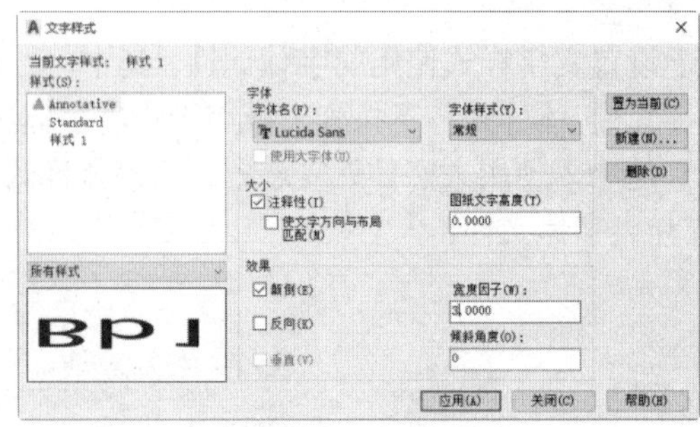

图 7-7　文字宽度

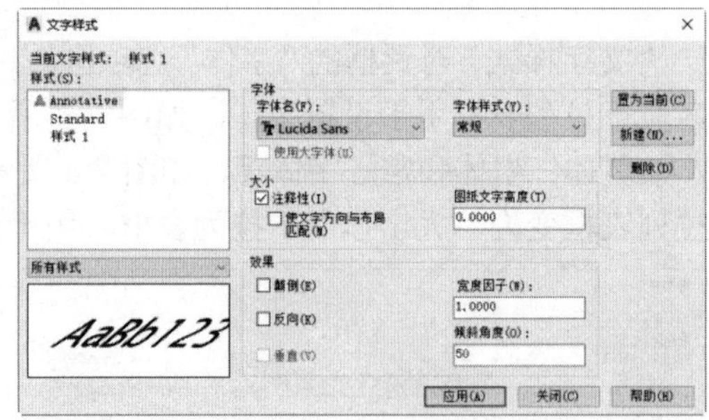

图 7-8　文字倾斜

7.1.4　预览与应用文字样式

在“文字样式”对话框的“预览”选项区域中，用户可以预览所选择或所设置的文字样式效果。设置完文字样式后，单击“应用”按钮即可应用文字样式，然后单击“关闭”按钮，关闭“文字样式”对话框。

【练习 7-1】定义新的文字样式 text1，字高为 5，向右倾斜的角度为 20°。视频

(1) 在快速访问工具栏中选择“显示菜单栏”命令。在显示的菜单栏中选择“格式”|“文字样式”命令，打开“文字样式”对话框。

(2) 单击“新建”按钮，打开“新建文字样式”对话框。在“样式名”文本框中输入“机械样式”，如图 7-9 所示。然后单击“确定”按钮，AutoCAD 返回到“文字样式”对话框。

(3) 右击“样式”列表框中的“机械样式”文字样式，在弹出的快捷菜单中选择“重命名”命令，如图 7-10 所示，输入新的样式名 textl，按下 Enter 键，即可重命名文字样式。设置字高为 5，向右倾斜的角度为 20° 后，单击“关闭”按钮。

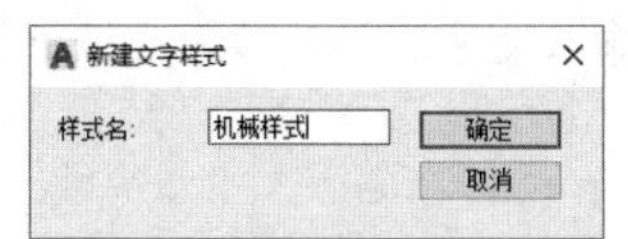

图 7-9　“新建文字样式”对话框

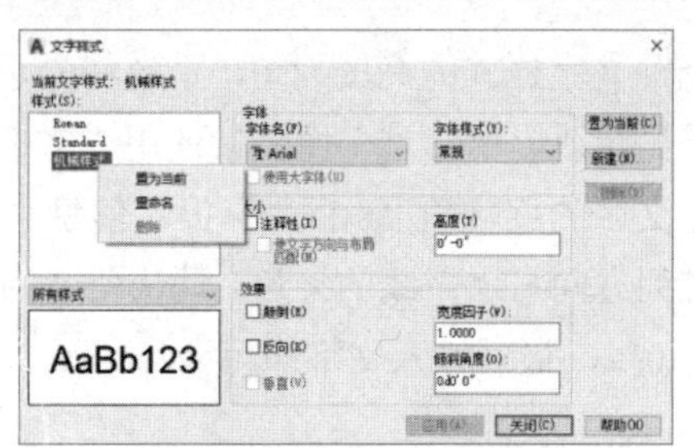

图 7-10　重命名文字样式

7.2　输入单行文字

在 AutoCAD 2021 中，使用如图 7-11 所示的“文字”工具栏和“注释”选项卡中的“文字”面板可以创建和编辑文字。对于单行文字来说，每一行都是一个文字对象，因此可以用来创建文字内容比较简短的文字对象(如标签)，并且可以进行单独编辑。

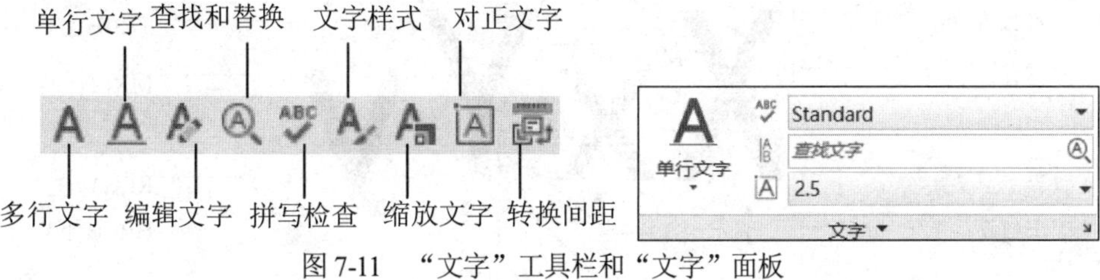

图 7-11　“文字”工具栏和“文字”面板

7.2.1　创建单行文字

在菜单栏中选择“绘图”|“文字”|“单行文字”命令；单击“文字”工具栏中的“单行文字”按钮A；或在“功能区”选项板中选择“注释”选项卡，在“文字”面板中单击“单行文字”按钮A，都可以在图形中创建单行文字对象。

执行“创建单行文字”命令时，AutoCAD 提示如下信息。

```
当前文字样式: Standard　当前文字高度: 2.5000
指定文字的起点或 [对正(J)/样式(S)]:
```

1. 指定文字的起点

默认情况下，通过指定单行文字行基线的起点位置创建文字。AutoCAD为文字行定义了顶线、中线、基线和底线4条线，用于确定文字行的位置。这4条线与文字串的关系如图7-12所示。

图 7-12　文字标注参考线的定义

如果当前文字样式的高度为 0，系统将显示“指定高度：”提示信息，要求指定文字高度，否则不显示该提示信息，而直接使用“文字样式”对话框中设置的文字高度。然后系统显示“指定文字的旋转角度<0>：”提示信息，要求指定文字的旋转角度。文字旋转角度是指文字行排列方向与水平线的夹角，默认角度为 0°。输入文字旋转角度，或按下 Enter 键使用默认角度 0°，最后输入文字即可。

2. 设置对正方式

在系统显示“指定文字的起点或[对正(J)/样式(S)]：”提示信息后输入 J，可以设置文字的排列方式。命令行提示信息如下。

```
输入选项 [左(L)/居中(C)/右(R)/对齐(A)/中间(M)/布满(F)/左上(TL)/中上(TC)/右上(TR)/左中(ML)/正中(MC)/右中(MR)/左下(BL)/中下(BC)/右下(BR)]:
```

在 AutoCAD 2021 中，系统为文字提供了多种对正方式，显示效果如图 7-13 所示。

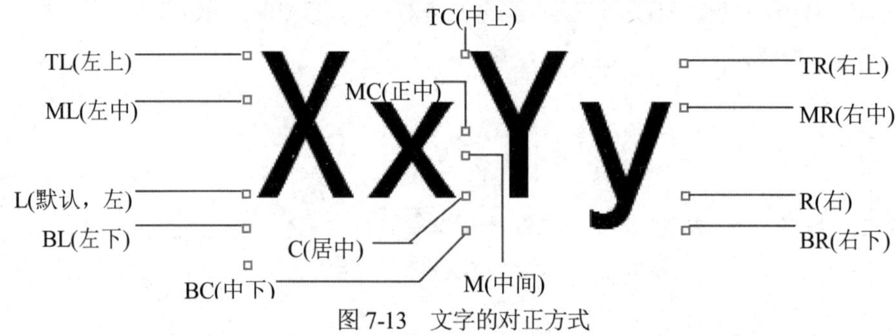

图 7-13 文字的对正方式

以上提示信息中各选项的含义如下。

- 对齐(A)：要求确定所标注文字行基线的起点与终点位置。
- 调整(F)：此选项要求用户确定文字行基线的起点、终点位置以及文字的高度。
- 居中(C)：此选项要求确定一点，AutoCAD 把该点作为所标注文字行基线的中点，即所输入文字的基线将以该点为参照居中对齐。
- 中间(M)：此选项要求确定一点，AutoCAD 把该点作为所标注文字行的中间点，即以该点作为文字行水平、垂直方向上的中点。
- 右(R)：此选项要求确定一点，AutoCAD 把该点作为文字行基线的右端点。

在与“对正(J)”选项对应的其他提示中，“左上(TL)”“中上(TC)”“右上(TR)”选项分别表示将以所确定点作为文字行顶线的起点、中点和终点；“左中(ML)”“正中(MC)”“右中(MR)”选项分别表示将以所确定点作为文字行中线的起点、中点和终点；“左下(BL)”“中下(BC)”“右下(BR)”选项分别表示将以所确定点作为文字行底线的起点、中点和终点。图 7-14 显示了上述文字对正示例。

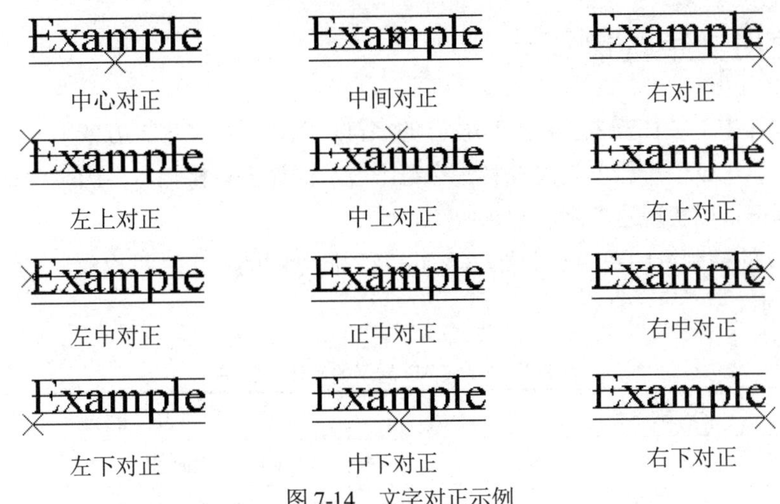

图 7-14　文字对正示例

注意：

在输入文字的过程中，可以随时改变文字的位置。如果在输入文字的过程中想改变后面输入的文字位置，可先将光标移到新位置并按下拾取键，原有标注行结束，标志出现在新确定的位置后可以在此继续输入文字。但在标注文字时，不论采用哪种文字排列方式，输入文字时，在屏幕上显示的文字都按左对齐的方式排列，直到结束 TEXT 命令后，才按指定的排列方式重新生成文字。

3. 设置当前文字样式

在系统显示“指定文字的起点或 [对正(J)/样式(S)]：”提示信息后输入 S，可以设置当前使用的文字样式。选择该选项时，命令行显示如下提示信息。

```
输入样式名或 [?] <Mytext>:
```

注意：

可以直接输入文字样式的名称，也可输入问号(?)，在“AutoCAD 文本窗口”中显示当前图形已有的文字样式。

例如，打开一个图形文件后，在命令行中输入 DTEXT 命令，然后按下 Enter 键，显示命令行提示，捕捉图形上合适的文字起点，然后按下 Enter 键，输入“螺母——侧面带孔圆螺母”，按下 Enter 键确认，按下 Esc 键退出，即可创建单行文字，如图 7-15 所示。

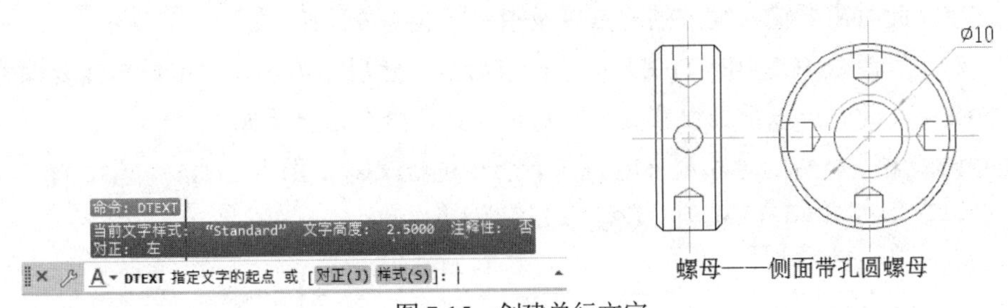

图 7-15　创建单行文字

7.2.2 使用文字控制符

在实际设计中，往往需要标注一些特殊的字符。例如，在文字上方或下方添加画线或标注“°”“±”“φ”等符号。这些特殊字符不能从键盘上直接输入，因此 AutoCAD 提供了相应的控制符，以实现这些标注要求。

AutoCAD 的控制符由两个百分号(%%)以及后面紧跟的一个字符构成，常用的标注控制符如表 7-1 所示。

表 7-1 AutoCAD 常用的标注控制符

控 制 符	功 能
%%O	打开或关闭文字上画线
%%U	打开或关闭文字下画线
%%D	标注度(°) 符号
%%P	标注正负公差(±)符号
%%C	标注直径(φ)符号

在 AutoCAD 常用的标注控制符中，%%O 和%%U 分别是上画线和下画线的开关。第 1 次出现此符号时，可打开上画线或下画线；第 2 次出现该符号时，则会关闭上画线或下画线。

注意：

在“输入文字:”提示下，输入控制符时，这些控制符也临时显示在屏幕上。当结束文本创建命令时，这些控制符将从屏幕上消失，转换成相应的特殊符号。

7.2.3 编辑单行文字

编辑单行文字包括编辑文字的内容、对正方式及缩放比例，用户可以在快速访问工具栏中选择“显示菜单栏”命令，在显示的菜单栏中选择“修改”|“对象”|“文字”中的命令进行设置。各命令的功能如下。

- “编辑”命令(DDEDIT)：选择该命令，然后在绘图窗口中单击需要编辑的单行文字，进入文字编辑状态，可以重新输入文本内容。
- “比例”命令(SCALETEXT)：选择该命令，然后在绘图窗口中单击需要编辑的单行文字，此时需要输入缩放的基点以及指定新的缩放比例。
- “对正”命令(JUSTIFYTEXT)：选择该命令，然后在绘图窗口中单击需要编辑的单行文字，此时可以重新设置文字的对正方式。命令行提示如下。

```
JUSTIFYTEXT [左对齐(L)/对齐(A)/布满(F)/居中(C)/中间(M)/右对齐(R)/左上(TL)/中上(TC)/右上(TR)/左中(ML)/正中(MC)/右中(MR)/左下(BL)/中下(BC)/右下(BR)] <左对齐>:
```

1. 编辑文字

打开一个图形文件后，在命令行中输入 DDEDIT 命令，按下 Enter 键确认后，在命令行提示下选择单行文字，输入“ZWT-4 轴承盖”即可编辑原有的单行文字，如图 7-16 所示。

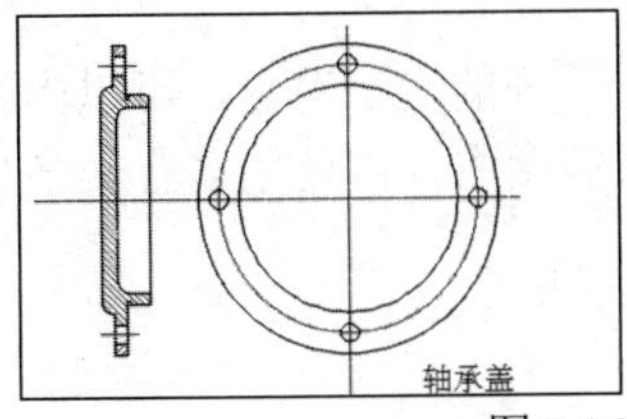

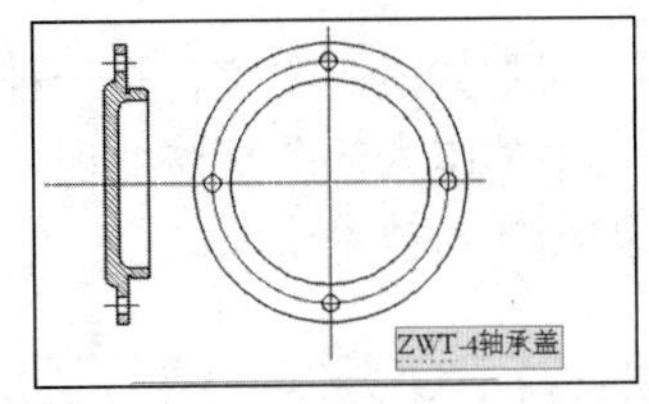

图 7-16　编辑单行文字

2. 设置缩放比例

在编辑单行文字时，用户可以使用“比例”命令对文字进行缩放。打开一个图形文件后，在命令行中输入 SCALETEXT 命令，按下 Enter 键确认后，在命令行提示下选择单行文字对象，连续按下两次 Enter 键，然后在命令行提示信息中输入 S。按下 Enter 键确认后，在命令行提示下输入 3，按下 Enter 键确认即可，效果如图 7-17 所示。

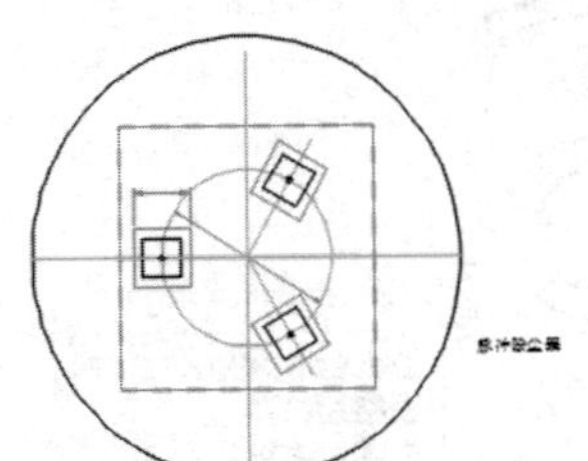

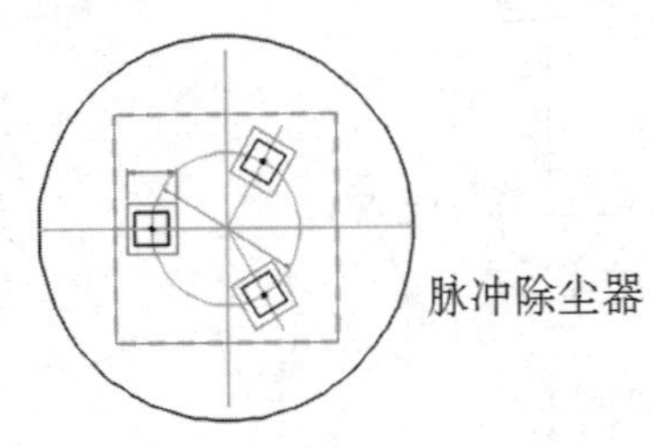

图 7-17　缩放单行文字

3. 设置对正方式

在 AutoCAD 中，用户可以使用“对正”命令，更改文字对象的对正点而不更改其位置。打开图形文件后，选中图形中的单行文字，在命令行中输入 JUSTIFYTEXT，按下 Enter 键，在如图 7-18 所示的命令行提示下输入 BC，按下 Enter 键即可完成单行文字的编辑，效果对比如图 7-19 所示。

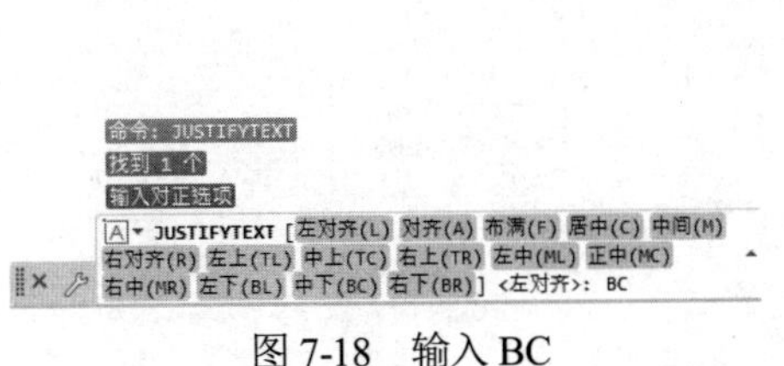

图 7-18　输入 BC

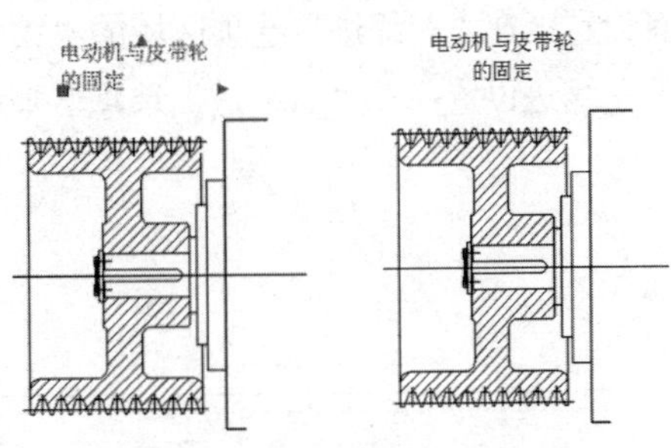

图 7-19　对正单行文字

7.3　输入多行文字

“多行文字”又称为段落文字，是一种更易于管理的文字对象，可以由两行以上的文字组成，而且各行文字都作为一个整体处理。在机械制图中，常使用多行文字功能创建较为复杂的文字说明，如图样的技术要求。

7.3.1　创建多行文字

在快速访问工具栏中选择“显示菜单栏”命令，在显示的菜单栏中选择“绘图”|“文字”|“多行文字”命令(或在“功能区”选项板中选择“注释”选项卡，在“文字”面板中单击“多行文字”按钮A)。按下 Enter 键确认，在命令行提示下，依次捕捉合适的两个端点以形成矩形区域，将打开文字输入窗口(如图 7-20 所示)和“文字编辑器”选项卡。利用它们可以设置多行文字的样式、字体及大小等属性。

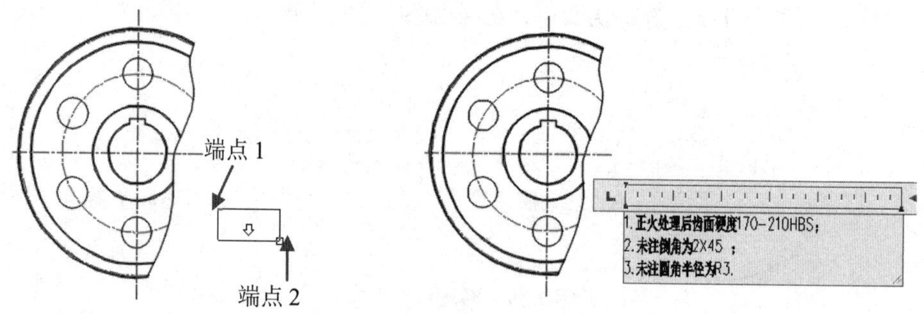

图 7-20　创建多行文字

1. 设置缩进、制表位和多行文字宽度

在文字输入窗口的标尺上右击，从弹出的快捷菜单中选择“段落”命令，打开“段落”对话框，如图 7-21 所示，从中可以设置缩进和制表位。其中，在“制表位”选项区域中可以设置制表位的位置。单击“添加”按钮可以设置新制表位，单击“清除”按钮可清除列表框中的所有设置；在“左缩进”选项区域的“第一行”文本框和“悬挂”文本框中可以设置首行和段落的左缩进位置；在“右缩进”选项区域的“右”文本框中可以设置段落的右缩进位置。

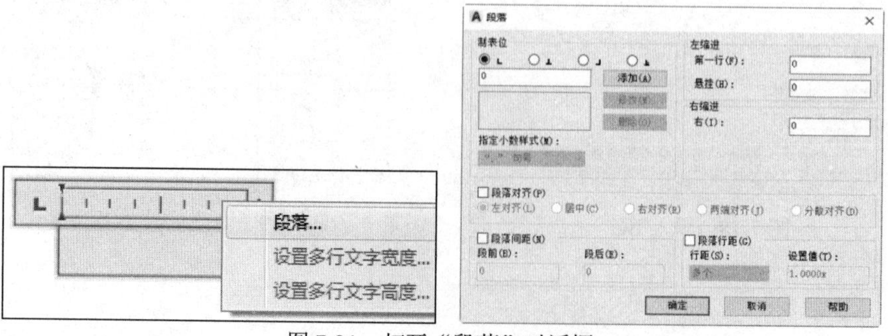

图 7-21　打开“段落”对话框

注意：

在标尺快捷菜单中选择“设置多行文字宽度”命令，可以打开“设置多行文字宽度”对话框，在“宽度”文本框中可以设置多行文字的宽度。

2. 输入文字

在多行文字的文字输入窗口中，可以直接输入多行文字，也可以在文字输入窗口中右击，从弹出的快捷菜单中选择“输入文字”命令，将已经在其他文字编辑器中创建的文字内容直接导入当前图形中。

【练习 7-2】 在 AutoCAD 打开的图形中创建多行文字。视频

(1) 在“功能区”选项板中选择“注释”选项卡，然后在“文字”面板中单击“多行文字”按钮A。

(2) 在绘图窗口中拖动并创建一个用于放置多行文字的矩形区域。

(3) 在“文字编辑器”选项卡的“样式”面板的“样式”列表框中设置文字样式，然后在“文字高度”下拉列表框中设置文字高度，如图 7-22 所示。

(4) 设置完毕后，在文字输入窗口中输入需要创建的多行文字内容，然后在“文字编辑器”选项卡的“关闭”面板中单击“关闭文字编辑器”按钮，输入文字后的最终效果如图 7-23 所示。

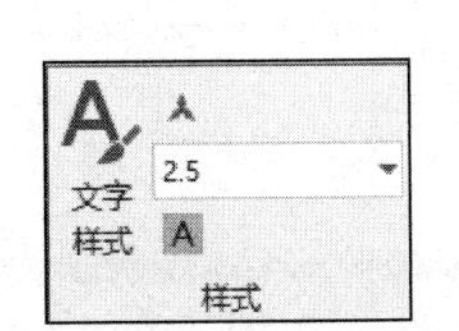

图 7-22　设置多行文字

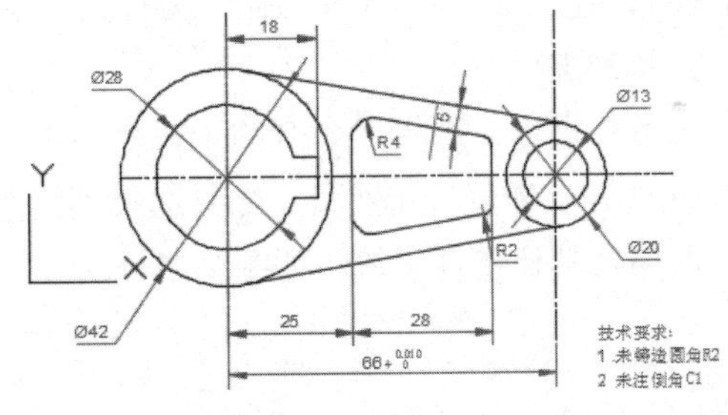

图 7-23　多行文字效果

7.3.2　编辑多行文字

要编辑创建的多行文字，可以在快速访问工具栏中选择“显示菜单栏”命令。在显示的菜单栏中选择“修改”|“对象”|“文字”|“编辑”命令，并单击创建的多行文字，打开多行文字编辑窗口。然后参照多行文字的设置方法，修改并编辑文字(也可以在绘图窗口中双击输入的多行文字后编辑文字)，如图 7-24 所示。

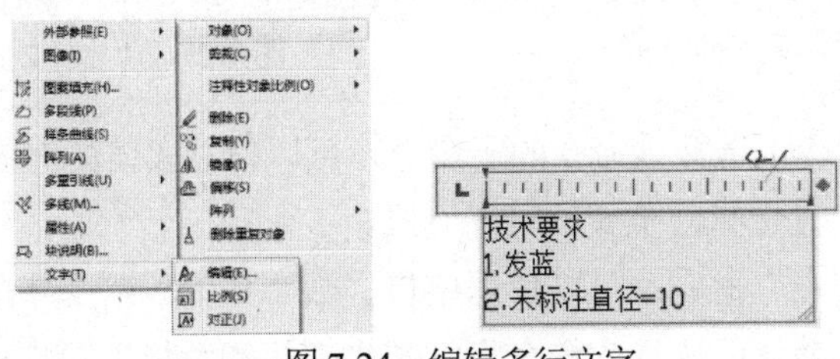

图 7-24　编辑多行文字

1. 使用菜单命令

在文字输入窗口中右击，将弹出一个快捷菜单，通过该快捷菜单可以对多行文字进行更多的设置，如图 7-25 所示。

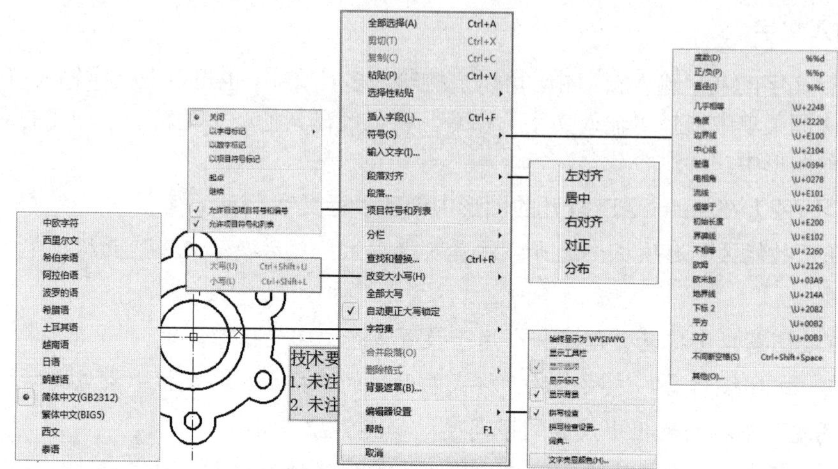

图 7-25　多行文字的快捷菜单

在多行文字的快捷菜单中，主要命令的功能如下。

- “插入字段”命令：选择该命令将打开“字段”对话框，可以选择需要插入的字段，如图 7-26 所示。
- “符号”命令：选择该命令的子命令，可以在实际设计中插入一些特殊的字符，如度数、正/负和直径等符号。如果选择“其他”命令，将打开“字符映射表”对话框，可以插入其他特殊字符，如图 7-27 所示。

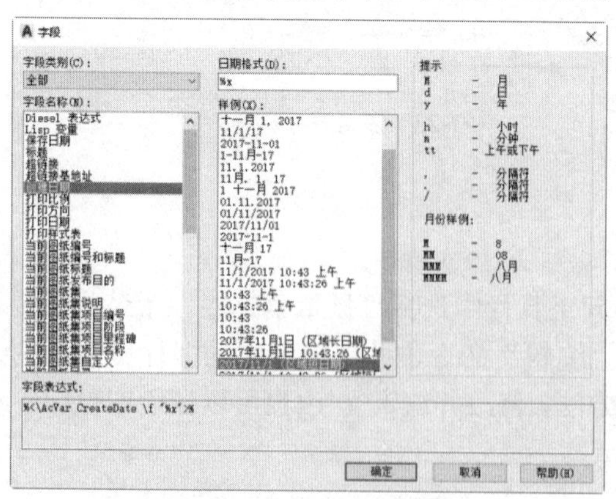

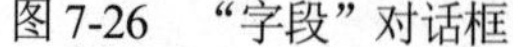

图 7-26　“字段”对话框

图 7-27　“字符映射表”对话框

- “段落对齐”命令：选择该命令的子命令，可以设置段落的对齐方式，包括左对齐、居中、右对齐、对正和分布 5 种对齐方式。
- “项目符号和列表”命令：可以使用字母、数字作为段落文字的项目符号。
- “查找和替换”命令：选择该命令将打开“查找和替换”对话框，如图 7-28 所示。可以搜索或同时替换指定的字符串，也可以设置查找的条件，如是否全字匹配、是否区分大小写等。

- “背景遮罩”命令：选择该命令将打开“背景遮罩”对话框，可以设置是否使用背景遮罩、边界偏移因子(1~5)，以及背景遮罩的填充颜色，如图 7-29 所示。

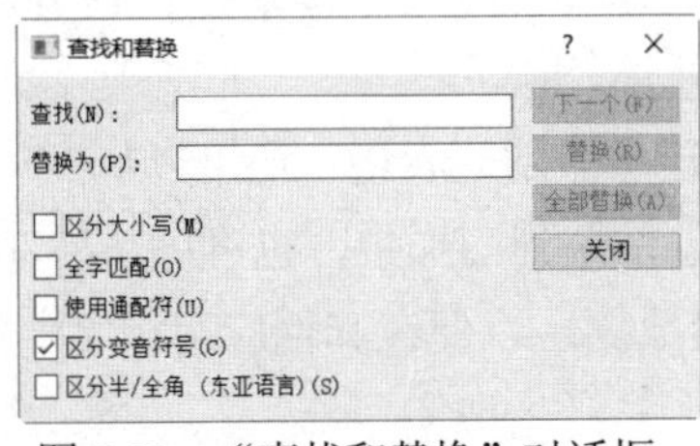

图 7-28　“查找和替换”对话框

图 7-29　“背景遮罩”对话框

- “合并段落”命令：可以将选定的多个段落合并为一个段落，并用空格代替每段的回车符。
- “自动更正大写锁定”命令：可以将新输入的英文转换成大写，该命令不会影响已有的文字。

2. 对正多行文字

在编辑多行文字时，经常需要设置其对正方式，对正多行文字的同时控制文字对齐和文字走向，具体方法如下。

首先打开图形文件，在命令行中输入 JUSTIFYTEXT 命令后按下 Enter 键确认，在命令行提示下选中多行文字，如图 7-30 所示。按下 Enter 键确认，在命令行提示下输入 R，设置多行文字右对齐，按下 Enter 键确认，对正多行文字后的效果如图 7-31 所示。

技术要求：
1.正火处理后齿面硬度170-210HBS；
2.未注倒角为2X45；
3.未注圆角半径为R3.

图 7-30　选中文字

技术要求：
1.正火处理后齿面硬度170-210HBS；
2.未注倒角为2X45；
3.未注圆角半径为R3.

图 7-31　对正效果

3. 控制文本显示

在 AutoCAD 中执行 QTEXT 命令，可以控制文本的显示。例如打开图形文件后，在命令行中输入 QTEXT 命令，按下 Enter 键确认，在命令行提示下输入 OFF 表示输入的文字能显示，输入 ON 表示输入的文字不显示。如图 7-32 所示为输入 OFF 后显示文字。

QTEXT 输入模式 [开(ON) 关(OFF)] <关>:

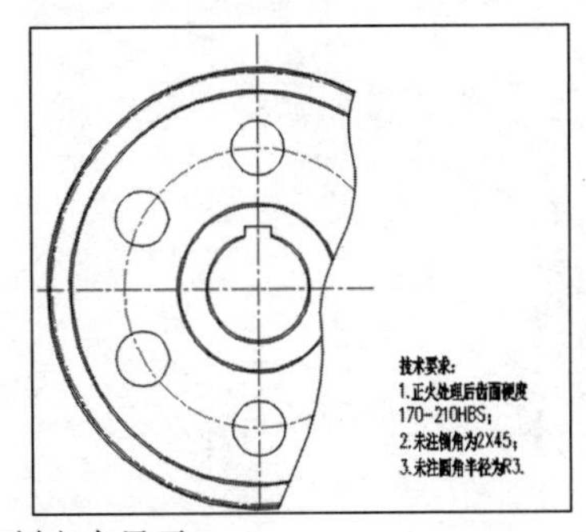

图 7-32　控制文本显示

7.4 创建表格

在 AutoCAD 2021 中，用户可以使用表格创建命令创建表格，还可以从 Microsoft Excel 中直接复制表格，并将其作为 AutoCAD 表格对象粘贴到图形中，也可以从外部直接导入表格对象。此外，还可以输出来自 AutoCAD 的表格数据，以便在其他应用程序中使用。

7.4.1 创建表格样式

表格样式控制表格的外观，用于保证字体、颜色、文本、高度和行距等格式符合要求。用户可以使用默认的表格样式，也可以根据需要自定义表格样式。

在快速访问工具栏中选择“显示菜单栏”命令，在显示的菜单栏中选择“格式”|“表格样式”命令；或在“功能区”选项板中选择“注释”选项卡，在“表格”面板中单击右下角的按钮，打开“表格样式”对话框，如图 7-33 所示。单击“新建”按钮，可以使用打开的“创建新的表格样式”对话框创建新的表格样式，如图 7-34 所示。

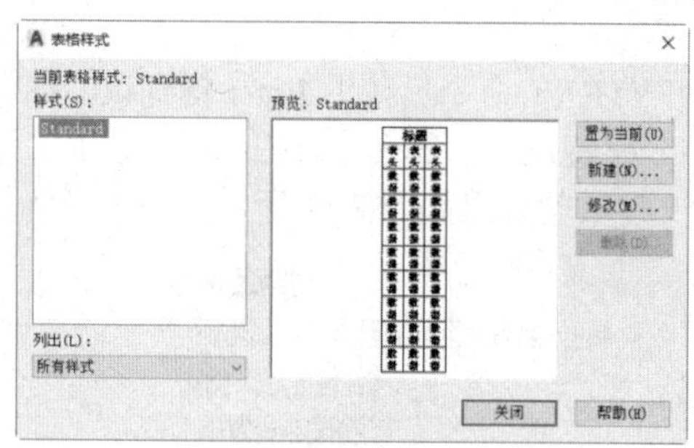

图 7-33 “表格样式”对话框

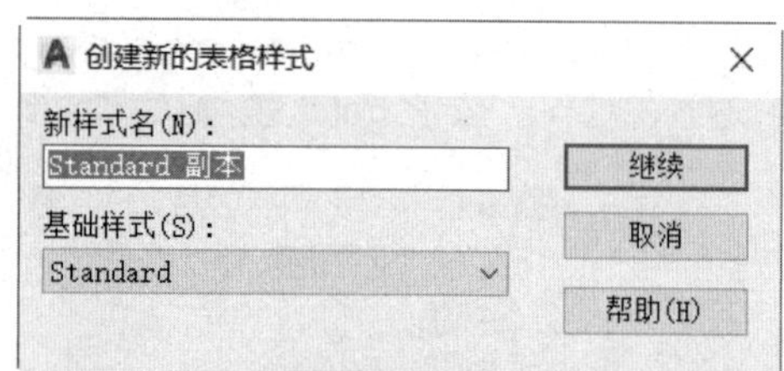

图 7-34 “创建新的表格样式”对话框

在“新样式名”文本框中输入新的表格样式名，在“基础样式”下拉列表中选择默认的表格样式、标准样式或者任何已经创建的样式，新样式将在该样式的基础上进行修改。然后单击“继续”按钮，将打开“新建表格样式”对话框。用户可以通过该对话框指定表格的行格式、表格方向、边框特性和文本样式等内容，如图 7-35 所示。

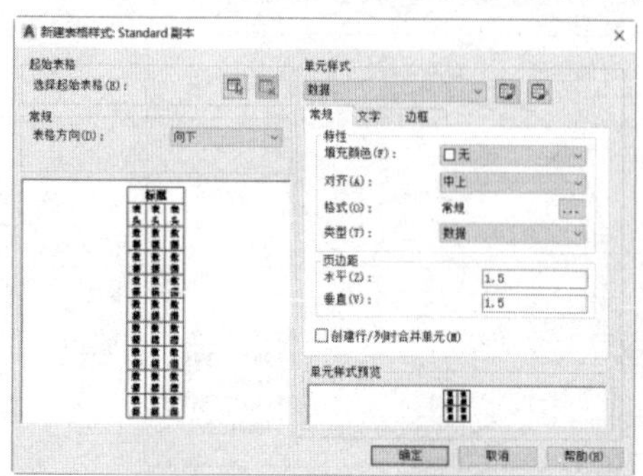

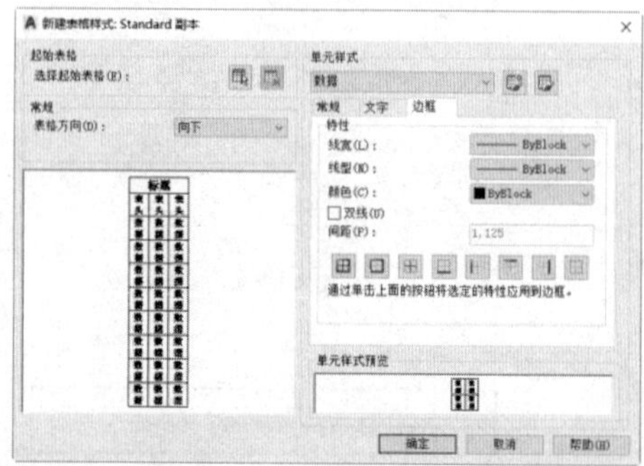

图 7-35 “新建表格样式”对话框

在“新建表格样式”对话框中，可以在“单元样式”选项区域的下拉列表中选择“数据”“标题”“表头”选项来分别设置表格的数据、标题和表头对应的样式。其中，“标题”选项如图 7-36 所示，“表头”选项如图 7-37 所示。

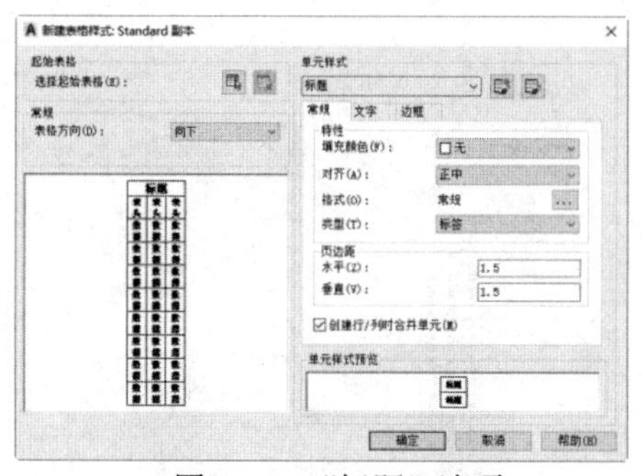

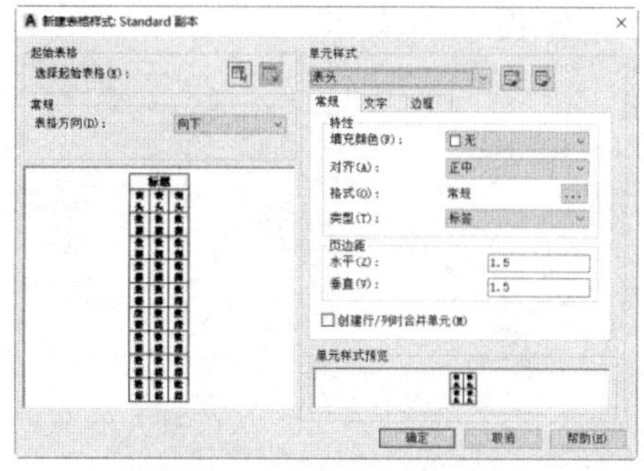

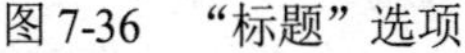

图 7-36　“标题”选项　　　图 7-37　“表头”选项

“新建表格样式”对话框中 3 个选项卡的内容基本相似，可以分别指定表格单元的常规特性、文字特性和边框特性。

- “常规”选项卡：设置表格的填充颜色、对齐方向、格式、类型及页边距等特性。
- “文字”选项卡：设置表格单元中的文字样式、高度、颜色和角度等特性。
- “边框”选项卡：当表格具有边框时，还可以设置表格的线宽、线型、颜色和间距等特性。

在 AutoCAD 中，还可以使用“表格样式”对话框来管理图形中的表格样式。在该对话框的“当前表格样式”的后面，显示了当前使用的表格样式(默认为 Standard)；“样式”列表框中显示了当前图形所包含的表格样式；“预览”窗口中显示了选中表格的样式；在“列出”下拉列表中，可以决定“样式”列表框显示图形中的所有样式还是显示正在使用的样式。

此外，在“表格样式”对话框中，还可以单击“置为当前”按钮，将选中的表格样式设置为当前使用的表格样式；单击“修改”按钮，可在打开的“修改表格样式”对话框中修改选中的表格样式，如图 7-38 所示；单击“删除”按钮，可删除选中的表格样式。

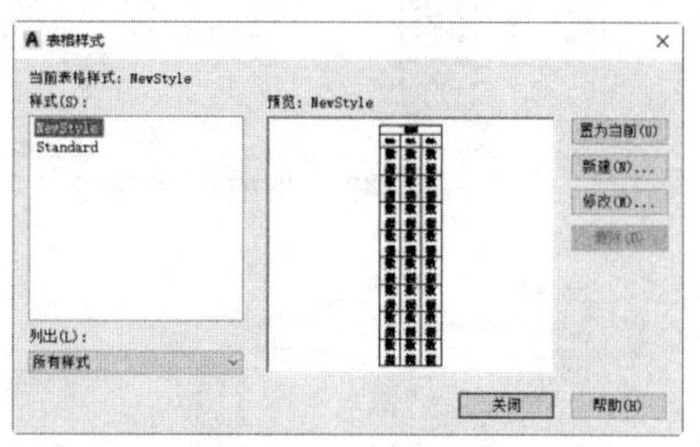

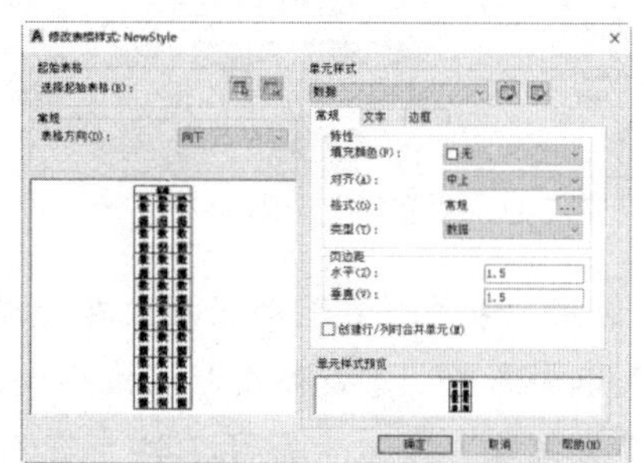

图 7-38　打开“修改表格样式”对话框

【练习 7-3】创建表格样式“建筑制图”。视频

(1) 在“功能区”选项板中选择“注释”选项卡，在“表格”面板中单击“表格样式”按钮，打开“表格样式”对话框。单击“新建”按钮，打开“创建新的表格样式”对话框。

然后在“新样式名”文本框中输入表格样式名“建筑制图”，单击“继续”按钮，如图 7-39 所示。

(2) 打开“新建表格样式”对话框，然后在“常规”选项区域中，设置“表格方向”为“向上”，如图 7-40 所示。

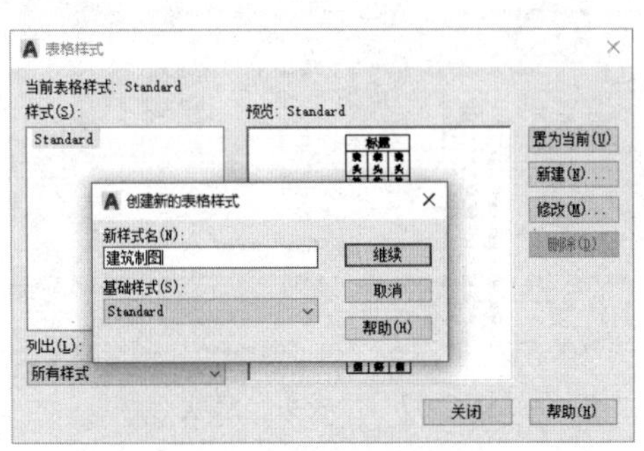

图 7-39 “创建新的表格样式”对话框

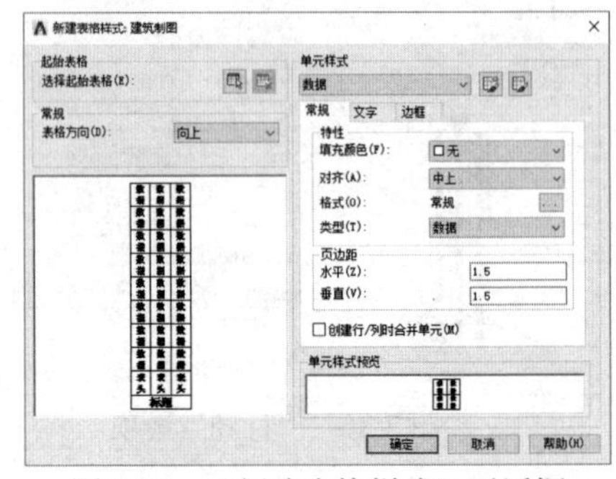

图 7-40 “新建表格样式”对话框

(3) 在“特性”选项区域中设置“对齐”“格式”等参数，在“页边距”选项区域中设置“垂直”和“水平”参数。

(4) 选择“文字”选项卡，在“特性”选项区域中设置“文字样式”“文字高度”“文字颜色”“文字角度”参数，如图 7-41 所示。

(5) 选择“边框”选项卡，在“特性”选项区域中设置“线宽”“线型”“颜色”等参数，然后单击“确定”按钮，如图 7-42 所示。

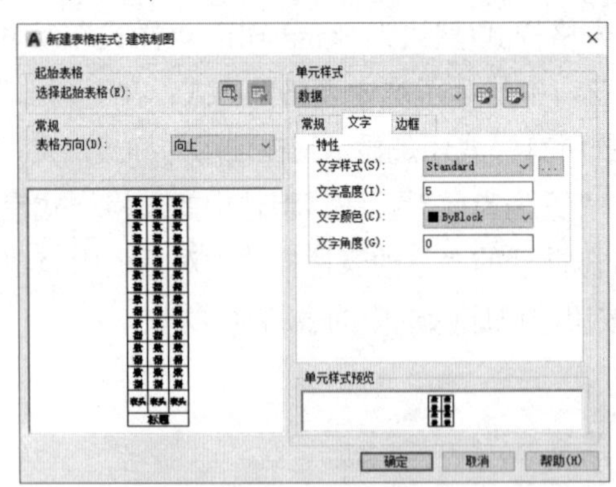

图 7-41 “文字”选项卡

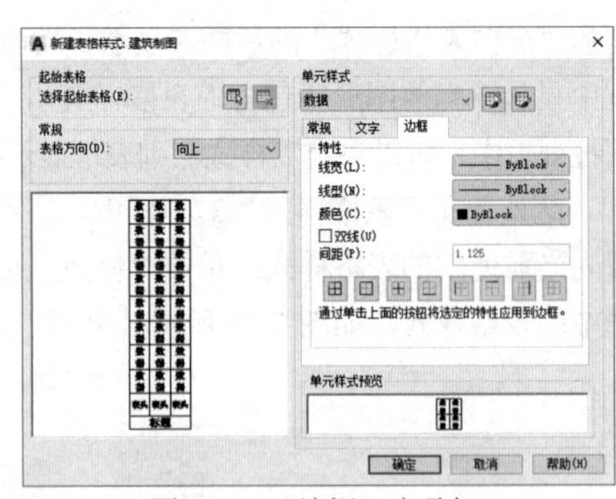

图 7-42 “边框”选项卡

(6) 返回“表格样式”对话框，在“样式”列表框中选择“建筑制图”表格样式，单击“置为当前”按钮，如图 7-43 所示。将该样式设置为当前表格样式，单击“关闭”按钮，关闭“表格样式”对话框，返回绘图区。

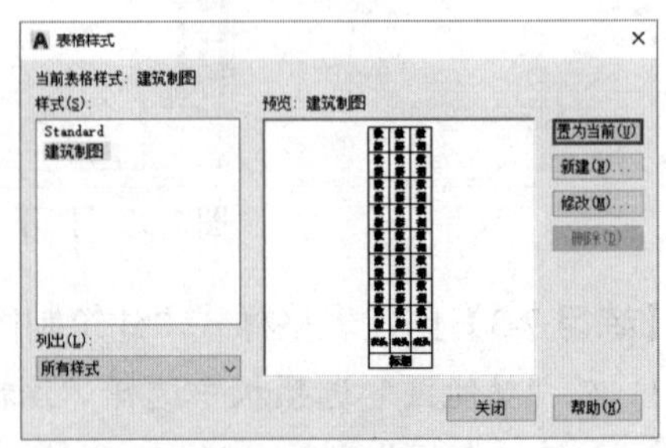

图 7-43 单击“置为当前”按钮

7.4.2　插入表格

在菜单栏中选择“绘图”|“表格”命令，可以打开 “插入表格”对话框。在“表格样式”选项区域，可以从“表格样式”下拉列表中选择表格样式，或单击其后的按钮，打开“表格样式”对话框，创建新的表格样式，如图 7-44 所示。

图 7-44　选择与设置表格样式

在“插入方式”选项区域中选中“指定插入点”单选按钮，可以在绘图窗口中的某点插入固定大小的表格；选中“指定窗口”单选按钮，可以在绘图窗口中通过拖动表格边框来创建任意大小的表格。

在“列和行设置”选项区域，可以通过改变“列数”“列宽”“数据行数”“行高”文本框中的数值来调整表格的外观大小。

例如打开图形文件后，在命令行中输入 TABLE 命令，打开“插入表格”对话框，设置“列数”为 2、“数据行数”为 8，如图 7-45 所示，单击“确定”按钮，在命令行提示下，捕捉绘图窗口中的一点，确定表格的位置，结果如图 7-46 所示。

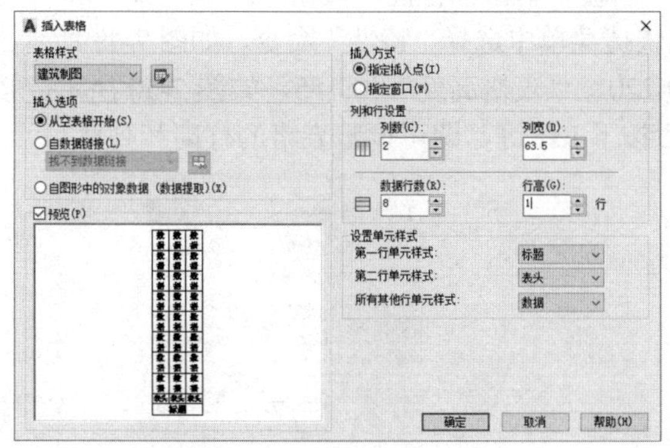

图 7-45　“插入表格”对话框

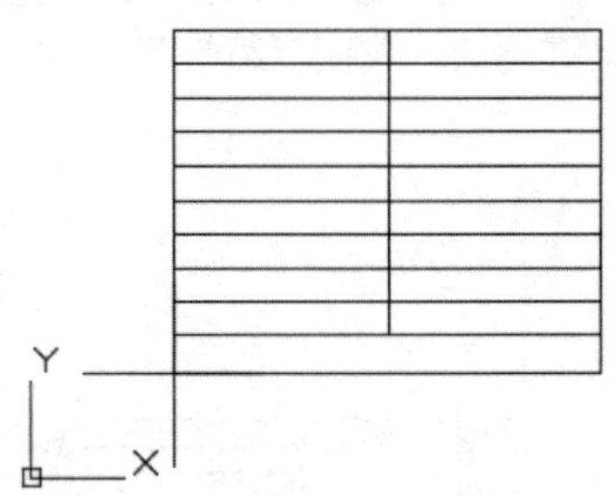

图 7-46　插入表格

7.4.3　编辑表格

在 AutoCAD 2021 中，还可以使用表格的快捷菜单来编辑表格。当选中整个表格时，其快捷菜单如图 7-47 所示；当选中表格单元时，其快捷菜单如图 7-48 所示。

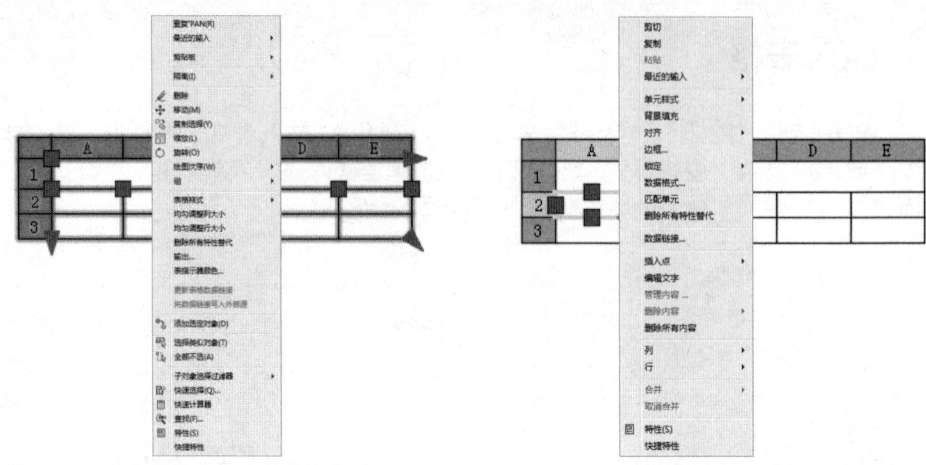

图 7-47　选中整个表格时的快捷菜单　　图 7-48　选中表格单元时的快捷菜单

1. 调整表格

从表格的快捷菜单中可以看到，可以对表格进行剪切、复制、删除、移动、缩放和旋转等简单操作，还可以均匀调整表格的行列大小，删除所有特性替代。当选择“输出”命令时，可以打开“输出数据”对话框，以.csv 格式输出表格中的数据。

在 AutoCAD 中，用户可以通过以下几种方法，执行“特性”命令，打开“特性”选项板来调整表格的行高和列宽。

- 选择“工具”|“选项板”|“特性”命令。
- 在命令行中执行 PROPRETIES 命令。
- 右击绘图窗口的空白处，在弹出的菜单中选择“特性”命令。
- 选择“默认”选项卡，在“特性”面板中单击“特性”按钮↘。

比如右击需要编辑的表格，在弹出的快捷菜单中选择“特性”命令，如图 7-49 所示。打开“特性”选项板，设置“表格宽度”为 220、“表格高度”为 155，如图 7-50 所示。按下 Enter 键确认，关闭“特性”选项板，然后按下 Esc 键，即可调整表格的行高和列宽。

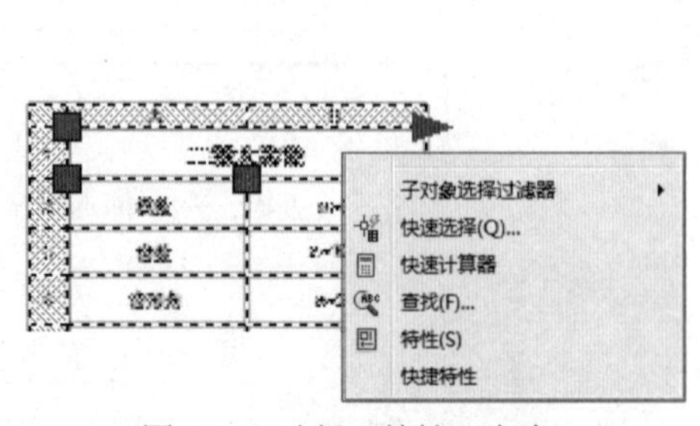

图 7-49　选择“特性”命令

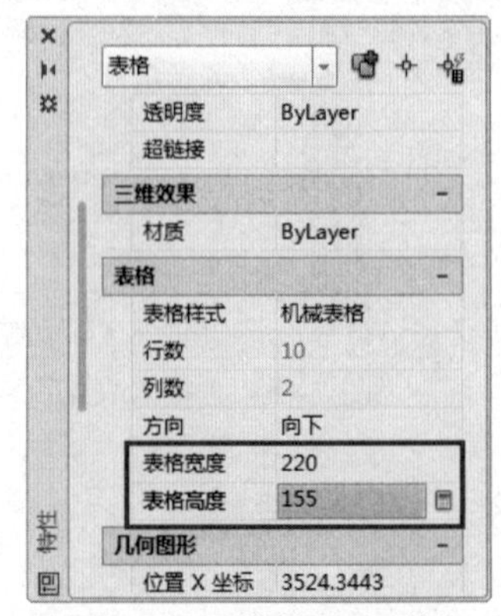

图 7-50　“特性”选项板

选中表格后，在表格的四周、标题行上将显示许多夹点，可以通过拖动这些夹点来编辑表格，如图 7-51 所示。

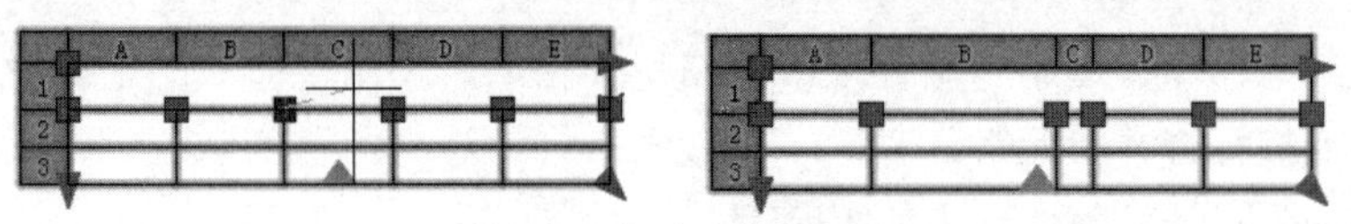

图 7-51　拖动表格的夹点

2. 添加行或列

在 AutoCAD 中，用户可以通过以下两种方法在表格中添加行。

- 选中表格单元后，选择“表格单元”选项卡，在“行”面板中单击“从下方插入”按钮，或单击“从上方插入”按钮。
- 在选择的单元格上右击，在弹出的快捷菜单中选择“在下方插入行”命令或“在上方插入行”命令。

在 AutoCAD 中，用户可以通过以下两种方法在表格中添加列。

- 选中表格单元后，选择“表格单元”选项卡，在“列”面板中单击“从左侧插入”按钮，或单击“从右侧插入”按钮。
- 在选择的单元格上右击，在弹出的快捷菜单中选择“从左侧插入列”命令或“在右侧插入列”命令。

3. 编辑表格单元

使用表格单元快捷菜单可以编辑表格单元，主要命令选项的功能说明如下。

- “对齐”命令：在该命令的子命令中可以选择表格单元的对齐方式，如左上、左中、左下等。
- “边框”命令：选择该命令将打开“单元边框特性”对话框，可以设置单元格边框的线宽、颜色等特性，如图 7-52 所示。
- “匹配单元”命令：用当前选中的表格单元格式(源对象)匹配其他表格单元(目标对象)，此时鼠标指针变为刷子形状，单击目标对象即可进行匹配。
- “插入点”命令：选择该命令的子命令，可以从中选择插入表格中的块、字段和公式。例如，选择“块”命令，将打开“在表格单元中插入块”对话框。可以从中设置插入的块在表格单元中的对齐方式、比例和旋转角度等特性，如图 7-53 所示。

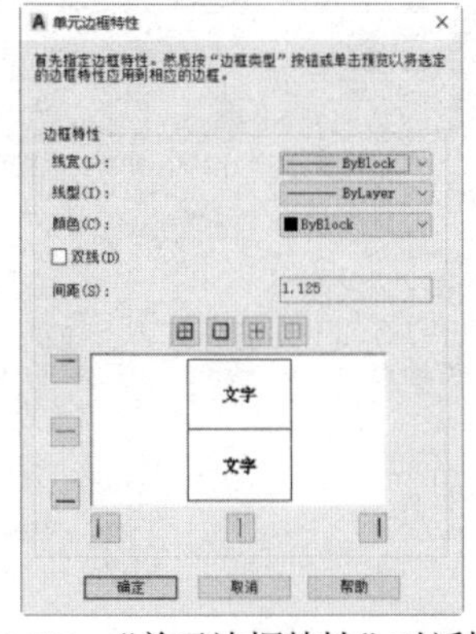

图 7-52　“单元边框特性”对话框

图 7-53　“在表格单元中插入块”对话框

● “合并”命令：选中多个连续的表格单元格后，使用该命令的子命令，可以全部、按列或按行合并单元格。

【练习 7-4】设计植物明细表。视频

(1) 选择“格式”|“表格样式”命令，打开“表格样式”对话框，单击“新建”按钮，打开“创建新的表格样式”对话框，在“新样式名”文本框中输入新的表格名称后，单击“继续”按钮，如图 7-54 所示。

(2) 打开“新建表格样式”对话框，单击“单元样式”下拉按钮，从弹出的下拉列表中选择“数据”选项，参考图 7-55 所示设置“常规”选项卡中的参数。

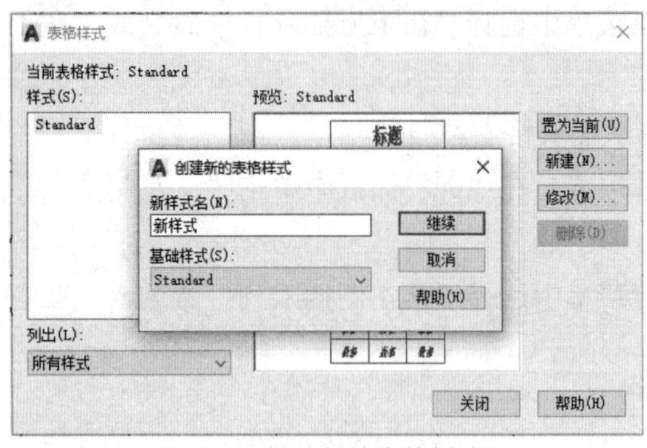

图 7-54　创建新的表格样式

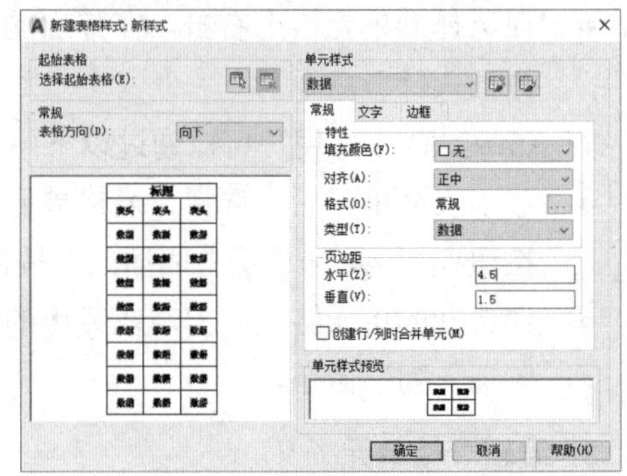

图 7-55　设置数据

(3) 选择“文字”选项卡，在“文字高度”文本框中输入 6，如图 7-56 所示。

(4) 单击“单元样式”下拉按钮，从弹出的下拉列表中选择“标题”选项，参考图 7-57 所示设置“常规”选项卡中的参数。

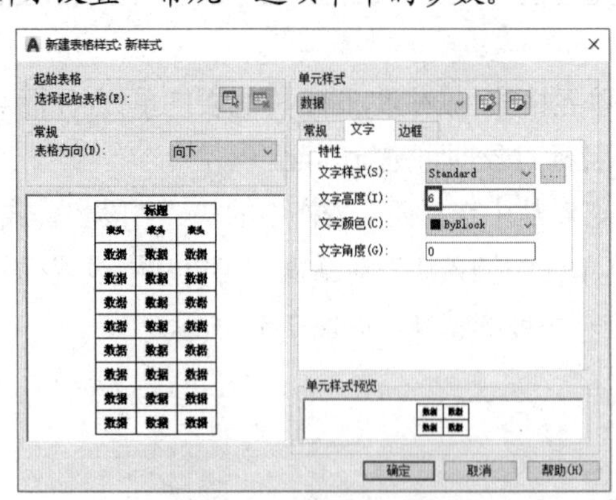

图 7-56　设置文字高度

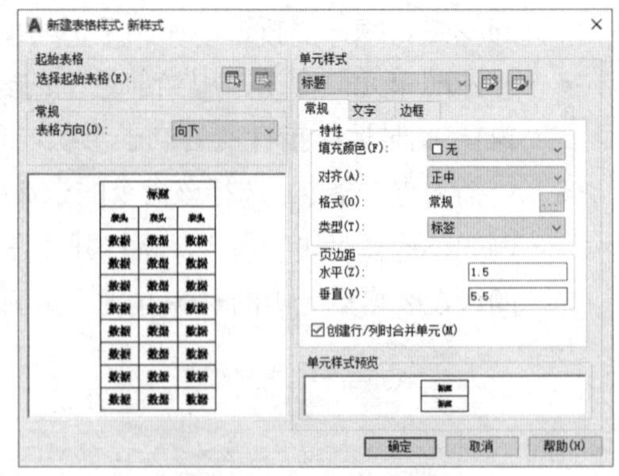

图 7-57　设置标题

(5) 选择“边框”选项卡，参考图 7-58 所示设置其中的参数。

(6) 单击“单元样式”下拉按钮，从弹出的下拉列表中选择“表头”选项，选择“文字”选项卡，设置“文字高度”为 6，如图 7-59 所示。

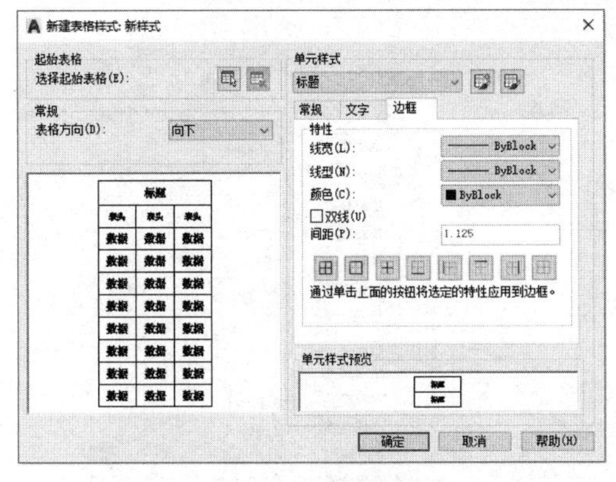

图 7-58 设置边框

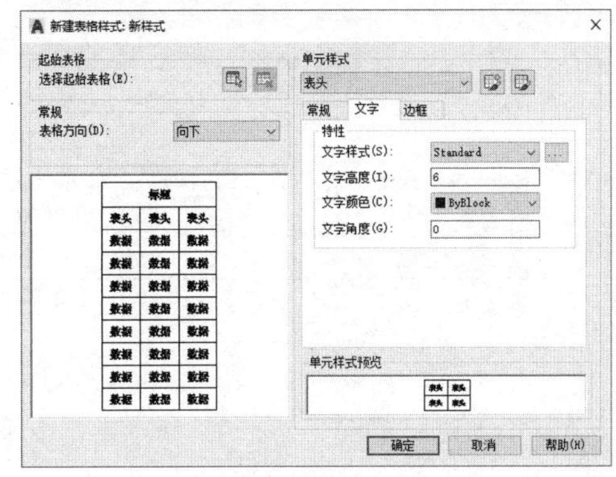

图 7-59 设置表头

(7) 单击“确定”按钮返回“表格样式”对话框，在“样式”列表框中选中创建的新样式后，单击“置为当前”按钮和“关闭”按钮，如图 7-60 所示。

(8) 选择“工具”|“工具栏”|“AutoCAD”|“绘图”命令，显示“绘图”工具栏，然后单击“绘图”工具栏中的“表格”按钮，打开“插入表格”对话框，如图 7-61 所示。在“列数”文本框中输入 9，在“数据行数”文本框中输入 8，然后单击“确定”按钮。

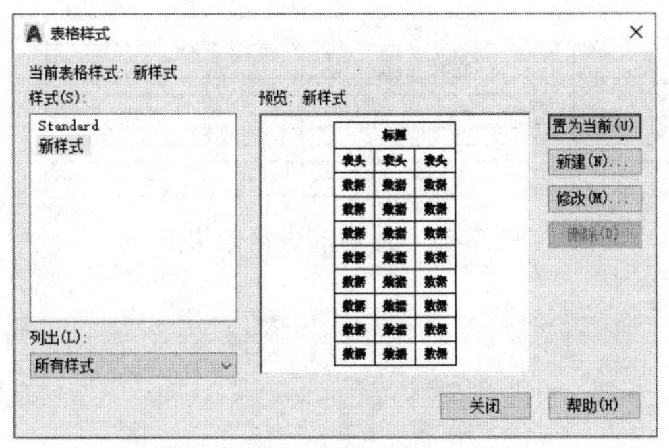

图 7-60 将创建的样式置为当前

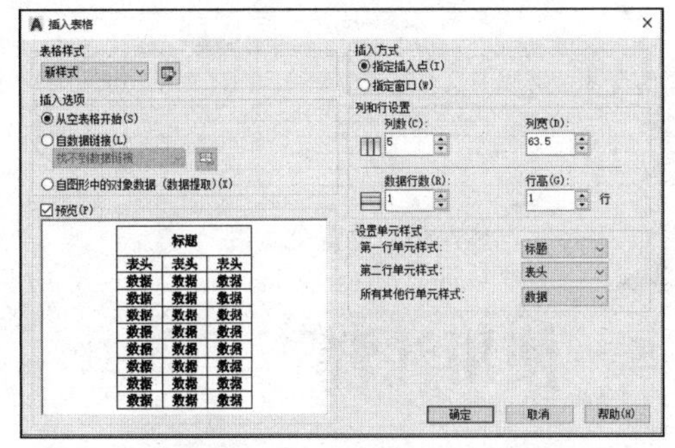

图 7-61 “插入表格”对话框

(9) 在绘图区单击，AutoCAD 将插入一个空表格，并显示图 7-62 所示的多行文字编辑器，用户可以在其中输入相应的文字或数据。

(10) 在表格中输入图 7-63 所示的数据。

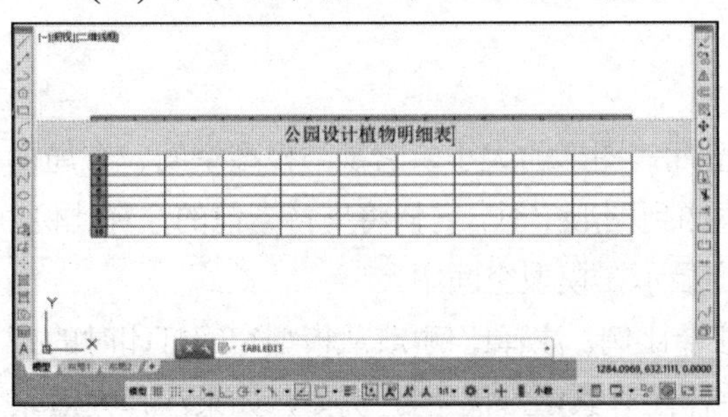

图 7-62 显示多行文字编辑器并输入文字

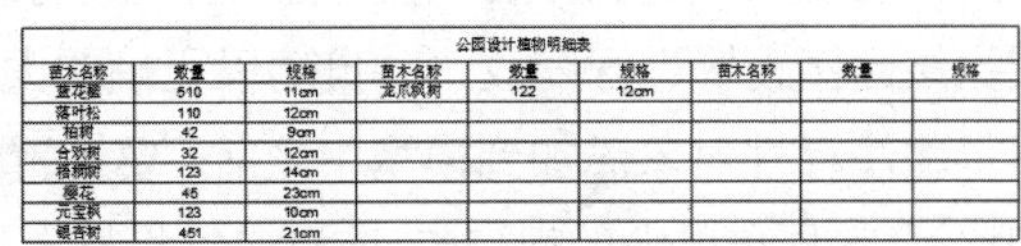

公园设计植物明细表								
苗木名称	数量	规格	苗木名称	数量	规格	苗木名称	数量	规格
蓝花楹	510	11cm	龙爪枫树	122	12cm			
落叶松	110	12cm						
柏树	42	9cm						
合欢树	32	12cm						
梧桐树	123	14cm						
樱花	45	23cm						
元宝枫	123	10cm						
银杏树	451	21cm						

图 7-63 在表格中输入数据

(11) 右击 B 列，从弹出的快捷菜单中选择“特性”命令，如图 7-64 所示。

(12) 打开“特性”选项板，在“单元宽度”文本框中输入 30，如图 7-65 所示。

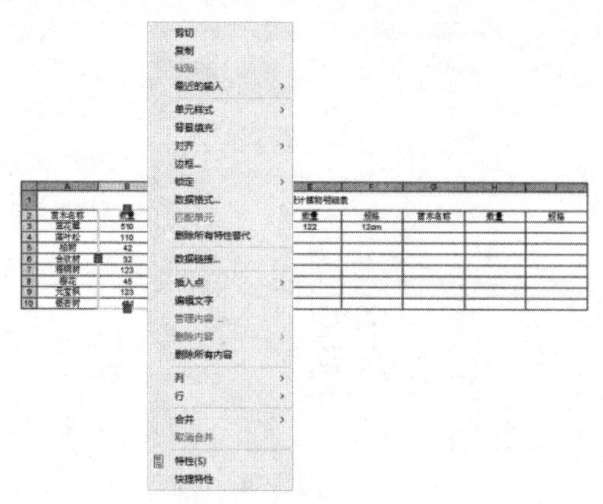

图 7-64　选择“特性”命令

图 7-65　设置单元格宽度

(13) 此时，表格中 B 列的宽度将发生相应的变化，重复上一步操作，设置表格中 E 列和 H 列的单元宽度，完成后的效果如图 7-66 所示。

(14) 设置表格中 G 列和 F 列的单元宽度为 45，I 列的单元宽度为 80，完成表格的创建，效果如图 7-67 所示。

公园设计植物明细表

苗木名称	数量	规格	苗木名称	数量	规格	苗木名称	数量	规格
蓝花楹	510	11cm	龙爪枫树	122	12cm			
落叶松	110	12cm						
柏树	42	9cm						
合欢树	32	12cm						
梧桐树	123	14cm						
樱花	45	23cm						
元宝枫	123	10cm						
银杏树	451	21cm						

图 7-66　设置列宽度

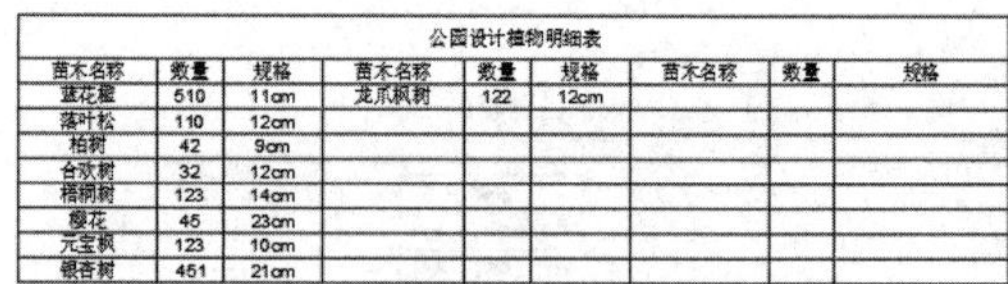

公园设计植物明细表

苗木名称	数量	规格	苗木名称	数量	规格	苗木名称	数量	规格
蓝花楹	510	11cm	龙爪枫树	122	12cm			
落叶松	110	12cm						
柏树	42	9cm						
合欢树	32	12cm						
梧桐树	123	14cm						
樱花	45	23cm						
元宝枫	123	10cm						
银杏树	451	21cm						

图 7-67　最后的表格效果

7.5　使用注释

注释通常用于向图形中添加信息。在 AutoCAD 中，可用于创建注释的对象类型包括文字、表格、图案填充、标注、公差、多重引线、块和属性等。通常用于注释图形的对象有一个称为注释性的特性。如果这些对象的注释性特性处于启用状态，则称其为注释性对象。

7.5.1　设置注释比例

注释比例控制注释对象相对于图形中的模型几何图形的大小，它是与模型空间、布局视口和模型视图一起保存的设置。将注释性对象添加到图形中时，它们将支持当前的注释比例，根据该比例设置进行缩放，并自动以正确的大小显示在模型空间中。

将注释性对象添加到模型中之前，要设置注释比例。注释比例(或从模型空间打印时的打印比例)应与布局中的视口(在该视口中将显示注释性对象)比例相同。例如，如果注释性对象将在比例为 1∶2 的视口中显示，则将注释比例设置为 1∶2。

使用模型选项卡时，或选定某个视口后，当前注释比例将显示在应用程序状态栏或图像状态栏上。在绘图窗口的状态栏中单击“当前视图的注释比例”按钮 1:1▾，在弹出的下拉菜单中选择合适的比例就可以重新设置注释比例。

7.5.2　创建注释性对象

在 AutoCAD 中，用户可以使用两种方法来创建注释性对象。一种是通过设置对象的样式对话框来设置，另一种是通过对象的“特性”选项板来设置。

例如，要将文字对象定义为注释性的对象，可以在输入文字之前，在快速访问工具栏中选择“显示菜单栏”命令；在显示的菜单栏中选择“格式”|“文字样式”命令，打开“文字样式”对话框。在“大小”选项区域中选中“注释性”复选框即可，如图 7-68 所示。

如果要将已存在的文字对象定义为注释性对象，可以右击文字，在弹出的快捷菜单中选择“特性”命令，打开“特性”选项板；在“文字”选项区域的“注释性”下拉列表中选择“是”选项即可，如图 7-69 所示。此后，选择被定义的注释性对象时，就会显示注释性标志。

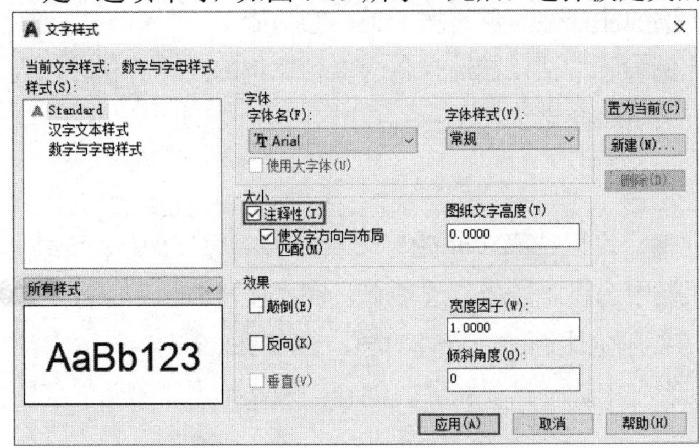

图 7-68　选中“注释性”复选框

图 7-69　“特性”选项板

7.5.3　添加/删除注释性对象比例

默认情况下，在绘制的图形中创建的可注释性对象只有一个注释比例，该比例是在创建对象时使用的实际比例。在 AutoCAD 2021 中，允许用户给注释性对象添加或删除注释比例，以适应对象的更改。

1. 添加注释性对象的比例

要添加注释性对象的比例，可以在快速访问工具栏中选择“显示菜单栏”命令，在显示的菜单栏中选择“修改”|“注释性对象比例”|“添加/删除比例”命令；或在“功能区”选项板中选择“注释”选项卡，在“注释缩放”面板中单击“添加/删除比例”按钮。然后选择需要添加比例的注释性对象，按 Enter 键，打开“注释对象比例”对话框。在“对象比例列表”中显示了该注释对象的所有注释比例，如图 7-70 所示。

单击“注释对象比例”对话框中的“添加”按钮，打开“将比例添加到对象”对话框，可以在“比例列表”列表框中选择需要添加的比例，如图 7-71 所示。

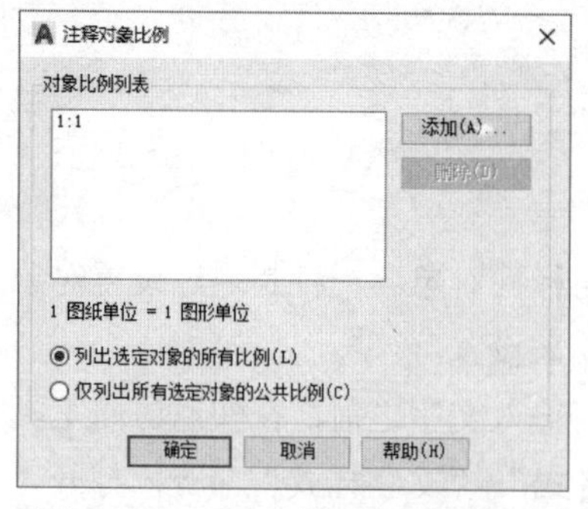

图 7-70 “注释对象比例”对话框

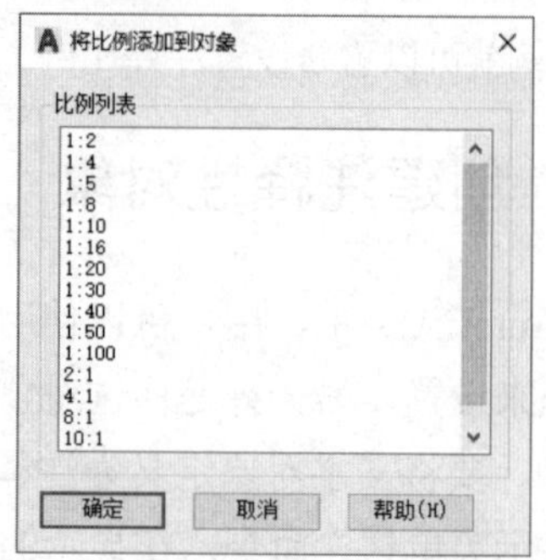

图 7-71 “将比例添加到对象”对话框

如果要添加当前的注释比例，可以在绘图窗口的状态栏中单击“注释比例”按钮，在弹出的下拉菜单中选择需要添加的比例，然后选择“修改”|“注释性对象比例”|“添加当前比例”命令。或在“功能区”选项板中选择“注释”选项卡，在“注释缩放”面板中单击“添加当前比例”按钮，并选择需要添加比例的注释性对象，按 Enter 键即可。

有多个比例的注释对象就有多种比例表示方法。在选择包含多种比例的注释对象时，当前比例表示方法亮显，其他比例表示方法呈暗淡显示。

2. 删除注释性对象的比例

如果用户需要删除注释性对象的比例，可以选择“修改”|“注释性对象比例”|“添加/删除比例”命令，或在“功能区”选项板中选择“注释”选项卡，在“注释缩放”面板中单击“添加/删除比例”按钮；然后选择需要删除比例的注释性对象，按下 Enter 键，打开“注释对象比例”对话框；在“对象比例列表”中选择需要删除的注释比例，单击“删除”按钮即可。

7.6 思考和练习

1. 在 AutoCAD 2021 中如何创建单行文字和多行文字?
2. 在 AutoCAD 2021 中如何创建表格?
3. 创建一个表格，在其中输入内容。

第 8 章

使用图案填充和面域

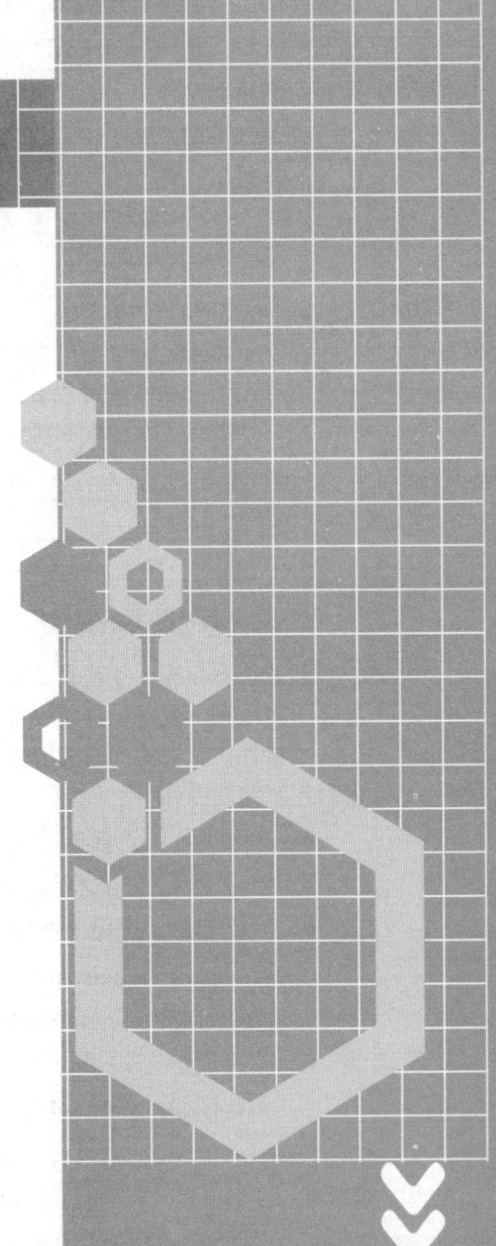

图案填充是一种使用指定的线条图案、颜色来填满指定区域的操作，用于表达剖切面和不同类型物体对象的外观纹理等，常常被广泛应用在机械制图、建筑工程图及地质构造图等各类图形的绘制中。面域指的是具有边界的平面区域，也是一种面对象，内部可以包含孔，它们对图形的表达和辅助绘图起着非常重要的作用。

8.1 设置图案填充

重复绘制某些图案以填充图形中的一块区域，从而表达该区域的特征，这种填充操作称为图案填充。图案填充的应用非常广泛，例如，在机械制图中，可以使用图案填充表达剖切的区域，也可以使用不同的图案填充来表达不同的零部件或材料。

8.1.1 创建图案填充

使用传统的手工方式绘制阴影线时，必须依赖绘图者的眼睛，并正确使用丁字尺和三角板等绘图工具，逐一绘制每一条线。这样不仅工作量大，并且角度和间距都不太精确，影响画面的质量。利用 AutoCAD 提供的“图案填充”工具，只需要定义好边界，系统将自动进行相应的填充操作。

在 AutoCAD 2021 中，图案填充是在“图案填充创建”选项卡中进行的，打开该选项卡的方法有以下几种。

- 选择“绘图”|“图案填充”命令。
- 在“默认”选项卡的“绘图”面板中单击“图案填充”按钮。
- 在命令行中执行 BHATCH 或 BH 命令。

在 AutoCAD 中单击“图案填充”按钮，将打开“图案填充创建”选项卡，如图 8-1 所示。用户在该选项卡中可以分别设置填充图案的类型、填充比例、角度和填充边界等。

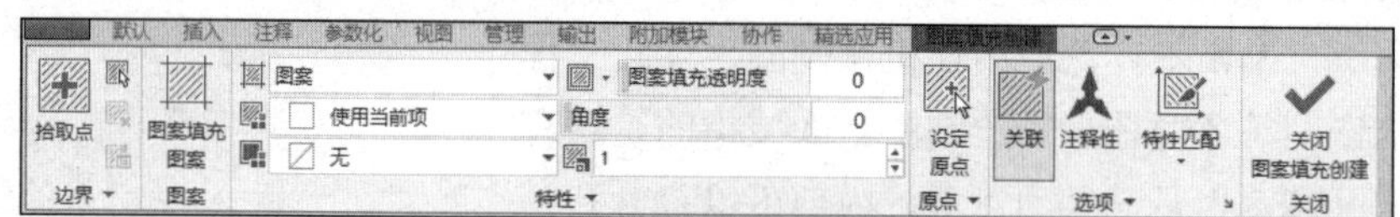

图 8-1 “图案填充创建”选项卡

1. 设定填充图案的类型

创建图案填充，用户首先需要设置填充图案的类型。既可以使用系统预定义的图案样式进行图案填充，也可以自定义简单的或创建复杂的图案样式进行图案填充。

“特性”面板的“图案填充类型”下拉列表中提供了 4 种图案填充类型，如图 8-2 所示。它们各自的功能如下。

- “实体”：选择该选项，则填充图案为 SOLID(纯色)图案。
- “渐变色”：选择该选项，可以设置简单的双色填充图案。
- “图案”：选择该选项，可以使用系统提供的填充图案样式(这些图案保存在系统的 acad.pat 和 acadiso.pat 文件中)。选择该选项后，就可以在“图案”面板的“图案填充图案”列表框中选择系统提供的图案类型，如图 8-3 所示。
- “用户定义”：利用当前线型定义由一组平行线或相互垂直的两组平行线组成的图案。例如，在图 8-4 中选取该填充图案类型后，若在“特性”面板中单击“交叉线”

按钮，则填充图案将由平行线变为交叉线。

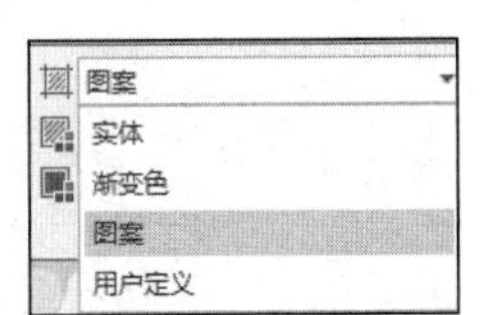

图 8-2　填充图案的 4 种类型

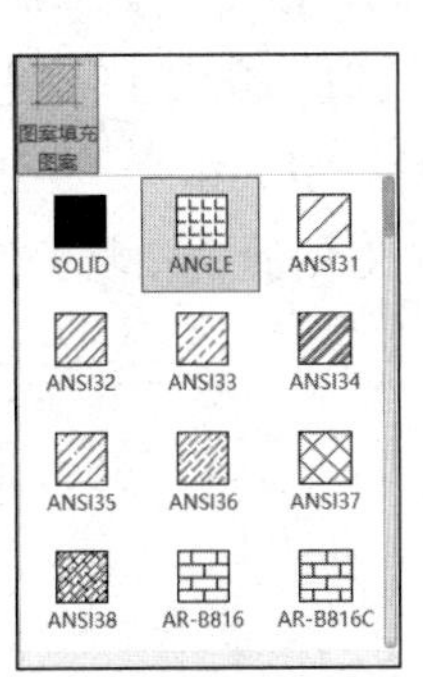

图 8-3　“图案填充图案”列表框

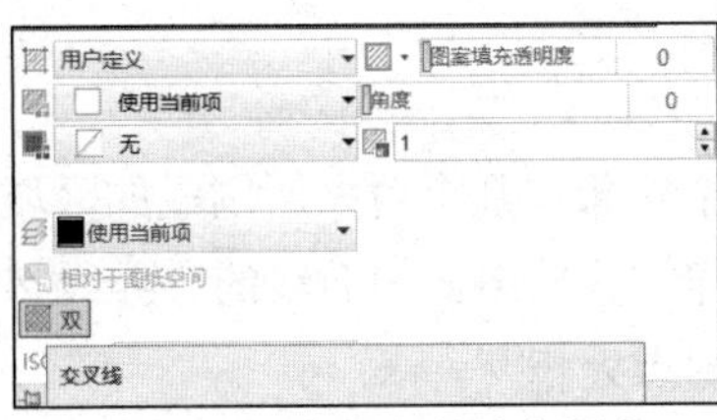

图 8-4　用户定义的填充图案

2. 设置图案填充的比例和角度

指定好图形的填充图案后，用户还需要设置合适的填充比例和剖面线旋转角度，否则所绘剖面线的线与线之间的间距不是过疏就是过密。AutoCAD 提供的填充图案都可以调整比例因子和角度，以便能够满足使用者的各种填充要求。

(1) 设置剖面线的比例

剖面线的比例设置直接影响最终的填充效果。当用户处理较大的填充区域时，如果设置的比例因子太小，由于单位距离内有太多的线，产生的图案就像是使用实体填充的一样。这样不仅不符合设计要求，还增加了图形文件的容量。但如果使用过大的填充比例，可能由于剖面线间距太大而不能在区域中插入任何一幅图案，从而观察不到剖面线的效果。

在 AutoCAD 中，预定义剖面线图案的默认缩放比例是 1。若绘制剖面线时没有指定特殊值，系统将以默认比例值绘制剖面线。如果要输入新的比例值，可以在“特性”面板的“填充图案比例”文本框中输入新的比例值，以增大或减小剖面线的间距，如图 8-5 所示。

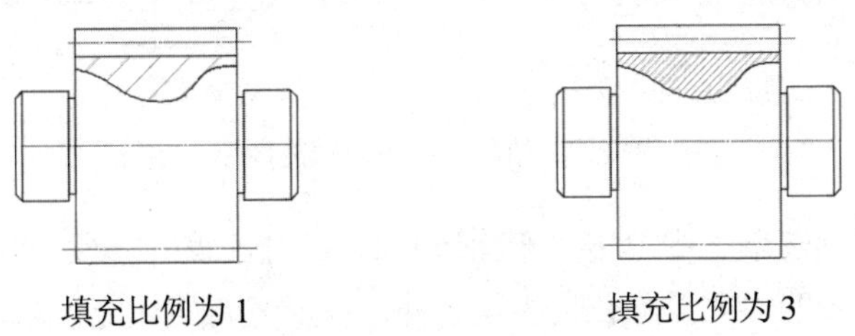

填充比例为 1　　填充比例为 3

图 8-5　设置填充图案比例

(2) 设置剖面线的角度

除了剖面线的比例可以设置以外，剖面线的角度也可以进行控制。剖面线角度的数值大小直接决定了剖面区域中线的放置方向。

在“特性”面板的“角度”文本框中可以输入剖面线的角度数值来控制角度的大小(但要注意，在该文本框中设置的角度并不是剖面线与 X 轴的倾斜角度，而是剖面线以 45° 方向为起始位置的转动角度)。图 8-6 所示为分别输入角度值 45° 和 90° 时，剖面线将逆时针旋转至新的位置，它们与 X 轴的夹角将分别为 90° 和 135° 。

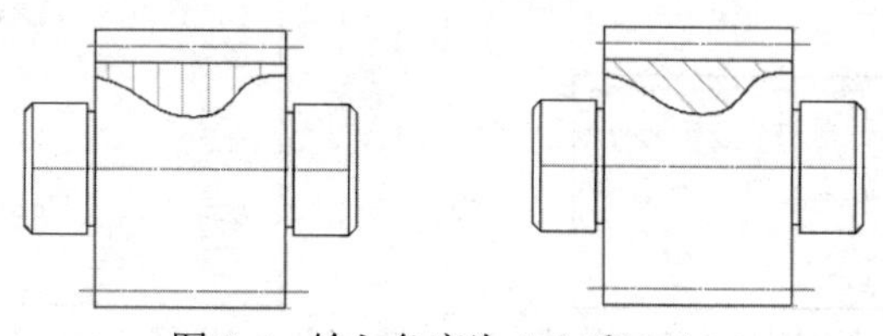

图 8-6　输入角度为 45° 和 90°

3. 指定填充边界

剖面线一般总是绘制在一个对象或几个对象所围成的区域中，如一个圆、一个矩形、几条线段或圆弧所围成的形状多样的区域中。剖面线的边界线必须是首尾相连的一条闭合线，并且构成边界的图形对象应在端点处相交。

在 AutoCAD 中，指定填充边界主要有以下两种方法。

- 在闭合区域中选取一点，系统将自动搜索闭合线的边界。
- 通过选取对象来定义边界线。

(1) 选取闭合区域定义填充边界

在图形不复杂的情况下，经常通过在填充区域内指定一点来定义边界。此时，系统将寻找包含该点的封闭区域进行填充操作。

在“图案填充创建”选项卡中单击“拾取点”按钮，可以在要填充的区域内任意指定一点，软件以虚线形式显示该填充边界，效果如图 8-7 所示。如果拾取点不能形成封闭边界，则会显示错误提示信息。

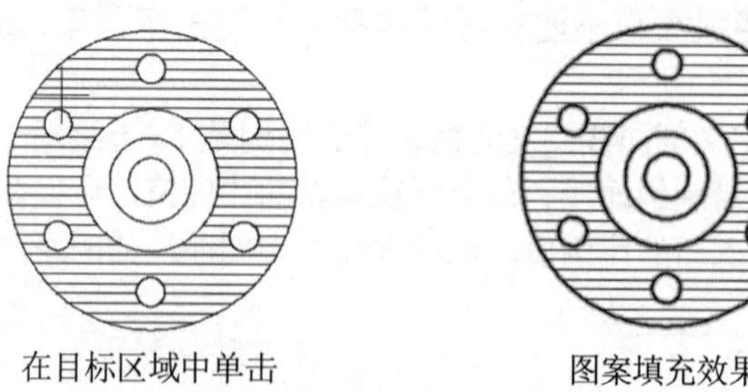

图 8-7　拾取内部点以填充图案

此外，在“边界”选项卡中单击“删除边界对象”按钮，可以取消系统自动选取或用户所选的边界，将多余的对象排除在边界集之外，以形成新的填充区域，如图 8-8 所示。

(2) 选取边界对象来定义填充边界

该方式通过选取填充区域的边界线来确定填充区域。该区域仅为单击的区域，并且必须是封闭的区域，未被选取的边界不在填充区域内(这种方式常用在多个或多重嵌套的图形需要

进行填充时)。

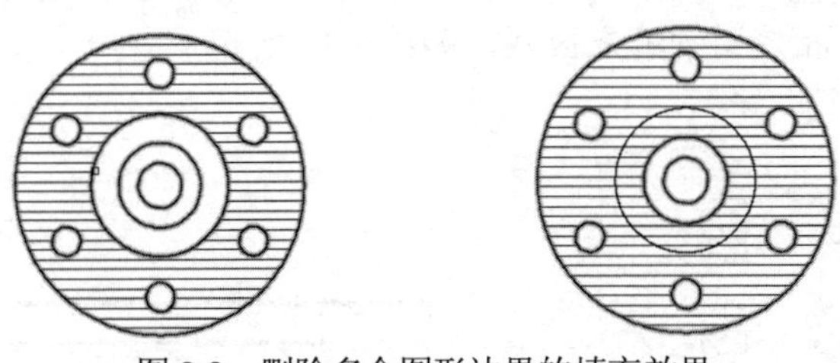

图 8-8　删除多余图形边界的填充效果

单击“选择边界对象”按钮，然后选取如图 8-9 所示的封闭边界对象，即可对对象围成的区域进行相应的填充操作。

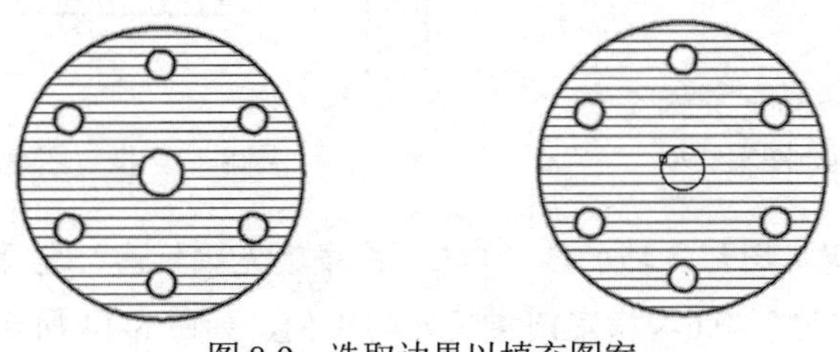

图 8-9　选取边界以填充图案

注意：

如果在指定边界时系统提示未找到有效的边界，则说明所选区域边界尚未完全封闭。此时可以采用两种方法：一种是利用“延长”“拉伸”或“修剪”工具对边界重新修改，使其完全闭合；另一种是利用多段线对边界重新描绘。

【练习 8-1】在 AutoCAD 中对零件图形进行图案填充处理。视频

(1) 在 AutoCAD 中打开如图 8-10 所示的零件图形后，在命令行中执行 BH 命令。

(2) 在命令行提示“BHATCH 拾取内部点或[选择对象(S)/放弃(U)/设置(T)]:”下输入 T，然后按 Enter 键，打开“图案填充和渐变色”对话框，单击按钮，如图 8-11 所示。

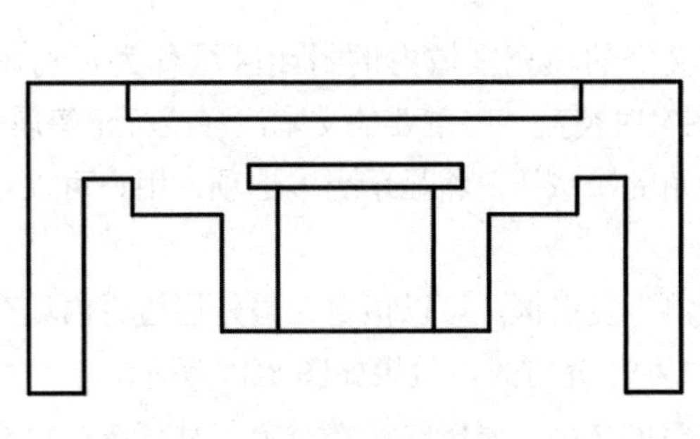

图 8-10　打开图形文件

图 8-11　【图案填充和渐变色】对话框

(3) 打开“填充图案选项板”对话框，选择“ANSI”选项卡，在显示的列表中选择 ANSI31 选项，然后单击“确定”按钮，如图 8-12 所示。

(4) 返回“图案填充和渐变色”对话框，单击“添加：拾取点”按钮，进入绘图区，在图形内部拾取一点，指定图案填充区域，如图 8-13 所示。

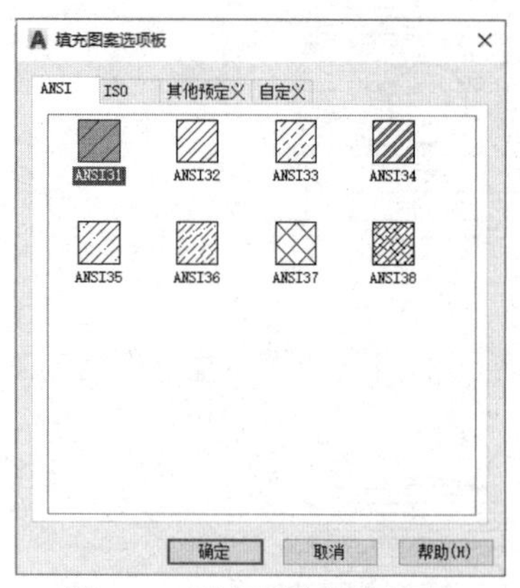

图 8-12　选择填充图案选项

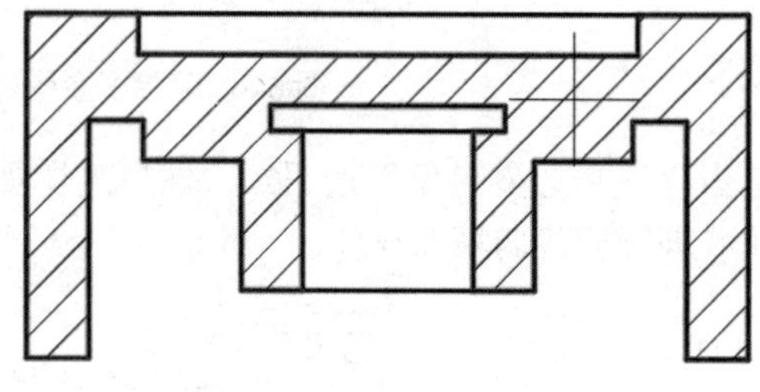

图 8-13　指定图案填充区域

(5) 按 Enter 键，确定图形区域的选择，在“图案填充编辑器”选项卡“特性”面板的“图案填充比例”文本框中输入 0.6，指定图案填充的比例，如图 8-14 所示。

(6) 此时图案填充效果如图 8-15 所示。在“图案填充编辑器”选项卡中单击“关闭图案填充编辑器”按钮，完成图案填充的创建。

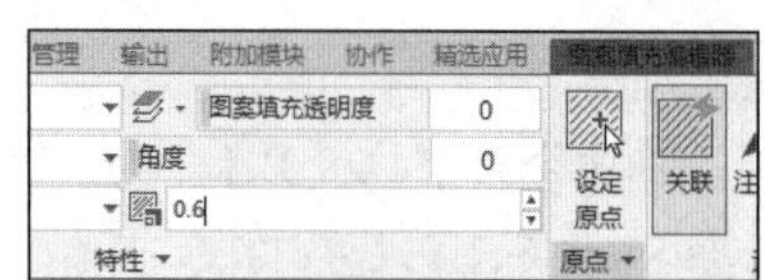

图 8-14　输入 0.6

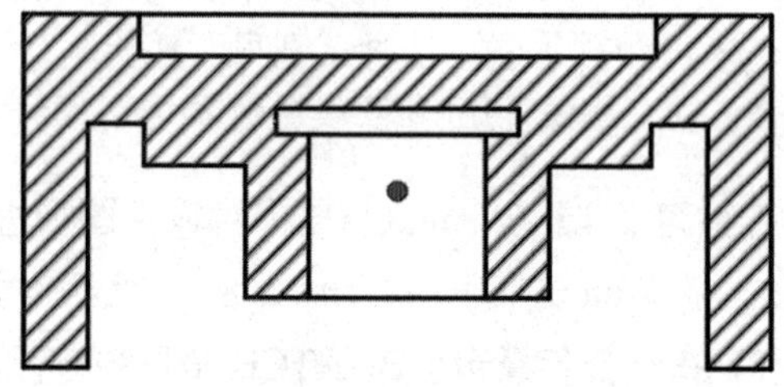

图 8-15　图案填充效果

8.1.2　使用孤岛填充

在进行图案填充时，通常将位于已定义好的填充区域内的封闭区域称为孤岛。使用 AutoCAD 提供的孤岛操作可以避免在填充图案时覆盖一些重要的文本注释或标记等属性。

单击“图案填充和渐变色”对话框右下角的按钮，将显示更多选项，用户可以对孤岛和边界进行设置，如图 8-16 所示。

在“孤岛”选项区域中，选中“孤岛检测”复选框，可以指定在最外层边界内填充对象的方法，包括“普通”“外部”和“忽略”3 种填充方式，效果如图 8-17 所示。

当以普通方式填充时，如果填充边界内有如文字、属性的特殊对象，且在选择填充边界时也选择了这些特殊对象，填充时图案填充将在这些对象处自动断开，系统会使用一个比该对象略大的看不见的框将这些对象框起来，以使这些对象更加清晰，如图 8-18 所示。

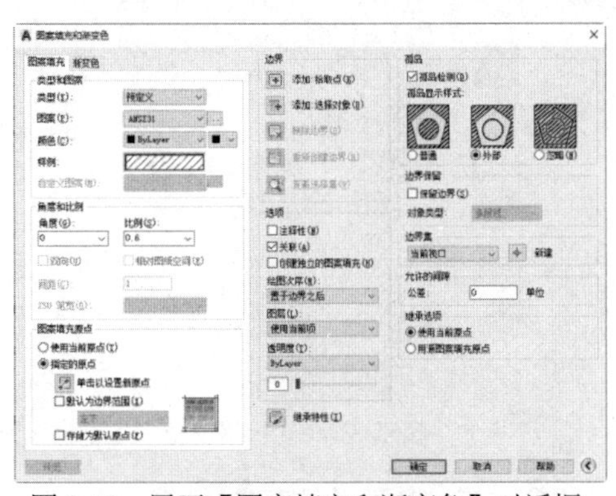

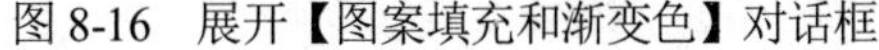

图 8-16　展开【图案填充和渐变色】对话框

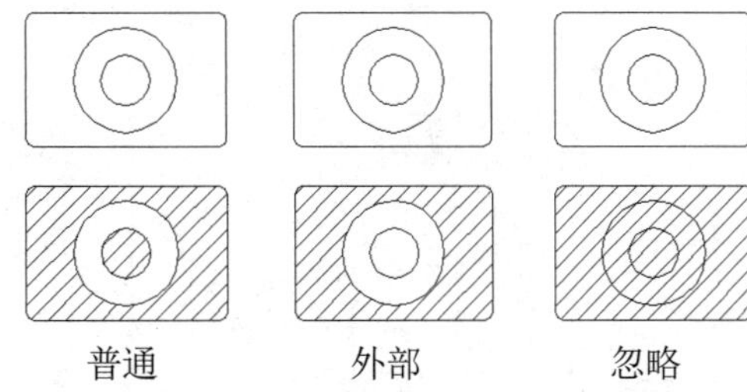

图 8-17　孤岛的 3 种填充效果

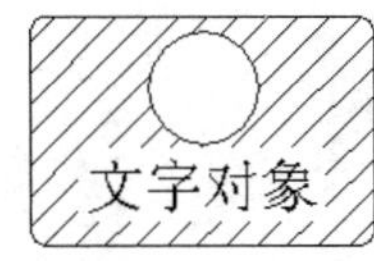

图 8-18　包含特殊对象的图案填充

其他选项区域的功能如下：

- 在“边界保留”选项区域中，选中“保留边界”复选框，可以将填充边界以对象的形式保留，并可以从“对象类型”下拉列表中选择填充边界的保留类型，如“多段线”和“面域”选项等。
- 在“边界集”选项区域中，可以定义填充边界的对象集，AutoCAD 将根据这些对象来确定填充边界。默认情况下，系统根据“当前视口”中的所有可见对象确定填充边界。也可以单击“新建”按钮，切换至绘图窗口，然后通过指定对象来定义边界集，此时“边界集”下拉列表中将显示为“现有集合”选项。
- 在“允许的间隙”选项区域中，通过“公差”文本框设置允许的间隙大小。在该参数范围内，可以将一个几乎封闭的区域看作是一个闭合的填充边界。默认值为 0，此时对象是完全封闭的区域。
- “继承选项”选项区域，用于确定在使用继承属性创建图案填充时图案填充原点的位置，可以是当前原点或源图案填充的原点。

【练习 8-2】在 AutoCAD 中对零件图形进行孤岛填充。视频

(1) 在 AutoCAD 中打开零件图形后，在命令行中输入 HATCH 命令，按下 Enter 键，显示“图案填充创建”选项卡，在“选项”面板中单击▼，在展开的面板中选择“普通孤岛检测”选项，如图 8-19 所示。

(2) 在“特性”面板中单击“图案填充类型”下拉按钮，在弹出的下拉列表中选择“图案”选项，然后单击“图案填充图案”按钮，在下拉列表中选中 ANGLE 选项，如图 8-20 所示。

(3) 在“边界”面板中单击“拾取点”按钮，然后在命令行提示下选择图形中合适的区域即可使用孤岛填充，如图 8-21 所示。

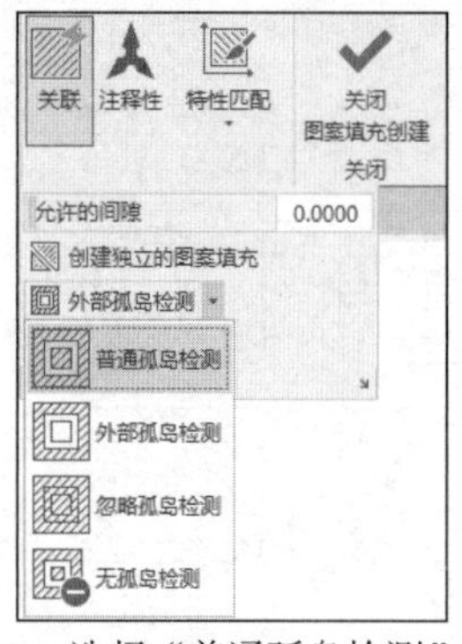

图 8-19　选择“普通孤岛检测”选项

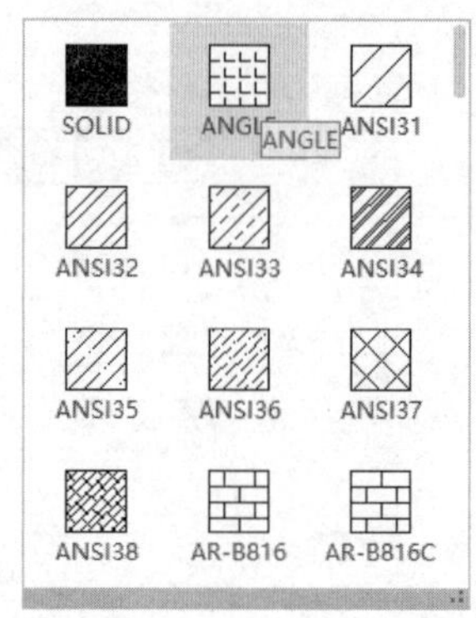

图 8-20　选择图案填充选项

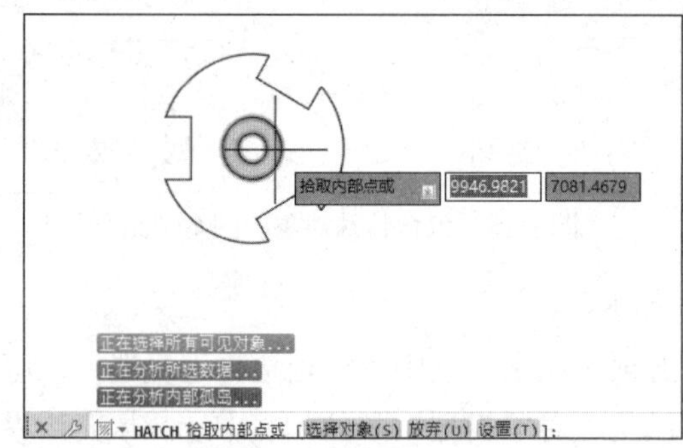

图 8-21　孤岛填充

8.1.3　使用渐变色填充

在绘图时，有些图形在填充时需要用到一种或多种颜色(尤其在绘制装潢、美工等图纸时)，还需要用到“渐变色图案填充”功能。利用该功能可以对封闭区域进行适当的渐变色填充，从而实现比较好的颜色修饰效果。根据填充效果的不同，可以分为单色填充和双色填充两种填充方式。

1. 单色填充

单色填充指的是从较深色调到较浅色调平滑过渡的单色填充。通过设置角度和明暗数值可以控制单色填充的效果。

在“特性”面板的“图案填充类型”下拉列表中选择“渐变色”选项，并设置“渐变色1”的颜色。然后单击“渐变色 2”左侧的按钮，禁用“渐变色 2”的填充。接下来，指定渐变色角度，设置单色渐变的明暗数值，并在“原点”面板中单击“居中”按钮。此时，选取填充区域，即可完成单色居中渐变色填充，如图 8-22 所示。

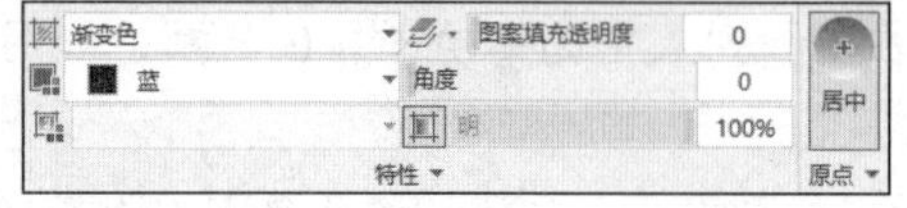

设置填充选项

填充效果

图 8-22　单色居中渐变色填充

注意：

“居中”按钮用于指定对称的渐变配置。如果禁用该功能，渐变填充将朝左上方变化，创建的光源在对象左边的图案上。

2. 双色填充

双色填充是指在两种颜色之间平滑过渡的双色渐变填充效果。要创建双色填充，只需要在“特性”面板中分别设置“渐变色 1”和“渐变色 2”的颜色类型，然后设置填充参数，并拾取填充区域内部的点即可。若启用“居中”功能，则渐变色 1 将向渐变色 2 居中显示渐变效果，如图 8-23 所示。

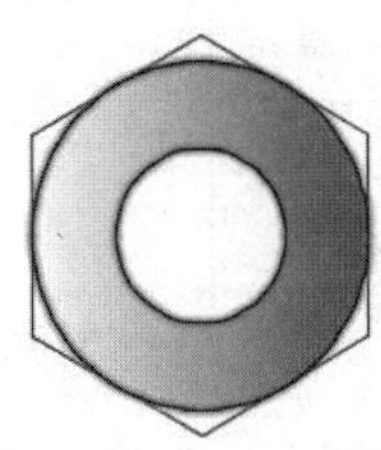

图 8-23　双色渐变色填充

8.1.4　编辑图案填充

通过执行编辑填充图案操作，不仅可以修改已经创建的填充图案，还可以指定新的图案来替换以前生成的图案。具体包括对图案的样式、比例(或间距)、颜色、关联性以及注释性等选项的操作。

1. 编辑填充参数

在“默认”选项卡的“修改”面板中单击“编辑图案填充”按钮，然后在绘图区中选择要修改的填充图案，即可打开“图案填充编辑”对话框，如图 8-24 所示。在该对话框中不仅可以修改图案、比例、旋转角度和关联性等设置，还可以修改、删除及重新创建边界。

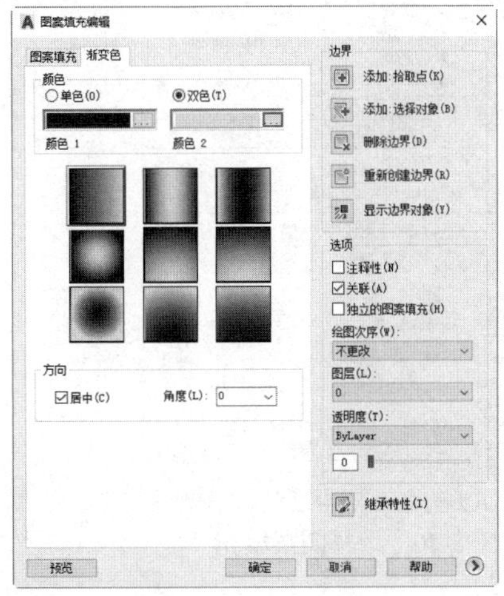

图 8-24　“图案填充编辑”对话框

2. 编辑图案填充边界与可见性

图案填充边界除了可以由“图案填充编辑”对话框中的“边界”选项区域和孤岛操作编辑以外，用户还可以单独进行边界的定义。

在“绘图”面板中单击“边界”按钮，将打开“边界创建”对话框。然后在该对话框的“对象类型”下拉列表中选择“多段线”选项，并单击“拾取点”按钮，重新选取图案边界即可，如图 8-25 所示。

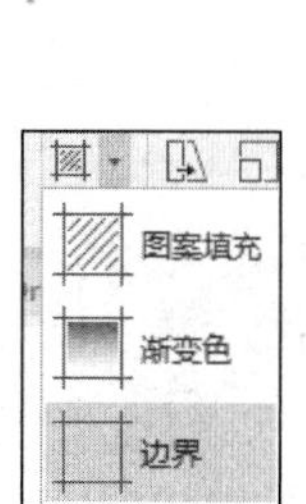

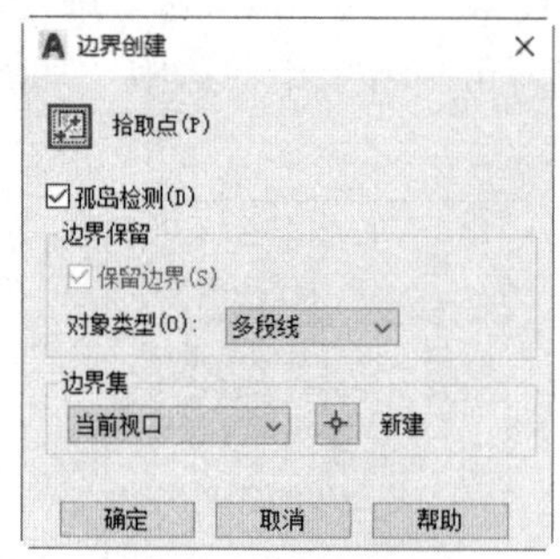

图 8-25　打开“边界创建”对话框

此外，图案填充的可见性是可以控制的。用户可以在命令行中输入 FILL 指令，然后设置为关闭填充显示，接下来按下 Enter 键确认。然后在命令行中输入 REGEN 指令，对图形进行更新。

【练习 8-3】在小链轮图形中设置图案填充。视频

(1) 在 AutoCAD 中打开小链轮图形文件后，在命令行中输入 HATCH 命令，按 Enter 键，在命令行提示下输入 T，按 Enter 键。

(2) 打开“图案填充和渐变色”对话框，单击“样例”按钮，打开“填充图案选项板”对话框，选中 JIS_LC_20 选项，单击“确定”按钮，如图 8-26 所示。

(3) 返回“图案填充和渐变色”对话框，将“颜色”设置为“绿”，将“比例”设置为 0.25，然后单击“添加:拾取点”按钮，如图 8-27 所示。

图 8-26　选择图案填充

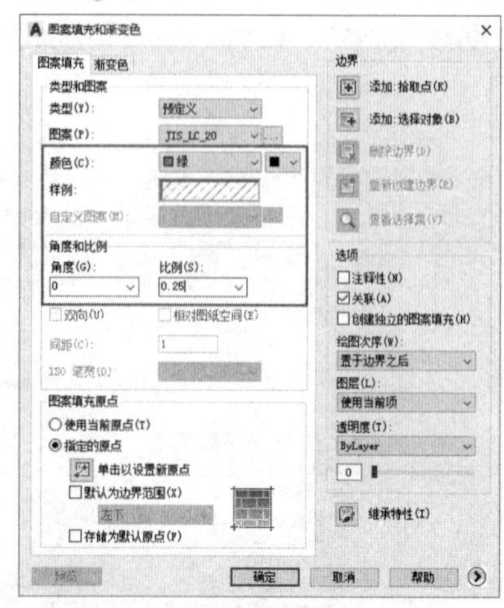

图 8-27　设置填充颜色和比例

(4) 单击图形中如图 8-28 所示需要填充的位置，即可创建图案填充。最后，按 Enter 键确认即可，效果如图 8-29 所示。

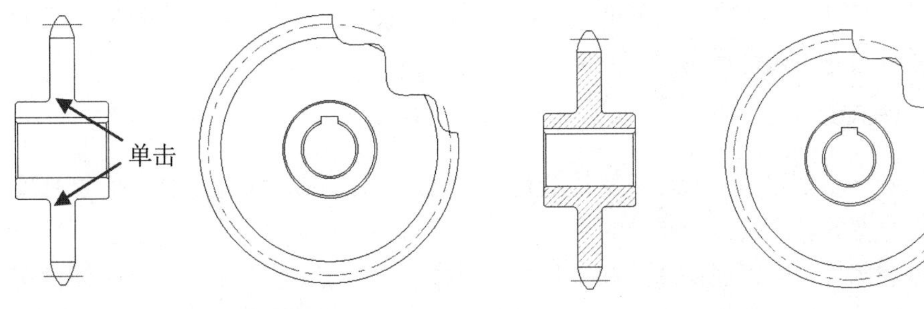

图 8-28　单击图形中需要填充的位置　　　　图 8-29　图案填充效果

8.1.5　控制图案填充的可见性

在 AutoCAD 中，用户可以用两种方法控制图案填充的可见性：一种是使用 FILL 命令或 FILLMODE 变量来实现，另一种是利用图层来实现。

1. 使用 FILL 命令和 FILLMODE 变量

在命令行中输入 FILL 命令，此时命令行将显示如下提示信息：

```
输入模式[开(ON/)关(OFF)]<开>:
```

如果将填充模式设置为“开”，则可以显示图案填充；如果将填充模式设置为“关”，则不显示图案填充。也可以使用系统变量 FILLMODE 控制图案填充的可见性。在命令行中输入 FILLMODE 变量时，此时命令行将提示如下信息：

```
输入 FILLMODE 的新值 <1>:
```

其中，当系统变量 FILLMODE 为 0 时，隐藏图案填充；当系统变量 FILLMODE 为 1 时，显示图案填充。

2. 使用图层控制图案填充的显示

对于能够熟练使用 AutoCAD 的用户而言，充分利用图层功能，将图案填充单独放在一个图层上。当不需要显示图案填充时，将图案填充所在的图层关闭或冻结即可。使用图层控制图案填充的可见性时，不同的控制方式会使图案填充与其边界的关联关系发生变化，特点如下：

- 当图案填充所在的图层被关闭后，图案与其边界仍保持着关联关系，即修改边界后，填充图案会根据新的边界自动调整位置。
- 当图案填充所在的图层被冻结后，图案与其边界脱离关联关系，即修改边界后，填充图案不会根据新的边界自动调整位置。
- 当图案填充所在的图层被锁定后，图案与其边界脱离关联关系，即修改边界后，填充图案不会根据新的边界自动调整位置。

8.1.6 绘制圆环和宽线

圆环、宽线与二维填充图形都属于填充图形对象。如果要显示填充效果，可以使用 FILL 命令，并将填充模式设置为“开(ON)”。

1. 绘制圆环

绘制圆环是创建填充圆环或实体填充圆的一条捷径。在 AutoCAD 中，圆环实际上是由具有一定宽度的多段线封闭形成的。

要创建圆环，可以在快速访问工具栏中选择“显示菜单栏”命令。在显示的菜单栏中选择“绘图”|“圆环”命令(DONUT)，或在“功能区”选项板中选择“默认”选项卡，在“绘图”面板中单击“圆环”按钮，指定它的内径和外径。然后通过指定不同的圆心来连续创建直径相同的多个圆环对象，直到按下 Enter 键结束命令。如果要创建实体填充圆，应将内径设定为 0。

圆环对象与圆不同，通过拖动夹点只能改变形状而不能改变大小，如图 8-30 所示。

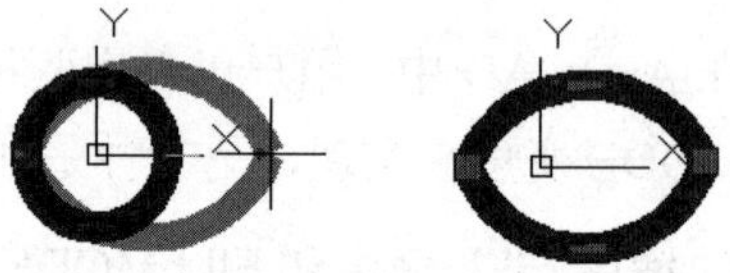

图 8-30　通过拖动夹点改变圆环形状

2. 绘制宽线

绘制宽线需要使用 PLINE 命令，其使用方法与“直线”命令相似，绘制的宽线类似于填充四边形。

在 AutoCAD 中，如果要调整绘制的宽线，可以先选择该宽线，然后拉伸其夹点即可，如图 8-31 所示。

图 8-31　调整宽线

8.2 设置面域

在 AutoCAD 中，可以将由某些对象围成的封闭区域转换为面域。这些封闭区域可以是圆、椭圆、封闭的二维多段线或样条曲线等对象，也可以是由圆弧、直线、二维多段线、椭圆弧、样条曲线等对象构成的封闭区域。此外，面域还可以作为三维建模的基础对象直接参与渲染，并且还能从面域中获取相关的图形信息。

8.2.1 创建面域

面域是具有一定边界的二维闭合区域，是一种面对象，在内部可以包含孔特征。虽然从外观来说，面域和一般的封闭线框没有区别，实际上面域就像一张没有厚度的纸，除包括边界外，还包括边界内的平面。创建面域的条件是必须保证二维平面内各个对象间首尾连接成封闭图形，否则无法创建为面域。

在“绘图”面板中单击“面域”按钮，然后框选一个二维封闭图形并按下 Enter 键，即可将该图形创建为面域。接下来，将视觉样式切换为“概念”样式，并查看创建的面域，效果如图 8-32 所示。

框选该封闭线框

切换视觉样式以观察面域效果

图 8-32　将封闭的二维图形转换为面域

此外，在“绘图”面板中单击“边界”按钮，将打开“边界创建”对话框。在该对话框的“对象类型”下拉列表中选择“面域”选项，然后单击“拾取点”按钮。在绘图区中指定的封闭区域内单击，也可以将封闭区域转换为面域，如图 8-33 所示。

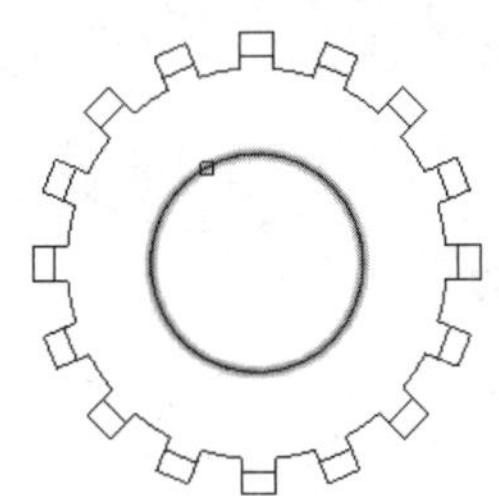

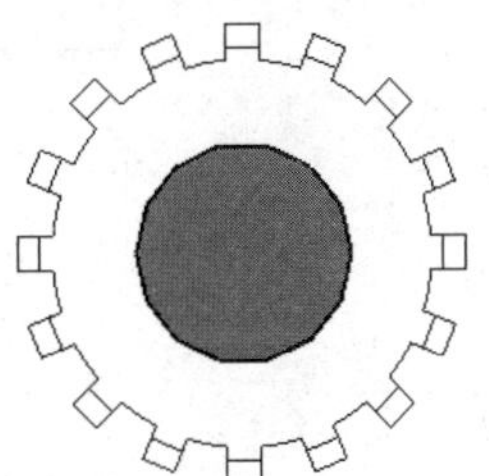

图 8-33　将封闭区域转换为面域

8.2.2　面域的布尔运算

布尔运算是数学中的一种逻辑运算。执行该操作可以对实体和共面的面域进行剪切、添加以及获取交叉部分等操作。在 AutoCAD 中绘制较为复杂的图形时，线条间的修剪、删除等操作都比较烦琐。此时，如果将封闭的线条创建为面域，进而通过面域间的布尔运算来绘制各种图形，将大大降低绘图难度，从而提高绘图效率。

1. 并集运算

并集运算就是将所有参与运算的面域合并为一个新的面域。运算后的面域与合并前的面域在位置上没有任何关系。

要执行并集操作，用户可以先将绘图区中的多边形和圆等图形对象分别创建为面域，然后在命令行中输入 UNION 命令，按下 Enter 键，在命令行提示下选中图形中的圆和右侧的矩形对象。接下来，按下 Enter 键，即可获得并集运算效果，如图 8-34 所示。

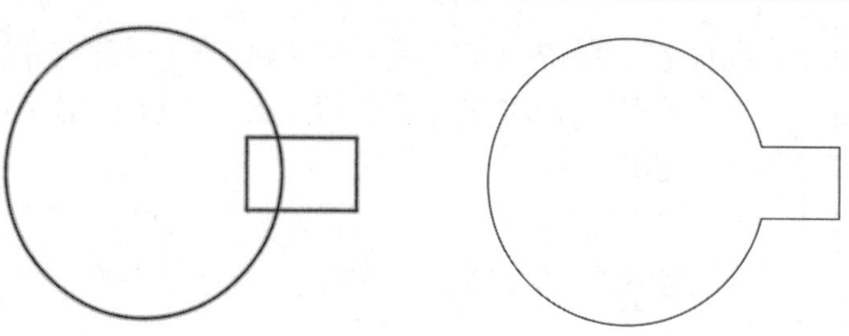

图 8-34　并集运算

2. 差集运算

差集运算是指从一个面域中减去一个或多个面域，从而获得一个新的面域。当指定要去除的面域和实际去除的面域不同时，所获得的差集效果也会不同。

在命令行中输入 SUBTRACT 命令，在命令行提示下先选择图形中的圆对象，然后选中图形中的矩形对象。按下 Enter 键确认，即可差集运算面域，如图 8-35 所示。

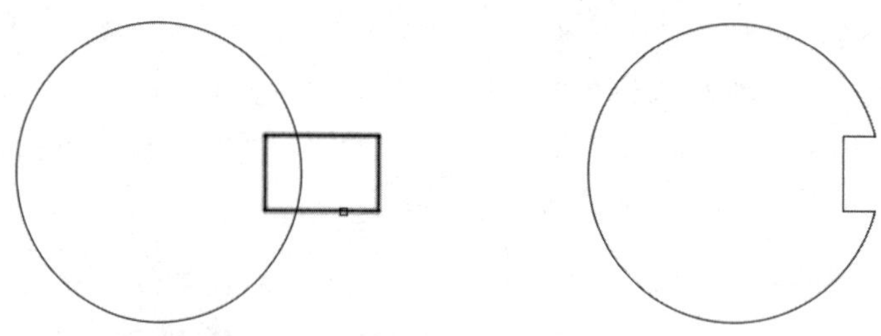

图 8-35　差集运算

3. 交集运算

通过交集运算可以获得各个相交面域的公共部分。需要注意的是：只有两个面域相交，两者间才会有公共部分，这样才能进行交集运算。

在命令行中输入 INTERSECT 指令，然后依次选取多边形对象和上面经过差集运算的图形对象，按下 Enter 键确认即可获得面域的交集运算效果，如图 8-36 所示。

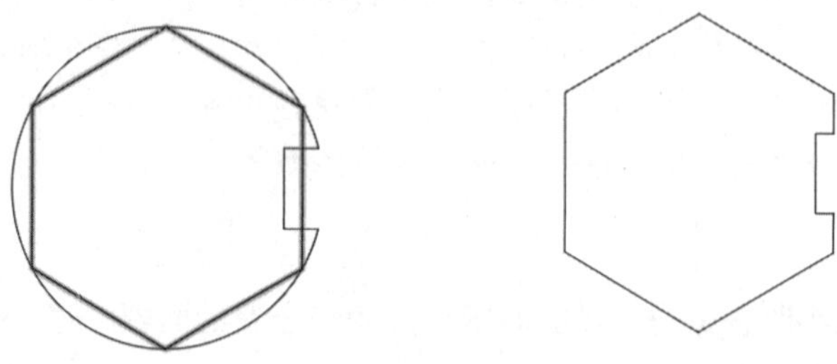

图 8-36　交集运算

8.3　查询图形信息

图形信息不仅可以反映图形的组成元素，也可以直接反映各图形元素的尺寸参数、图形

元素之间的位置关系，以及由图形元素围成的区域的面积、周长等特性。利用“查询”工具获取三维零件的这些图形信息，便可以按照所获得的尺寸，指导用户轻松完成零件的设计。

8.3.1　查询距离和半径

在二维图形中，想要获取两点间的距离，可以利用“线性标注”工具。但对于三维零件的空间两点距离，利用“线性标注”工具比较烦琐。此时，用户可以使用“查询”工具快速获取空间两点之间的距离信息。

通过“工具”菜单栏中的“工具栏”功能调出“查询”工具栏。在“查询”工具栏中单击“距离”按钮，或直接输入快捷命令 DIST，然后依次选取三维模型的两个端点 A 和 B，在命令行显示的提示信息中将显示两点间的距离信息，如图 8-37 所示。

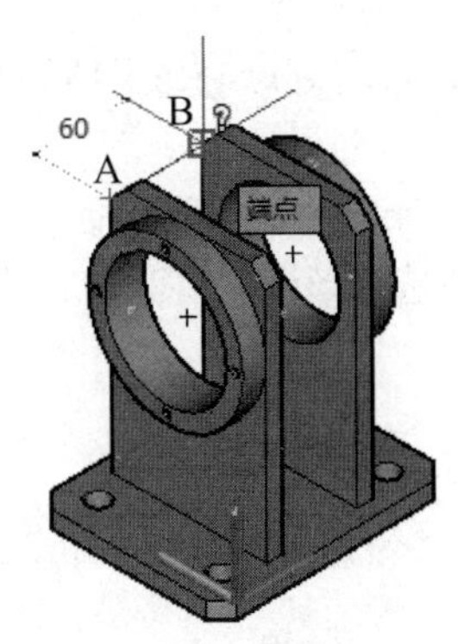

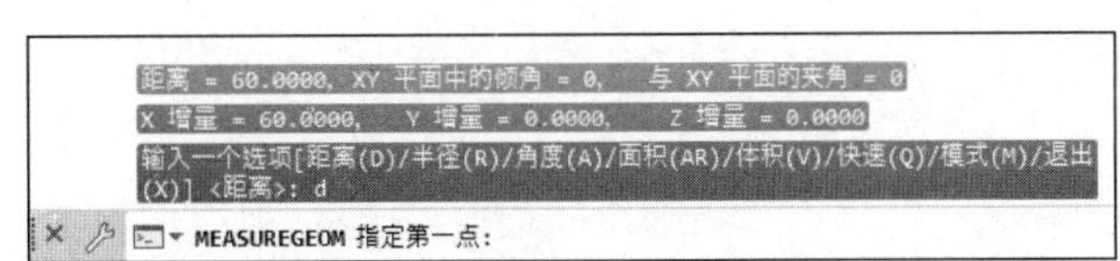

图 8-37　指定两点查询距离

另外，要获取二维图形中圆或圆弧的尺寸，以及三维模型中圆柱体、孔和倒圆角对象的尺寸，可以利用“半径”工具进行查询。此时系统将显示所选对象的半径和直径尺寸。

在“查询”工具栏中单击“半径”按钮，然后选取相应的弧形对象，在打开的命令行提示信息中将显示该对象的半径和直径数值，如图 8-38 所示。

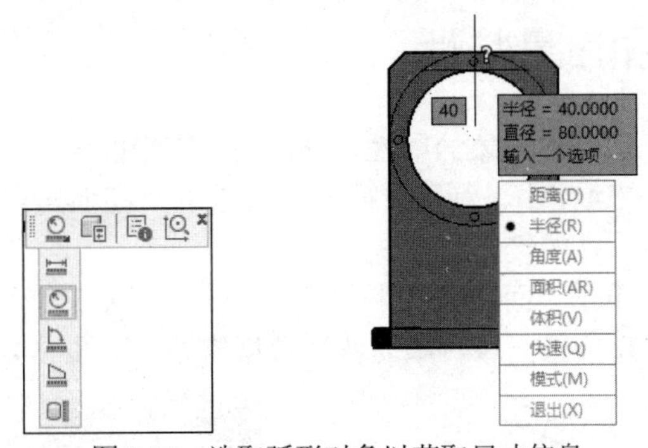

图 8-38　选取弧形对象以获取尺寸信息

8.3.2　查询角度和面积

要获取二维图形中两个图元间的夹角角度，以及三维模型中楔体、连接板这些倾斜件的尺寸，可以利用“角度”工具进行查询。在“查询”工具栏中单击“角度”按钮，然后分别选取角度的两条边，在打开的命令行提示信息中将显示角度数值，如图 8-39 所示。

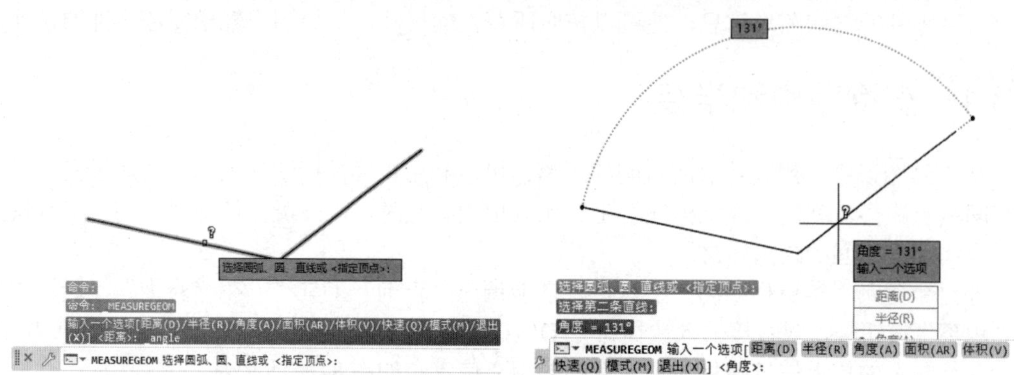

图 8-39　选取图形两条边以获取角度信息

在菜单栏中选择“工具”|“查询”|“面积”命令(AREA)，可以获取图形的面积和周长。

例如，要查询圆的面积，可以在菜单栏中选择“工具”|“查询”|“面积”命令，然后在“指定第一个角点或[对象(O)/加(A)/减(S)]:”提示下输入 O，并选择该圆，将获取该圆的面积和周长，如图 8-40 所示。

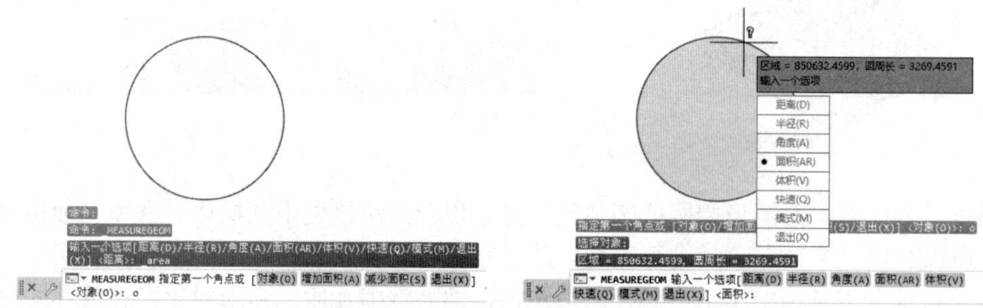

图 8-40　获取圆的面积和周长信息

8.3.3　查询面域和质量特性

面域对象除了具有一般图形对象的属性以外，还具有平面体所特有的属性，如质心、惯性矩和惯性积等。在 AutoCAD 中，利用“面域/质量特性”工具可以一次性获得实体的整体信息，从而指导用户完成零件的设计。

在“查询”工具栏中单击“面域/质量特性”按钮，然后选取要提取数据的面域对象。此时系统将在命令行中显示所选面域对象的特性数据信息，如图 8-41 所示。

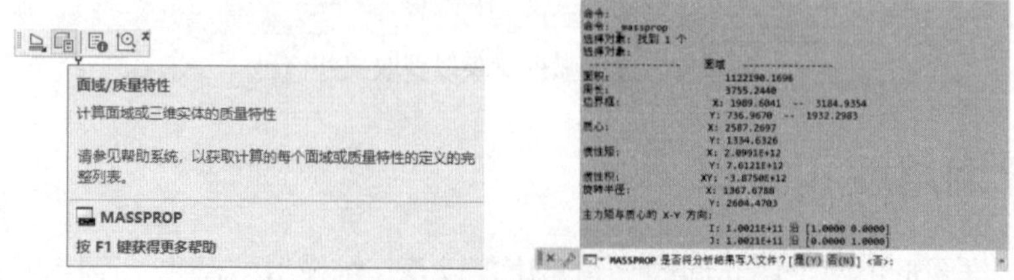

图 8-41　提取面域对象的特性数据信息

8.3.4　显示时间和图形状态

在制图过程中，如有必要，用户可以将当前图形状态和修改时间以文本的形式显示，这两种查询方式同样显示在命令行提示信息中。

1. 显示时间

显示时间用于显示所绘制图形的日期和时间统计信息。利用该功能不仅可以查看图形文件的创建日期，还可以查看图形文件创建时消耗的总时间。

在命令行中输入 TIME 命令，在打开的窗口提示列表中将显示当前时间、创建时间和上次更新时间等信息。

窗口提示列表中显示的各时间或日期的功能如下。

- 当前时间：表示当前的日期和时间。
- 创建时间：表示当前图形文件的创建日期和时间。
- 上次更新时间：最近一次更新当前图形的日期和时间。
- 累积编辑时间：自图形建立时起编辑当前图形所用的总时间。
- 消耗时间计时器：在用户进行图形的编辑时运行，该计时器可由用户任意开关或复位清零。
- 下次自动保存时间：表示下一次图形自动存储时的时间。

2. 显示当前图形的状态

状态显示主要用于显示图形的统计信息、模式和范围等内容。利用该功能可以详细查看图形组成元素的一些基本属性，如线宽、线型及图层状态等。

要查看状态显示，用户可以在命令行中输入 STATUS 命令，然后在命令行提示信息中将显示想要的状态信息，如图 8-42 所示。

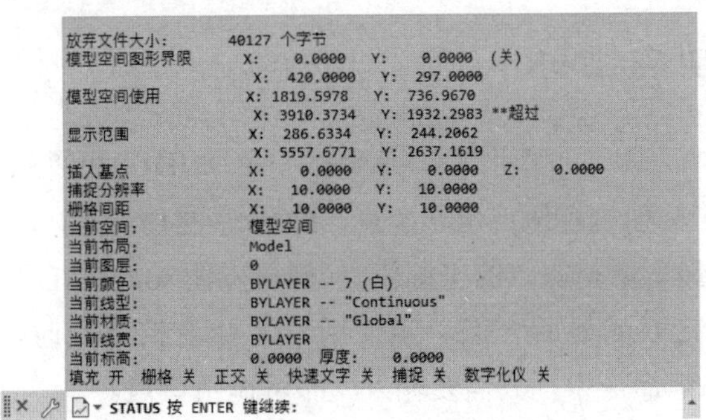

图 8-42　显示图形状态信息

8.3.5　列表显示对象信息

在菜单栏中选择“工具”|“查询”|“列表”命令(LIST)，可以显示选定对象的特性数据。该命令可以列出任意 AutoCAD 对象的信息，所返回的信息取决于选择的对象类型，有些信

息是常驻的。对每个对象始终都显示的一般信息包括：对象类型、对象所在的当前图层和对象相对于当前用户坐标系(X,Y,Z)的空间位置。当一两个对象尚未设置成“随层”颜色和线型时，从显示信息中可以清楚地看出来(若二者都设置为“随层”，则此条目不被记录)。

另外，列表显示命令还增加了特殊信息，可以显示厚度未设置为 0 的对象厚度、对象在空间中的高度(Z 坐标)以及 UCS 坐标系中的延伸方向。

此处还对某些类型的对象增加了特殊信息，如对圆提供了直径、周长和面积信息，对直线提供了长度信息以及 XY 平面内的角度信息。为每种对象提供的信息都稍有差别，依具体对象而定。

例如，在点(0,0)处绘制一个半径为 10 的圆，在菜单栏中选择“工具”|“查询”|“列表”命令，然后选择该圆，按下 Enter 键后在“AutoCAD 文本窗口”中将显示相应的信息，如图 8-43 所示。

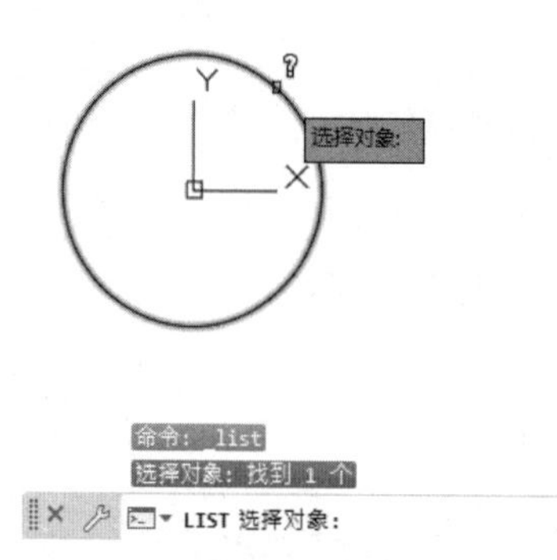

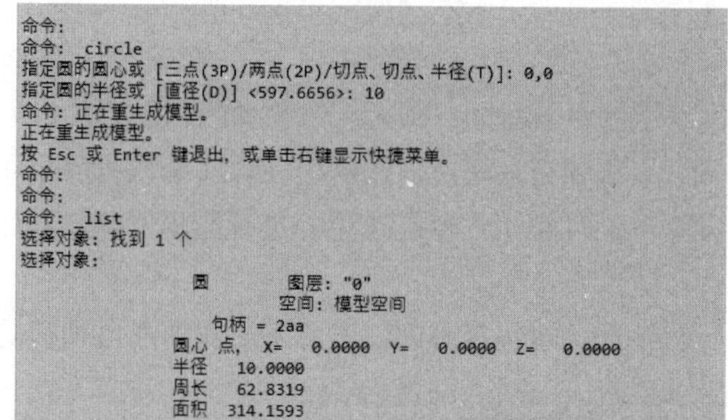

图 8-43　显示图形信息

如果一个图形包含多个对象，要获得整个图形的数据信息，可以使用 DVLIST 命令。执行该命令后，系统将在“AutoCAD 文本窗口”中显示当前图形中包含的每个对象的信息。该窗口中出现对象信息时，系统将暂停运行。此时按下 Enter 键继续输出，按下 Esc 键取消。

8.3.6　显示当前点坐标

在菜单栏中选择“工具”|“查询”|“点坐标”命令(ID)，可以显示图形中特定点的坐标值，也可以通过指定坐标值可视化定位一个点。ID 命令的功能是，在屏幕上拾取一点，在命令行中按 X、Y、Z 形式显示所拾取点的坐标值。这样可以使 AutoCAD 在系统变量 LASTPOINT 中保持跟踪在图形中拾取的最后一点。当使用 ID 命令拾取点时，该点保存到系统变量 LASTPOINT 中。在后续命令中，只需要输入@即可调用该点。

【练习 8-4】使用 ID 命令显示当前拾取点的坐标值，并以该点为圆心绘制一个半径为 20 的圆。视频

(1) 在快速访问工具栏中选择“显示菜单栏”命令，在显示的菜单栏中选择“工具”|“查询”|“点坐标”命令。

(2) 在命令行提示下用鼠标在屏幕上拾取一个点，此时系统将显示该点的坐标，如图 8-44

所示。

(3) 在菜单栏中选择“绘图”|“圆”|“圆心、半径”命令，并在命令行中输入@，调用刚才拾取的点作为圆心。

(4) 在“指定圆的半径或[直径(D)]<20.0000>:”提示下输入 20，然后按下 Enter 键，即可以拾取的点为圆心，绘制一个半径为 20 的圆，如图 8-45 所示。

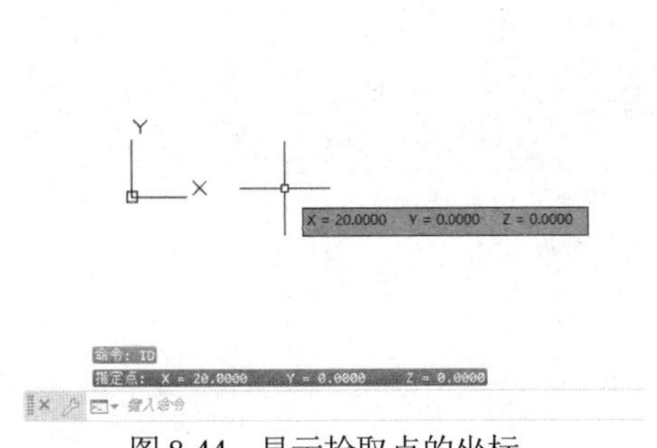

图 8-44　显示拾取点的坐标

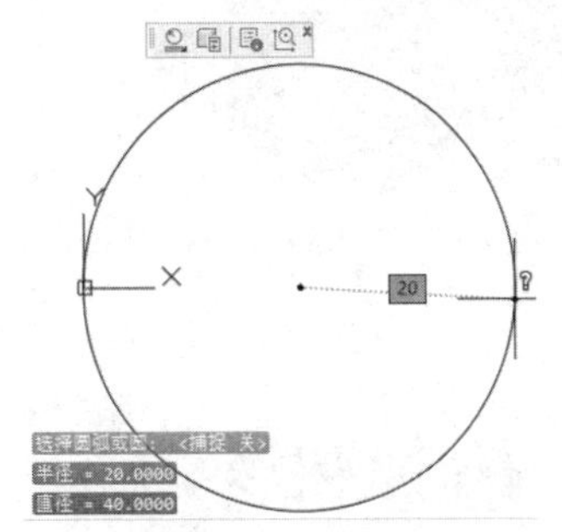

图 8-45　绘制一个半径为 20 的圆

8.3.7　查询对象状态

“状态”是指关于绘图环境及系统状态的各种信息。在 AutoCAD 中，任何图形对象都包含着许多信息。例如，当图形包含对象的数量、图形名称、图形界限及其状态(开或闭)、图形的插入基点、捕捉和网格设置、操作空间、当前图层、颜色、线型、标高和厚度、填充、栅格、正交、快速文字、捕捉和数字化仪的状态、对象捕捉模式、可用磁盘空间、内存可用空间、自由交换文件的空间等。了解这些状态数据，对于控制图形的绘制、显示、打印输出等都很有意义。

要了解对象包含的当前信息，可以在快速访问工具栏中选择“显示菜单栏”命令，在显示的菜单栏中选择“工具”|“查询”|“状态”命令(STATUS)，这时在“AutoCAD 文本窗口”中将显示图形的如下状态信息：

- 图形文件的路径、名称和包含的对象数。
- 模型空间或图纸空间的绘图界限、已利用的图形范围和显示范围。
- 插入基点。
- 捕捉分辨率(即捕捉间距)和栅格点分布间距。
- 当前空间(模型空间或图纸空间)、当前图层、颜色、线型、线宽、基面标高和延伸厚度。
- 填充、栅格、正交、快速文本、间隔捕捉和数字化仪开关的当前设置。
- 对象捕捉的当前设置。
- 磁盘空间的使用情况。

选择“工具”|“查询”|“状态”命令，系统将自动打开如图 8-46 所示的窗口以显示当前图形的状态。按下 Enter 键，继续显示文本，阅读完信息后，按下 F2 键返回到图形窗口。

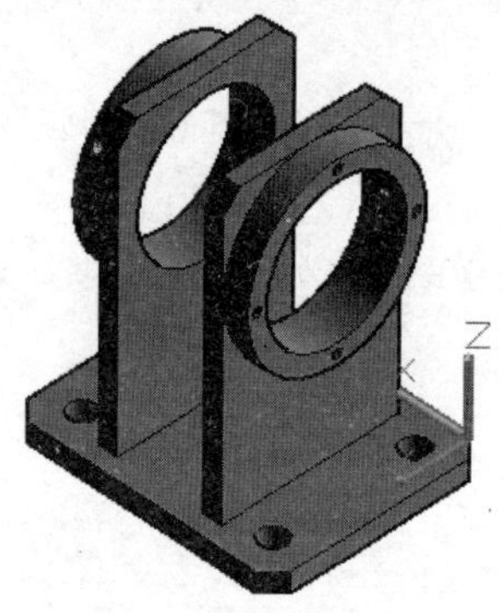

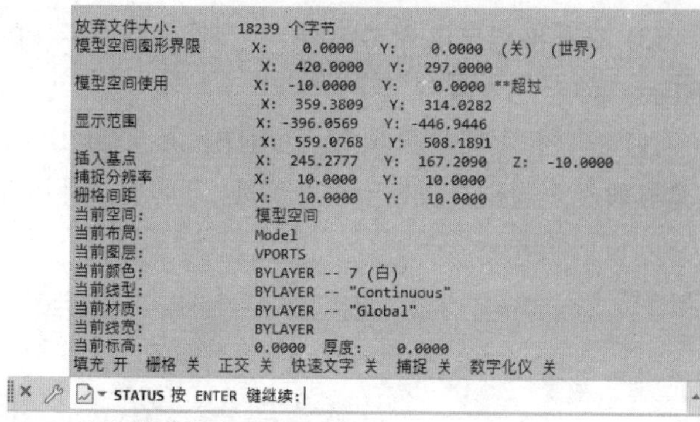

图 8-46　查询图形状态

8.4　思考和练习

1. 简述孤岛填充的 3 种方式。
2. 简述面域布尔运算的 3 种方式。
3. 如何查询面域的信息?

第 9 章

添加尺寸标注

在图形设计中，尺寸标注是绘图设计工作中的一项重要内容。AutoCAD 包含一套完整的尺寸标注命令和实用程序，可以轻松完成图纸中要求的尺寸标注。另外，AutoCAD 还提供了形位公差标注，用于表示特征的形状、轮廓、方向、位置和跳动的允许偏差。本章将重点介绍标注 AutoCAD 图形尺寸的相关知识。

9.1 认识尺寸标注

尺寸标注对传达有关设计元素的尺寸和材料等信息有着非常重要的作用，在对图形进行标注前，用户应先了解尺寸标注的组成、类型、规则及步骤等。

9.1.1 尺寸标注的规则

在 AutoCAD 中，对绘制的图形进行尺寸标注时应遵循以下规则。

- 物体的真实大小应以图样上所标注的尺寸数值为依据，与图形的大小及绘图的准确度无关。
- 图样中的尺寸以 mm 为单位时，不需要标注计量单位的代号或名称。如果采用其他单位，则必须注明相应计量单位的代号或名称，如°、m 及 cm 等。
- 图样中所标注的尺寸默认为该图样所表示物体的最后完工尺寸，否则应另加说明。

9.1.2 尺寸标注的组成

在机械制图或其他工程绘图中，一个完整的尺寸标注应由标注文字、尺寸线、尺寸界线、尺寸线的端点符号(箭头)及起点等组成，如图 9-1 所示。

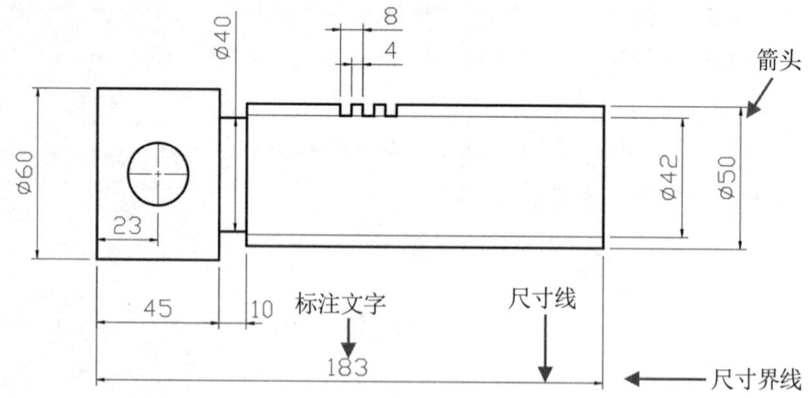

图 9-1　尺寸标注的组成

- 标注文字：表明图形的实际测量值。标注文字可以只反映基本尺寸，也可以带尺寸公差。标注文字应按标准字体书写，同一张图纸上的字高要一致。在图中遇到图线时需要将图线断开。如果图线断开影响图形表达，则需要调整尺寸标注的位置。
- 尺寸线：表明标注的范围。AutoCAD 通常将尺寸线放置在测量区域中。如果空间不足，则将尺寸线或文字移到测量区域的外部，取决于标注样式的放置规则。尺寸线是一条带有双箭头的线段，一般分为两段，可以分别控制其显示。对于角度标注，

尺寸线是一段圆弧。尺寸线应使用细实线绘制。

- 尺寸线的端点符号(即箭头)：箭头显示在尺寸线的末端，用于指出测量的开始和结束位置。AutoCAD 默认使用闭合的填充箭头符号。此外，AutoCAD 还提供了多种箭头符号，以满足不同行业的需要，如建筑标记、小斜线箭头、点和斜杠等。
- 起点：尺寸标注的起点是尺寸标注对象标注的定义点，系统测量的数据均以起点为计算点。起点通常是尺寸界线的引出点。
- 尺寸界线：从标注起点引出的标明标注范围的直线，可以从图形的轮廓线、轴线和对称中心线引出。同时，轮廓线、轴线及对称中心线也可以作为尺寸界线。尺寸界线也应使用细实线绘制。

9.1.3 尺寸标注的类型

AutoCAD 2021 提供了十余种标注工具以供用户标注图形对象，使用它们可以进行角度、直径、半径、线性、对齐、连续、圆心及基线等标注，如图 9-2 所示。

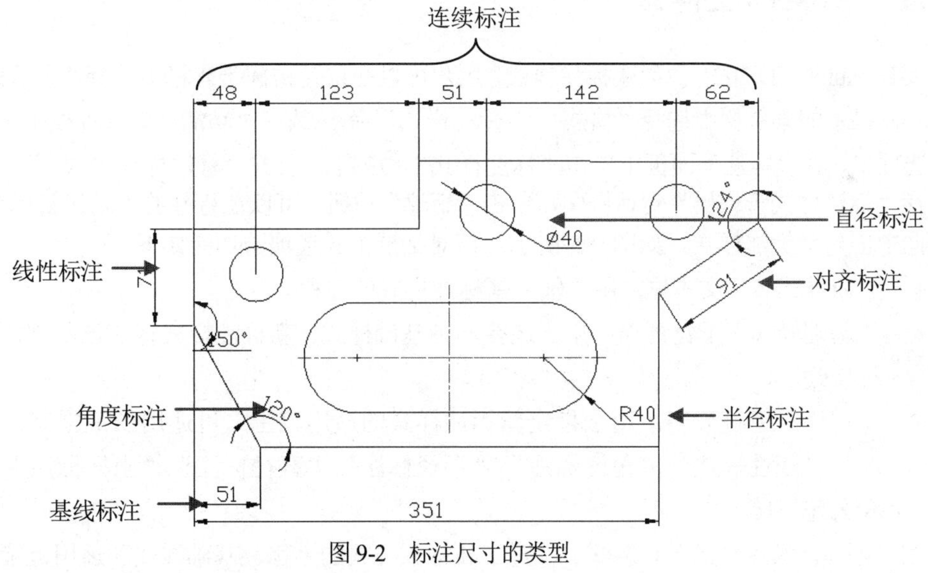

图 9-2　标注尺寸的类型

9.1.4 尺寸标注的创建步骤

在 AutoCAD 中对图形进行尺寸标注的基本步骤如下。

(1) 在菜单栏中选择“格式”|“图层”命令，在打开的“图层特性管理器”选项板中创建一个独立的图层，用于尺寸标注，如图 9-3 所示。

(2) 在菜单栏中选择“格式”|“文字样式”命令，在打开的“文字样式”对话框中创建一种文字样式，用于尺寸标注。

(3) 在菜单栏中选择“格式”|“标注样式”命令，在打开的“标注样式管理器”对话框中设置标注样式，如图 9-4 所示。

(4) 使用对象捕捉和标注等功能，对图形中的元素进行标注。

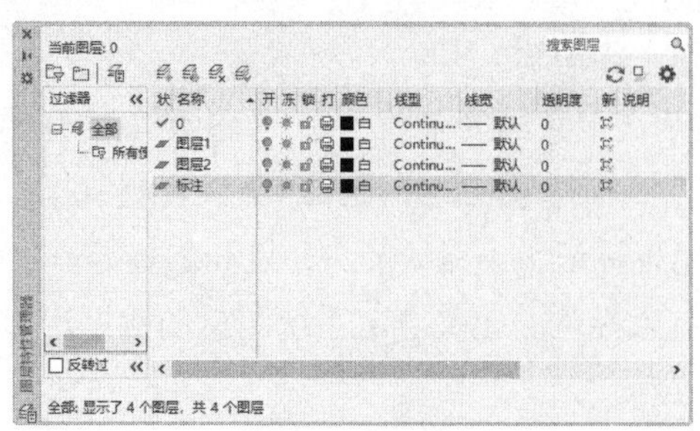
图 9-3　创建图层

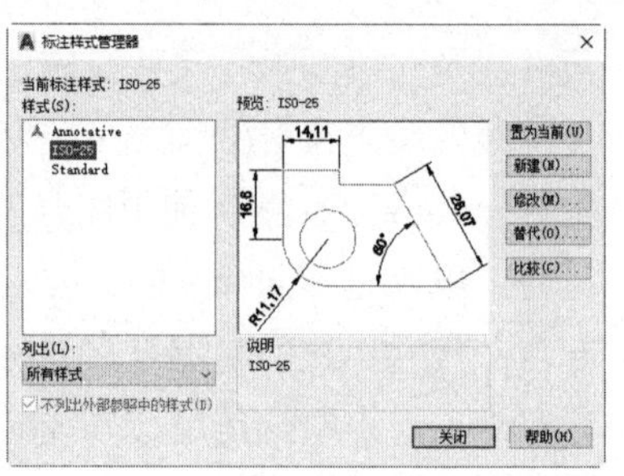
图 9-4　“标注样式管理器”对话框

9.2　创建与设置标注样式

在 AutoCAD 中，使用标注样式可以控制标注的格式和外观，建立强制执行的绘图标准，并有利于对标注格式及用途进行修改。本节将介绍创建标注样式的方法。

9.2.1　创建标注样式

要在 AutoCAD 2021 中创建标注样式，用户可以在快速访问工具栏中选择“显示菜单栏”命令，在显示的菜单栏中选择“格式”|“标注样式”命令(或在“功能区”选项板中选择“注释”选项卡，在“标注”面板中单击“标注样式”按钮)，打开“标注样式管理器”对话框。

在“标注样式管理器”对话框中，单击“新建”按钮，可以在打开的“创建新标注样式”对话框中创建新标注样式，如图 9-5 所示。该对话框中各选项的功能如下。

- “新样式名”文本框：用于输入新标注样式的名称。
- “基础样式”下拉列表：用于选择一种基础样式，新标注样式将在该基础样式上进行修改。
- “用于”下拉列表：用于指定新标注样式的适用范围。可适用的范围有“所有标注”“线性标注”“角度标注”“半径标注”“直径标注”“坐标标注”“引线和公差”等。

在“创建新标注样式”对话框中设置了新标注样式的名称、基础样式和适用范围等后，单击该对话框中的“继续”按钮，将打开“新建标注样式”对话框。在该对话框中，用户可以创建标注中的直线、符号、箭头、文字和单位等内容，如图 9-6 所示。

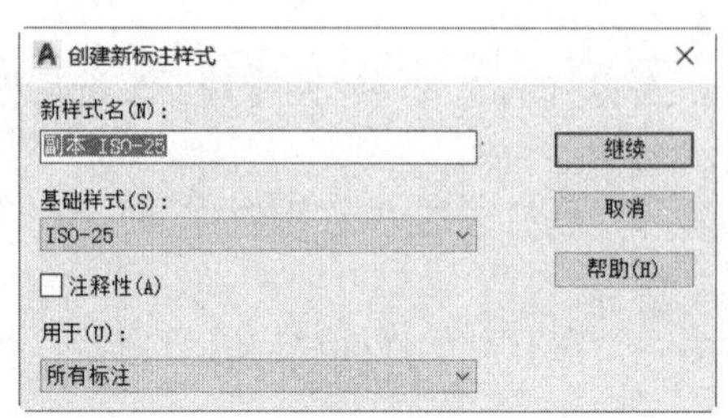

图 9-5　“创建新标注样式”对话框

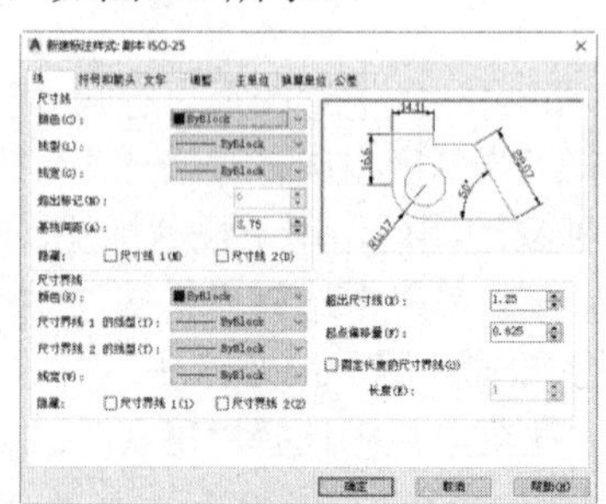
图 9-6　“新建标注样式”对话框

9.2.2　设置尺寸线和尺寸界线

在“新建标注样式”对话框中，使用“线”选项卡可以设置尺寸线和尺寸界线的格式和位置。

1. 尺寸线

在“线”选项卡的“尺寸线”选项区域中，可以设置尺寸线的颜色、线宽、超出标记和基线间距等属性。

- “颜色”下拉列表：用于设置尺寸线的颜色。默认情况下，尺寸线的颜色随块。用户也可以使用变量 DIMCLRD 设置。
- “线型”下拉列表：用于设置尺寸线的线型，该选项没有对应的变量。
- “线宽”下拉列表：用于设置尺寸线的宽度。默认情况下，尺寸线的线宽也是随块，也可以使用变量 DIMLWD 设置。
- “超出标记”文本框：当尺寸线的箭头采用倾斜、建筑标记、小点、积分或无标记等样式时，使用该文本框可以设置尺寸线超出尺寸界线的长度，如图 9-7 所示。

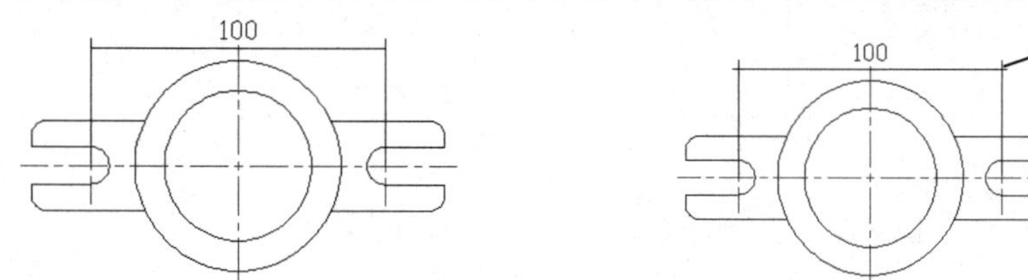

图 9-7　超出标记为 0 与不为 0 时的效果对比

- “基线间距”文本框：进行基线尺寸标注时可以设置各尺寸线之间的距离，如图 9-8 所示。
- “隐藏”选项：通过选中“尺寸线 1”或“尺寸线 2”复选框，可以隐藏第 1 段或第 2 段尺寸线及其相应的箭头，如图 9-9 所示。

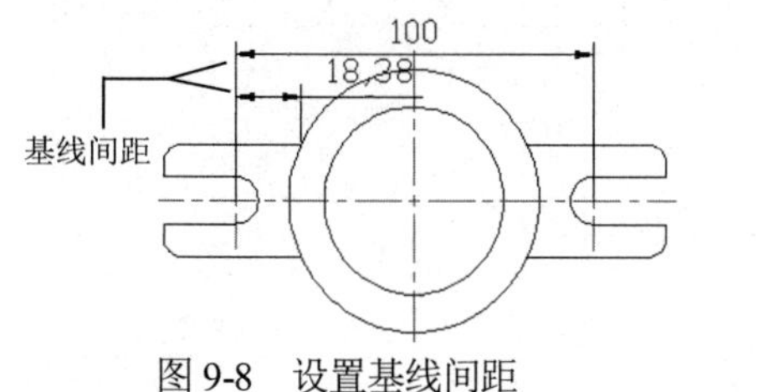

图 9-8　设置基线间距

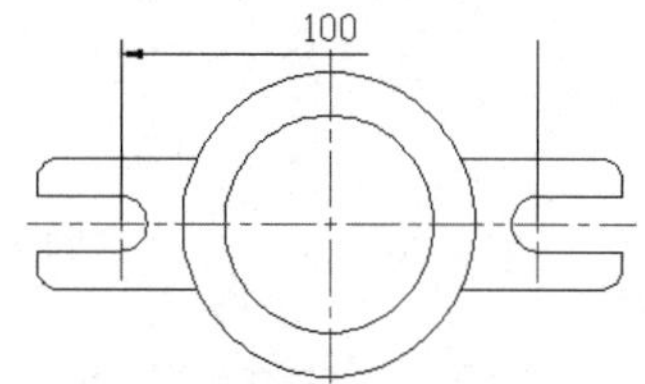

图 9-9　隐藏尺寸线后的效果

2. 尺寸界线

在“尺寸界线”选项区域中，可以设置尺寸界线的颜色、线宽、超出尺寸线的长度、起点偏移量和隐藏控制等属性。

- “颜色”下拉列表：该下拉列表用于设置尺寸界线的颜色，也可以用变量 DIMCLRE 设置。
- “线宽”下拉列表：该下拉列表用于设置尺寸界线的宽度，也可以用变量 DIMLWE

设置。

- “尺寸界线 1 的线型”和“尺寸界线 2 的线型”下拉列表：用于设置尺寸界线的线型。
- “超出尺寸线”文本框：用于设置尺寸界线超出尺寸线的距离，也可以用变量 DIMEXE 设置，如图 9-10 所示。

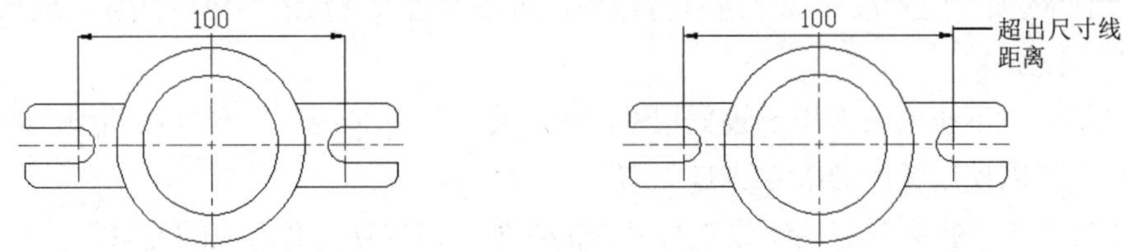

图 9-10　超出尺寸线距离为 0 与不为 0 时的效果对比

- “起点偏移量”文本框：该文本框用于设置尺寸界线的起点与标注定义点的距离，如图 9-11 所示。

图 9-11　起点偏移量为 0 与不为 0 时的效果对比

- “隐藏”选项：通过选中“尺寸界线 1”或“尺寸界线 2”复选框，可以隐藏尺寸界线，如图 9-12 所示。
- “固定长度的尺寸界线”复选框：选中该复选框，可以使用具有固定长度的尺寸界线标注图形，其中在“长度”文本框中可以输入尺寸界线的长度数值。

图 9-12　隐藏尺寸界线后的效果

9.2.3　设置符号和箭头

在“新建标注样式”对话框中，使用“符号和箭头”选项卡可以设置箭头、圆心标记、弧长符号和半径折弯标注的格式与位置等，如图 9-13 所示。

1. 箭头

在“箭头”选项区域中，可以设置尺寸线和引线箭头的类型及尺寸大小等。通常情况下，尺寸线的两个箭头应一致。

为了适用于不同类型的图形标注需要，AutoCAD 设置了 20 多种箭头样式。用户可以从

对应的下拉列表中选择箭头，并在“箭头大小”微调框中设置其大小。

另外，还可以使用自定义箭头，在下拉列表中选择“用户箭头”选项，打开“选择自定义箭头块”对话框，如图 9-14 所示。在“从图形块中选择”文本框中输入当前图形中已有的块名，然后单击“确定”按钮，AutoCAD 将以该块作为尺寸线的箭头样式。此时，块的插入基点与尺寸线的端点重合。

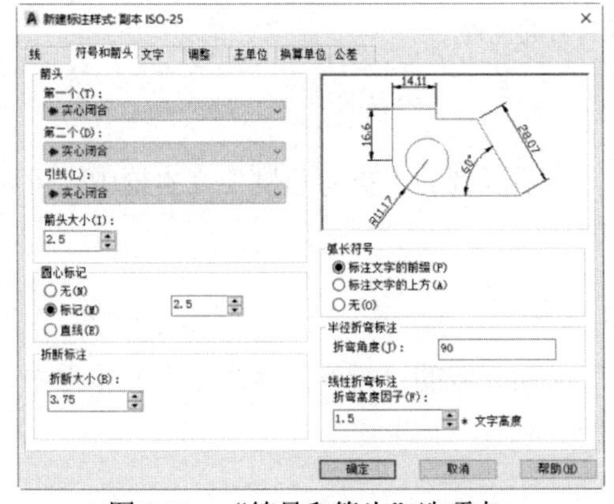

图 9-13　“符号和箭头”选项卡

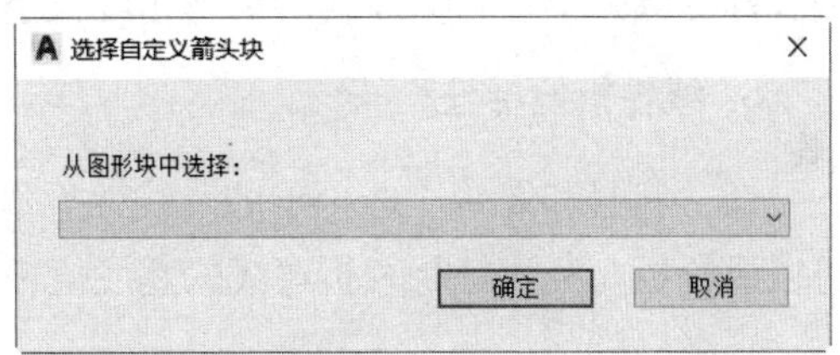

图 9-14　“选择自定义箭头块”对话框

2. 圆心标记

在“符号和箭头”选项卡的“圆心标记”选项区域中，可以设置圆或圆弧的圆心标记类型，如“标记”“直线”“无”。其中，选中“标记”单选按钮可对圆或圆弧绘制圆心标记；选中“直线”单选按钮，可对圆或圆弧绘制中心线；选择“无”单选按钮，则没有任何标记，如图 9-15 所示。当选中“标记”或“直线”单选按钮时，可以在“大小”文本框中设置圆心标记的大小。

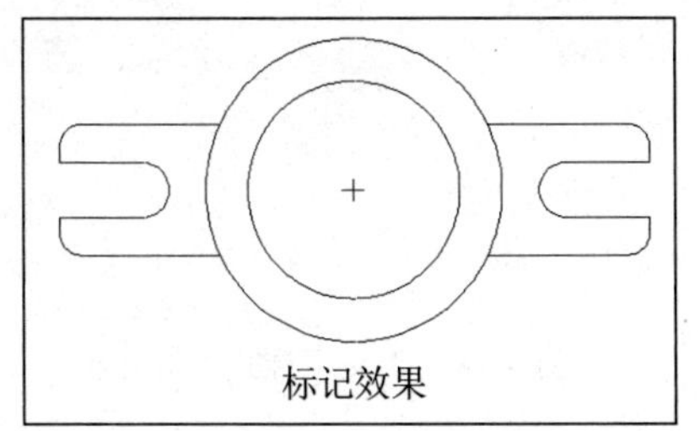

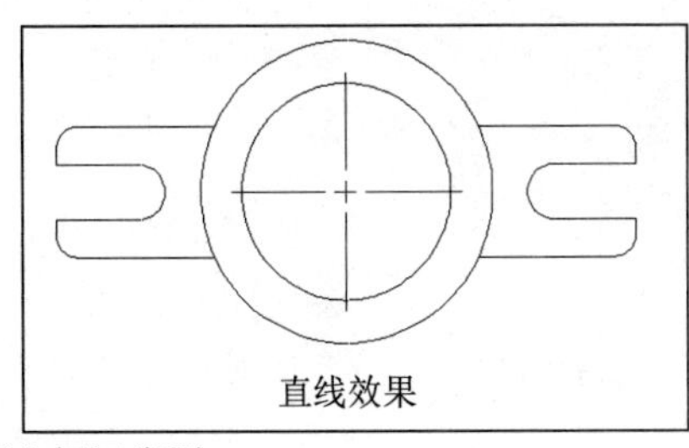

图 9-15　圆心标记类型

3. 折断标注

在“符号和箭头”选项卡的“折断标注”选项区域的“折断大小”微调框中，可以设置标注打断时标注线的长度值。

4. 弧长符号

在“符号和箭头”选项卡的“弧长符号”选项区域中，可以设置弧长符号显示的位置，包括“标注文字的前缀”“标注文字的上方”“无”3 种方式，如图 9-16 所示。

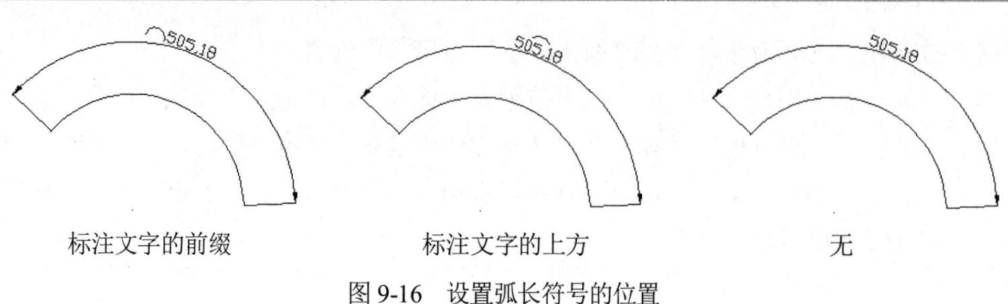

标注文字的前缀　　　　标注文字的上方　　　　无

图 9-16　设置弧长符号的位置

5. 半径折弯标注

在“符号和箭头”选项卡的“半径折弯标注”选项区域的“折弯角度”文本框中，可以设置标注圆弧半径时标注线的折弯角度大小。

6. 线性折弯标注

在“符号和箭头”选项卡的“线性折弯标注”选项区域的“折弯高度因子”文本框中，可以设置折弯标注打断时折弯线的高度值。

9.2.4　设置文字样式

在“新建标注样式”对话框中，可以使用“文字”选项卡设置标注文字的外观、位置和对齐方式，如图 9-17 所示。单击“文字”选项卡中的“显示文字样式对话框”按钮…，可以打开如图 9-18 所示的“文字样式”对话框，用于设置标注文字的样式。

图 9-17　“文字”选项卡

图 9-18　“文字样式”对话框

1. 文字外观

在“文字外观”选项区域中，可以设置文字的样式、颜色、高度和分数高度比例，以及控制是否绘制文字边框等。部分选项的功能说明如下。

- “文字样式”下拉列表：用于选择标注的文字样式。也可以单击其后的…按钮，打开“文字样式”对话，选择文字样式或新建文字样式。
- “文字颜色”下拉列表：用于设置标注文字的颜色。也可以使用变量 DIMCLRT 进行设置。
- “填充颜色”下拉列表：用于设置标注文字的填充颜色。

- “文字高度”文本框：用于设置标注文字的高度。也可以使用变量 DIMTXT 进行设置。
- “分数高度比例”文本框：用于设置标注文字中的分数相对于其他标注文字的比例，AutoCAD 将该比例值与标注文字高度的乘积作为分数的高度。
- “绘制文字边框”复选框：用于设置是否给标注文字加边框，如图 9-19 所示。

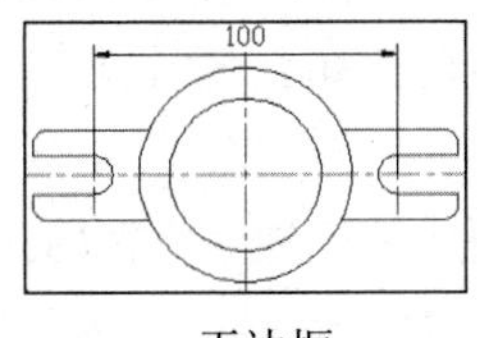

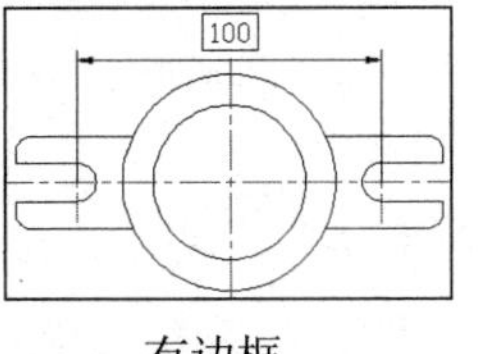

无边框　　有边框

图 9-19　标注文字无边框与有边框的效果对比

2. 文字位置

在“文字”选项卡的“文字位置”选项区域中，可以设置文字的垂直位置、水平位置以及与尺寸线的偏移量，各选项的功能说明如下。

- “垂直”下拉列表：用于设置标注文字相对于尺寸线在垂直方向的位置，如“居中”“上方”“外部”和 JIS。其中，选择“居中”选项可以把标注文字放在尺寸线中间；选择“上方”选项，将把标注文字放在尺寸线的上方；选择“外部”选项，可以把标注文字放在远离第一定义点的尺寸线一侧；选择 JIS 选项则按 JIS 规则放置标注文字，如图 9-20 所示。

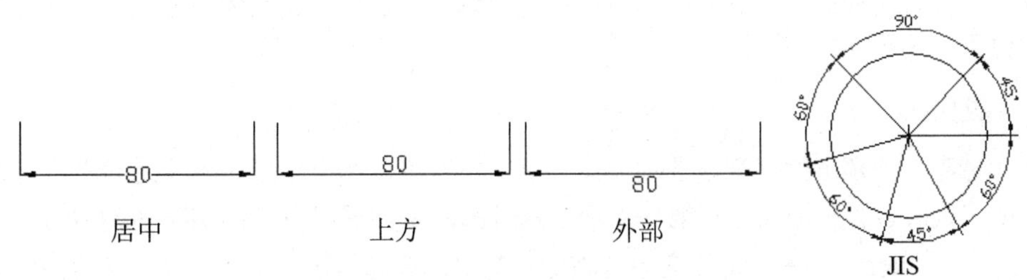

图 9-20　文字垂直位置的 4 种形式

- “水平”下拉列表：用于设置标注文字相对于尺寸线和尺寸界线在水平方向的位置，如“居中”“第一条尺寸界线”“第二条尺寸界线”“第一条尺寸界线上方”“第二条尺寸界线上方”，如图 9-21 所示。

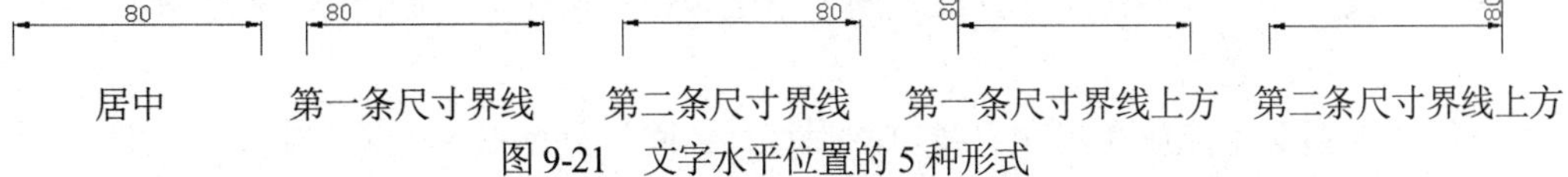

居中　第一条尺寸界线　第二条尺寸界线　第一条尺寸界线上方　第二条尺寸界线上方

图 9-21　文字水平位置的 5 种形式

- “从尺寸线偏移”文本框：设置标注文字与尺寸线之间的距离。如果标注文字位于尺寸线的中间，则表示断开处尺寸线端点与尺寸文字的间距。若标注文字带有边框，则可以控制文字边框与其中文字的距离。

● “观察方向”下拉列表：用于控制标注文字的观察方向。

3. 文字对齐

在“文字对齐”选项区域中，可以设置标注文字是保持水平还是与尺寸线平行。其中 3 个选项的含义如下。

● “水平”单选按钮：选中该单选按钮，使标注文字水平放置。
● “与尺寸线对齐”单选按钮：选中该单选按钮，使标注文字的方向与尺寸线方向一致。
● “ISO标准”单选按钮：选中该单选按钮，使标注文字按ISO标准放置，当标注文字在尺寸界线之内时，它的方向与尺寸线方向一致，而在尺寸界线之外时将水平放置。

图 9-22 显示了上述 3 种文字对齐方式。

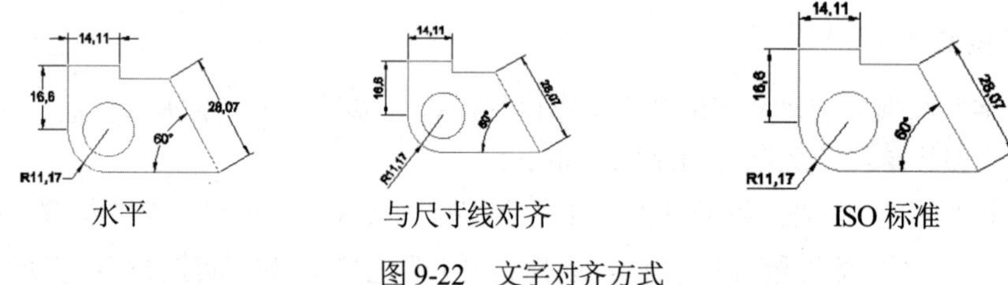

图 9-22 文字对齐方式

9.2.5 设置调整选项

在“新建标注样式”对话框中，可以使用“调整”选项卡设置标注文字、尺寸线和尺寸箭头的位置，如图 9-23 所示。

1. 调整选项

在“调整”选项卡的“调整选项”选项区域中，可以确定当尺寸界线之间没有足够的空间时，如果同时放置标注文字和箭头，应从尺寸界线之间移出对象，如图 9-24 所示。

● “文字或箭头(最佳效果)”单选按钮：选中该单选按钮，按最佳效果自动移出文本或箭头。
● “箭头”单选按钮：选中该单选按钮，首先将箭头移出。
● “文字”单选按钮：选中该单选按钮，首先将文字移出。
● “文字和箭头”单选按钮：选中该单选按钮，将文字和箭头都移出。
● “文字始终保持在尺寸界线之间”单选按钮：选中该单选按钮，将文本始终保持在尺寸界线之间。
● “若箭头不能放在尺寸界线内，则将其消除”复选框：如果选中该复选框，可以抑制箭头的显示。

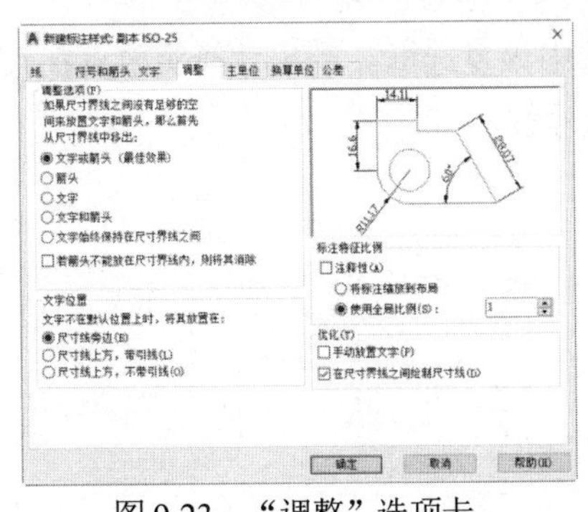

图 9-23　“调整”选项卡

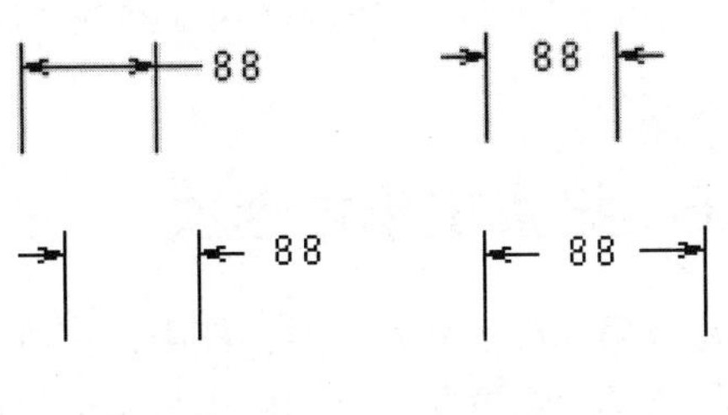

图 9-24　标注文字和箭头在尺寸界线间的放置

2. 文字位置

在“调整”选项卡的“文字位置”选项区域中，用户可以设置文字不在默认位置时的位置。其中，各选项的含义如下。

- “尺寸线旁边”单选按钮：选中该单选按钮，可以将文本放在尺寸线旁边。
- “尺寸线上方，带引线”单选按钮：选中该单选按钮，可以将文本放在尺寸线的上方，并带上引线。
- “尺寸线上方，不带引线”单选按钮：选中该单选按钮，可以将文本放在尺寸线的上方，但不带引线。

图 9-25 显示了当文字不在默认位置时的 3 种位置设置效果。

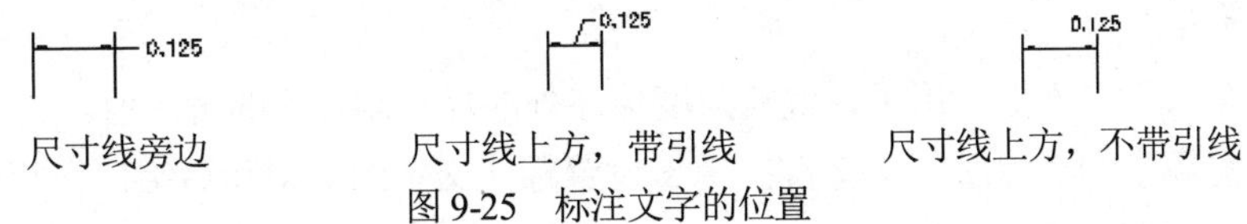

图 9-25　标注文字的位置

3. 标注特征比例

在“标注特征比例”选项区域中，可以设置标注尺寸的特征比例，以便通过设置全局比例来增大或减小各标注的大小。各选项的功能如下。

- “注释性”复选框：选中该复选框，将指定标注为注释性标注，不可设置缩放比例。
- “将标注缩放到布局”单选按钮：选中该单选按钮，可以根据当前模型空间中视口与图纸空间之间的缩放关系设置比例。
- “使用全局比例”单选按钮：选中该单选按钮，可以为全部尺寸标注设置缩放比例，该比例不改变尺寸的测量值。

4. 优化

在“优化”选项区域中，可以对标注文字和尺寸线进行细微调整，该选项区域包括以下两个复选框。

- “手动放置文字”复选框：选中该复选框，则忽略标注文字的水平设置，在标注时可手动将标注文字放置在指定的位置。

- “在尺寸界线之间绘制尺寸线”复选框：选中该复选框，当尺寸箭头放置在尺寸界线之外时，也可以在尺寸界线之间绘制出尺寸线。

9.2.6 设置主单位选项

在“新建标注样式”对话框中，可以使用“主单位”选项卡设置主单位的格式与精度等属性，如图 9-26 所示。

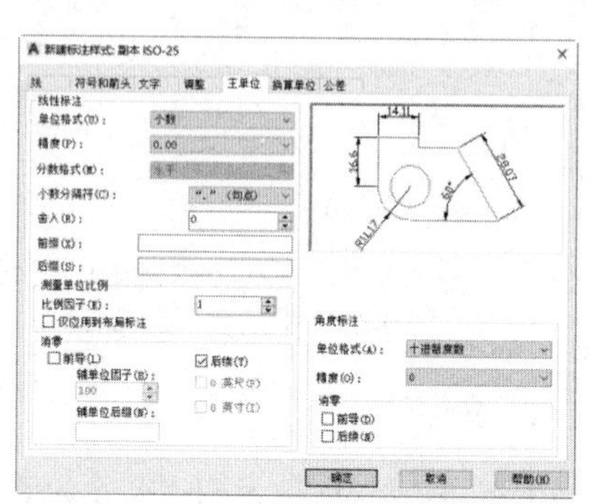

图 9-26 “主单位”选项卡

1. 线性标注

在“线性标注”选项区域中，可以设置线性标注的单位格式与精度，主要选项的功能如下。

- “单位格式”下拉列表：用于设置除角度标注外其余各标注类型的尺寸单位，包括“科学”“小数”“工程”“建筑”“分数”等选项。
- “精度”下拉列表：用于设置除角度标注外其他标注的尺寸精度。
- “分数格式”下拉列表框：当单位格式是分数时，可以设置分数的格式，包括“水平”“对角”“非堆叠”3 种方式。
- “小数分隔符”下拉列表：用于设置小数的分隔符，包括“逗号”“句点”“空格”3 种方式。
- “舍入”文本框：用于设置除角度标注外的尺寸测量值的舍入值。
- “前缀”和“后缀”文本框：用于设置标注文字的前缀和后缀，在相应的文本框中输入字符即可。

2. 测量单位比例

- “比例因子”文本框：用于设置测量尺寸的缩放比例。AutoCAD 的实际标注值为测量值与该比例的乘积。
- “仅应用到布局标注”复选框：可以设置该比例仅适用于布局。

3. 角度标注

在“角度标注”选项区域中，可以使用“单位格式”下拉列表设置标注角度时的单位，使用“精度”下拉列表设置标注角度时的尺寸精度。

4. 消零

在“消零”选项区域中可以设置是否显示尺寸标注中的“前导”和“后续”零。

9.2.7 设置换算单位

在“新建标注样式”对话框中，可以使用“换算单位”选项卡设置换算单位的格式，如图 9-27 所示。

在 AutoCAD 2021 中，通过换算标注单位，可以转换使用不同测量单位制下的标注。它们通常是显示英制标注的等效公制标注，或是显示公制标注的等效英制标注。在标注文字中，换算单位显示在主单位旁边的方括号([ ])中，如图 9-28 所示。

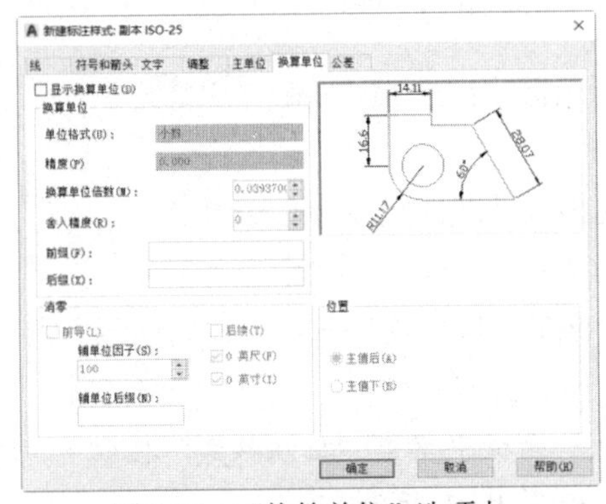

图 9-27　“换算单位”选项卡

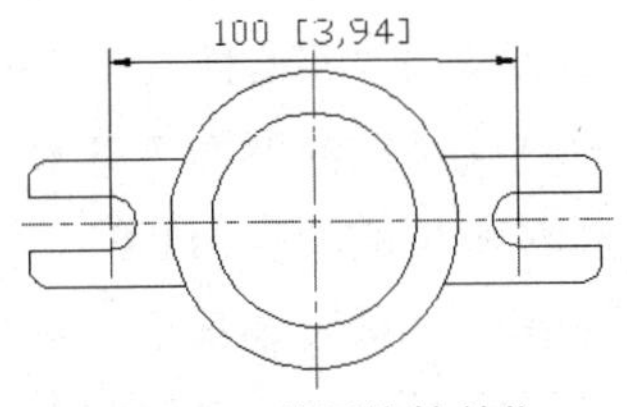

图 9-28　使用换算单位

选中“显示换算单位”复选框后，该对话框的其他选项才可用。用户可以在“换算单位”选项区域中设置换算单位的“单位格式”“精度”“换算单位倍数”“舍入精度”“前缀”“后缀”等，操作方法与设置主单位的方法相同。

9.2.8　设置公差

在“新建标注样式”对话框中，可以使用“公差”选项卡设置是否标注公差，以及用何种方式进行标注，如图 9-29 所示。

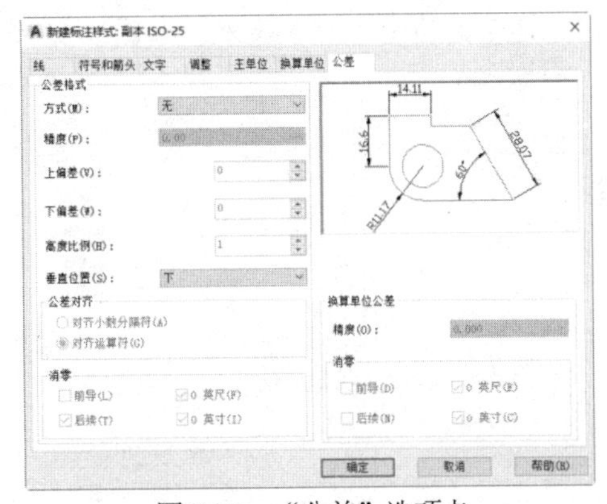

图 9-29　“公差”选项卡

1. 公差格式

在“公差格式”选项区域中，可以设置公差的标注格式，部分选项的功能说明如下。

- “方式”下拉列表：确定以何种方式标注公差，如图 9-30 所示。

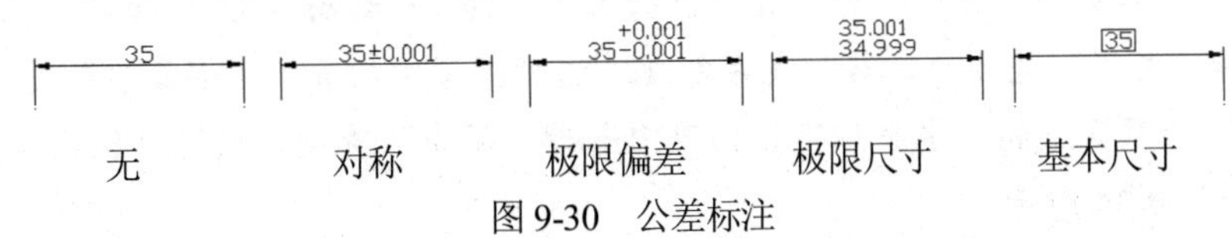

图 9-30　公差标注

- “上偏差”和“下偏差”文本框：设置尺寸的上偏差、下偏差。
- “高度比例”文本框：确定公差文字的高度比例因子。确定后，AutoCAD 将该比例因子与尺寸文字高度的乘积作为公差文字的高度。
- “垂直位置”下拉列表：控制公差文字相对于尺寸文字的位置，包括“上”“中”“下”3 种方式。

2. 换算单位公差

在“换算单位公差”选项区域中当标注换算单位时，可以设置换算单位的精度以及是否消零。

【练习 9-1】根据下列要求，创建机械制图标注样式 MyType。视频

- 基线标注尺寸线间距为 7 毫米。
- 尺寸界限的起点偏移量为 1 毫米，超出尺寸线的距离为 2 毫米。
- 箭头使用“实心闭合”形状，大小为 2。
- 标注文字的高度为 3 毫米，位于尺寸线的中间，文字从尺寸线偏移距离为 0.5 毫米。
- 标注单位的精度为 0.0。

(1) 选择“注释”选项卡，然后在“标注”面板中单击“标注样式”按钮，打开“标注样式管理器”对话框，单击“新建”按钮，如图 9-31 所示。

(2) 打开“创建新标注样式”对话框，在“新样式名”文本框中输入新建样式的名称 MyType，然后单击“继续”按钮。

(3) 打开“新建标注样式: MyType”对话框，在“线”选项卡的“尺寸线”选项区域中，设置“基线间距”为 7 毫米；在“尺寸界线”选项区域中，设置“超出尺寸线”为 2 毫米，设置“起点偏移量”为 1 毫米，如图 9-32 所示。

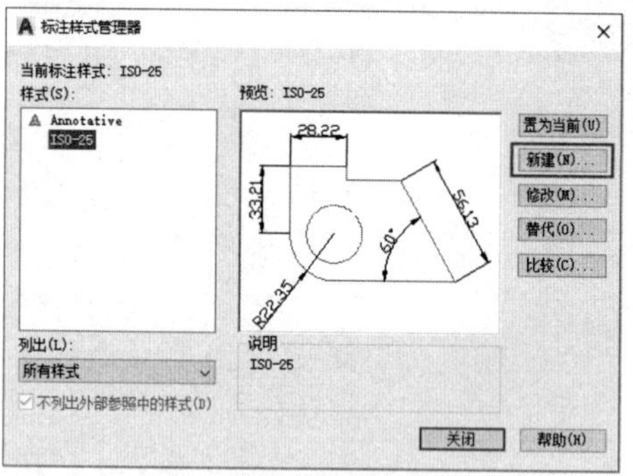

图 9-31　单击“新建”按钮

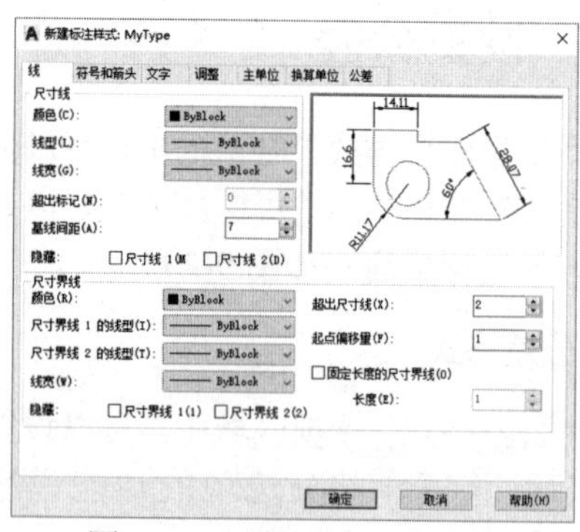

图 9-32　设置“线”选项卡

(4) 选择“符号和箭头”选项卡，在“箭头”选项区域的“第一个”和“第二个”下拉列表中选择“实心闭合”选项，并设置“箭头大小”为 2，如图 9-33 所示。

(5) 选择“文字”选项卡，在“文字外观”选项区域中设置“文字高度”为 3 毫米；在“文字位置”选项区域的“水平”下拉列表中选择“居中”选项，设置“从尺寸线偏移”为 0.5 毫米，如图 9-34 所示。

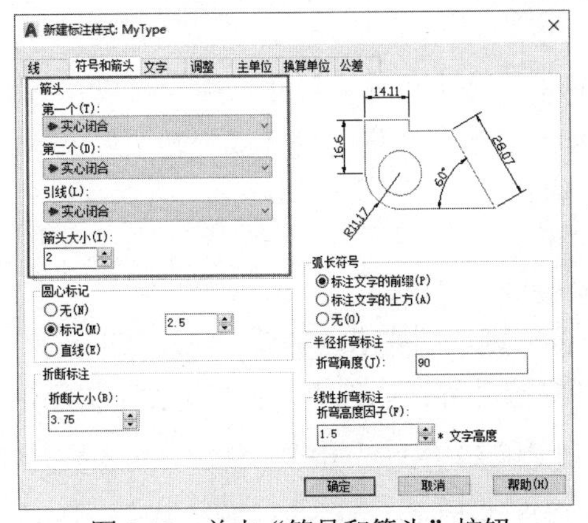

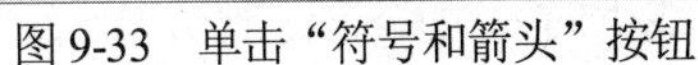

图 9-33　单击“符号和箭头”按钮

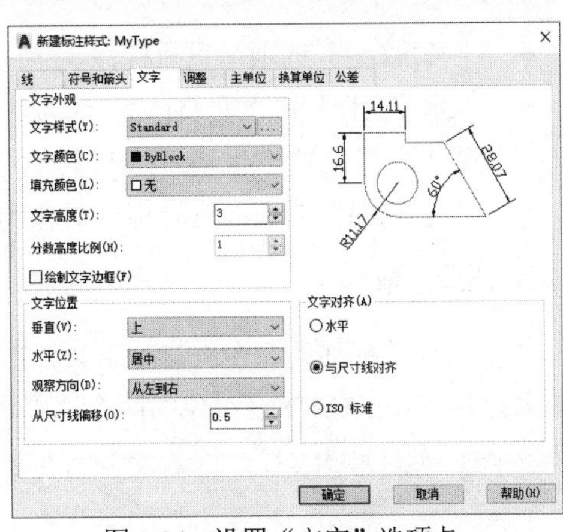

图 9-34　设置“文字”选项卡

(6) 选择“主单位”选项卡，设置标注的“精度”为 0.0，设置完毕后单击“确定”按钮。

9.3　长度型尺寸标注

长度型尺寸标注用于标注图形中两点间的长度，可以是端点、交点、圆弧弦线端点或能够识别的任意两个点。在 AutoCAD 2021 中，长度型尺寸标注包括多种类型，如线性标注、对齐标注、弧长标注、基线标注和连续标注等。

9.3.1　线性标注

在快速访问工具栏中选择“显示菜单栏”命令，在显示的菜单栏中选择“标注”|“线性”命令。或在“功能区”选项板中选择“注释”选项卡，在“标注”面板中单击“线性”按钮。由此可以创建用于标注用户坐标系 XY 平面中的两个点之间距离的测量值，并通过指定点或选择对象来实现。此时命令行提示如下信息。

```
DIMLINEAR 指定第一条尺寸界线的原点或 <选择对象>:
```

1. 指定起点

默认情况下，在命令行提示下直接指定第一条尺寸界线的原点，并在“指定第二条尺寸界线的原点：”提示下指定第二条尺寸界线的原点，命令行提示如下

```
DIMLINEAR [多行文字(M)/文字(T)/角度(A)/水平(H)/垂直(V)/旋转(R)]:
```

默认情况下，指定尺寸线的位置后，系统将按自动测量出的两个尺寸界线起点间的相应距离标注出尺寸。此外，其他各选项的功能说明如下。

- “多行文字(M)”选项：选择该选项将进入多行文字编辑模式，可以使用文字输入窗口输入并设置标注文字。其中，文字输入窗口中的尖括号(< >)表示系统测量值。
- “文字(T)”选项：可以按照单行文字的形式输入标注文字。此时，将显示“输入标注文字<1>：”提示信息，要求输入标注文字。

- “角度(A)”选项：设置标注文字的旋转角度。
- “水平(H)”和“垂直(V)”选项：标注水平尺寸和垂直尺寸。用户可以直接确定尺寸线的位置，也可以选择其他选项来指定标注文字的内容或旋转角度。
- “旋转(R)”选项：旋转标注对象的尺寸线。

2. 选择对象

如果在线性标注的命令行提示下直接按下 Enter 键，则要求选择要标注尺寸的对象。选择对象以后，AutoCAD 将对象的两个端点作为两条尺寸界线的起点，并显示如下提示信息。

```
指定尺寸线位置或[多行文字(M)/文字(T)/角度(A)/水平(H)/垂直(V)/旋转(R)]:
```

当两个尺寸界线的起点不在同一条水平线或垂直线上时，可以通过拖动来确定是创建水平标注还是垂直标注。使光标位于两条尺寸界线的起点之间，上下拖动可引出垂直尺寸线，如图 9-35 所示；使光标位于两条尺寸界线的起点之间，左右拖动则可引出水平尺寸线。

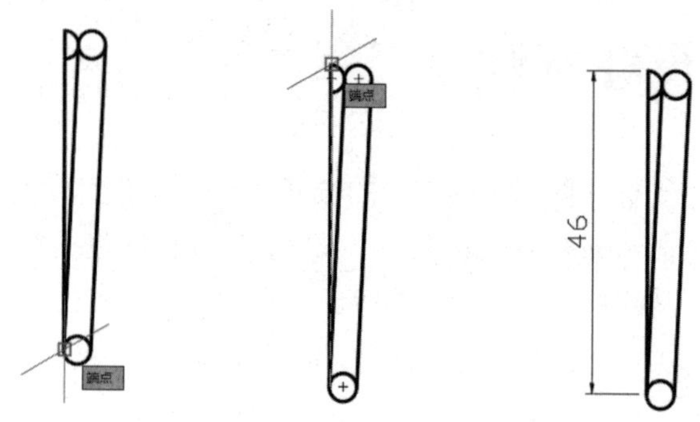

图 9-35　垂直线性尺寸标注

9.3.2　对齐标注

在快速访问工具栏中选择“显示菜单栏”命令。在显示的菜单栏中选择“标注”|“对齐”命令，或在“功能区”选项板中选择“注释”选项卡，在“标注”面板中单击“已对齐”按钮，可以进行对齐标注，命令行提示如下信息。

```
DIMALIGNED 指定第一条尺寸界线的原点或 <选择对象>:
```

由此可见，对齐标注是线性标注尺寸的一种特殊形式。在对直线段进行标注时，如果该直线段的倾斜角度未知，那么使用线性标注方法将无法得到准确的测量结果。这时可以使用对齐标注。

【练习 9-2】在 AutoCAD 中标注图形尺寸。视频

(1) 在 AutoCAD 2021 中打开一个图形，选择“注释”选项卡，然后在“标注”面板中单击“线性”按钮，如图 9-36 所示。

(2) 在状态栏上单击“对象捕捉”按钮，打开对象捕捉模式。在图形中捕捉点 A，指定第一条尺寸界线的原点，在图形中捕捉点 B，指定第二条尺寸界线的原点。在命令行提示下

输入 H，创建水平标注，然后拖动光标，在绘图窗口中的适当位置单击，确定尺寸线的位置，结果如图 9-37 所示。

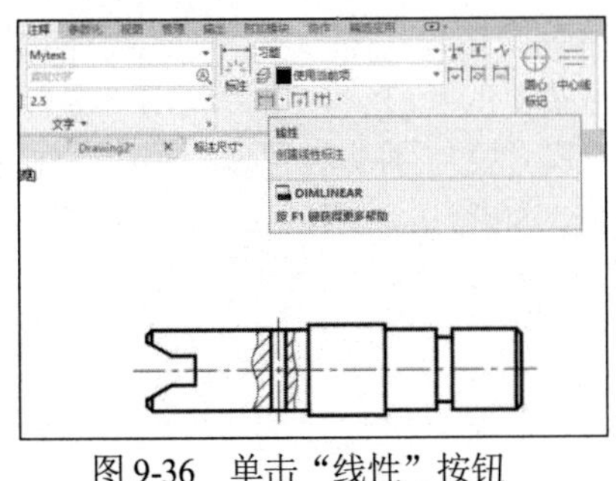

图 9-36　单击“线性”按钮

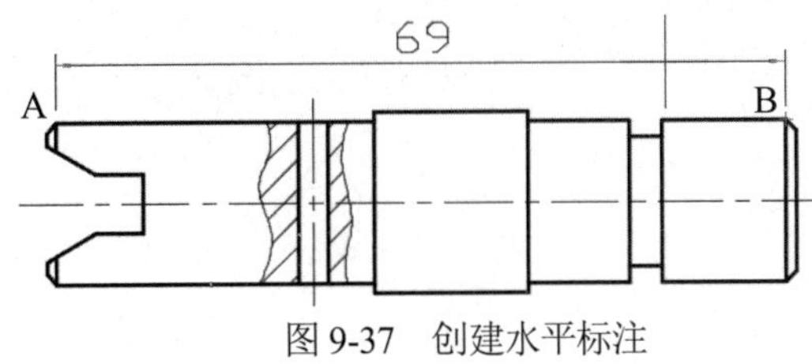

图 9-37　创建水平标注

(3) 重复上述步骤，捕捉点 A 和点 C，并在命令行提示下输入 V，创建垂直标注，然后拖动鼠标，在绘图窗口中的适当位置单击，确定尺寸线的位置，结果如图 9-38 所示。

(4) 使用同样的方法，标注其他水平标注和垂直标注，如图 9-39 所示。

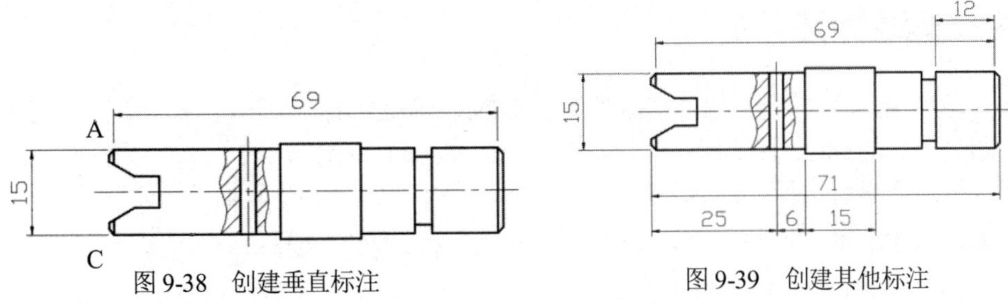

图 9-38　创建垂直标注

图 9-39　创建其他标注

(5) 选择“注释”选项卡，然后在“标注”面板中单击“已对齐”按钮，如图 9-40 所示。

(6) 捕捉点 D 和点 E，然后拖动鼠标，在绘图窗口中的适当位置单击，确定尺寸线的位置，结果如图 9-41 所示。

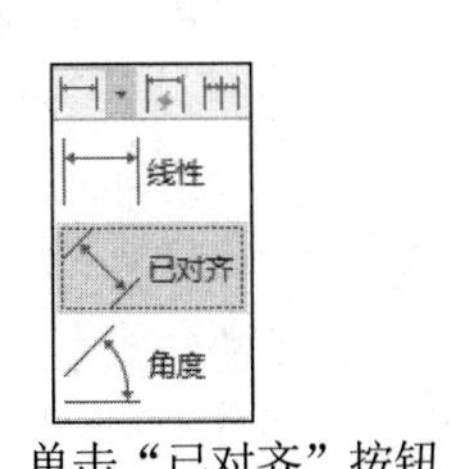

图 9-40　单击“已对齐”按钮

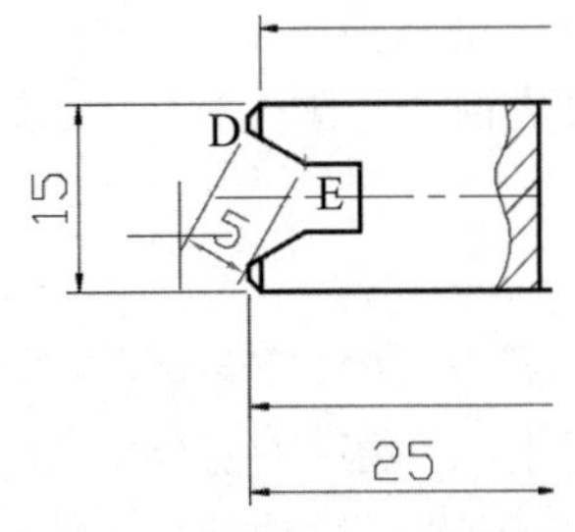

图 9-41　创建标注

9.3.3　弧长标注

在快速访问工具栏中选择“显示菜单栏”命令，在显示的菜单栏中选择“标注”|“弧长”命令；或在“功能区”选项板中选择“注释”选项卡，在“标注”面板中单击“弧长”按钮，

可以标注圆弧线段或多段线圆弧线段部分的弧长。当选择需要标注的对象后，命令行提示如下信息：

```
DIMARC 指定弧长标注位置或 [多行文字(M)/文字(T)/角度(A)/部分(P)/引线(L)]:
```

指定尺寸线的位置后，系统将按实际测量值标注出圆弧的长度。也可以利用“多行文字(M)”“文字(T)”或“角度(A)”选项，确定尺寸文字或尺寸文字的旋转角度。另外，如果选择“部分(P)”选项，可以标注选定圆弧某一部分的弧长，如图 9-42 所示。

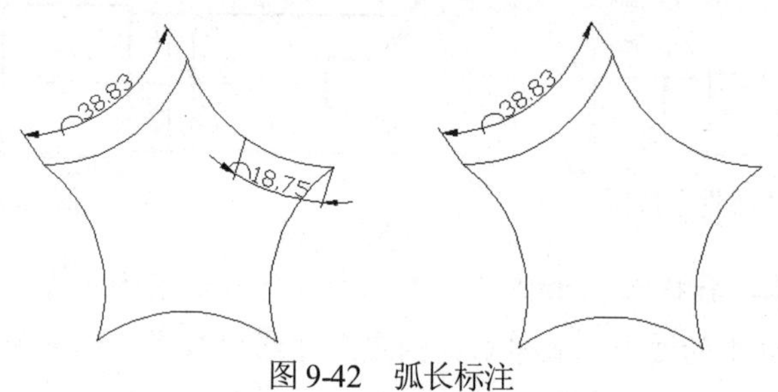

图 9-42　弧长标注

9.3.4　基线标注

在菜单栏中选择“标注”|“基线”命令(DIMBASELINE)，可以创建一系列由相同的标注原点测量出来的标注。在进行基线标注之前必须创建(或选择)一个线性、坐标或角度标注作为基准标注，然后执行 DIMBASELINE 命令。此时，命令行提示如下信息：

```
DIMBASELINE 指定第二条尺寸界线的原点或 [放弃(U)/选择(S)] <选择>:
```

在以上提示信息下，可以直接确定下一个尺寸的第二条尺寸界线的起点。AutoCAD 将按基线标注方式标注出尺寸，直到按下 Enter 键结束命令为止。

9.3.5　连续标注

在菜单栏中选择“标注”|“连续”命令(DIMCONTINUE)，可以创建一系列端对端放置的标注。每个连续标注都从前一个标注的第二个尺寸界线处开始。

在进行连续标注之前，必须先创建(或选择)一个线性、坐标或角度标注作为基准标注，以确定连续标注所需要的前一个尺寸标注的尺寸界线，然后执行 DIMCONTINUE 命令。此时命令行提示如下：

```
DIMCONTINUE 指定第二条尺寸界线的原点或 [放弃(U)/选择(S)] <选择>:
```

在以上提示信息下，当确定下一个尺寸的第二条尺寸界线的起点后，AutoCAD 按连续标注方式标注出尺寸，即把上一个或所选标注的第二条尺寸界线作为新尺寸标注的第一条尺寸界线的标注尺寸。标注完成后，按下 Enter 键即可结束该命令。

【练习 9-3】在 AutoCAD 2021 中标注零件图形尺寸。视频

(1) 在“功能区”选项板中选择“注释”选项卡，然后在“标注”面板中单击“线性”按钮，创建点 A 与点 B 之间的水平线性标注，以及点 B 与点 C 之间的垂直线性标注，效果如图 9-43 所示。

(2) 继续创建点C和点D之间的水平标注，在“功能区”选项板中选择“注释”选项卡，然后在“标注”面板中单击“连续”按钮。

(3) 系统将以最后一次创建的尺寸标注CD的点D作为基点。依次在图形中单击点E、F、G和H，指定连续标注的尺寸界限的起点，最后按下Enter键，此时标注效果如图9-44所示。

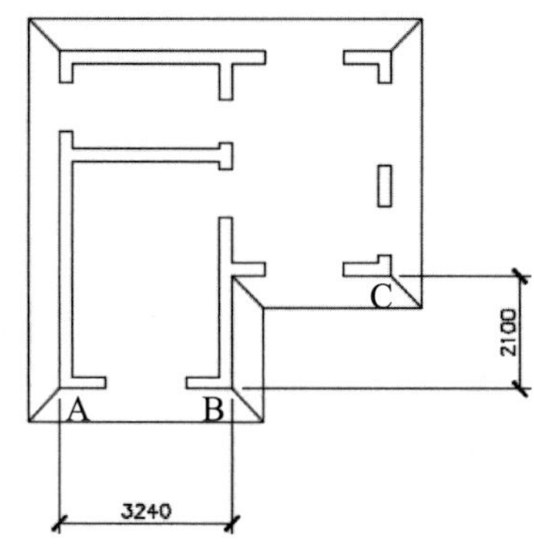

图9-43 创建水平和垂直线性标注

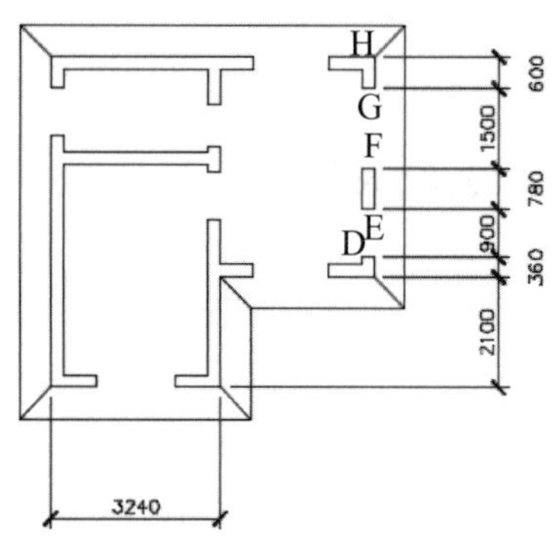

图9-44 创建连续标注

(4) 在“功能区”选项板中选择“注释”选项卡，然后在“标注”面板中单击“线性”按钮，创建点H与点I之间的水平线性标注，如图9-45所示。

(5) 在“功能区”选项板中选择“注释”选项卡，然后在“标注”面板中单击“基线”按钮，系统将以最后一次创建的尺寸标注HI的点H作为基点。

(6) 在图形中单击点J、K，指定基线标注的尺寸界限的起点，然后按下Enter键结束标注，效果如图9-46所示。

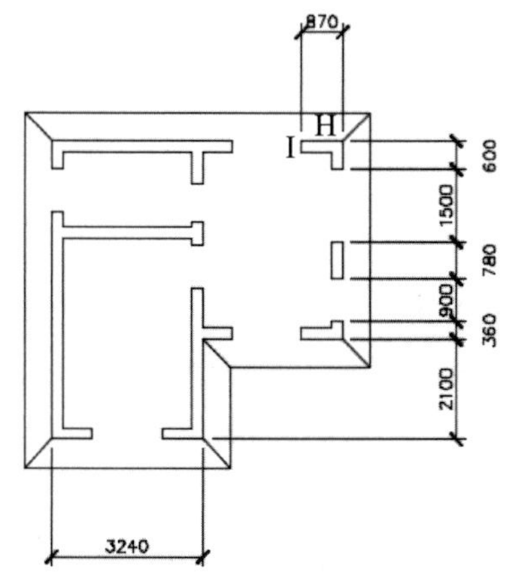

图9-45 创建水平线性标注

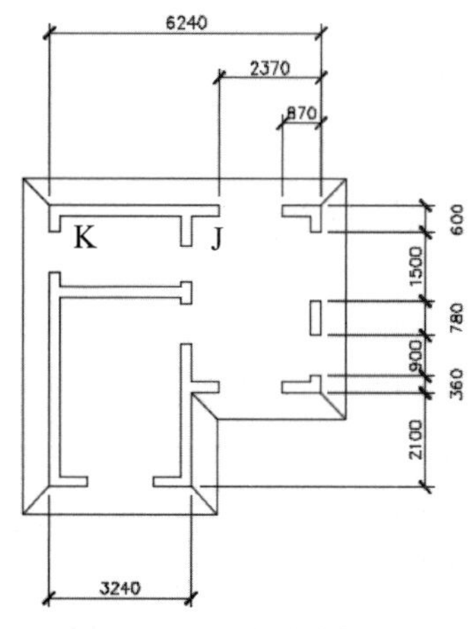

图9-46 创建基线标注

9.4　半径、直径和圆心标注

在 AutoCAD 中，可以使用“标注”菜单中的“半径”“直径”与“圆心标记”命令，标注圆或圆弧的半径尺寸、直径尺寸及圆心位置。

9.4.1　半径标注

在菜单栏中选择“标注”|“半径”命令(DIMRADIUS)。或在“功能区”选项板中选择“注释”选项卡，在“标注”面板中单击“半径”按钮，可以标注圆和圆弧的半径。执行该命令，并选择要标注半径的圆弧或圆，此时命令行提示如下信息：

```
DIMRADIUS 指定尺寸线位置或 [多行文字(M)/文字(T)/角度(A)]:
```

指定尺寸线的位置后，系统将按实际测量值标注出圆或圆弧的半径，如图 9-47 所示。也可以利用“多行文字(M)”“文字(T)”或“角度(A)”选项，确定尺寸文字或尺寸文字的旋转角度。其中，当通过“多行文字(M)”和“文字(T)”选项重新确定尺寸文字时，只有给输入的尺寸文字加前缀 R，才能使标注的半径尺寸有半径符号 R，否则没有该符号。

图 9-47　创建半径标注

9.4.2　折弯标注

在菜单栏中选择“标注”|“折弯”命令(DIMJOGGED)，可以折弯标注圆和圆弧的半径。该标注方式与半径标注方式基本相同，但需要指定一个位置以代替圆或圆弧的圆心。

例如，选择“标注”|“折弯”命令；在命令行提示“选择圆弧或圆”下，单击圆；在命令行提示“指定图示中心位置：”下，单击圆外的适当位置确定用于替代中心位置的点；在命令行提示“指定尺寸线位置或[多行文字(M)/文字(T)/角度(A)]：”下，单击圆外的适当位置以确定尺寸线的位置；在命令行提示“指定折弯位置：”下，指定折弯位置。此时将创建折弯标注，如图 9-48 所示。

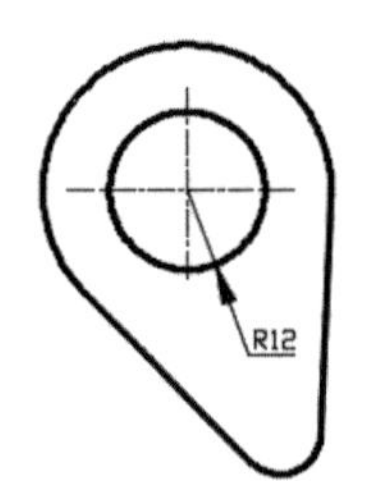

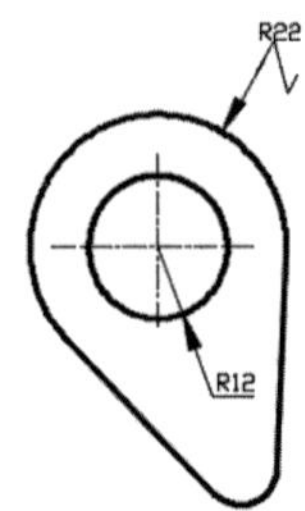

图 9-48　创建折弯标注

9.4.3　直径标注

在菜单栏中选择“标注”|“直径”命令(DIMDIAMETER)；或在“功能区”选项板中选择“注释”选项卡，在“标注”面板中单击“直径标注”按钮，可以标注圆和圆弧的直径。

直径标注方式与半径标注方式相同。选择需要标注直径的圆或圆弧后，直接确定尺寸线的位置，系统将按实际测量值标注出圆或圆弧的直径。并且当通过“多行文字(M)”和“文字(T)”选项重新确定尺寸文字时，需要在尺寸文字前加前缀%%C，才能使标注的直径尺寸有直径符号 Φ。

9.4.4　圆心标记

在菜单栏中选择“标注”|“圆心标记”命令(DIMCENTER)；或在“功能区”选项板中选择“注释”选项卡，在“标注”面板中单击“圆心标记”按钮，即可标注圆和圆弧的圆心。此时，只需要选择待标注圆心的圆弧或圆即可。

圆心标记的形式可以由系统变量 DIMCEN 设置。当该变量的值大于 0 时，作圆心标记，且该值是圆心标记线长度的一半；当该变量的值小于 0 时，画出中心线，且该值是圆心处小十字线长度的一半。

使用直径标注和圆心标记的效果分别如图 9-49 和图 9-50 所示。

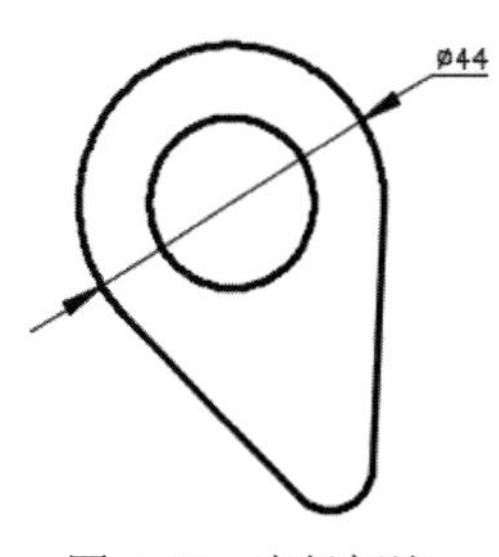

图 9-49　直径标注

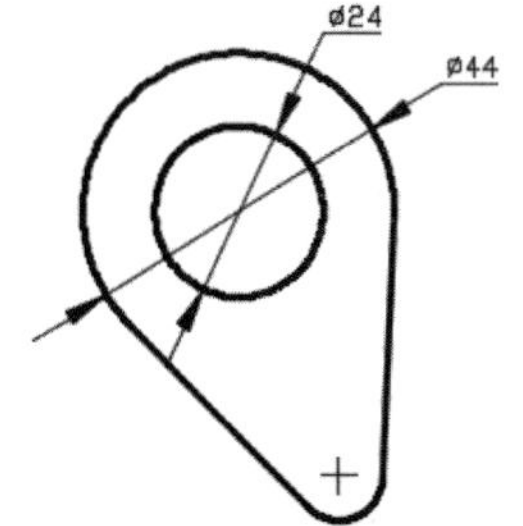

图 9-50　圆心标记

9.5　角度标注与其他类型标注

在 AutoCAD 中，除了前面介绍的几种常用的尺寸标注外，还可以使用角度标注及其他类型的标注功能，对图形中的角度、坐标等元素进行标注。

9.5.1　角度标注

在菜单栏中选择“标注”|“角度”命令(DIMANGULAR)；或在“功能区”选项板中选择“注释”选项卡，在“标注”面板中单击“角度”按钮，均可标注圆和圆弧的角度、两条直线间的角度或者三点间的角度，如图 9-51 所示。

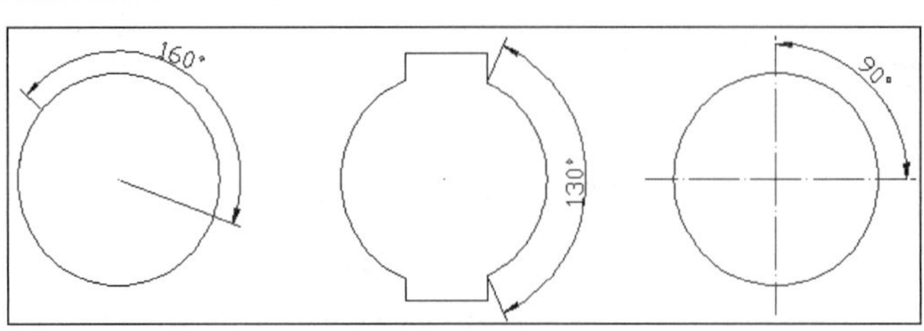

图 9-51　角度标注

执行 DIMANGULAR 命令，此时命令行提示如下：

```
DIMANGULAR 选择圆弧、圆、直线或 <指定顶点>:
```

在该提示下，可以选择需要标注的对象，功能说明如下。

- 标注圆弧角度：当选择圆弧时，命令行显示提示信息“指定标注弧线位置或 [多行文字(M)/文字(T)/角度(A)]：”。此时，如果直接确定标注弧线的位置，AutoCAD 会按实际测量值标注出角度。也可以使用“多行文字(M)”“文字(T)”及“角度(A)”选项，设置尺寸文字和旋转角度。
- 标注圆角度：当选择圆时，命令行显示提示信息“指定角的第二个端点：”，要求确定另一点作为角的第二个端点。该点可以在圆上，也可以不在圆上，然后确定标注弧线的位置。此时，标注的角度将以圆心为角度的顶点，以通过选择的两个点为尺寸界线(或延伸线)。
- 标注两条不平行直线之间的夹角：需要选择这两条直线，然后确定标注弧线的位置，AutoCAD 将自动标注出这两条直线的夹角。
- 根据 3 个点标注角度：此时首先需要确定角的顶点，然后分别指定角的两个端点，最后指定标注弧线的位置。

注意：

当通过“多行文字(M)”和“文字(T)”选项重新确定尺寸文字时，只有给新输入的尺寸文字加后缀%%D，才能使标注出的角度值有度(°)符号，否则没有该符号。

9.5.2　折弯线性标注

在菜单栏中选择“标注”|“折弯线性”命令(DIMJOGLINE)；或在“功能区”选项板中选择“注释”选项卡，在“标注”面板中单击“标注，折弯标注”按钮，均可在线性或对齐标注上添加或删除折弯线。此时，只需要选择线性标注或对齐标注即可。

【练习 9-4】对图形添加角度标注，并且为标注添加折弯线。

(1) 打开一个图形，在“功能区”选项板中选择“注释”选项卡，然后在“标注”面板中单击“角度”按钮。

(2) 在命令行提示“选择圆弧、圆、直线或<指定顶点>:”下，选中直线 OA，如图 9-52 所示。

(3) 在命令行提示“选择第二条直线:”下，选中直线 OB。在命令行提示“指定标注弧线位置或[多行文字(M)/文字(T)/角度(A)]:”下，在直线 OA、OB 之间或之外单击，确定标注弧线的位置，即可标注出两条直线之间的夹角，如图 9-53 所示。

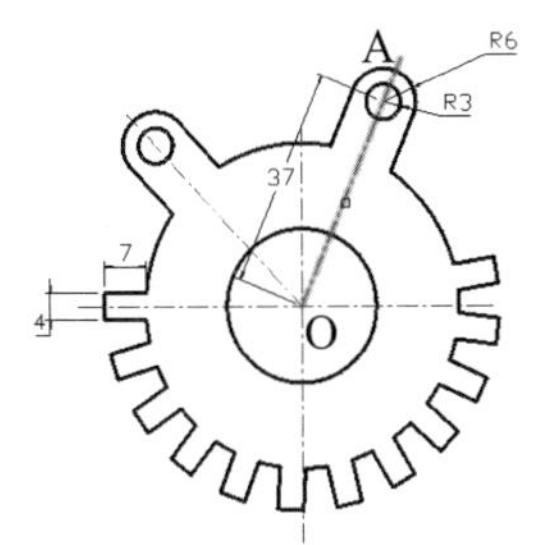

图 9-52　选中直线 OA

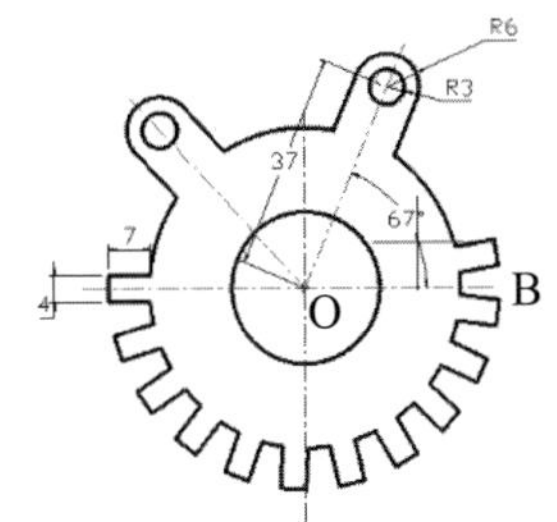

图 9-53　标注夹角

(4) 选择“注释”选项卡，然后在“标注”面板中单击“标注，折弯标注”按钮。在命令行提示“选择要添加折弯的标注或 [删除(R)]:”下，选择标注 37，如图 9-54 所示。

(5) 在命令行提示“指定折弯位置(或按 Enter 键):”下，在绘图窗口中适当的位置单击，进行折弯标注，效果如图 9-55 所示。

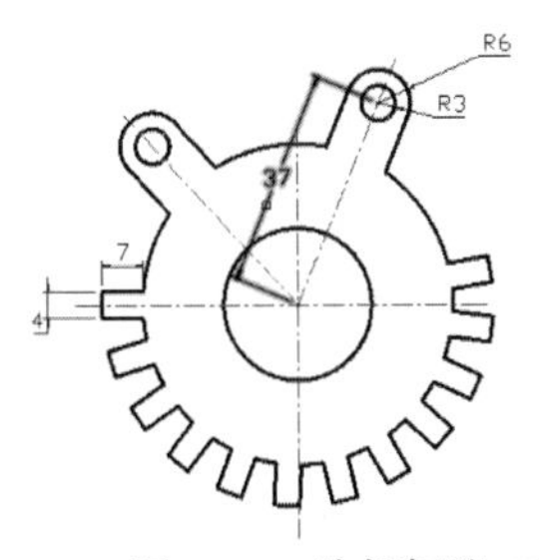

图 9-54　选择标注 37

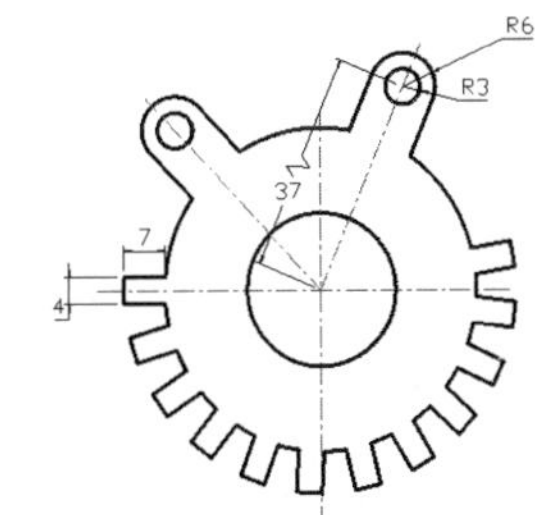

图 9-55　折弯标注

9.5.3　多重引线标注

在菜单栏中选择“标注”|“多重引线”命令(MLEADER)；或在“功能区”选项板中选择“注释”选项卡，在“引线”面板(如图9-56所示)中单击“多重引线”按钮，均可创建引线和注释，并且可以设置引线和注释的样式。

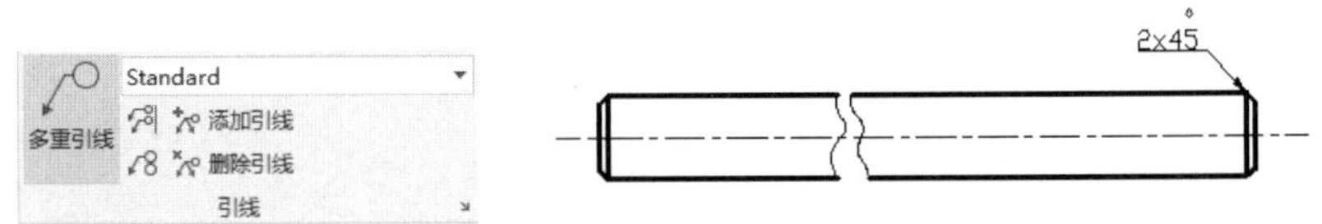

图 9-56　创建多重引线

1. 创建多重引线标注

执行“多重引线”命令时，命令行将提示“指定引线箭头的位置或 [引线钩线优先(L)/内容优先(C)/选项(O)] <选项>：”，在图形中单击确定引线箭头的位置，然后在打开的文字输入窗口中输入注释内容即可。图 9-57 所示为在倒角位置添加倒角的文字注释。

在“引线”面板中单击“添加引线”按钮，可以为图形继续添加多个引线和注释。图 9-58 所示为在图 9-57 中添加引线注释后的效果。

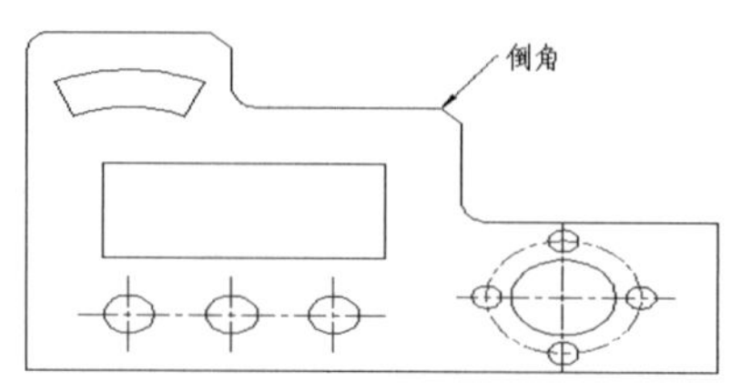

图 9-57　添加倒角注释

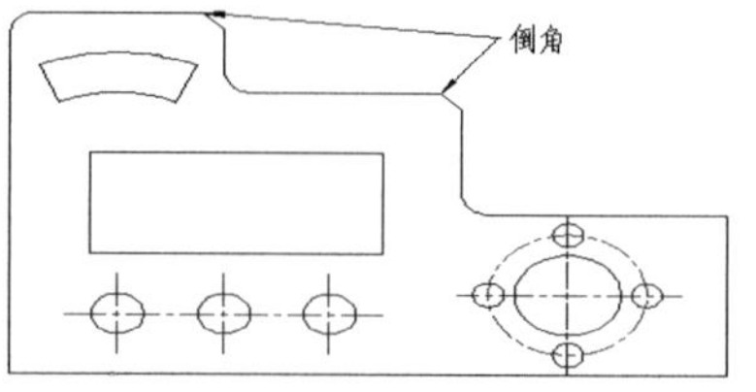

图 9-58　添加引线注释

2. 管理多重引线样式

在“引线”面板中单击“多重引线样式管理器”按钮，将打开“多重引线样式管理器”对话框，如图 9-59 所示。该对话框和“标注样式管理器”对话框的功能相似，可以设置多重引线的格式、结构和内容。单击“新建”按钮，在打开的“创建新多重引线样式”对话框中可以创建多重引线样式，如图 9-60 所示。

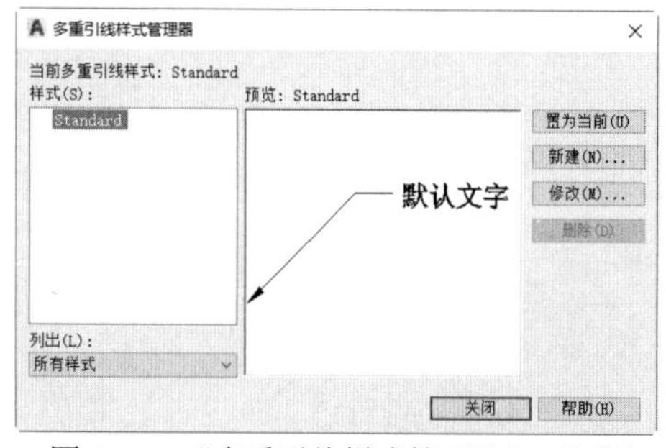

图 9-59　“多重引线样式管理器”对话框

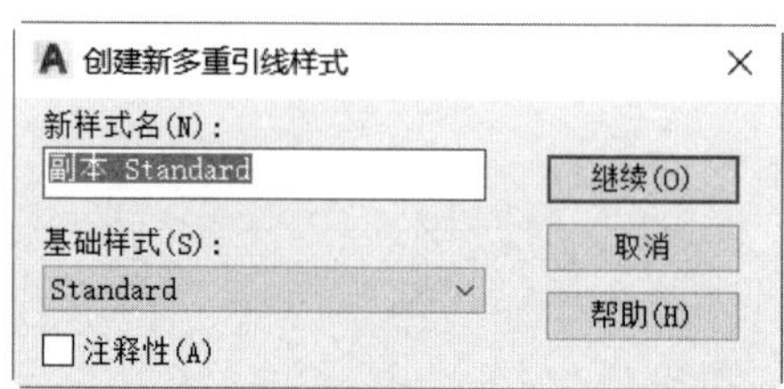

图 9-60　“创建新多重引线样式”对话框

设置新引线样式的名称和基础样式后，单击该对话框中的“继续”按钮，将打开“修改多重引线样式”对话框。在其中可以创建多重引线的格式、结构和内容，如图 9-61 所示。用户设置多重引线样式后，单击“确定”按钮。然后在“多重引线样式管理器”对话框中将新引线样式设置为当前样式即可。

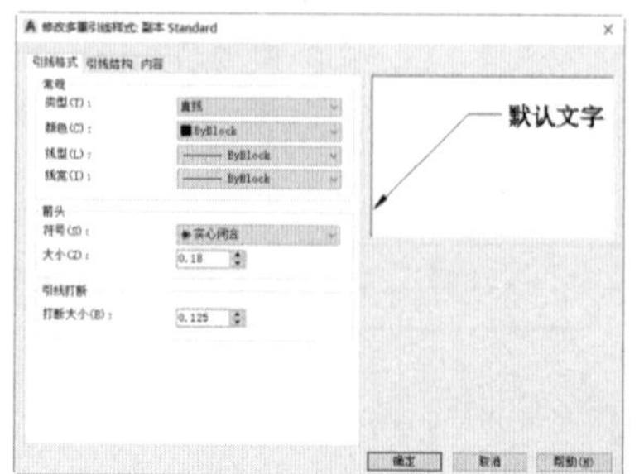

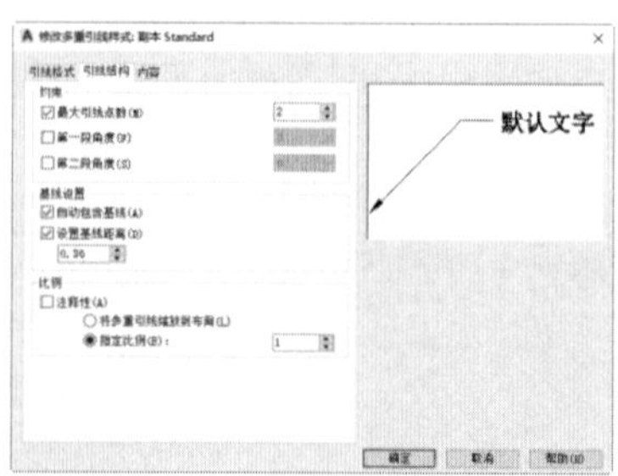

图 9-61　“修改多重引线样式”对话框

9.5.4　坐标标注

在菜单栏中选择“标注”|“坐标”命令，或在“功能区”选项板中选择“注释”选项卡，在“标注”面板中单击“坐标”按钮，如图 9-62 所示。采用以上两种方法均可标注相对于用户坐标原点的坐标。此时命令行提示如下信息：

```
DIMORDINATE 指定点坐标:
```

在以上提示信息下确定要标注坐标尺寸的点，而后系统将显示“指定引线端点或[X基准(X)/Y基准(Y)/多行文字(M)/文字(T)/角度(A)]：”提示信息。默认情况下，指定引线的端点位置后，系统将在该点标注出指定点的坐标，如图 9-63 所示。

此外，在命令行提示中，“X 基准(X)”“Y 基准(Y)”选项分别用来标注指定点的 X、Y 坐标。“多行文字(M)”选项用于通过当前文本输入窗口输入标注的内容。“文字(T)”选项用于输入标注的内容。“角度(A)”选项用于确定标注内容的旋转角度。

图 9-62　“标注”面板

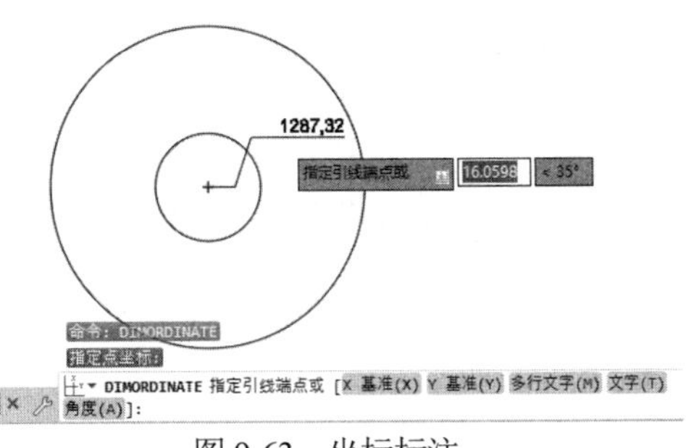

图 9-63　坐标标注

注意：

在“指定点坐标:”提示下确定引线的端点位置之前，应首先确定标注点的坐标是 X 坐标还是 Y 坐标。如果在此提示下相对于标注点上下移动光标，将标注点的 X 坐标；若相对于标注点左右移动光标，则标注点的 Y 坐标。

9.5.5　快速标注

在菜单栏中选择“标注”|“快速标注”命令；或在“功能区”选项板中选择“注释”选项卡，在“标注”面板中单击“快速标注”按钮。采用以上两种方法均可快速创建成组的基线、连续和坐标标注，快速标注多个圆、圆弧，以及编辑现有标注的布局。

执行“快速标注”命令，并选择需要标注尺寸的各图形对象。命令行提示如下：

```
指定尺寸线位置或[连续(C)/并列(S)/基线(B)/坐标(O)/半径(R)/直径(D)/基准点(P)/编辑(E)/设置(T)]<连续>:
```

由此可见，使用“快速标注”命令可以进行“连续(C)”“并列(S)”“基线(B)”“坐标(O)”“半径(R)”及“直径(D)”等一系列标注。

9.5.6 标注间距和标注打断

在菜单栏中选择“标注”|“标注间距”命令；或在“功能区”选项板中选择“注释”选项卡，在“标注”面板中单击“调整间距”按钮。通过以上操作可以修改已标注图形中标注线的间距大小。

执行“标注间距”命令，命令行将提示“选择基准标注：”，在图形中选择第一条标注线；然后命令行提示“选择要产生间距的标注：”，这时再选择第二条标注线；接下来命令行提示“输入值或[自动(A)]<自动>：”，这时输入标注线的间距数值，按下 Enter 键完成标注间距操作。该命令可以连续设置多条标注线之间的距离。在图 9-64 中，右图显示了为左图的 1、2、3 处的标注线设置标注间距后的效果。

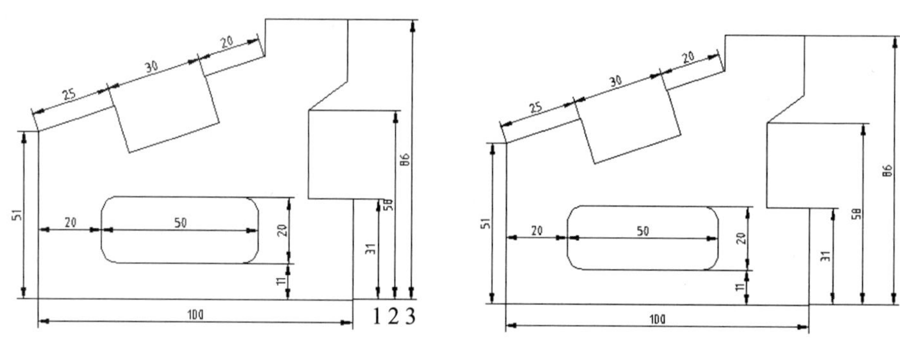

图 9-64　标注间距

在菜单栏中选择“标注”|“标注打断”命令。或在“功能区”选项板中选择“注释”选项卡，在“标注”面板中单击“打断”按钮。通过以上操作可以在标注线和图形之间产生隔断。

执行“标注打断”命令，命令行将提示“选择标注或[多个(M)]：”，在图形中选择需要打断的标注线；然后命令行提示“选择要打断标注的对象或[自动(A)/恢复(R)/手动(M)] <自动>：”，这时选择与标注对应的线段，按下 Enter 键完成标注打断操作。在图 9-65 中，右图显示了为左图的 1、2 处的标注线设置标注打断后的效果。

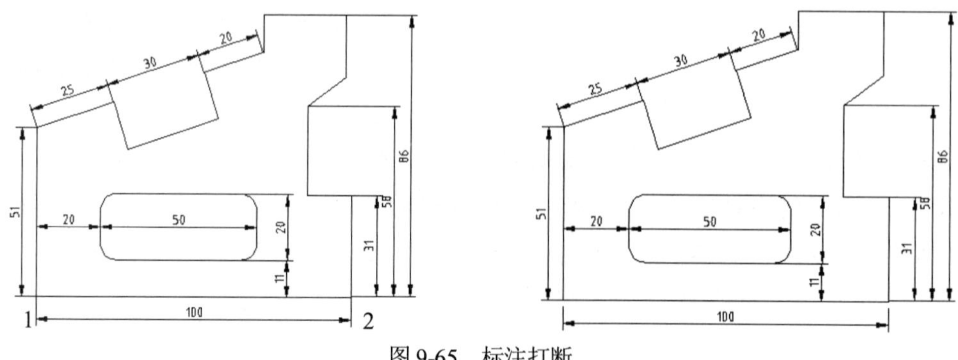

图 9-65　标注打断

9.6　形位公差标注

形位公差在机械图形中极为重要。一方面，如果形位公差不能完全控制，装配件就不能正确装配；另一方面，过度吻合的形位公差又会由于额外的制造费用而造成浪费。在大多数的建筑图形中，形位公差几乎不存在。

9.6.1　形位公差的组成

在 AutoCAD 中，可以通过特征控制框来显示形位公差信息，如图形的形状、轮廓、方向、位置和跳动的偏差等，如图 9-66 所示。

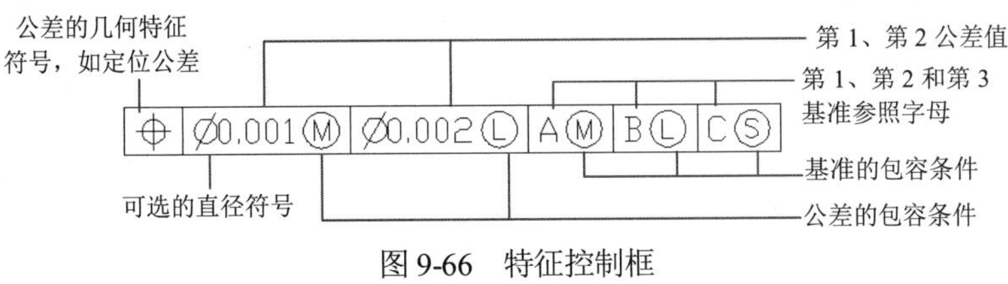

图 9-66　特征控制框

9.6.2　标注形位公差

在菜单栏中选择“标注”|“公差”命令，或在“功能区”选项板中选择“注释”选项卡，在“标注”面板中单击“公差”按钮，都可以打开“形位公差”对话框。在该对话框中可以设置公差的符号、值及基准等参数，如图 9-67 所示。

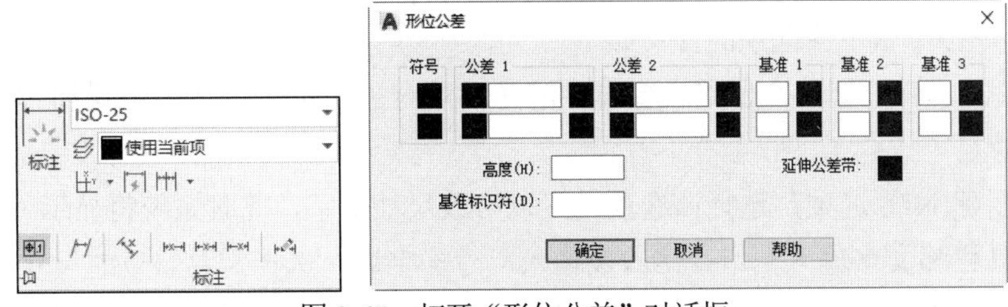

图 9-67　打开“形位公差”对话框

- “符号”选项：单击该列的■，将打开“特征符号”对话框，可以为第 1 个或第 2 个公差选择几何特征符号，如图 9-68 所示。
- “公差 1”和“公差 2”选项区域：单击该列前面的■，将插入一个直径符号。在中间的文本框中，可以输入公差值。单击该列后面的■，将打开“附加符号”对话框，可以为公差选择包容条件的符号，如图 9-69 所示。

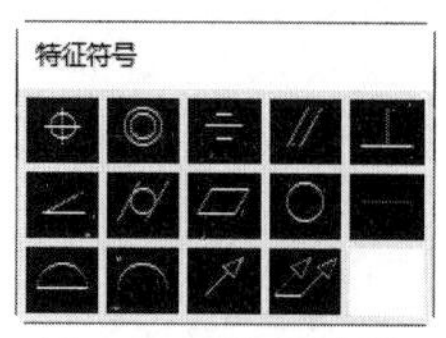

图 9-68 特征符号

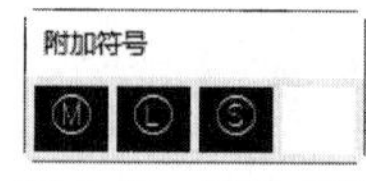

图 9-69 附加符号

- "基准 1""基准 2"和"基准 3"选项区域：设置公差基准和相应的包容条件。
- "高度"文本框：设置投影公差带的值。投影公差带控制固定垂直部分延伸区的高度变化，并以位置公差控制公差精度。
- "延伸公差带"选项：单击该选项后面的■，可在延伸公差带值的后面插入延伸公差带符号。
- "基准标识符"文本框：创建由参照字母组成的基准标识符号。

9.7 编辑标注对象

在 AutoCAD 中，可以对已标注对象的文字、位置及样式等内容进行修改，而不必先删除标注的尺寸对象，再重新进行标注。

9.7.1 编辑标注

在 AutoCAD 2021 中，用户可以通过在命令行中执行 DIMEDIT 命令，修改标注文字在标注上的位置及倾斜角度，以及编辑已有标注的标注文字内容和放置位置。此时命令行提示如下信息：

```
输入标注编辑类型 [默认(H)/新建(N)/旋转(R)/倾斜(O)] <默认>:
```

以上命令行提示中各选项的含义如下。

- "默认(H)"选项：选择该选项并选择尺寸对象，可以按默认位置和方向放置尺寸文字。
- "新建(N)"选项：选择该选项，可以修改尺寸文字，此时系统将显示"文字格式"工具栏和文字输入窗口。修改或输入尺寸文字后，选择需要修改的尺寸对象即可。
- "旋转(R)"选项：选择该选项，可以将尺寸文字旋转一定的角度，需要先设置角度值，再选择尺寸对象。
- "倾斜(O)"选项：选择该选项，可以设置角度倾斜。这时需要先选择尺寸对象，再设置倾斜角度。

9.7.2 编辑标注文字的位置

选择"标注"|"对齐文字"子菜单中的其他命令，可以修改尺寸文字的位置。选择需要修改的尺寸对象后，命令行提示如下信息：

```
指定标注文字的新位置或 [左(L)/右(R)/中心(C)/默认(H)/角度(A)]:
```

在使用编辑标注文字命令对尺寸标注进行编辑时，命令行中各选项的功能及含义如下。

- “左(L)”选项：选择该选项，可以对标注文字进行左对齐操作。
- “右(R)”选项：选择该选项，可以对标注文字进行右对齐操作。
- “中心(C)”选项：选择该选项，可以将标注文字定位于尺寸线中心。
- “默认(H)”选项：选择该选项，可以将标注文字移到标注样式设置的默认位置。
- “角度(A)”选项：选择该选项，可以改变标注文字的角度。

9.7.3　替代标注

在菜单栏中选择“标注”|“替代”命令(DIMOVERRIDE)，可以临时修改尺寸标注的系统变量设置，并按该设置修改尺寸标注。该操作只对指定的尺寸对象做修改，并且修改后不影响原系统变量的设置。执行该命令时，命令行提示如下信息：

```
输入要替代的标注变量名或 [清除替代(C)]:
```

默认情况下，输入要修改的系统变量名，并为该变量指定一个新值。然后选择需要修改的对象，这时指定的尺寸对象将按新的变量设置做相应的更改。如果在命令行提示下输入 C，并选择需要修改的对象，这时可以取消用户已经做出的修改，并将尺寸对象恢复成当前系统变量设置下的标注形式。

9.7.4　更新标注

在菜单栏中选择“标注”|“更新”命令，可以更新标注，使其采用当前的标注样式。此时命令行提示如下信息：

```
输入标注样式选项[保存(S)/恢复(R)/状态(ST)/变量(V)/应用(A)/?] <恢复>:
```

在以上命令行提示信息中，各选项的功能如下。

- “保存(S)”选项：将当前尺寸系统变量的设置作为一种尺寸标注样式命名保存。
- “恢复(R)”选项：将用户保存的某一尺寸标注样式恢复为当前样式。
- “状态(ST)”选项：查看当前各尺寸系统变量的状态。选择该选项，可切换到文本输入窗口，并显示各尺寸系统变量及其当前设置。
- “变量(V)”选项：显示指定标注样式或对象的全部或部分尺寸系统变量及其设置。
- “应用(A)”选项：可以根据当前尺寸系统变量的设置更新指定的尺寸对象。
- ?选项：显示当前图形中命名的尺寸标注样式。

9.8 思考和练习

1. 定义一个新的标注样式。具体要求如下：样式名称为“专用标注样式”，文字高度为 8，尺寸文字从尺寸线偏移的距离为 8，箭头大小为 8，尺寸界线超出尺寸线的距离为 8，基线标注时基线之间的距离为 8，其余设置采用系统默认设置。

2. 在 AutoCAD 2021 中，尺寸标注类型有哪些？

3. 在 AutoCAD 2021 中，如何创建弧长标注？

第 10 章

使用块和外部参照

在绘制图形的过程中，常常需要绘制相同的图形。绘制这些相同图形时，如果是在同一个文件中，可以使用复制等编辑命令对其进行编辑；如果在不同的文件中使用，则可以先将其定义为图块，再通过插入图块的方法快速完成相同以及相似图形的绘制。另外，为了更有效地利用本地图纸资源，也可以将这些内容转换为外部参照文件进行共享。

10.1 创建和编辑块

块(也称为图块)是由一个或多个对象组成的对象集合，常用于绘制复杂、重复的图形。如果一组对象组合成块，就可以根据制图需要将这组对象插入图中的任意指定位置。在绘制图形时将它们插入指定的位置，这样既可以使多张图纸按特定标准统一，又可以缩短绘图时间，节省存储空间。

10.1.1 块的特点

在 AutoCAD 中，使用块可以提高绘图速度，节省存储空间，便于修改图形并能为其添加属性。总的来说，AutoCAD 中块的特点如下。

- 提高绘图效率：在 AutoCAD 中绘图时，常常要绘制一些重复出现的图形。如果把这些图形做成块保存起来，绘制它们时就可以用插入块的方法实现，即把绘图变成拼图，从而避免大量的重复性工作，提高绘图效率。
- 节省存储空间：AutoCAD 要保存图中每个对象的相关信息，如对象的类型、位置、图层、线型及颜色等，这些信息要占用存储空间。如果一幅图中包含大量相同的图形，就会占据较大的磁盘空间。但如果把相同的图形事先定义成块，绘制它们时就可以直接把块插入图中的各个相应位置。这样既可满足绘图要求，又可节省磁盘空间。虽然块的定义中包含图形的全部对象，但系统只需要一次这样的定义。每次插入块时，AutoCAD 只需要记住这个块对象的有关信息(如块名、插入点坐标及插入比例等)。对于复杂且需要多次绘制的图形，这一优点更为明显。
- 便于修改图形：一张工程图纸往往需要进行多次修改。例如，在机械设计中，旧的国家标准用虚线表示螺栓的内径，新的国家标准则用细实线表示。如果对旧图纸上的每一个螺栓按新的国家标准修改，既费时又不方便。但如果原来各螺栓是通过插入块的方法绘制的，那么只要简单地对块进行再定义，就可以对图中的所有螺栓进行统一修改。
- 可以添加属性：很多块还要求含有文字信息以进一步解释其用途。AutoCAD 允许用户为块创建文字属性，并且可以在插入的块中指定是否显示这些属性。此外，还可以从图中提取这些信息并将它们传送到数据库中。

10.1.2 块定义

利用“块定义”工具创建的图块又称为内部图块，即创建的图块保存在该图块的图形中，并且能在当前图形中应用，但不能插入其他图形中。

在 AutoCAD 中定义图块时，需要在“块定义”对话框中完成，打开该对话框的方法主要有以下几种。

- 选择“默认”选项卡，在“块”面板中单击“创建”按钮 创建 。
- 选择“绘图”|“创建”命令。
- 在命令行中执行 BLOCK 或 B 命令。

在“块”面板中单击“创建块”按钮，将打开“块定义”对话框，如图 10-1 所示。在该对话框中输入新建块的名称，并设置块组成对象的保留方式，然后在“方式”选项区域中定义块的显示方式。

完成上述设置后，在“基点”选项区域中单击“拾取点”按钮以选取基点。然后在“对象”选项区域中单击“选择对象”按钮，选取组成块的对象，如图 10-2 所示。接下来，单击“确定”按钮即可获得图块的创建效果。

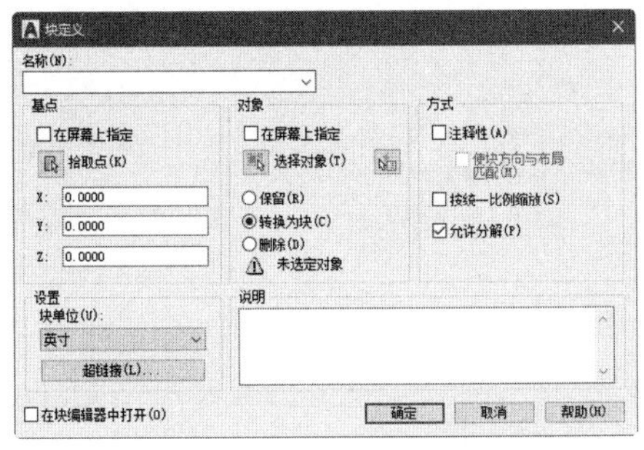

图 10-1　“块定义”对话框

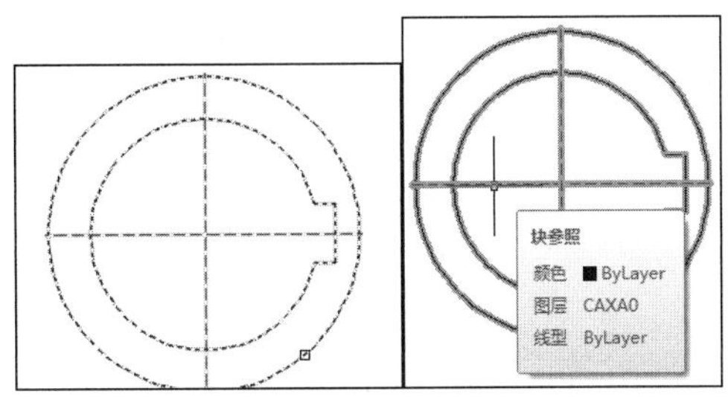

图 10-2　指定基点并选取对象

“块定义”对话框的各选项区域中所包含选项的含义分别如下。

- “名称”文本框：用于输入要创建的内部图块的名称(该名称应尽量反映所创建图块的特征，从而和定义的其他图块有所区别，同时也方便调用)。
- “基点”选项区域：用于确定插入块时所用的基点，相当于移动、复制对象时指定的基点。用户可以在其下方的 X、Y、Z 文本框中分别输入基点的坐标值，也可以单击“拾取点”按钮，在绘图区中选取一点作为图块的基点。
- “对象”选项区域：用于选取组成块的图形对象，单击“选择对象”按钮可以在绘图区中选取要定义为图块的对象。该选项区域中包含“保留”“转换为块”和“删除”3 个单选按钮。
- “方式”选项区域：可以设置图块的注释性、图块的缩放和图块是否能够进行分解等。

10.1.3　存储块

存储块又称为创建外部图块，即将创建的图块作为独立文件保存。这样不仅可以将图块插入任何图形中，而且可以对图块执行打开和编辑等操作。利用“块定义”工具创建的内部图块不能执行这种操作。

要存储块，需要在命令行中输入 WBLOCK 指令，按下 Enter 键，此时将打开“写块”对话框。然后在该对话框的“源”选项区域中选中“块”单选按钮，表示新的图形文件将由块创建，并在右侧的下拉列表中指定块。接着单击“目标”选项区域中的“显示标准文件选择对话框”按钮[...]，在打开的对话框中指定具体的块保存路径，如图 10-3 所示。

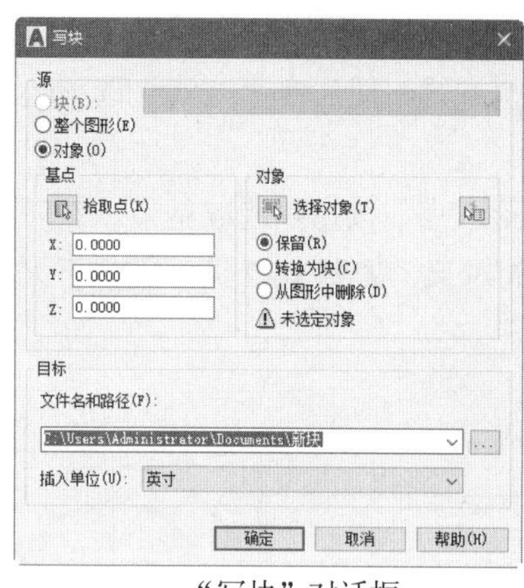

“写块”对话框

指定块的保存路径

图 10-3　设置存储块

在指定文件名时，只需要输入文件名而不用带扩展名，系统一般将扩展名定义为.dwg。此时如果在“目标”选项区域中未指定文件名，软件将以默认保存位置和文件名保存该文件。“源”选项区域中另外两种存储块的方式分别如下。

- “整个图形”方式：选中该单选按钮，表示系统将使用当前的全部图形创建一个新的图形。此时只需要单击“确定”按钮，即可将全部图形保存。
- “对象”方式：选中该单选按钮，系统将使用当前图形中的部分对象创建一个新的图形。此时必须选择一个或多个对象以输出到新的图形中。

注意：

若将其他图形文件作为一个块插入当前文件中，系统默认将坐标原点作为插入点。这样对于有些图形的绘制而言，很难精确控制插入位置。因此在实际应用中，应先打开该文件，再通过输入 BASE 命令执行插入操作。

10.1.4　插入块

在 AutoCAD 中，定义和保存图块的目的都是重复使用图块，并将其放置到图形中指定的位置，这就需要调用图块。调用图块是通过“插入”命令实现的，利用该命令既可以调用内部块，也可以调用外部块。插入图块的方法主要有以下几种方式。

1. 直接插入单个图块

直接插入单个图块的方法是工程绘图中最常用的调用方式，即利用“插入”命令将指定的内部块或外部块插入当前的图形中。在“块”面板中单击“插入”下拉按钮，选择“最近使用的块”或“库中的块”选项，打开“块”选项板，从中选择当前图形块并进行插入操作，如图 10-4 所示。

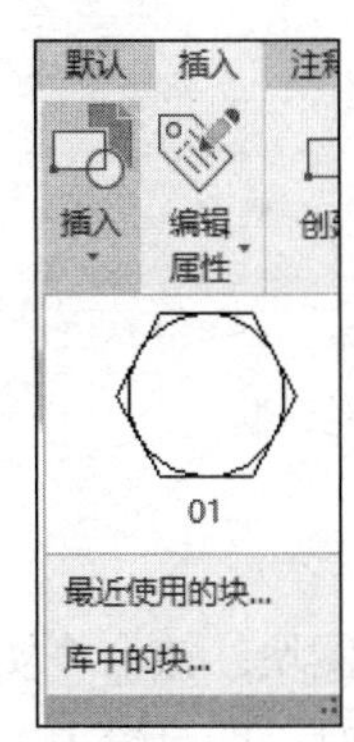

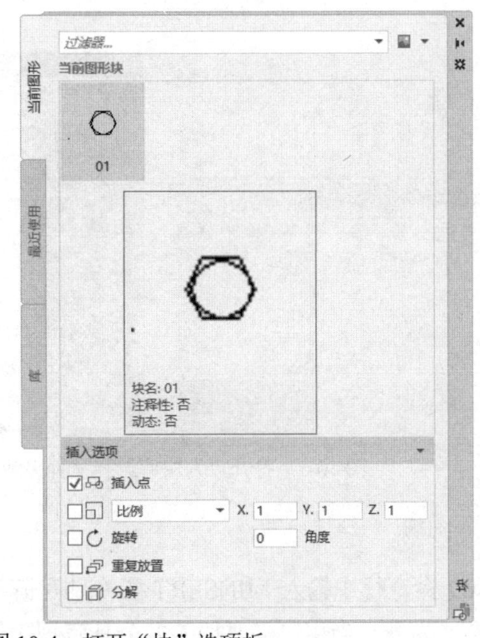

图 10-4　打开“块”选项板

- “插入点”复选框：该复选框用于确定插入点的位置。一般情况下，可由在平面上单击指定插入点或直接输入插入点的坐标指定这两种方法来确定。
- “比例”选项：该选项用于设置块在 X、Y 和 Z 这 3 个方向上的比例。同样有两种方法确定块的缩放比例，分别是在平面上使用鼠标单击指定和直接输入缩放比例因子。
- “旋转”选项：该选项用于设置插入块时的旋转角度，同样也有两种方法确定块的旋转角度，分别是在平面上指定块的旋转角度和直接输入块的旋转角度。
- “分解”复选框：该复选框用于控制图块插入后是否允许被分解。如果选中该复选框，则插入图块到当前图形中时，组成图块的各个对象将自动分解成各自独立的状态。
- “重复放置”复选框：该复选框用于提示重复插入其他块实例。

此外还可以使用块库插入图块，在“块”选项板中选择“库”选项卡，单击“打开块库”按钮，打开“为块库选择文件夹或文件”对话框，选择带有图块的图形文件，然后单击“打开”按钮，如图 10-5 所示，在“库”选项卡中再选择文件中包含的图块插入当前文件中。

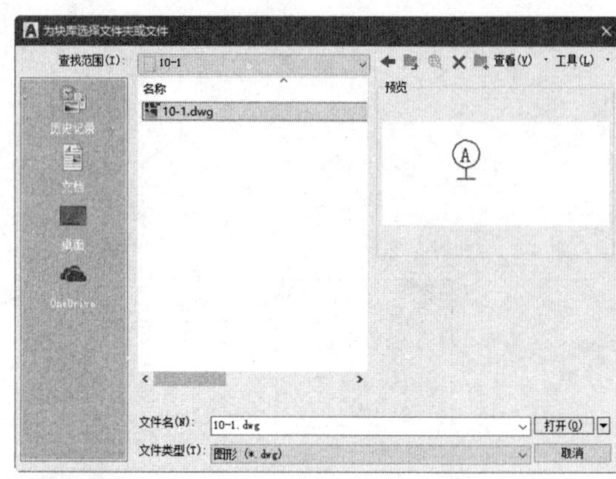

图 10-5 打开“为块库选择文件夹或文件”对话框

2. 阵列插入图块

在 AutoCAD 命令行中输入 MINSERT 指令即可阵列插入图块。该命令实际上是将阵列和块插入命令合二为一，当用户需要插入多个具有规律的图块时，即可输入 MINSERT 指令来进行相关操作。这样不仅能节省绘图时间，而且可以减少占用的磁盘空间。

在命令行中输入 MINSERT 指令后，输入要插入图块的名称，然后指定插入点并设置缩放比例因子和旋转角度。接下来，依次设置行数、列数、行间距和列间距，即可阵列插入所选择的图块，如图 10-6 所示。

```
命令: MINSERT
输入块名或 [?] <01>:
单位: 毫米   转换:    1.0000
指定插入点或 [基点(B)/比例(S)/X/Y/Z/旋转(R)]: S
指定 XYZ 轴的比例因子 <1>: 1
指定插入点或 [基点(B)/比例(S)/X/Y/Z/旋转(R)]:
需要点或选项关键字。
指定插入点或 [基点(B)/比例(S)/X/Y/Z/旋转(R)]:
指定旋转角度 <0>:
输入行数 (---) <1>: 3
输入列数 (|||) <1>: 3
输入行间距或指定单位单元 (---):
需要数值 或两个二维角点。
```

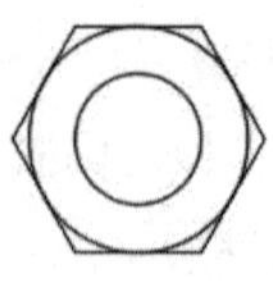

图 10-6 阵列插入图块

注意：

利用 MINSERT 命令插入的所有图块组成的是一个整体，不能用“分解”命令分解，但可以通过 DDMODIFY 命令改变插入图块时设置的特性，如插入点、比例因子、旋转角度、行数、列数、行距和列距等。

3. 以定数等分方式插入图块

要以定数等分方式插入图块，用户可以在 AutoCAD 命令行中输入 DIVIDE 指令，然后按照定数等分插入点的方法插入图块。

4. 以定距等分方式插入图块

以定距等分方式插入图块与以定数等分方式插入点的方法类似。用户可以在 AutoCAD 命令行中输入 MEASURE 指令，然后按照定距等分插入点的方法进行操作。

10.1.5　分解块

在图形中无论是插入内部图块还是外部图块，由于这些图块是一个整体，因此无法进行必要的修改，给实际操作带来极大的不便。这就需要在插入图块后将图块转换为定义前各自独立的状态，即分解图块。常用的分解方法有以下两种。

1. 插入时分解图块

插入图块时，在打开的“块”选项板中的“插入选项”选项组中选中“分解”复选框，如图 10-7 所示，则插入图块后，整个图块特征将被分解为单个对象；取消该复选框的选中状态，则插入后的图块仍以整体形式存在。

2. 插入后分解图块

插入图块后，要分解图块可以利用“分解”工具实现。“分解”工具可以分解块参照、填充图案和关联性尺寸标注等对象，也可以使多段线、多段弧线及多线分解为独立的直线和圆弧对象。在“修改”面板中单击“分解”按钮，然后选取要分解的图块对象并按下 Enter 键即可将图块分解，如图 10-8 所示。

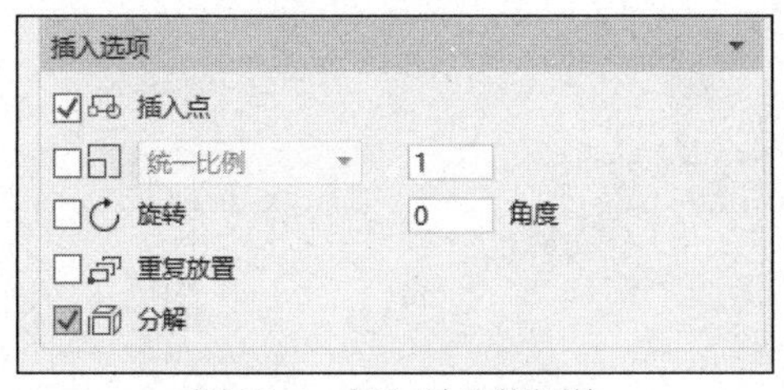

图 10-7　插入时分解图块

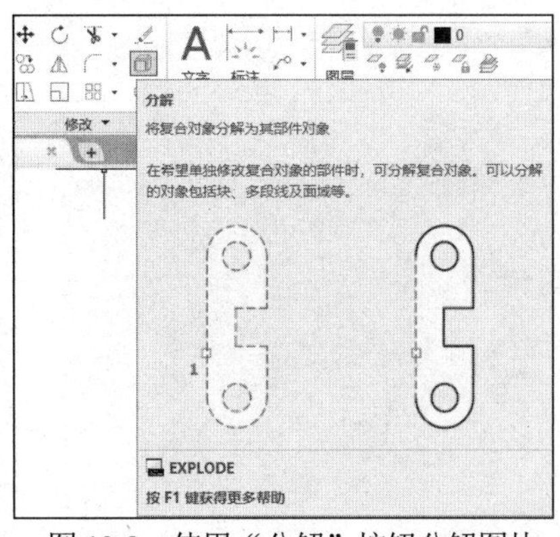

图 10-8　使用“分解”按钮分解图块

注意：

在插入图块时，如果选中“分解”复选框，则只可以指定统一的比例因子，即为 X 轴、Y 轴和 Z 轴方向设置的比例值相等。参照在被分解时，将分解为组成块参照时的原始对象。

10.1.6　修改块

如果要对图块执行更改大小、拉伸以及修改其中的线条等操作，可以使用以下两种方法。

- 选择“工具”|“块编辑器”命令。

- 在命令行中执行BEDIT命令。

执行以上命令后，将打开“编辑块定义”对话框，在其中选择图块并单击“确定”按钮，可以打开“块编辑器”选项卡和块编辑区域，对图块进行修改。

【练习10-1】调整图10-9所示“螺帽”图块中圆的大小。视频

(1) 在AutoCAD中打开图形文件，包含如图10-9所示的“螺帽”图块。

(2) 在命令行中执行BEDIT命令后，打开“编辑块定义”对话框，在“要创建或编辑的块”列表中选择“螺帽”选项，单击“确定”按钮，如图10-10所示。

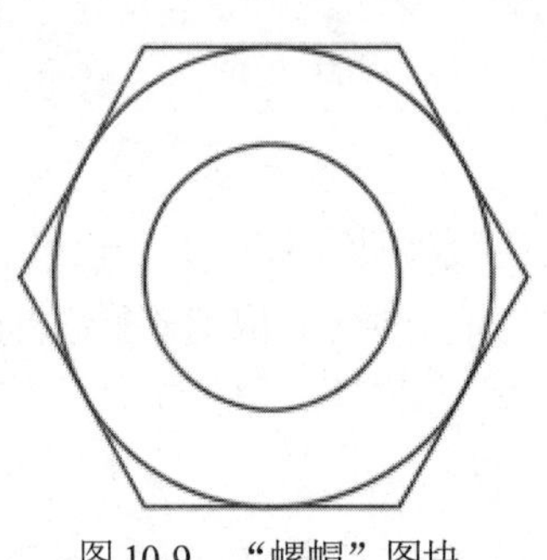

图10-9 “螺帽”图块

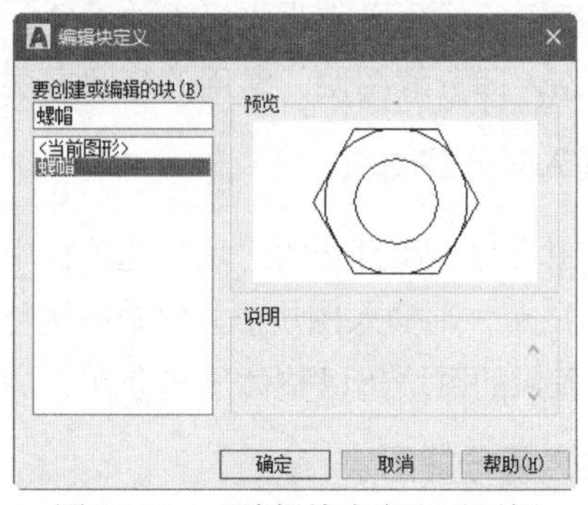

图10-10 “编辑块定义”对话框

(3) 打开“块编辑器”选项卡及块编辑区域，选中图块图形中如图10-11所示的圆。

(4) 使用夹点调整圆的大小，然后单击“块编辑器”选项卡的“打开/保存”面板中的“保存块”按钮，将图块保存，如图10-12所示。

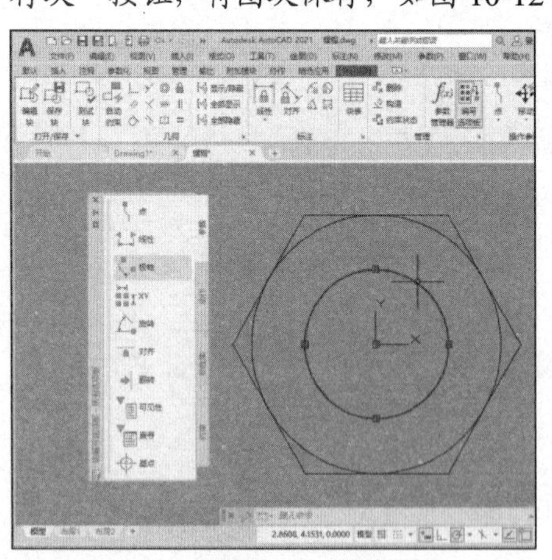

图10-11 选中圆

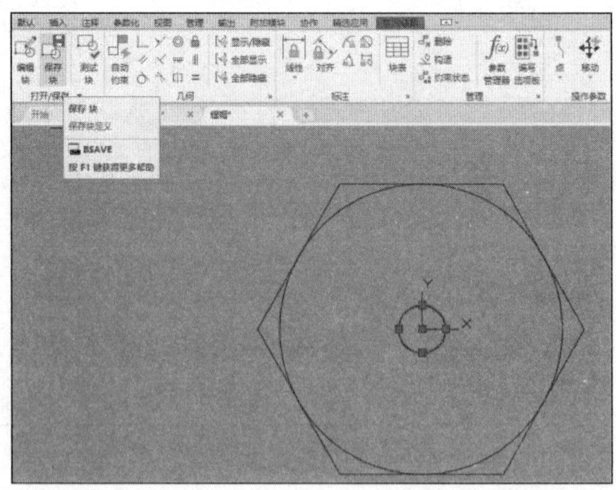

图10-12 单击“保存块”按钮

(5) 在“块编辑器”选项卡右侧单击“关闭块编辑器”按钮，退出块编辑区域，完成编辑块的操作。

10.1.7 在位编辑块

在绘图过程中，有些绘图者常常将已经绘制好的图块插入当前图形中。但当插入的图块

需要修改或所绘图形较为复杂时，如果将图块分解后再删除或添加、修改，则很不方便，并且容易发生误操作。此时，用户可以利用块的在位编辑功能使其他对象作为背景或参照，只允许对要编辑的图块执行相应的修改操作。

利用块的在位编辑功能可以修改当前图形中的外部参照，或者重新定义当前图形中的块定义。在该过程中，块和外部参照都被视为参照。使用该功能编辑块时，提取的块对象以正常方式显示，而图形中的其他对象，包括当前图形和其他参照对象，都淡入显示，使需要编辑的块对象一目了然。在位编辑块功能一般用在对已有图块进行较小修改的情况下。

在 AutoCAD 中切换至“插入”选项卡，在绘图区中选取要编辑的块对象。然后在“参照”面板中单击“编辑参照”按钮，将打开“参照编辑”对话框，如图 10-13 所示。

在“参照编辑”对话框中单击“确定”按钮，即可对绘图区中选中的块对象进行在位编辑，如图 10-14 所示。

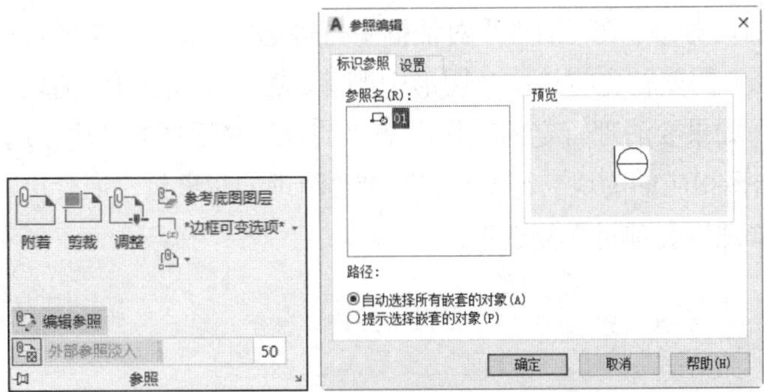

图 10-13　打开“参照编辑”对话框

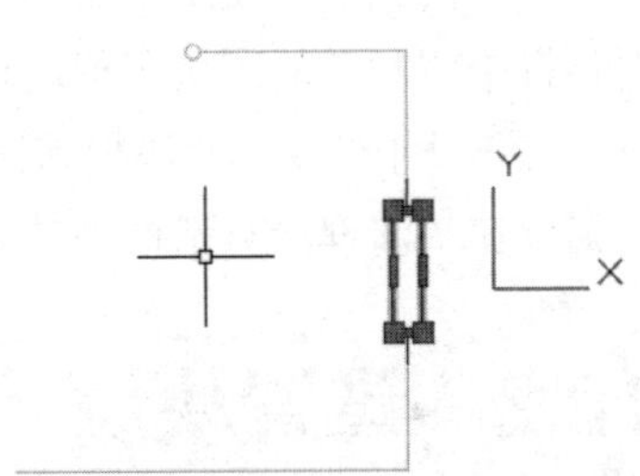

图 10-14　在位编辑块

另外，在绘图区中选取要编辑的块对象并右击，在打开的快捷菜单中选择“在位编辑块”命令，也可以执行相应的块在位编辑操作。

注意：

块的在位编辑功能使块的运用功能进一步提高。在保持块不被打散的情况下，像编辑其他普通对象一样，在原来块对象的位置直接进行编辑，并且选取的块对象被在位编辑修改后，其他同名的块对象将自动同步更新。

10.1.8　删除块

在绘制图形的过程中用户若要删除创建的块，可以在命令行中输入 PURGE 命令，并按下 Enter 键，此时将打开“清理”对话框。该对话框中显示了可以清理的命名对象的树状图，如图 10-15 所示。

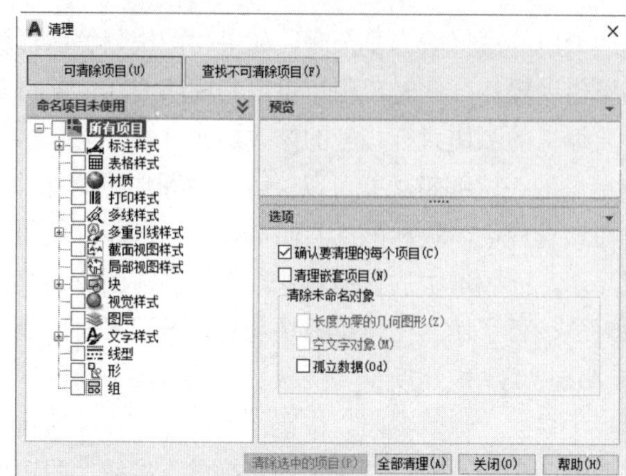

图 10-15 打开“清理”对话框

如果用户需要清理所有未参照的块对象，在“清理”对话框中直接选择“块”选项即可；如果在当前图形中使用了要清理的块，需要首先将该块从图形中删除，然后才可以在“清理”对话框中将相应的图块名称清理掉；如果要清理特定的图块，在“清理”对话框的“块”选项上双击，并在展开的块树状图上选择相应的图块名称即可；如果要清理的对象包含嵌套块，则需要在“清理”对话框中选中“清理嵌套项目”复选框。

10.2 设置块

块属性是附属于块的非图形信息，是块的组成部分。块属性包含组成块的名称、对象特征以及各种注释信息。

10.2.1 创建带属性的块

如果某个图块带有属性，那么用户在插入该图块时可以根据具体情况，通过属性为图块设置不同的文本信息。

1. 块属性的特点

一般情况下，通过定义将属性附加到块中，然后通过执行插入块操作，可使块属性成为图形中的一部分。这样创建的属性块将由属性标记、属性值、属性提示和默认值 4 部分组成，各自的功能如下。

(1) 属性标记

每一个属性定义都有一个标记，就像每一个图层或线型都有自己的名称一样。属性标记实际上是属性定义的标识符，显示在属性的插入位置。一般情况下，属性标记用于描述文本尺寸、文字样式和旋转度。

在属性标记中不能包含空格，并且两个名称相同的属性标记不能出现在同一个块定义中。属性标记仅在块定义前出现，在块被插入后将不再显示属性标记。但是，块参照被分解后，属性标记将重新显示，如图 10-16 所示。

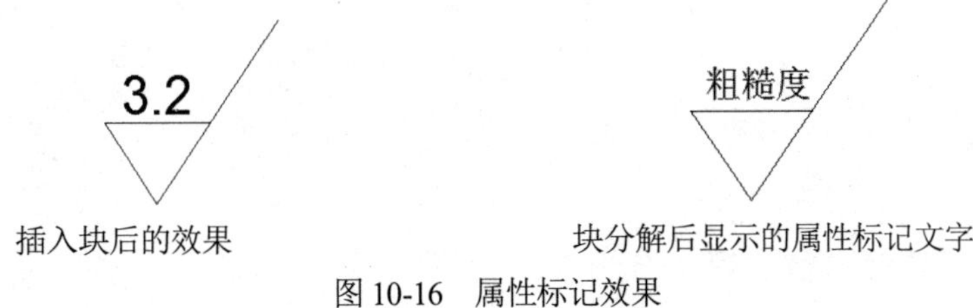

图 10-16　属性标记效果

(2) 属性值

在插入块参照时，属性值实际上就是显示的一些字符串文本，无论可见与否，属性值都是直接附着于属性上的，并与块参照关联。这个属性值将被写入数据库文件中。

如图 10-17 所示图形中为粗糙度符号和基准符号的属性值。如果要多次插入这些图块，可以将这些属性值定义给相应的图块。在插入图块的同时，即可为图块指定相应的属性值，从而避免为图块执行多次文字标注的操作。

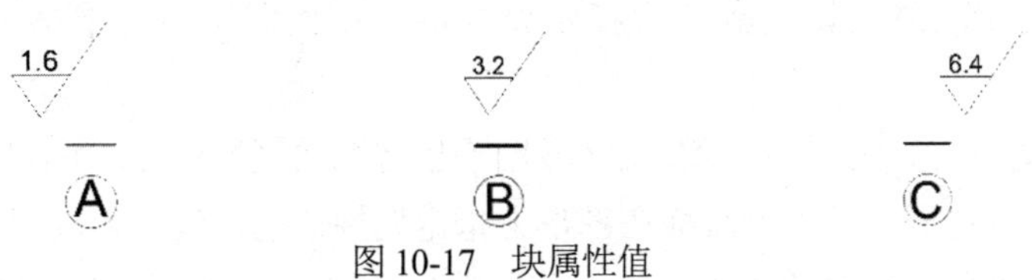

图 10-17　块属性值

(3) 属性提示

属性提示是在插入带有可变的或预置的属性值的块参照时，系统显示的提示信息。在定义属性的过程中，可以指定一个文本字符串，在插入块参照时该文本字符串将显示在提示符中，提示输入相应的属性值。

(4) 默认值

在定义属性时，可以指定属性的默认值。在插入块参照时，默认值出现在提示后面的括号中。如果按下 Enter 键，默认值会自动成为提示的属性值。

2. 创建带属性的块

属性类似于商品的标签，包含图块所不能表达的一些文字信息，如型号、材料和制造者等。在 AutoCAD 中，为图块指定属性，并将属性与图块重新定义为一个新的图块后，该图块的特征将成为属性块。只有这样才可以对定义好的带属性的块执行插入、修改和编辑等操作。属性必须依赖于块而存在，没有块就没有属性，并且通常属性必须预先定义而后选定。

用户在 AutoCAD 中创建图块后，在“插入”选项卡的“块定义”面板中单击“定义属性”按钮，将打开“属性定义”对话框，如图 10-18 所示。

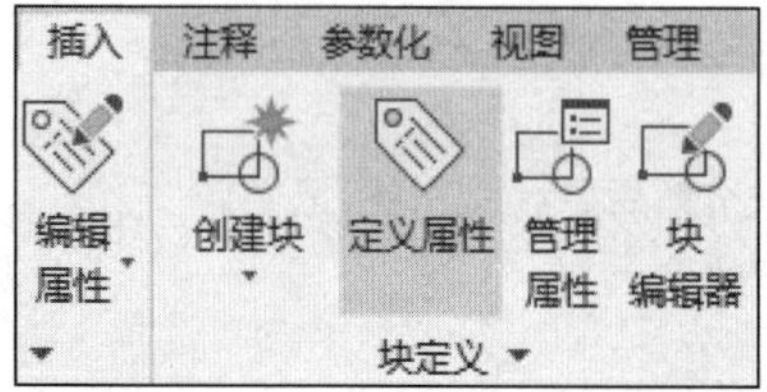

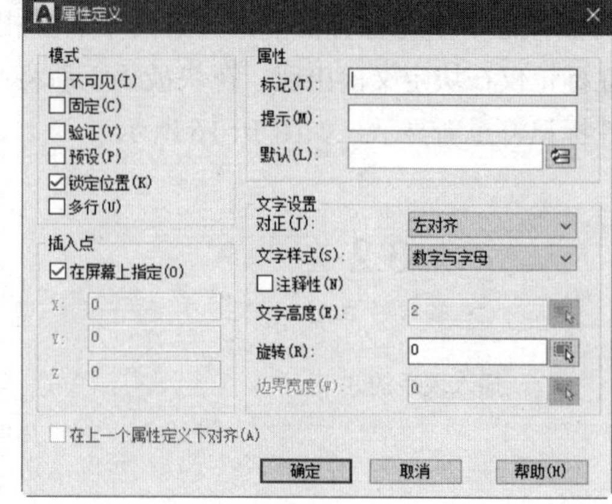

图 10-18　打开“属性定义”对话框

“属性定义”对话框中各选项区域所包含选项的含义如下。

- “模式”选项区域：该选项区域用于设置属性模式。例如，设置块属性值为常量或默认的数值。“模式”选项区域中包含“不可见”“固定”“验证”等选项。
- “属性”选项区域：该选项区域用于设置属性参数，其中包括显示标记、提示信息和默认值。在“标记”文本框中设置属性的显示标记；在“提示”文本框中设置属性的提示信息，以提醒用户指定属性值；在“默认”文本框中设置图块默认的属性值。
- “插入点”选项区域：该选项区域用于指定图块属性的显示位置。选中“在屏幕上指定”复选框，可以用鼠标在图形上指定属性值的位置；若取消选中该复选框，可以在下面的坐标轴文本框中输入相应的坐标值来指定属性值在图块上的位置。
- “在上一个属性定义下对齐”复选框：选中该复选框后将继承前一次定义的属性的部分参数，如插入点、对齐方式、字体、字高和旋转角度等。“在上一个属性定义下对齐”复选框仅在当前图形文件中已有属性设置时有效。
- “文字设置”选项区域：该选项区域用于设置属性对齐方式、文字样式、高度和旋转角度等参数。“文字设置”选项区域中包含“对正”“文字样式”“文字高度”和“旋转”等选项。

【练习 10-2】将一个图形定义成表示位置公差基准的符号块。视频

(1) 在 AutoCAD 中创建如图 10-19 所示的图块后，在“块”面板中单击“定义属性”按钮，打开“属性定义”对话框，如图 10-20 所示。

(2) 在“属性”选项区域的“标记”文本框中输入 A，在“默认”文本框中输入 A。在“插入点”选项区域中选中“在屏幕上指定”复选框。在“文字设置”选项区域的“对正”下拉列表中选择“中间”选项，在“文字高度”选项后面的文本框中输入 2.5。其他选项采用默认设置，单击“确定”按钮。

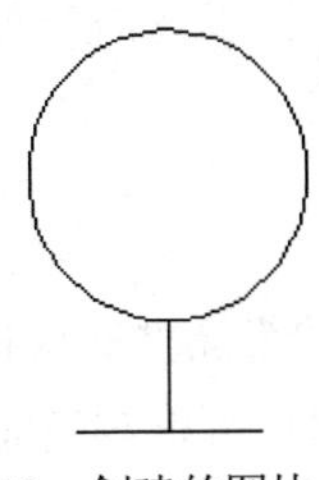

图 10-19　创建的图块

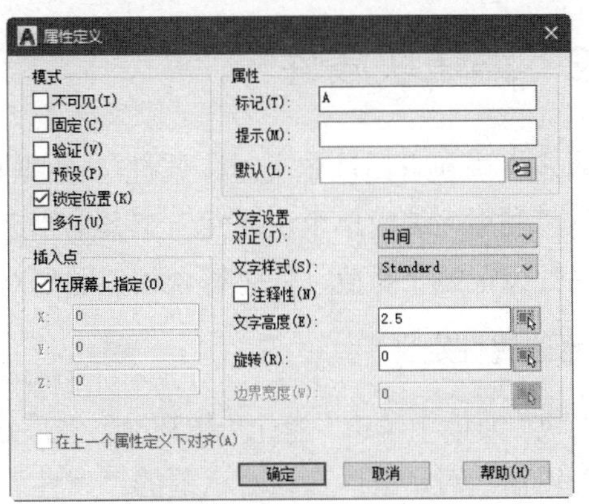

图 10-20　“属性定义”对话框

(3) 在绘图窗口中单击圆的圆心，确定插入点的位置。完成属性块的定义，同时在图中的定义位置将显示出 A 属性的标记，如图 10-21 所示。

图 10-21　显示 A 属性的标记

(4) 在命令行中输入命令 WBLOCK，打开“写块”对话框。在“基点”选项区域中单击“拾取点”按钮，然后在绘图窗口中单击两条直线的交点，如图 10-22 所示。

(5) 在“对象”选项区域中选中“保留”单选按钮，并单击“选择对象”按钮。然后在绘图窗口中使用窗口方式选择所有图形，在“目标”选项区域的“文件名和路径”文本框中输入文件路径，并在“插入单位”下拉列表中选择“毫米”选项。然后单击“确定”按钮，如图 10-23 所示。

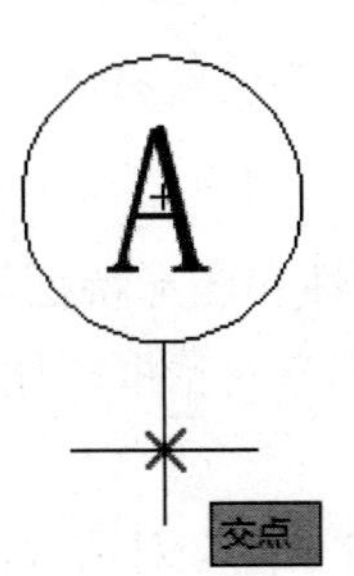

图 10-22　单击两条直线的交点

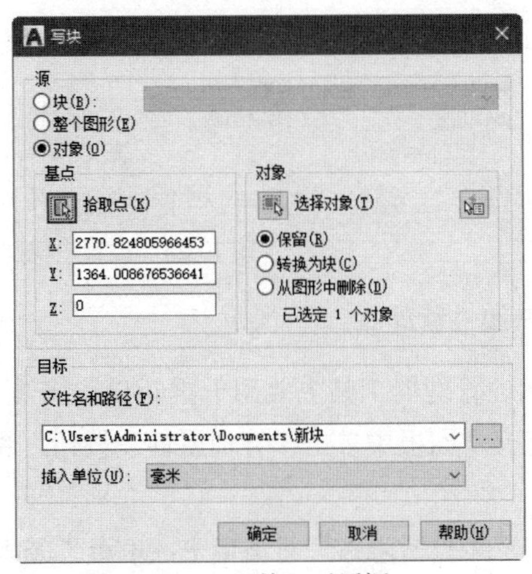

图 10-23　“写块”对话框

10.2.2 编辑块属性

当块定义中包含属性定义时，属性(如数据和名称)将作为一种特殊的文本对象一同被插入。此时可利用“编辑单个块属性”工具编辑之前定义的块属性设置，并利用“管理属性”工具为属性标记赋予新值，使之符合相似图形对象的设置要求。

1. 修改属性定义

在“块”面板中单击“单个”按钮，然后选取一个插入的带属性的块特征，将打开“增强属性编辑器”对话框。在该对话框的“属性”选项卡中，用户可以对当前的属性值进行相应的设置，如图 10-24 所示。

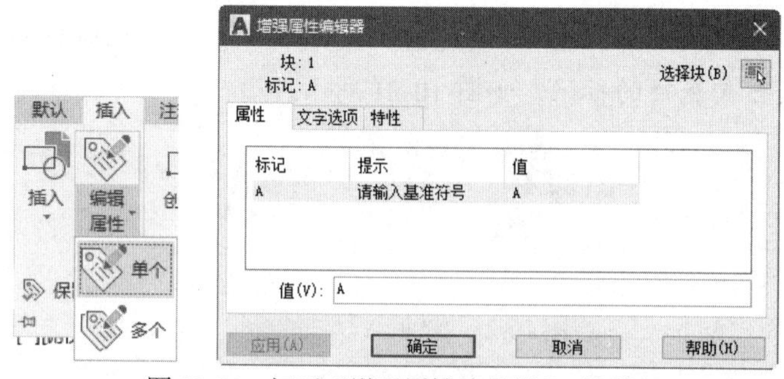

图 10-24　打开“增强属性编辑器”对话框

此外，在“增强属性编辑器”对话框中，选择“文字选项”选项卡。在其中可以设置块的属性文字特性。选择“特性”选项卡，可以设置块所在图层的各种特性，如图 10-25 所示。

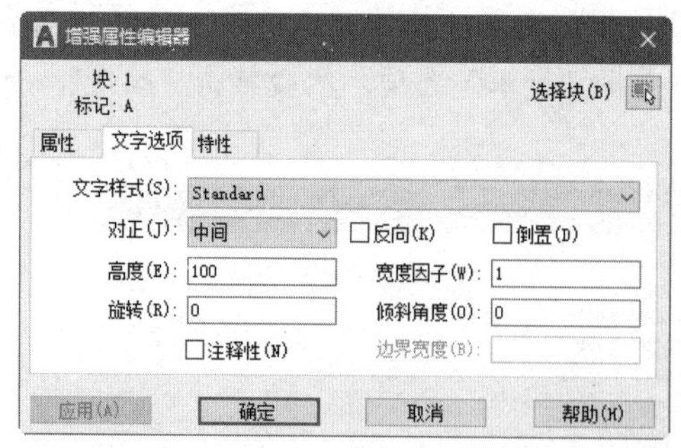

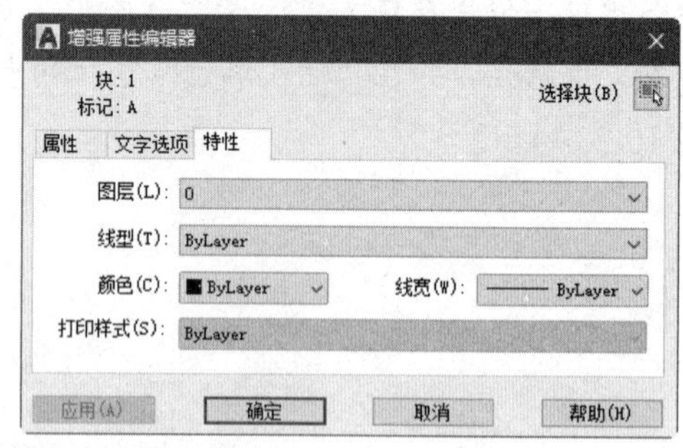

图 10-25　设置块属性的文字和图层特性

2. 块属性管理器

块属性管理器工具主要用于重新设置属性定义的构成、文字特性和图形特征等属性。在“块定义”面板中单击“管理属性”按钮，将打开“块属性管理器”对话框，如图 10-26 所示。

在“块属性管理器”对话框中，单击“编辑”按钮将打开“编辑属性”对话框，可编辑块的不同属性。若用户单击“设置”按钮，将打开“块属性设置”对话框，用户可以通过选中“在列表中显示”选项区域中的复选框，设置属性显示内容，如图 10-27 所示。

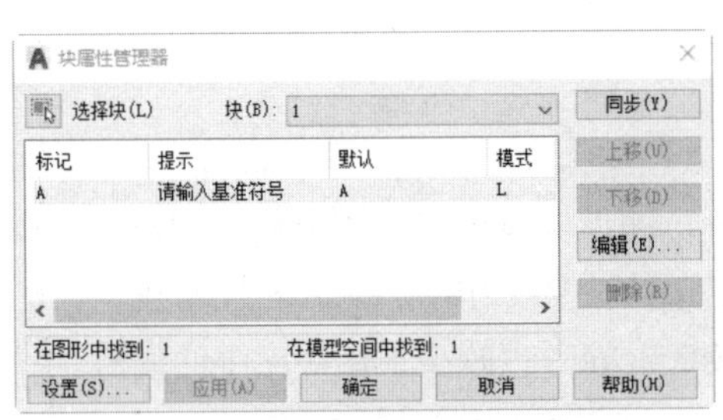

图 10-26　“块属性管理器”对话框

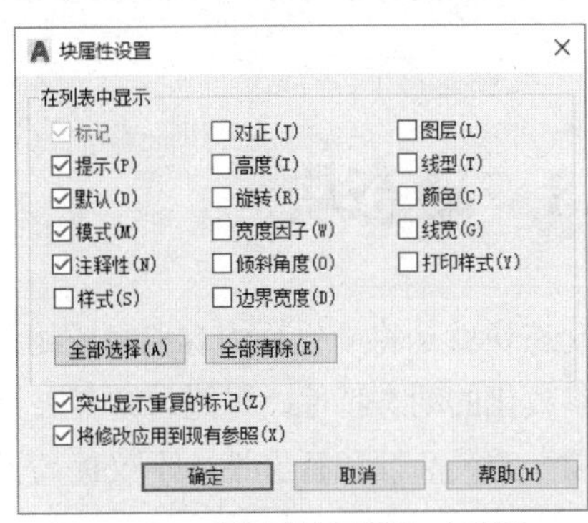

图 10-27　“块属性设置”对话框

3. 使用 ATTEXT 命令提取属性

AutoCAD 的块及其属性中含有大量的数据，如块的名字、块的插入点坐标、插入比例以及各个属性的值等。用户可以根据需要将这些数据提取出来，并将其写入文件中作为数据文件保存起来，以供其他高级语言程序分析使用，也可以将属性传送给数据库。

在命令行中输入 ATTEXT 命令，即可提取块属性的数据。此时将打开“属性提取”对话框，如图 10-28 所示。该对话框中各选项的功能说明如下。

- “文件格式”选项区域：用于设置数据提取的文件格式。用户可以在 CDF、SDF、DXX 这 3 种文件格式中选择，选中相应的单选按钮即可。
- “选择对象”按钮：用于选择块对象。单击该按钮，AutoCAD 将切换至绘图窗口。用户可以选择带有属性的块对象，按下 Enter 键后返回至“属性提取”对话框。
- “样板文件”按钮：用于设置样板文件。用户可以直接在“样板文件”按钮右边的文本框内输入样板文件的名字，也可以单击“样板文件”按钮，打开“样板文件”对话框，从中选择样板文件，如图 10-29 所示。

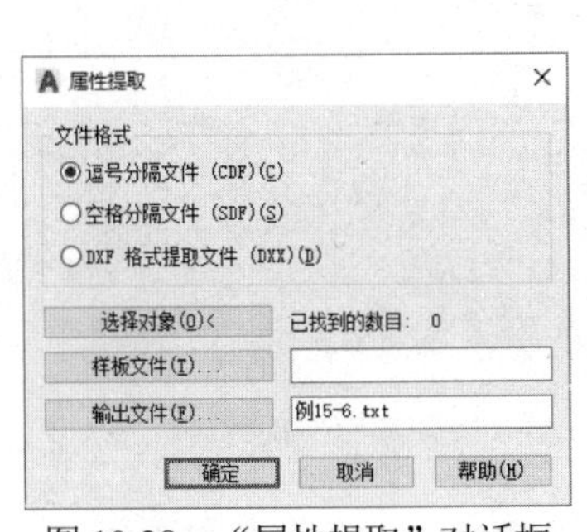

图 10-28　“属性提取”对话框

图 10-29　“样板文件”对话框

- “输出文件”按钮：用于设置提取文件的名称。用户可以直接在其右边的文本框中输入文件名；也可以单击“输出文件”按钮，打开“输出文件”对话框，并指定存放数据文件的位置和文件名。

10.3 动态块

动态块就是将一系列内容相同或相近的图形，通过块编辑器将图形创建为块，并设置块具有参数化的动态特性，通过自定义夹点或自定义特性来操作动态块。相比常规块，动态块具有极大的灵活性和智能性，不仅提高了绘图效率，同时也减少了图块库中的块数。

10.3.1 创建动态块

要使块成为动态块，必须至少添加一个参数，然后添加一个动作，并使该动作与参数相关联。添加到块定义中的参数和动作类型定义了块参照在图形中的作用方式。

利用“块编辑器”工具可以创建动态块特征。块编辑器是专门的编写区域，用于添加能够使块成为动态块的元素。用户可以使用块编辑器向当前图形存在的块定义中添加动态行为，或者编辑其中的动态行为；也可以使用块编辑器创建新的块定义。

要使用块编辑器，在“块定义”面板中单击“块编辑器”按钮，将打开“编辑块定义”对话框。该对话框中提供了可供编辑或创建动态块的现有图块，选择一种块类型即可在对话框右侧的“预览”选项区域中预览块的效果，如图 10-30 所示。

此时，若单击“确定”按钮，将进入默认为灰色背景的绘图区。该区域为专门的动态块创建区域，其左侧将自动打开“块编写”选项板。该选项板包含“参数”“动作”“参数集”“约束”4 个面板，如图 10-31 所示。使用“块编写”选项板中的不同选项，即可为块添加所需的各种参数和对应的动作。

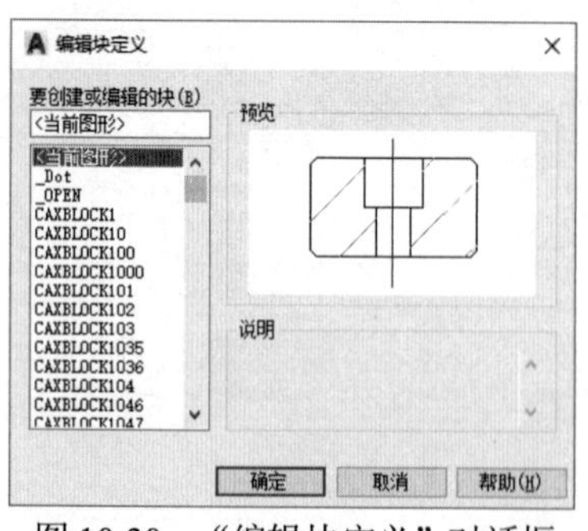

图 10-30 “编辑块定义”对话框

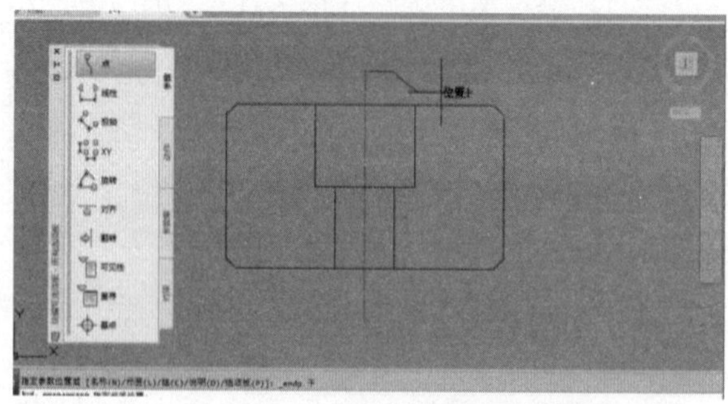

图 10-31 “块编写”选项板

如果要创建一个完整的动态块，必须包括一个或多个参数以及与参数对应的动作。当添加参数到动态块定义中后，夹点将被添加到该参数的关键点。关键点用于操作块参照的参数部分。例如，线性参数在其基点和端点具有关键点，可以从任一关键点操作参数距离。

添加到动态块的参数类型决定了添加的夹点类型。每种参数类型仅支持特定类型的动作。表 10-1 中列出了参数、夹点和动作的关系。

表 10-1　参数、夹点和动作的关系

参数类型	夹点样式	夹点在图形中的操作方式	可与参数关联的动作
点	正方形	平面内任意方向	移动、拉伸
线性	三角形	按规定方向或沿某一条轴移动	移动、缩放、拉伸、阵列
极轴	正方形	按规定方向或沿某一条轴移动	移动、缩放、拉伸、极轴阵列
XY	正方形	按规定方向或沿某一条轴移动	移动、缩放、拉伸、阵列
旋转	圆点	围绕某一条轴旋转	旋转
对齐	五边形	平面内任意方向；如果在某个对象上移动，可使块参照与该对象对齐	无
翻转	箭头	单击以翻转动态块	翻转
查寻	三角形	单击以显示项目列表	查寻
基点	圆圈	平面内任意方向	无
可见性	三角形	平面内任意方向	无

10.3.2　创建块参数

在块编辑器中，参数的外观类似于标注，并且动态块的相关动作是完全依据参数进行的。在图块中添加的参数可以指定集合图形在参照中的位置、距离和角度等特性，其通过定义块的自定义特性来限制块的动作。此外，可以对统一图块或集合图形定义一个或多个自定义特征。

1. 点参数

点参数可以为块参照定义两个自定义特征：相对于块参照基点的位置 X 和位置 Y。如果向动态块定义添加点参数，点参数将追踪 X 和 Y 的坐标值。

在添加点参数时，默认的方式是指定点参数位置。在“块编写”选项板中单击“点”按钮，并在图块中选取点的确定位置(其外观类似于坐标标注)，然后为其添加移动动作测试，如图 10-32 所示。

2. 线性参数

线性参数可以显示两个固定点之间的距离，其外观类似于对齐标注。如果为其添加相应的拉伸、移动等动作，则约束夹点沿预设角度移动，如图 10-33 所示。

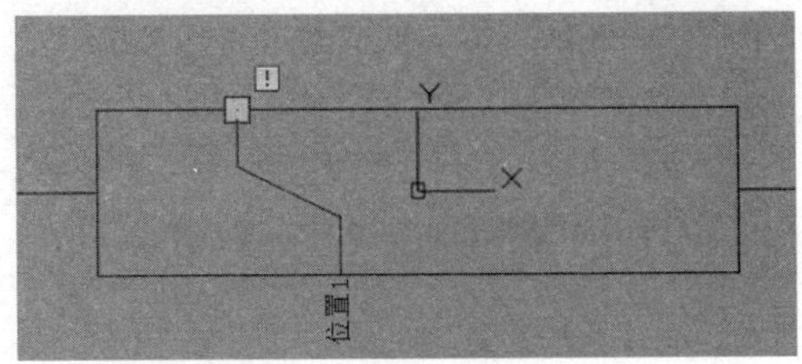

图 10-32　添加点参数

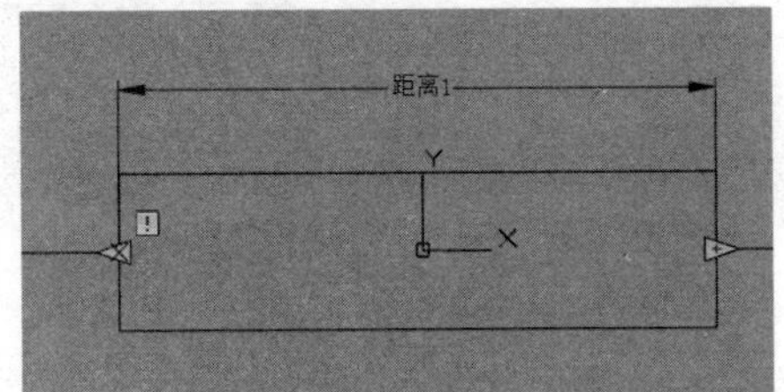

图 10-33　添加线性参数并移动图块

3. 极轴参数

极轴参数可以显示出两个固定点之间的距离并显示角度值，其外观类似于对齐标注。如果为其添加相应的拉伸、移动等动作，则约束夹点沿着预设角度移动，效果如图 10-34 所示。

4. XY 参数

XY 参数可以显示出距离参数基点的 X 距离和 Y 距离，其外观类似于水平和垂直两种标注方式。如果为其添加拉伸动作，则可以对其进行拉伸动态测试，效果如图 10-35 所示。

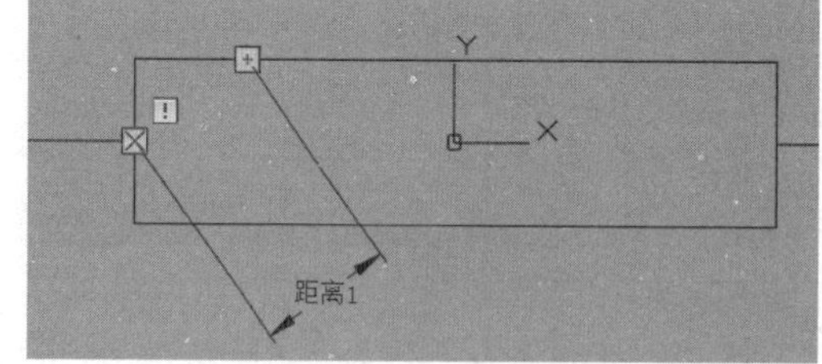

图 10-34　添加极轴参数

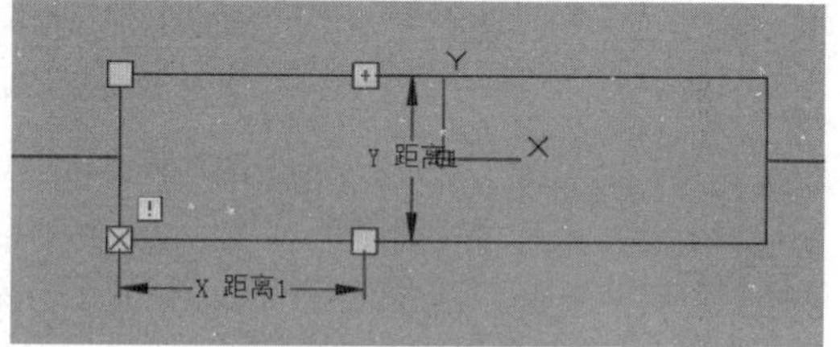

图 10-35　添加 XY 参数

5. 旋转参数

旋转参数可以定义块的旋转角度，它仅支持旋转动作。在块编辑窗口中，它显示为一个圆。其一般操作步骤为：首先指定参数半径，然后指定旋转角度，最后指定标签位置。如果为其添加旋转动作，则动态旋转效果如图 10-36 所示。

6. 对齐参数

对齐参数可以定义 X 和 Y 位置以及一个角度，可以直接影响块参照的旋转特性。对齐参数允许块参照自动围绕一个点旋转，以便与图形中的另一对象对齐。它一般应用于整个块对象，并且无须与任何动作相关联。

要添加对齐参数，单击“对齐”按钮，并依据提示选取对齐的基点即可，保存该定义块，并通过夹点来观察动态测试效果，如图 10-37 所示。

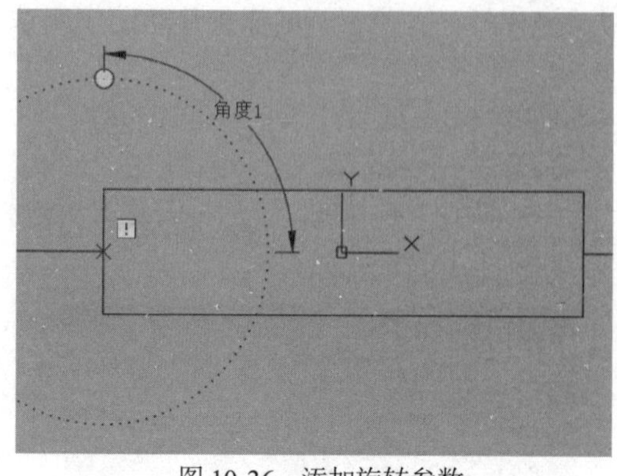

图 10-36　添加旋转参数

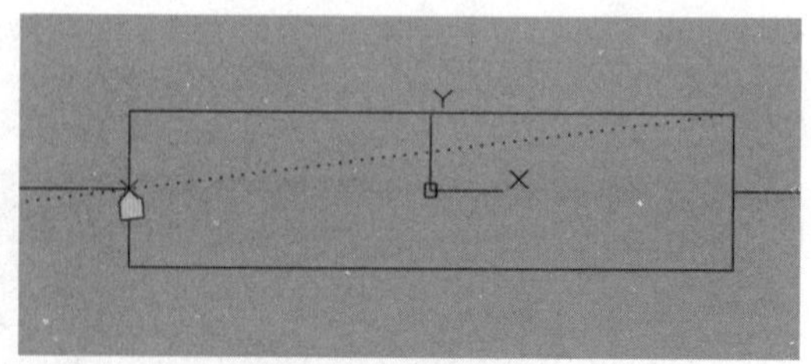

图 10-37　添加对齐参数

7. 翻转参数

翻转参数可以定义块参照的自定义翻转特性，它仅支持翻转动作。在块编辑窗口中，其显示为一条投影线，即系统围绕这条投影线翻转对象。如图 10-38 所示，单击投影线下方的箭头，即可对图块执行相应的翻转操作。

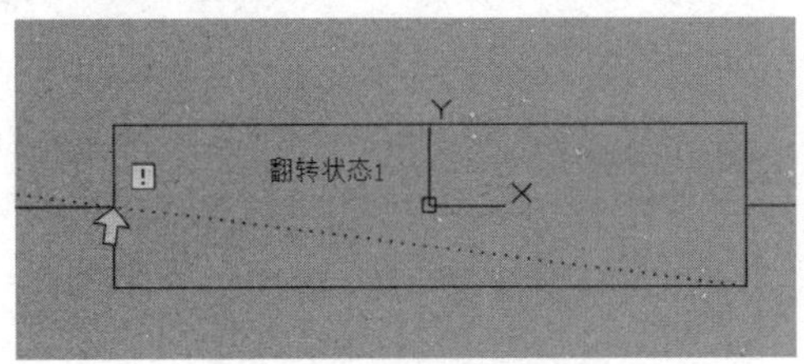

图 10-38　添加翻转参数

8. 查寻参数

查寻参数可以定义一个列表，这个列表中的值是用户自定义的特性，在块编辑窗口中显示为带有关联夹点的文字，并且查寻参数可以与单个查寻动作相关联。关闭块编辑窗口时，用户可以通过夹点显示可用值的列表，或在“特性”选项板中修改该参数自定义特性的值。

9. 基点参数

基点参数可以相对于块中的集合图形定义一个基点，在块编辑窗口中显示为带有十字光标的圆。该参数无法与任何动作相关联，但可以归属于某个动作的选择集。

10. 可见性参数

可见性参数可以控制对象在块中的可见性，在块编辑窗口中显示为带有关联夹点的文字。可见性参数总是应用于整个块，并且不需要与任何动作相关联。

10.3.3　添加块动作

添加块动作指的是根据图块中添加的参数而设定的相应动作，用于在图形中自定义动态块的动作特性。此特性决定了动态块将在操作过程中做何种修改，并且通常情况下，动态块至少包含一个动作。

一般情况下，由于添加的块动作与参数上的关键点和集合图形相关联，因此在向动态块中添加动作前，必须先添加与该动作相对应的参数。关键点是参数上的点，编辑参数时该点将会与动作相关联，与动作相关联后的几何图形称为选择集。

1. 移动动作

移动动作与二维绘图中的移动操作类似，在动态块测试中，移动动作可使对象按定义的距离和角度进行移动。在编辑动态块时，移动动作与点参数、线性参数、极轴参数和 XY 轴参数相关联，效果如图 10-39 所示。

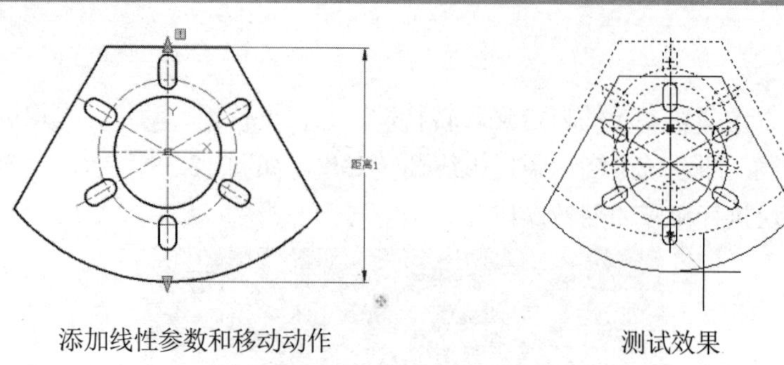

添加线性参数和移动动作　　　　测试效果

图 10-39　添加移动动作并测试

2. 缩放动作

缩放动作与二维绘图中的缩放操作类似，可以与线性参数、极轴参数和 XY 轴参数相关联，并且相关联的是整个参数，而不是参数上的关键点。在动态块测试中，通过移动夹点或使用“特性”选项板编辑关联参数，缩放动作可对块的选择集进行缩放，效果如图 10-40 所示。

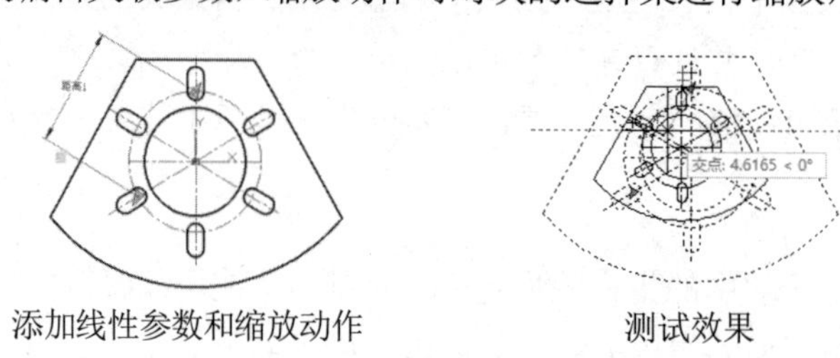

添加线性参数和缩放动作　　　　测试效果

图 10-40　添加缩放动作并测试

3. 拉伸动作

拉伸动作与二维绘图中的拉伸操作类似，在动态块的拉伸测试中，拉伸动作可使对象按指定的距离和位置移动和拉伸。与拉伸动作关联的有点参数、线性参数、极轴参数和 XY 轴参数。

将拉伸动作与某个参数相关联后，可以为拉伸动作指定拉伸框，然后为拉伸动作的选择集选取对象。拉伸框决定了框内部或与框相交的对象在块参照中的编辑方式，效果如图 10-41 所示。

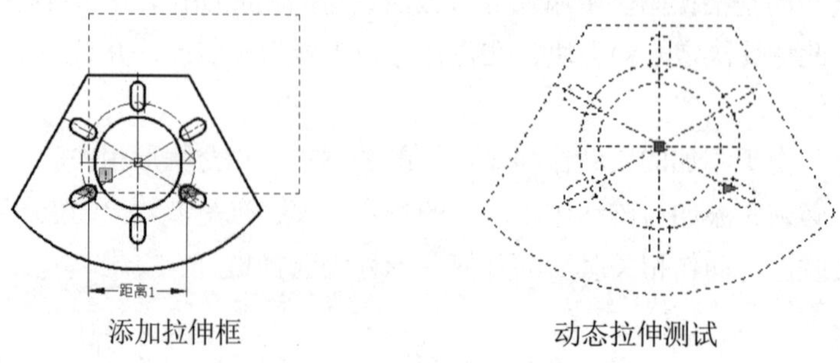

添加拉伸框　　　　动态拉伸测试

图 10-41　添加拉伸动作并测试

4. 极轴拉伸动作

在动态块测试中，极轴拉伸动作与拉伸动作相似。极轴拉伸动作不仅可以按角度和距离

移动和拉伸对象，还可以将对象旋转，但它一般只能与极轴参数相关联。

在定义动态块时，极轴拉伸动作拉伸部分的基点是与关键点相对应的参数点。关联后可以指定极轴拉伸动作的拉伸框，然后选取要拉伸的对象和要旋转的对象组成选择集，效果如图 10-42 所示。

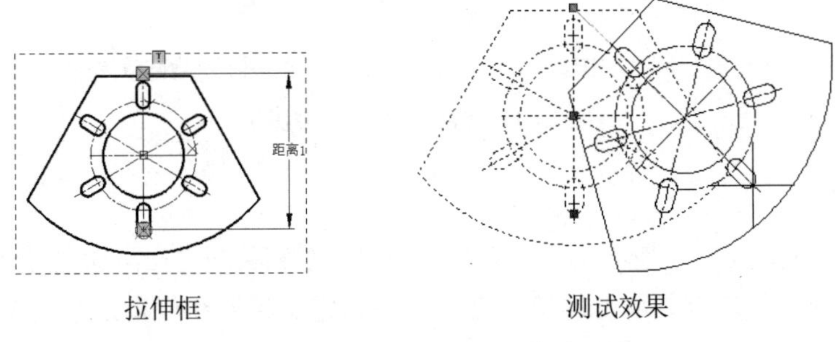

图 10-42　添加极轴拉伸动作并测试

5. 旋转动作

旋转动作与二维绘图中的旋转操作类似。在定义动态块时，旋转动作只能与旋转参数相关联。与旋转动作相关联的是整个参数，而不是参数上的关键点。图 10-43 所示为拖动夹点进行旋转操作，测试旋转动作效果。

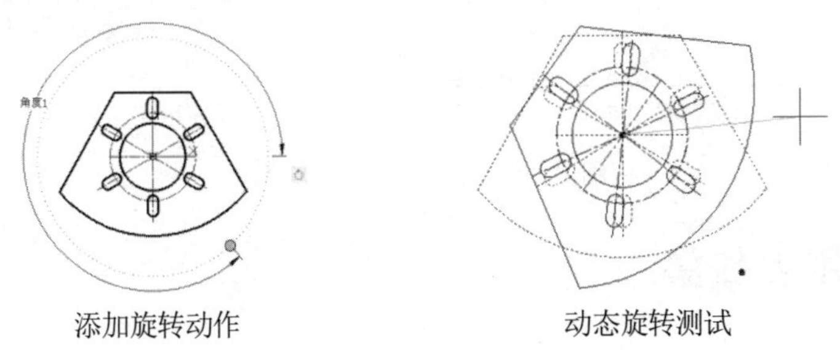

图 10-43　添加旋转动作并测试

6. 翻转动作

使用翻转动作可以围绕指定的轴(或投影线)翻转定义的动态块参照。它一般只能与翻转参数相关联，效果相当于二维绘图中的镜像复制。

7. 阵列动作

在进行阵列动态块测试时，通过夹点或“特性”选项板可以对其关联对象进行复制，并按照矩形样式阵列。在动态块定义中，阵列动作可以与线性参数、极轴参数和 XY 轴参数中的任意一个相关联。

如果将阵列动作与线性参数相关联，则用户可以指定阵列对象的列偏移，即阵列对象之间的距离。添加的参数直接决定阵列的数量，即阵列对象必须完全在添加的参数之内，效果如图 10-44 所示。

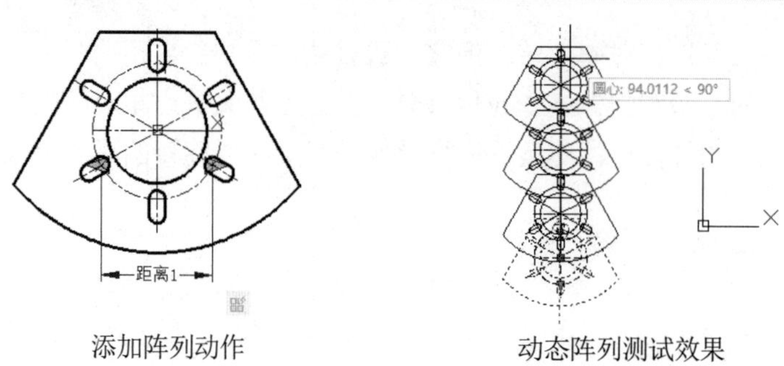

添加阵列动作　　　　动态阵列测试效果

图 10-44　添加阵列动作并测试

8. 查寻动作

要向动态定义块中添加查寻动作，必须和查寻参数相关联。在添加查寻动作时，它通过自定义的特性列表创建查寻特性，使用查寻表将自定义特性和值指定给动态块，效果如图 10-45 所示。

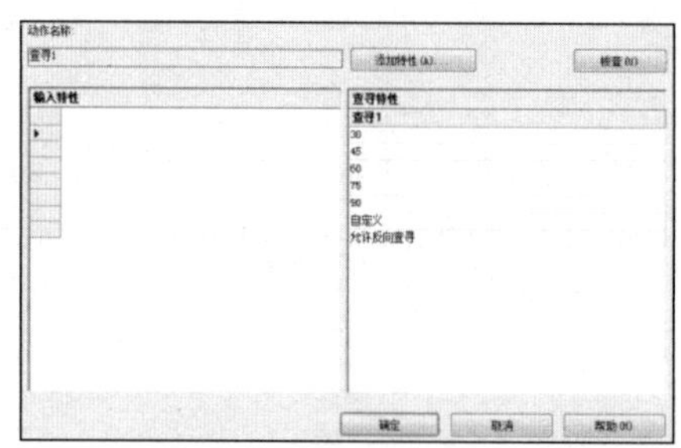

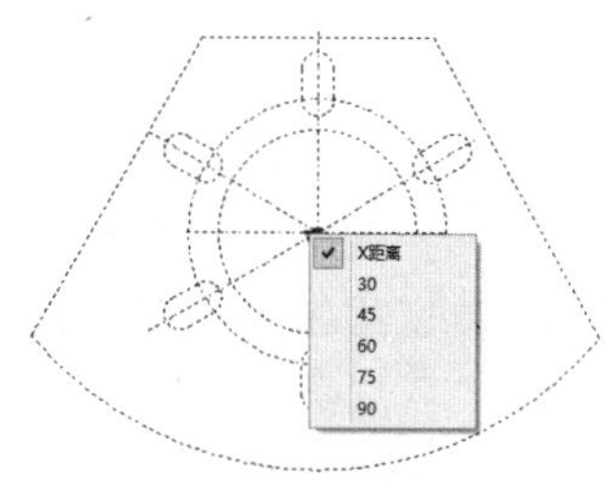

自定义特性列表　　　　查寻自定义特性和值

图 10-45　添加查寻动作并测试

10.3.4　使用参数集

使用参数集可以向动态块添加成对的参数与动作。添加参数集与添加参数所使用的方法相同，并且参数集中包含的动作将自动添加到块定义中，并与添加的参数相关联。

当第一次向动态块定义中添加参数集时，与添加参数一样，每个动作旁边都会显示一个黄色的警告图标，这表示还需要将选择集与动作相关联。用户可以双击该黄色警告图标，然后按照命令行中的提示将动作与选择集关联。表 10-2 所示为参数集包含的参数、相关联的动作以及带有的夹点数。

表 10-2　参数集、关联动作与夹点数

参 数 集	含有的参数	关 联 动 作	夹 点 数
点移动	线性参数	移动动作	1
线性移动	线性参数	移动动作	1
线性拉伸	线性参数	拉伸动作	1
线性阵列	线性参数	阵列动作	1

(续表)

参 数 集	含有的参数	关 联 动 作	夹 点 数
线性移动配对	线性参数	移动动作	2
线性拉伸配对	线性参数	拉伸动作	2
极轴移动	极轴参数	移动动作	1
极轴拉伸	极轴参数	拉伸动作	1
环形阵列	极轴参数	阵列动作	1
极轴移动配对	极轴参数	移动动作	2
极轴拉伸配对	极轴参数	拉伸动作	2
XY 移动	XY 轴参数	移动动作	1
XY 移动配对	XY 轴参数	移动动作	2
XY 移动方格集	XY 轴参数	移动动作	4
XY 拉伸方格集	XY 轴参数	拉伸动作	4
XY 阵列方格集	XY 轴参数	阵列动作	4
旋转集	旋转参数	旋转动作	1
翻转集	翻转参数	翻转动作	1
可见性集	可见性参数	无	1
查寻集	查寻参数	查寻动作	1

10.4　使用外部参照

图块主要针对小型的图形重复使用，而外部参照则提供了一种比图块更为灵活的图形引用方法，即使用“外部参照”功能可以将多个图形链接到当前图形中，并且包含外部参照的图形会随着原图形的修改而自动更新。这是一种重要的数据共享方式。

10.4.1　附着外部参照

附着外部参照的目的是帮助用户用其他的图形补充当前图形，主要用于在需要时附着一个新的外部参照文件，或将一个已附着的外部参照文件的副本附着在文件中。执行附着外部参照操作，用户可以将以下几种格式的文件附着至当前图形中。

1. 附着 DWG 文件

切换至“插入”选项卡，在“参照”面板中单击“附着”按钮，此时将打开“选择参照文件”对话框，如图 10-46 所示。接下来，在该对话框的“文件类型”下拉列表中选择“新块”选项，并指定附着文件，单击“打开”按钮，将打开“附着外部参照”对话框，如图 10-47 所示。

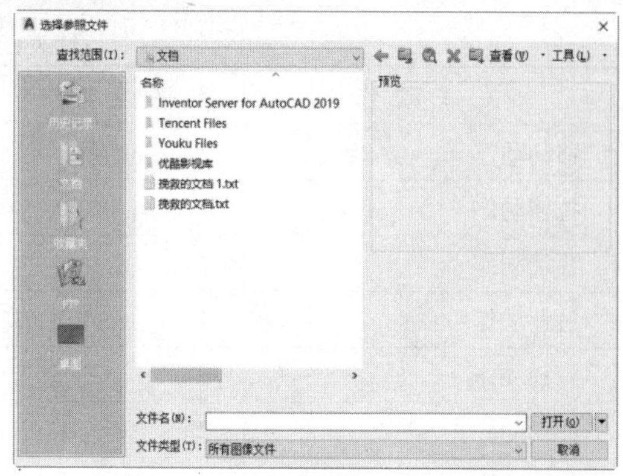

图 10-46 “选择参照文件”对话框

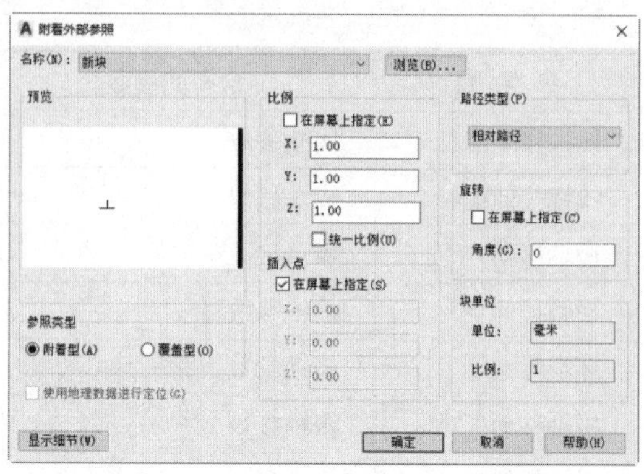

图 10-47 “附着外部参照”对话框

在“附着外部参照”对话框中设置参照类型和路径类型后，单击“确定”按钮，外部参照文件将显示在当前图形中。接下来，指定插入点即可将参照文件添加至图形中。在图形中插入外部参照的方法与插入块的方法相同，只是“附着外部参照”对话框中增加了“参照类型”和“路径类型”两个选项区域，各自的功能如下。

- “参照类型”选项区域：在该选项区域中可以选择外部参照类型。选中“附着型”单选按钮，如果参照图形中仍包含外部参照，则在执行该操作后，都附着在当前图形中，即显示嵌套参照中的嵌套内容；如果选中“覆盖型”单选按钮，将不显示嵌套参照中的嵌套内容。
- “路径类型”选项区域：将指定图形作为外部参照附着到当前主体时，可以使用“路径类型”下拉列表中的“完整路径”“相对路径”“无路径”3 种路径类型附着该图形。其中，选择“完整路径”选项，外部参照的精确位置将保存到该图形中；选择“相对路径”选项，将保存外部参照相对于当前图形的位置；选择“无路径”选项，可以直接查找外部参照。

2. 附着图像文件

使用“参照”面板能够将图像文件附着到当前文件中，对当前图形进行辅助说明。单击“附着”按钮，在打开的对话框的“文件类型”下拉列表中选择“所有图形文件”选项，并指定附着的图像文件，然后单击“打开”按钮，将打开“附着图像”对话框。在该对话框中单击“确定”按钮，即可将图像文件附着在当前图形中，效果如图 10-48 所示。

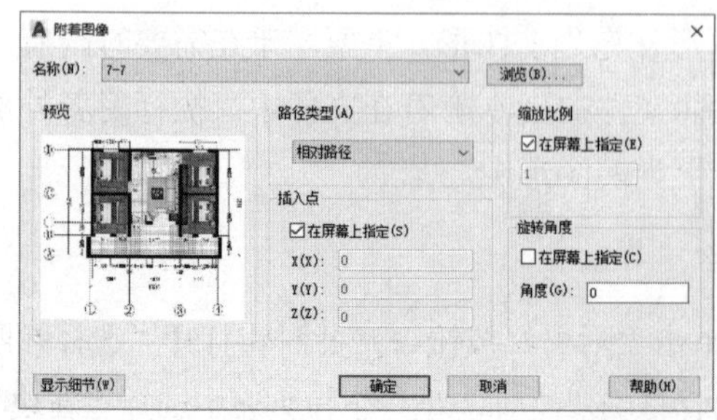

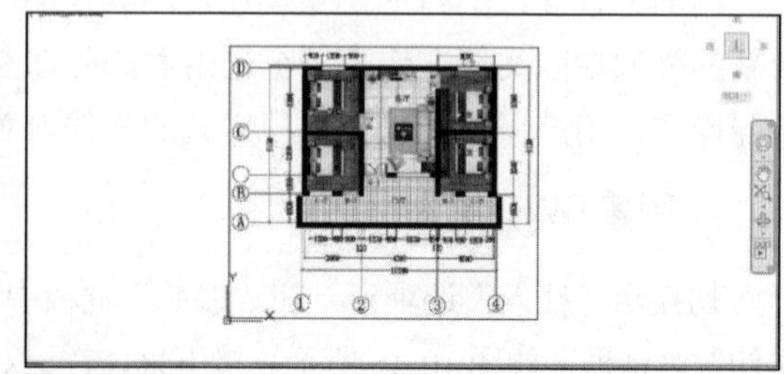

图 10-48 附着图像文件

3. 附着 DWF 文件

DWF 文件是一种从 DWG 文件创建的高度压缩的文件，这类文件易于在 Web 上发布和查看，并且支持实时平移和缩放以及对图层显示与命名视图显示的控制。

单击“附着”按钮，在打开的对话框的“文件类型”下拉列表中选择“DWF 文件”选项，然后指定附着的 DWF 文件，并单击“打开”按钮。接下来在打开的“附着 DWF”对话框中单击“确定”按钮，指定文件在当前图形中的插入点和插入比例，即可将 DWF 文件附着在当前图形中。

4. 附着 DGN 文件

DGN 文件是 MicroStation 绘图软件生成的文件，这类文件对精度、层数以及文件与单元的大小并不限制。另外，这类文件中的数据都是经过快速优化、检验并压缩的，有利于节省网络带宽和存储空间。

单击“附着”按钮，在打开的对话框的“文件类型”下拉列表中选择“所有 DGN 文件”选项，然后指定附着的 DGN 文件，并单击“打开”按钮。接下来，在打开的对话框中单击“确定”按钮，指定文件在当前图形中的插入点和插入比例，即可将 DGN 文件附着在当前图形中。

【练习 10-3】在图形中附着 DGN 文件。视频

(1) 新建一个图形文件后，在命令行中输入 DGNATTACH 命令，按下 Enter 键。

(2) 打开“选择参照文件”对话框，从中选择一个合适的参照文件，然后单击“打开”按钮，如图 10-49 所示。

(3) 打开“附着 DGN 参考底图”对话框，保持默认设置，单击“确定”按钮，如图 10-50 所示。

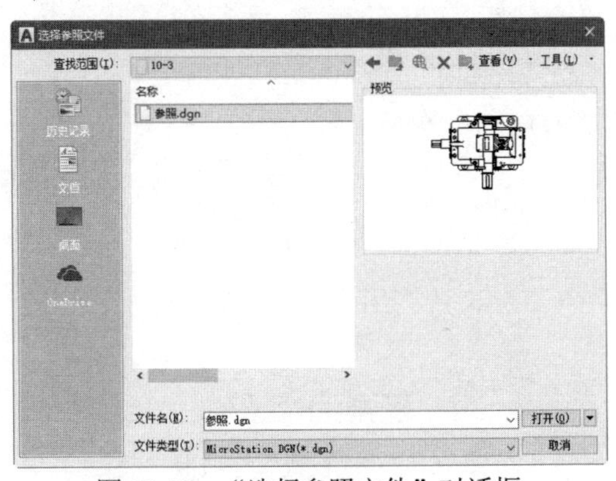

图 10-49　“选择参照文件”对话框

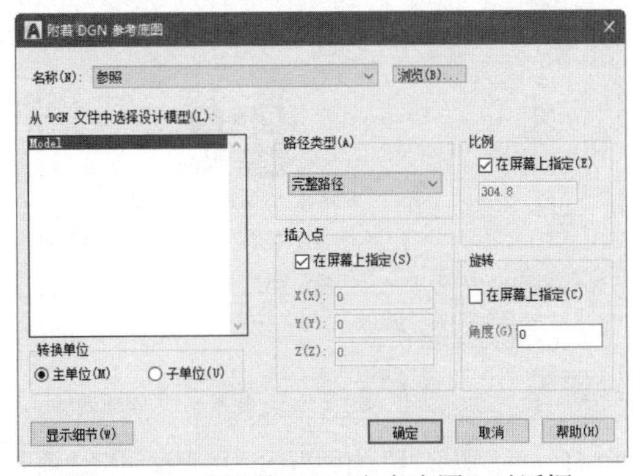

图 10-50　“附着 DGN 参考底图”对话框

(4) 在绘图窗口中捕捉两点后，即可附着 DGN 参考底图。

5. 附着 PDF 文件

PDF 文件格式是一种通用的阅读格式，PDF 文档的打印和普通 Word 文档的打印一样简单。由于此类文件格式通用且安全，因此图纸的存档和外发加工一般使用 PDF 格式。

单击“附着”按钮，在打开的对话框的“文件类型”下拉列表中选择“PDF 文件”选项，然后指定附着的 PDF 文件，并单击“打开”按钮。接下来，在打开的对话框中单击“确定”按钮，指定文件在当前图形中的插入点和插入比例，即可将 PDF 文件附着在当前图形中。

在附着 PDF 文件时，多页的 PDF 文件可以一次附着一页，此时 PDF 文件中的超文本链接被转换为纯文字，并且不支持数字签名。在 AutoCAD 中，将 PDF 文件附着为参考底图时，可以将该参照文件链接到当前图形。打开或重新加载参照文件时，当前图形中将显示对该文件所做的所有更改。

10.4.2 编辑外部参照

附着外部参照后，外部参照的参照类型(附着或覆盖)和名称等内容并非无法修改和编辑，利用“编辑参照”工具可以对各种外部参照执行编辑操作。

在“参照”面板中单击“编辑参照”按钮，选择待编辑的外部参照。此时将打开“参照编辑”对话框，如图 10-51 所示。

在“参照编辑”对话框中，两个选项卡的含义分别如下。

- “标识参照”选项卡：该选项卡提供形象化的辅助工具来标识要编辑的参照，如图 10-51 所示。其不仅能够控制选择参照的方式，还可以指定要编辑的参照。如果选择的对象是一个或多个嵌套参照的一部分，则嵌套参照将显示在对话框中。
- “设置”选项卡：该选项卡为编辑参照提供所需的选项，如图 10-52 所示。在该选项卡中共包含“创建唯一图层、样式和块名”“显示属性定义以供编辑”“锁定不在工作集中的对象”3 个复选框。

图 10-51 “参照编辑”对话框的“标识参照”选项卡

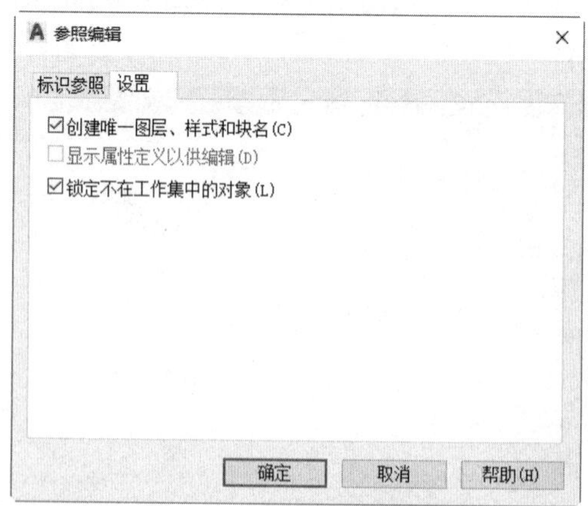

图 10-52 “设置”选项卡

10.4.3 剪裁外部参照

使用“参照”面板中的“剪裁”工具可以剪裁多种对象，包括外部参照、图像或 DWF 文件等。通过这些剪裁操作，用户可以控制所需信息的显示。执行剪裁操作并非真正修改这些参照，而是将它们隐藏，同时可以根据设计需要，定义前向剪裁平面或后向剪裁平面。

在“参照”面板中单击“剪裁”按钮，选取要剪裁的外部参照对象，此时命令行将显示提示信息“[开(ON)/关(OFF)/剪裁深度(C)/删除(D)/生成多段线(P)/新建边界(N)]<新建边界>：”，如图 10-53 所示，选择不同的选项将获取不同的剪裁效果。

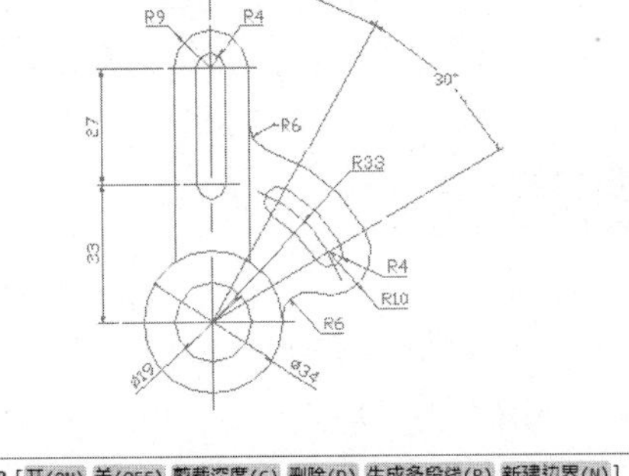

图 10-53　剪裁外部参照

10.4.4　管理外部参照

在 AutoCAD 中，用户可以在“参照”面板中对附着或剪裁的外部参照进行编辑和管理。单击“参照”面板右下角的箭头按钮，将打开“外部参照”选项板，如图 10-54 所示。在该选项板的“文件参照”列表框中显示了当前图形中各个外部参照文件的名称、状态、大小和类型等内容。

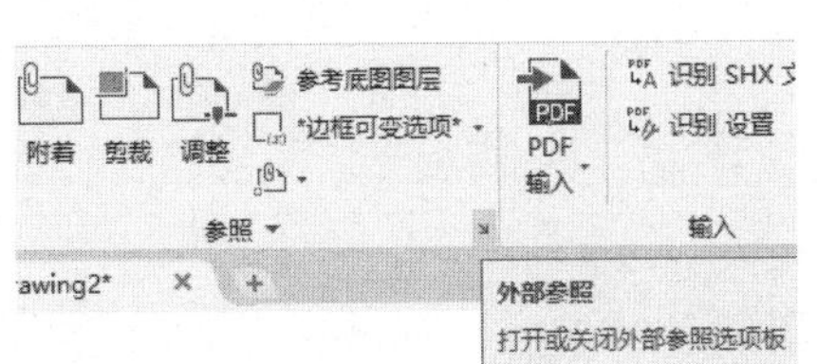

图 10-54　显示“外部参照”选项板

此时，在列表框中的文件上右击，将打开一个快捷菜单，其中主要命令的含义如下。

- “打开”命令：选择该命令，可以在新建的窗口中打开选定的外部参照进行编辑。
- “附着”命令：选择该命令，将根据所选择的文件对象打开相应的对话框，在该对话框中选择需要插入当前图形中的外部参照文件。
- “卸载”命令：选择该命令，可以从当前图形中移走不需要的外部参照文件，但移走的文件仍保留该参照文件的路径。

- “重载”命令：对于已经卸载的外部参照文件，如果需要再次参照该文件，可以选择“重载”命令将其更新到当前图形中。
- “拆离”命令：选择该命令，可以从当前图形中移除不需要的外部参照文件。
- “绑定”命令：该命令对于具有绑定功能的参照文件有可操作性。选择“绑定”命令，可以将外部参照文件转换为正常的图块。

10.5 思考和练习

1. 在 AutoCAD 中，块具有哪些特点？如何定义块？
2. 在 AutoCAD 中，如何创建块属性？
3. 在 AutoCAD 中，如何创建动态块？

第 11 章

绘制三维图形对象

使用 AutoCAD 不仅可以绘制出以线条围成的二维平面图形，还可以使用各种三维绘图命令完成实体模型的绘制。使用 AutoCAD 可以通过 3 种方式来创建三维图形，即线架模型方式、曲面模型方式和实体模型方式。线架模型是一种轮廓模型，它由三维的直线和曲线组成，没有面和体的特征。曲面模型则用面描述三维对象，不仅定义了三维对象的边界，而且定义了表面，具有面的特征。实体模型不仅具有线和面的特征，而且具有体的特征，各实体对象间可以进行各种布尔运算。本章将详细介绍绘制三维点和线、三维网格、三维实体等三维基础图形的操作方法。

11.1 三维绘图常识

在使用 AutoCAD 绘制三维图形之前，首先应切换至“三维建模”空间，并掌握三维绘图的基础知识，例如，绘制三维模型时经常使用的三维坐标系、三维视图等。

11.1.1 三维绘图术语

三维实体模型需要在三维实体坐标系下进行描述。在三维坐标系下，可以使用直角坐标或极坐标来定义点。此外，在绘制三维图形时，还可以使用柱坐标和球坐标来定义点。在创建三维实体模型前，应先了解下面一些基本术语。

- XY 平面：它是 X 轴垂直于 Y 轴所组成的一个平面，此时 Z 轴的坐标是 0。
- Z 轴：Z 轴是三维坐标系的第三轴，它总是垂直于 XY 平面。
- 高度：高度是指 Z 轴上的坐标值。
- 厚度：主要是 Z 轴的长度。
- 相机位置：在观察三维模型时，相机的位置相当于视点。
- 目标点：当用户通过照相机看某物体时，用户聚焦在一个清晰点上，该点就是所谓的目标点。
- 视线：假想的线，它是将视点和目标点连接起来的线。
- 和 XY 平面的夹角：视线与其在 XY 平面的投影线之间的夹角。
- XY 平面角度：视线在 XY 平面的投影线与 X 轴的夹角。

11.1.2 三维视图

创建三维模型时，常常需要从不同的方向观察模型。当用户设定某个查看方向后，AutoCAD 将显示出对应的 3D 视图。具有立体感的 3D 视图将有助于用户正确理解模型的空间结构。

在 AutoCAD 中，软件不仅提供了 6 个正交视图，即俯视、仰视、左视、右视、前视和后视视图，还提供了 4 个用于绘制三维模型的等轴测视图，即西南等轴测、西北等轴测、东南等轴测和东北等轴测视图。更改三维视图的方法有以下几种。

- 菜单栏：选择“视图”|“三维视图”命令，在弹出的子菜单中选择相应的视图命令，如图 11-1 所示。
- 命令行：输入 VIEW(快捷命令为 V)命令，按下 Enter 键，打开“视图管理器”对话框，如图 11-2 所示。在“查看”列表框中选择相应的视图后，单击“置为当前”按钮，然后单击“确定”按钮。

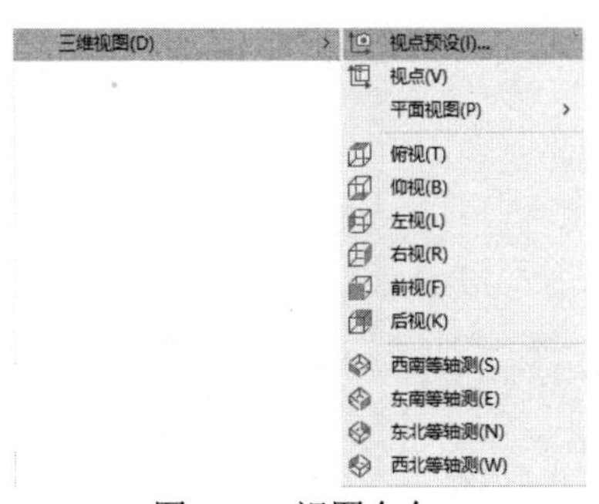

图 11-1　视图命令

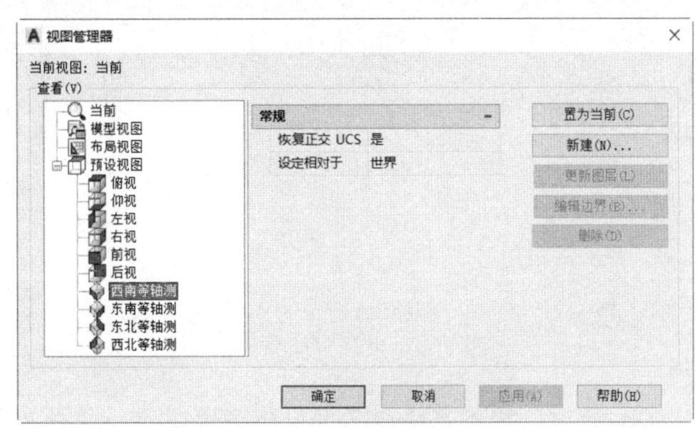

图 11-2　“视图管理器”对话框

- 三维导航器：在“三维建模”空间中使用三维导航器可以切换各种正交或轴测视图模式，可以自由切换 6 种正交视图、8 种正等轴测视图和 8 种斜等轴测视图。利用三维导航器可以根据需要快速调整视图的显示方式。该导航工具以非常直观的 3D 导航立方体显示在绘图区中，单击三维导航器工具图标的各个位置将显示不同的视图效果，如图 11-3 所示。

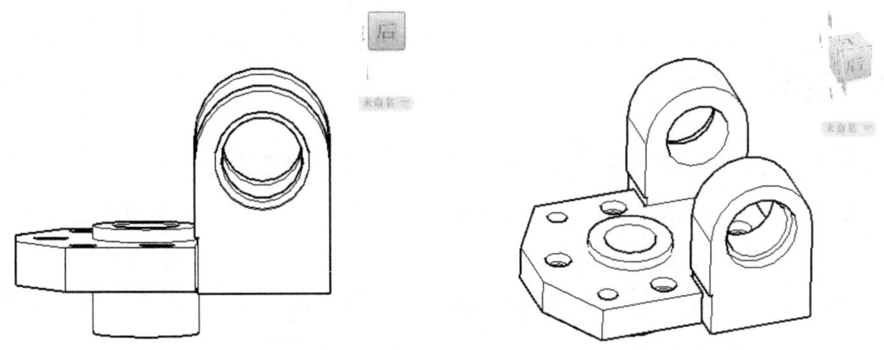

图 11-3　利用导航工具查看视图

此外，在创建复杂的二维图形和三维模型时，为了便于同时观察图形的不同部分或三维模型的不同侧面，可以将绘图区划分为多个视口。

11.1.3　创建三维用户坐标系

AutoCAD 三维坐标系的常用坐标系为世界坐标系，其坐标原点和方向都是固定不变的，这对于绘制三维模型图不是很方便。在 AutoCAD 中，用户可以自定义坐标系，例如，对世界坐标系进行旋转、移动等。

使用 UCS 命令可以创建用户坐标系，具体方法如下。

【练习 11-1】将西南等轴测视图的坐标沿 X 轴旋转 90°。视频

(1) 新建一个图形文件，此时默认坐标系如图 11-4 所示。

(2) 选择“视图”选项卡，在“命名视图”面板中单击视图选项下拉按钮，在弹出的下拉列表中选择“西南等轴测”选项，如图 11-5 所示。

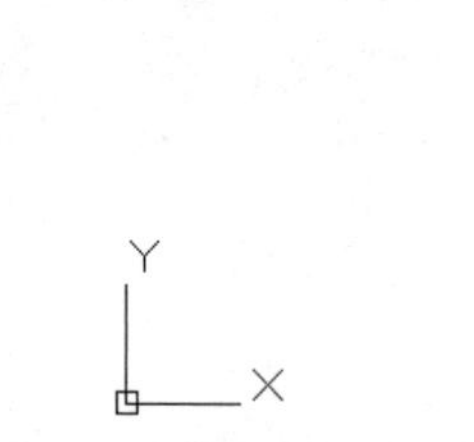

图 11-4　默认坐标系

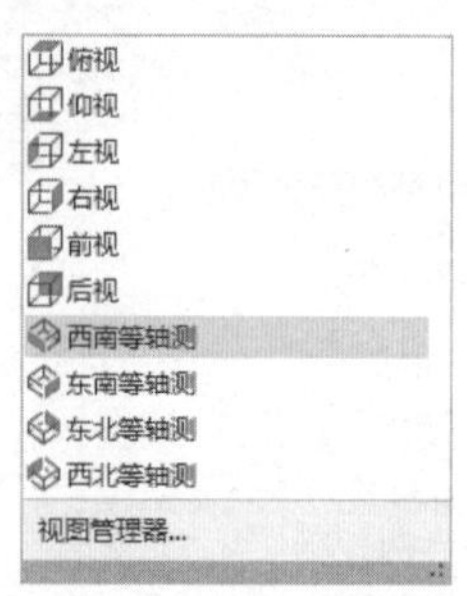

图 11-5　选择“西南等轴测”选项

(3) 此时，坐标系将以三维坐标方式显示，效果如图 11-6 所示。

(4) 在命令行中输入 UCS 命令，然后按下 Enter 键确认。继续在命令行提示下输入 X，按下 Enter 键确认，在命令行提示下输入 90，按下 Enter 键，将坐标系沿 X 轴旋转 90°，效果如图 11-7 所示。

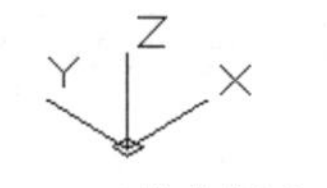

图 11-6　三维坐标方式

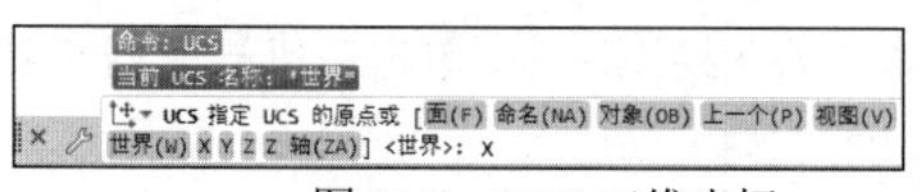

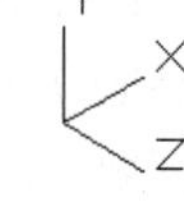

图 11-7　UCS 三维坐标

11.1.4　定制 UCS

AutoCAD 的大多数二维命令只能在当前坐标系的 XY 平面或与 XY 平面平行的平面中执行。因此，如果用户要在空间的某一平面内使用二维命令，则应沿该平面位置创建新的 UCS。因此，在三维建模过程中需要不断地调整当前坐标系。

打开 USC 的工具栏，上面提供了创建 UCS 的多种工具。各类工具按钮的具体使用方法如下。

1. “原点”工具

“原点”工具用于修改当前用户坐标系的原点位置。坐标轴方向与上一个坐标相同，由它定义的坐标系将以新坐标存在。

单击“原点”按钮，指定一点作为新的原点，如图 11-8 所示。

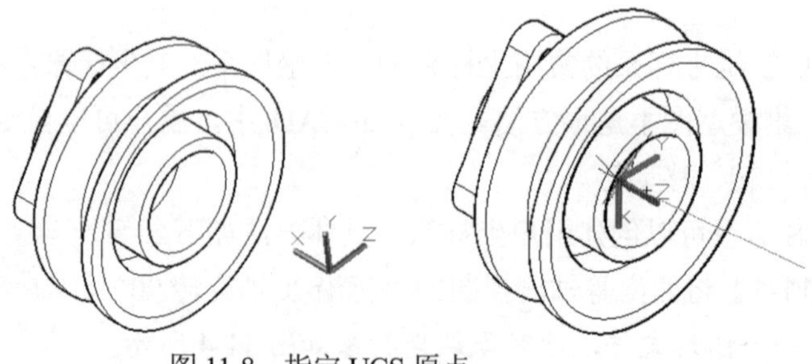

图 11-8　指定 UCS 原点

2. “面”工具

“面”工具通过选取指定的平面设置用户坐标系，也就是将新用户坐标系的 XY 平面与实体对象的选定面重合，以便在各个面上或与这些面平行的平面上绘制图形对象。

单击“面”按钮，在一个面的边界内或该面的某条边上右击，以选取该面(被选中的面将会亮显)。此时，在弹出的快捷菜单中选择“接受”命令，坐标系的 XY 平面将与选定的平面重合，且 X 轴将与所选面上的最近边重合，如图 11-9 所示。

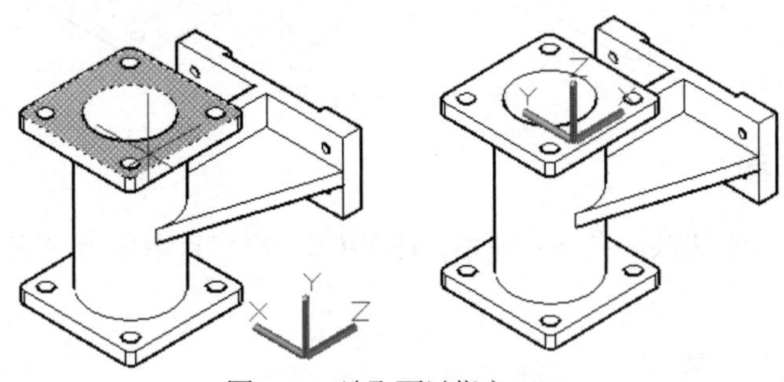

图 11-9　选取面以指定 UCS

3. “对象”工具

“对象”工具可以通过快速选择对象来定义新的坐标系，新定义的坐标系对应坐标轴的方向取决于所选对象的类型。

单击“对象”按钮，在图形对象上选取任意一点后，UCS 坐标将移动到该位置，如图 11-10 所示。当选择不同类型的对象时，坐标系的原点位置以及 X 轴的方向会有所不同。

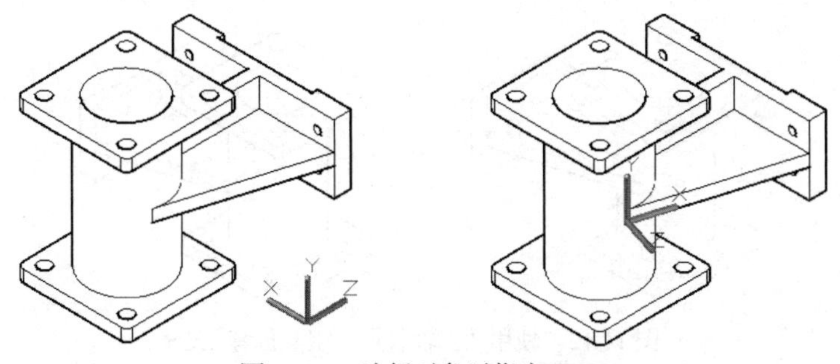

图 11-10　选择对象以指定 UCS

4. “视图”工具

“视图”工具使新坐标系的 XY 平面与当前视图方向垂直，Z 轴与 XY 平面垂直，而原点保持不变。创建的这种坐标系通常用于标注文字，用于文字需要与当前平面平行而不需要与对象平行的情况。单击“视图”按钮，新坐标系的 XY 平面与当前视图方向垂直。

5. X/Y/Z 工具

X/Y/Z 工具保持当前 UCS 的原点不变，将坐标系绕 X 轴、Y 轴或 Z 轴旋转一定的角度，从而创建新的用户坐标系。

单击 Z 按钮，输入绕 Z 轴旋转的角度值，并按下 Enter 键，即可将 UCS 绕 Z 轴旋转。图 11-11 所示为坐标系绕 Z 轴旋转 90° 后的效果。

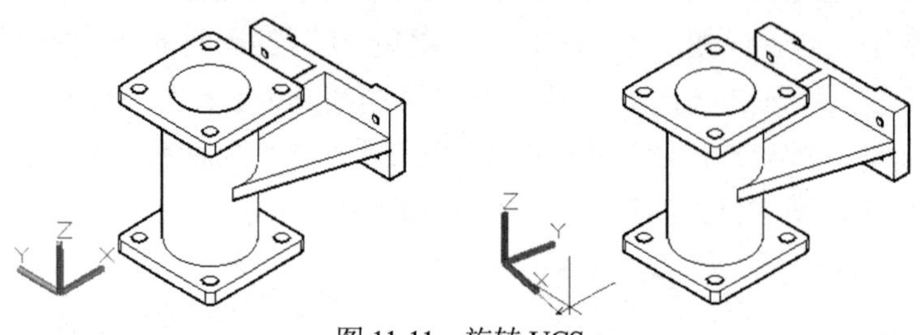

图 11-11　旋转 UCS

6. “世界”工具

“世界”工具用于切换回世界坐标系，即 WCS。用户只需单击“UCS，世界”按钮，UCS 将变为 WCS。

7. “Z 轴矢量”工具

“Z 轴矢量”工具通过指定 Z 轴的正方向来创建新的用户坐标系。利用该方式确定坐标系需要指定两点，指定的第一点作为坐标原点。指定第二点后，第二点与第一点的连线决定 Z 轴的正方向。此时，系统将根据 Z 轴方向自动设置 X 轴、Y 轴的方向。

单击“Z 轴矢量”按钮，指定一点确定新原点，并指定另一点确定 Z 轴。此时，系统将自动确定 XY 平面，创建新的用户坐标系。图 11-12 所示为分别指定 A 点和 B 点以确定 Z 轴，自动确定 XY 平面后创建的坐标系。

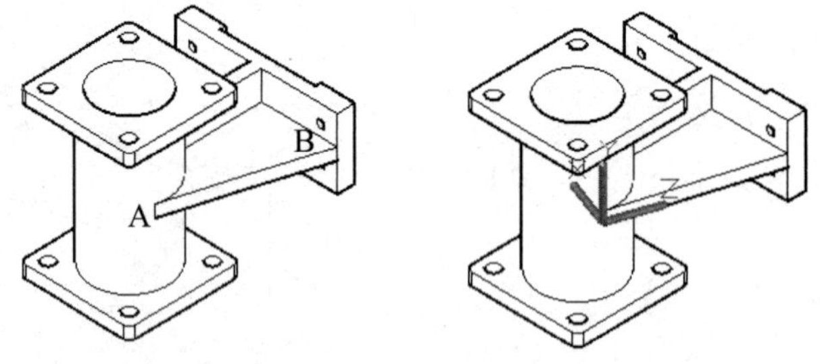

图 11-12　使用“Z 轴矢量”工具创建 UCS

8. “三点”工具

利用“三点”工具，只需选取 3 个点即可创建 UCS。其中，第一点确定坐标系原点；第二点与第一点的连线确定新的 X 轴；第三点与新的 X 轴确定 XY 平面。此时，系统自动将 Z 轴的方向设置为与 XY 平面垂直。

如图 11-13 所示，指定点 A 为坐标系的新原点，并指定点 B 以确定 X 轴正方向，然后指定点 C 以确定 Y 轴正方向，按下 Enter 键即可创建新坐标系。

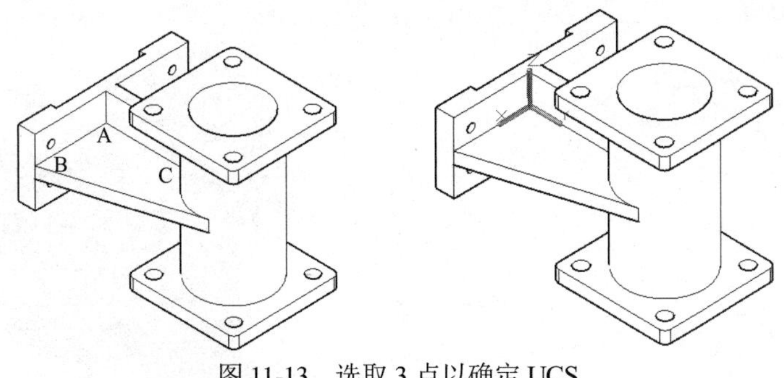

图 11-13　选取 3 点以确定 UCS

11.1.5　调整视觉效果

为了创建和编辑三维图形中各部分的结构特征，需要不断调整模型的显示方式和视图位置。控制三维视图的显示可以实现视角、视觉样式的改变。如此不仅可以改变模型的真实投影效果，而且更有利于精确设计产品的模型。

更改视觉样式的方法主要有以下两种：

- 选择“视图”|“视觉样式”命令，在弹出的子菜单中选择相应的视觉样式命令。
- 选择“常用”选项卡，在“视图”面板中单击“视觉样式”下拉按钮，在弹出的下拉列表中选择具体的视觉样式。

视觉样式用于控制视口中模型边和着色的显示，用户可以在视觉样式管理器中创建和更改不同的视觉样式。视觉样式管理器中主要视觉样式的功能如下。

- 二维线框：用直线或曲线来显示对象的边界，其中光栅、OLE 对象、线型和线宽均可见，并且线与线之间重复叠加，如图 11-14 所示。
- 线框：用直线或曲线作为边界来显示对象，并且显示一个已着色的三维 UCS 图标，如图 11-15 所示。

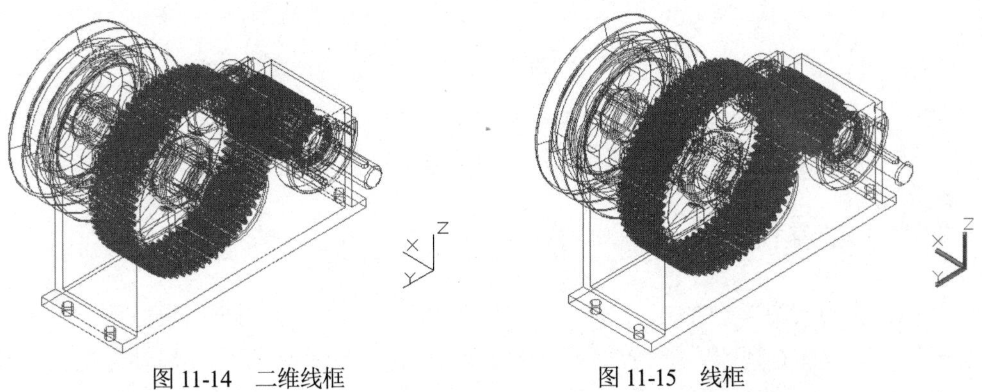

图 11-14　二维线框　　　　图 11-15　线框

- 消隐：用三维线框表示对象，并消隐表示后向面的线，如图 11-16 所示。
- 真实：表示着色时使对象的边平滑化，并显示已附着到对象的材质，如图 11-17 所示。

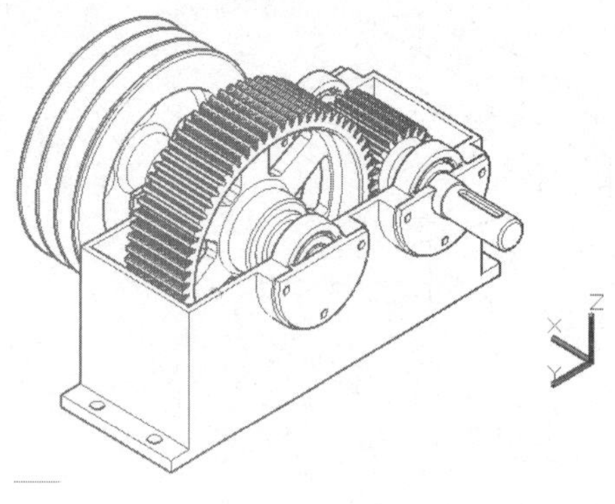

图 11-16　消隐

图 11-17　真实

- 概念：表示着色时使对象的边平滑化，使用冷色和暖色进行过渡。着色的效果缺乏真实感，但可以方便地查看模型的细节，如图 11-18 所示。
- 着色：在着色视觉样式中来回移动模型时，跟随视点的两个平行光源将会照亮面。该默认光源被设计为照亮模型中的所有面，以便从视觉上可以辨别这些面，如图 11-19 所示。另外，仅在其他光源(包括阳光)关闭时，才能使用默认光源。

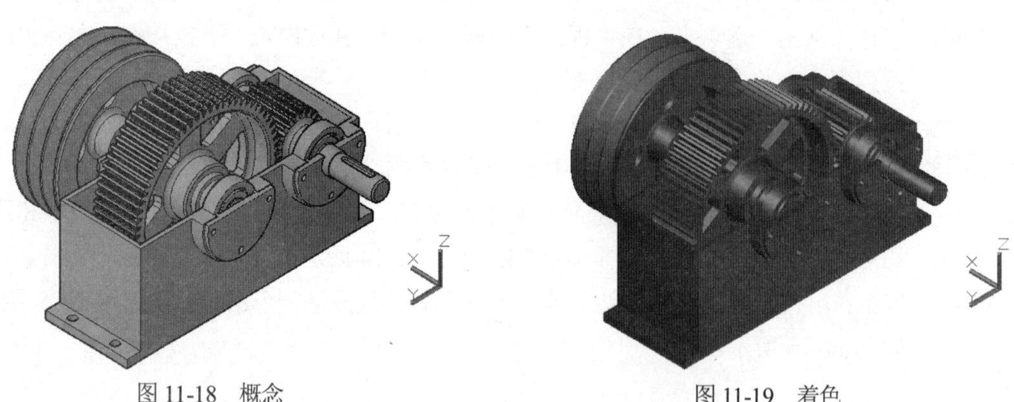

图 11-18　概念　　图 11-19　着色

注意：

调出“渲染”工具栏，然后在该工具栏中单击“隐藏”按钮。此时系统将自动对当前视图中的所有实体进行消隐，并在屏幕上显示消隐后的效果。

11.1.6　设置视点

视点是指观察图形的方向。例如，绘制三维球体时，如果使用平面坐标系，即 Z 轴垂直于屏幕，此时仅能看到球体在 XY 平面上的投影；如果调整视点至东南等轴测视图，看到的是三维球体，如图 11-20 所示。

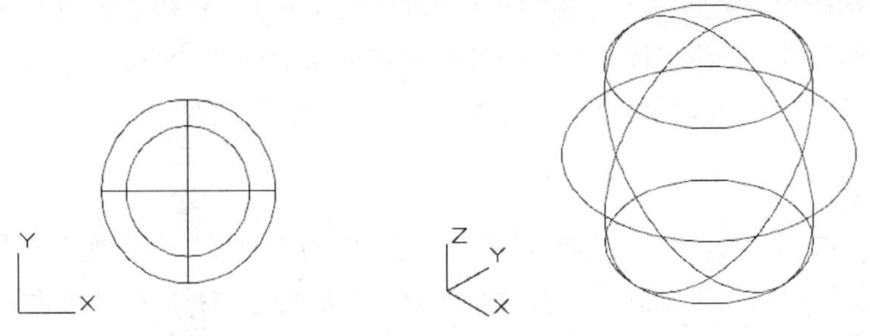

图 11-20　平面坐标系和三维视图中的球体

在 AutoCAD 中，用户可以使用视点预设、视点命令等多种方法设置视点。

1. 使用“视点预设”对话框

使用以下两种方法，可以打开如图 11-21 所示的“视点预设”对话框来设置视点。

- 选择“视图”|“三维视图”|“视点预设”命令。
- 在命令行中执行 DDVPOINT 命令。

默认情况下，观察角度是绝对于 WCS 坐标系的。选中“相对于 UCS”单选按钮，则可以设置相对于 UCS 坐标系的观察角度。

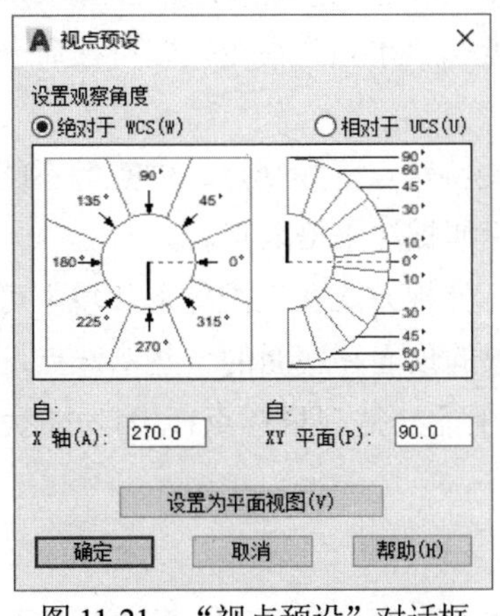

图 11-21　“视点预设”对话框

无论相对于哪种坐标系，用户都可以直接单击该对话框中的坐标图以获取观察角度，或是在“X 轴”“XY 平面”文本框中输入角度值。其中，该对话框中的左图用于设置原点和视点之间的连线，以及在 XY 平面的投影与 X 轴正向的夹角；右面的半圆形图用于设置原点和视点之间的连线与投影线之间的夹角。此外，若单击“设置为平面视图”按钮，则可以将坐标系设置为平面视图。

2. 使用罗盘

在菜单栏中选择“视图”|“三维视图”|“视点”命令(VPOINT)，即可为当前视口设置视点。视点均是相对于 WCS 坐标系的，用户可以通过屏幕上显示的罗盘定义视点。

在罗盘坐标球和三轴架中，三轴架的 3 个轴分别代表 X、Y 和 Z 轴的正方向。当光标在坐标球范围内移动时，三维坐标系通过绕 Z 轴旋转可以调整 X、Y 轴的方向。坐标球中心及两个同心圆可以定义视点和目标点连线与 X、Y、Z 平面的角度。

3. 使用菜单

在菜单栏中选择“视图”|“三维视图”子菜单中的“俯视”“仰视”“左视”“右视”“前视”“后视”“西南等轴测”“东南等轴测”“东北等轴测”和“西北等轴测”命令，用户可以从多个方向观察图形。

11.2 绘制三维点和线

在 AutoCAD 中，用户可以使用点、直线、样条曲线、三维多段线及三维螺旋线等命令绘制简单的三维图形。

11.2.1 绘制三维点

在“功能区”选项板中选择“常用”选项卡，然后在“绘图”面板中单击“单点”按钮；或在菜单栏中选择“绘图”|“点”|“单点”命令，即可在命令行中直接输入三维坐标来绘制三维点。

由于三维图形对象上的一些特殊点，如交点、中点等不能通过输入坐标的方法来实现，因此可以采用三维坐标下的目标捕捉法来拾取点。

二维图形方式下的所有目标捕捉方式在三维图形环境中可以继续使用。不同之处在于，在三维环境下只能捕捉三维对象的顶面和底面的一些特殊点，而不能捕捉柱状体等实体侧面的特殊点(即在柱状体侧面竖线上无法捕捉目标点)，因为柱状体侧面上的竖线只是帮助显示的模拟曲线。

注意：

在三维对象的平面视图中也不能捕捉目标点，因为顶面上的任意一点都对应着底面上的一点，此时的系统无法辨别所选的点究竟在哪个面上。

11.2.2 绘制三维直线和三维多段线

在二维平面绘图中，两点决定一条直线。同样，在三维空间中，也是通过指定两个点来绘制三维直线。

例如，要在视图方向 VIEWDIR 为(3,-2,1)的视图中，绘制经过点(0,0,0)和点(1,1,1)的三维直线，可以在“功能区”选项板中选择“常用”选项卡，然后在“绘图”面板中单击“直线”按钮，最后输入这两个点的坐标即可，结果如图 11-22 所示。

在二维坐标系下，在“功能区”选项板中选择“默认”选项卡，在“绘图”面板中单击“多段线”按钮，可以绘制多段线。此时可以设置各段线条的宽度和厚度，但它们必须共面。在三维坐标系下，多段线的绘制过程和二维多段线基本相同，但使用的命令不同。并且在三维多段线中只有直线段，没有圆弧段。在三维坐标系下，在“功能区”选项板中选择“常用”选项卡，在“绘图”面板中单击“三维多段线”按钮；或在菜单栏中选择“绘图”|“三维多段线”命令(3DPOLY)。此时按命令行提示依次输入不同的三维空间点，可以得到一条三维多段线。例如，经过点(40,0,0)、(0,0,0)、(0,60,0)和(0,60,30)绘制的三维多段线如图 11-23 所示。

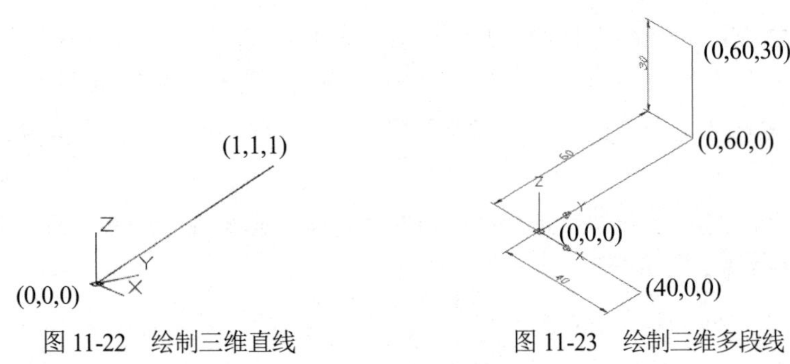

图 11-22　绘制三维直线　　图 11-23　绘制三维多段线

11.2.3　绘制三维样条曲线和三维螺旋线

在三维坐标系下，通过使用“功能区”选项板中的“常用”选项卡，然后在“绘图”面板中单击“样条曲线”按钮；或在菜单栏中选择“绘图”|“样条曲线”|“拟合点”或“控制点”命令，即可绘制三维样条曲线。此时定义样条曲线的点不是共面点，而是三维空间点。例如，经过点(0,0,0)、(10,10,10)、(0,0,20)、(−10,−10,30)、(0,0,40)、(10,10,50)和(0,0,60)绘制的三维样条曲线如图 11-24 所示。

同样，在“功能区”选项板中选择“常用”选项卡，然后在“绘图”面板中单击“螺旋”按钮，或在菜单栏中选择“绘图”|“螺旋”命令，即可绘制三维螺旋线，如图 11-25 所示。分别指定三维螺旋线底面的中心点、底面半径(或直径)和顶面半径(或直径)后，命令行显示如下提示信息。

```
指定螺旋高度或 [轴端点(A)/圈数(T)/圈高(H)/扭曲(W)] <2.0000>:
```

在命令行提示下，可以直接输入螺旋线的高度以绘制螺旋线。也可以选择“轴端点(A)”选项，通过指定轴的端点，绘制出以底面中心点到该轴端点的距离为高度的螺旋线；选择“圈数(T)”选项，可以指定螺旋线的螺旋圈数。默认情况下，螺旋圈数为 3，指定螺旋圈数后，仍将显示上述提示信息，此时可以进行其他参数设置；选择“圈高(H)”选项，可以指定螺旋线各圈之间的距离；选择“扭曲(W)”选项，可以指定螺旋线的扭曲方式是“顺时针(CW)”还是“逆时针(CCW)”。

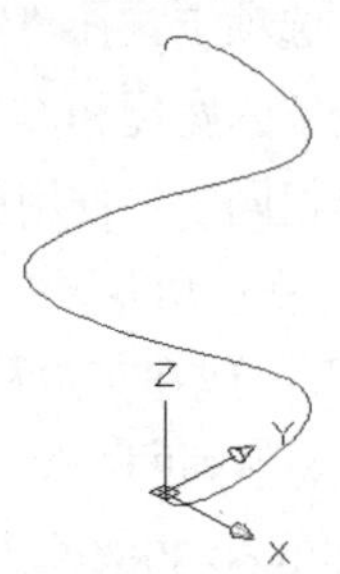

图 11-24　绘制三维样条曲线

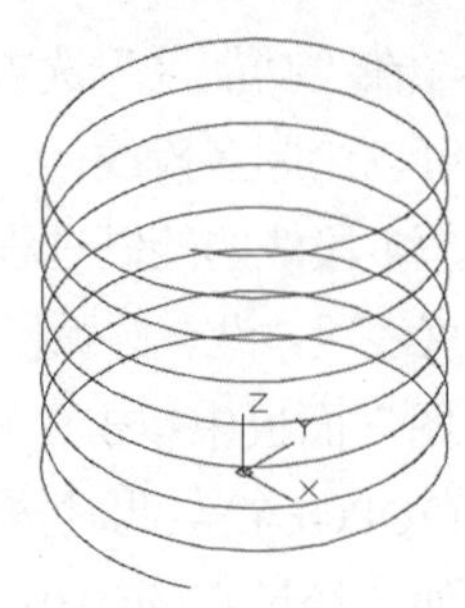

图 11-25　绘制三维螺旋线

【练习 11-2】绘制如图 11-25 所示的三维螺旋线，其中，底面中心点的坐标为(0,0,0)，底面半径为 100，顶面半径为 100，高度为 200，顺时针旋转 8 圈。视频

(1) 在菜单栏中选择“视图”|“三维视图”|“东南等轴测”命令，切换至三维东南等轴测视图。

(2) 在“功能区”选项板中选择“常用”选项卡，然后在“绘图”面板中单击“螺旋”按钮，绘制螺旋线。

(3) 在命令行的“指定底面的中心点:”提示信息下输入(0,0,0)，指定螺旋线底面的中心点坐标。

(4) 在命令行的“指定底面半径或 [直径(D)] <1.0000>:”提示信息下输入 100，指定螺旋线底面的半径。

(5) 在命令行的“指定顶面半径或 [直径(D)] <100.0000>:”提示信息下输入 100，指定螺旋线顶面的半径。

(6) 在命令行的“指定螺旋高度或 [轴端点(A)/圈数(T)/圈高(H)/扭曲(W)] <1.0000>:”提示信息下输入 T，以设置螺旋线的圈数。

(7) 在命令行的“输入圈数 <3.0000>: ”提示信息下输入 8，指定螺旋线的圈数为 8。

(8) 在命令行的“指定螺旋高度或 [轴端点(A)/圈数(T)/圈高(H)/扭曲(W)] <1.0000>:”提示信息下输入 W，以设置螺旋线的扭曲方向。

(9) 在命令行的“输入螺旋的扭曲方向 [顺时针(CW)/逆时针(CCW)] <CCW>: ”提示信息下输入 CW，指定螺旋线的扭曲方向为顺时针。

(10) 在命令行的“指定螺旋高度或 [轴端点(A)/圈数(T)/圈高(H)/扭曲(W)] <1.0000>:”提示信息下输入 200，指定螺旋线的高度。

11.3　绘制三维网格图形

在 AutoCAD 2021 中，在菜单栏中选择“绘图”|“建模”|“网格”中的子命令，可以绘制三维网格图形。

11.3.1　绘制三维面与三维多边曲面

在菜单栏中选择“绘图”|“建模”|“网格”|“三维面”命令(3DFACE)，可以绘制三维面。三维面是三维空间的表面，它没有厚度，也没有质量属性。由“三维面”命令创建的每个面的各顶点可以有不同的 Z 坐标，但构成各个面的顶点最多不能超过 4 个。如果构成面的 4 个顶点共面，“消隐”命令认为该面是不透明的，可以消隐。反之，“消隐”命令对其无效。在菜单栏中选择“视图”|“消隐”命令，消隐三维面的效果如图 11-26 所示。

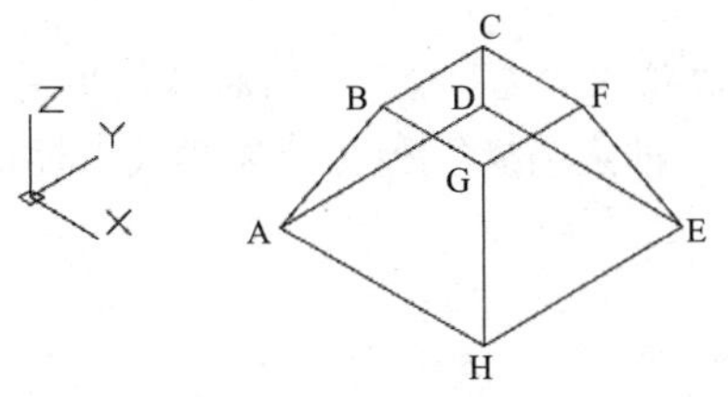

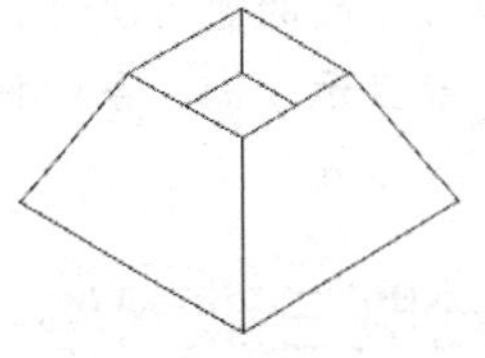

图 11-26　消隐三维面

使用“三维面”命令只能生成 3 条边或 4 条边的三维面，如果需要生成三维多边曲面，则必须使用 PFACE 命令。在该命令的提示信息下，可以输入多个点。例如，若要在如图 11-27 所示的带有厚度的正六边形中添加一个面，可以在命令行提示下输入 PFACE，并依次单击点 1~6。然后在命令行提示下，依次输入顶点编号 1~6，消隐后的效果如图 11-28 所示。

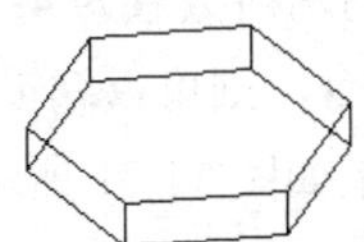

图 11-27　原始图形

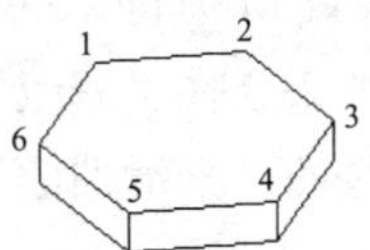

图 11-28　添加三维多边曲面并消隐后的效果

11.3.2　控制三维面的边

在命令行中输入“边”命令(EDGE)，可以修改三维面的边的可见性。执行该命令时，命令行显示如下提示信息。

```
指定要切换可见性的三维表面的边或 [显示(D)]:
```

默认情况下，选择三维面的边后，按下 Enter 键将隐藏该边。若选择“显示”选项，则可以选择三维面的不可见边以便重新显示它们，此时命令行显示如下提示信息。

```
输入用于隐藏边显示的选择方法 [选择(S)/全部选择(A)] <全部选择>:
```

其中，选择“全部选择”选项，可以将选中图形中所有三维面的隐藏边显示出来；选择“选择”选项，可以选择部分可见的三维面的隐藏边并显示它们。

例如，在图 11-29 中，若要隐藏 AD、DE、DC 边，可以在命令行提示下输入“边”命令(EDGE)。然后依次单击 AD、DE、DC 边，最后按下 Enter 键即可。

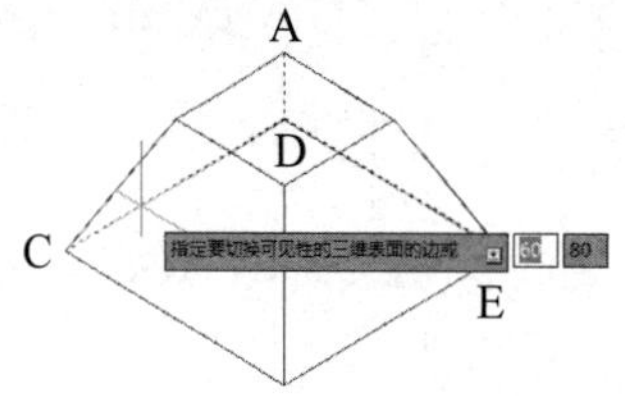

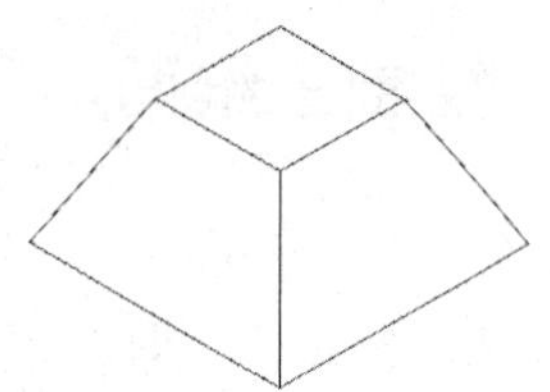

图 11-29　隐藏边

注意：

如果要使三维面的边再次可见，可以再次使用“边”命令，然后必须用定点设备(如鼠标)选定每条边才能显示它们。系统将自动显示“对象捕捉”和“捕捉模式”标记，指示每条可见边的外观捕捉位置。

11.3.3　绘制三维网格

在命令行中输入“三维网格”命令(3DMESH)，可以根据指定的 M 行×N 列个顶点和每个顶点的位置生成三维多边形网格。M 和 N 的最小值为 2，表明定义三维多边形网格至少需要 4 个点，M 和 N 的最大值为 256。

例如，要绘制如图 11-30 所示的 4×4 网格，可在命令行中输入“三维网格”命令(3DMESH)；并设置 M 方向上的网格数量为 4、N 方向上的网格数量为 4；然后依次指定 16 个顶点的位置。如果选择“修改”|“对象”|“多段线”命令，则可以编辑绘制的三维网格。例如，使用该命令的“平滑曲面”选项可以平滑曲面，效果如图 11-31 所示。

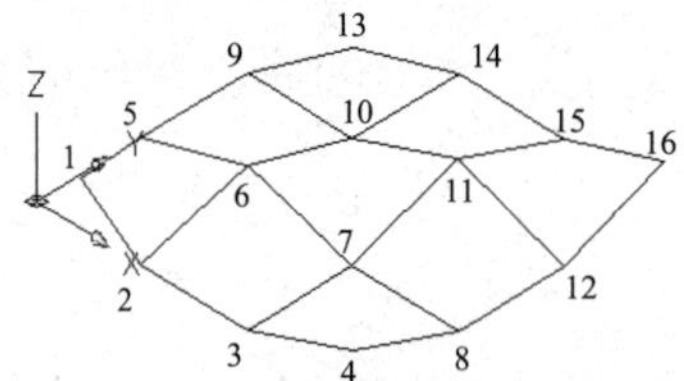

图 11-30　要绘制的三维网格

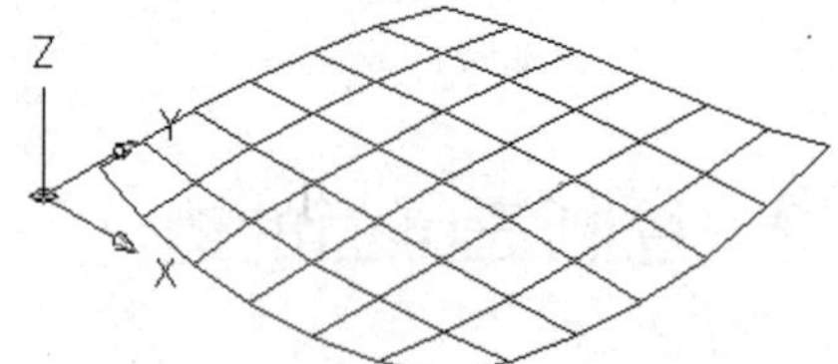

图 11-31　对三维网格进行平滑处理后的效果

11.3.4　绘制旋转网格

在菜单栏中选择“绘图”|“建模”|“网格”|“旋转网格”命令(REVSURF)，可以将曲线绕旋转轴旋转一定的角度，形成旋转网格。

例如，当系统变量 SURFTAB1=40、SURFTAB2=30 时，将图 11-32 中的样条曲线绕直线旋转 360° 后，得到如图 11-33 所示的效果。

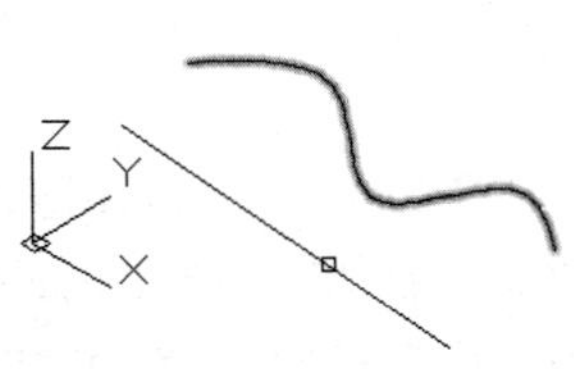

图 11-32　样条曲线

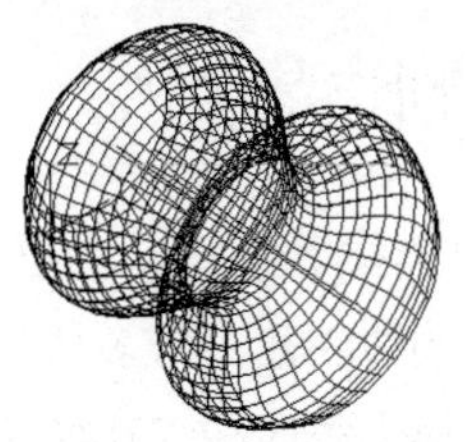

图 11-33　旋转网格

其中，旋转方向的分段数由系统变量 SURFTAB1 确定，旋转轴方向的分段数由系统变量 SURFTAB2 确定。

11.3.5　绘制平移网格

在菜单栏中选择“绘图”|“建模”|“网格”|“平移网格”命令(TABSURF)，可以将路径曲线沿方向矢量进行平移后构成平移曲面，如图 11-34 所示。

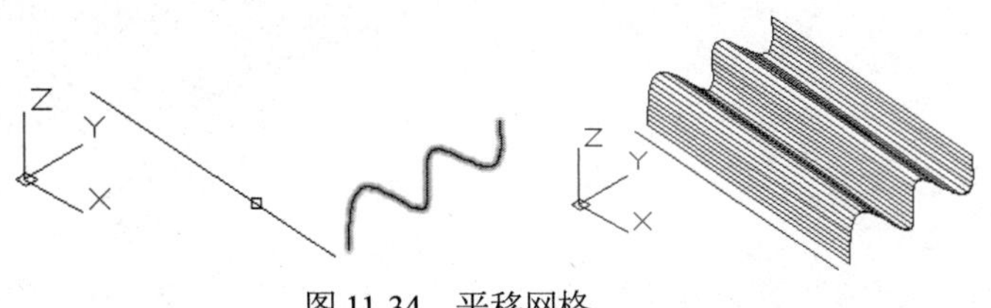

图 11-34　平移网格

这时，可在命令行提示“选择用作轮廓曲线的对象:”下选择曲线对象，在“选择用作方向矢量的对象：”提示信息下选择方向矢量。确定拾取点后，系统将向方向矢量对象上远离拾取点的端点方向创建平移曲面。平移曲面的分段数由系统变量 SURFTAB1 确定。

11.3.6　绘制直纹网格

在菜单栏中选择“绘图”|“建模”|“网格”|“直纹网格”命令(RULESURF)，可以在两条曲线之间用直线连接，从而形成直纹网格。这时可在命令行的“选择第一条定义曲线：”提示信息下选择第一条曲线，在命令行的“选择第二条定义曲线：”提示信息下选择第二条曲线。

例如，在 AutoCAD 中，通过对图 11-35 中上下两个圆使用“直纹网格”命令，可以得到如图 11-36 所示的图形效果。

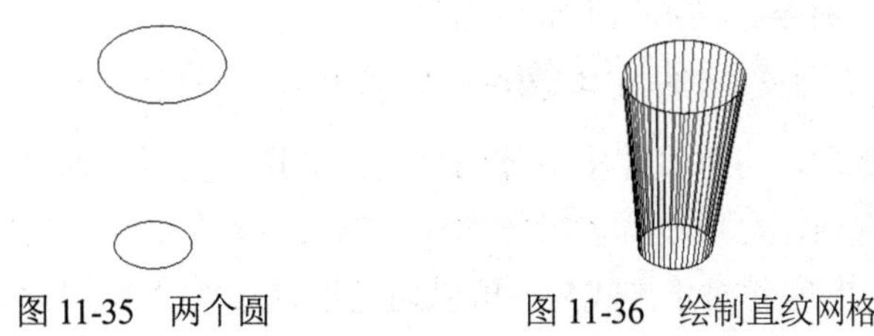

图 11-35　两个圆　　图 11-36　绘制直纹网格

11.3.7 绘制边界网格

在菜单栏中选择“绘图”|“建模”|“网格”|“边界网格”命令(EDGESURF)，可以使用 4 条首尾连接的边创建三维多边形网格。这时可在命令行的“选择用作曲面边界的对象 1：”提示信息下选择第一条曲线，在命令行的“选择用作曲面边界的对象 2：”提示信息下选择第二条曲线，在命令行的“选择用作曲面边界的对象 3：”提示信息下选择第三条曲线，在命令行的“选择用作曲面边界的对象 4：”提示信息下选择第四条曲线。

例如，在 AutoCAD 中通过对图 11-37 中的边界曲线使用“边界网格”命令，可以得到如图 11-38 所示的图形效果。

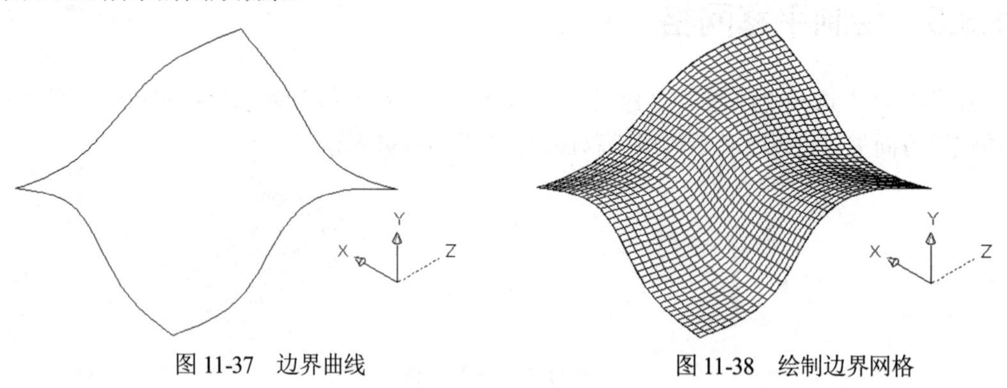

图 11-37　边界曲线　　图 11-38　绘制边界网格

11.4 绘制基本实体

在 AutoCAD 中，基本的实体对象包括多段体、长方体、楔体、圆锥体、球体、圆柱体、圆环体及棱锥体。用户可以在“功能区”选项板中选择“常用”选项卡，在“建模”面板中单击相应的按钮，或在快速访问工具栏中选择“显示菜单栏”命令，在显示的菜单栏中选择“绘图”|“建模”子菜单中的命令来创建这些实体对象。

11.4.1 绘制多段体

在菜单栏中选择“绘图”|“建模”|“多段体”命令(POLYSOLID)，可以创建三维多段体。

绘制多段体时，命令行显示如下提示信息。

```
POLYSOLID 指定起点或 [对象(O)/高度(H)/宽度(W)/对正(J)] <对象>:
```

选择“高度”选项，可以设置多段体的高度；选择“宽度”选项，可以设置多段体的宽度；选择“对正”选项，可以设置多段体的对正方式，如左对正、居中和右对正，默认为居中对正。设置高度、宽度和对正方式后，可以通过指定点来绘制多段体，也可以选择“对象”选项将图形转换为多段体。

【练习 11-3】绘制一个 U 型多段体。视频

(1) 在菜单栏中选择“视图”|“三维视图”|“东南等轴测”命令，切换到三维东南等轴测视图。

(2) 在菜单栏中选择“绘图”|“建模”|“多段体”命令，绘制三维多段体。

(3) 在命令行的“指定起点或[对象(O)/高度(H)/宽度(W)/对正(J)]<对象>：”提示信息下，输入 H，并在“指定高度<9.0000>：”提示信息下输入 80，指定三维多段体的高度为 80。

(4) 在命令行的“指定起点或[对象(O)/高度(H)/宽度(W)/对正(J)] <对象>：”提示信息下，输入 J，并在“输入对正方式[左对正(L)/居中(C)/右对正(R)] <居中>：”提示信息下输入 C，设置对正方式为居中。

(5) 在命令行的“指定起点或[对象(O)/高度(H)/宽度(W)/对正(J)] <对象>：”提示信息下指定起点坐标为(0,0)。

(6) 在命令行的“指定下一个点或[圆弧(A)/放弃(U)]：”提示信息下指定下一点的坐标为(100,0)，如图 11-39 所示。

(7) 在命令行的“指定下一个点或[圆弧(A)/放弃(U)]：”提示信息下输入 A，绘制圆弧。

(8) 在命令行的“指定圆弧的端点或[闭合(C)/方向(D)/直线(L)/第二个点(S)/放弃(U)]：”提示信息下，输入圆弧端点为(@0,50)，如图 11-40 所示。

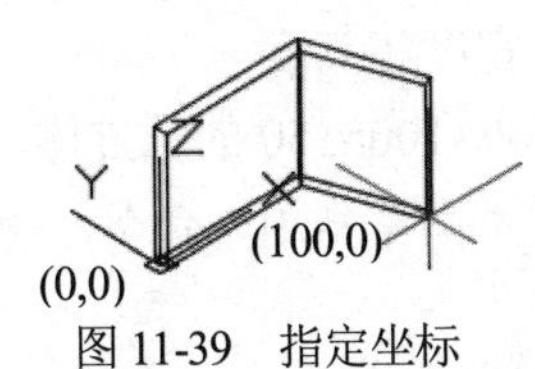

图 11-39　指定坐标

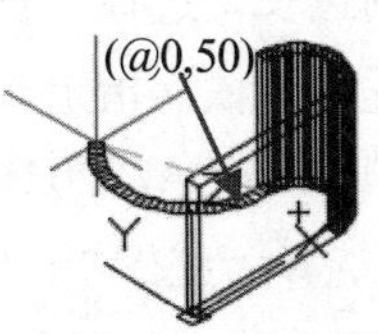

图 11-40　指定圆弧端点

(9) 在命令行的“指定下一个点或[圆弧(A)/闭合(C)/放弃(U)]：指定圆弧的端点或[闭合(C)/方向(D)/直线(L)/第二个点(S)/放弃(U)]：”提示信息下，输入 L，绘制直线，如图 11-41 所示。

(10) 在命令行的“指定下一个点或 [圆弧(A)/闭合(C)/放弃(U)]：”提示信息下，输入坐标(@-100,0)，如图 11-42 所示。

(11) 按下 Enter 键，结束多段体的绘制。

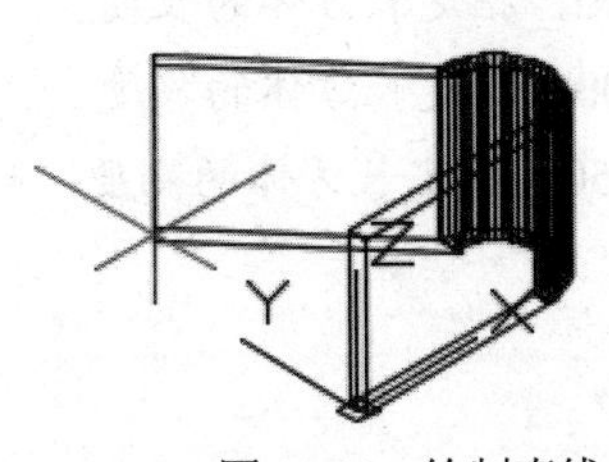

图 11-41　绘制直线

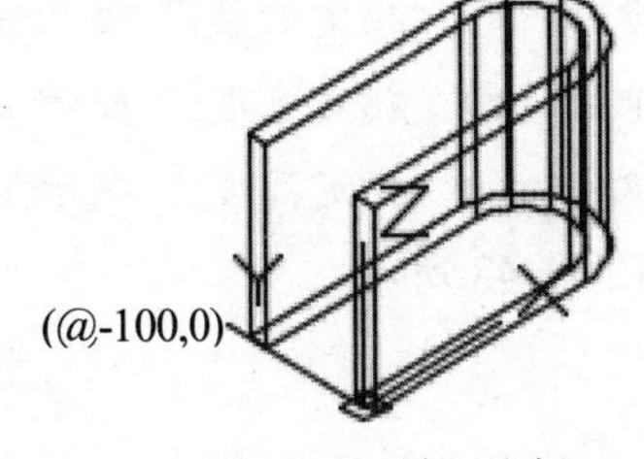

图 11-42　输入坐标

11.4.2 绘制长方体与楔体

在菜单栏中选择“绘图”|“建模”|“长方体”命令(BOX)，可以绘制长方体，此时命令行显示如下提示信息。

```
BOX 指定第一个角点或 [中心(C)]:
```

在创建长方体时，其底面应与当前坐标系的 XY 平面平行，方法主要有指定长方体的角点和中心两种。

默认情况下，可以根据长方体的某个角点位置创建长方体。在绘图窗口中指定一个角点后，命令行将显示如下提示信息。

```
BOX 指定其他角点或 [立方体(C)/长度(L)]:
```

如果在上述提示信息下直接指定另一角点，可以根据另一角点的位置创建长方体。在绘图窗口中指定角点后，如果该角点与第一个角点的 Z 轴坐标不一样，系统将以这两个角点作为长方体的对角点创建出长方体。如果第二个角点与第一个角点位于同一高度，系统则需要用户在“指定高度：”提示信息下指定长方体的高度。

在命令行提示下，选择“立方体(C)”选项，可以创建立方体。创建时需要在“指定长度：”提示下指定立方体的边长，选择“长度(L)”选项，可以根据长、宽和高创建长方体。此时，用户需要在命令行提示下依次指定长方体的长度、宽度和高度。

【练习 11-4】在 AutoCAD 2021 中绘制一个 200×100×150 的长方体。视频

(1) 在菜单栏中选择“视图”|“三维视图”|“东南等轴测”命令，切换至三维东南等轴测视图。

(2) 在“功能区”选项板中选择“常用”选项卡，然后在“建模”面板中单击“长方体”按钮，执行绘制长方体命令。

(3) 在命令行的“指定第一个角点或 [中心(C)]:”提示信息下，输入(0,0,0)，通过指定角点绘制长方体。

(4) 在命令行的“指定其他角点或 [立方体(C)/长度(L)]:”提示信息下输入 L，根据长、宽、高绘制长方体。

(5) 在命令行的“指定长度:”提示信息下输入 200，指定长方体的长度。

(6) 在命令行的“指定宽度:”提示信息下输入 100，指定长方体的宽度。

(7) 在命令行的“指定高度:”提示信息下输入 150，指定长方体的高度，此时绘制的长方体效果如图 11-43 所示。

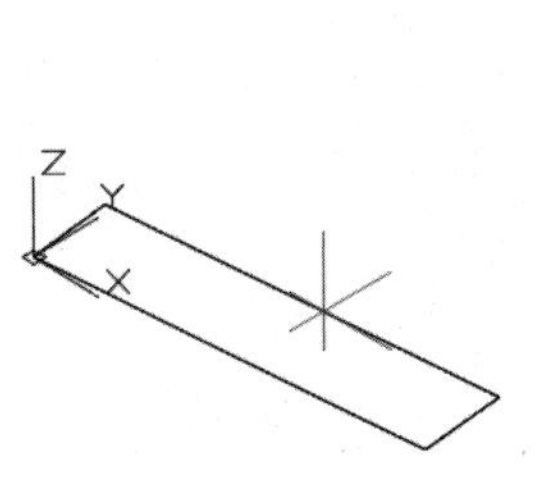

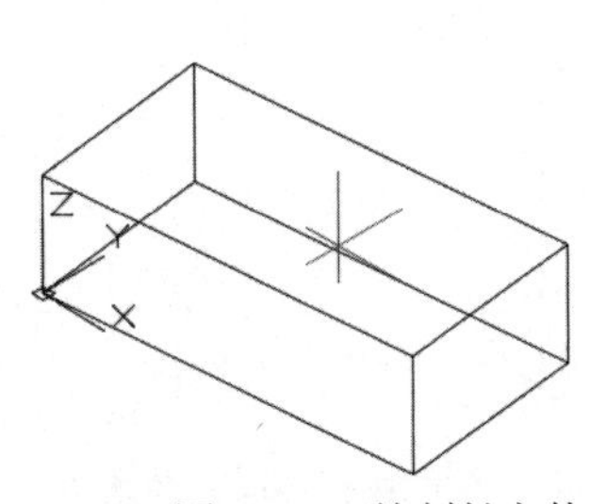

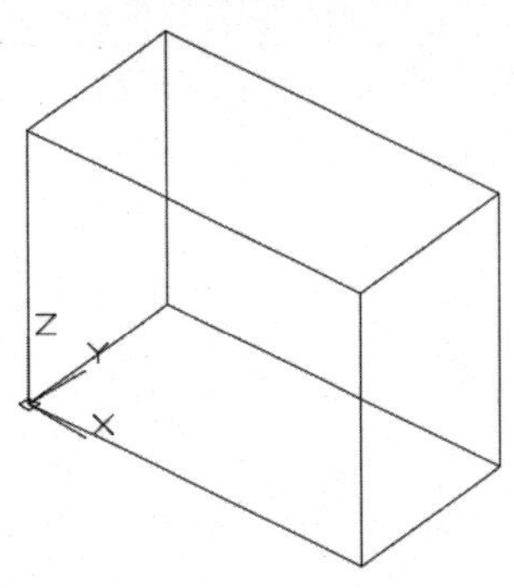

图 11-43　绘制长方体

在创建长方体时，如果在命令行的“指定第一个角点或 [中心(C)]：”提示信息下选择“中心(C)”选项，则可以根据长方体的中心点位置创建长方体。在命令行的“指定中心：”提示信息下指定中心点的位置后，将显示如下提示信息，用户可以参照“指定角点”的方法创建长方体。

```
BOX 指定角点或 [立方体(C)/长度(L)]:
```

注意：

在 AutoCAD 中，创建的长方体的各条边应分别与当前 UCS 的 X 轴、Y 轴和 Z 轴平行。在根据长度、宽度和高度创建长方体时，长、宽、高的方向分别与当前 UCS 的 X 轴、Y 轴和 Z 轴方向平行。在系统提示中输入长度、宽度及高度时，输入的值可正、可负，正值表示沿相应坐标轴的正方向创建长方体，反之沿坐标轴的负方向创建长方体。

在 AutoCAD 2021 中，虽然创建“长方体”和“楔体”的命令不同，但创建方法却相同，因为楔体是长方体沿对角线切成两半后的结果。

在菜单栏中选择“绘图”|“建模”|“楔体”命令(WEDGE)；或在“功能区”选项板中选择“常用”选项卡，在“建模”面板中单击“楔体”按钮，都可以绘制楔体。由于楔体是长方体沿对角线切成两半后的结果，因此可以使用与绘制长方体相同的方法来绘制楔体，如图 11-44 所示。

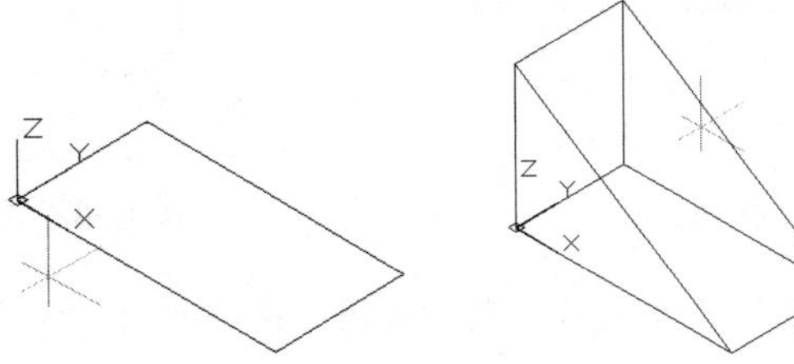

图 11-44　绘制楔体

11.4.3　绘制圆柱体与圆锥体

在菜单栏中选择“绘图”|“建模”|“圆柱体”命令(CYLINDER)，可以绘制圆柱体或椭圆柱体，如图 11-45 所示。

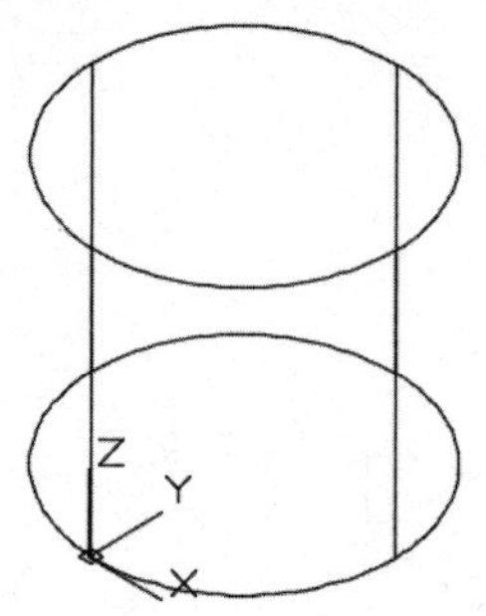

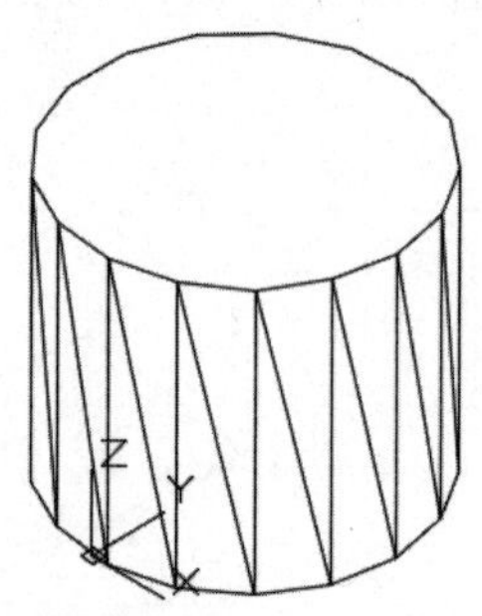

图 11-45　绘制圆柱体或椭圆柱体

绘制圆柱体或椭圆柱体时，命令行将显示如下提示信息。

CYLINDER 指定底面的中心点或 [三点(3P)/两点(2P)/相切、相切、半径(T)/椭圆(E)]

默认情况下，可以通过指定圆柱体底面的中心点位置来绘制圆柱体。在命令行的“指定底面半径或[直径(D)]：”提示下指定圆柱体底面的半径或直径后，命令行显示如下提示信息。

CYLINDER 指定高度或 [两点(2P)/轴端点(A)]:

用户可以直接指定圆柱体的高度，根据高度创建圆柱体；也可以选择“轴端点(A)”选项，根据圆柱体另一底面的中心点位置创建圆柱体。此时，两中心点位置的连线方向为圆柱体的轴线方向。

【练习 11-5】在 AutoCAD 2021 中绘制一个挡板模型。视频

(1) 启动 AutoCAD 2021，打开如图 11-46 所示的图形文件。

(2) 在“默认”选项卡的“绘图”面板中单击“面域”按钮，将挡板图形轮廓的直线及圆弧转换为面域(在“草图与注释”工作空间下)，如图 11-47 所示。

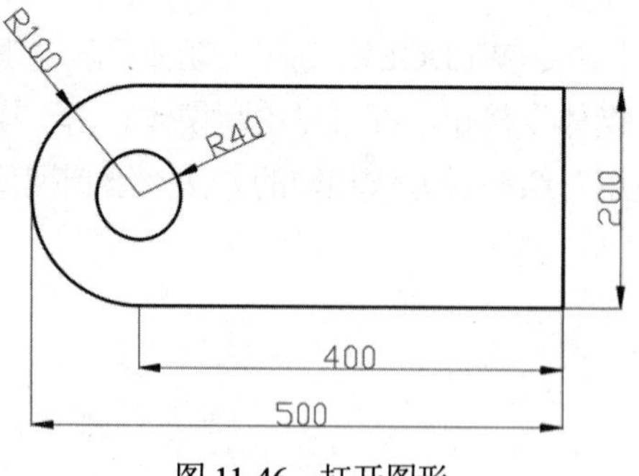

图 11-46　打开图形

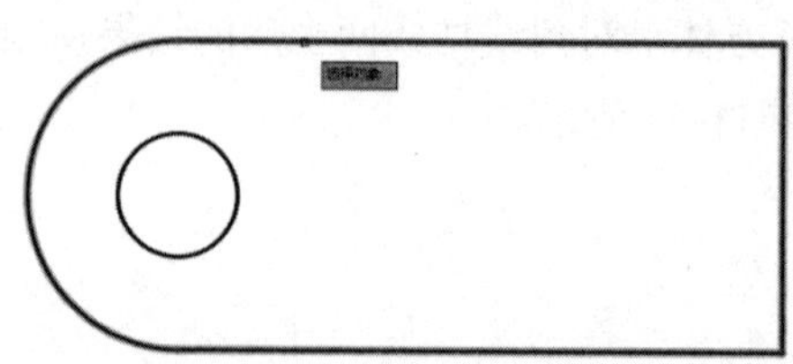

图 11-47　将直线与圆弧转换为面域

(3) 切换至“三维建模”工作空间，在“常用”选项卡的“视图”面板中单击下拉列表按钮，在弹出的下拉列表中选择“西南等轴测”选项，将视图切换为“西南等轴测”视图，如图 11-48 所示。

(4) 在“建模”面板中单击“拉伸”按钮，执行拉伸命令，将转换后的面域及圆进行拉伸，拉伸高度为 50，效果如图 11-49 所示。

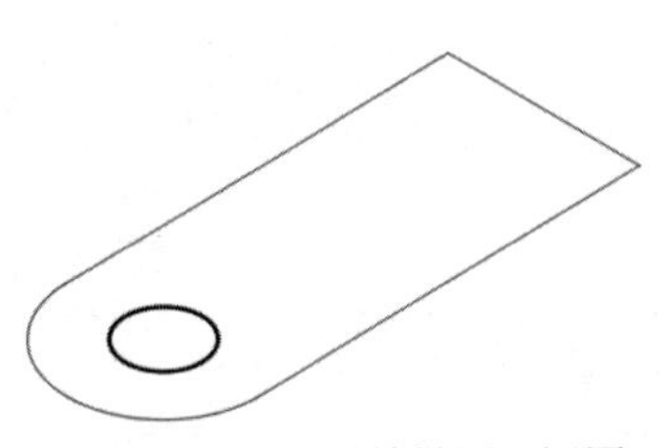

图 11-48　切换至“西南等轴测”视图

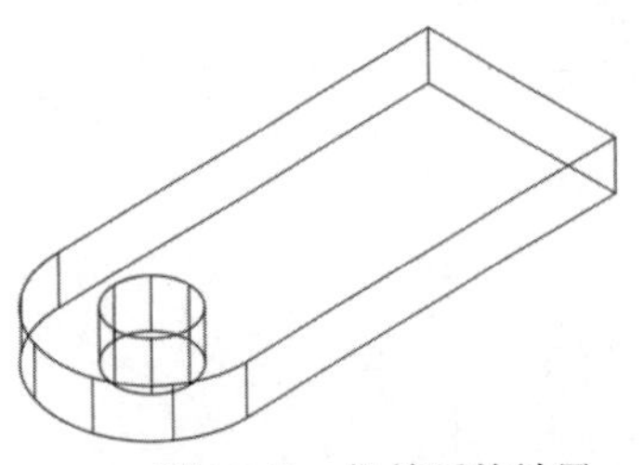

图 11-49　拉伸后的效果

(5) 在“建模”面板中单击“长方体”按钮，执行长方体命令，以拉伸实体右上角端点 A 为起点，绘制如图 11-50 所示的长方体，该长方体的长度为 50，宽度为 200，高度为 100。

(6) 在命令行中输入 UCS，执行 UCS 命令，将坐标系沿 Y 轴进行旋转，旋转角度为 90°，结果如图 11-51 所示。

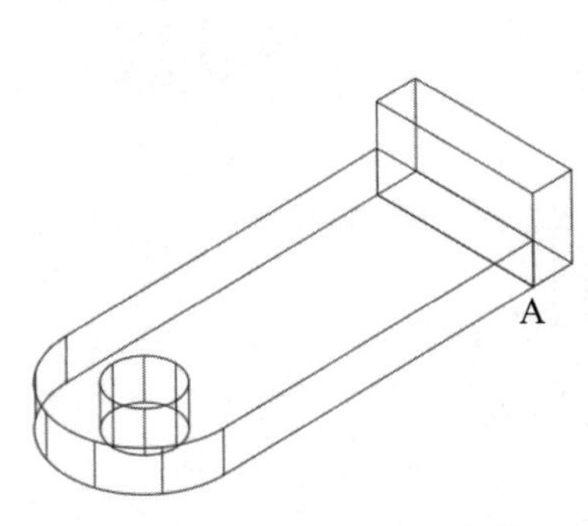

图 11-50　绘制长方体

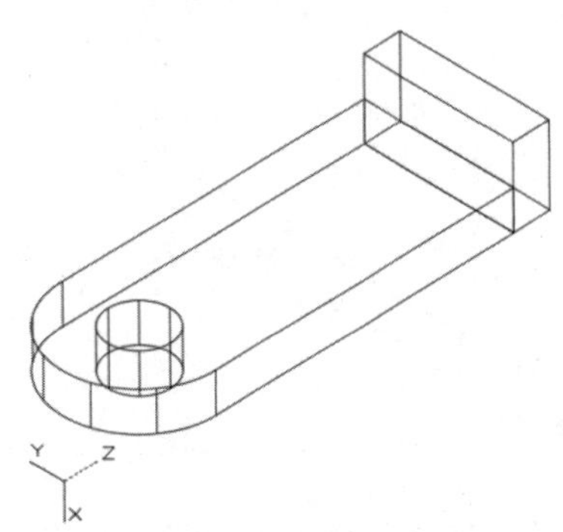

图 11-51　旋转坐标系

(7) 在“建模”面板中单击“圆柱体”按钮，执行圆柱体命令，以绘制的长方体的中点为底面圆心，绘制底面半径为 100，高度为 50 的圆柱体，如图 11-52 所示。

(8) 在“实体编辑”面板中单击“实体，并集”按钮，执行并集命令，将绘制的长方体、圆柱体及面域拉伸后的实体进行并集运算，效果如图 11-53 所示。

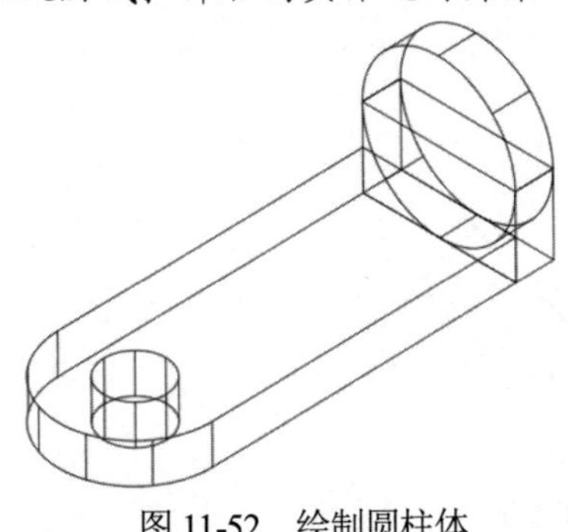

图 11-52　绘制圆柱体

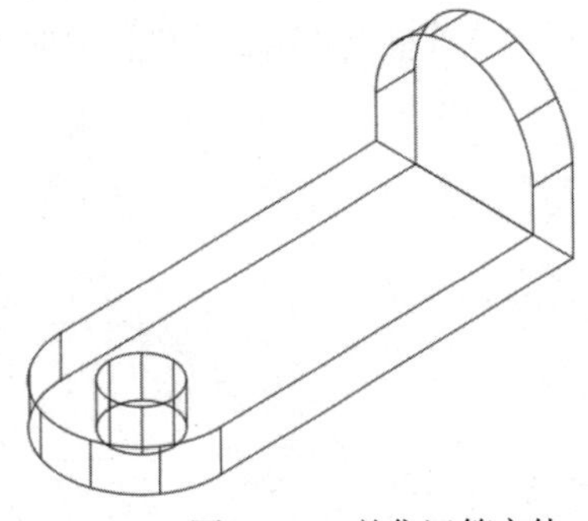

图 11-53　并集运算实体

(9) 在“建模”面板中单击“圆柱体”按钮，执行圆柱体命令，以组合体的圆心为圆柱体的底面圆心，绘制底面半径为 50，高度为 50 的圆柱体，如图 11-54 所示。

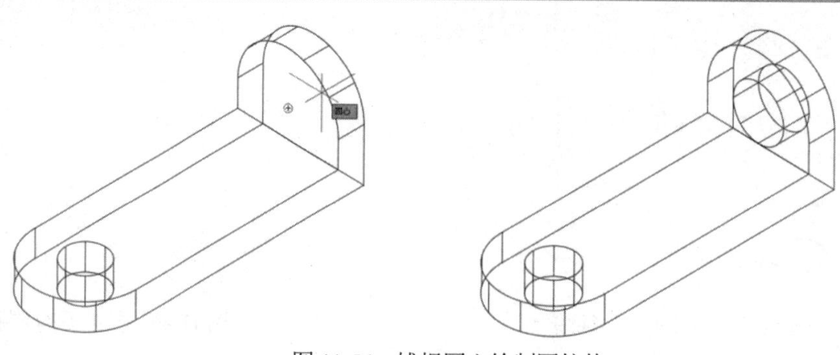

图 11-54　捕捉圆心绘制圆柱体

(10) 在“实体编辑”面板中单击“实体，差集”按钮，执行差集命令，将底面半径为 50 的圆柱体从组合体中删除，如图 11-55 所示。

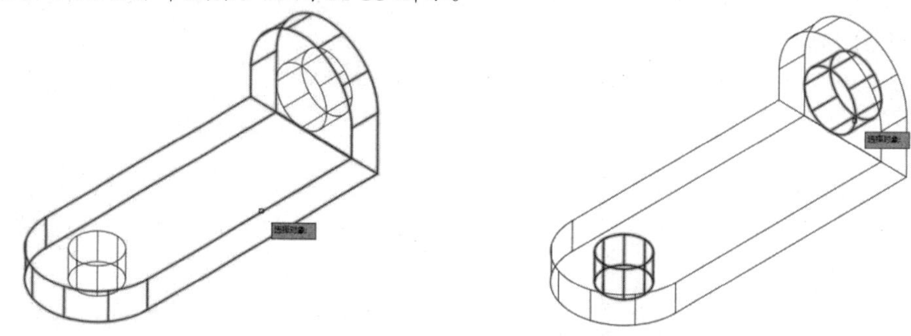

图 11-55　差集运算以删除圆柱体

(11) 最后，选择“视图”|“消隐”命令，消隐图形。

当执行 CYLINDER 命令时，如果在命令行提示下选择“椭圆(E)”选项，可以绘制椭圆柱体。此时，用户首先需要在命令行的“指定第一个轴的端点或 [中心(C)]：”提示下指定底面上的椭圆形状(其操作方法与绘制椭圆相似)，然后在命令行的“指定高度或 [两点(2P)/轴端点(A)]：”提示下指定圆柱体的高度或另一个圆心位置即可。

在“功能区”选项板中选择“常用”选项卡，在“建模”面板中单击“圆锥体”按钮，可以绘制圆锥体或椭圆锥体，如图 11-56 所示。

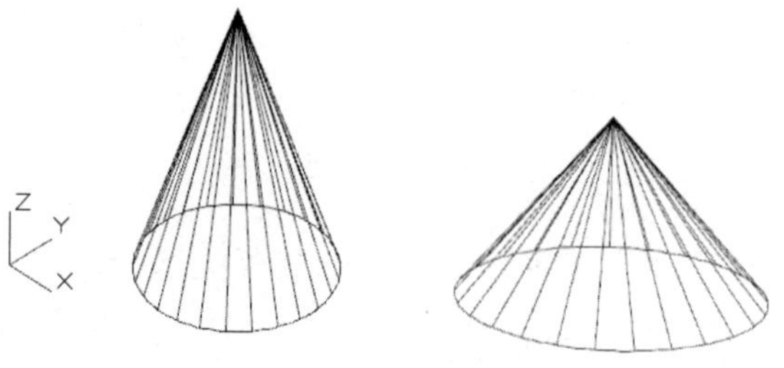

图 11-56　绘制圆锥体或椭圆锥体

绘制圆锥体或椭圆锥体时，命令行显示如下提示信息。

```
CONE 指定底面的中心点或 [三点(3P)/两点(2P)/相切、相切、半径(T)/椭圆(E)]:
```

按照上述提示信息，直接指定点即可绘制圆锥体，此时需要在命令行的“指定底面半径或[直径(D)]：”提示信息下指定圆锥体底面的半径或直径，以及在命令行的“指定高度或 [两点(2P)/轴端点(A)/顶面半径(T)]：”提示下指定圆锥体的高度或顶点位置。如果选择“椭圆(E)”选项，则可以绘制椭圆锥体，此时需要先确定椭圆的形状(方法与绘制椭圆的方法相同)，然后在命令行的“指定高度或 [两点(2P)/轴端点(A)/顶面半径(T)]：”提示信息下，指定圆锥体的高度或顶点位置即可。

11.4.4　绘制球体与圆环体

在菜单栏中选择“绘图”|“建模”|“球体”命令(SPHERE)，可以绘制球体。这时需要在命令行的“指定中心点或 [三点(3P)/两点(2P)/相切、相切、半径(T)]:”提示信息下指定球体的球心位置，在命令行的“指定半径或[直径(D)]:”提示信息下指定球体的半径或直径。

在 AutoCAD 中绘制球体时，可以通过改变 ISOLINES 变量来确定每个面上的线框密度，如图 11-57 所示。

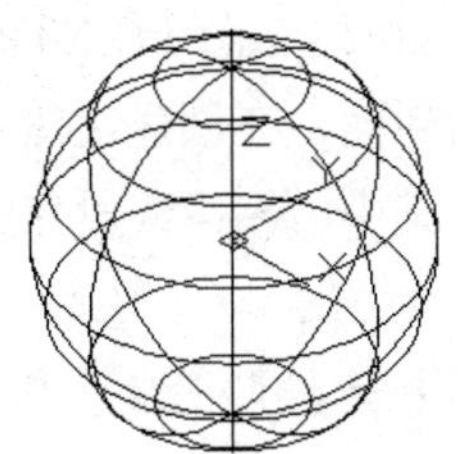

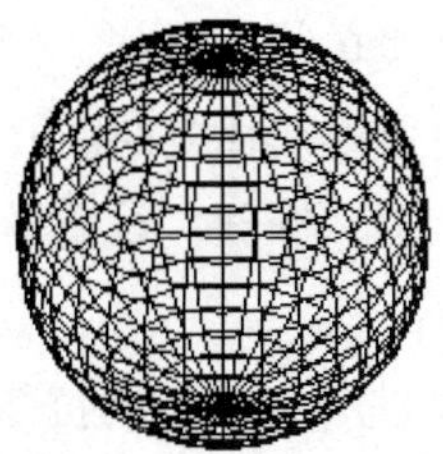

图 11-57　球体示例图

在菜单栏中选择“绘图”|“建模”|“圆环体”命令(TORUS)；或选择“常用”选项卡，在“建模”面板中单击“圆环体”按钮，都可以绘制圆环体。此时，需要指定圆环的中心位置、圆环的半径或直径，以及圆管的半径或直径。

11.4.5　绘制棱锥体

在菜单栏中选择“绘图”|“建模”|“棱锥体”命令(PYRAMID)，可以绘制棱锥体，如图 11-58 所示。

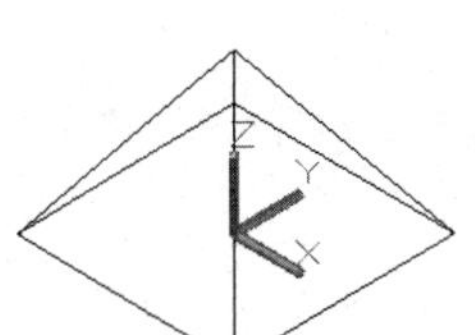

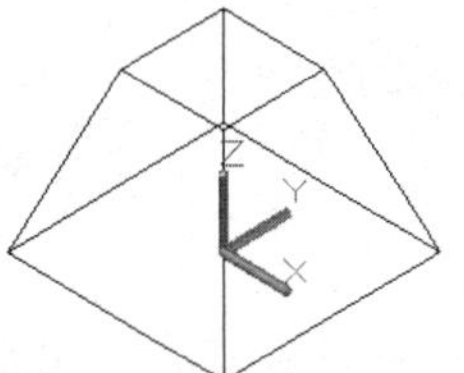

图 11-58　棱锥体

绘制棱锥体时，命令行显示如下提示信息。

```
PYRAMID 指定底面的中心点或 [边(E)/侧面(S)]:
```

按照以上提示信息，直接指定点即可绘制棱锥体，此时需要在命令行的“指定底面半径或 [内接(I)]：”提示信息下指定棱锥体底面的半径，以及在命令行的“指定高度或 [两点(2P)/轴端点(A)/顶面半径(T)]：”提示信息下指定棱锥体的高度或顶点位置。如果选择“顶面半径(T)”选项，可以绘制有顶面的棱锥体，在“指定顶面半径:”提示信息下输入顶面的半径，在“指定高度或[两点(2P)/轴端点(A)]:”提示信息下指定棱锥体的高度或顶点位置。

11.5 通过二维图形创建实体

在 AutoCAD 2021 中，通过拉伸二维轮廓曲线或者将二维轮廓曲线沿指定轴旋转，可以创建出三维实体。

11.5.1 将二维图形拉伸成实体

切换至三维视图，在“功能区”选项板中选择“常用”选项卡，在“建模”面板中单击“拉伸”按钮；或在菜单栏中选择“绘图”|“建模”|“拉伸”命令(EXTRUDE)，可以通过拉伸二维对象来创建三维实体或曲面。拉伸对象被称为断面，在创建实体时，断面可以是任何二维封闭多段线、圆、椭圆、封闭样条曲线和面域。其中，多段线对象的顶点数不能超过 500 个且不少于 3 个。

默认情况下，可以沿 Z 轴方向拉伸对象，这时需要指定拉伸的高度和倾斜角度。其中，拉伸高度值可以为正或为负，它们表示拉伸的方向。拉伸角度也可以为正或为负，其绝对值不大于 90°，默认值为 0°，表示生成的实体的侧面垂直于 XY 平面，没有锥度。如果为正，将产生内锥度，生成的侧面向里靠；如果为负，将产生外锥度，生成的侧面向外靠，如图 11-59 所示。

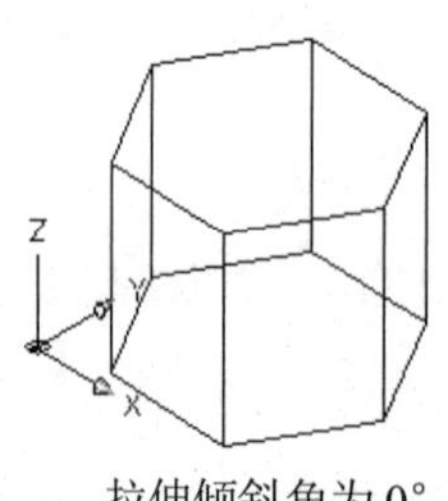

拉伸倾斜角为 0°

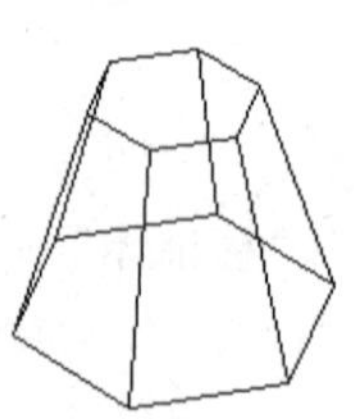

拉伸倾斜角为 15°

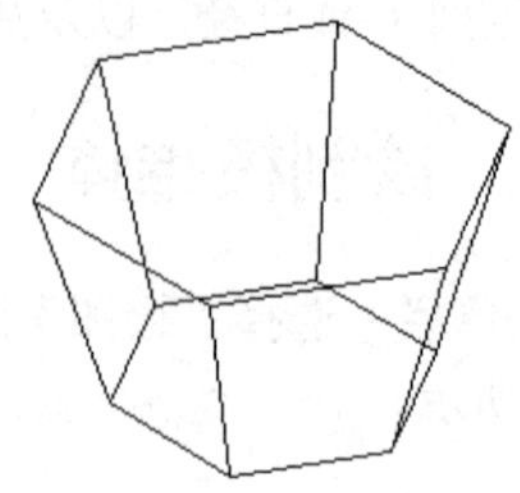

拉伸倾斜角为 - 10°

图 11-59 拉伸倾斜角效果

注意：

在拉伸对象时，如果倾斜角度或拉伸高度较大，将导致拉伸对象或拉伸对象的一部分在到达拉伸高度之前就已经汇聚到一点，此时将无法进行拉伸。

通过指定拉伸路径，可以将对象拉伸成三维实体。拉伸路径可以是开放的，也可以是封闭的。

【练习 11-6】在 AutoCAD 2021 中绘制 S 型轨道。

(1) 在菜单栏中选择“视图”|“三维视图”|“东南等轴测”命令，将视图切换至三维东南等轴测视图。

(2) 在“功能区”选项板中选择“可视化”选项卡，然后在“坐标”面板中单击 X 按钮，将当前坐标系统 X 轴旋转 90°。

(3) 在“功能区”选项板中选择“常用”选项卡，然后在“绘图”面板中单击“多段线”按钮，依次指定多段线的起点和经过点，绘制闭合多段线，效果如图 11-60 所示。

(4) 在“功能区”选项板中选择“常用”选项卡，在“修改”面板中单击“圆角”按钮，设置圆角半径为 2，然后在绘制的多段线的 A、B 处修圆角，效果如图 11-61 所示。

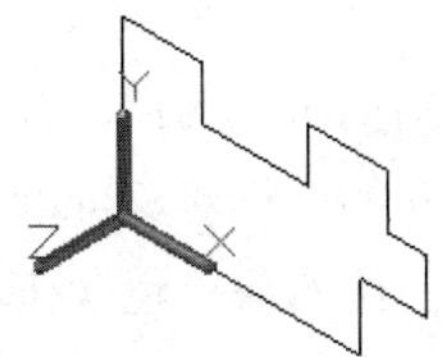

图 11-60　绘制闭合多段线

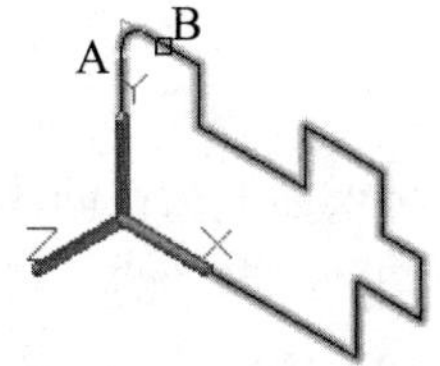

图 11-61　对多段线修圆角

(5) 在“功能区”选项板中选择“常用”选项卡，然后在“修改”面板中单击“倒角”按钮，设置倒角距离为 1，然后在绘制的多段线的 C、D 处修倒角，效果如图 11-62 所示。

(6) 在“功能区”选项板中选择“可视化”选项卡，然后在“坐标”面板中单击“世界”按钮，恢复至世界坐标系，如图 11-63 所示。

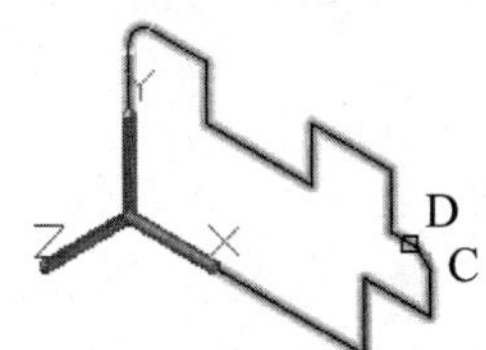

图 11-62　对多段线修倒角

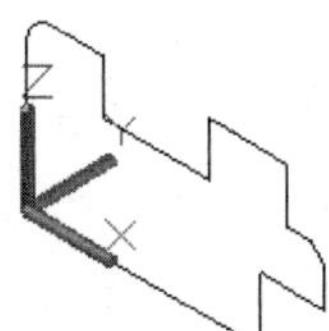

图 11-63　恢复至世界坐标系

(7) 在“功能区”选项板中选择“常用”选项卡，然后在“绘图”面板中单击“多段线”按钮，分别以点(18,0)为起点、点(68,0)为圆心、角度为 180° 和点(118,0)为起点、点(168,0)为圆心、角度为 - 180°，绘制两个半圆弧，效果如图 11-64 所示。

(8) 在“功能区”选项板中选择“常用”选项卡，然后在“建模”面板中单击“拉伸”按钮，将绘制的多段线沿圆弧路径拉伸。在菜单栏中选择“视图”|“消隐”命令，消隐图形，效果如图 11-65 所示。

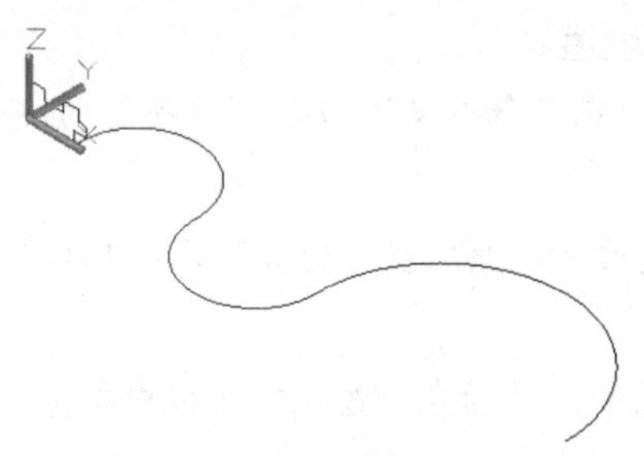

图 11-64　绘制圆弧

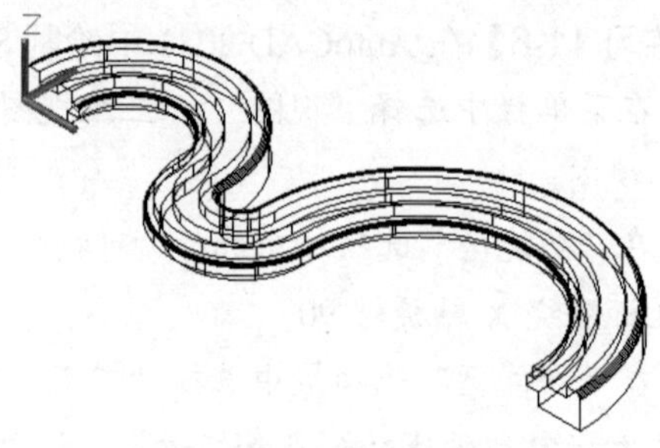

图 11-65　拉伸并消隐图形

11.5.2　将二维图形旋转成实体

在菜单栏中选择“绘图”|“建模”|“旋转”命令(REVOLVE)，可以通过绕轴旋转二维对象来创建三维实体或曲面。在创建实体时，用于旋转的二维对象可以是封闭多段线、多边形、圆、椭圆、封闭的样条曲线、圆环及封闭区域。三维对象、包含在块中的对象、有交叉或各自干涉的多段线不能被旋转，而且每次只能旋转一个对象。

【练习 11-7】通过旋转的方法绘制实体模型。视频

(1) 在“功能区”选项板中选择“常用”选项卡，然后在“绘图”面板中综合运用多种绘图命令，绘制如图 11-66 所示的直线和多段线，其中尺寸可由用户自行确定。

(2) 在菜单栏中选择“视图”|“三维视图”|“视点”命令，并在命令行提示下输入(1,1,1)，指定视点，如图 11-67 所示。

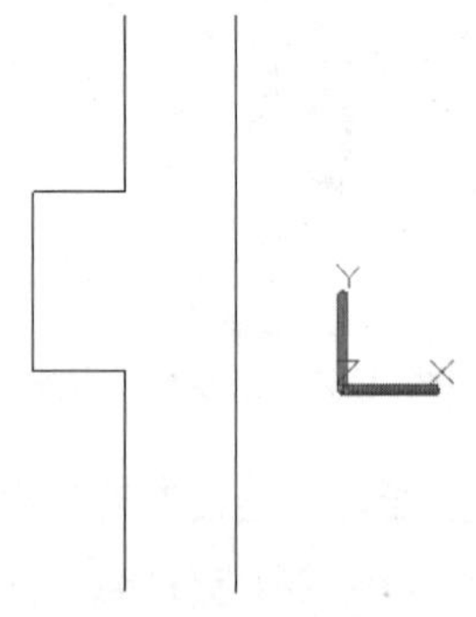

图 11-66　绘制直线和多段线

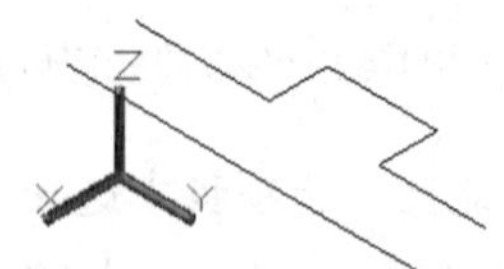

图 11-67　调整视点

(3) 在“功能区”选项板中选择“常用”选项卡，然后在“建模”面板中单击“旋转”按钮，执行 REVOLVE 命令。

(4) 在命令行的“选择对象：”提示信息下，选择多段线作为要旋转的二维对象，按下 Enter 键。

(5) 在命令行的“指定轴起点或根据以下选项之一定义轴 [对象(O)/X /Y /Z]”提示信息下，输入 O，绕指定的对象旋转。

(6) 在命令行的“选择对象：”提示信息下，选择直线作为旋转轴对象。

(7) 在命令行的“指定旋转角度<360>：”提示信息下输入 360，指定旋转角度，如图 11-68

所示。

(8) 在菜单栏中选择“视图”|“消隐”命令，消隐图形，效果如图 11-69 所示。

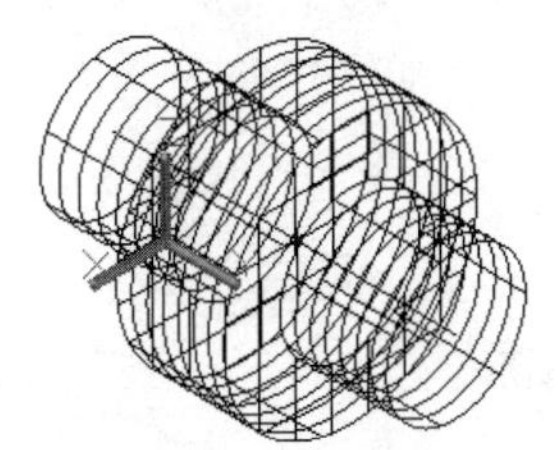

图 11-68　将二维图形旋转成实体

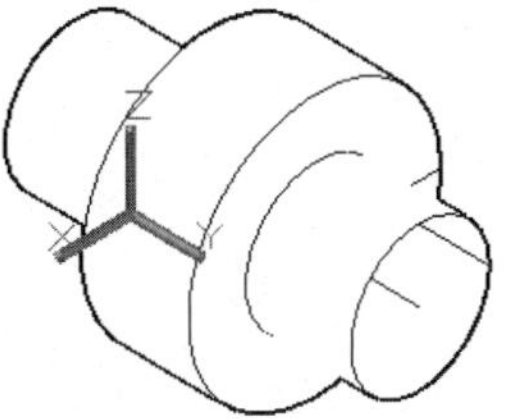

图 11-69　图形的消隐效果

11.5.3　将二维图形扫掠成实体

在“功能区”选项板中选择“常用”选项卡，在“建模”面板中单击“扫掠”按钮；或在菜单栏中选择“绘图”|“建模”|“扫掠”命令(SWEEP)，可以通过沿路径扫掠二维对象来创建三维实体和曲面。如果要扫掠的对象不是封闭的图形，那么使用“扫掠”命令后得到的是网格面，否则得到的是三维实体。

使用“扫掠”命令绘制三维实体时，指定封闭图形作为扫掠对象后，命令行显示如下提示信息。

```
SWEEP 选择扫掠路径或 [对齐(A)/基点(B)/比例(S)/扭曲(T)]:
```

在以上提示信息下，可以直接指定扫掠路径来创建实体，也可以设置扫掠时的对齐方式、基点、比例和扭曲参数。其中，“对齐”选项用于设置扫掠前是否对齐垂直于路径的扫掠对象；“基点”选项用于设置扫掠的基点；“比例”选项用于设置扫掠的比例因子，指定该参数后，扫掠效果与单击扫掠路径的位置有关。图 11-70 所示为对圆形进行螺旋路径扫掠后得到的实体效果。

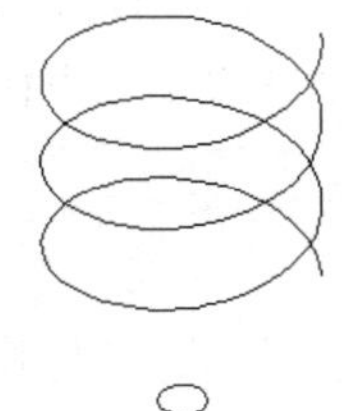

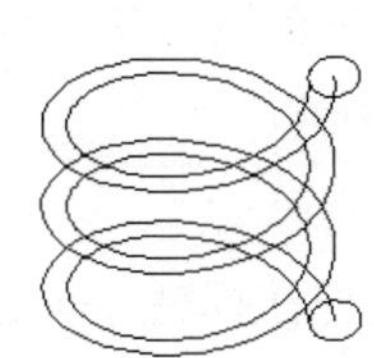

图 11-70　通过扫掠绘制实体

11.5.4　将二维图形放样成实体

在菜单栏中选择“绘图”|“建模”|“放样”命令(LOFT)，可以将二维图形放样成实体，如图 11-71 所示。

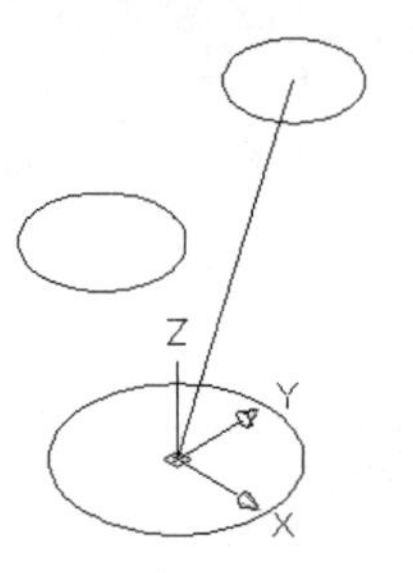

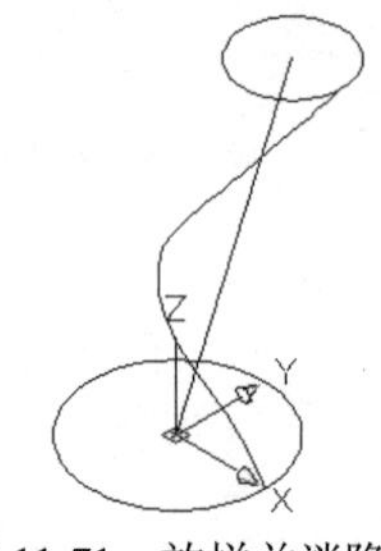

图 11-71　放样并消隐图形

在放样时，依次指定放样截面后(至少两个)，命令行显示如下提示信息。

```
LOFT 输入选项 [导向(G)/路径(P)/仅横截面(C)] <仅横截面>:
```

在以上命令行提示下，需要选择放样方式。其中，“导向”选项用于使用导向曲线控制放样，每条导向曲线必须与每一个截面相交，并且起始于第一个截面，结束于最后一个截面；“路径”选项用于使用一条简单的路径控制放样，该路径必须与全部或部分截面相交；“仅横截面”选项用于只使用截面进行放样，此时将打开“放样设置”对话框，可以设置放样横截面上的曲面控制选项。

11.5.5　根据标高和厚度绘制实体

用户在绘制二维对象时，可以为对象设置标高和厚度。如果设置了标高和厚度，就可以使用二维绘图方法绘制出三维图形对象。

绘制二维图形时，绘图面应是当前 UCS 的 XY 平面或与其平行的平面。标高用于确定这个平面的位置，它用绘图面与当前 UCS 的 XY 平面的距离表示。厚度则是所绘二维图形沿当前 UCS 的 Z 轴方向延伸的距离。

在 AutoCAD 中，规定当前 UCS 的 XY 平面的标高为 0，沿 Z 轴正方向的标高为正，沿 Z 轴负方向的标高为负。沿 Z 轴正方向延伸时的厚度为正，反之则为负。

设置标高、厚度的命令是 ELEV。执行该命令，AutoCAD 提示如下信息。

```
指定新的常用标高 <0.0000>: (输入新标高)
指定新的常用厚度 <0.0000>: (输入新厚度)
```

设置标高、厚度后，用户就可以创建在标高方向上各截面形状和大小相同的三维对象。

【练习 11-8】根据标高和厚度，绘制如图 11-81 所示的图形。

(1) 在“功能区”选项板中选择“常用”选项卡，然后在“绘图”面板中单击“矩形”按钮，绘制一个长度为 300、宽度为 200、厚度为 50 的矩形。

(2) 在菜单栏中选择“视图”|“三维视图”|“东南等轴测”命令，此时看到绘制的是一个有厚度的矩形，如图 11-72 所示。

(3) 在“功能区”选项板中选择“可视化”选项卡，然后在“坐标”面板中单击“原点”按钮，再单击矩形的角点 A，将坐标原点移到该点上，如图 11-73 所示。

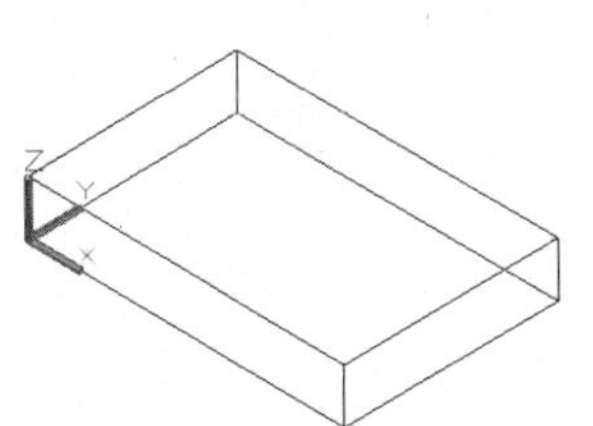

图 11-72　绘制有厚度的矩形

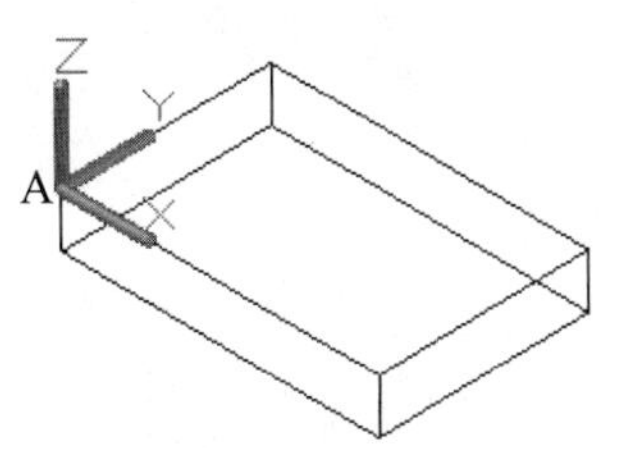

图 11-73　移动 UCS

(4) 在菜单栏中选择“视图”|“三维视图”|“平面视图”|“当前 UCS”命令，将视图设置为平面视图，如图 11-74 所示。

(5) 在命令行中输入命令 ELEV，在“指定新的常用标高 <0.0000>:”提示信息下，设置新的标高为 0；在“指定新的常用厚度 <0.0000>:”提示信息下，设置新的厚度为 100。

(6) 在“功能区”选项板中选择“常用”选项卡，然后在“绘图”面板中单击“正多边形”按钮，绘制一个内接于半径为 15 的圆的正六边形，如图 11-75 所示。

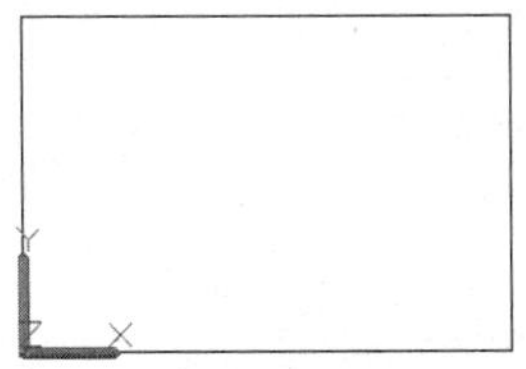

图 11-74　将视图设置为平面视图

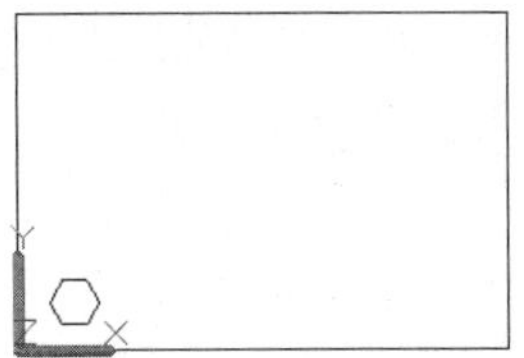

图 11-75　绘制正六边形

(7) 在“功能区”选项板中选择“常用”选项卡，然后在“修改”面板中单击“阵列”按钮，打开“阵列”对话框，选择阵列类型为“矩形阵列”，并设置阵列的行数为 2、列数为 2、行偏移为 140、列偏移为 230，然后单击“确定”按钮，阵列效果如图 11-76 所示。

(8) 在菜单栏中选择“视图”|“三维视图” |“东南等轴测”命令，绘图窗口中将显示如图 11-77 所示的三维视图效果。

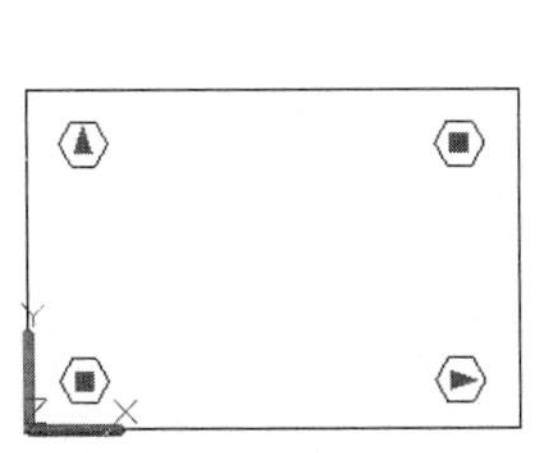

图 11-76　阵列后的效果

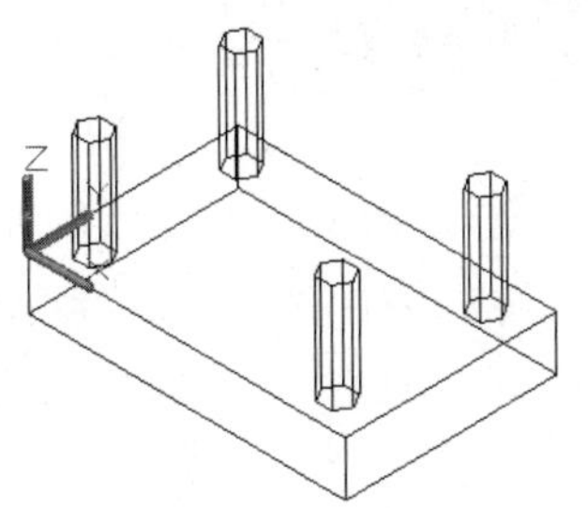

图 11-77　三维视图效果

(9) 在“功能区”选项板中选择“可视化”选项卡，然后在“坐标”面板中单击“原点”按钮，再单击矩形的角点 B，将坐标系移至该点上，如图 11-78 所示。

(10) 在“功能区”选项板中选择“可视化”选项卡，然后在“坐标”面板中分别单击 Y 按钮和 Z 按钮，将坐标系分别绕 Z 轴和 Y 轴旋转 90°，结果如图 11-79 所示。

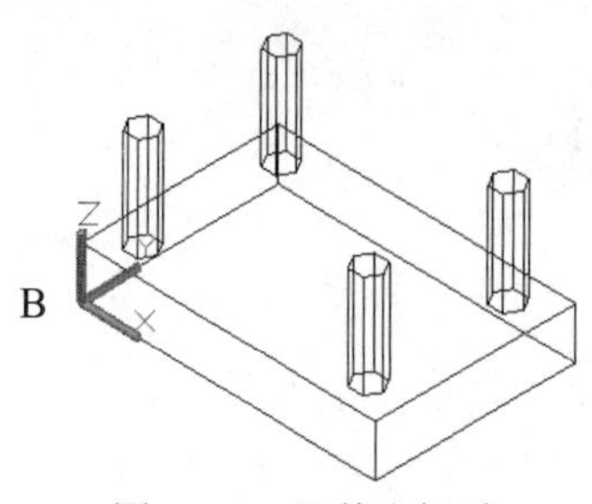

图 11-78　调整坐标系

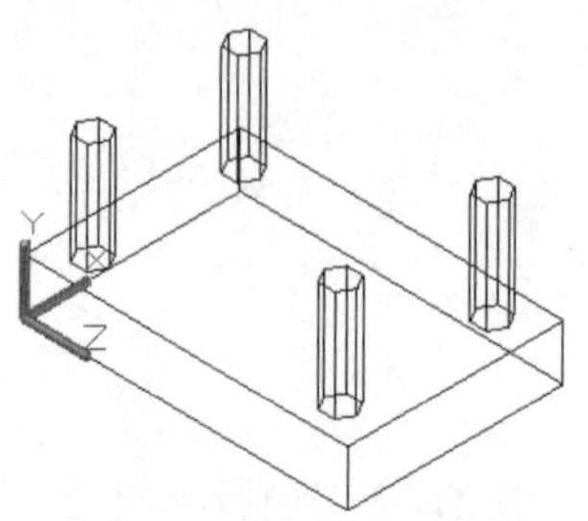

图 11-79　旋转坐标轴

(11) 在菜单栏中选择“视图”|“三维视图”|“平面视图”|“当前 UCS”命令，将视图再次设置为平面视图，效果如图 11-80 所示。

(12) 在命令行中输入命令 ELEV，在“指定新的常用标高 <0.0000>:”提示信息下，设置新的标高为 0；在“指定新的常用厚度 <0.0000>:”提示信息下，设置新的厚度为 255。

(13) 在“功能区”选项板中选择“常用”选项卡，然后在“绘图”面板中单击“直线”按钮，通过端点捕捉点 C 和点 D，绘制一条直线。

(14) 在菜单栏中选择“视图”|“三维视图” |“东南等轴测”命令，得到如图 11-81 所示的最终效果。

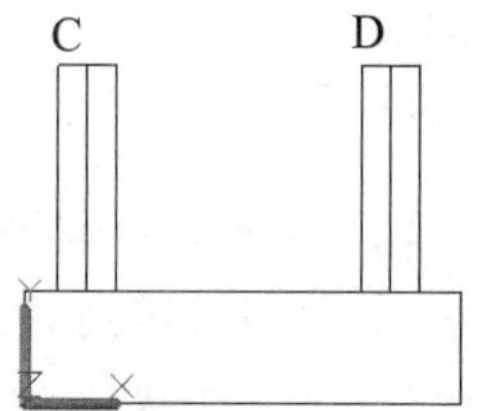

图 11-80　将视图再次设置为平面视图

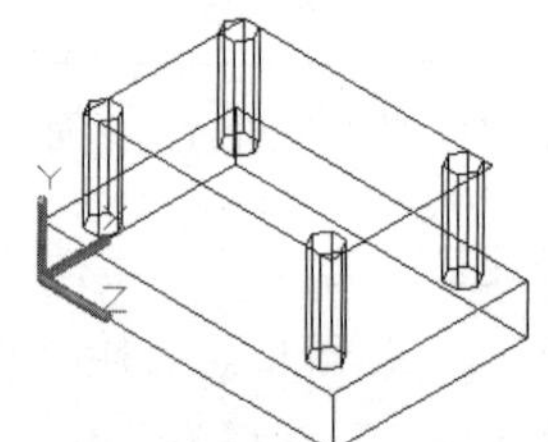

图 11-81　最终效果

11.6　思考和练习

1. 在 AutoCAD 2021 中，如何绘制弹簧？
2. 在 AutoCAD 2021 中，如何绘制楔体和圆锥体？
3. 在 AutoCAD 2021 中，如何将二维图形旋转成实体？

第 12 章

编辑和标注三维图形对象

在 AutoCAD 2021 中，只使用三维绘图命令是无法绘制出复杂的三维模型的，而通过使用三维操作命令和实体编辑命令，可以对三维对象进行移动、复制、镜像、旋转、对齐、阵列等操作，以便快速、准确地完成三维模型的绘制。此外，本章还将通过具体实例介绍三维对象的尺寸标注方法。

12.1 修改三维对象

二维图形编辑中的许多修改命令(如移动、复制、删除等)同样适用于三维对象。另外，用户可以在快速访问工具栏中选择“显示菜单栏”命令，在显示的菜单栏中选择“修改”|“三维操作”命令中的子命令，对三维空间中的对象进行三维阵列、三维镜像、三维旋转等操作。

12.1.1 移动三维对象

在“功能区”选项板中选择“常用”选项卡，在“修改”面板中单击“三维移动”按钮；或在菜单栏中选择“修改”|“三维操作”|“三维移动”命令(3DMOVE)，可以移动三维对象。执行“三维移动”命令时，首先需要指定一个基点，然后指定第二个点即可移动三维对象，如图 12-1 所示。

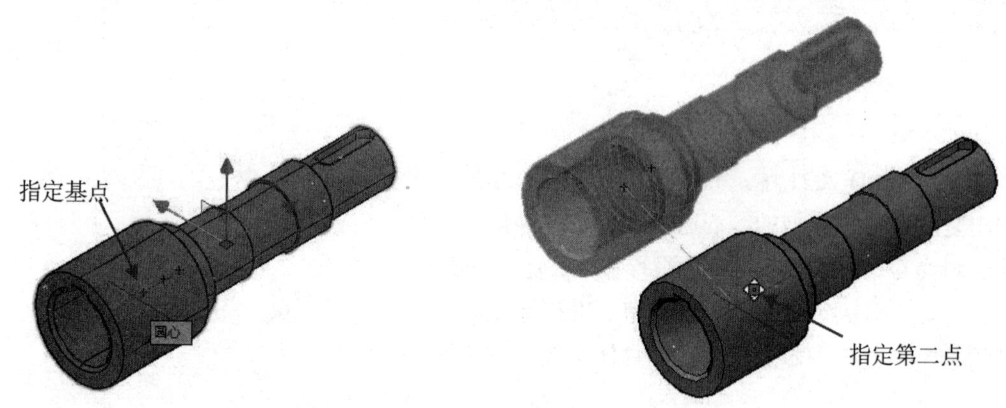

图 12-1 在三维空间中移动对象

12.1.2 阵列三维对象

在菜单栏中选择“修改”|“三维操作”|“三维阵列”命令(3DARRAY)，可以在三维空间中使用矩形阵列或环形阵列方式复制对象。

1. 矩形阵列

在命令行提示“输入阵列类型 [矩形(R)/环形(P)]<矩形>：”下，选择“矩形(P)”选项或者直接按下 Enter 键，可以按照矩形阵列方式复制对象。此时需要依次指定阵列的行数、列数以及阵列的层数、行间距、列间距和层间距。其中，矩形阵列的行、列、层分别沿着当前 UCS 的 X 轴、Y 轴和 Z 轴方向；输入某方向的间距值为正值时，表示将沿相应坐标轴的正方向阵列，否则沿负方向阵列。

【练习 12-1】使用三维阵列的矩形功能，对图形文件中的圆柱体执行三维阵列操作。

视频

(1) 打开图形后，在命令行中输入 3DARRAY 命令，按下 Enter 键。

(2) 在命令行提示“选择对象:”下，选中圆柱体，如图 12-2 所示，按下 Enter 键。

(3) 在命令行提示“输入阵列类型[矩形(R)/环形(P)]<矩形>:”下输入 R，然后按下 Enter 键。

(4) 在命令行提示“输入行数(---)<1>:”下，输入 2，然后按下 Enter 键。

(5) 在命令行提示“输入列数(|||)<1>:”下，输入 2，然后按下 Enter 键。

(6) 在命令行提示“输入层数(...)<1>:”下，输入 1，然后按下 Enter 键。

(7) 在命令行提示“指定行间距(---):”提示下输入 160，然后按下 Enter 键。

(8) 在命令行提示“指定列间距(|||):”提示下输入 160，然后按下 Enter 键。此时，阵列效果如图 12-3 所示。

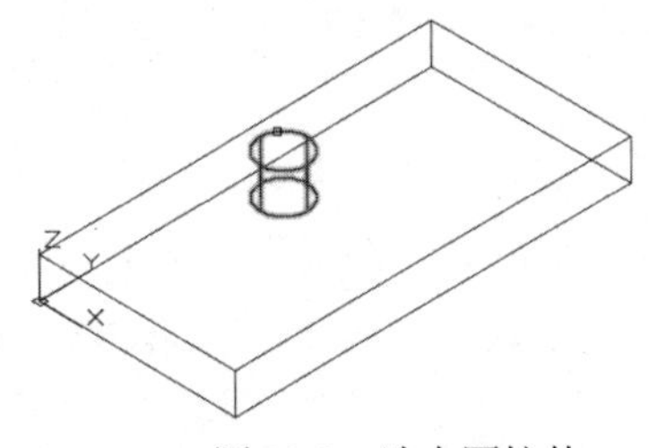

图 12-2　选中圆柱体

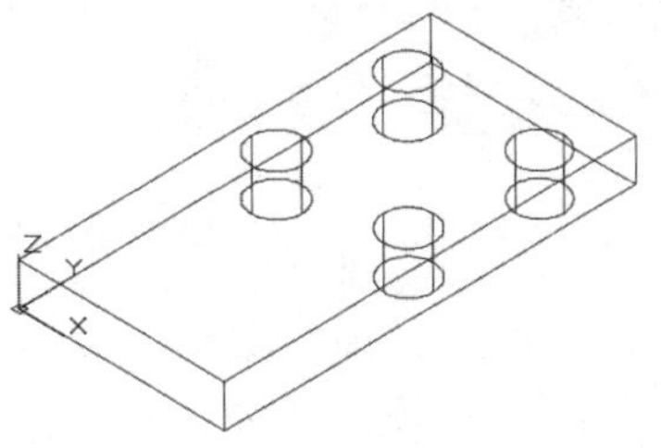

图 12-3　阵列效果

2. 环形阵列

在命令行提示“输入阵列类型 [矩形(R)/环形(P)] <矩形>：”下，选择“环形(R)”选项，可以按照环形阵列方式复制对象。此时，需要输入阵列的项目个数，并指定环形阵列的填充角度，确认是否要进行自身旋转，然后指定阵列的中心点及旋转轴上的另一点，确定旋转轴，效果如图 12-4 所示。

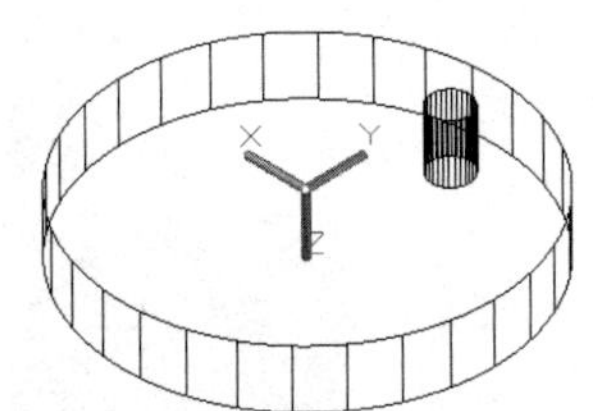

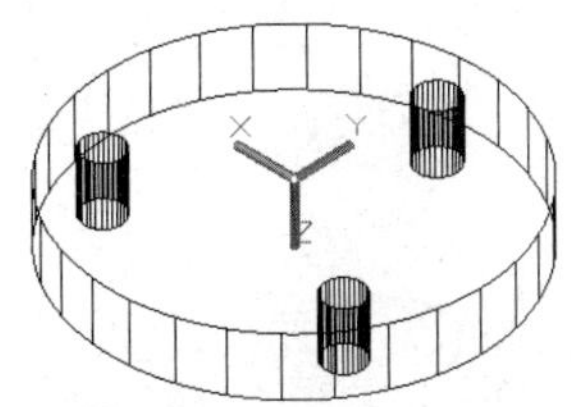

图 12-4　环形阵列对象

12.1.3　镜像三维对象

在“功能区”选项板中选择“常用”选项卡，在“修改”面板中单击“三维镜像”按钮；或在菜单栏中选择“修改”|“三维操作”|“三维镜像”命令(MIRROR3D)，可以在三维空间中将指定对象相对于某一平面镜像，如图 12-5 所示。执行该命令并选择需要进行镜像的

对象，然后指定镜像面。镜像面可以通过 3 点确定，也可以是对象、最近定义的面、Z 轴、视图、XY 平面、YZ 平面和 ZX 平面。

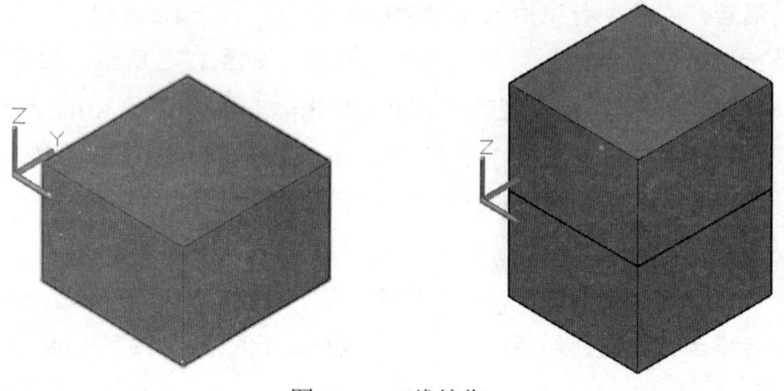

图 12-5　三维镜像

12.1.4　旋转三维对象

在“功能区”选项板中选择“常用”选项卡，在“修改”面板中单击“三维旋转”按钮 ；或在菜单栏中选择“修改”|“三维操作”|“三维旋转”命令(ROTATE3D)，可以使对象绕三维空间中的任意轴(X 轴、Y 轴或 Z 轴)、视图、对象或两点旋转，与三维镜像图形的方法相似。

【练习 12-2】将如图 12-6 所示的图形绕 X 轴旋转 90°，然后绕 Z 轴旋转 45°。视频

(1) 在“功能区”选项板中选择“常用”选项卡，然后在“修改”面板中单击“三维旋转”按钮，最后在“选择对象：”提示下选择需要旋转的对象，如图 12-6 所示。

(2) 在命令行的“指定基点：”提示信息下，确定旋转的基点(0,0,0)。

(3) 此时，在绘图窗口中出现一个球形坐标，红色代表 X 轴，绿色代表 Y 轴，蓝色代表 Z 轴。单击“红色环型线”确认绕 X 轴旋转，如图 12-7 所示。

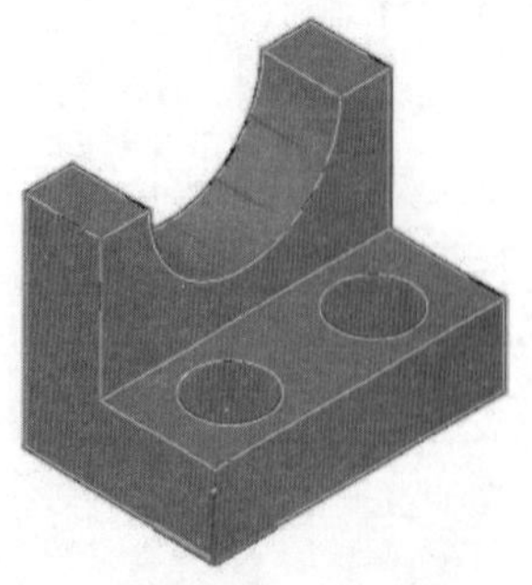

图 12-6　选中图形

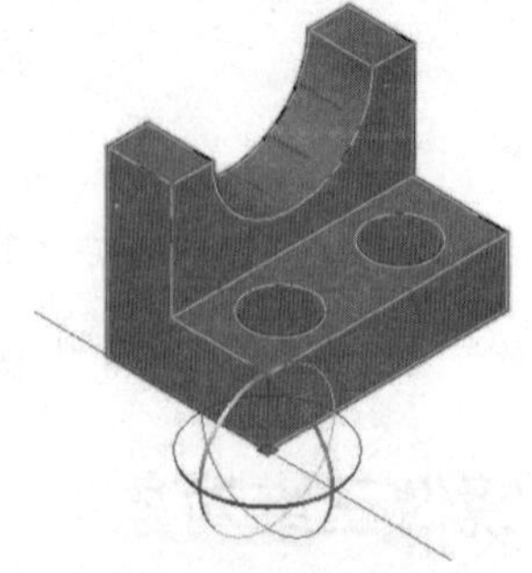

图 12-7　确认旋转轴

(4) 在命令行的“指定角的起点或键入角度：”提示信息下输入 90，并按下 Enter 键。此时图形将绕 X 轴旋转 90°，效果如图 12-8 所示。

(5) 使用同样的方法，将图形绕 Z 轴旋转 45°，效果如图 12-9 所示。

图 12-8 绕 X 轴旋转 90° 后的图形

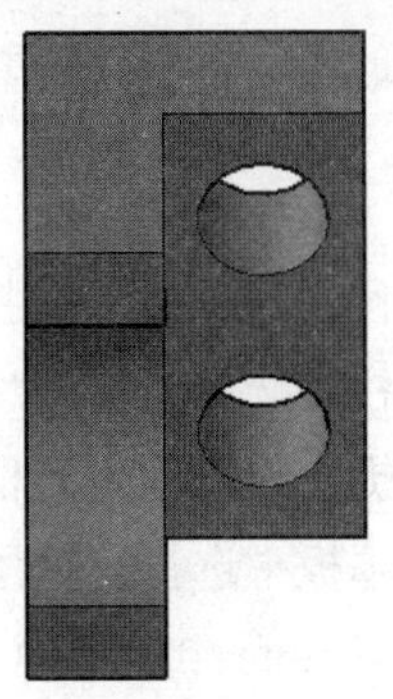

图 12-9 绕 Z 轴旋转 45° 后的图形

12.1.5 对齐三维对象

在“功能区”选项板中选择“常用”选项卡，在“修改”面板中，单击“三维对齐”按钮；或在菜单栏中选择“修改”|“三维操作”|“三维对齐”命令(3DALIGN)，可以对齐对象。

需要对齐对象时，首先应选择源对象，在命令行的“指定基点或[复制(C)]：”提示信息下，输入第 1 个点。然后在命令行的“指定第二个点或 [继续(C)] <C>：”提示信息下，输入第 2 个点。最后在命令行的“指定第三个点或 [继续(C)] <C>：”提示信息下，输入第 3 个点。在目标对象上同样需要确定 3 个点，与源对象的点一一对应，对齐效果如图 12-10 所示。

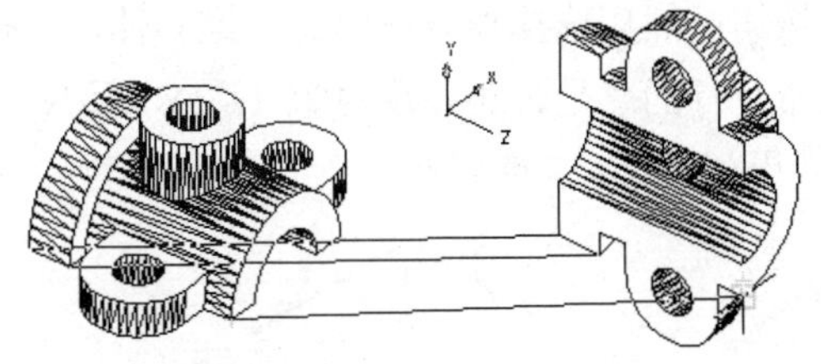

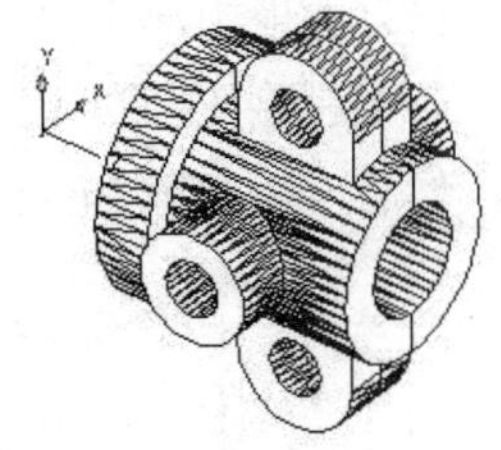

图 12-10 在三维空间中对齐对象

12.2 编辑三维实体

在 AutoCAD 的菜单栏中选择“修改”|“实体编辑”命令中的子命令，或选择“常用”选项卡，在“实体编辑”面板中单击实体编辑工具按钮，即可对三维实体进行编辑。

12.2.1 编辑实体的边

在 AutoCAD 的“功能区”选项板中选择“常用”选项卡，在“实体编辑”面板中单击“提取边”按钮等；或在菜单栏中选择“修改”|“实体编辑”命令中的子命令，可以编辑实

体的边，如提取边、复制边、着色边等。

1. 提取边

在“功能区”选项板中选择“常用”选项卡，在“实体编辑”面板中单击“提取边”按钮；或在菜单栏中选择“修改”|“三维操作”|“提取边”命令(XEDGES)，可以通过从三维实体或曲面中提取边来创建线框几何体。例如，要提取图 12-11 所示长方体中的边，可以在“功能区”选项板中选择“常用”选项卡，在“编辑”面板中单击“提取边”按钮；然后选择长方体，按下 Enter 键。图 12-12 所示为提取出的一条边。

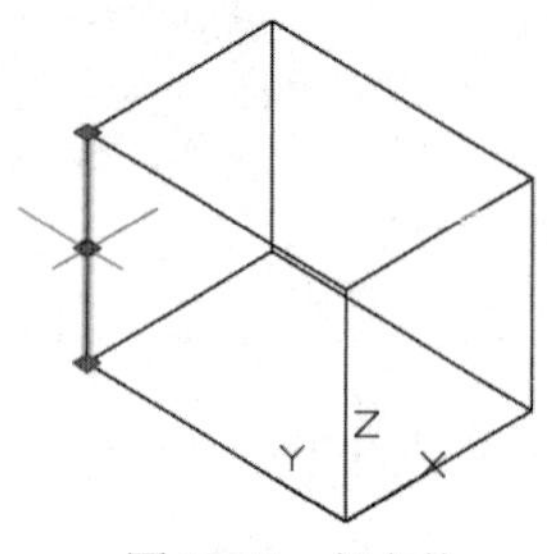

图 12-11　长方体

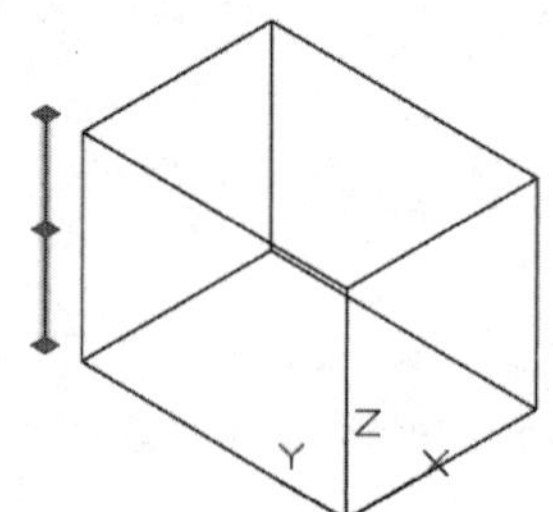

图 12-12　从长方体中提取的边

2. 压印边

在“功能区”选项板中选择“常用”选项卡，在“实体编辑”面板中单击“压印”按钮 ；或在菜单栏中选择“修改”|“实体编辑”|“压印”命令(IMPRINT)，可以将对象压印到选定的实体上。例如，要在长方体上压印圆，可在“功能区”选项板中选择“常用”选项卡，在“实体编辑”面板中单击“压印”按钮；然后选择长方体作为三维实体，选择圆作为要压印的对象。若要删除压印对象，可在命令行的“是否删除源对象 [是(Y)/否(N)] <N>：”提示下输入 Y，然后连续按下 Enter 键，效果如图 12-13 所示。

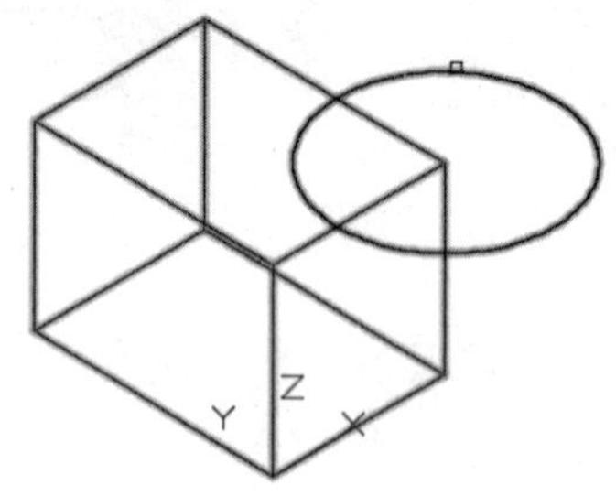

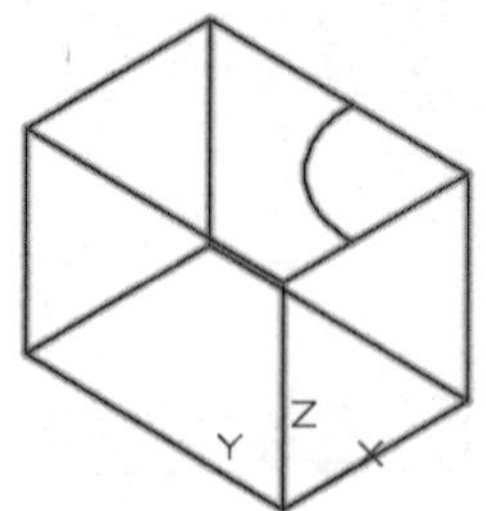

图 12-13　压印边

3. 着色边

在“功能区”选项板中选择“常用”选项卡，在“实体编辑”面板中单击“着色边”按钮 ，或在菜单栏中选择“修改”|“实体编辑”|“着色边”命令，可着色实体的边。

用户在执行“着色边”命令时，选定边后，将打开“选择颜色”对话框，可以选择用于着色边的颜色，如图 12-14 所示。

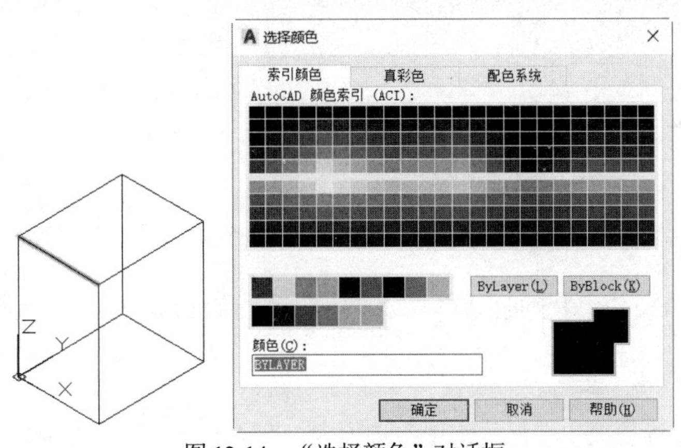

图 12-14　“选择颜色”对话框

4. 复制边

在“功能区”选项板中选择“常用”选项卡，在“实体编辑”面板中单击“复制边”按钮；或在菜单栏中选择“修改”|“实体编辑”|“复制边”命令，可以将三维实体的边复制为直线、圆弧、圆、椭圆或样条曲线，如图 12-15 所示。

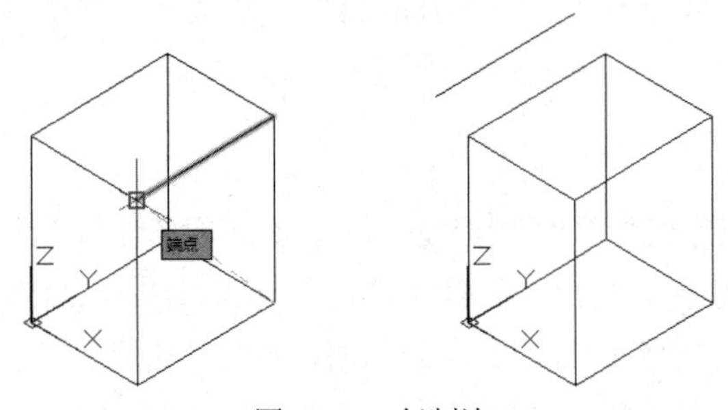

图 12-15　复制边

12.2.2　编辑实体的面

在 AutoCAD 的“功能区”选项板中选择“常用”选项卡，在“实体编辑”面板中单击相关按钮；或在菜单栏中选择“修改”|“实体编辑”命令中的子命令，可以对实体的面进行拉伸、移动、偏移、删除、旋转、倾斜、着色和复制等操作。

1. 拉伸面

在“功能区”选项板中选择“常用”选项卡，在“实体编辑”面板中单击“拉伸面”按钮；或在菜单栏中选择“修改”|“实体编辑”|“拉伸面”命令，可以按指定的长度或沿指定的路径拉伸实体的面。

例如，要将图 12-16 所示图形中 A 处的面拉伸 40 个单位，可在“常用”选项卡的“实体编辑”面板中单击“拉伸面”按钮，并单击 A 处所在的面，然后在命令行提示下输入拉伸高度为 40，效果如图 12-17 所示。

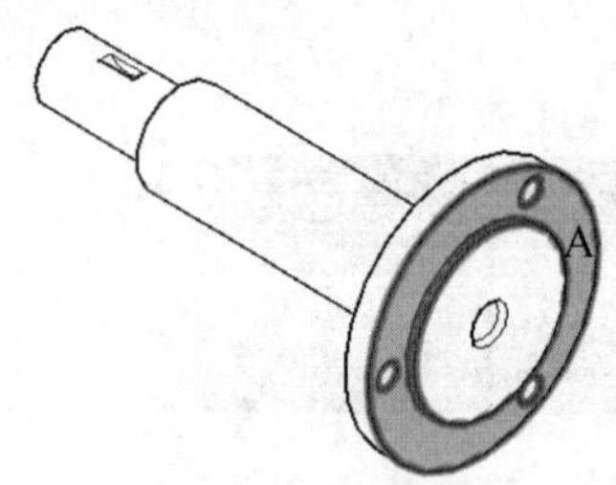

图 12-16　待拉伸的图形

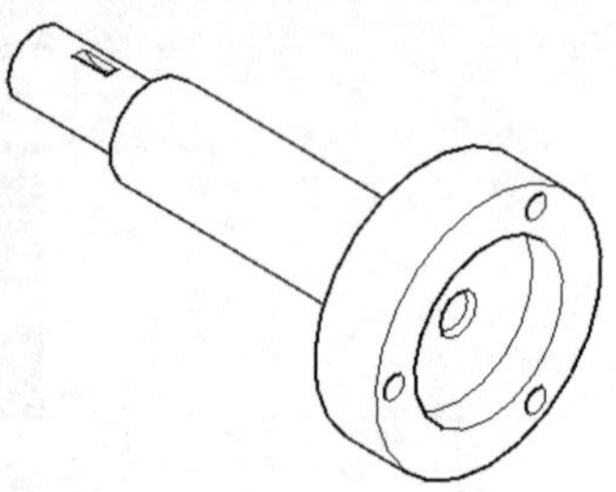

图 12-17　拉伸后的效果

2. 移动面

在“功能区”选项板中选择“常用”选项卡，在“实体编辑”面板中单击“移动面”按钮；或在菜单栏中选择“修改”|“实体编辑”|“移动面”命令，可以按指定的距离移动实体的指定面。

3. 偏移面

在“功能区”选项板中选择“常用”选项卡，在“实体编辑”面板中单击“偏移面”按钮；或在菜单栏中选择“修改”|“实体编辑”|“偏移面”命令，可以按指定的距离偏移实体的指定面。

4. 删除面

在“功能区”选项板中选择“常用”选项卡，在“实体编辑”面板中单击“删除面”按钮；或在菜单栏中选择“修改”|“实体编辑”|“删除面”命令，可以删除实体的指定面。

例如，要删除图 12-18 所示图形中 A 处的面，可在“功能区”选项板中选择“常用”选项卡；在“实体编辑”面板中单击“删除面”按钮，并单击 A 点处所在的面。然后按下 Enter 键即可，效果如图 12-19 所示。

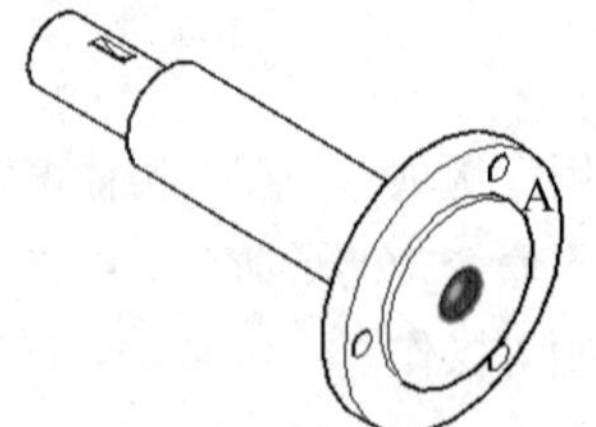

图 12-18　需要删除其面的实体

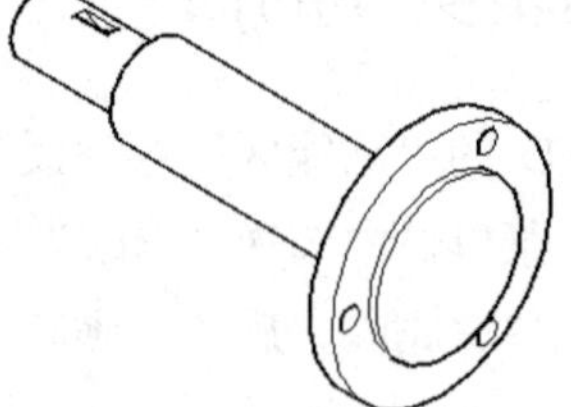

图 12-19　删除面后的效果

5. 旋转面

在“功能区”选项板中选择“常用”选项卡，在“实体编辑”面板中单击“旋转面”按钮；或在菜单栏中选择“修改”|“实体编辑”|“旋转面”命令，可以绕指定轴旋转实体的面。

例如，要将图 12-20 中 A 处的面绕 X 轴旋转 45°，可在“功能区”选项板中选择“常用”选项卡；在“实体编辑”面板中单击“旋转面”按钮，并单击 A 处的面作为旋转面；指定旋转轴为 X 轴，旋转原点的坐标为(0,0,0)，旋转角度为 45°，旋转后的效果如图 12-21 所示。

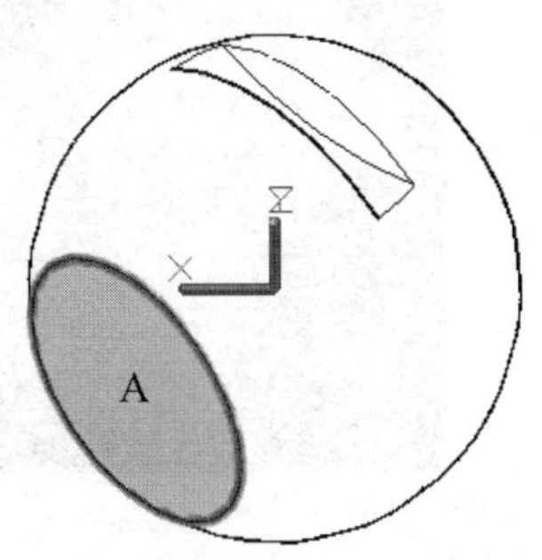

图 12-20　需要旋转面的实体

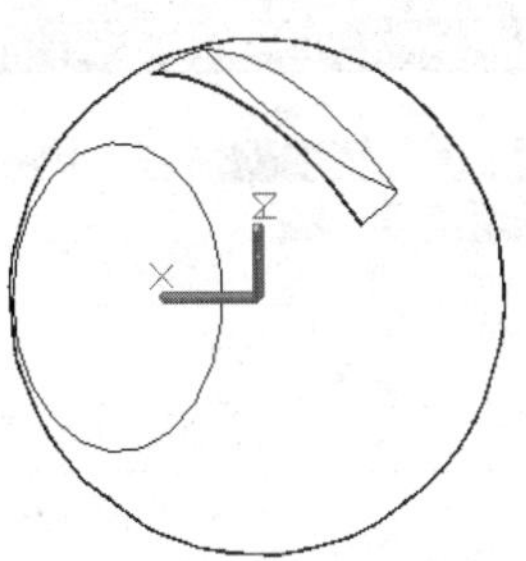

图 12-21　旋转后的效果

6. 倾斜面

在“功能区”选项板中选择“常用”选项卡，在“实体编辑”面板中单击“倾斜面”按钮；或选择“修改”|“实体编辑”|“倾斜面”命令，可以将实体面倾斜为指定角度。

例如，将图 12-22 中 A 处的面以点(0,0,0)为基点，以点(0,10,0)为沿倾斜轴上的一点，倾斜角度为－45°，倾斜后的效果如图 12-23 所示。

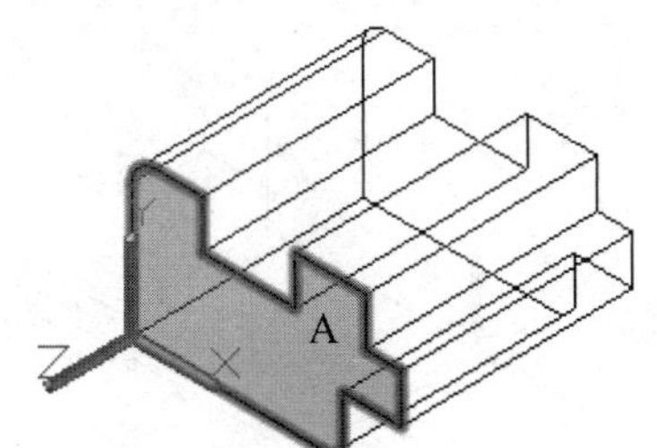

图 12-22　需要倾斜面的实体

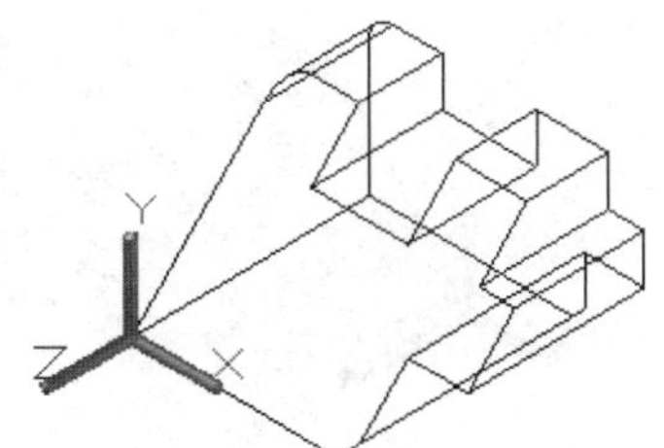

图 12-23　倾斜后的效果

7. 着色面

在“功能区”选项板中选择“常用”选项卡，在“实体编辑”面板中单击“着色面”按钮；或在菜单栏中选择“修改”|“实体编辑”|“着色面”命令，可以修改实体上单个面的颜色。当执行“着色面”命令时，在绘图窗口中选择需要着色的面，然后按下 Enter 键，将打开“选择颜色”对话框。在颜色调色板中可以选择需要的颜色，最后单击“确定”按钮。

为实体的面着色后，可在“功能区”选项板中选择“输出”选项卡，在“渲染”面板中单击“渲染”按钮，渲染图形以观察着色效果，如图 12-24 所示。

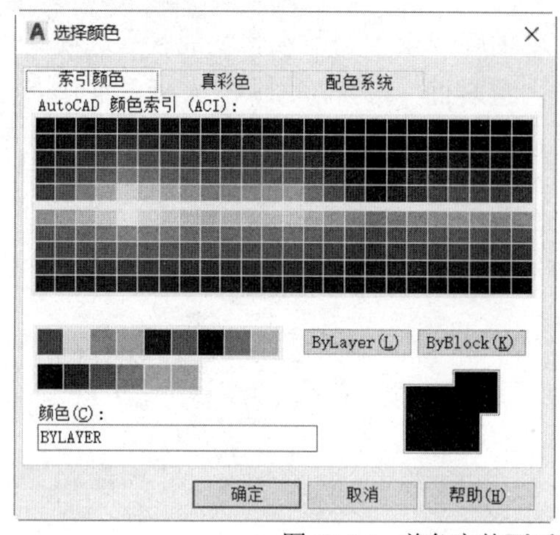

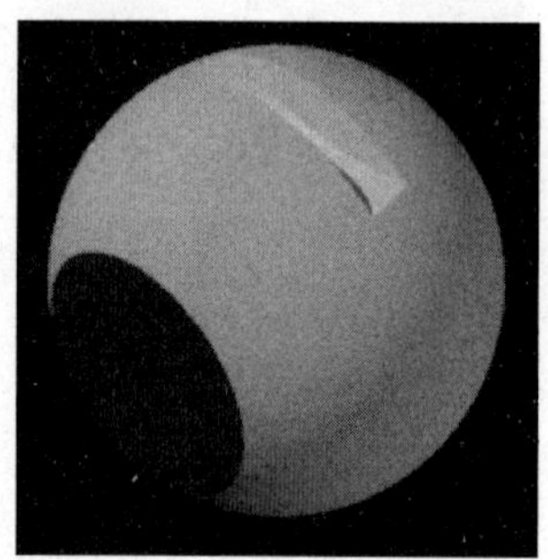

图 12-24　着色实体面后的渲染效果

8. 复制面

在“功能区”选项板中选择“常用”选项卡，在“实体编辑”面板中单击“复制面”按钮；或在菜单栏中选择“修改”|“实体编辑”|“复制面”命令，可以复制指定的实体面。

例如，要复制图形中的选中面，在“功能区”选项板中选择“常用”选项卡；在“实体编辑”面板中单击“复制面”按钮，并单击需要复制的面，然后指定位移的基点和第二个点，并按下 Enter 键，效果如图 12-25 所示。

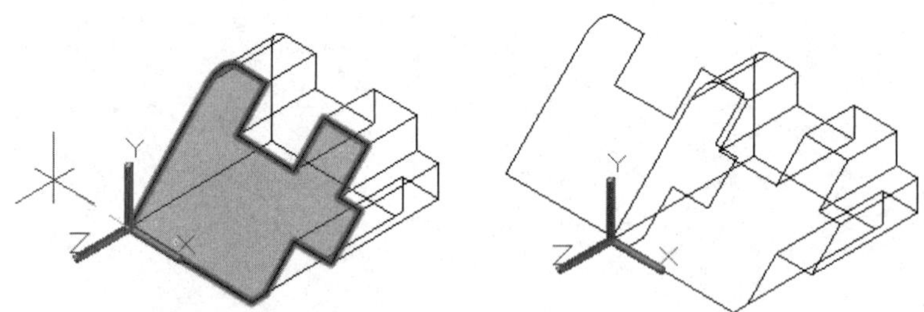

图 12-25　复制实体面

12.2.3　分解实体

在“功能区”选项板中选择“常用”选项卡，在“修改”面板中单击“分解”按钮；或在菜单栏中选择“修改”|“分解”命令(EXPLODE)，可以将三维对象分解为一系列面域和主体。其中，实体中的平面被转换为面域，曲面被转换为主体。用户还可以继续使用该命令，将面域和主体分解为组成它们的基本元素，如直线、圆及圆弧等。

例如，若对图 12-26(a)所示的图形进行分解，然后移动生成的面域或主体，效果将如图 12-26(b)所示。

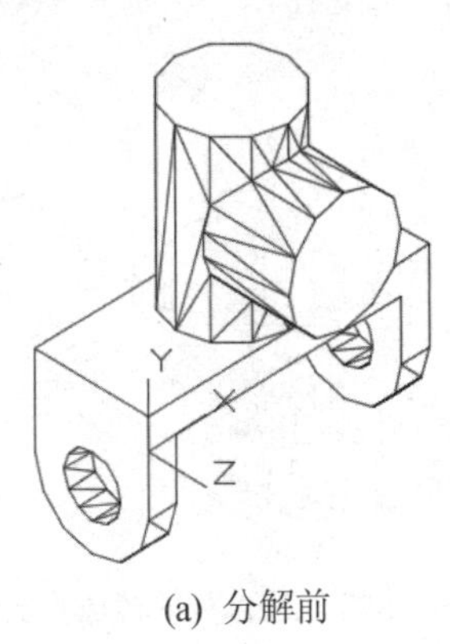

(a) 分解前

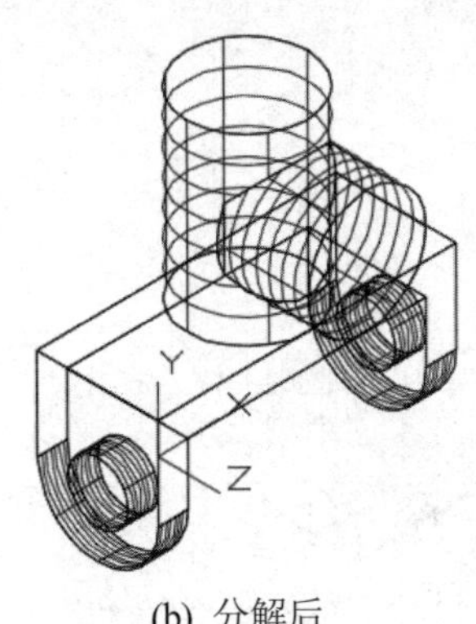

(b) 分解后

图 12-26　分解实体

12.2.4　对实体修倒角和圆角

在“功能区”选项板中选择“常用”选项卡，在“修改”面板中单击“倒角”按钮；或在菜单栏中选择“修改”|“倒角”命令(CHAMFER)，可以对实体的棱边修倒角，从而在两个相邻曲面间生成一个平滑的过渡面。

在“功能区”选项板中选择“常用”选项卡，在“修改”面板中单击“圆角”按钮；或在菜单栏中选择“修改”|“圆角”命令(FILLET)，可以为实体的棱边修圆角，从而在两个相邻曲面间生成一个平滑的过渡面。在为几条相交于同一个点的棱边修圆角时，如果圆角半径相同，则会在该公共点生成球面的一部分。

【练习 12-3】对图 12-27 所示图形中 A 处的棱边修倒角，倒角距离都为 5；对 B 和 C 处的棱边修圆角，圆角半径为 15。视频

(1) 在“功能区”选项板中选择“常用”选项卡，然后在“修改”面板中单击“倒角”按钮，在命令行的“选择第一条直线或 [放弃(U)/多段线(P)/距离(D)/角度(A)/修剪(T)/方式(E)/多个(M)]: ”提示信息下，单击 A 处作为待选择的边。

(2) 在命令行的“输入曲面选择选项 [下一个(N)/当前(OK)] <当前(OK)>:”提示信息下按下 Enter 键，指定曲面为当前面。

(3) 在命令行的“指定基面的倒角距离:”提示信息下输入 5，指定基面的倒角距离为 5。

(4) 在命令行的“指定基面的倒角距离<5.000>: ”提示信息下按下 Enter 键，指定其他曲面的倒角距离也为 5。

(5) 在命令行的“选择边或 [环(L)]:”提示信息下，单击 A 处的棱边，如图 12-28 所示。

(6) 在“功能区”选项板中选择“常用”选项卡，然后在“修改”面板中单击“圆角”按钮，在命令行的“选择第一个对象或 [放弃(U)/多段线(P)/半径(R)/修剪(T)/多个(M)]:”提示信息下，单击 B 处的棱边。

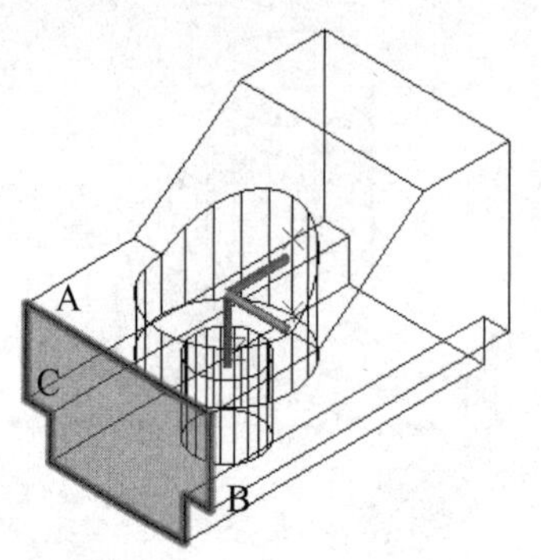

图 12-27　对实体修圆角和倒角

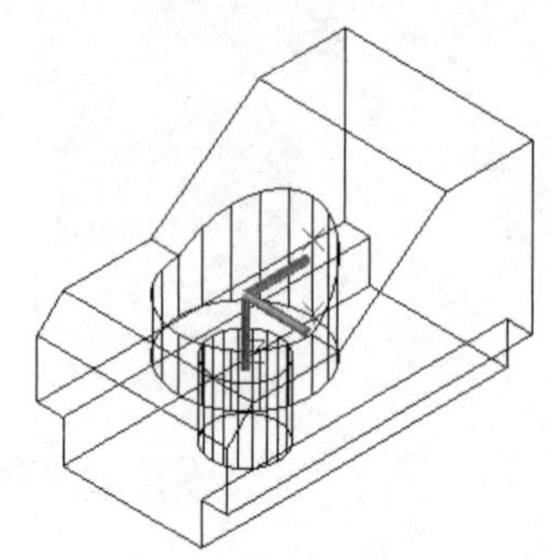
图 12-28　对 A 处的棱边修倒角

(7) 在命令行的“输入圆角半径:”提示信息下输入 3，指定圆角半径，按下 Enter 键，效果如图 12-29 所示。

(8) 使用同样的方法，对 C 处的棱边修圆角，完成后的效果如图 12-30 所示。

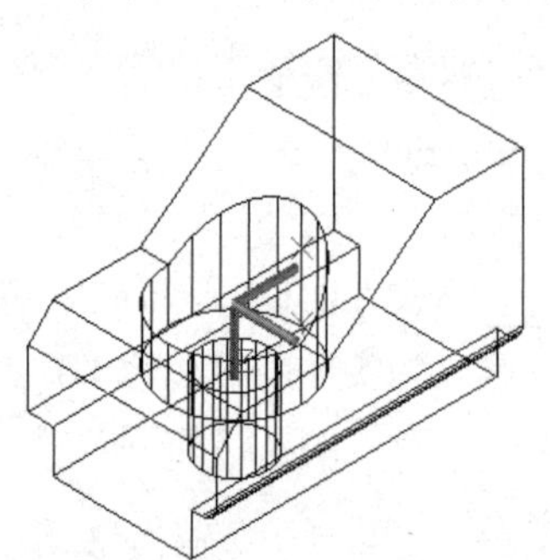
图 12-29　对 B 处的棱边修圆角

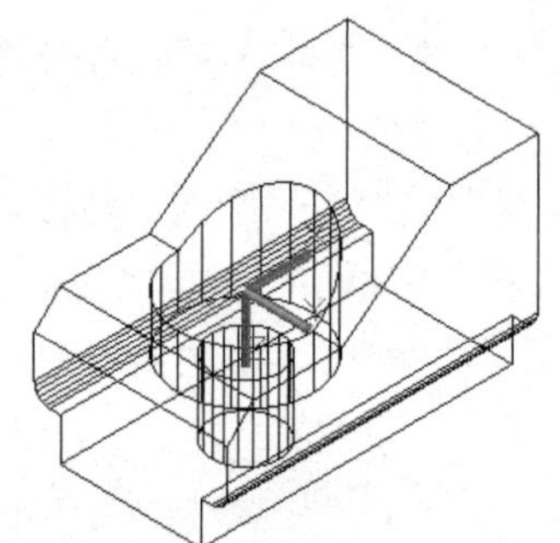
图 12-30　完成后的效果

12.2.5　剖切实体

在“功能区”选项板中选择“常用”选项卡，在“实体编辑”面板中单击“剖切”按钮；或在菜单栏中选择“修改”|“三维操作”|“剖切”命令(SLICE)，都可以使用平面剖切一组实体。剖切面可以是对象、Z 轴、视图、XY/YZ/ZX 平面或 3 点定义的面。

在剖切实体时，可以保留剖切实体的一半或全部，如图 12-31 所示。

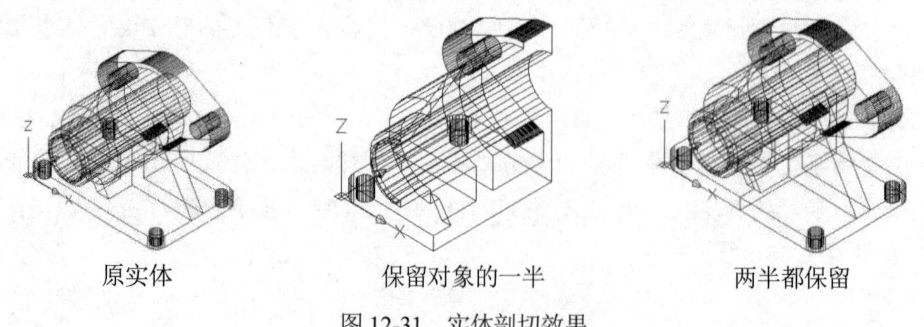

图 12-31　实体剖切效果

【练习 12-4】执行“剖切”命令，编辑如图 12-32 所示的图形。

(1) 打开图形文件后，在命令行中输入 SLICE 命令，按下 Enter 键。

(2) 在命令行提示下，选择所有图形作为剖切对象。

(3) 按下 Enter 键确认，捕捉右上方的中点 A 为第一切点，如图 12-33 所示。

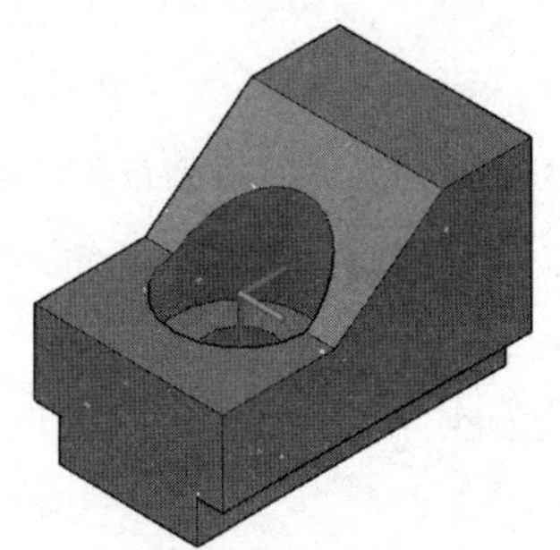

图 12-32　打开图形

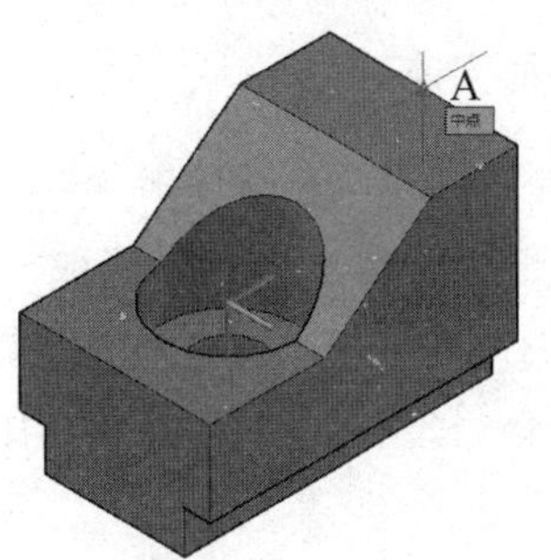

图 12-33　捕捉中点 A

(4) 在命令行提示下，捕捉实体中的象限点 B 为第二切点，如图 12-34 所示。

(5) 捕捉左下角的中点 C 为第三切点。在所需保留的实体上单击，剖切三维实体后的效果如图 12-35 所示。

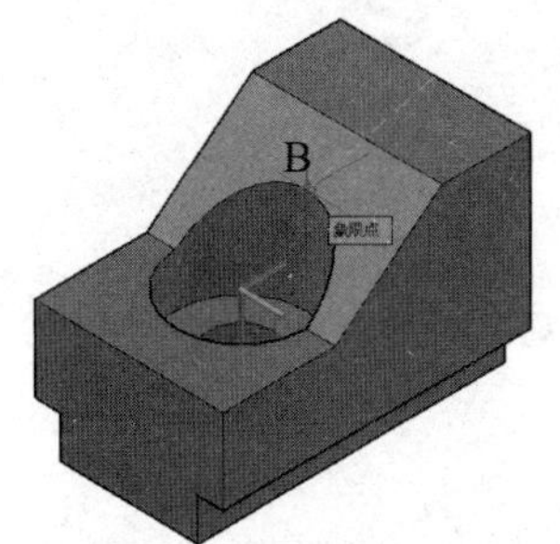

图 12-34　捕捉第二切点

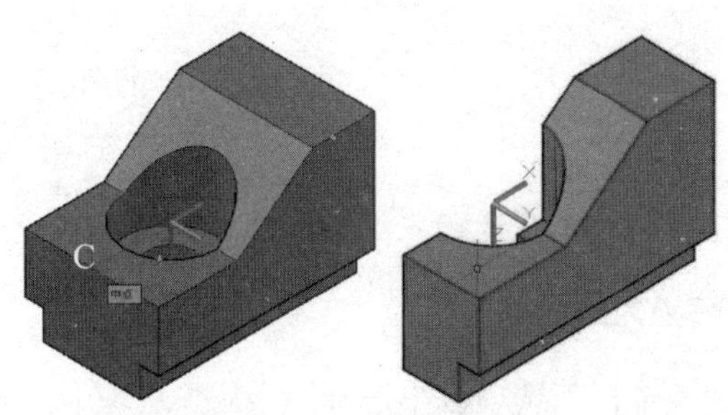

图 12-35　剖切三维实体

12.2.6　加厚实体

在“功能区”选项板中选择“常用”选项卡，在“实体编辑”面板中单击“加厚”按钮 ；或在菜单栏中选择“修改”|“三维操作”|“加厚”命令(THICKEN)，可以为曲面添加厚度，使其成为实体。例如，使用“加厚”命令，将长方形曲面加厚 50 个单位后，效果如图 12-36 所示。

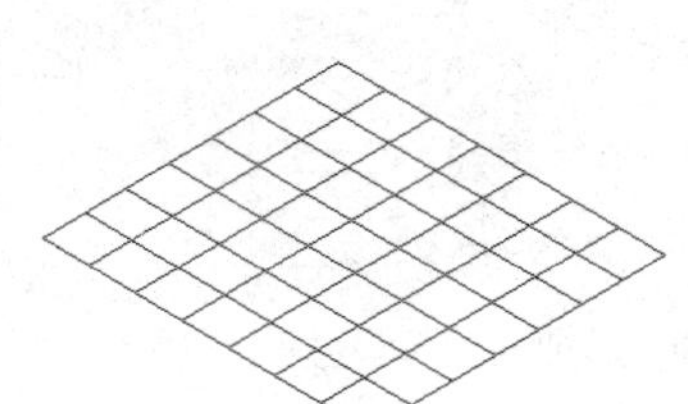

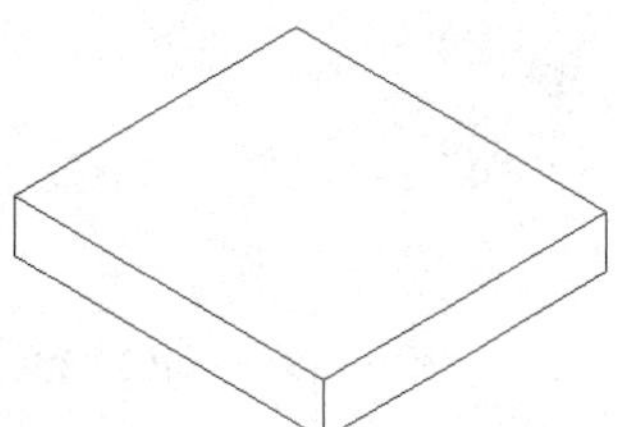

图 12-36　加厚操作

12.2.7 转换为实体和曲面

下面介绍在 AutoCAD 2021 中将图形转换为实体和曲面的具体方法。

1. 转换为实体

在“功能区”选项板中选择“常用”选项卡，在“实体编辑”面板中单击“转换为实体”按钮；或在菜单栏中选择“修改”|“三维操作”|“转换为实体”命令(CONVTOSOLID)，都可以将具有厚度的统一宽度的宽多段线、闭合的或具有厚度的零宽度多段线、具有厚度的圆转换为实体。图 12-37 所示是将选中的曲面对象转换为实体后的效果。

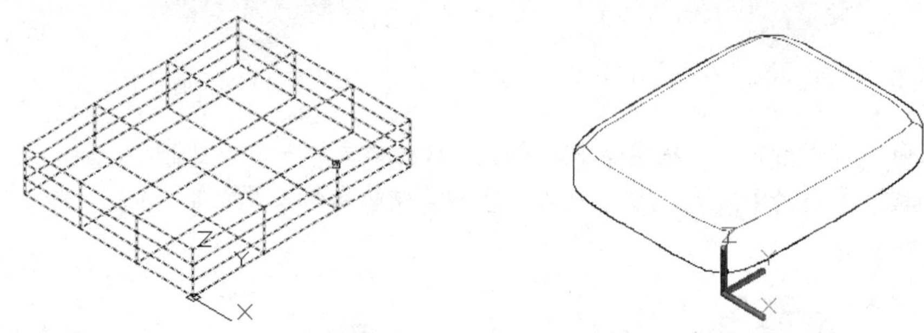

图 12-37 将曲面转换为实体

注意：
无法对包含零宽度顶点或可变宽度线段的多段线使用 CONVTOSOLID 命令。

2. 转换为曲面

在“功能区”选项板中选择“常用”选项卡，在“实体编辑”面板中单击“转换为曲面”按钮；或在菜单栏中选择“修改”|“三维操作”|“转换为曲面”命令(CONVTOSURFACE)，都可以将二维实体、面域、体、开放的或具有厚度的零宽度多段线、具有厚度的直线、具有厚度的圆弧以及三维平面转换为曲面。图 12-38 所示是将选中的实体对象转换为曲面图形后的效果。

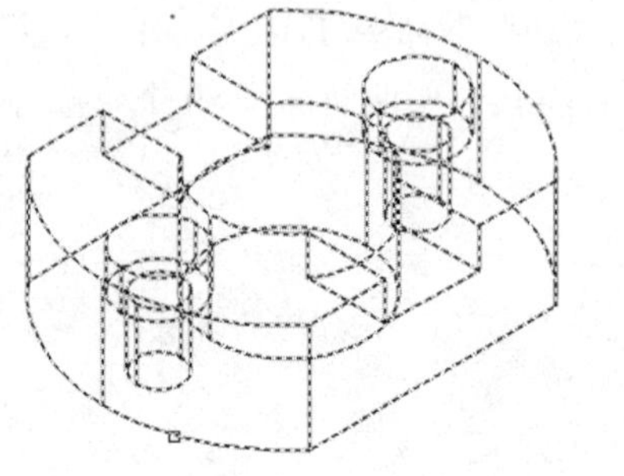

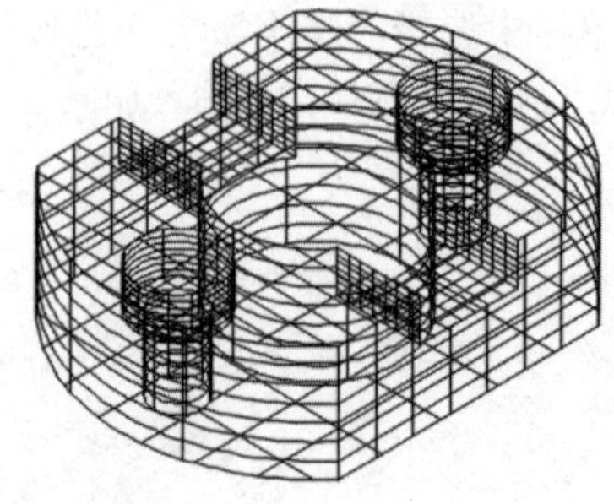

图 12-38 将实体转换为曲面

12.2.8　实体的分割、清除、抽壳与检查

在 AutoCAD 的“功能区”选项板中选择“常用”选项卡，在“实体编辑”面板中单击“清除”“分割”“抽壳”“检查”按钮；或在菜单栏中选择“修改”|“实体编辑”子菜单中的相关命令，可以对实体进行分割、清除、抽壳和检查操作。图 12-39 所示为相关的编辑工具。

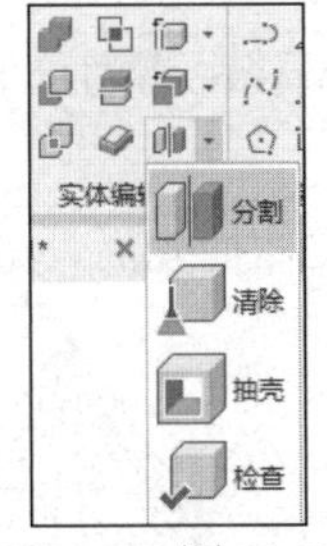

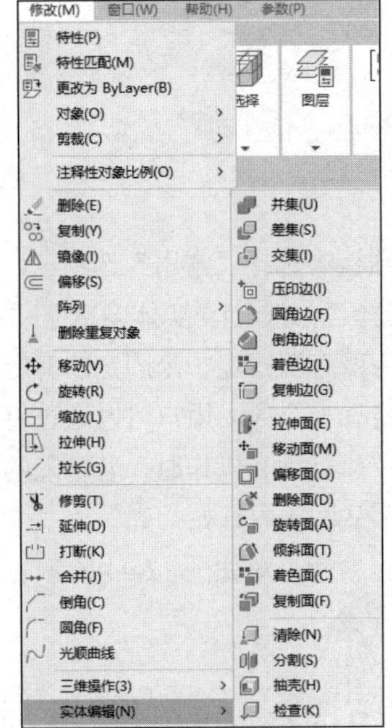

图 12-39　分割、清除、抽壳和检查工具

1. 分割

在“功能区”选项板中选择“常用”选项卡，在“实体编辑”面板中单击“分割”按钮；或在菜单栏中选择“修改”|“实体编辑”|“分割”命令，可以将不相连的三维实体对象分割成独立的三维实体对象。

例如，使用“分割”命令分割如图 12-40 所示的三维实体后，效果如图 12-41 所示。

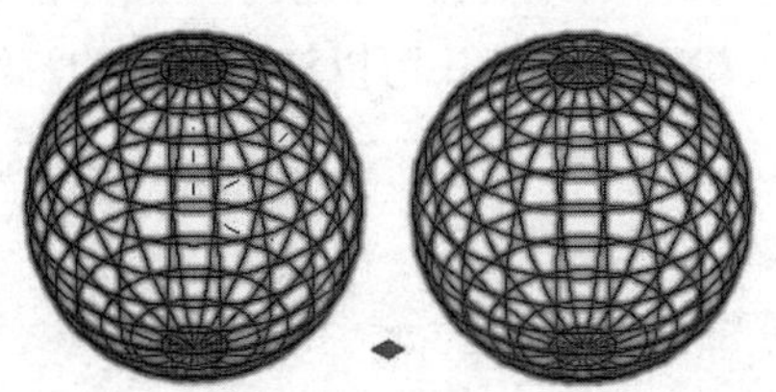

图 12-40　实体分割前

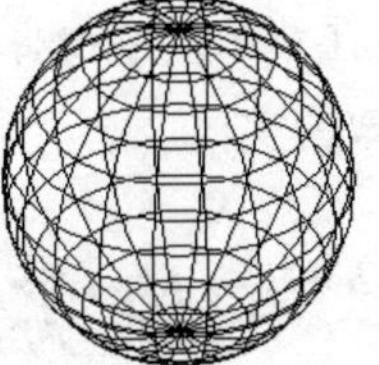

图 12-41　实体分割后

2. 清除

在“功能区”选项板中选择“常用”选项卡，在“实体编辑”面板中单击“清除”按钮

；或在菜单栏中选择“修改”|“实体编辑”|“清除”命令，可以删除共享边以及那些在边或顶点具有相同表面或曲线定义的顶点。用户可以删除所有多余的边、顶点以及不使用的几何图形，但不删除压印的边。

例如，使用“清除”命令清除如图 12-42 所示的三维实体后，效果如图 12-43 所示。

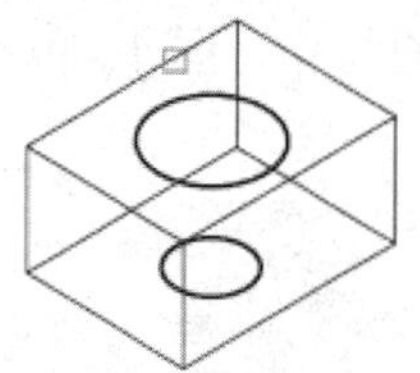

图 12-42　实体清除前

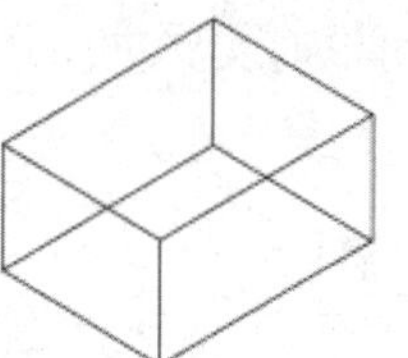

图 12-43　实体清除后

3. 抽壳

在“功能区”选项板中选择“常用”选项卡，在“实体编辑”面板中单击“抽壳”按钮 ；或在菜单栏中选择“修改”|“实体编辑”|“抽壳”命令，可以用指定的厚度创建一个空的薄层。用户可以为所有面指定一个固定的薄层厚度。通过选择面可以将这些面排除在壳外。一个三维实体只能有一个壳。用户可以通过将现有面偏移出其原有位置来创建新的面。

使用“抽壳”命令执行抽壳操作时，若输入的抽壳偏移距离为正值，表示从圆周外开始抽壳；若为负值，表示从圆周内开始抽壳。

例如，使用“抽壳”命令对如图 12-44 所示的三维实体抽壳后，效果如图 12-45 所示。

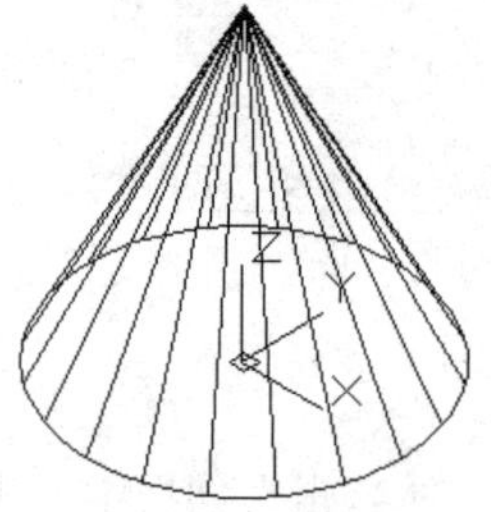

图 12-44　实体抽壳前

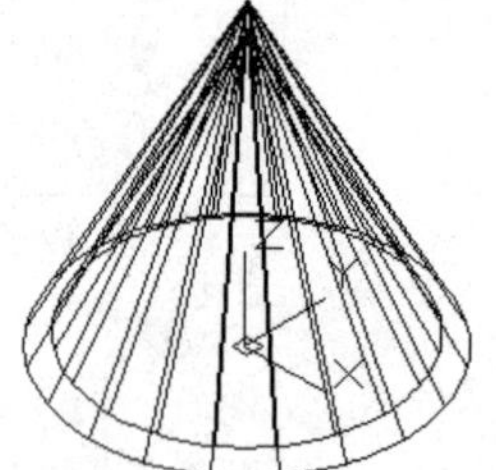

图 12-45　实体抽壳后

4. 检查

在“功能区”选项板中选择“常用”选项卡，在“实体编辑”面板中单击“检查”按钮 ；或在菜单栏中选择“修改”|“实体编辑”|“检查”命令，可以检查选中的三维对象是否是有效的实体。

12.3　三维实体的布尔运算

在 AutoCAD 2021 中，用户可以对三维基本实体进行并集、差集、交集和干涉 4 种布尔运算，以创建复杂实体。

12.3.1　对三维对象求并集

在快速访问工具栏中选择“显示菜单栏”命令，在显示的菜单栏中选择“修改”|“实体编辑”|“并集”命令(UNION)，可以通过组合多个实体来生成一个新的实体。该命令主要用于将多个相交或相接触的对象组合在一起。当组合一些不相交的实体时，显示效果看起来还是多个实体，但实际上却被当成一个对象。在使用该命令时，只需要依次选择待合并的对象即可。

例如，要对如图 12-46 所示的两个长方体做并集运算，可在“功能区”选项板中选择“常用”选项卡，在“实体编辑”面板中单击“实体，并集”按钮，再分别选择两个长方体；按下 Enter 键，即可完成并集运算，效果如图 12-47 所示。

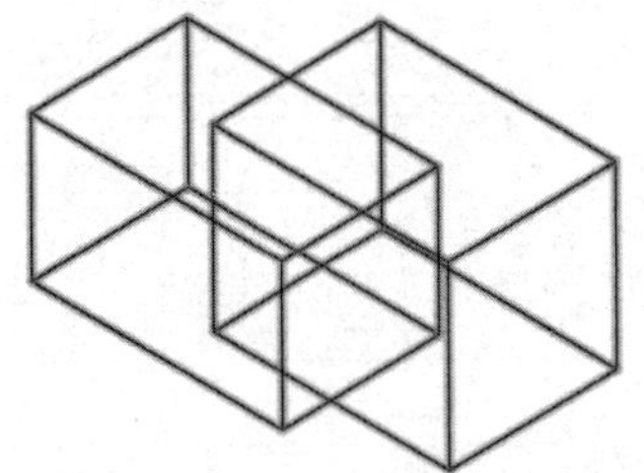

图 12-46　用于并集运算的实体

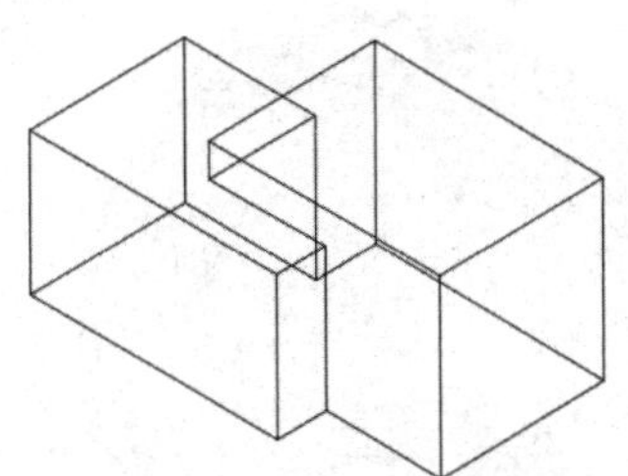

图 12-47　并集运算效果

12.3.2　对三维对象求差集

在“功能区”选项板中选择“常用”选项卡，在“实体编辑”面板中单击“实体，差集”按钮；或在菜单栏中选择“修改”|“实体编辑”|“差集”命令(SUBTRACT)，可以从一些实体中去掉部分实体，从而得到一个新的实体。例如，要从如图 12-48 所示的长方体 A 中减去长方体 B，可以在“功能区”选项板中选择“常用”选项卡，在“实体编辑”面板中单击“实体，差集”按钮。再单击长方体 A，按下 Enter 键，最后单击长方体 B，按下 Enter 键确认，即可完成差集运算，效果如图 12-49 所示。

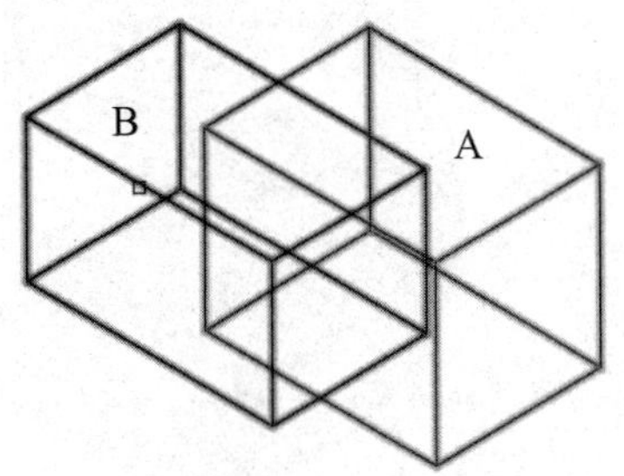

图 12-48　用于差集运算的实体

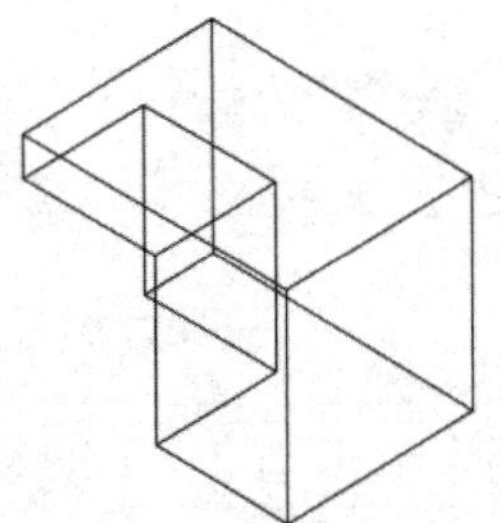

图 12-49　差集运算效果

【练习 12-5】使用“差集”功能，创建阀芯零件。视频

(1) 在命令行中执行 ISOLINES 命令，设置线框密度为 50，设置对象上每个曲面的轮廓线数目。

(2) 选择菜单栏中的“视图”|“三维视图”|“西南等轴测”命令，将当前视图切换为西南等轴测视图。

(3) 选择“工具”|“工具栏”|“AutoCAD”|“建模”命令，在 AutoCAD 工作界面中显示“建模”工具栏，然后单击“建模”工具栏中的“球体”按钮，以坐标(0,0,0)为球心所在原点，创建半径为 20 的球体，如图 12-50 所示。

(4) 选择“视图”|“三维视图”|“左视”命令，将当前视图切换至左视图，如图 12-51 所示。

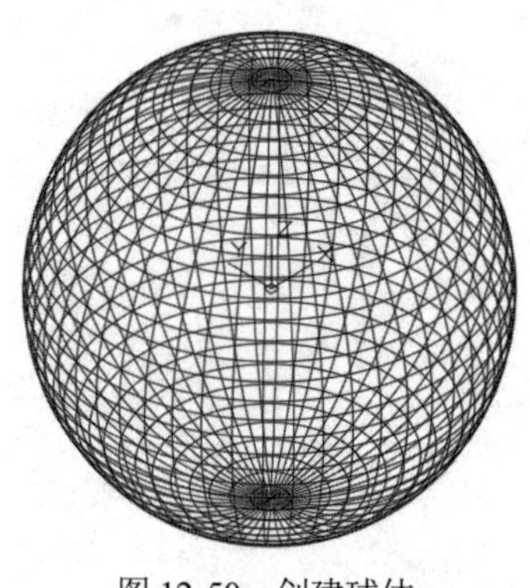

图 12-50　创建球体

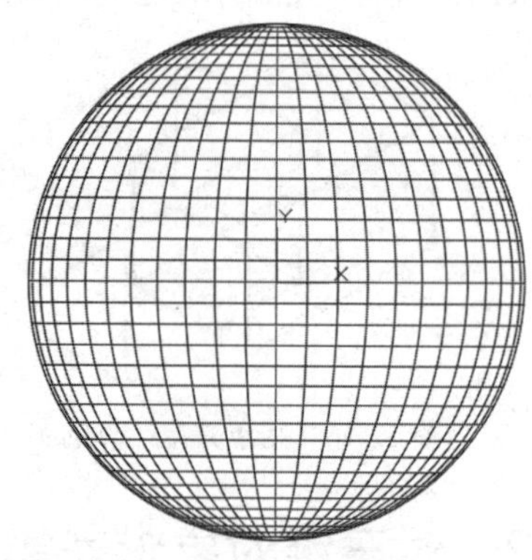

图 12-51　左视图

(5) 选择菜单栏中的“修改”|“三维操作”|“剖切”命令，将绘制的球体分别沿(16,0,0)和(−16,0,0)的 YZ 轴方向进行剖切处理，如图 12-52 所示。

(6) 选择“视图”|“三维视图”|“东南等轴测”命令，将当前视图切换至东南等轴测视图。

(7) 单击“建模”工具栏中的“圆柱体”按钮，绘制一个以原点(0,0,16)为底面中心点，半径为 10，高度为−32 的圆柱体，效果如图 12-53 所示。

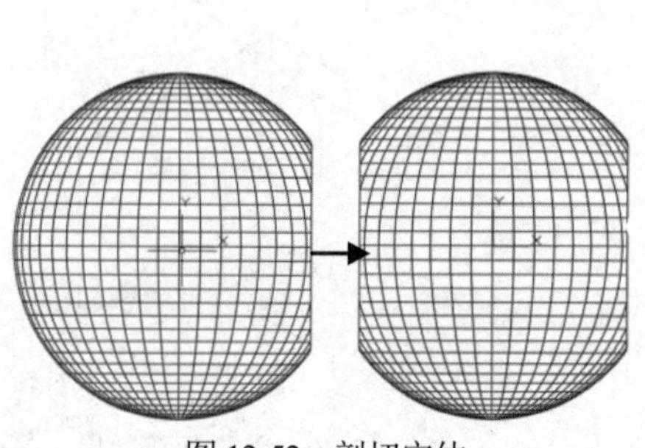

图 12-52　剖切实体

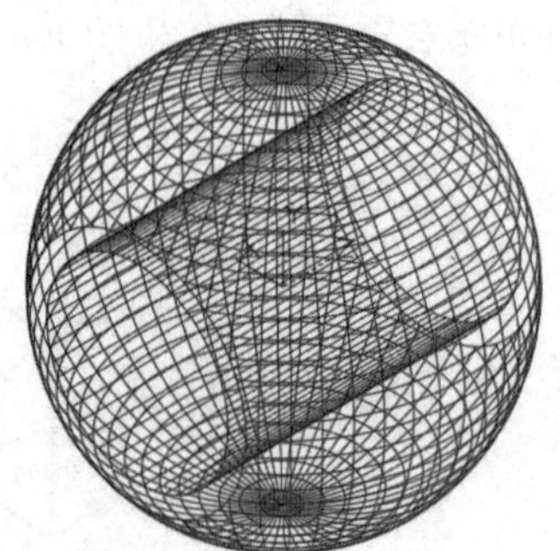

图 12-53　绘制圆柱体(一)

(8) 再次单击“圆柱体”按钮，绘制一个以原点(0,48,5)为底面中心，半径为 34，高度为−10 的圆柱体，如图 12-54 所示。

(9) 右击“建模”工具栏，从弹出的快捷菜单中选择“实体编辑”命令，显示“实体编

辑”工具栏，然后单击其中的“差集”按钮，对球体和两个圆柱体进行差集处理，效果如图 12-55 所示。

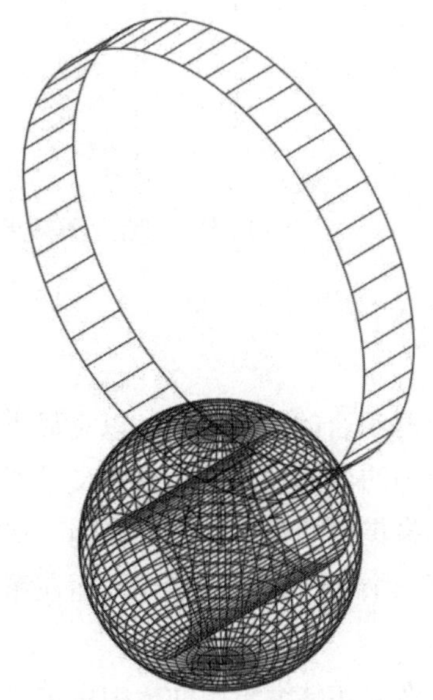

图 12-54　绘制圆柱体(二)

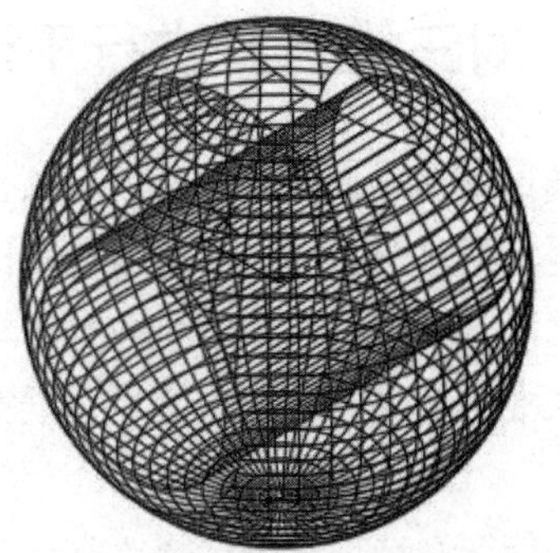

图 12-55　差集后的实体效果

(10) 选择“视图”|“视觉样式”|“灰度”命令，实体效果如图 12-56 所示。

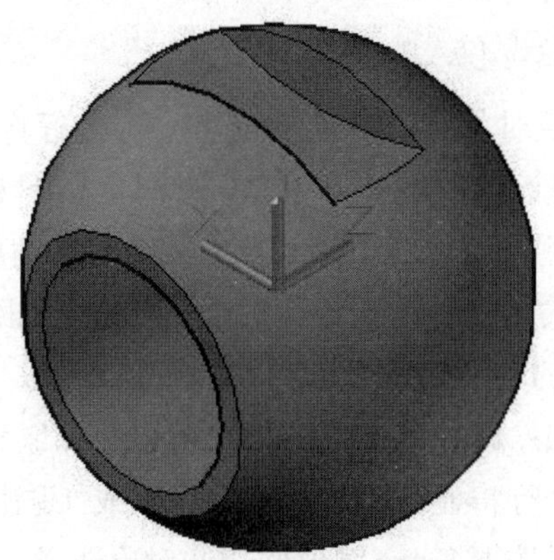

图 12-56　阀芯实体效果

12.3.3　对三维对象求交集

在“功能区”选项板中选择“常用”选项卡，在“实体编辑”面板中单击“实体，交集”按钮；或在菜单栏中选择“修改”|“实体编辑”|“交集”命令(INTERSECT)，可以利用各实体的公共部分创建新实体。

例如，要对如图 12-57 所示的两个长方体求交集，可以在“功能区”选项板中选择“常用”选项卡，然后在“实体编辑”面板中单击“实体，交集”按钮，再单击所有需要求交集的长方体，按下 Enter 键，即可完成交集运算，效果如图 12-58 所示。

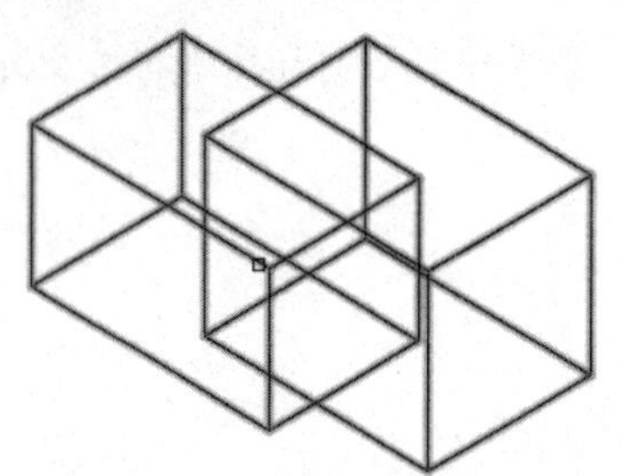
图 12-57 用于交集运算的实体

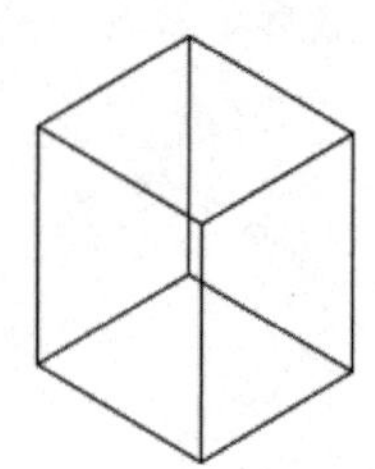
图 12-58 交集运算效果

12.3.4 对三维对象进行干涉运算

干涉通过从两个或多个实体的公共部分创建临时组合的三维实体，以亮显重叠的三维实体。如果定义了单个选择集，干涉将对比检查集合中的全部实体。如果定义了两个选择集，干涉将对比检查第一个选择集中的实体与第二个选择集中的实体。如果在两个选择集中都包括同一个三维实体，干涉就将这个三维实体视为第一个选择集的一部分，而在第二个选择集中忽略它。

在“功能区”选项板中选择“常用”选项卡，在“实体编辑”面板中单击“干涉”按钮 ；或在菜单栏中选择“修改”|“三维操作”|“干涉检查”命令(INTERFERE)，可以对对象进行干涉运算。此时，命令行显示如下提示信息。

```
INTERFERE 选择第一组对象或 [嵌套选择(N)/设置(S)]:
```

默认情况下，选择第一组对象后，按下 Enter 键，命令行将显示“选择第二组对象或 [嵌套选择(N)/检查第一组(K)] <检查>：”提示信息。此时，按下 Enter 键，将打开“干涉检查”对话框，如图 12-59 所示。用户可以在干涉对象之间循环并缩放、移动和观察干涉对象，如图 12-60 所示，也可以指定关闭“干涉检查”对话框时是否删除干涉对象。

提示信息中其他各选项的功能如下所示。

- “嵌套选择(N)”选项：选择该选项，用户可以选择嵌套在块和外部参照中的单个实体对象。此时，命令行将显示“选择嵌套对象或 [退出(X)] <退出>：”提示信息，可以选择嵌套对象或按下 Enter 键返回普通对象选择。

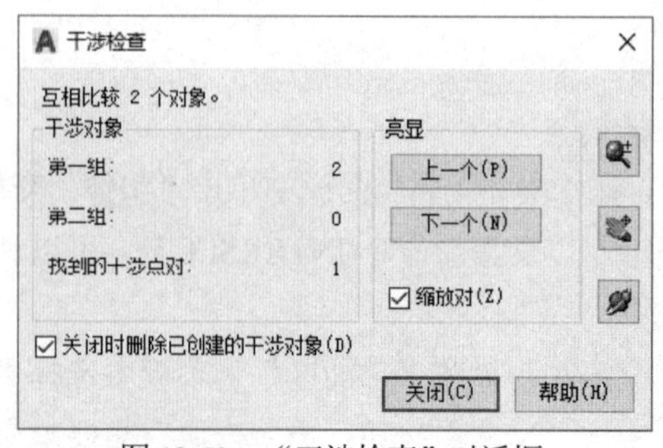

图 12-59 “干涉检查”对话框

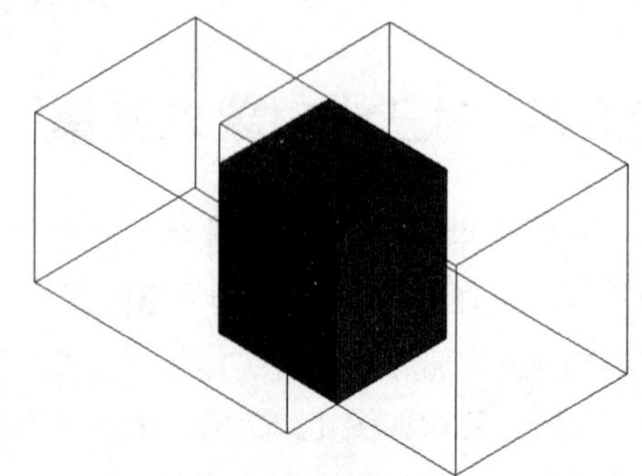
图 12-60 观察干涉对象

- “设置(S)”选项：选择该选项，将打开“干涉设置”对话框，如图 12-61 所示。该对话框用于控制干涉对象的显示。其中，“干涉对象”选项区域用于指定干涉对象的视觉样式和颜色；“视口”选项区域用于指定检查干涉时的视觉样式。

例如，要对两个长方体进行干涉运算，效果如图 12-62 所示。

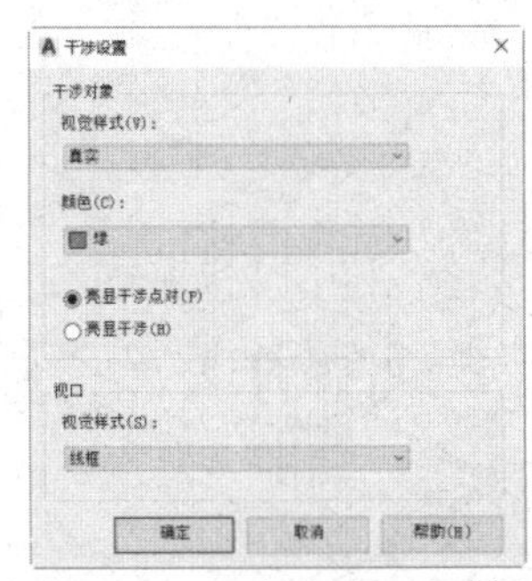

图 12-61　“干涉设置”对话框

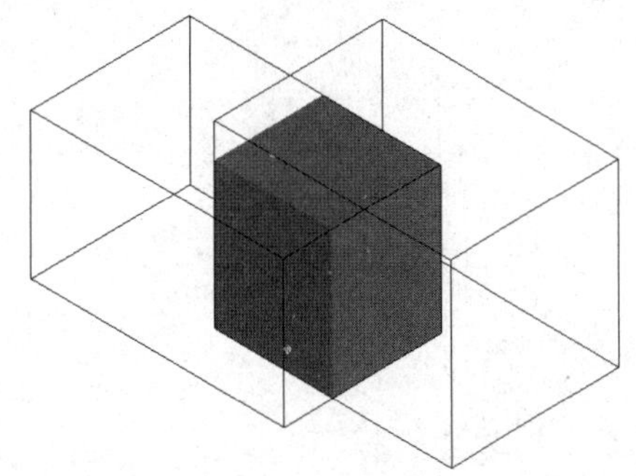

图 12-62　进行干涉运算后的效果

12.4　三维图形的尺寸标注

在 AutoCAD 2021 中，使用“标注”菜单中的命令或“标注”面板中的标注工具，不仅可以标注二维对象的尺寸，还可以标注三维对象的尺寸。由于所有的尺寸标注都只能在当前坐标系的 XY 平面中进行，因此为了准确标注三维对象中各部分的尺寸，需要不断地变换坐标系。

【练习 12-6】标注三维图形中长方体的长度、高度和宽度。视频

(1) 在“功能区”选项板中选择“常用”选项卡，然后在“图层”面板中单击“图层特性”按钮，打开“图层特性管理器”选项板；新建一个“标注层”，并将该层设置为当前图层。

(2) 在“功能区”选项板中选择“常用”选项卡，然后在“坐标”面板中单击“原点”按钮，将坐标系移动至如图 12-63 所示的位置。

(3) 在“功能区”选项板中选择“注释”选项卡，然后在“标注”面板中单击“线性”按钮，标注长方体底面的长和宽，如图 12-64 所示。

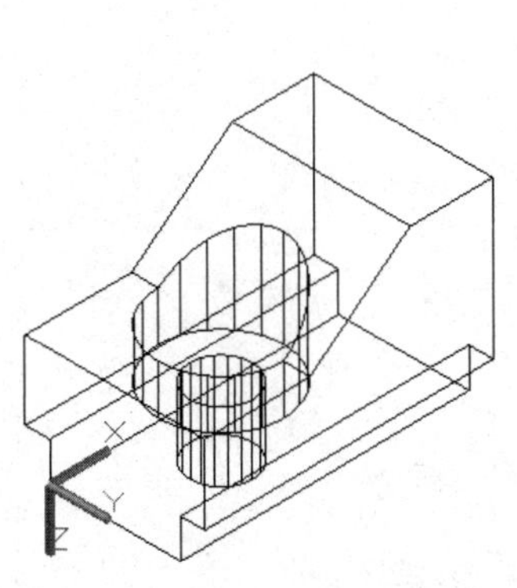

图 12-63　移动坐标系

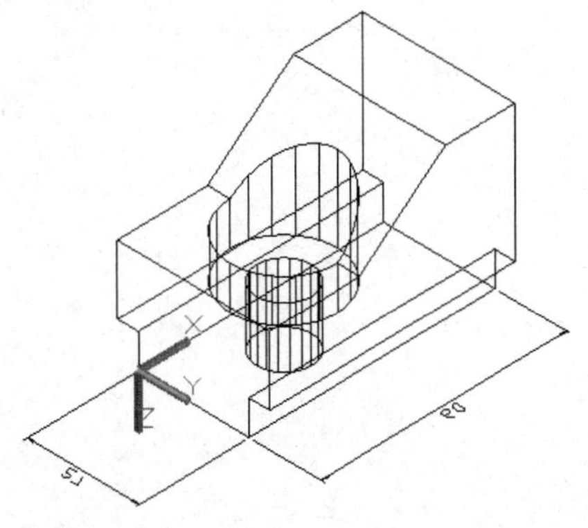

图 12-64　线性标注

(4) 在“功能区”选项板中选择“常用”选项卡，然后在“坐标”面板中单击 Y 按钮，将坐标系绕 Y 轴旋转 90°，如图 12-65 所示。

(5) 在“功能区”选项板中选择“注释”选项卡，然后在“标注”面板中单击“线性”按钮，标注长方体的高度，如图 12-66 所示。

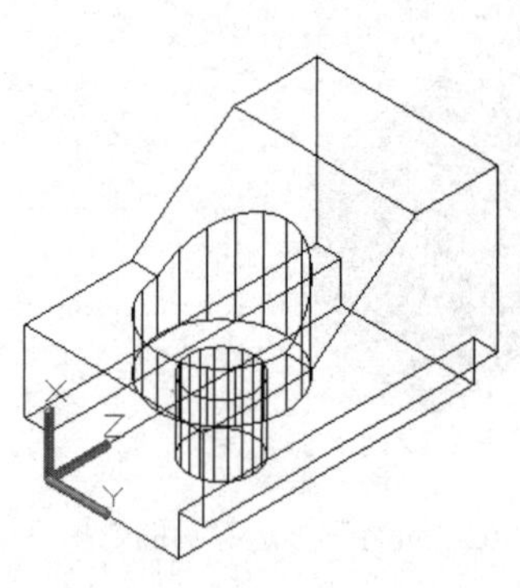

图 12-65　旋转坐标系

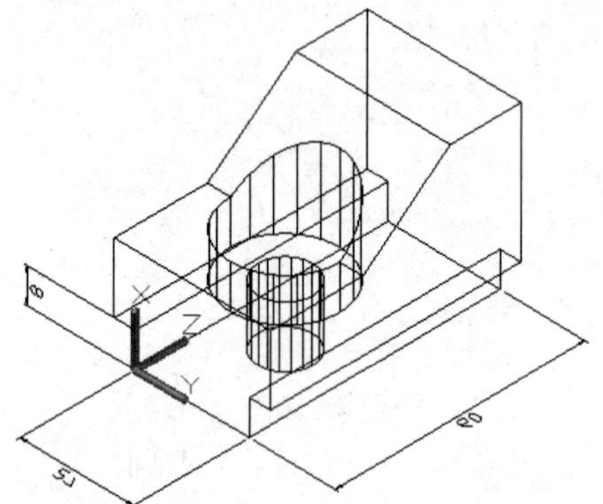

图 12-66　标注长方体的高度

12.5　思考和练习

1. 在 AutoCAD 2021 中，如何对三维实体进行并集、差集、交集和干涉这 4 种布尔运算？
2. 在 AutoCAD 2021 中，如何对三维实体进行分割、清除、抽壳与检查？
3. 在 AutoCAD 2021 中，如何标注三维图形的尺寸？

第13章

观察和渲染三维图形对象

使用三维观察和导航工具，可以在图形中导航、为指定视图设置相机以及创建动画以便与其他人共享设计。通过对三维对象使用光源和材质，可以使图形的渲染效果更加完美。本章将介绍观察和渲染三维图形的相关知识。

13.1 认识动态观察

三维导航工具允许用户从不同的角度、高度和距离查看图形中的对象。用户可以使用以下三维工具在三维视图中进行动态观察、回旋、调整距离、缩放和平移。

13.1.1 受约束的动态观察

在“导航栏”面板中单击“动态观察”按钮；或在快速访问工具栏中选择“显示菜单栏”命令，在显示的菜单栏中选择“视图”|“动态观察”|“受约束的动态观察”命令(3DORBIT)，可以在当前视口中激活三维动态观察视图。

当“受约束的动态观察”处于活动状态时，视图的目标将保持静止，而相机的位置(或视点)将围绕目标移动。但是，看起来好像三维模型正在随着光标的拖动而旋转。用户可以按照此方式指定模型的任意视图。此时，显示三维动态观察图标。如果进行水平拖动，相机将平行于世界坐标系(WCS)的 XY 平面移动；如果进行垂直拖动，相机将沿 Z 轴移动，如图 13-1 所示。

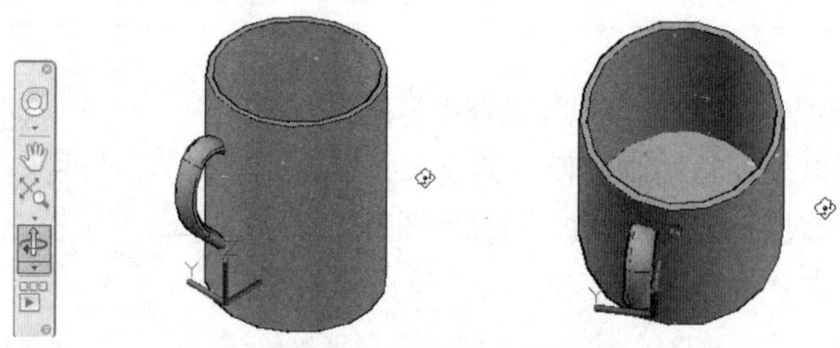

图 13-1 受约束的动态观察

13.1.2 自由动态观察

在“导航栏”面板中单击“自由动态观察”按钮；或在菜单栏中选择“视图”|“动态观察”|“自由动态观察”命令(3DFORBIT)，可以在当前视口中激活三维自由动态观察视图。如果用户坐标系(UCS)图标为开，则表示当前 UCS 的着色三维 UCS 图标显示在三维动态观察视图中。

在三维自由动态观察视图中显示一个导航球，如图 13-2 所示。取消选择快捷菜单中的“启用动态观察自动目标”选项时，视图的目标将保持固定不变。相机位置或视点将绕目标移动。目标点是导航球的中心，而不是正在查看的对象的中心。与“受约束的动态观察”不同，“自由动态观察”不约束沿 XY 平面或 Z 轴方向的视图变化。

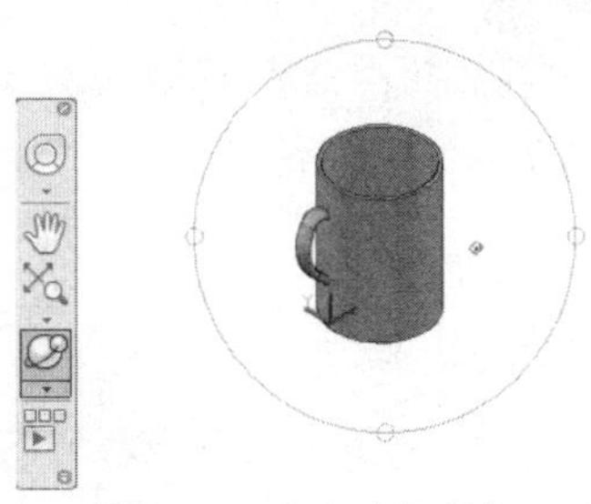

图 13-2　自由动态观察

13.1.3　连续动态观察

在“导航栏”面板中单击“连续动态观察”按钮；或在菜单栏中选择“视图”|“动态观察”|“连续动态观察”命令(3DCORBIT)，可以启用交互式三维视图并将对象设置为连续运动。

执行 3DCORBIT 命令后，在绘图区中单击并沿任意方向拖动，使对象沿正在拖动的方向开始移动，如图 13-3 所示。释放鼠标，对象在指定的方向上继续进行它们的轨迹运动。为光标移动设置的速度决定了对象的旋转速度。可通过再次单击并拖动来改变连续动态观察的方向。在绘图区中右击并从快捷菜单中选择选项，可以修改连续动态观察的显示。

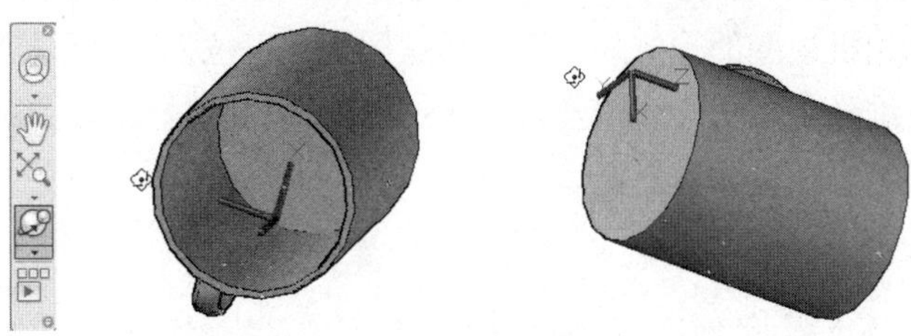

图 13-3　连续动态观察

13.2　使用运动路径动画

使用运动路径动画(如模型的三维动画穿越漫游)可以向用户形象地演示模型，也可以录制和回放导航过程，以动态传达设计意图。

13.2.1　创建相机

在 AutoCAD 2021 中使用相机功能，用户可以在模型空间中放置一台或多台相机来定义三维透视图。

在图形中，可以通过放置相机来定义三维视图；可以打开或关闭相机并使用夹点来编辑相机的位置、目标或焦距；可以通过位置 X、Y、Z 坐标、目标 X、Y、Z 坐标和视野/焦距(用于确定缩放比例)定义相机。默认情况下，已保存相机的名称为 Camera1、Camera2 等。用户可以根据需要重命名相机以便更好地描述相机视图。

在菜单栏中选择“视图”|“创建相机”命令(CAMERA)，可以设置相机和目标的位置，以创建并保存对象的三维透视图，如图 13-4 所示。

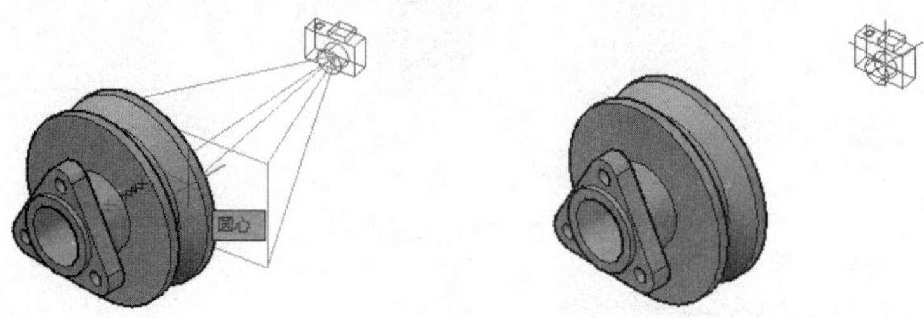

图 13-4　创建相机

通过定义相机的位置和目标，然后进一步定义其名称、高度、焦距和剪裁平面来创建新相机。执行“创建相机”命令时，在图形中指定相机位置和目标位置后，命令行显示如下提示信息。

```
CAMERA 输入选项[?/名称(N)/位置(LO)/高度(H)/坐标(T)/镜头(LE)/剪裁(C)/视图(V)/退出(X)]<退出>:
```

在上述命令行提示下，可以指定是否显示当前已定义相机的列表、相机名称、相机位置、相机高度、相机目标位置、相机焦距、剪裁平面，以及设置当前视图以匹配相机设置。

在图形中创建相机后，当选中相机时，将打开“相机预览”窗口，如图 13-5 所示。其中，预览窗口用于显示相机视图的预览效果；“视觉样式”下拉列表用于指定应用于预览的视觉样式，如概念、三维隐藏、三维线框及真实等；“编辑相机时显示此窗口”复选框用于指定编辑相机时是否显示“相机预览”窗口。

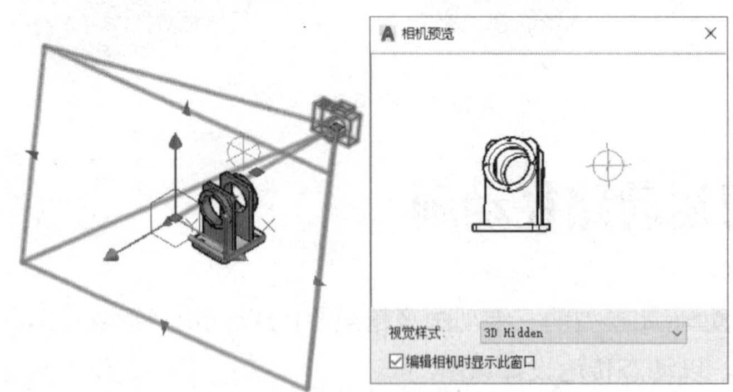

图 13-5　“相机预览”窗口

在选中相机后，可以通过以下多种方式来更改相机设置。

- 单击并拖动夹点，以调整焦距、视野大小或重新设置相机位置，如图 13-6 所示。
- 使用动态输入工具栏提示输入 X、Y、Z 坐标值。
- 使用“特性”选项板修改相机特性，如图 13-7 所示。

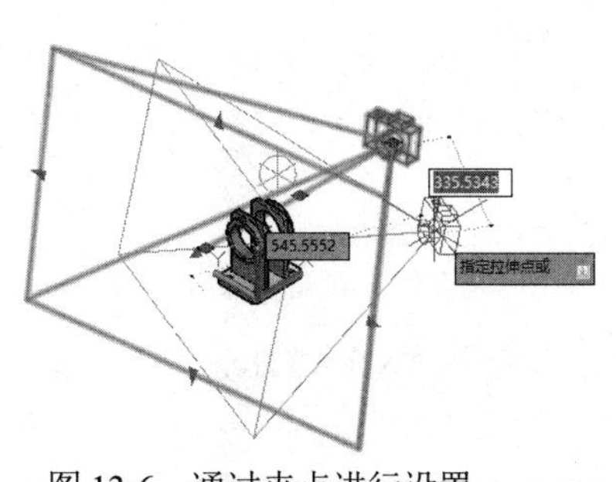

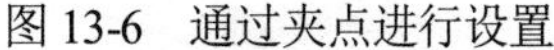
图 13-6　通过夹点进行设置

图 13-7　相机的“特性”选项板

在菜单栏中选择“视图”|“相机”|“调整视距”命令(3DDISTANCE)，可以将光标更改为具有上箭头和下箭头的直线。单击并向屏幕顶部垂直拖动光标，使相机靠近对象，从而使对象显示得更大；单击并向屏幕底部垂直拖动光标使相机远离对象，从而使对象显示得更小，如图 13-8 所示。

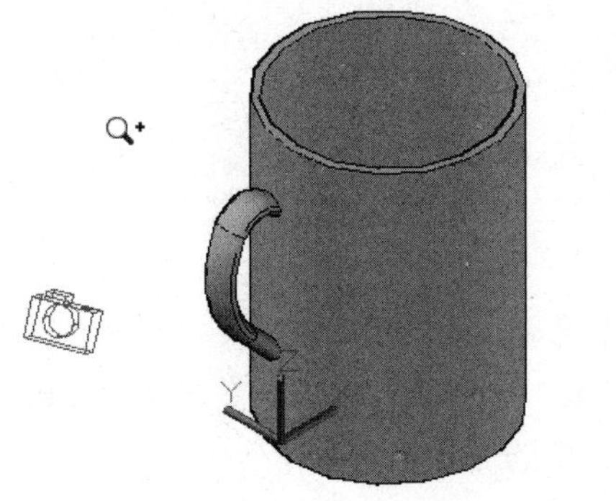

图 13-8　调整视距

在菜单栏中选择“视图”|“相机”|“回旋”命令(3DSWIVEL)，可以在拖动方向上模拟平移相机，可以沿 XY 平面或 Z 轴回旋视图。

13.2.2　控制相机运动路径的方法

用户可以通过将相机及其目标链接到点或路径上来控制相机运动，从而控制动画。要使用运动路径创建动画，可以将相机及其目标链接到某个点或某条路径上。

- 如果要相机保持原样，则将其链接到某个点；如果要相机沿路径运动，则将其链接到路径上。
- 如果要目标保持原样，则将其链接到某个点；如果要目标移动，则将其链接到某条路径上。但无法将相机和目标链接到同一个点。
- 如果要使动画视图与相机路径一致，则使用同一路径。在“运动路径动画”对话框中，将目标路径设置为“无”即可。

注意：

相机或目标链接的路径，必须在创建运动路径动画之前创建路径对象。路径对象可以是直线、圆弧、椭圆弧、圆、多段线、三维多段线或样条曲线。

13.2.3 设置运动路径动画参数

在菜单栏中选择“视图”|“运动路径动画”命令(ANIPATH)，打开“运动路径动画”对话框，如图 13-9 所示。

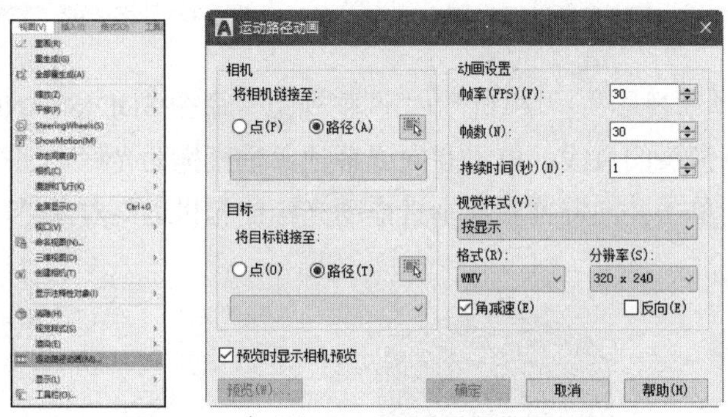

图 13-9 打开“运动路径动画”对话框

1. 设置相机

在“相机”选项区域中，可以设置将相机链接至图形中的静态点或运动路径。选中“点”或“路径”单选按钮后，可以单击拾取按钮，选择相机所在位置的点或沿相机运动的路径。这时在下方的下拉列表中将显示可以链接相机的命名点或路径列表。

注意：

创建运动路径时，将自动创建相机。如果删除指定为运动路径的对象，将同时删除命名的运动路径。

2. 设置目标

在“目标”选项区域中，可以设置将相机及其目标链接至点或路径。如果将相机链接至点，则必须将目标链接至路径；如果将相机链接至路径，可以将目标链接至点或路径。

3. 设置动画

在“动画设置”选项区域中，可以控制动画文件的输出。其中，“帧率”文本框用于设置动画的运行速度，以帧每秒为单位计量，指定范围为 1~60，默认值为 30；“帧数”文本框用于指定动画中的总帧数，该值与帧率共同确定动画的长度，更改该数值时，将自动重新计算持续时间；“持续时间”文本框用于指定动画(片段中)的持续时间；“视觉样式”下拉列表中显示可应用于动画文件的视觉样式和渲染预设的列表；“格式”下拉列表用于指定动画的文件格式，可以将动画保存为 AVI、MOV、MPG 或 WMV 的格式文件以便日后回放；“分辨率”下拉列表用于以屏幕显示单位定义生成的动画的宽度和高度，默认值为 320×240；

“角减速”复选框用于设置相机转动时，以较低的速率移动相机；“反向”复选框用于设置反转动画的方向。

4. 预览动画

在“运动路径动画”对话框中，选中“预览时显示相机预览”复选框，将显示“动画预览”窗口，从而可以在保存动画之前进行预览。单击“预览”按钮，将打开“动画预览”窗口。在“动画预览”窗口中，可以预览使用运动路径或三维导航创建的运动路径动画。

13.2.4　创建运动路径动画

了解了运动路径动画的设置方法后，下面通过一个具体实例来介绍运动路径动画的创建方法。

【练习 13-1】在图形上绘制一个圆，然后创建沿圆运动的动画效果。其中，目标位置为圆心，视觉样式为灰度，动画输出格式为 WMV。视频

(1) 打开图形，在 Z 轴正方向的某一位置(用户可以自己指定)创建一个圆。然后调整视图显示，效果如图 13-10 所示。

图 13-10　调整视图显示

(2) 在菜单栏中选择“视图”|“运动路径动画”命令(ANIPATH)，打开“运动路径动画”对话框。然后在“相机”选项区域中选中“路径”单选按钮，如图 13-11 所示。

(3) 单击“选择路径”按钮，切换到绘图窗口，单击绘制的圆作为相机的运动路径，此时将打开“路径名称”对话框。保持默认名称，单击“确定”按钮，如图 13-12 所示。

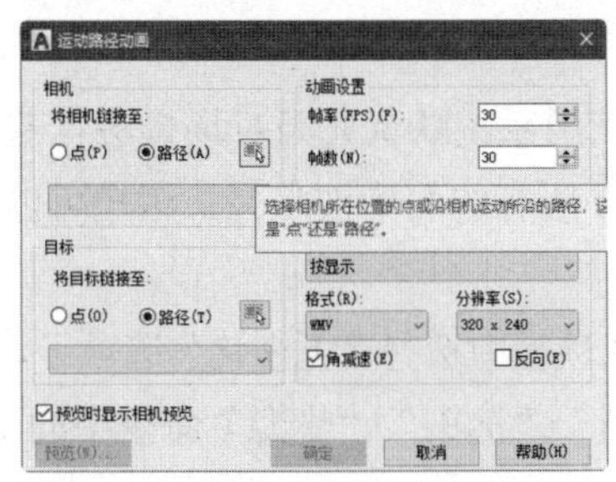

图 13-11　选中“路径”单选按钮

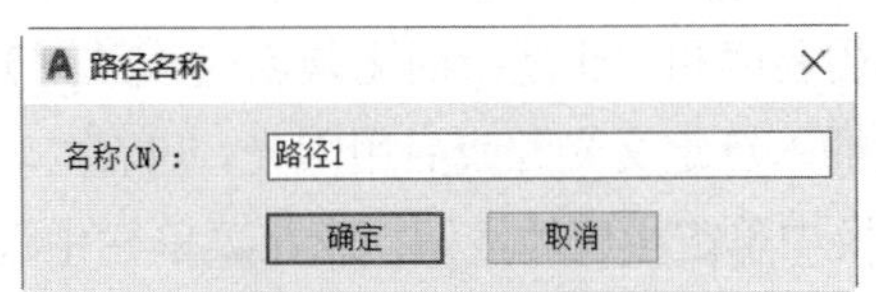

图 13-12　“路径名称”对话框

(4) 在“目标”选项区域中选中“点”单选按钮，单击“拾取点”按钮，切换到绘图

窗口，拾取圆心位置作为相机的目标位置，如图 13-13 所示。

(5) 此时，将打开“点名称”对话框，如图 13-14 所示，保持默认名称，单击“确定”按钮，返回至“运动路径动画”对话框。

图 13-13　拾取圆心

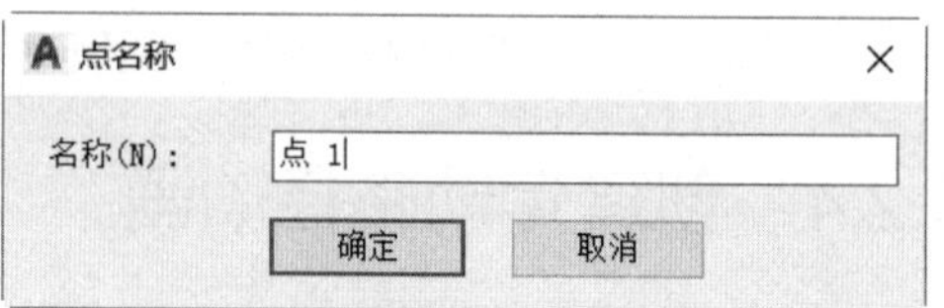

图 13-14　“点名称”对话框

(6) 在“动画设置”选项区域的“视觉样式”下拉列表中选择“灰度”，在“格式”下拉列表中选择 WMV，如图 13-15 所示。

(7) 单击“预览”按钮，预览动画效果，满意后关闭“动画预览”窗口，返回到“运动路径动画”对话框。在“运动路径动画”对话框中单击“确定”按钮，打开“另存为”对话框，如图 13-16 所示，单击“保存”按钮，保存创建的路径动画，这时用户可以选择一个播放器来观看动画效果。

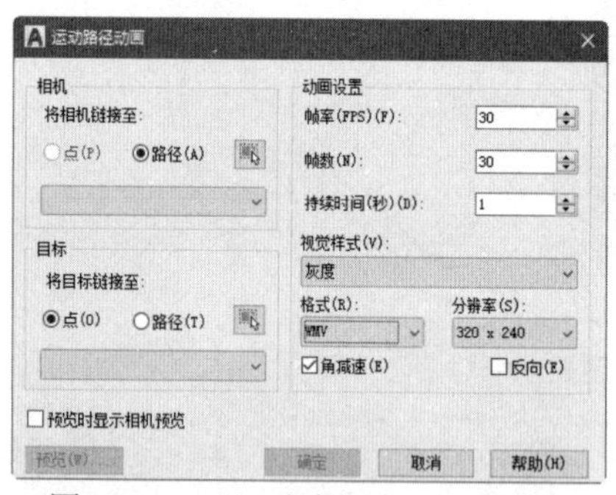

图 13-15　“运动路径动画”对话框

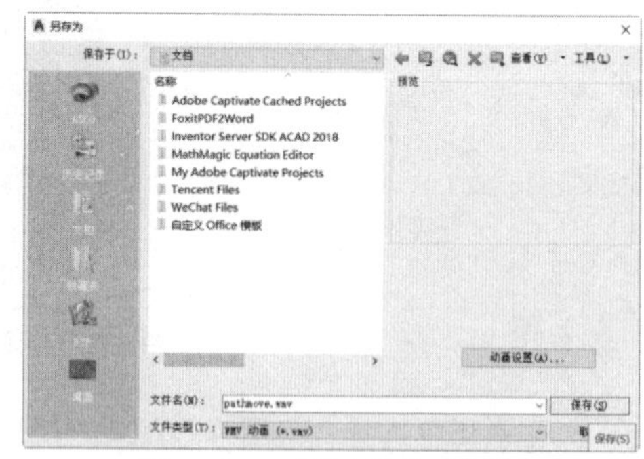

图 13-16　“另存为”对话框

13.3　光源

当场景中没有用户创建的光源时，AutoCAD 将使用系统默认光源对场景进行着色或渲染。默认光源是来自视点后面的两个平行光源，模型中所有的面均被照亮。用户可以控制默认光源的亮度和对比度，而无须创建或放置光源。

要插入自定义光源或启用阳光，可在“功能区”选项板中选择“可视化”选项卡，在“光源”面板中单击相应的按钮；或在菜单栏中选择“视图”|“渲染”|“光源”命令中的子命令。插入自定义光源或启用阳光后，默认光源将会被禁用。

13.3.1　点光源

点光源从其所在位置向四周发射光线，它不以某一对象为目标。使用点光源可以达到基本的照明效果。在“功能区”选项板中选择“可视化”选项卡，在“光源”面板中单击“点光源”按钮；或在菜单栏中选择“视图”|“渲染”|“光源”|“新建点光源”命令，可以创建点光源，如图 13-17 所示。点光源可以手动设置为强度随距离线性衰减或不衰减。默认情况下，衰减设置为无。

用户也可以使用 TARGETPOINT 命令创建目标点光源。目标点光源和点光源的区别在于可用的其他目标特性，目标点光源可以指向一个对象。将点光源的“目标”特性从“否”更改为“是”，点光源就更改为目标点光源了，其他目标特性也将会启用。

创建点光源时，指定光源位置后，还可以设置光源的名称、强度因子、状态、光度、阴影、衰减及过滤颜色等选项。此时命令行显示如下提示信息。

输入要更改的选项 [名称(N)/强度因子(I)/状态(S)/光度(P)/阴影(W)/衰减(A)/过滤颜色(C)/退出(X)] <退出>:

在点光源的“特性”选项板中，可以修改点光源的特性，如图 13-18 所示。

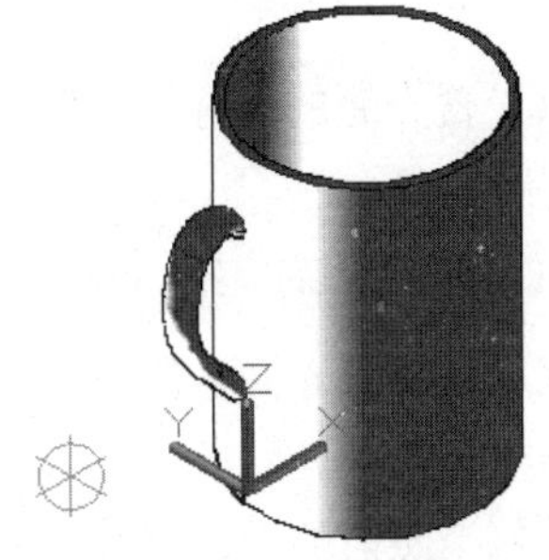

图 13-17　创建点光源

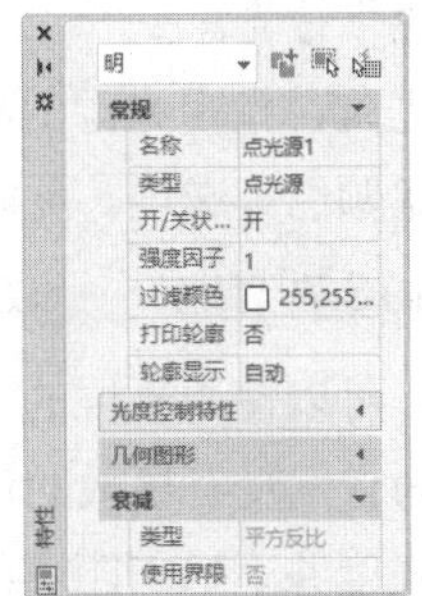

图 13-18　点光源的“特性”选项板

13.3.2　聚光灯

聚光灯(如闪光灯、剧场中的跟踪聚光灯或前灯)分布投射聚焦光束，发射定向锥形光，可以控制光源的方向和圆锥体的尺寸。在“功能区”选项板中选择“可视化”选项卡，在“光源”面板中单击“聚光灯”按钮；或在菜单栏中选择“视图”|“渲染”|“光源”|“新建聚光灯”命令，可以创建聚光灯，如图 13-19 所示。

创建聚光灯时，指定光源位置和目标位置后，还可以设置光源的名称、强度因子、状态、光度、聚光角、照射角、阴影、衰减及过滤颜色等选项。此时命令行显示如下提示信息。

输入要更改的选项 [名称(N)/强度因子(I)/状态(S)/光度(P)/聚光角(H)/照射角(F)/阴影(W)/衰减(A)/过滤颜色(C)/退出(X)]<退出>::

像点光源一样，聚光灯也可以手动设置为强度随距离衰减。但是，聚光灯的强度始终还是根据相对于聚光灯的目标矢量的角度衰减。此衰减由聚光灯的聚光角角度和照射角角度控制。聚光灯可用于亮显模型中的特定特征和区域。聚光灯具有目标特性，可以使用聚光灯的“特性”选项板来设置，如图 13-20 所示。

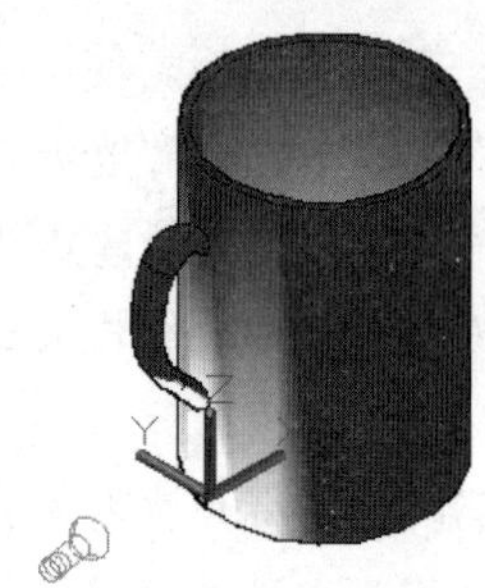

图 13-19　创建聚光灯

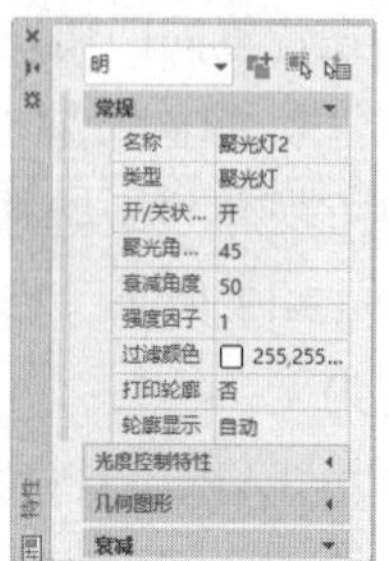

图 13-20　聚光灯的“特性”选项板

13.3.3　平行光

平行光仅向一个方向发射统一的平行光线。用户可以在视口中的任意位置指定 FROM 点和 TO 点，以定义光线的方向。在菜单栏中选择“视图”|“渲染”|“光源”|“新建平行光”命令，可以创建平行光。

创建平行光时，指定光源的矢量方向后，还可以设置光源的名称、强度因子、状态、光度、阴影及过滤颜色等选项，此时命令行显示如下提示信息。

```
输入要更改的选项 [名称(N)/强度因子(I)/状态(S)/光度(P)/阴影(W)/过滤颜色(C)/退出(X)] <退出>:
```

在图形中，可以使用不同的光线轮廓表示每个聚光灯和点光源，但不会用轮廓表示平行光和阳光。因为它们没有离散的位置并且也不会影响整个场景。

平行光的强度并不随着距离的增加而衰减；对于每个照射的面，平行光的亮度都与其在光源处相同。可以用平行光统一照亮对象或背景。

注意：
平行光在物理上不是非常精确，因此建议用户不要在光度控制流程中使用。

13.3.4　阳光与天光

在“功能区”选项板中选择“可视化”选项卡，使用“阳光和位置”面板，可以设置阳光和天光。

1. 阳光

阳光是模拟太阳光源效果的光源，可以用于显示结构投射的阴影如何影响周围区域。

阳光与天光是 AutoCAD 中自然照明的主要来源。但是，阳光的光线是平行的且为淡黄色，而大气投射的光线来自各个方向且颜色为明显的蓝色。使用系统变量 LIGHTINGUNITS 设置光度时，将提供更多阳光特性。

当流程为光度控制流程时，阳光特性具有更多可用的特性并且使用物理上更加精确的阳

光模型在内部进行渲染。由于将根据图形中指定的时间、日期和位置自动计算颜色，因此光度控制阳光的阳光颜色处于禁用状态，根据天空中的位置确定颜色。流程是常规光源或标准光源时，其他阳光与天光特性不可用。

阳光的光线相互平行，并且在任何距离处都具有相同强度。可以打开或关闭阴影，要提高性能，可在不需要阴影时将其关闭。除地理位置外，阳光的所有设置均由视口保存，而不是由图形保存。地理位置由图形保存。

在“功能区”选项板中选择“可视化”选项卡，在“阳光和位置”面板中单击“阳光特性”按钮，打开“阳光特性”选项板，可以设置阳光特性，如图 13-21 所示。

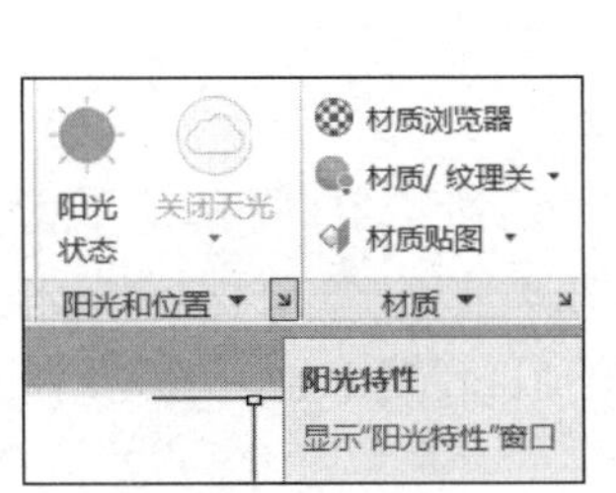

图 13-21　打开“阳光特性”选项板

在“功能区”选项板中选择“可视化”选项卡，在“阳光和位置”面板中单击“阳光状态”按钮，打开“光源-太阳光和曝光”对话框，从中可以设置默认光源的打开状态，如图 13-22 所示。

由于太阳光受地理位置的影响，因此在使用太阳光时，还可以在“功能区”选项板中选择“可视化”选项卡。在“阳光和位置”面板中单击“设置位置”按钮，选择“从地图”或“从文件”选项，如图 13-23 所示，打开“地理位置”对话框，可以设置光源的地理位置，如纬度、经度、北向和地区等。

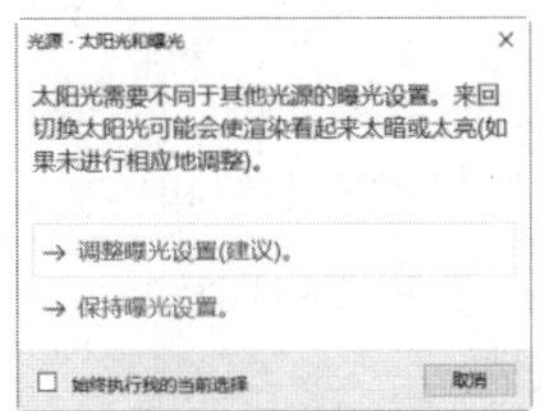

图 13-22　“光源-太阳光和曝光”对话框

图 13-23　单击“设置位置”按钮

2. 天光背景

选择天光背景的选项仅在光源单位为光度单位时可用。如果用户选择天光背景并且将光源更改为标准(常规)光源，则天光背景将被禁用。

在“功能区”选项板中选择“可视化”选项卡，在“阳光和位置”面板中单击“天光背景”按钮和“伴有照明的天光背景”按钮，可以在视图中使用天光背景和伴有照明的天光背景。

13.4 材质和贴图

将材质添加到图形中的对象上，可以展现对象的真实效果。使用贴图可以增加材质的复杂性和纹理的真实性。在“功能区”选项板中选择“可视化”选项卡，使用“材质”面板中的相应按钮；或在菜单栏中选择“视图”|“渲染”|“材质”、“贴图”子命令，可以创建材质和贴图，并将其应用于对象上。

13.4.1 使用材质

在“功能区”选项板中选择“可视化”选项卡，在“材质”面板中单击“材质浏览器”按钮 材质浏览器；或在菜单栏中选择“视图”|“渲染”|“材质浏览器”命令，打开“材质浏览器”选项板，使用户可以快速访问与使用预设材质，如图 13-24 所示。

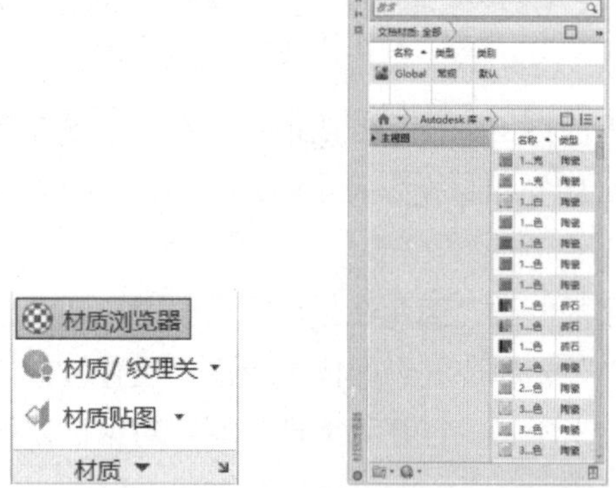

图 13-24 打开“材质浏览器”选项板

单击“图形中可用的材质”面板中的“在文档中创建新材质”按钮，可以创建新材质。使用“材质编辑器”面板，可以为要创建的新材质选择材质类型和样板。设置这些特性后，用户还可以使用“贴图”(如纹理贴图或程序贴图)、“高级光源替代”“材质缩放与平铺”和“材质偏移与预览”面板进一步修改新材质的特性。

13.4.2 将材质应用于对象

用户可以将材质应用到单个的面和对象，或将其附着到一个图层上的对象。要将材质应用到对象或面(曲面对象的三角形或四边形部分)，可以将材质从工具选项板拖动到对象上。材质将被添加到图形中，并且也将作为样例显示在“材质”窗口中。

打开“材质浏览器”选项板，在“Autodesk 库”列表中选择一个材质，在绘图区中选中所有图形对象，如图 13-25 所示。

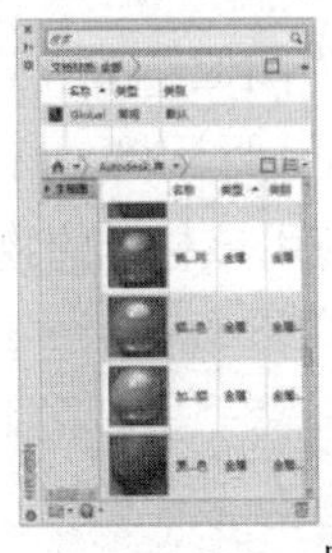

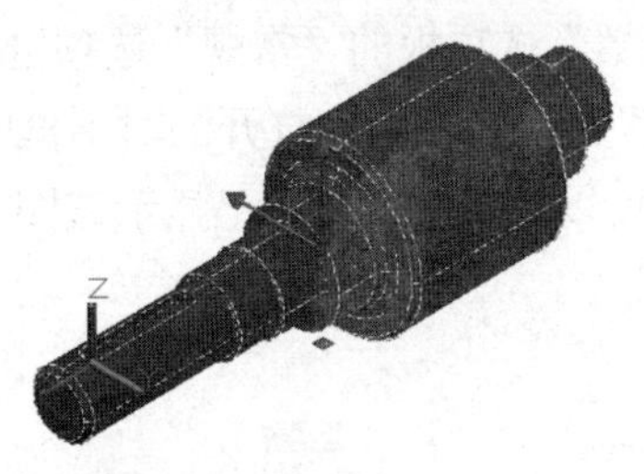

图 13-25　选择材质和图形对象

选择新创建的材质，右击鼠标，在弹出的快捷菜单中选择“指定给当前选择”命令，如图 13-26 所示。此时，即可为选择的图形对象赋予选择的材质，效果如图 13-27 所示。

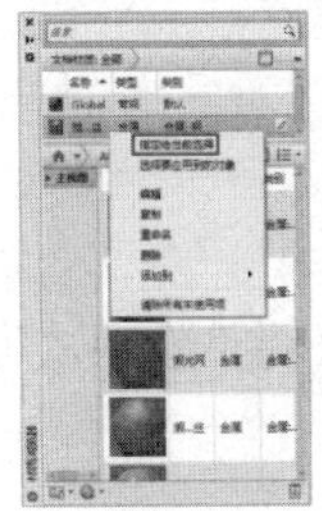

图 13-26　选择“指定给当前选择”命令

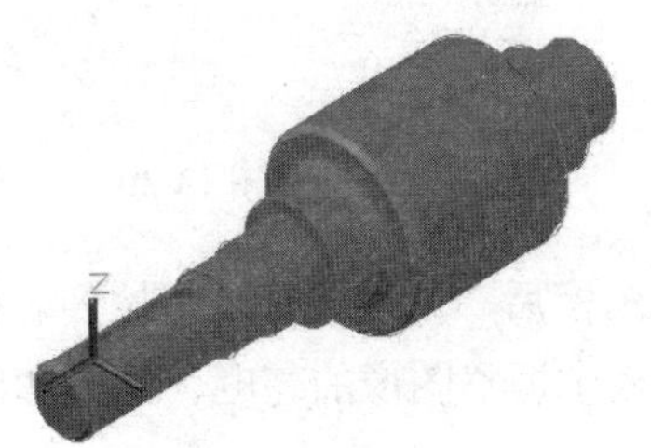

图 13-27　赋予材质

选择材质后，也可以进行复制和删除材质的操作。打开“材质浏览器”选项板，选择一个材质，右击鼠标，在弹出的快捷菜单中选择“复制”命令，如图 13-28 所示。右击选中的材质，在弹出的快捷菜单中选择“删除”命令，如图 13-29 所示。

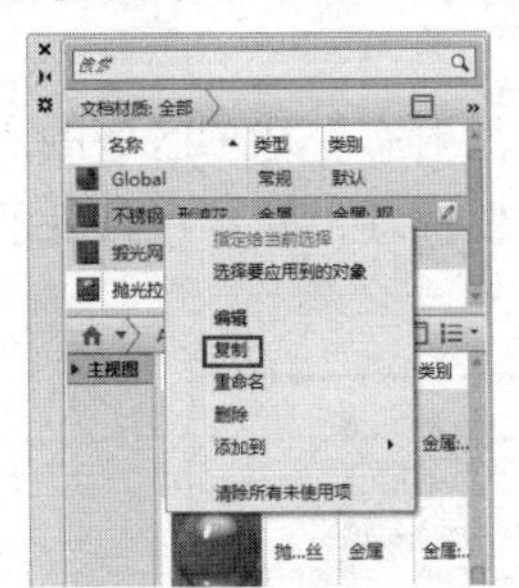

图 13-28　选择“复制”命令

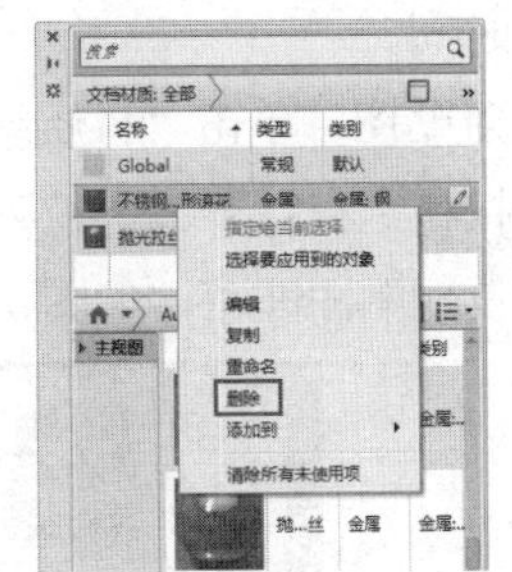

图 13-29　选择“删除”命令

13.4.3　使用贴图

在 AutoCAD 中可以使用多种类型的贴图，可用于贴图的图像格式包括 BMP、PNG、TGA、TIFF、GIF、PCX 和 JPEG 等。这些贴图在光源的作用下将产生不同的特殊效果。

1. 纹理贴图

纹理贴图可以表现物体的颜色纹理，如同将图像绘制在对象上一样。纹理贴图与对象表面特征、光源和阴影相互作用，可以产生具有高度真实感的图像。例如，将各种木纹理应用在家具模型的表面，在渲染时便可以显示各种木质的外观。

在“材质编辑器”选项板的“常规”选项区域中展开“图像”下拉列表框，在该下拉列表框中选择“图像”选项。然后在打开的对话框中指定图片，返回到“材质编辑器”选项板，如图 13-30 所示，可以发现材质球上已显示该图片，并且应用该材质的物体已应用贴图。

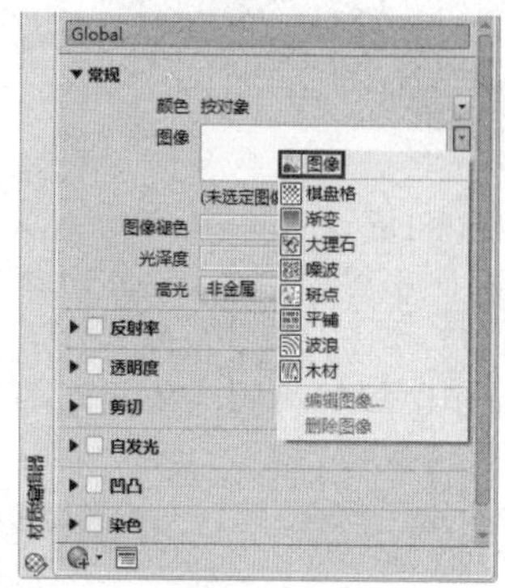

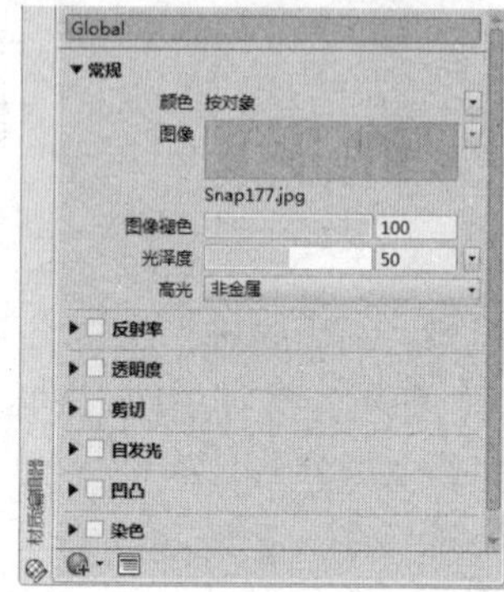

图 13-30　“材质编辑器”选项板

选择贴图图像后，在“图像”下拉列表框中选择“编辑图像”选项，可在打开的“纹理编辑器”选项板中调整图像的亮度、位置和比例等参数。

2. 反射贴图

反射贴图可以表现对象表面上反射的场景图像，也称为环境贴图。利用反射贴图可以模拟显示模型表面反射的周围的环境景象。例如，建筑表面的玻璃材质可以反射出天空和云彩等环境。使用反射贴图虽然不能精确地显示反射场景，但可以避免大量的光线反射和折射计算，节省渲染时间。

要使用反射贴图，单击“材质编辑器”选项板中“反射率”选项区域的“直接”文本框右侧的小三角按钮，在打开的下拉列表框中选择“图像”选项，然后在打开的对话框中指定一幅图像作为反射贴图即可，如图 13-31 所示。

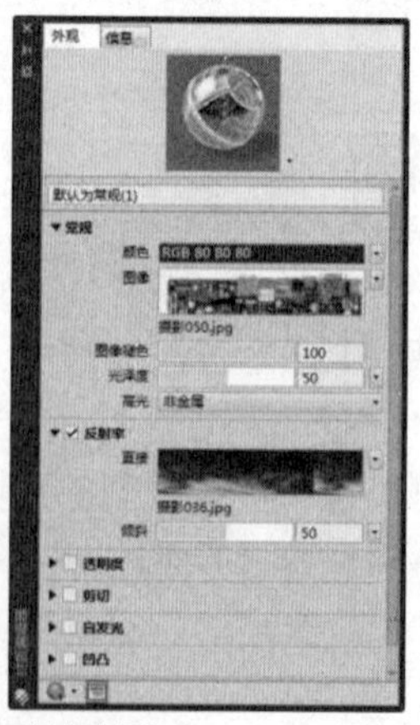

图 13-31　添加反射贴图

3. 透明贴图

透明贴图可以根据图像的颜色来控制对象表面的透明区域。在对象上应用透明贴图后，图像中白色部分对应的区域是透明的，而黑色部分对应的区域是完全不透明的，其他颜色将根据灰度决定相应的透明程度。如果透明贴图是彩色的，AutoCAD 将使用等价的颜色灰度值进行透明转换。

要使用透明贴图，可以在“材质编辑器”选项板的“透明度”选项区域的“图像”下拉列表框中选择“图像”选项，在打开的对话框中指定一幅图像作为透明贴图，并在“数量”文本框中设置透明度，如图 13-32 所示。

4. 凹凸贴图

凹凸贴图可以根据图像的颜色来控制对象表面的凹凸程度，从而产生浮雕效果。在对象上应用凹凸贴图后，图像中白色部分对应的区域将相对凸起，而黑色部分对应的区域则相对凹陷，其他颜色将根据灰度决定相应区域的凹凸程度。如果凹凸贴图的图案是彩色的，AutoCAD 将使用等价的颜色灰度值进行凹凸转换。

要使用凹凸贴图，在“凹凸”选项区域的“图像”下拉列表框中选择“图像”选项，在打开的对话框中指定一幅图像作为凹凸贴图，并在“数量”文本框中设置凹凸贴图数量即可，如图 13-33 所示。

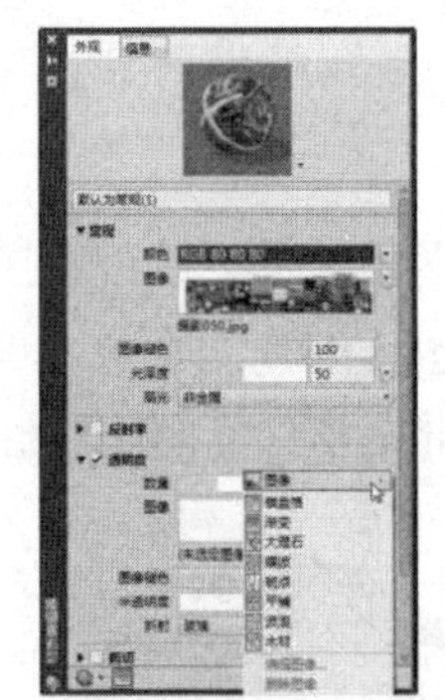

图 13-32　添加透明贴图

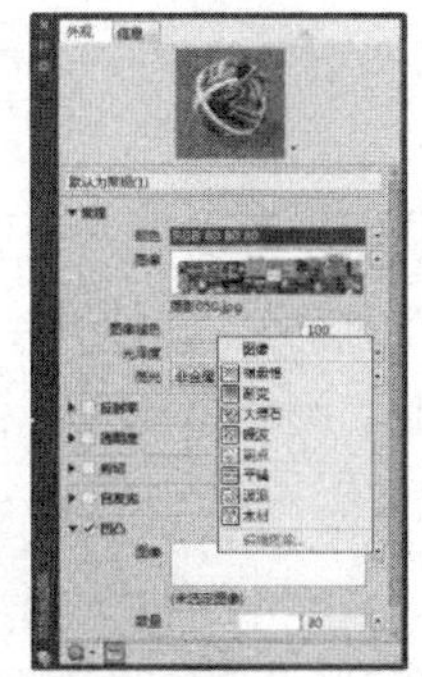

图 13-33　添加凹凸贴图

在 AutoCAD 中给对象或面附着带纹理的材质后，可以调整对象或面上纹理贴图的方向。这使得材质贴图的坐标适应对象的形状，从而使对象贴图的效果不变形，更接近真实效果。

在“材质”面板中单击“材质贴图”下拉列表按钮，将展开 4 种类型的纹理贴图图标，各自的贴图设置方法如下。

平面贴图用于将图像映射到对象上，就像将图像从幻灯片投影仪投影到二维曲面上一样。图像不会失真，但是会被缩放以适应对象，该贴图常用于面上。

单击“平面”按钮，并选取平面对象，此时绘图区中将显示矩形线框。通过拖动夹点或依据命令行提示输入相应的移动、旋转命令，可以调整贴图坐标，如图 13-34 所示。

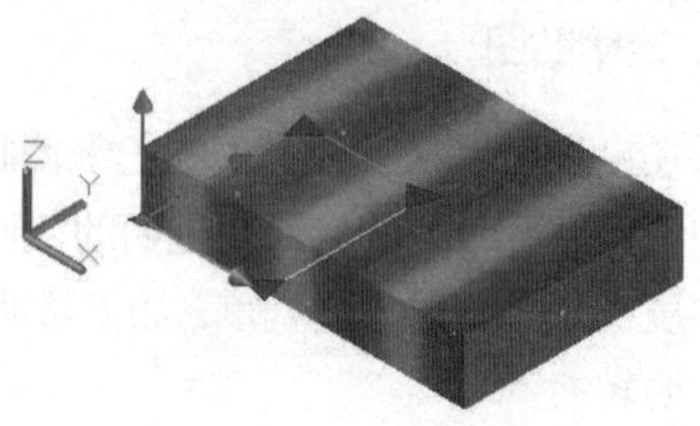

图 13-34　利用平面贴图调整贴图方向

柱面贴图用于将图像映射到圆柱体对象上，水平边将同时弯曲，但顶边和底边不会弯曲。另外，图像的高度将沿圆柱体的轴缩放。

单击“柱面”按钮，选择圆柱体，将显示一个圆柱体线框。默认的线框体与圆柱体重合，此时如果依据提示调整线框，即可调整贴图，如图 13-35 所示。

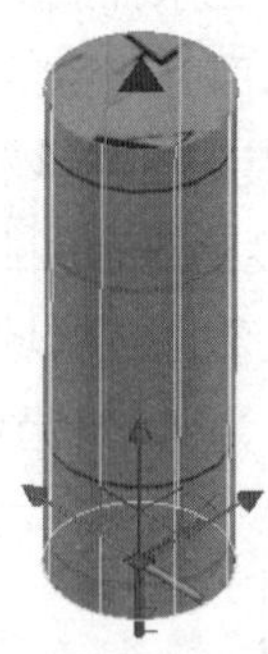

图 13-35　利用柱面贴图调整贴图方向

使用球面贴图，可以在水平和垂直两个方向上同时使图像弯曲。纹理贴图的顶边在球体的“北极”压缩为一个点；同样，底边在球体的“南极”也压缩为一个点。单击“球面”按钮，选择球体，则显示一个球体线框，调整线框位置即可调整球面贴图，如图 13-36 所示。

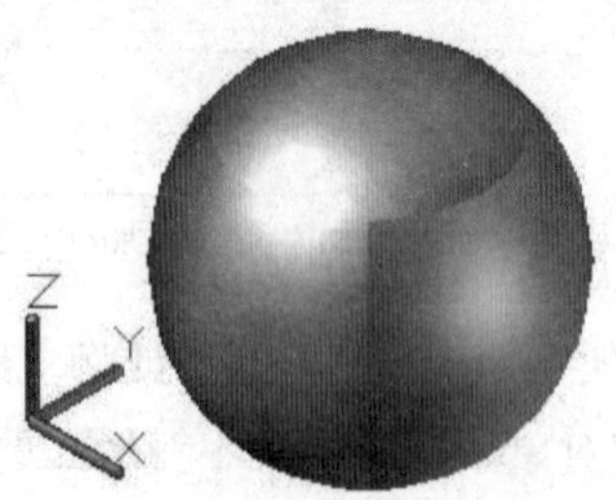

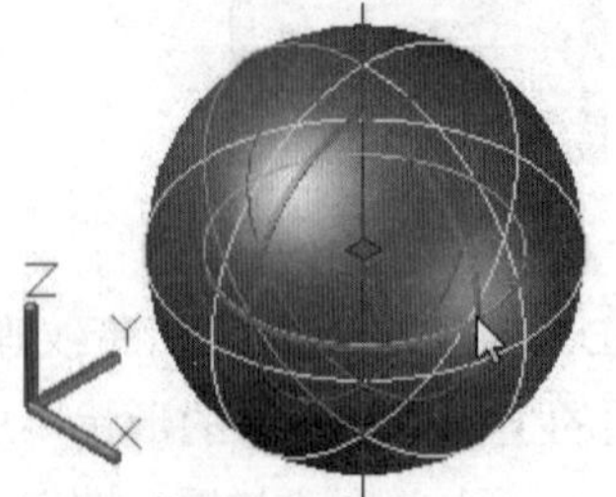

图 13-36　利用球面贴图调整贴图方向

长方体贴图用于将图像映射到类似长方体的实体上，该图像将会在对象的每个面上重复使用。单击“长方体”按钮，选取对象，则显示一个长方体线框，此时通过拖动夹点或依据命令行提示输入相应的命令，可以调整长方体的贴图坐标，如图 13-37 所示。

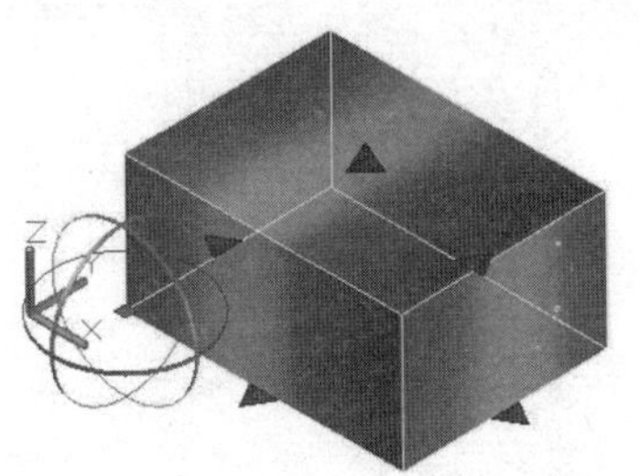

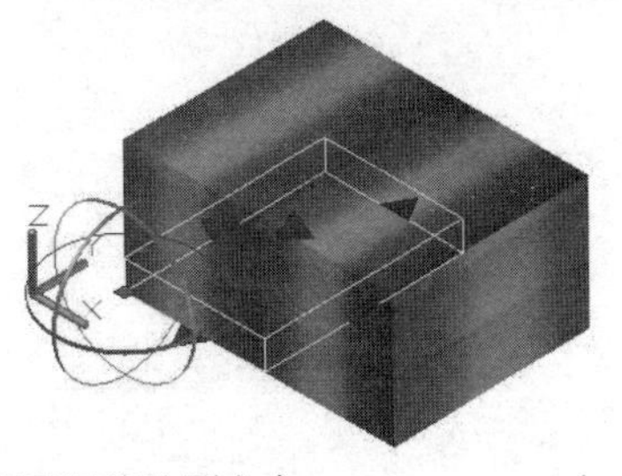

图 13-37　利用长方体贴图调整贴图方向

13.5　渲染对象

渲染使用已设置的光源、已应用的材质和环境设置(如背景和雾化)，为场景中的几何图形着色。

13.5.1　管理渲染预设

从“渲染预设”下拉列表中可以选择一组预定义的渲染设置。渲染预设存储了多组设置，使得渲染器可以产生不同质量的图像。标准预设的范围从草图质量(用于快速测试图像)到演示质量(提供照片级真实感图像)。还可以在“功能区”选项板中选择“可视化”选项卡，在“渲染”面板中选择“渲染预设”下拉列表中的“管理渲染预设”选项，打开“渲染预设管理器”选项板，从中可以自定义渲染预设，如图 13-38 所示。

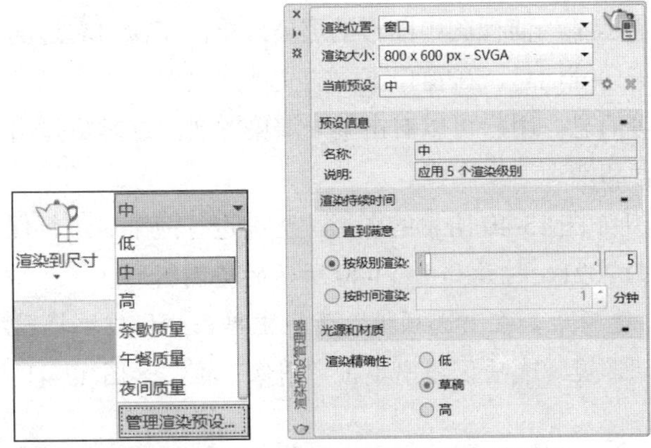

图 13-38　打开“渲染预设管理器”选项板

13.5.2　控制渲染

在菜单栏中选择“视图”|“渲染”|“渲染环境”命令，可打开“渲染环境”对话框。在“功能区”选项板中选择“可视化”选项卡，然后在“渲染”面板中单击“渲染环境和曝光”按钮，打开“渲染环境和曝光”选项板，即可使用环境功能设置雾化效果或背景图像，如图 13-39 所示。

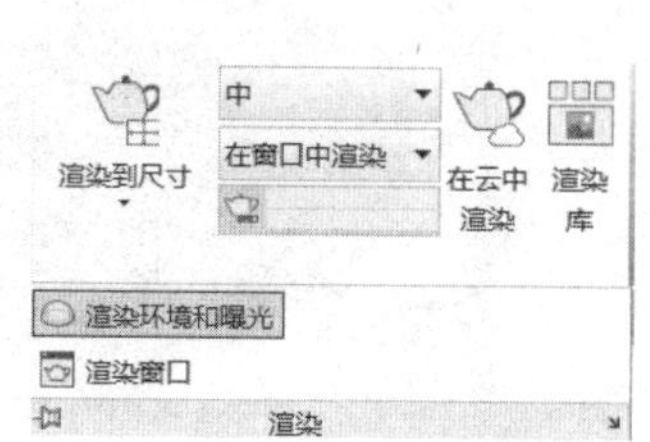

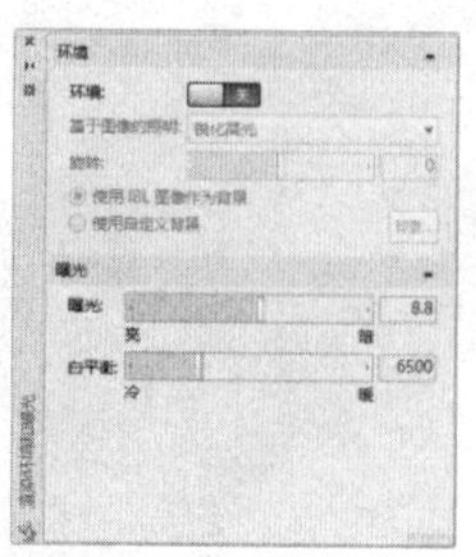

图 13-39　打开“渲染环境和曝光”选项板

雾化和深度设置是非常相似的大气效果，可以使对象随着距相机距离的增大而显示得越浅。雾化设置使用白色，而深度设置使用黑色。可设置的关键参数包括雾化或深度设置的颜色、近距离和远距离以及近处雾化百分率和远处雾化百分率等。

雾化或深度设置的密度由近处雾化百分率和远处雾化百分率控制。这些设置的范围为 0.0001~100。值越高，表示雾化或深度设置越不透明。

13.5.3　渲染并保存图像

默认情况下，渲染过程为渲染图形内当前视图中的所有对象。如果没有打开命名视图或相机视图，则渲染当前视图。在渲染关键对象或视图的较小部分时渲染速度较快，渲染整个视图则可以让用户看到所有对象之间是如何相互定位的。

在“功能区”选项板中选择“可视化”选项卡，在“渲染”面板中单击“渲染”按钮；或在菜单栏中选择“视图”|“渲染”|“渲染”命令，打开“渲染”窗口，可以快速渲染对象。

“渲染”窗口中显示了当前视图中图形的渲染效果。在窗口右边的列表中，显示了图像的质量、光源和材质等详细信息；在窗口下面的文件列表中，显示了当前渲染图像的文件名称、大小、渲染时间等信息。用户可以右击某一渲染图像，这时将弹出一个快捷菜单，可以选择其中的命令来保存和清理渲染图像。

【练习 13-2】打开如图 13-40 所示的图形，对其进行渲染后进行保存。视频

(1) 启动 AutoCAD 2021，打开如图 13-40 所示的垫圈图形。

(2) 选择“视图”选项卡，在“选项板”面板中单击“材质编辑器”按钮，打开“材质编辑器”选项板，在“常规”选项区域中单击“图像”框，如图 13-41 所示。

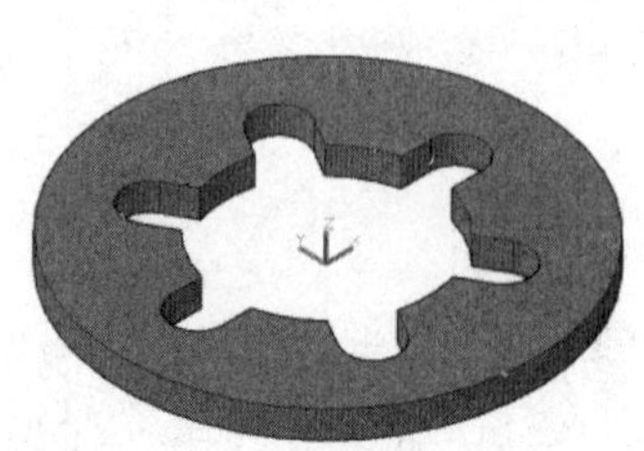

图 13-40　原始图形

图 13-41　单击“图像”框

(3) 打开“材质编辑器打开文件”对话框，选择一个图片文件，单击“打开”按钮，如图 13-42 所示。

(4) 返回“材质编辑器”选项板，设置“图像褪色”和“光泽度”等参数，并选中“反射率”复选框，设置“直接”和“倾斜”参数，如图 13-43 所示。

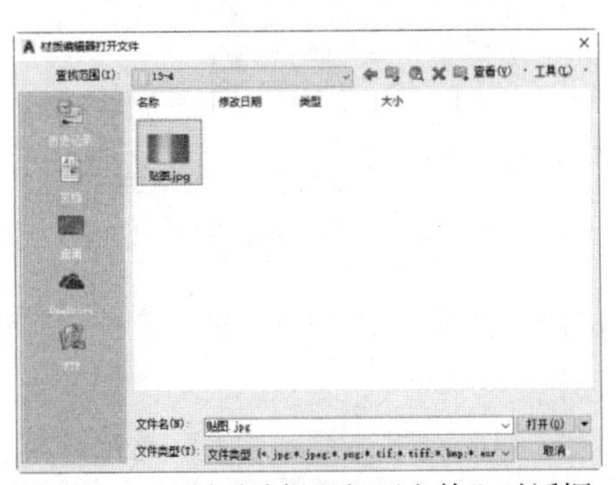

图 13-42　“材质编辑器打开文件”对话框

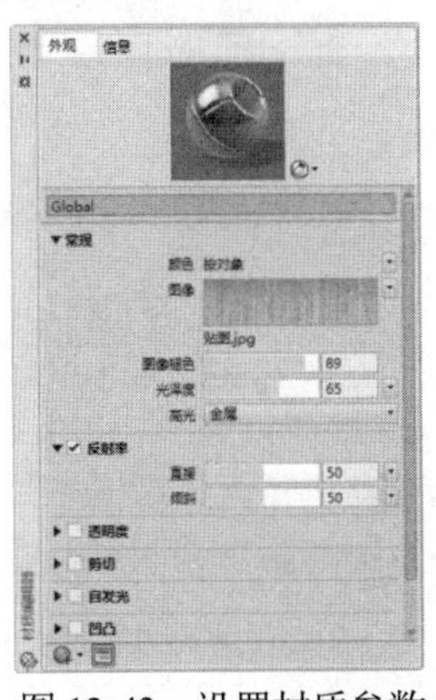

图 13-43　设置材质参数

(5) 在命令行中输入 V，执行视图命令，打开“视图管理器”对话框，单击“新建”按钮，如图 13-44 所示。

(6) 打开“新建视图/快照特性”对话框，在“视图名称”文本框中输入“背景”，在“背景”选项区域的下拉列表中选择“纯色”选项，如图 13-45 所示。

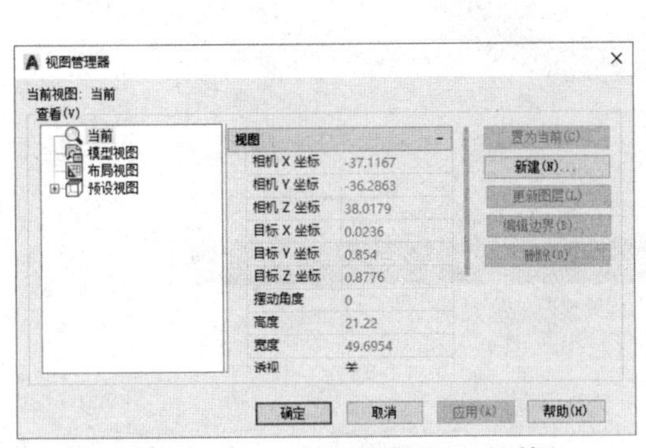

图 13-44　“视图管理器”对话框

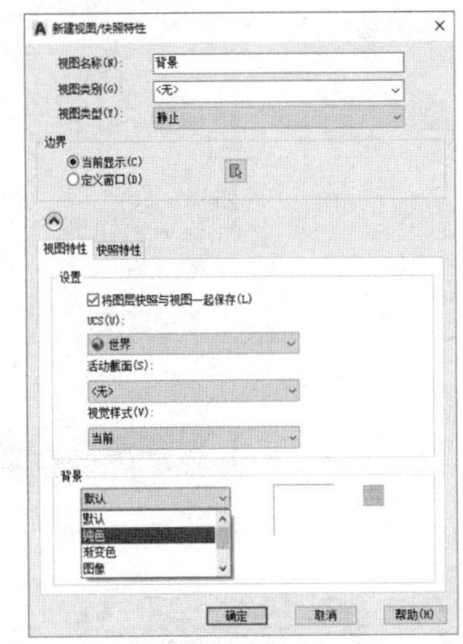

图 13-45　“新建视图/快照特性”对话框

(7) 打开“背景”对话框，如图 13-46 所示，单击“颜色”框。

(8) 打开“选择颜色”对话框，选择一种颜色，然后单击“确定”按钮，如图 13-47 所示。

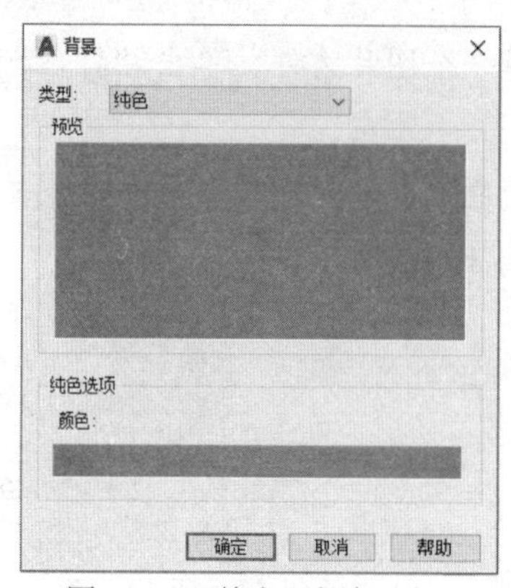

图 13-46　单击“颜色”框

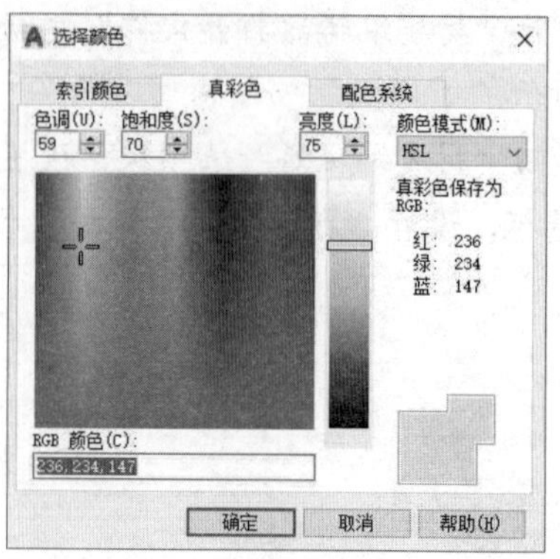

图 13-47　“选择颜色”对话框

(9) 返回“背景”对话框，单击“确定”按钮，返回“新建视图/快照特性”对话框，再次单击“确定”按钮。

(10) 返回“视图管理器”对话框，在“查看”列表框中选择“背景”选项，单击“置为当前”按钮，然后单击“确定”按钮。

(11) 在命令行中执行 RENDER 命令，对图形进行渲染，效果如图 13-48 所示。

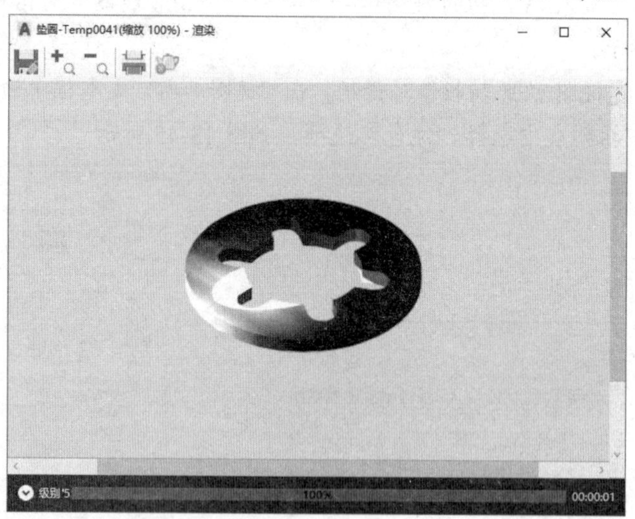

图 13-48　渲染效果

13.6　思考和练习

1. 在 AutoCAD 2021 中，如何使用自由动态观察功能？
2. 在 AutoCAD 2021 中，如何添加材质？
3. 在 AutoCAD 2021 中，如何设置渲染？

第 14 章

输入、输出和发布图形

AutoCAD 2021 提供了图形输入与输出接口，可以将其他应用程序中处理好的数据传送给 AutoCAD，以显示图形；或者把它们的信息传送给其他应用程序。在 AutoCAD 中，用户还可以设置打印参数，将图形文件打印输出。

14.1　输入和输出图形

AutoCAD 2021 除了可以打开和保存 DWG 格式的图形文件以外，还可以输入和输出其他格式的图形。

14.1.1　输入图形

在 AutoCAD 2021 的菜单栏中选择“文件”|“输入”命令，或在“功能区”选项板中选择“插入”选项卡，在“输入”面板中单击“输入”按钮，都将打开“输入文件”对话框(参见图 14-1)。在其中的“文件类型”下拉列表中可以看到，系统允许输入“图元文件”、ACIS 及 3D Studio 等格式的图形文件。

图 14-1　“输入文件”对话框

14.1.2　插入 OLE 对象

OLE(Object Linking and Embedding，对象链接与嵌入)是在 Windows 环境下实现不同 Windows 应用程序之间共享数据和程序功能的一种方法。

在菜单栏中选择“插入”|“OLE 对象”命令，或在“功能区”选项板中选择“插入”选项卡，在“数据”面板中单击“OLE 对象”按钮，都可打开“插入对象”对话框。在其中可以插入对象链接或者嵌入对象，如图 14-2 所示。

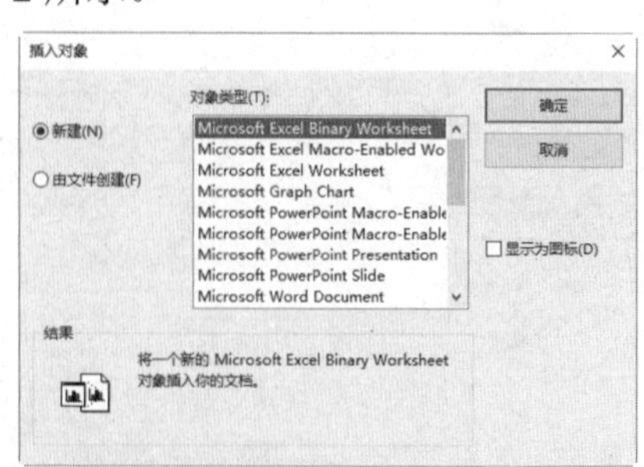

图 14-2　打开“插入对象”对话框

14.1.3 输出图形

使用 AutoCAD 2021 绘制的图形对象，不仅可以在 AutoCAD 中进行编辑处理，还可以通过其他图像处理软件(如 Photoshop、CorelDRAW 等)进行处理，但是必须将图形输出为其他软件能够识别的文件格式。

在 AutoCAD 2021 中，输出命令主要有以下几种调用方法。

- 选择“文件”|“输出”命令。
- 单击“菜单浏览器”按钮A，在弹出的菜单中选择“输出”|“其他格式”命令，如图 14-3 所示。
- 在命令窗口中执行 EXPORT 命令。

在执行输出命令后，软件将打开如图 14-4 所示的“输出数据”对话框。在该对话框的“保存于”下拉列表中选择文件的保存路径，在“文件类型”下拉列表中选择要输出的文件格式；在“文件名”文本框中输入图形文件的名称，然后单击“保存”按钮，即可输出图形文件。

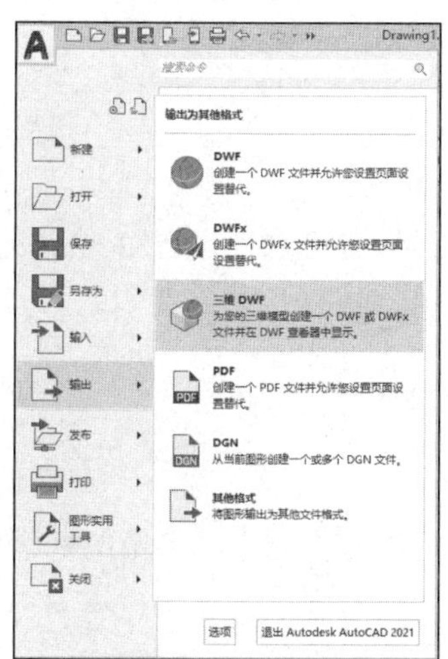

图 14-3 选择输出格式

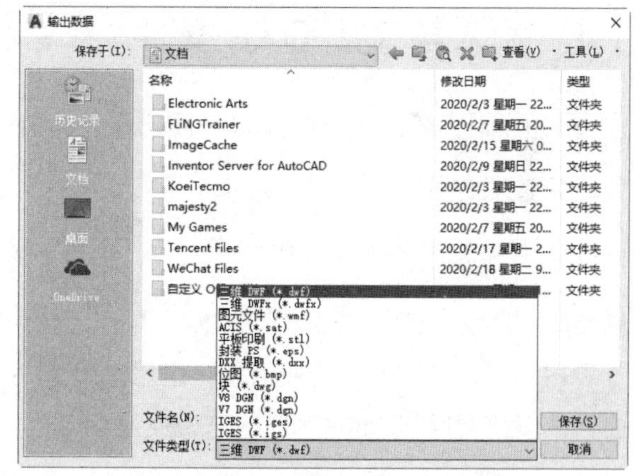

图 14-4 “输出数据”对话框

在 AutoCAD 中，可以将图形输出为以下几种格式的图形文件。

- .bmp：输出为位图文件，几乎可以供所有图像处理软件使用。
- .wmf：输出为 Windows 图元文件格式。
- .dwf：输出为 Autodesk Web 图形格式，便于在网上发布。
- .dxx：输出为 DXX 属性的抽取文件。
- .dgn：输出为 MicroStation V8 DGN 格式的文件。
- .dwg：输出为可供其他 AutoCAD 版本使用的图块文件。
- .stl：输出为三维立体图文件。
- .sat：输出为 ACIS 文件。
- .eos：输出为封装的 PostScript 文件。

【练习 14-1】在 AutoCAD 2021 中将图形以.wmf 格式输出。视频

(1) 打开如图 14-5 所示的零件图形以后，在命令行中执行 EXPORT 命令。

(2) 打开"输出数据"对话框，然后单击"文件类型"下拉按钮，在弹出的下拉列表中选择"图元文件(*.wmf)"选项。在"文件名"文本框中输入文件名称后，单击"保存"按钮，如图 14-6 所示，即可将打开的图形保存为.wmf 格式的文件。

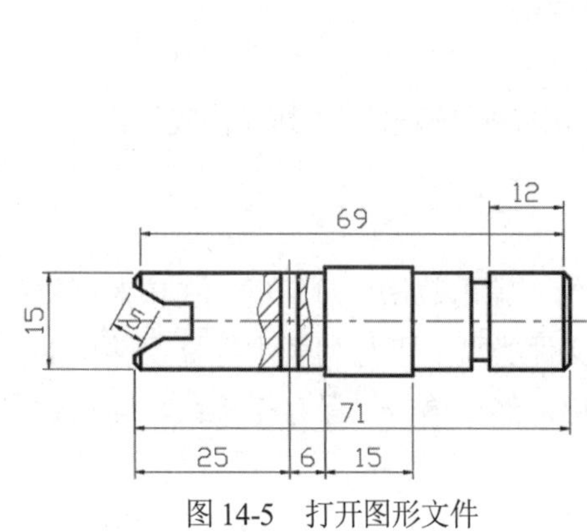

图 14-5　打开图形文件

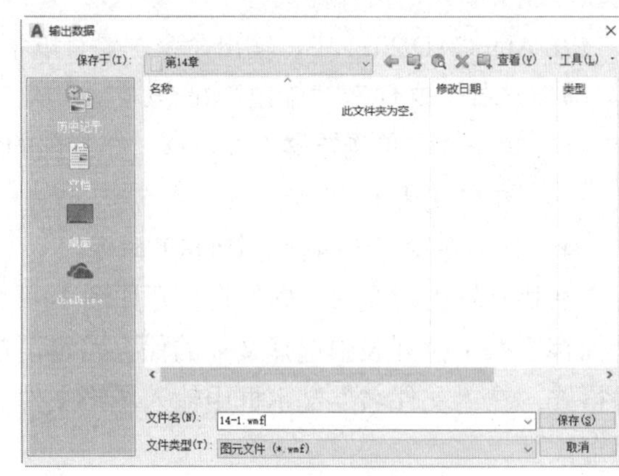

图 14-6　"输出数据"对话框

14.1.4　输入与输出 DXF 文件

DXF 文件即图形交换文件，可以把图形保存为 DXF 格式，也可以打开 DXF 格式的文件。

1. DXF 文件的结构

DXF 文件是标准的 ASCII 码文本文件，由以下 5 个信息段构成。

标题段

标题段用于存储图形的一般信息，由用来确定 AutoCAD 绘图状态和参数的标题变量组成，而且大多数变量与 AutoCAD 的系统变量相同。

表段

表段包含以下 8 个表，每个表中又包含不同数量的表项。

- 线型表：描述图形中的线型信息。
- 图层表：描述图形的图层状态、颜色及线型等信息。
- 字体样式表：描述图形中的字体样式信息。
- 视图表：描述视图的高度、宽度、中心及投影方向等信息。
- 用户坐标系表：描述用户坐标系的原点、X 轴和 Y 轴方向等信息。
- 视口配置表：描述各视口的位置、高宽比、栅格捕捉及栅格显示等信息。
- 尺寸标注字体样式表：描述尺寸标注字体样式及有关标注信息。
- 登记申请表：该表中的表项用于为应用建立索引。

块段

块段描述图形中块的有关信息，如块名、插入点、所在图层以及块的组成对象等。

实体段

实体段描述图形中所有图形对象及块的信息，是 DXF 文件的主要信息段。

结束段

DXF 文件的结束段位于文件的最后两行。

2. DXF 文件的输入与输出

在 AutoCAD 中，可以使用以下两种方法打开 DXF 格式的文件：

- 选择“文件”|“打开”命令，使用“选择文件”对话框打开文件。
- 在命令行中执行 DXFIN 命令。

要以 DXF 格式输出图形，可以选择“文件”|“保存”命令或选择“文件”|“另存为”命令，在打开的“图形另存为”对话框的“文件类型”下拉列表中选择.dxf 格式，然后单击“工具”下拉按钮，在弹出的菜单中选择“选项”命令，如图 14-7 所示。打开“另存为选项”对话框，在“DXF 选项”选项卡中设置保存格式，如 ASCII 格式或二进制格式，如图 14-8 所示。

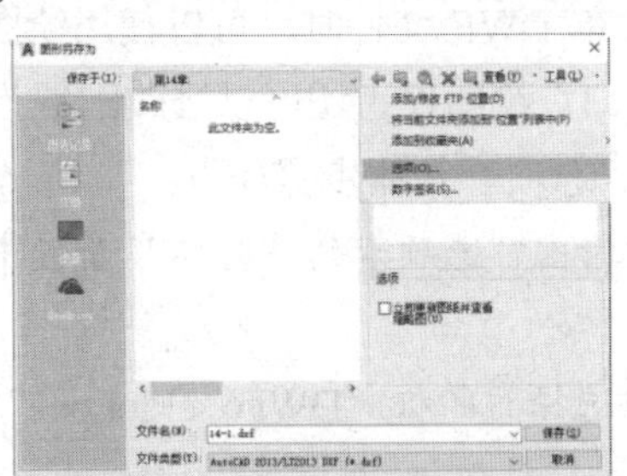

图 14-7 选择“选项”命令

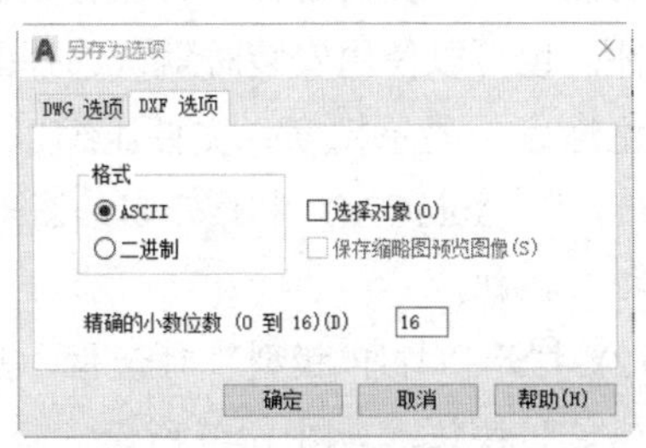

图 14-8 “另存为选项”对话框

二进制格式的 DXF 文件包含 ASCII 格式的 DXF 文件的全部信息，但它更为紧凑，AutoCAD 对它的读写速度也有很大的提高。此外，可通过“另存为选项”对话框确定是否只将指定的对象以 DXF 格式保存，以及是否保存缩略图预览图像。如果图形以 ASCII 格式保存，那么还能够设置小数的保存精度。

14.2 发布图形

AutoCAD 拥有与 Internet 进行连接的多种方式，并且能够在其中运行 Web 浏览器。用户可以通过 Internet 访问或存储 AutoCAD 图形以及相关文件，并且通过该方式生成相应的 DWF 文件，以便进行浏览与打印。

图纸集是来自一些图形文件的一系列图纸的有序集合。用户可以在任何图形中将布局作为图纸编号输入图纸集中，在图纸预览表和图纸之间建立一种连接。在 AutoCAD 中，图纸集可以作为整体进行管理、传递、发布和归档。

在 AutoCAD 中，用户可以通过使用“创建图纸集”向导来创建图纸集。在向导中，既可以基于现有图形从头开始创建图纸集，也可以使用样例图纸集作为样板进行创建。

1. 从样例图纸集创建图纸集

在“创建图纸集”向导中，选择从样例图纸集创建图纸集时，样例将提供新图纸集的组织结果和默认设置。用户可以指定根据图纸集的子集存储路径创建文件夹。使用此方式创建空图纸集后，可以单独地输入布局或创建图纸。

2. 从现有图形文件创建图纸集

在“创建图纸集”向导中，选择从现有文件创建图纸集时，需要指定一个或多个包含图形文件的文件夹。使用此方式，可以指定让图纸集的子集组织复制图形文件的文件夹结构，并且这些图形的布局可以自动输入图纸集中。另外，通过单击每个附加文件夹的“浏览”按钮，可以轻松地添加更多包含图形的文件夹。

3. 发布 DWF 文件

DWF 文件是一种适用于在 Internet 上发布的文件格式，并且可以在任何装有网络浏览器和专用插件的计算机中打开、查看或输出。此外，在发布 DWF 文件时，可以使用绘图仪配置文件；也可以使用安装时默认选择的“DWF6 ePlot.pc3”绘图仪；还可以修改配置设置，如颜色深度、显示精度、文件压缩以及字体处理等其他选项。具体步骤如下：

(1) 在 AutoCAD 中打开零件图形文件，然后在“输出”选项卡的“打印”面板中单击“打印”按钮。

(2) 打开“打印-模型”对话框，然后在该对话框中选择打印机“DWF6 ePlot.pc3”，单击“确定”按钮，如图 14-9 所示。

(3) 打开“浏览打印文件”对话框，设置打印文件的名称和路径，单击“保存”按钮，如图 14-10 所示，即可完成 DWF 文件的创建操作。

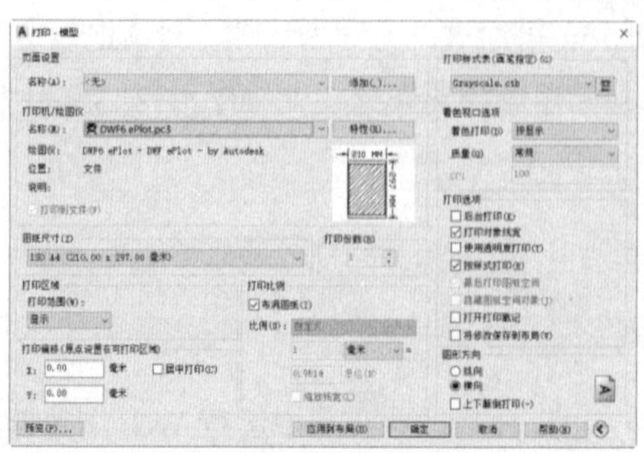

图 14-9 “打印-模型”对话框

图 14-10 “浏览打印文件”对话框

14.3　打印图形

图形绘制完毕后，根据需求用户可以将图形打印输出，在打印图形之前，还需要对打印参数进行设置，如选择打印设备、设定打印样式、选择图纸、设置打印方向等。在 AutoCAD 2021 中，“打印”命令主要有以下几种调用方式。

- 单击“菜单浏览器”按钮A，在打开的菜单中选择“打印”|“打印”命令，如图 14-11 所示。
- 在快速访问工具栏中单击“打印”按钮。
- 在命令窗口中执行 PLOT 命令。

执行“打印”命令后，将打开如图 14-12 所示的“打印-模型”对话框，在该对话框中用户可以对图形的打印参数进行设置，如选择打印设备、指定打印样式表和选择打印图纸等。

图 14-11　选择“打印”命令

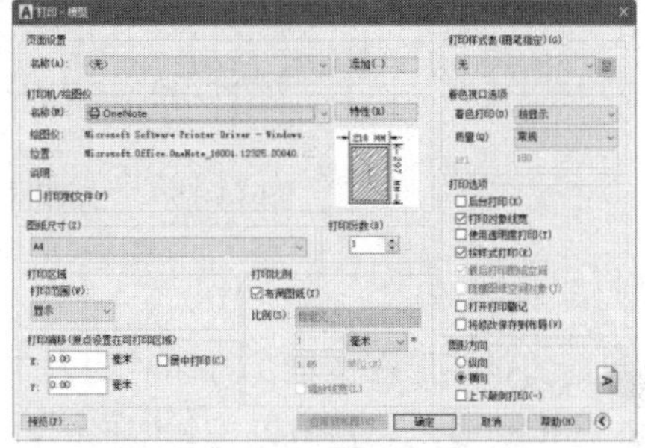

图 14-12　“打印-模型”对话框

要将图形打印到图纸上，首先应安装打印机，然后在“打印-模型”对话框的“打印机/绘图仪”选项区域中的“名称”下拉列表中进行打印设备的选择。

1. 指定打印样式表

打印样式用于修改图形的外观，选择某个打印样式后，图形中的每个对象或图层都具有该打印样式的属性。修改打印样式可以改变对象输出的颜色、线型或线宽等特性。

在“打印-模型”对话框的“打印样式表(画笔指定)”选项区域的下拉列表中选择要使用的打印样式，即可指定打印样式表，如图 14-13 所示。单击“打印样式表(画笔指定)”选项区域中的“编辑”按钮，打开如图 14-14 所示的“打印样式表编辑器”对话框，在该对话框中可以查看或修改当前指定的打印样式表。

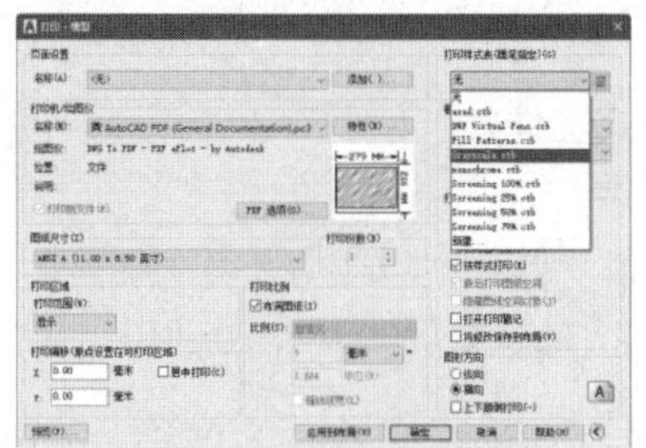

图 14-13　选择打印样式表

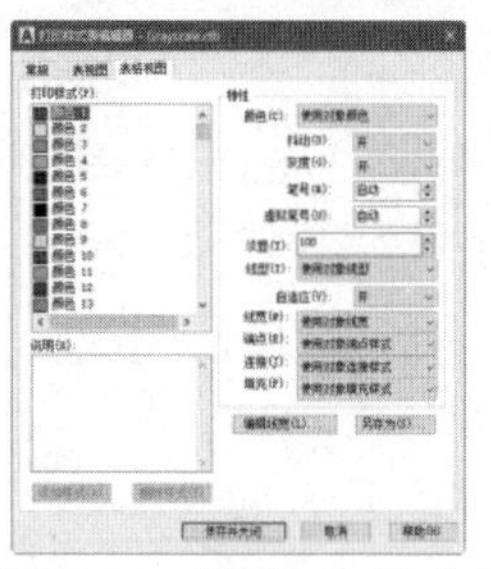

图 14-14　设置打印样式表

2. 选择图纸纸型

图纸纸型是指用于打印图形的纸张大小，在“打印-模型”对话框的“图纸尺寸”下拉列表中可以选择图纸纸型。不同的打印设备支持的图纸纸型也不相同，所以选择的打印设备不同，在该下拉列表中提供的选项也不同，一般设备都支持 A4 和 B5 等标准纸型。

3. 设置打印区域

在打印图形时，用户必须设置图形的打印区域，才能更准确地打印需要的图形。在“打印-模型”对话框的“打印区域”选项区域的“打印范围”下拉列表中可以设置打印范围，如图 14-15 所示。

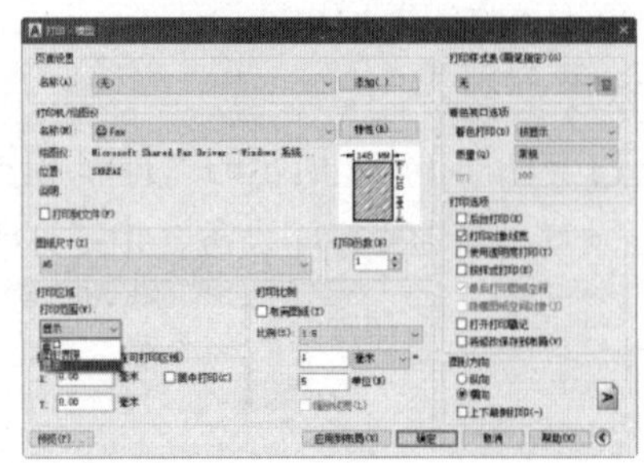

图 14-15　“打印区域”选项区域

4. 设置打印方向

打印方向指的是图形在图纸上打印时的方向，如横向和纵向。在“打印-模型”对话框的“图形方向”选项区域，用户可以设置图形的打印方向。

5. 设置打印偏移

在“打印-模型”对话框的“打印偏移”选项区域中，用户可以对打印时图形位于图纸的位置进行设置，包含相对于 X 轴和 Y 轴方向的位置，也可以将图形居中打印。

6. 设置打印预览

将图形发送到打印机或绘图仪之前，最好先进行打印预览，打印预览显示的图形与打印输出时的图形效果相同。在“打印模型”对话框中单击“预览”按钮，即可预览图形的打印效果。

14.4　思考和练习

1. 如何将 AutoCAD 图形文件输出为 DXF 格式文件？
2. 如何将图形文件发布为 DWF 文件？
3. 设置打印区域和纸型，预览并打印一个图形文件。